Kohlhammer

Kohlhammer Edition Marketing

Begründet von: Prof. Dr. Dr. h. c. Richard Köhler
Universität zu Köln

Prof. Dr. Dr. h. c. mult. Heribert Meffert
Universität Münster

Herausgegeben von: Prof. Dr. Hermann Diller
Universität Erlangen-Nürnberg

Prof. Dr. Dr. h. c. Richard Köhler
Universität zu Köln

Manfred Bruhn

Marketing für Nonprofit-Organisationen

Grundlagen – Konzepte – Instrumente

Verlag W. Kohlhammer

Alle Rechte vorbehalten
© 2005 W. Kohlhammer GmbH Stuttgart
Umschlag: Gestaltungskonzept Peter Horlacher
Gesamtherstellung:
W. Kohlhammer Druckerei GmbH + Co. KG, Stuttgart
Printed in Germany

ISBN 3-17-018281-1

Vorwort der Herausgeber

Mit dem vorliegenden Werk wird die "Kohlhammer Edition Marketing" fortgesetzt – eine Buchreihe, die in 24 Einzelbänden die wichtigsten Teilgebiete des Marketing behandelt. Jeder Band soll in kompakter Form (und in sich geschlossen) eine Übersicht zu den Problemstellungen seines Themenbereichs geben und wissenschaftliche sowie praktische Lösungsbeiträge aufzeigen. Als Ganzes bietet die Edition eine Gesamtdarstellung der zentralen Führungsaufgaben des Marketing-Managements. Ebenso wird auf die Bedeutung und Verantwortung des Marketing im sozialen Bezugsrahmen eingegangen.

Als Autoren dieser Reihe konnten namhafte Fachvertreter an den Hochschulen gewonnen werden. Sie gewährleisten eine problemorientierte und anwendungsbezogene Veranschaulichung des Stoffes. Angesprochen sind mit der Kohlhammer Edition Marketing zum einen die Studierenden an den Hochschulen. Ihnen werden die wesentlichen Stoffinhalte des Faches möglichst vollständig – aber pro Teilgebiet in übersichtlich komprimierter Weise – dargeboten. Zum anderen wendet sich die Reihe auch an die Institutionen, die sich der Aus- und Weiterbildung von Praktikern auf dem Spezialgebiet des Marketing widmen, und nicht zuletzt unmittelbar an Führungskräfte des Marketing. Der Aufbau und die inhaltliche Gestaltung der Edition ermöglichen es ihnen, einen raschen Überblick über die Anwendbarkeit neuer Ergebnisse aus der Forschung sowie über Praxisbeispiele aus anderen Branchen zu gewinnen.

Der Band „Nonprofit-Marketing" von Manfred Bruhn ist vor dem Hintergrund des Bandes „Social Marketing" zu sehen, das vom Verfasser in dieser Reihe zuletzt im Jahre 1994 erschien. Aufgrund der seit dieser Zeit stark veränderten Rahmenbedingungen für Nonprofit-Organisationen wurde der vorliegende Band jedoch konzeptionell und inhaltlich vollkommen neu ausgerichtet. Es deckt nunmehr die ganze Breite dieses umfangreichen Sektors von Gesundheitsorganisationen über Bildungsinstitutionen bis hin zu Sport- oder Umweltschutzvereinen ab, bietet dazu umfassendes deskriptives Material und aufschlussreiche Beispiele, fundiert das Nonprofit-Marketing aber auch theoretisch mit Hilfe der modernen Konzepte des Dienstleistungs- und des Beziehungsmarketing, des strategischen Marketing und der marktorientierten Unternehmensführung. Da die Ausgestaltung wichtiger Ressourcen für ein solches Marketing in die Betrachtung mit einbezogen wird, entsteht ein integriertes, auch personal- und finanzpolitische Fragen einbeziehendes Werk mit hoher Geschlossenheit.

Aufbauend auf den Besonderheiten des nicht-kommerziellen Marketing werden systematisch die Aufgaben und Gestaltungsebenen eines spezifischen Nonprofit-Marketing aufgezeigt. Dabei arbeitet Bruhn sowohl neueste internationale Forschungsergebnisse auf, stellt aber auch aktuelle Praxisbeispiele in Form sog. Inserts dar. Der Gliederungsaufbau folgt dem managementorientierten Ansatz, indem eine Strukturierung der Marketingaufgaben in die Phasen der Analyse, Planung, Steuerung, Durchführung und Kontrolle vorgenommen wird. Diese stringente Systematik trägt dazu bei, dass der Leser einen umfassenden und zugleich systematischen Zugang zur Thematik des Nonprofit-Marketing erhält.

Die einzelnen Kapitel des Buches weisen ein einheitliches Darstellungsprinzip auf: Es werden zunächst stets ein Überblick über die jeweiligen Besonderheiten der entsprechenden Marketingaufgabe für Nonprofit-Organisationen gegeben und daraus dann Implikationen für das Nonprofit-Marketing abgeleitet. Alle Kapitel enthalten viele Schaubilder und Praxisbeispiele, so dass an keiner Stelle offen bleibt, wie die besprochenen Marketingaufgaben umgesetzt werden können.

Der vorliegende Band gibt damit nicht nur einen systematischen und präzisen Einblick in alle Teilbereiche des Nonprofit-Marketing, sondern auch eine Orientierungshilfe bei der Entwicklung und Verbesserung von entsprechenden Marketingaktivitäten der Praxis. Er eignet sich damit sowohl für Studierende als auch für Praktiker.

Nürnberg und Köln, Mai 2005　　　　　　　　　　Hermann Diller, Richard Köhler

Vorwort

Es ist mittlerweile unbestritten, dass sich Marketing als Grundlage einer marktorientierten Unternehmensführung in der unternehmerischen Praxis durchgesetzt hat. Wenn auch lange Zeit die Schwerpunkte der Marketingaktivitäten auf den Konsumgüterbereich konzentriert waren, so findet die Anwendung grundlegender Marketingprinzipien mittlerweile auch im Dienstleistungs- und Industriegütersektor statt. Darüber hinaus existieren eine Vielzahl konzeptioneller und empirischer Arbeiten, die eine Weiterentwicklung professioneller Marketingprinzipien und -methoden verfolgen.

Parallel mit der Weiterentwicklung der Marketingmethoden im kommerziellen Bereich ist seit den 1970er-Jahren aus der Marketingwissenschaft die Forderung nach einer Ausweitung des Marketingbegriffes erhoben worden. Wenn Marketing als Denkhaltung von den Problemen und Bedürfnissen der aktuellen und potenziellen Kunden ausgeht, dann ist dies nicht zwangsläufig mit einer Beschränkung auf kommerzielle Unternehmen verbunden. Vielmehr ist es auch für nicht-kommerzielle Organisationen, Institutionen und Aufgaben möglich, durch die Übertragung des Marketinggedankens und Anwendung der Marketingmethoden eine bessere Aufgabenerfüllung zu erreichen.

Die Diskussion über die Ausweitung des Marketingbegriffes führte zu zahlreichen neuen Marketingdefinitionen und Versuchen, das klassische Marketinginstrumentarium auf verschiedene Typen von nicht-kommerziellen Organisationen zu übertragen. Jedoch waren die Bemühungen in den 1970er- und 1980er-Jahren eher dadurch gekennzeichnet, dass die Philosophie, die Konzepte und das Instrumentarium des klassischen (kommerziellen) Marketing auf die nicht-kommerziellen Institutionen übertragen wurde (sog. „Bindestrich-Marketing"). Den realen Problemstellungen von nicht-kommerziellen Organisationen wurde man damit nicht gerecht. Seitdem hat sich jedoch das Gebiet des Marketing für nicht-kommerzielle Organisationen stark weiterentwickelt, da auch viele dieser Institutionen erkannt haben, dass eine stärkere Marktorientierung z.T. unerlässlich ist und sich somit für Marketingprinzipien geöffnet haben.

Vor allem die zunehmende Wettbewerbsintensität im Nonprofit-Sektor, die beispielsweise durch das Eindringen privater Anbieter in ehemals geschützte Bereiche ausgelöst wird, erfordert von Nonprofit-Organisationen, sich durch eine systematische und konsequente Orientierung an den Interessen ihrer relevanten Anspruchsgruppen in diesem veränderten Wettbewerbsumfeld zu profilieren.

Die Entwicklungen der letzten Jahre zeigen, dass auf der einen Seite klassische Fragestellungen des Marketing, wie die Implikationen aus den Besonderheiten von Nonprofit-Leistungen oder die Messung und Steuerung der Leistungsqualität, immer noch von hoher Relevanz sind. Auf der anderen Seite werden neue Fragestellungen (z.B. Controlling der Aktivitäten des Nonprofit-Marketing, organisatorische Aspekte im Rahmen der Implementierung) – entweder durch die Wissenschaft oder die Praxis – aufgegriffen und diskutiert.

Das vorliegende Buch gibt einen Überblick über den Stand der Diskussion zum Marketing für Nonprofit-Organisationen und bindet gleichzeitig neueste Erkenntnisse aus dem Bereich des Dienstleistungsmarketing mit ein. Es wurde dabei versucht, nicht nur das klassische Marketing auf nicht-kommerzielle Institutionen zu übertragen, sondern einen ganzheitlichen Ansatz für Nonprofit-Organisationen zu finden, der der Tatsache gerecht wird, dass es sich bei Nonprofit-Organisationen um einen Spezialfall von Dienstleistungsorganisationen (z.B. soziale Dienstleistungen) handelt.

Ausgangspunkt sind in diesem Zusammenhang die Besonderheiten von Nonprofit-Leistungen. Es werden auf der Basis eines systematischen Planungs- und Entscheidungsprozesses die wichtigsten Aktivitäten bei der Planung, Organisation, Durchführung und Kontrolle eines Marketing für Nonprofit-Organisationen aufgezeigt. Dazu ist es zunächst notwendig, die verschiedenen Problembereiche und Aufgaben eines Nonprofit-Marketing zu strukturieren. Im Mittelpunkt steht der Einsatz von Marketinginstrumenten für Nonprofit-Organisationen. Zahlreiche Beispiele verdeutlichen dabei die Möglichkeiten – aber auch die Herausforderungen – im Rahmen der Gestaltung der Ressourcen-, Absatz- und Kommunikationspolitik von Nonprofit-Organisationen. Abschließend wird auf die Schwierigkeiten im Rahmen der Implementierung von Marketingstrategien eingegangen, denen insbesondere durch eine Anpassung der organisatorischen Struktur, Systeme und Kultur begegnet werden kann.

Das vorliegende Buch stellt im Prinzip die dritte Auflage der Veröffentlichung „Social Marketing" dar, die zuletzt 1994 erschienen ist. Jedoch ist durch die letzte Auflage deutlich geworden, dass sich die Situation für Nonprofit-Organisationen gravierend verändert hat und sich auch die Marketingdisziplin weiter entwickelt hat. Deshalb wurde dieses Buch vollkommen neu konzipiert und trägt dementsprechend den aktuellen Entwicklungen des Marketing für Nonprofit-Organisationen Rechnung.

Das Buch richtet sich an Studierende, Wissenschaftler und Praktiker gleichermaßen. Diesen unterschiedlichen Zielgruppen soll ein Überblick über die verschiedenen Problemschichten von Nonprofit-Organisationen gegeben werden. Zielsetzung ist es dabei primär, den Betroffenen und Beteiligten eine Orientierung für eine verstärkte Marktorientierung von Nonprofit-Organisationen zu geben.

In dieses Buch sind Erfahrungen eingeflossen, die wir in Wissenschaft und Praxis in den letzten Jahren am Lehrstuhl gesammelt haben. Durch die Auseinandersetzung mit Fragestellungen des Dienstleistungsmarketing, Relationship Marketing, Kommunikationspolitik, Qualitätsmanagement, Internen Marketing u.a.m. ist deutlich geworden, dass sich die Problemschichten der Markt- und Kundenorientierung in den letzten Jahrzehnten gewandelt haben und dass die Prinzipien, Konzepte und Instrumente gleichermaßen für Nonprofit-Organisationen relevant sind. Bei einer praktischen Begleitung verschiedener nicht-kommerzieller Organisationen (z.B. Evangelisches Johannesstift Berlin, Katholische und Evangelische Kirche Basel u.a.m.) konnten wir Einblick nehmen in die praktischen Fragestellungen von Nonprofit-Organisationen und an Problemstellungen mitwirken. Auch diese Erfahrungen sind mit in das Buch eingearbeitet worden.

An der Erstellung dieses Buches waren in unterschiedlichen Phasen der Überarbeitung Mitarbeiter des Lehrstuhls für Marketing und Unternehmensführung der Universität Basel beteiligt. Aus diesem Grund richtet sich mein ganz besonderer Dank an die Herren Dr. Mark Richter, Dr. Marcus Stumpf, Dr. Sven Tuzovic, lic.rer.pol. Andreas Lucco sowie lic.rer.pol. Dirk Steffen. Ihnen allen gebührt mein herzlicher Dank für ihr aktives Engagement bei der Fertigstellung dieses Buches. Darüber hinaus bedanke ich mich bei Herrn Florian Flohr (Kommunikationsbeauftragter Katholische Kirchgemeinde Luzern) und dem gesamten Vorstand sowie den Mitarbeitenden des Evangelischen Johannesstifts in Berlin für die Gelegenheit zum Austausch über Marketingfragen von Nonprofit-Organisationen.

Ziel dieses Buches ist es, ein grundsätzliches Verständnis für die Notwendigkeit eines Marketing für nicht-kommerzielle Institutionen zu schaffen sowie die Vermittlung von Kenntnissen zum Nonprofit-Marketing in Lehre und Praxis zu unterstützen. Der Verfasser hofft, dass dieses Buch eine intensive Diskussion über die zukünftigen Entwicklungen eines Marketing für Nonprofit-Organisationen bewirken kann und ist für Anregungen jeder Art dankbar.

Basel, im Frühjahr 2005 **Manfred Bruhn**

Inhaltsverzeichnis

Schaubildverzeichnis 16
Insertverzeichnis 22

1 Gegenstand und Besonderheiten von Nonprofit-Organisationen .. 27

  1.1 Bedeutung und Entwicklung von Nonprofit-Organisationen 27
      1.1.1 Entwicklung und gesellschaftliche Relevanz von
           Nonprofit-Organisationen 27
      1.1.2 Die wirtschaftliche Relevanz von Nonprofit-Organisationen 31
  1.2 Begriff und Systematisierung von Nonprofit-Organisationen 33
      1.2.1 Begriff der Nonprofit-Organisation 33
      1.2.2 Marketingrelevante Typologien von
           Nonprofit-Organisationen 33
  1.3 Besonderheiten von Nonprofit-Organisationen 41
  1.4 Besonderheiten von Nonprofit-Leistungen 50
      1.4.1 Zum Begriff von Nonprofit-Leistungen 50
      1.4.2 Typen von Nonprofit-Leistungen 53
      1.4.3 Informationsökonomische Einordnung von
           Nonprofit-Leistungen 58

2 Notwendigkeit eines Nonprofit-Marketing 61

  2.1 Vom kommerziellen zum nicht-kommerziellen Marketing 61
  2.2 Zur Legitimationsproblematik eines Nonprofit-Marketing 66
  2.3 Marketing als Grundvoraussetzung für die Aufgabenerfüllung
      von Nonprofit-Organisationen 69
      2.3.1 Marketing zum Absatz von Nonprofit-Leistungen 69
      2.3.2 Nonprofit-Marketing zur Beschaffung von Ressourcen ... 76
      2.3.3 Nonprofit-Marketing als interne Kundenorientierung 90
  2.4 Nonprofit-Marketing als integrativer Managementansatz 93

3 Informationsgrundlagen für ein Nonprofit-Marketing 100

  3.1 Marktforschung für Nonprofit-Organisationen 100
      3.1.1 Fragestellungen und Aufgaben der Marktforschung 100
      3.1.2 Entscheidungsträger und Entscheidungsprozesse 112
      3.1.3 Methoden der Marktforschung 120

3.2 Analyse der externen und internen Situation für
    Nonprofit-Organisationen 125
    3.2.1 Analyse der Marktsituation 125
          3.2.1.1 Analyse der Marktsituation auf den
                  Absatzmärkten 125
          3.2.1.2 Analyse der Marktsituation auf den
                  Beschaffungsmärkten 128
    3.2.2 Analyse der relevanten Marktteilnehmer 133
          3.2.2.1 Analyse der relevanten Marktteilnehmer auf den
                  Absatzmärkten 133
          3.2.2.2 Analyse der relevanten Marktteilnehmer auf den
                  Beschaffungsmärkten 136
    3.2.3 Analyse des Marktumfeldes 144

4 Strategische Unternehmensplanung für Nonprofit-Organisationen 148

4.1 Aufgaben der strategischen Unternehmensplanung für
    Nonprofit-Organisationen 149
4.2 Festlegung der strategischen Ziele für Nonprofit-Organisationen . 151
    4.2.1 Nonprofit-Marketing im Spannungsfeld von Mission,
          Wirtschaftlichkeit und Qualität 151
    4.2.2 Inhalte und Zielkategorien 158
    4.2.3 Zielsystem von Nonprofit-Organisationen 166
4.3 Strategische Basisentscheidungen für Nonprofit-Organisationen . 173
    4.3.1 Abgrenzung des relevanten Marktes für Nonprofit-
          Organisationen 173
    4.3.2 Bildung strategischer Geschäftseinheiten und
          Geschäftsfelder für Nonprofit-Organisationen 176
    4.3.3 Segmentierung für Nonprofit-Organisationen 181
          4.3.3.1 Anforderungen an Segmentierungskriterien 184
          4.3.3.2 Segmentierung der Teilnehmer auf den
                  Absatzmärkten 186
          4.3.3.3 Segmentierung der Teilnehmer auf den
                  Beschaffungsmärkten 193

5 Strategische Marketingplanung für Nonprofit-Organisationen ... 198

5.1 Geschäftsfeldstrategien 199
    5.1.1 Entwicklung von Marktfeldstrategien 199
    5.1.2 Entwicklung von Wettbewerbsvorteilsstrategien 204
    5.1.3 Entwicklung von Marktabdeckungsstrategien 213

5.2 Marktteilnehmerstrategien 214
    5.2.1 Entwicklung von Marktbearbeitungsstrategien 215
    5.2.2 Entwicklung von anspruchsgruppengerichteten
           Verhaltensstrategien 217
    5.2.3 Entwicklung von wettbewerbsgerichteten
           Verhaltensstrategien 222
5.3 Marketinginstrumentestrategien 226

6 Qualitätsmanagement für Nonprofit-Organisationen 229

6.1 Bedeutung des Qualitätsmanagements für
    Nonprofit-Organisationen 229
6.2 Grundlagen des Qualitätsmanagements für
    Nonprofit-Organisationen 233
    6.2.1 Ansatzpunkte für das Qualitätsverständnis von
           Nonprofit-Organisationen 233
    6.2.2 Dimensionen der Leistungsqualität für
           Nonprofit-Organisationen 236
    6.2.3 Konzeptionelle Grundlagen eines Qualitäts-
           managements für Nonprofit-Organisationen 240
           6.2.3.1 Total Quality Management als Grundgedanke
                  zur Sicherstellung von Qualität von Nonprofit-
                  Organisationen 240
           6.2.3.2 Begriff und Bausteine eines Qualitäts-
                  managements für Nonprofit-Organisationen 241
6.3 Analyse und Messung der Qualität von Nonprofit-Leistungen ... 244
    6.3.1 Anforderungen und Kriterien zur Qualitätsmessung 244
    6.3.2 Verfahren zur Qualitätsmessung 245
           6.3.2.1 Anspruchsgruppenorientierte Messverfahren 246
           6.3.2.2 Organisationsorientierte Messverfahren 254
6.4 Planung des Qualitätsmanagements für Nonprofit-Leistungen ... 260
    6.4.1 Festlegung der strategischen Qualitätsposition 260
    6.4.2 Festlegung der Qualitätsstrategie 261
    6.4.3 Festlegung von Qualitätsgrundsätzen 263
    6.4.4 Bestimmung der Qualitätsziele 264
6.5 Umsetzung des Qualitätsmanagements für Nonprofit-Leistungen 267
    6.5.1 Regelkreis des Qualitätsmanagements 267
    6.5.2 Instrumente der Qualitätsplanung 268
    6.5.3 Instrumente der Qualitätslenkung 269
    6.5.4 Instrumente der Qualitätsprüfung 273
    6.5.5 Instrumente der Qualitätsmanagementdarlegung 274

6.6　Steuerung des Qualitätsmanagements für Nonprofit-Leistungen . 280
　　6.6.1　Zertifizierung von Nonprofit-Organisationen 280
　　6.6.2　Qualitätspreise für Nonprofit-Organisationen 284

7　Operatives Nonprofit-Marketing 292

7.1　Komponenten des Marketingmix von
　　　Nonprofit-Organisationen 292
7.2　Ressourcenpolitik für Nonprofit-Organisationen 294
　　7.2.1　Instrumente der Personalpolitik 294
　　　　7.2.1.1　Internes Marketing als Ausgangspunkt 294
　　　　7.2.1.2　Instrumente des Personalmanagements für
　　　　　　　　Nonprofit-Organisationen 295
　　7.2.2　Instrumente der Finanzierungspolitik 310
　　　　7.2.2.1　Fundraising 310
　　　　7.2.2.2　Klassisches Sponsoring 324
　　7.2.3　Partnerschaften und Kooperationen 328
7.3　Absatzpolitik für Nonprofit-Organisationen 329
　　7.3.1　Einsatz der Leistungspolitik 330
　　　　7.3.1.1　Besonderheiten der Leistungspolitik für
　　　　　　　　Nonprofit-Organisationen 330
　　　　7.3.1.2　Festlegung des Leistungsprogramms für
　　　　　　　　Nonprofit-Organisationen 331
　　　　7.3.1.3　Planungsprozess der Leistungspolitik für
　　　　　　　　Nonprofit-Organisationen 333
　　　　7.3.1.4　Instrumente der Leistungspolitik für
　　　　　　　　Nonprofit-Organisationen 334
　　7.3.2　Einsatz der Preis- und Gebührenpolitik 356
　　　　7.3.2.1　Besonderheiten der Preis- und Gebührenpolitik
　　　　　　　　für Nonprofit-Leistungen 356
　　　　7.3.2.2　Ziele der Preis- und Gebührenpolitik für
　　　　　　　　Nonprofit-Leistungen 358
　　　　7.3.2.3　Formen und Entscheidungskriterien der
　　　　　　　　Preis- und Gebührenpolitik 360
　　　　7.3.2.4　Preis- und gebührenpolitische Instrumente für
　　　　　　　　Nonprofit-Organisationen 363
　　7.3.3　Einsatz der Vertriebspolitik 370
　　　　7.3.3.1　Besonderheiten der Vertriebspolitik für
　　　　　　　　Nonprofit-Leistungen 372
　　　　7.3.3.2　Planungsprozess der Vertriebspolitik für
　　　　　　　　Nonprofit-Organisationen 375

	7.3.3.3	Festlegung von Absatzkanälen für Nonprofit-Leistungen	376
	7.3.3.4	Gestaltung des logistischen Systems	381
7.4	Kommunikationspolitik für Nonprofit-Organisationen		383
	7.4.1	Besonderheiten der Kommunikationspolitik für Nonprofit-Organisationen	384
	7.4.2	Ziele und Aufgaben der Kommunikationspolitik	387
	7.4.3	Strategien der Kommunikationspolitik	395
	7.4.4	Instrumente der Kommunikation für Nonprofit-Organisationen	400
	7.4.5	Corporate Identity für Nonprofit-Organisationen	417

8 Implementierung des Nonprofit-Marketing ... 422

8.1 Grundlagen der Implementierung von Strategien ... 422
    8.1.1 Begriff und Inhalt der Strategieimplementierung ... 426
    8.1.2 Ebenen und Ziele der Strategieimplementierung ... 428
    8.1.3 Implementierungsbarrieren in Nonprofit-Organisationen .. 431
8.2 Gestaltungsebenen der Implementierung in Nonprofit-Organisationen ... 434
    8.2.1 Anpassung der Organisationsstrukturen in Nonprofit-Organisationen ... 436
    8.2.2 Anpassung der Managementsysteme in Nonprofit-Organisationen ... 454
    8.2.3 Anpassung der Organisationskultur in Nonprofit-Organisationen ... 460
8.3 Prozess der Implementierung in Nonprofit-Organisationen ... 466
8.4 Zusammenhänge zwischen internen und externen Prozessen 471

9 Controlling des Nonprofit-Marketing ... 474

9.1 Grundlagen des Controlling für Nonprofit-Organisationen ... 474
    9.1.1 Besonderheiten des Nonprofit-Controlling ... 474
    9.1.2 Funktionen des Nonprofit-Controlling ... 477
    9.1.3 Organisatorische Einbindung des Nonprofit-Controlling .. 479
9.2 Controllingsysteme im Nonprofit-Marketing ... 480
9.3 Aufgabencontrolling ... 481
9.4 Wirtschaftlichkeitscontrolling ... 483
9.5 Integrierte Controllingsysteme ... 488
    9.5.1 Barometer ... 488
    9.5.2 Balanced Scorecard ... 491

9.5.3 EFQM-Modell 500
9.5.4 Kosten-Nutzen-Analyse 502

10 Zukunftsperspektiven des Nonprofit-Marketing 505

10.1 Veränderungen der Rahmenbedingungen 506
10.2 Veränderungen der Nonprofit-Märkte 508
10.3 Veränderungen des Instrumenteneinsatzes 510

Literaturverzeichnis 514
Stichwortverzeichnis 544

Schaubildverzeichnis

1 Gegenstand und Besonderheiten von Nonprofit-Organisationen

Schaubild 1-1:	Anzahl und Mitglieder von Nonprofit-Organisationen in Deutschland	28
Schaubild 1-2:	Ursachen der zunehmenden Nachfrage nach Nonprofit-Leistungen	29
Schaubild 1-3:	Beschäftigtenzahlen in deutschen Nonprofit-Organisationen	32
Schaubild 1-4:	Typologisierung von Nonprofit-Organisationen anhand institutioneller Merkmale	35
Schaubild 1-5:	Grundstruktur mitgliedschaftlich orientierter Nonprofit-Organisationen	38
Schaubild 1-6:	Klassifizierung von Nonprofit-Organisationen	40
Schaubild 1-7:	„Produkttypologie" im Nonprofit-Sektor	43
Schaubild 1-8:	Entscheidungsträger bei der Krankenhauswahl	46
Schaubild 1-9:	Mitarbeiterstruktur des Deutschen Roten Kreuzes	49
Schaubild 1-10:	Phasenbezogener Zusammenhang zwischen den drei konstitutiven Merkmalen von Nonprofit-Leistungen	52
Schaubild 1-11:	Nonprofit-Leistung als „Produkttyp"	54
Schaubild 1-12:	Leistungstypologie von Nonprofit-Organisationen	55
Schaubild 1-13:	Eigenschaftsprofile von Nonprofit-Leistungen	57
Schaubild 1-14:	Informationsökonomische Einordnung von Nonprofit-Leistungen	59

2 Notwendigkeit eines Nonprofit-Marketing

Schaubild 2-1:	Deepening und Broadening des kommerziellen Marketing	61
Schaubild 2-2:	Entwicklung der Marketingdefinition der American Marketing Association (AMA)	62
Schaubild 2-3:	Besonderheiten von Nonprofit-Leistungen und Implikationen für das Nonprofit-Marketing	71
Schaubild 2-4:	Finanzierungsstruktur von Nonprofit-Organisationen in Deutschland im internationalen Vergleich	76

Schaubild 2-5:	Zusammenhang zwischen interer und externer Erfolgskette	91
Schaubild 2-6:	Managementprozess im Nonprofit-Marketing	95

3 Informationsgrundlagen für ein Nonprofit-Marketing

Schaubild 3-1:	Beispiel einer einfachen Spenderanalyse	103
Schaubild 3-2:	Vereinfachte SWOT-Analyse am Beispiel des Evangelischen Johannesstifts	127
Schaubild 3-3:	SWOT-Matrix am Beispiel einer Universität	128
Schaubild 3-4:	SWOT-Matrix am Beispiel eines Hauslieferdienstes von Mahlzeiten	129
Schaubild 3-5:	Organisationen in Deutschland mit den höchsten Spendenaufkommen (2002)	130
Schaubild 3-6:	SWOT-Matrix am Beispiel einer Bürgerstiftung	132
Schaubild 3-7:	Ziele und Motive in den verschiedenen Sponsoringbereichen	139
Schaubild 3-8:	Häufig genannte Argumente für bzw. gegen ein gemeinnütziges Engagement	143

4 Strategische Unternehmensplanung für Nonprofit-Organisationen

Schaubild 4-1:	Beziehungen zwischen strategischer Unternehmensplanung, strategischer und operativer Marketingplanung	149
Schaubild 4-2:	Ebenen der strategischen Unternehmensplanung	151
Schaubild 4-3:	Leitbild der Deutschen Rettungsflugwacht e.V.	153
Schaubild 4-4:	Spannungsfeld zwischen Mission, Qualität und Wirtschaftlichkeit von Nonprofit-Organisationen	157
Schaubild 4-5:	Beispiele für Beeinflussungsziele in Nonprofit-Organisationen	161
Schaubild 4-6:	Zielsystem des WWF-Österreich	162
Schaubild 4-7:	Zielsystem einer Nonprofit-Organisation	167
Schaubild 4-8:	Exemplarische Größen zur Absatzmengenbestimmung von Nonprofit-Leistungen	168
Schaubild 4-9:	Beispiele für Austauschbeziehungen für kommerzielle und nicht-kommerzielle Transaktionen (nicht-schlüssige- und Mitgliedschaftstransaktionen)	174
Schaubild 4-10:	Konzept der Bildung strategischer Geschäftseinheiten für Nonprofit-Leistungen	178
Schaubild 4-11:	Bedarfslebenszyklus von Kirchenmitgliedern	187

| Schaubild 4-12: | Zentrale Segmentierungskriterien in Beschaffungsmärkten | 194 |
| Schaubild 4-13: | Spenderpyramide | 195 |

5 Strategische Marketingplanung für Nonprofit-Organisationen

Schaubild 5-1:	Ebenen und Ausprägungen von Strategieoptionen für Nonprofit-Organisationen	199
Schaubild 5-2:	Potenzielle Marktfeldstrategien am Beispiel des Evangelischen Johannesstiftes	200
Schaubild 5-3:	Dimensionen zur Umsetzung von Wettbewerbsvorteilsstrategien	205
Schaubild 5-4:	Wertkette am Beispiel der European Business School (ebs)	207
Schaubild 5-5:	Formen und Beispiele für Marktbearbeitungsstrategien von Nonprofit-Organisationen	215

6 Qualitätsmanagement für Nonprofit-Organisationen

Schaubild 6-1:	Qualitätsanforderungen von Nonprofit-Organisationen im Spannungsfeld unterschiedlicher Anspruchsgruppen	235
Schaubild 6-2:	Differenzierung von Qualitätsdimensionen auf Basis verschiedener Qualitätsebenen	239
Schaubild 6-3:	Bausteine eines Qualitätsmanagementsystems für Nonprofit-Organisationen	243
Schaubild 6-4:	Messverfahren der Leistungsqualität für Nonprofit-Organisationen	246
Schaubild 6-5:	Dimensionen der Dienstleistungsqualität im ARCHSECRET-Modell	248
Schaubild 6-6:	Vereinfachtes Beispiel eines Blueprints bei der Patientenaufnahme im Krankenhaus	252
Schaubild 6-7:	Stärken und Schwächen von anspruchsgruppenorientierten Verfahren zur Qualitätsmessung	256
Schaubild 6-8:	Stärken und Schwächen von organisationsorientierten Verfahren zur Qualitätsmessung	259
Schaubild 6-9:	Qualitätspositionierung in einem Qualitätsportfolio für Altenhilfe	261
Schaubild 6-10:	Qualitätsstrategie des Evangelischen Johannesstifts (Berlin)	262
Schaubild 6-11:	Ziele und Aufgaben des Qualitätsmanagements im Zielsystem von Nonprofit-Organisationen	265

Schaubild 6-12:	Idealtypische Phasen eines Qualitätsmanagementsystems	268
Schaubild 6-13:	Portfolioanalyse der Fachhochschule Hannover	269
Schaubild 6-14:	Systembausteine der DIN EN ISO 9000ff.	281
Schaubild 6-15:	Skala des „NPO-Labels für Management Excellence"	283
Schaubild 6-16:	Beurteilungskriterien des MBNQA nach Hauptkategorien	286
Schaubild 6-17:	EFQM Excellence Modell	287

7 Operatives Nonprofit-Marketing

Schaubild 7-1:	Marketingmix für Nonprofit-Organisationen	293
Schaubild 7-2:	Phasen eines Personalmanagementsystems von Nonprofit-Organisationen	295
Schaubild 7-3:	Prozess der Personalbeschaffung am Beispiel der Telefonseelsorge	299
Schaubild 7-4:	Entwurf zur Personalbeurteilung im öffentlichen Dienst	309
Schaubild 7-5:	Erscheinungsformen des Sponsoring von Nonprofit-Organisationen aus Sicht der Gesponserten	325
Schaubild 7-6:	Kern- und Zusatzleistungen von Gewerkschaften	331
Schaubild 7-7:	Leistungsportfolio als Entscheidungsgrundlage für Leistungsprogrammveränderungen	332
Schaubild 7-8:	Entscheidungstatbestände der Variation von Leistungsprogrammen	337
Schaubild 7-9:	Markennamen, Markenzeichen und Slogans ausgewählter Umwelt- und Artenschutzorganisationen	352
Schaubild 7-10:	Ansätze zur physischen Markierung von Dienstleistungen	353
Schaubild 7-11:	Erscheinungsformen des Preisbegriffes für Nonprofit-Organisationen	357
Schaubild 7-12:	Formen der Preisdifferenzierung für Nonprofit-Organisationen	365
Schaubild 7-13:	Tageskartenpreise der Saison 2003/2004 bei Werder Bremen	368
Schaubild 7-14:	Systematisierung von marktgerichteten Multiplikationsstrategien	378
Schaubild 7-15:	Beispiele für Franchisesysteme im Krankenpflegebereich in Deutschland	380
Schaubild 7-16:	Erscheinungsformen der Kommunikation	384

Schaubild 7-17:	Aufgaben der marktgerichteten Kommunikation von Nonprofit-Organisationen	391
Schaubild 7-18:	Beispielhafte Instrumente und Schnittstellen der Institutionellen Kommunikation, Marketing- und Dialogkommunikation für Nonprofit-Organisationen .	400
Schaubild 7-19:	Charakteristische Merkmale der Institutionellen Kommunikation, Marketingkommunikation und Dialogkommunikation	400

8 Implementierung des Nonprofit-Marketing

Schaubild 8-1:	Bezugsrahmen der Strategieimplementierung in Nonprofit-Organisationen	434
Schaubild 8-2:	Ansatzpunkte zur Verankerung des Marketing in einer Nonprofit-Organisation	435
Schaubild 8-3:	Hierarchische Organisationsstruktur in den Rechtsformen des Vereins und einer GmbH	436
Schaubild 8-4:	Beispiel einer funktionsorientierten Marketingorganisation für Nonprofit-Organisationen	440
Schaubild 8-5:	Beispiel einer objektorientierten Marketingorganisation für Nonprofit-Organisationen	441
Schaubild 8-6:	Aufgabenbereiche des Marketing sowie dessen organisatorische Verankerung	446
Schaubild 8-7:	Strukturen von Greenpeace Deutschland	447
Schaubild 8-8:	Holding-Modell des Evangelischen Johannesstiftes Berlin	450
Schaubild 8-9:	Vor- und Nachteile einer Holding-Struktur	451
Schaubild 8-10:	Ebenen der Kultur einer Nonprofit-Organisation	463
Schaubild 8-11:	Exemplarischer Stufenplan für Strukturveränderungen einer Nonprofit-Organisation	468
Schaubild 8-12:	Wirkungskette einer erfolgreichen Marketingimplementierung in Nonprofit-Organisationen	472

9 Controlling des Nonprofit-Marketing

Schaubild 9-1:	Indikatoren und Methoden des Nonprofit-Controlling im Rahmen der Wirkungskette des Nonprofit-Marketing	481
Schaubild 9-2:	Mögliche Aufgabenfelder als Messgrundlage des Aufgabencontrolling am Beispiel eines Alten- und Pflegeheims	482
Schaubild 9-3:	ABC-Analyse auf der Basis von Spendeneinnahmen ..	484

Schaubild 9-4:	Plankosten einer Direct-Mailing-Aktion	485
Schaubild 9-5:	Zusammenhang von Deckungsbeitrag und Spenderstufe	486
Schaubild 9-6:	Strukturmodell des anspruchsgruppenbasierten Qualitätsindex der Universität Basel (UBIQ)	489
Schaubild 9-7:	Grundelemente der Balanced Scorecard für Nonprofit-Organisationen	491
Schaubild 9-8:	Ablaufschritte der Einführung und Anwendung der Balanced Scorecard für Nonprofit-Organisationen	493
Schaubild 9-9:	Anwendung der Balanced Scorecard im Krankenhaus	495
Schaubild 9-10:	Sachzielperspektive einer BSC in der stationären Altenhilfe	498
Schaubild 9-11:	Finanzperspektive einer BSC in der stationären Altenhilfe	498
Schaubild 9-12:	Modifizierte Struktur einer Balanced Scorecard für Nonprofit-Organisationen	499
Schaubild 9-13:	Selbstbewertungstabelle nach dem EFQM Excellence Modell	501

10 Zukunftsperspektiven im Nonprofit-Marketing

Schaubild 10-1:	Zukunftsperspektiven des Nonprofit-Marketing	505

Insertverzeichnis

1 Gegenstand und Besonderheiten von Nonprofit-Organisationen

Insert 1-1: Beispielhafte Stellenanzeige einer
Nonprofit-Organisation 48

2 Notwendigkeit eines Nonprofit-Marketing

Insert 2-1: Kürzung der öffentlichen Mittel an kulturelle oder
soziale Einrichtungen 78
Insert 2-2: Initiative Ehrenamt des THW 87

3 Informationsgrundlagen für ein Nonprofit-Marketing

Insert 3-1: Internet-Forum zum Thema „Wenn das Tram nur
noch alle zehn Minuten fährt"
der Basler Zeitung Online 106
Insert 3-2: Online-Umfrage der IHK Bonn 108
Insert 3-3: Förderprogramme der EU zum Thema
Humanitäre Hilfe 141
Insert 3-4: Fahrzeuge aus dem Fuhrpark der Stiftung
„Menschen gegen Minen" 146

4 Strategische Unternehmensplanung für Nonprofit-Organisationen

Insert 4-1: Referat für gesellschaftliche Verantwortung des
Evangelischen Kirchenkreises Unna 165
Insert 4-2: Ansprache junger Zielgruppen am Beispiel
des WWF 188

5 Strategische Marketingplanung für Nonprofit-Organisationen

Insert 5-1: Anzeigenmotive der Deutschen Krebshilfe 201
Insert 5-2: Exklusiv-Vorteile für WWF-Mitglieder 220
Insert 5-3: Ziele des Verbandes entwicklungspolitischer
Nicht-Regierungsorganisationen 224

6 Qualitätsmanagement für Nonprofit-Organisationen

Insert 6-1:	Auszug der Leitgedanken des Alters- und Pflegeheims Frenkenbündten	231
Insert 6-2:	Auszug von Qualitätsaspekten in der Bildungsarbeit der Akademie für Ehrenamtlichkeit in der Jugendhilfe	263
Insert 6-3:	Qualitätsgrundsätze in den von Bodelschwinghschen Anstalten „Bethel"	264
Insert 6-4:	Exemplarisches Qualitätsmanagementhandbuch	275
Insert 6-5:	Vorteile des Gütesiegels der ZEWO	277
Insert 6-6:	Dienstleistungen des Deutschen Spendenrates e.V. für registrierte gemeinnützige Organisationen	278
Insert 6-7:	Kontaktseite des Österreichischen Spendengütesiegels für Nonprofit-Organisationen	279
Insert 6-8:	Zertifizierung der Johanniter-Unfall-Hilfe (Aachen) nach DIN EN ISO 9001:2000	282
Insert 6-9:	Trägers des „NPO-Label für Management Excellence" am Beispiel des Vereins FDP Frauen der Stadt Zürich .	284
Insert 6-10:	Verleihung des MBNQA an die Nonprofit-Organisation SSM Health Care	286
Insert 6-11:	Strategieprofil der Hochschule „Runshaw" (England) .	288
Insert 6-12:	Überblick des Charter Mark Award als Bewertungsschemas für öffentliche Dienstleistungen	289
Insert 6-13:	Gewinner des Charter Mark Award	290

7 Operatives Nonprofit-Marketing

Insert 7-1:	Beispiel für eine Stellenanzeige von Nonprofit-Organisationen	297
Insert 7-2:	Konflikte zwischen ehrenamtlichen und hauptamtlichen Mitarbeitern bei der Deutschen Sportjugend	303
Insert 7-3:	Fundraising durch Entenrennen der US-Firma „Great American Duck Races"	314
Insert 7-4:	Beispiele für drei informative und übersichtliche Spendenwebsites	316
Insert 7-5:	Online-Spende mit ELBA-Payment der RaiffeisenBankengruppe Oberösterreich	318
Insert 7-6:	Spendenportal der Sparkassen-Finanzgruppe	319
Insert 7-7:	„Mobile Donation©" der Tekx Appeal	320
Insert 7-8:	Fundraising per SMS beim Arbeiter-Samariter-Bund . .	321

Insert 7-9:	„Change for Good"-Programm von UNICEF	321
Insert 7-10:	Einführung von Kollektenbons in der Kirchengemeinde Mainz-Bretzenheim	323
Insert 7-11:	Beispiele für Dachmarken von Nonprofit-Organisationen	345
Insert 7-12:	Beispiel für eine Markenfamilie für Nonprofit-Organisationen	346
Insert 7-13:	Markentransferstrategie am Beispiel des gepa-Fair-Handelshauses	348
Insert 7-14:	Beispiele für Markenallianzen von Nonprofit-Organisationen	349
Insert 7-15:	DAH-VISA-Card	350
Insert 7-16:	Mitgliederstruktur des Deutschen Vereins (DV) für öffentliche und private Fürsorge	351
Insert 7-17:	Online Shop der Evangelischen Hauptbibelgesellschaft	355
Insert 7-18:	Spendenkampagne des Deutschen Roten Kreuzes in Kooperation mit Amazon	390
Insert 7-19:	Testimonial-Werbung der Deutschen Welthungerhilfe .	393
Insert 7-20:	Emotionale Gestaltung von Werbeanzeigen der AIDS-Hilfe Schweiz	397
Insert 7-21:	Informative Printanzeige des ADAC	397
Insert 7-22:	Emotionale und informative Gestaltung von Werbeanzeigen des Schweizer Bundesamtes für Gesundheit .	397
Insert 7-23:	Aktualisierende Werbung im Rahmen der deutschen Bundestagswahlen 2002	397
Insert 7-24:	Öffentlichkeitsarbeit der Universität Konstanz – Tag der offenen Tür	403
Insert 7-25:	Plakate für das Schweizer Arbeitslosenmagazin „Surprise"	407
Insert 7-26:	Plakatwerbung für die Evangelische Stiftung Alsterdorf	407
Insert 7-27:	Werbekampagne für SOS-Kinderdörfer	407
Insert 7-28:	Einsatz emotionaler Reize zur Steigerung der Aufmerksamkeit	408
Insert 7-29:	Einsatz von Jennifer Lopez und Pierce Brosnan für den WWF	409
Insert 7-30:	Werbeanzeigen bei www.nzz.ch	411
Insert 7-31:	Homepage des Düsseldorfer Schauspielhauses	413
Insert 7-32:	Gestaltungsrichtlinien des Evangelischen Johannesstiftes in Berlin	418
Insert 7-33:	Homepage im Corporate Design des Evangelischen Johannesstiftes in Berlin	420
Insert 7-34:	Leitbild des Evangelischen Johannesstiftes Berlin	421

8 Implementierung des Nonprofit-Marketing

Insert 8-1:	Organigramm der Arbeiterwohlfahrt Kreisverband Hagen-Märkischer Kreis	442
Insert 8-2:	Organigramm der Universität Bozen	444
Insert 8-3:	Organisationsstruktur des Sozialwerk St. Georg	449
Insert 8-4:	Organisationskultur des ADAC	464

9 Controlling des Nonprofit-Marketing

Insert 9-1:	Aufwendungen und Erträge des WWF Deutschland 2002/2003	475

1 Gegenstand und Besonderheiten von Nonprofit-Organisationen

1.1 Bedeutung und Entwicklung von Nonprofit-Organisationen

1.1.1 Entwicklung und gesellschaftliche Relevanz von Nonprofit-Organisationen

Nonprofit-Organisationen haben sich im gesellschaftlichen Leben in nahezu allen Staaten der Welt fest etabliert. Dabei ist das Spektrum der im Nonprofit-Sektor tätigen Organisationen äußerst breit – beispielsweise gehören dazu so verschiedenartige Institutionen wie Vereine, Kirchen, Parteien, Museen, Krankenhäuser oder Altenpflegeheime. So unterschiedlich wie die verschiedenen Organisationen sind auch die Motive, die zu ihrer Entstehung geführt haben. Ein allgemein gültiger Erklärungsansatz, der für die Entstehung von Nonprofit-Organisationen oftmals herangezogen wird, bezieht sich auf die quantitative und qualitative Unterversorgung bestimmter Bevölkerungsgruppen oder in Bezug auf bestimmte Leistungen (Weisbrod 1977, 1988; Hansmann 1987). Insbesondere die Entstehung von Nonprofit-Organisationen im sozialen Bereich können mit diesem Ansatz gut erklärt werden. So stellen soziale Nonprofit-Organisationen ihre Leistungen jenen Bevölkerungsgruppen zur Verfügung, für die der Staat bzw. der Markt keine ausreichende Versorgung bietet. Die Entstehung von Nonprofit-Organisationen wird somit vor allem als Folge von Staats- bzw. Marktversagen angesehen (Badelt 2002c, S. 115). In diesem Zusammenhang wird bei Nonprofit-Organisationen deswegen auch vom sog. **Dritten Sektor** gesprochen (vgl. z.B. Anheier et al. 1997; Breit/Massing 2001), der sich einerseits von erwerbswirtschaftlichen Organisationen, andererseits vom Staat abgrenzt.

In den letzten Jahren haben sich Nonprofit-Organisationen sowohl quantitativ als auch in Bezug auf die Gewichtung der verschiedenen Einsatzfelder entscheidend verändert. Wie die international angelegte Johns-Hopkins-Studie zeigt, ist es z.B. in den vergangenen 20 Jahren zu einer Verdreifachung der Vereinsdichte in Deutschland gekommen (Anheier/Seibel 2001). Allein in Bezug auf Sportvereine wurden seit der Gründung des Deutschen Sportbundes im Jahre 1950 jährlich ca. 1.000 bis 4.000 Sportvereine neu gegründet (Jütting 1998, S. 271). Heute ist der Deutsche Sportbund die größte Personenvereinigung Deutschlands mit rund 27 Mio. Mitgliedschaften, die in über 87.000 Turn- und Sportvereinen in 90 Mitgliedorganisationen organisiert sind (www.dsb.de, Zugriff am 06.07.2004). Eine ähnliche Dynamik lässt sich bei der Zahl der Selbsthilfegruppen und Initiativen feststellen, die von ca. 25.000 im Jahre 1985 auf rund 70.000 (1998) angestiegen sind. Heute gibt es zu ca. 800 verschiedenen Themen Selbsthilfegruppen, deren Anzahl auf 100.000 geschätzt wird (www.seko-bayern.de; Zugriff am 06.07.2004). Aktuell zeigt sich vor allem bei nicht-kommerziellen Organisationen in den Bereichen Umwelt, Kultur oder internationale Aktivitäten ein überdurchschnittliches Wachstum (Priller/Zimmer 2000). Schaubild 1-1 zeigt die Anzahl der Nonprofit-Organisationen in verschiedenen Bereichen. Die Ausprägungen der verschiedenen Nonprofit-Organisationen innerhalb dieser Bereiche sind vielfältig und deren Tätigkeitsfelder oftmals recht weit gesteckt und im Zeitablauf veränderlich. Dadurch wird die exakte Zuordnung der verschiedenen Organisationen in einen der zehn unten stehenden Bereiche erschwert.

Bereich	Anzahl der Organisationen (1997)	Mitglieder
Kultur und Erholung	160.100	15.729.000
Bildung und Forschung	10.000	661.000
Gesundheitswesen	3.600	2.710.000
Soziale Dienste	130.000	1.586.000
Umwelt- und Naturschutz	30.000	2.710.000
Wohnungswesen und Beschäftigung	1.500	264.000
Bürger- und Verbraucherinteressen	40.000	1.190.000
Stiftungen	6.000	132.000
Internationale Aktivitäten	400	264.000
Wirtschafts- und Berufsverbände	5.000	11.963.000
Sonstige (Religionen u.a.)	30.000	3.767.000
Insgesamt	416.600	41.240.000

Schaubild 1-1: Anzahl und Mitglieder von Nonprofit-Organisationen in Deutschland (Quelle: Johns Hopkins Comparative Nonprofit Sector Project, Teilstudie Deutschland 1997)

Die Vielfalt an Nonprofit-Organisationen sowie deren stetig steigende Mitgliederzahlen machen den **Wandel des dritten Sektors** deutlich. Es zeichnet sich auch für die Zukunft eine wachsende Bedeutung von bestimmten Nonprofit-Leistungen und eine Zunahme von Nonprofit-Organisationen im Allgemeinen ab.

Als Auslöser für den Bedeutungszuwachs und Wandel des dritten Sektors gelten vor allem **gesellschaftliche Entwicklungen** sowie Änderungen im Verhalten von bestimmten Bevölkerungsgruppen (vgl. hierzu Schaubild 1-2). So hat beispielsweise die Verkürzung der Arbeitszeit ein erhöhtes Bedürfnis nach Freizeitaktivitäten nach sich gezogen und damit dazu beigetragen, dass Nonprofit-Organisationen aus dem Bereich Kultur und Erholung auf starkes Interesse in der Bevölkerung stoßen. Immerhin sind inzwischen beinahe 50 Prozent aller Westdeutschen in einem Verein organisiert. Insbesondere Sport- und Freizeitvereine haben dabei besonderen Zulauf (Anheier et al. 2002, S. 34). Durch die Erhöhung der Erwerbsquote bei Frauen (bei gleich bleibendem Anteil erwerbstätiger Männer) entsteht außerdem ein erhöhter Bedarf an Nonprofit-Leistungen im Bereich

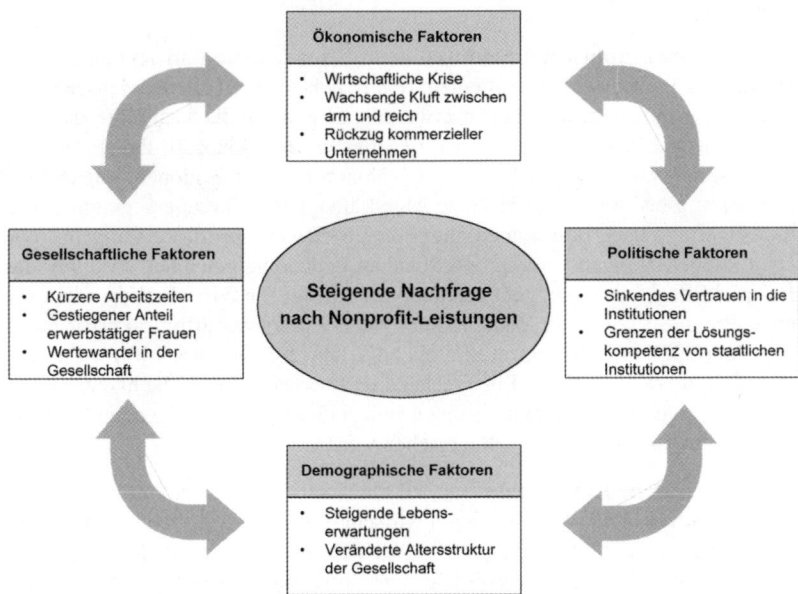

Schaubild 1-2: Ursachen der zunehmenden Nachfrage nach Nonprofit-Leistungen (Quelle: in Anlehnung an Meffert/Bruhn 2003, S. 6)

der Familienbetreuung (z.B. Kleinkinderbetreuung, Kindergrippen). Gleichzeitig führen geänderte Werte und aktuelle soziale Anliegen zur Gründung bzw. zum Bedeutungszuwachs von politisch orientierten und sozialen Nonprofit-Organisationen. Beispielsweise hat sich seit den 1980er-Jahren mit der Etablierung der „Grünen" im Parteiensystem auch das Interesse am Umweltschutz in der Bevölkerung erhöht. Entsprechend sind die Mitgliederzahlen von Umweltschutzgruppen gewachsen und neue Nonprofit-Organisationen in diesem Bereich entstanden.

Beispiel: Entwicklung der Umweltschutzorganisation Greenpeace
Das steigende Interesse an Umweltthemen seit den 1980er-Jahren lässt sich am Beispiel der Umweltschutzorganisation Greenpeace aufzeigen: Im Jahre 1980 interessieren sich die ersten Gruppen für die Arbeit der Umweltschutzorganisation Greenpeace und nennen sich mit Erlaubnis der Dachorganisation Greenpeace International (GPI) offiziell Greenpeace. Bei der Eröffnung des Zentralbüros von Greenpeace Deutschland im Jahre 1981 gibt es bereits zehn regionale Kontaktgruppen. Weitere zwei Jahre später hat sich die Zahl der lokalen Greenpeace-Gruppen in Deutschland – nicht zuletzt angetrieben durch den Chemie-Unfall von Seveso – auf 21 erhöht. Heute engagieren sich bundesweit etwa 80 Greenpeace-Gruppen für den Umweltschutz (Quelle: www.greenpeace.de, Zugriff am 04.08.2004).

Bei den **demographischen Faktoren** ist insbesondere die Entwicklung der Altersstruktur in Deutschland mit einem relativ hohen Anteil älterer Menschen bei einer insgesamt steigenden Lebenserwartung zu nennen, die dazu führt, dass immer mehr Menschen immer länger Leistungen von Nonprofit-Organisationen nachfragen bzw. sich auch aktiv in Nonprofit-Organisationen engagieren. Gleichzeitig bedingt der wachsende Anteil älterer Bevölkerungssegmente, dass die Nachfrage nach bestimmten altersspezifischen Nonprofit-Leistungen – wie etwa Pflegeleistungen – überproportional an Bedeutung gewinnen wird. Für das Beispiel Pflegeleistungen geht das deutsche Institut für Wirtschaftsforschung in einer Prognose von einer Zunahme der Anzahl pflegebedürftiger Personen bis zum Jahr 2020 um 50 Prozent und bis zum Jahr 2050 gar um 150 Prozent aus (Schulz/Leidl/König 2001). Entsprechend ist zu erwarten, dass die in diesem Bereich tätigen Nonprofit-Organisationen sich zukünftig einer steigenden Nachfrage nach ihren Leistungen gegenübersehen werden.

Als **ökonomische Einflussfaktoren** auf die Nachfrage nach Nonprofit-Leistungen kommt vor allem der derzeitigen wirtschaftlichen Krisensituationen und der zunehmenden Kluft zwischen „arm" und „reich" eine zentrale Bedeutung zu, indem Nonprofit-Organisationen immer mehr und immer weiter gehende soziale Aufgaben zukommen (z.B. Essensausgabe an sozial schwache Menschen oder Bereitstellung von Wohnraum für Obdachlose). Weiterhin führt der Rückzug kommerzieller Unternehmen aus bestimmten nicht mehr lukrativen Geschäftsbereichen (z.B. Aufgabe bestimmter Strecken im Nahverkehr) dazu, dass Anbieter von Nonprofit-Organisationen in diese Lücke treten.

Schließlich lassen sich auch **politische Faktoren** identifizieren, die einen Einfluss auf das Angebot bzw. die Nachfrage von Nonprofit-Leistungen ausüben. Dazu gehören beispielsweise das sinkende Vertrauen in die Lösungskompetenz von staatlichen Institutionen oder die mangelnde Auseinandersetzung seitens der Politik mit nationalen und internationalen Spannungsfeldern (z.B. Umweltschutz, Entwicklungshilfe), wodurch Nonprofit-Organisationen vielfach gezwungen sind, in diesem Vakuum Problemlösungen anzubieten. Das geringe Vertrauen der Bürger in Entscheidungswillen und -fähigkeit staatlicher bzw. politischer Institutionen wird durch die Resultate einer Befragung öffentlicher Meinungsführer in Europa und den USA unterstrichen, nach denen das Vertrauen in die Regierung (26 Prozent) und deren Problemlösefähigkeit deutlich tiefer eingestuft wurde als das Vertrauen in Nichtregierungs- (NGO) und Nonprofit-Organisationen (NPO) (52 Prozent) (Edelmann 2002).

1.1.2 Die wirtschaftliche Relevanz von Nonprofit-Organisationen

Nonprofit-Organisationen spielen nicht nur als Ausdruck des gesellschaftlichen Lebens von modernen Staaten eine besondere Rolle. Vielmehr kommt dem Nonprofit-Sektor auch aus **wirtschaftlicher Sicht** eine nicht zu unterschätzende Bedeutung zu. Im Bereich der Nonprofit-Organisationen konnten bereits 1995 mehr als 1,43 Mio. bezahlte Vollzeitarbeitsplätze gezählt werden (Anheier et al. 1997), und ein Leistungsanteil von ca. 3,9 Prozent des Bruttosozialproduktes der Bundesrepublik Deutschland entfällt auf den nicht-kommerziellen Sektor (Priller et al. 1999, S. 101). In den letzten Jahrzehnten konnte der Nonprofit-Sektor sowohl die kommerziellen Unternehmen als auch den öffentlichen Sektor in Bezug auf die Anzahl neu geschaffener Arbeitsplätze überholen (Anheier et al. 2002, S. 32). Seit Beginn der systematischen Untersuchungen zum Beschäftigungswachstum in den drei Sektoren im Jahre 1960 wies der Nonprofit-Sektor (in Westdeutschland) ein relatives Beschäftigungswachstum von 373 Prozent auf (von ca. 383.000 auf 1.440.000 Arbeitsplätze), der öffentliche Sektor um 201 Prozent (von ca. 2.098.000 auf 4.225.000 Arbeitsplätze). Demgegenüber schrumpfte die Zahl der Erwerbstätigen bei kommerziellen Unternehmen seither um 2 Prozent (von ca. 23.201.000 auf 22.754.000 Arbeitsplätze) (Johns Hopkins Comparative Nonprofit Sector Project, Teilstudie Deutschland 1997; Anheier 1999).

Schaubild 1-3 gibt einen Überblick über die **Beschäftigung** in den einzelnen Bereichen des Nonprofit-Sektors. Dabei zeigt sich, dass ein Großteil der Stellen in

Bereich	Absolute Anzahl Stellen (1995)	Anteil in Prozent
Kultur und Erholung	77.350	5,4
Bildung und Forschung	168.000	11,7
Gesundheitswesen	441.000	30,6
Soziale Dienste	559.500	38,8
Umwelt- und Naturschutz	12.000	0,8
Wohnungswesen und Beschäftigung	87.850	6,1
Bürger- und Verbraucherinteressen	23.700	1,6
Stiftungen	5.400	0,4
Internationale Aktivitäten	9.750	0,7
Wirtschafts- und Berufsverbände	55.800	3,9
Insgesamt	1.440.850	100

Schaubild 1-3: Beschäftigtenzahlen in deutschen Nonprofit-Organisationen
(Quelle: Johns Hopkins Comparative Nonprofit Sector Project, Teilstudie Deutschland 1997)

den Bereichen Soziale Dienste (z.B. Altenwohnheime), Gesundheitswesen (z.B. Krankenhäuser) sowie Bildung und Forschung (z.B. Erwachsenenbildung) entstanden sind. Wenn die Organisationen, die sich durch eine nicht-kommerzielle Zielsetzung auszeichnen und dem öffentlichen Sektor angehören (z.B. Universitäten, staatliche Kultureinrichtungen usw.), bei der Betrachtung mit einbezogen werden, steigt die Anzahl der Beschäftigten beträchtlich. Beispielsweise sind allein im Gesundheitswesen annähernd die Hälfte aller Stellen im öffentlichen Sektor angesiedelt (Anheier et al. 2002, S. 31).

1.2 Begriff und Systematisierung von Nonprofit-Organisationen

1.2.1 Begriff der Nonprofit-Organisation

Der Begriff der Nonprofit-Organisation hat sich inzwischen in der Literatur fest etabliert (Andreasen/Kotler 2002; Schwarz et al. 2002; Eschenbach/Horak 2003). Als zentrales Abgrenzungskriterium zu erwerbswirtschaftlichen Unternehmen kann die untergeordnete Bedeutung des Gewinnziels innerhalb der organisationalen Ziele herangezogen werden. Nonprofit-Organisationen sind demnach dadurch gekennzeichnet, dass das Gewinnziel bzw. andere ökonomische Ziele im System der organisationalen Oberziele nicht explizit enthalten sind, sondern eine – wenn auch wichtige – Rahmenbedingung darstellen. Stattdessen rücken insbesondere bedarfswirtschaftliche bzw. soziale und gesellschaftliche Ziele als Primärziele für die Führung von Nonprofit-Organisationen in den Mittelpunkt. Die nicht-gewinnorientierte Bedürfnisbefriedigung und Versorgung verschiedener Anspruchsgruppen (z.B. Erbringung karitativer Leistungen oder öffentlicher Aufgaben) bzw. das Verfolgen zuvor definierter Interessen (z.B. Interessenvertretung durch Parteien) und Missionen (z.B. Verringerung des Hungers in der Dritten Welt) steht im Vordergrund. Für ihre Leistungen erhalten die Nonprofit-Organisationen nicht immer direkte Gegenleistungen in Form von Marktpreisen bzw. Entgelten, vielmehr finanzieren sie sich teilweise über Steuern, Zuschüsse, Spenden, Mitgliedsbeiträge u.Ä. (Wiedmann 2001, S. 670ff.). Eine Nonprofit-Organisation kann wie folgt definiert werden (in Anlehnung an Purtschert 2001, S. 50f.; Badelt 2002a, S. 8f.):

> Eine **Nonprofit-Organisation** ist eine nach rechtlichen Prinzipien gegründete Institution (privat, halb-staatlich, öffentlich), die durch ein Mindestmaß an formaler Selbstverwaltung, Entscheidungsautonomie und Freiwilligkeit gekennzeichnet ist und deren Organisationszweck primär in der Leistungserstellung im nicht-kommerziellen Sektor liegt.

1.2.2 Marketingrelevante Typologien von Nonprofit-Organisationen

Wie bereits deutlich wurde, gibt es eine große **Heterogenität** im Bereich der Nonprofit-Organisationen; nach Schaubild 1-1 sind es in Deutschland mehr als 400.000 verschiedene Organisationen, die dem Nonprofit-Sektor zugerechnet werden können. In den Vereinigten Staaten wird die Zahl der Nonprofit-Organisationen mit annähernd 700.000 angegeben (Weinberg/Ritchie 1999; weitere Zahlen zum Nonprofit-Sektor in den USA, Deutschland, Österreich sowie weiteren Ländern finden sich auf der Homepage des „Centers for Civil Society Studies" der Johns-Hopkins-Universität: www.jhu.edu/~cnp/). Nonprofit-Organisationen sind in unterschiedlichen gesellschaftlichen Bereichen anzutreffen, wie etwa Gesundheit und Soziales, Umwelt, Wohnungswesen, Politik, Bürger- und Verbraucherinteressen, Religion usw. Die extreme Vielfalt der Organisationen im nicht-kommerziellen Bereich gestaltet es schwierig, diese als Gesamtheit zu untersuchen und hat deswegen zu einer Reihe von Kategorisierungsversuchen in der Literatur geführt. Einige der dabei vorgeschlagenen Kriterien zur Typologisierung von Institutionen – z.B. Art der Organisationsform (Verein, Genossenschaft usw.) – sind nicht in der Lage, eindeutige Implikationen für das Marketing zuzulassen. Ausgangspunkt der folgenden Ausführungen bilden daher mehrdimensionale Typologieansätze, die institutionelle Besonderheiten nicht-kommerzieller Organisationen und ihr Aufgabenfeld betreffen.

Ein Beispiel für eine **mehrdimensionale Typologisierung** ist etwa die von Raffée, Abel und Wiedmann (1983, S. 198 ff.) vorgeschlagene Klassifikation, die die folgenden drei institutionellen Merkmale zur Strukturierung der Anbieter von Nonprofit-Leistungen – speziell im sozialen Bereich – zugrunde legt:

(1) Rechtlicher Status
Hierbei wird in private, gemischtwirtschaftliche und öffentliche Organisationen unterteilt.

(2) Bedeutung gesellschaftlicher Aufgaben im Tätigkeitsspektrum
Als Gegenpole existieren zum einen originäre Sozioinstitutionen, zum anderen Institutionen mit akzidentiellem Soziobezug. Dieses auf den sozialen Bereich fokussierte Klassifikationsmerkmal lässt sich auch auf andere Nonprofit-Organisationen erweitern. Denkbar ist es z.B., als erweitertes Klassifikationsmerkmal eine Unterteilung danach vorzunehmen, ob es sich bei der Organisation um eine reine Nonprofit-Organisation handelt oder ob es sich um eine Organisation handelt, die sekundär Nonprofit-Programme verfolgt.

(3) Partizipationsgrad
In Bezug auf den Partizipationsgrad kann zwischen Fremd- sowie Selbstorganisation und Mitgliedervertretung differenziert werden.

Beim Zusammenfügen der einzelnen Kriterien ergibt sich ein durch drei Dimensionen aufgespannter Würfel, innerhalb dessen sich die verschiedenen, am Markt tätigen Nonprofit-Organisationen charakterisieren lassen. Dies ist in Schaubild 1-4 exemplarisch dargestellt. Dem grau unterlegten Feld könnte beispielsweise

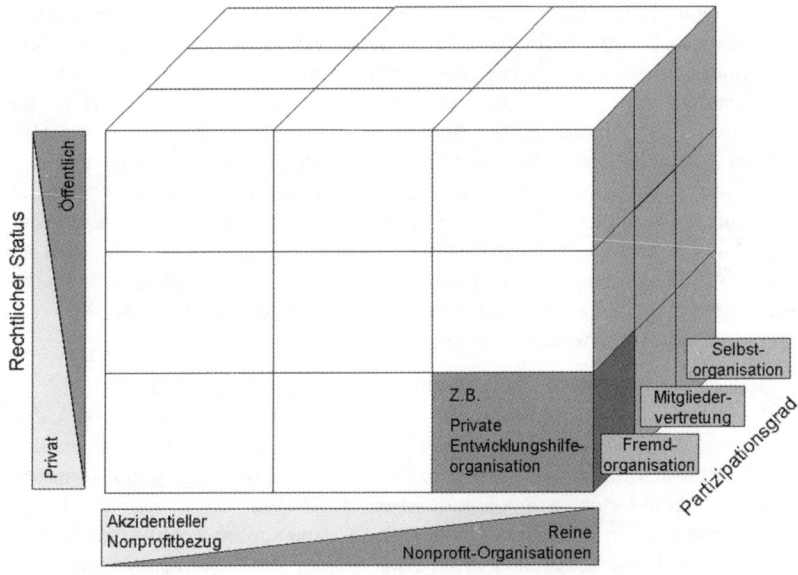

Schaubild 1-4: Typologisierung von Nonprofit-Organisationen anhand institutioneller Merkmale (Quelle: in Anlehnung an Raffée/Abel/Wiedmann 1983, S. 691)

eine private Entwicklungshilfeorganisation zugeordnet werden. Auf Basis dieser Zuordnung lassen sich Implikationen für das Marketing ableiten. Im Folgenden werden die einzelnen Klassifikationsmerkmale genauer betrachtet, um den Bereich, der für ein Nonprofit-Marketing die Ausgangsbasis bildet, besser abzugrenzen.

• **Rechtlicher Status**
Die Unterteilung nach dem rechtlichen Status in öffentliche, halbstaatliche und private Nonprofit-Organisationen ist insbesondere unter dem Aspekt der Gestaltungsmöglichkeiten in Bezug auf ein Nonprofit-Marketing von Relevanz. Die Dispositionsfreiheit ist i.d.R. bei staatlichen Nonprofit-Organisationen geringer als bei privaten. Bei staatlichen Nonprofit-Organisationen, vor allem bei öffentlichen Verwaltungen mit klar festgelegten ordnungspolitischen Aufgaben auf Bundes-, Länder- oder Gemeindeebene (z.B. Finanzämter, Polizei, Kfz-Zulassungsstelle usw.), bestehen starke Einschränkungen bei den Marketingent-

scheidungen. Demgegenüber haben öffentliche Betriebe mit leistungspolitischen Aufgaben (z.B. öffentliche Verkehrsbetriebe) vergleichsweise größere Gestaltungsmöglichkeiten. Allerdings ist in diesem Bereich seit den 1990er-Jahren eine Tendenz zur Privatisierung von ehemaligen Staatsbetrieben – etwa im Bereich der Telekommunikations-, Energie- oder Transportunternehmen – festzustellen (Schwarz et al. 2002, S. 22). Da diese Organisationen nicht mehr dem Nonprofit-Sektor zugeordnet werden können und sich nicht oder nur rudimentär von anderen kommerziellen Organisationen unterscheiden, fallen sie entsprechend aus dem Betrachtungsfokus des Nonprofit-Marketing. Die Mehrheit der Nonprofit-Organisationen – und damit auch Hauptfokus des Nonprofit-Marketing – sind nicht-kommerzielle Organisationen, wie beispielsweise Sportvereine, Bürgerinitiativen, Umweltschutzorganisationen usw.

- **Bedeutung von Nonprofit-Aufgaben im Tätigkeitsspektrum**

Neben Organisationen, die ausschließlich mit der Lösung von Nonprofit-Aufgaben vertraut sind, existieren auch solche Organisationen, die lediglich akzidentiell Nonprofit-Programme verfolgen. Demzufolge lassen sich die im Nonprofit-Sektor tätigen Organisationen auf einem Kontinuum zwischen den beiden Extrempolen „reine Nonprofit-Organisation" und „reine Profit-Organisation" anordnen (Schüller/Strasmann 1989; Finis-Siegler 2001). Reinen Nonprofit-Organisationen ist gemeinsam, dass sie primär dem Gemeinwohl bzw. dem Wohl ihrer Mitglieder dienen – und weniger individuellen Interessen (Badelt 2002a, S. 8). Schafft es beispielsweise eine Arbeitnehmerorganisation, die wirtschaftlichen Interessen ihrer Mitglieder gegenüber den Arbeitgebern erfolgreich zu vertreten, so entspricht dies ihrer Oberzielformulierung bzw. ihrer Rolle als Arbeitnehmerorganisation. Vergleichbar ist es das Ziel einer Entwicklungshilfeorganisation, wirtschaftlich benachteiligten Menschen zu helfen. Demgegenüber sind Organisationen mit akzidentiellem Nonprofit-Bezug dadurch gekennzeichnet, dass Nonprofit-Ziele zwar im Zielsystem der Organisation verankert sind, diese aber keine dominante Stellung einnehmen.

Beispiel: Soziales Engagement des Unternehmens Deichmann
Beispiele für Nonprofit-Aktivitäten einer kommerziellen Organisation stellen die sozial engagierten Projekte des Unternehmens Deichmann dar. Aus seiner christlichen Überzeugung heraus engagiert sich der Unternehmensgründer Dr. Deichmann seit über 20 Jahren für notleidende Menschen in verschiedenen Ländern. Zu den Projekten gehört beispielsweise die gezielte medizinische Hilfe für Lepra- und Tuberkulosekranke in eigens geschaffenen Einrichtungen oder die Förderung der Schul- und Berufsausbildung in Indien. In Israel unterstützt Deichmann an der Ben-Gurion Universität landwirtschaftliche Entwicklungsprojekte für die Wüstenregionen und fördert zudem den Dialog zwischen Israelis und Palästinensern. In Tansania konzentriert sich die Hilfe auf den Aufbau von Gesundheitsdiensten, die Förderung der Landwirtschaft und Viehzucht sowie auf die handwerkliche Ausbildung Jugendlicher. Dieser persönliche Einsatz wirkt in das Unternehmen

hinein, da das soziale Engagement eine Identifikationsmöglichkeit für die Mitarbeiter bietet. Darüber hinaus hat sich das Unternehmen Deichmann einen Code of Conduct auferlegt, der ebenso seine Hersteller und Lieferanten zur Einhaltung bestimmter Sozialstandards in Bezug auf u.a. Kinderarbeit, Gesundheit und Sicherheit verpflichtet (Quelle: www.deichmann.de, Zugriff am 07.07.2004).

Die scheinbar selbstlosen Nonprofit-Aktivitäten von kommerziellen Unternehmen stellen jedoch oftmals nur abgeleitete Ziele dar, um die Oberziele – insbesondere jenes der Gewinnmaximierung – zu erreichen, d.h. erwerbswirtschaftliche Unternehmen werden primär dann Nonprofit-Aktivitäten durchführen, wenn dadurch beispielsweise positive Auswirkungen auf das Unternehmensimage erwartet werden. In Bezug auf die Realisation von Nonprofit-Aktivitäten durch kommerzielle Unternehmen lässt sich somit eine Verfremdung der ursprünglichen altruistischen Intention nicht immer ausschließen. Deshalb ist es zweckmäßig, die Nonprofit-Aktivitäten von kommerziellen Organisationen aus dem Bereich des Nonprofit-Marketing auszuklammern und den Fokus auf reine Nonprofit-Organisationen zu legen.

- **Partizipationsgrad**

Bei der Betrachtung der Organisationsformen im Nonprofit-Sektor sind eine Vielzahl verschiedener Grundstrukturen zu finden, die sich in unterschiedlichem Partizipationsgrad der Mitarbeiter widerspiegeln. Generell lässt sich eine Unterteilung in Eigenleistungs- und Drittleistungsorganisationen vornehmen (Burla 1989). Während im Falle von Eigenleistungsorganisationen (Selbstleistungsorganisationen und Mitgliedervertretungen) für die eigenen Mitglieder die Leistungen erbracht werden (z.B. bei Sportvereinen), sind bei Drittleistungsorganisationen die Nutznießer nicht identisch mit den Trägern der Organisation, sondern primär ein Personenkreis außerhalb der Nonprofit-Organisation (z.B. Leistungsempfänger im Bereich der Entwicklungsländerarbeit). Dies hat Konsequenzen für das Marketing: So sind im Falle von Drittleistungsorganisationen Personen dazu zu bringen, Geld ohne direkte Gegenleistung für soziale oder gemeinnützige Zwecke zur Verfügung zu stellen.

Eigenleistungsorganisationen werden z.T. auch als Selbsthilfeorganisationen bezeichnet. Dies trifft insbesondere auf Genossenschaften und Verbände zu. Eine bestimmte Anzahl von Personen schließen sich zusammen, um als Gruppe Aufgaben effizienter erfüllen zu können (Schwarz et al. 2002, S. 24). Generell kann das Hauptziel des Zusammenschlusses mehrerer Individuen zu einer Eigenleistungsorganisation zum einen darin bestehen, größeren Einfluss auf die Erreichung bestimmter Ziele auszuüben (z.B. im politischen Bereich); zum anderen ist es auch denkbar, dass die Mitglieder sich primär aufgrund gemeinsamer Freizeitinteressen zusammenschließen, d.h., das kollektive Zusammenwirken ist das Primärziel der Organisation (z.B. Musikverein, Sportverein). Obgleich die Mitgliedschaft bei Eigenleistungsorganisationen i.d.R. freiwillig erfolgt, gibt es dennoch einige Nonprofit-Organisationen mit Pflichtmitgliedschaft (z.B. Handelskammer).

Strukturell werden bei größeren mitgliedschaftlich zusammengeschlossenen Nonprofit-Institutionen oftmals formale Organisationen auf regionaler Ebene gebildet, um auf einer höheren Ebene Vorschläge für eine Meinungsbildung, Beeinflussung von Entscheidungen sowie Empfehlungen für die Besetzung der Leitungsorgane (z.B. Bundesvorstand) zu erarbeiten (vgl. Schaubild 1-5). Für das Marketing derartiger Organisationen bedeutet dies häufig einen erhöhten Abstimmungsbedarf.

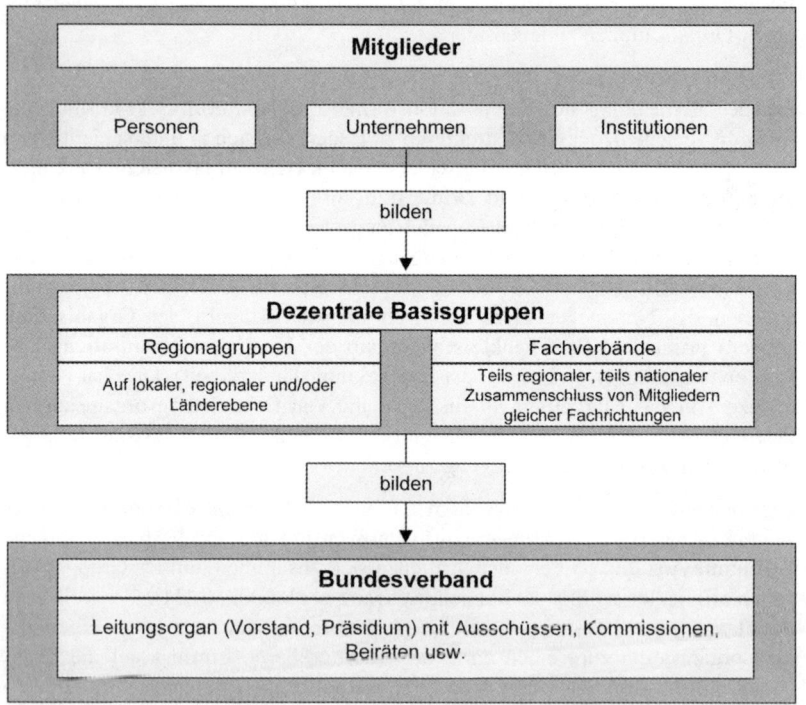

Schaubild 1-5: Grundstruktur mitgliedschaftlich orientierter Nonprofit Organisationen (Quelle: Schwarz et al. 2002, S. 29)

Neben der Unterscheidung nach den verschiedenen institutionellen Merkmalen ist zur weiteren Eingrenzung des Nonprofit-Sektors eine **Typologisierung nach Aufgabenbereichen** sinnvoll. Je nach Bereich, in dem eine Nonprofit-Organisation tätig ist, ergeben sich unterschiedliche Handlungsfelder für das Nonprofit-Marketing. Dabei scheint es zweckmäßig, zunächst eine grobe Unterteilung der Nonprofit-Organisationen in öffentliche Organisationen sowie Verwaltungen, die traditionell eher an öffentlichen Versorgungszielen orientiert sind, und staatlich unabhängigen nicht-kommerziellen Organisationen vorzunehmen. Dies lässt sich damit begründen, dass in öffentlichen Verwaltungen zumeist grundlegend andere Zielsetzungen im Marketing verfolgt werden (z.B. Steigerung der Bürgernähe), als bei staatlich unabhängigen Nonprofit-Organisationen. Entsprechend werden auch in der Marketingliteratur i.d.R. das Marketing für öffentliche Betriebe bzw. Verwaltungen und das Marketing (privater) Nonprofit-Organisationen als unterschiedliche Konzepte definiert (Wiedmann/Klee 2004, S. 510ff.).

Eine differenziertere Klassifizierung von Nonprofit-Organisationen kann beispielsweise in Anlehnung an die **„International Classification of Nonprofit Organizations" (ICNPO)** (www.jhu.edu/~cnp/, Zugriff am 17.08.2004) erfolgen, die die Institutionen in mehrere Obergruppen entsprechend ihren Hauptzielen einteilt (z.B. Gesundheit, Umwelt, soziale Dienste, Religion usw.) (Salamon/Anheier 1997). Obgleich sich diese Klassifikation lediglich auf organisatorisch vom Staat unabhängige Organisationen bezieht, kann sie problemlos auch auf öffentliche Institutionen übertragen werden (vgl. Schaubild 1-6).

Wie der Klassifizierung im Schaubild 1-6 zu entnehmen ist, gibt es ein weites und heterogenes Spektrum an Nonprofit-Organisationen. Entsprechend vielfältig sind auch die Rahmenbedingungen für die Implementierung eines Marketing in den unterschiedlichen Nonprofit-Organisationen. Demzufolge ist es sinnvoll, auf einer Mikroebene jeweils ein differenziertes Marketingkonzept für Kultur- und Erholungsbetriebe, Umwelt- und Naturschutzverbände, Kirchen usw. abzuleiten. Allerdings lassen sich – trotz aller Unterschiede – auf einer übergeordneten Ebene ähnliche Problemstrukturen und zu berücksichtigende Besonderheiten bei Nonprofit-Organisationen identifizieren, die generelle Implikationen für ein Nonprofit-Marketing erlauben. Diese Besonderheiten von Nonprofit-Organisationen werden im folgenden Abschnitt diskutiert.

Grobklassifizierung	Feindifferenzierung
• Öffentliche Verwaltungen (1) Institutionen der Leistungsverwaltung z.B.: - Straßenbauamt - Kulturpflegedezernat (2) Institutionen der Hoheitsverwaltung z.B.: - Bundeswehr - Finanzämter	• Kultur und Erholung - z.B. Theater, öffentliche Bäder
	• Bildung und Forschung - z.B. Universitäten, Volkshochschulen
	• Gesundheitswesen - z.B. Krankenhäuser, Blutspendezentren
	• Soziale Dienste - z.B. Behindertenheime, Altersheime
	• Umwelt- und Naturschutz - z.B. Umweltbundesamt, Naturschutzvereine
	• Wohnungswesen und Beschäftigung - z.B. Arbeitsamt, Mieterverbände
• Öffentliche Organisationen z.B.: - Sparkassen - Verkehrsbetriebe	• Bürger- und Verbraucherinteressen - z.B. Stiftung Warentest, Konsumentenschutz
	• Stiftungen - z.B. Wissenschaftsstiftung, Deutsche Aids-Stiftung
	• Internationale Aktivitäten - z.B. World Vision, Entwicklungshilfe
• Staatlich unabhängige Nonprofit-Organisationen z.B.: - Greenpeace - Caritas	• Wirtschafts- und Berufsverbände - z.B. Berufsverband der Chirurgen, Ärztekammer
	• Religiöse Anbieter und Sonstige

Schaubild 1-6: Klassifizierung von Nonprofit-Organisationen
(Quelle: in Anlehnung an Salomon/Anheier 1997; Anheier et al. 2002; Wiedmann/Klee 2004)

1.3 Besonderheiten von Nonprofit-Organisationen

Als Grundlage für die Umsetzung eines Nonprofit-Marketing sind zunächst die **Besonderheiten von Nonprofit-Organisationen** näher zu betrachten, da diese konkrete Hinweise darauf geben, bei welchen Aspekten eine – im Vergleich zum kommerziellen Marketing – differenzierte Herangehensweise zur Implementierung der Marktorientierung notwendig ist. Als Besonderheiten von Nonprofit-Organisationen lassen sich dabei insbesondere die folgenden sechs Punkte identifizieren (Andreasen 1994; Andreasen/Drumwright 2001; Bruhn 2004b):

(1) Inhalte der Zielsetzungen,
(2) Definition des Produktes bzw. der Leistung,
(3) Berücksichtigung unterschiedlicher Anspruchsgruppen,
(4) Finanzierung der Marketingausgaben,
(5) Mitarbeiter- und Organisationsstrukturen,
(6) Konsequenz der Nachfrageorientierung.

(1) Inhalte der Zielsetzungen
Im Hinblick auf die Zielsetzung von Nonprofit-Organisationen offenbaren sich einige entscheidende Spezifika. Im Gegensatz zu kommerziellen Organisationen, die von monetären, leicht messbaren Größen – wie z.B. Gewinn oder Umsatz – als unternehmerische Oberziele ausgehen, zeichnen sich Nonprofit-Organisationen durch eine größere Heterogenität und Komplexität in Bezug auf die angestrebten Ziele aus, die zumeist qualitativer Natur sind. Beispielsweise basieren bei Nonprofit-Organisationen im sozialen Bereich die Ziele zum Teil auf gesellschaftlich brisanten Inhalten, wie den Hunger in der Dritten Welt zu stillen, Behinderten ein menschliches Leben zu ermöglichen oder die AIDS-Epidemie einzudämmen (Andreasen/Drumwright 2001). Bei politisch orientierten Nonprofit-Organisationen stehen i.d.R. Beeinflussungsziele zur Durchsetzung bestimmter Interessen oder Wertvorstellungen im Vordergrund. Freizeitorientierte Vereine sehen ihr Hauptziel dagegen in der gemeinschaftlichen Aktivität ihrer Mitglieder. Derartig globale Ziele, die in der Erreichung einer bestimmten Aufgabe oder Mission liegen, sind schwer zu operationalisieren und teilweise auch zu kontrollieren. Vor diesem Hintergrund wird deutlich, dass die Aufstellung eines strukturierten Ziel- und Aufgabenplans eine besondere Herausforderung für das Management von Nonprofit-Organisationen darstellt und in modifizierter Form zu erfolgen hat.

Beispiel: Strategische Ziele des WWF Deutschland
Der im Jahre 1961 gegründete World Wildlife Fund (WWF) hat sich als Hauptziel gesetzt, die biologische Vielfalt zu erhalten und möglichst viele Menschen für die Interessen der

Natur zu gewinnen. Um diese Mission zu konkretisieren, wurden verschiedene Schwerpunktthemen für die Arbeit des WWF festgelegt: Im Mittelpunkt stehen der Schutz und die Bewahrung der Großlebensräume Wälder, Meere und Küsten sowie der Flüsse und anderer Feuchtgebiete, der Schutz bedrohter Tier- und Pflanzenarten, der Kampf gegen die Erwärmung der Erdatmosphäre sowie gegen Giftstoffe in der Umwelt. Diese abstrakten Zielsetzungen werden durch drei langfristige, strategische Ziele konkretisiert (Quelle: www.wwf.de, Zugriff am 10.11.2004):

1. Die biologische Vielfalt soll in drei nationalen und sechs internationalen ökologischen Schlüsselregionen gesichert werden.
2. In den für die Bewahrung der biologischen Vielfalt wichtigsten Bereichen soll sich in der Europäischen Union der Anteil des nachhaltigen Wirtschaftens um 50 Prozent erhöhen.
3. Der Bekanntheitsgrad soll auf nahezu 100 Prozent erhöht werden; jeder Fünfzigste soll den WWF unterstützen. Die einflussreichsten Organisationen der entscheidenden Branchen sollen als Kooperationspartner gewonnen werden.

(2) Definition des Produktes bzw. der Leistung

Die „Produkte" im Nonprofit-Sektor sind nur gelegentlich materieller Natur. Weitaus häufiger sind es Beratungen oder andere Dienstleistungen, die in der Lage sind, eine Bedürfnisbefriedigung bei den Zielgruppen der Nonprofit-Organisationen zu erreichen (z.B. Erbringung von Pflege- und Betreuungsleistungen für kranke Menschen, Hilfeleistung für Menschen in der Dritten Welt usw.). Neben der Erstellung individueller Dienstleistungen besteht eine weitere Leistung von Nonprofit-Organisationen in der Vermittlung bestimmter Werte, Interessen oder Ideen (z.B. Vermittlung religiöser Werte durch eine Glaubensgemeinschaft). In Schaubild 1-7 sind die verschiedenen „Produkte" im Nonprofit-Sektor im Überblick dargestellt. Die Komplexität und Vielschichtigkeit des Angebotes an „Nonprofit-Produkten" – auch innerhalb einer Organisation – führt dazu, dass es oftmals schwer fällt, genau zu beschreiben, was eigentlich die aus Marketingsicht relevanten Produkte einer Nonprofit-Organisation darstellen.

Beispiel: Marketing von Behindertenwerkstätten
Betrachtet man die Arbeit von Behindertenwerkstätten, so ergeben sich mindestens zwei mögliche Ansatzpunkte für das Marketing: Erstens für das soziale Ziel der beruflichen Qualifikation und Beschäftigung von behinderten Menschen und zweitens für die von Behindertenwerkstätten erbrachten Waren oder Dienstleistungen. Das Marketing von Behindertenwerkstätten hat somit zwei vollkommen verschiedenartige Aspekte. Zum einen gilt es, Akzeptanz und Unterstützungsbereitschaft für die Rehabilitationsleistungen der Behindertenwerkstätten bei unterschiedlichen Anspruchsgruppen zu schaffen, zum anderen kommt dem Marketing die Aufgabe zu, für die erstellten Güter und Dienstleistungen Käufer zu finden (Arnold 2001, S. 241).

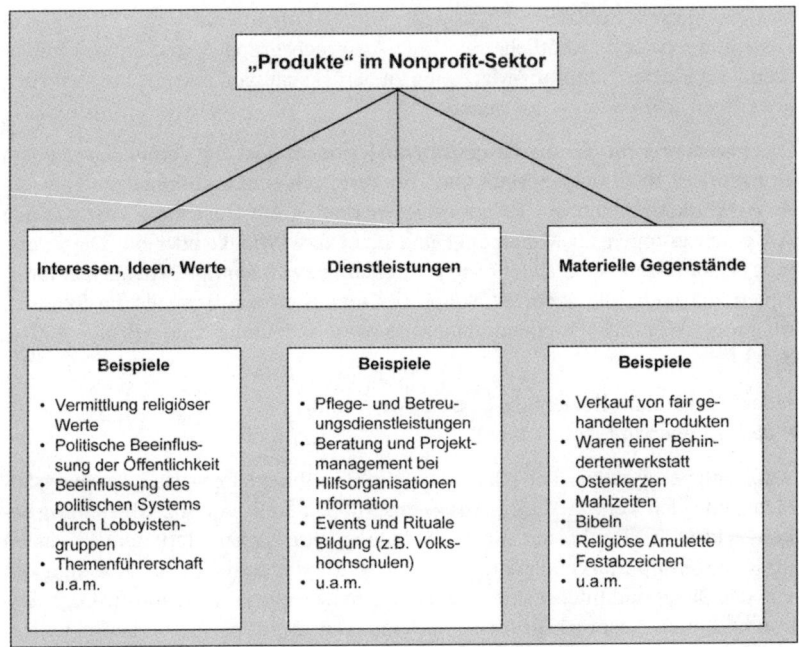

Schaubild 1-7: „Produkttypologie" im Nonprofit-Sektor

Da die Mehrzahl der „Produkte" von Nonprofit-Organisationen insbesondere der Kategorie der Interessen, Ideen und Werte sowie der Kategorie der Dienstleistungen zuzuordnen sind, d.h. immaterieller Art sind, weist das Nonprofit-Marketing in seinem Kern Parallelen zum Dienstleistungsmarketing auf. Entsprechend sind bei der Konzeptionierung eines Nonprofit-Marketing die Erkenntnisse aus dem Dienstleistungsmarketing zu integrieren und um nonprofit-spezifische Besonderheiten zu ergänzen.

(3) Berücksichtigung unterschiedlicher Anspruchsgruppen
Anbieter von Nonprofit-Leistungen agieren oftmals im Rahmen **nicht-schlüssiger Tauschbeziehungen**, in denen neben Anbietern und Leistungsempfängern weitere Teilnehmer, wie z.B. Förderer, Behörden usw. hinzukommen (Arnold 2001, S. 254). Demzufolge ergibt sich für Nonprofit-Organisationen ein im Vergleich zu kommerziellen Unternehmen weitaus komplexeres Beziehungsgeflecht, das es zu managen gilt. So kommt beispielsweise bei einer Umweltschutzorganisation neben den Beziehungen zu den Mitgliedern gleichfalls den

Beziehungen zu Spendern, Sponsoren und der Öffentlichkeit eine strategische Bedeutung zu, d.h., sämtliche relevante Anspruchsgruppen sind bei der Implementierung eines Nonprofit-Marketing zu berücksichtigen und entsprechend den jeweiligen Zielsetzungen zu steuern.

Das Paradigma der **Anspruchsgruppenorientierung** ist eng verbunden mit dem Konzept des Relationship Marketing. Im Vergleich zum traditionellen (Transaktions-)Marketing steht im Relationship Marketing die Beziehung zu einzelnen Anspruchsgruppen im Mittelpunkt und nicht das Produkt oder die Dienstleistung. Dabei liegen dem Relationship Marketing zwei zentrale Managementprinzipien zugrunde, die auch für Nonprofit-Organisationen bzw. für die Realisierung der Anspruchsgruppenorientierung von Bedeutung sind (Bruhn 2001a, S. 53 f.):

- das „Denken im Beziehungslebenszyklus" und
- das „Denken in Erfolgsketten".

Aufgrund des dynamischen Charakters von Beziehungen zwischen Leistungsanbieter und den verschiedenen Anspruchsgruppen stellt der sog. **Beziehungslebenszyklus** das Denkraster für die Ableitung spezifischer Marketingaktivitäten im Relationship Marketing dar, indem die Marketingaktivitäten in Abhängigkeit von der Dauer und Intensität der Beziehungen zwischen der Nonprofit-Organisation und ihren Anspruchsgruppen variieren. Der idealtypische Verlauf einer Beziehung lässt sich dabei in die Phasen der Akquisition, Bindung und ggf. Rückgewinnung von Anspruchsgruppen unterteilen (Bruhn 2001, S. 49ff.). In Bezug auf die Anspruchsgruppe Spender bedeutet dies also, dass zur Gewinnung neuer Spender, zum Ausbau der Beziehung zu den bisherigen Spendern und zur Reaktivierung von Spendern, die längere Zeit nicht mehr gespendet haben, jeweils differenzierte Marketingaktivitäten zum Tragen kommen.

Das „**Denken in Erfolgsketten**" als zweites Prinzip des Relationship Marketing dient der gedanklichen Basis für die Analyse, Steuerung sowie Kontrolle der Marketingaktivitäten zu den Anspruchsgruppen und hilft dabei, die Erfolgsrelevanz eines anspruchsgruppenspezifischen Nonprofit-Marketing zu verdeutlichen. Die Grundstruktur einer Erfolgskette besteht aus folgenden drei Gliedern:

1. Anspruchsgruppenspezifische Nonprofit-Marketing-Aktivitäten als Input,
2. Wirkung der Marketing-Aktivitäten bei den Anspruchsgruppen,
3. Verwirklichung der Ziele der Nonprofit-Organisation als Output.

Entsprechend könnte eine Erfolgskette im Nonprofit-Marketing wie folgt aussehen: Erbringung der Nonprofit-Leistung → Zufriedenheit der Leistungsempfänger → Bindung der Leistungsempfänger → Realisierung der Ziele der Nonprofit-Organisation. Im Falle von demokratisch organisierten Mitgliedsorganisationen kann das Mitglied durch Wahlen die Leistungen der Nonprofit-Organisation mitbestimmen (Schwarz et al. 2002, S. 209). Entsprechen die von der Mitgliedsorganisation angebotenen Leistungen nicht oder nur unzureichend den Bedürfnissen und Ansprüchen der Mitglieder, so können diese in letzter Konsequenz austreten. Somit gilt es, die Wünsche der Mitglieder zu antizipieren und bei der Gestaltung der Leistung zu berücksichtigen. Darüber hinaus tragen aber auch bei Mitgliedsorganisationen häufig Spender, Sponsoren oder sonstige Dritte entscheidend dazu bei, dass diese ihre Ziele verwirklichen können. Die aufgezeigte Erfolgskette ist somit nur eine von mehreren Erfolgsketten im Nonprofit-Marketing.

Im Zentrum des Nonprofit-Marketing steht demzufolge nicht eine einseitige Orientierung an den Leistungsempfängern, sondern eine umfassende **Anspruchsgruppenorientierung**, d.h., die konsequente Ausrichtung sämtlicher Aktivitäten einer Nonprofit-Organisation an den Erwartungen der verschiedenen internen und externen Beziehungspartner. Dadurch übernimmt die Nonprofit-Organisation sozusagen die Rolle des „Anwaltes der Anspruchsgruppen". Oftmals sind die Bedürfnisse der verschiedenen Anspruchsgruppen sehr unterschiedlich oder gar konträr, so dass die Herausforderung für das Nonprofit-Marketing darin besteht, diesen heterogenen Ansprüchen gerecht zu werden. Beispielsweise ist es denkbar, dass die Sponsoren eines Theaters wünschen, dass populäre Theateraufführungen inszeniert werden, während die Kunstschaffenden andere Vorstellungen über die Gestaltung des Theaterprogramms haben.

Beispiel: Anspruchsgruppenorientierung in der Altenhilfe
Im Bereich der Altenhilfe lässt sich exemplarisch aufzeigen, dass viele Nonprofit-Organisationen nicht einem Leistungsempfänger, sondern einer Vielzahl von Anspruchsgruppen gegenüber stehen, z.B. Klienten, Angehörigen, Kostenträgern, Helfernetzwerk, Sponsoren, Spendern, Politik und Öffentlichkeit. Die Berücksichtigung dieser vielfältigen Interessensgruppen führt zu einer erhöhten Komplexität des Nonprofit-Marketing. So wird sich eine Altenhilfeeinrichtung beispielsweise zum einen gegenüber den Kostenträgern profilieren, zum anderen wird sie auch versuchen den Wünschen und Bedürfnissen der Patienten bzw. deren Angehörigen gerecht zu werden.

Beispiel: Entscheidungsträger bei der Krankenhauswahl
Schaubild 1-8 zeigt exemplarisch, dass lediglich ein Drittel aller Krankenhausaufenthalte auf der Wahl des Patienten selbst beruhen. In zwei Drittel der Fälle übernehmen die Ärzte die Rolle des Entscheiders. Bei der Entwicklung eines Marketingkonzeptes für Krankenhäuser gilt es demzufolge, auch die zuweisenden Ärzte als Anspruchsgruppe zu berücksichtigen.

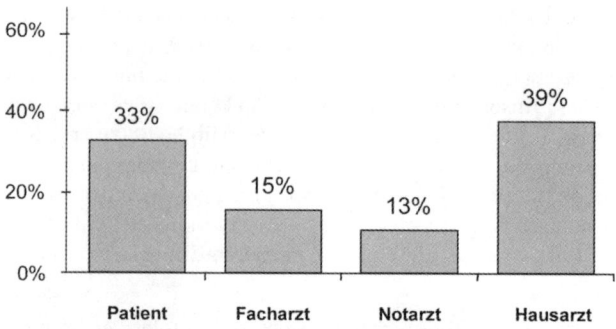

Schaubild 1-8: Entscheidungsträger bei der Krankenhauswahl
(Quelle: Haubrok et al. 1998 S. 105)

Als Folge der erwähnten, nicht-schlüssigen Tauschbeziehungen ergeben sich für Nonprofit-Organisationen ebenfalls Schwierigkeiten hinsichtlich der Interpretation der Preispolitik, da der Preis für Nonprofit-Leistungen sich nicht nach Angebot und Nachfrage richtet (Hasitschka/Hruschka 1982; Andreasen/Kotler 2002, S. 379 ff.). Je nach Art der Nonprofit-Organisation finden sich unterschiedliche Steuerungsmechanismen als Ersatz für den Preismechanismus: Bei den meisten Drittleistungsorganisationen (z.B. Entwicklungshilfe, Wohlfahrtsinstitutionen) werden beispielsweise die Leistungen aufgrund vorher festgelegter Kriterien (z.B. Grad der Hilfsbedürftigkeit) an die Empfänger verteilt. Es handelt sich also um für den Leistungsempfänger kostenlos oder unter dem Marktpreis zur Verfügung gestellte Beratungen, Hilfeleistungen oder sonstige Dienste, deren Finanzierung private oder öffentliche Geldgeber übernehmen.

(4) Finanzierung der Marketingausgaben
Ein weiterer Unterschied zwischen Nonprofit- und kommerziellem Marketing liegt in der Finanzierung der Marketingausgaben. Während kommerzielle Organisationen häufig beachtliche Summen für das Marketing bereitstellen, sind hierfür die Ressourcen bei Nonprofit-Organisationen oft sehr beschränkt. Darüber hinaus betrachten potenzielle Spender, Mitglieder oder andere Geldgeber allzu großzügig bemessene Marketingbudgets nicht selten mit Missfallen (Andreasen/Drumwright 2001; Bliemel/Fassott 2001, S. 269). Die für das Marketing aufgewendeten Gelder werden als Verschwendung betrachtet, die zu einer Vernachlässigung der eigentlichen Mission führen (Weisbrod 1998). In diesem Zusammenhang ist es sinnvoll, den Beitrag des Marketing zur Erfüllung der Aufgaben der Nonprofit-Organisation den Anspruchsgruppen individuell aufzuzeigen, um so Bedenken gegenüber einem professionellen Marketing abzubauen.

Beispiel: Marketingausgaben im Rahmen öffentlicher Kampagnen
Vor einigen Jahren beschloss die kanadische Regierung, eine Marketingkampagne zu starten, um bei der Bevölkerung Akzeptanz für eine neue Verfassung zu schaffen. Die Marketingausgaben für diese Kampagne lagen bei ungefähr 6 Mio. CAD. Darüber hinaus wurde eine Reihe anderer Marketingaktivitäten mit einem Gesamtaufwand von etwa 160 Mio. CAD unternommen. Nachdem diese Summe in der Öffentlichkeit bekannt wurde, gab es heftige Kritik an der Regierung; Vorwürfe der Verschwendung öffentlicher Gelder wurden laut (Andreasen/Kotler 2002, S. 25). Vergleichbar mit diesem Fall in Kanada ist die Diskussion in Deutschland über einen Beratervertrag zwischen der Bundesanstalt für Arbeit und einer PR-Firma. Nicht nur im politischen Bereich wird häufig Kritik an zu hohen Marketingbudgets geübt, auch bei anderen Nonprofit-Organisationen betrachtet die Öffentlichkeit hohe Marketingausgaben zum Teil kritisch.

Beispiel: Spannungsfeld Spenden und Verwaltungsaufwand
Die Organisation „Menschen gegen Minen Schweiz" hat im Jahre 2002 durch die Veröffentlichung ihrer Rechnungsberichte seitens der Zewo (Zentralauskunftsstelle für Wohlfahrtsorganisation) öffentliche Kritik geerntet. Laut ihrer Revisionsstelle wies die gemeinnützige Organisation Spendeneinnahmen von 4,1 Mio. CHF aus. Demgegenüber stand ein Verwaltungsaufwand von 3,1 Mio. CHF und die Summe von 150.000 CHF als Projektunterstützung.

(5) Mitarbeiter- und Organisationsstrukturen

Nonprofit-Organisationen weisen oftmals eine kaum formalisierte Organisationsstruktur auf, schriftliche Regelungen fehlen zum Teil gänzlich – somit wird eine einfache Entscheidungsfindung erschwert. Der bewusste Aufbau einer Leitungsorganisation – und das damit verbundene Zulassen formaler Macht – wird insbesondere in Nonprofit-Organisationen, die sich dem Egalitätsprinzip verbunden fühlen, nur sehr behutsam möglich sein (Heimerl/Meyer 2002, S. 259). Diese Eigenheit wirkt sich auch im Hinblick auf die Wahl eines entsprechenden Führungsstils aus (Bauz et al. 2004, S. 613 ff.).

In Bezug auf die Mitarbeiterstrukturen sind in vielen Nonprofit-Organisationen neben hauptberuflichen Mitarbeitern auch ehrenamtliche Mitarbeiter tätig. Nach einer Untersuchung der Infratest Burke Sozialforschung sind in Deutschland über 30 Prozent der Bevölkerung ab 14 Jahren in irgendeiner Form ehrenamtlich engagiert (Badelt 2002d, S. 579). Die Definition von ehrenamtlicher Arbeit kann dabei anhand von fünf Merkmalen vorgenommen werden (Goll 1991, S. 150 ff.):

- Freiwillige Tätigkeit,
- Organisatorische Bindung an bestimmte Institutionen,
- Nebenberufliche und unentgeltliche Tätigkeit (i.d.R.),
- Geringe oder keine spezifische Ausbildung der Ehrenamtlichen für die Nonprofit-Tätigkeit,
- Nutzen der Tätigkeit kommt primär Dritten zugute.

Der besondere Stellenwert dieser Mitarbeiter für die Nonprofit-Organisationen wird u. a. damit begründet, dass sie kaum Personalkosten verursachen und auf Grund der Freiwilligkeit meist stark motiviert sind. Dem stehen allerdings auch potenzielle „Schattenseiten" gegenüber, wie z. B. mangelnde fachliche Kenntnisse oder geringe Zuverlässigkeit und Stabilität wegen fehlender vertraglicher Bindungen sowie Abstimmungsprobleme zwischen bezahlten und unbezahlten Mitarbeitern (Ridder/Schmid 1999, S. 15). Vor dem Hintergrund der Qualitätssicherung gilt es, geeignete Arbeitsfelder für die Laienarbeit zu definieren und nicht lediglich aus Kostengründen primär auf ehrenamtliche Mitarbeiter zu setzen. Im Insert 1-1 ist beispielhaft eine Stellenanzeige für ehrenamtliche Mitarbeiter einer Nonprofit-Organisation dargestellt.

Neben dem grundsätzlichen Problem der Führung ehrenamtlicher Mitarbeiter zeigt sich seit einigen Jahren auch ein Trend dahingehend, dass die Bereitschaft, sich ehrenamtlich zu engagieren, nachgelassen hat (Horak/Heimerl 2002). Entsprechend hat sich die Konkurrenz der verschiedenen Nonprofit-Organisationen um die unbezahlten Mitarbeiter verschärft – in der Konsequenz wird der Akqui-

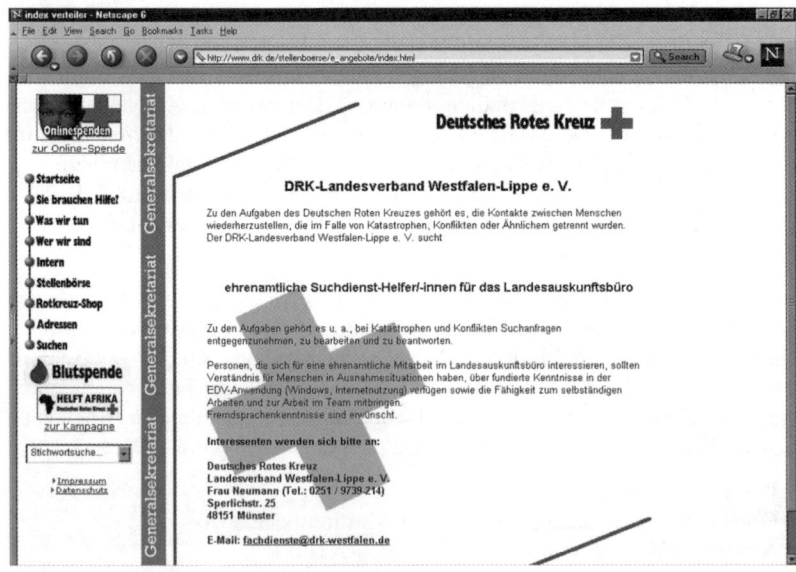

Insert 1-1: Beispielhafte Stellenanzeige einer Nonprofit-Organisation (Quelle: www.drk.de, Zugriff am 17.08.2004)

Rotkreuzmitglieder und Mitarbeiter

248.314	Freiwillige Helferinnen und Helfer
101.561	Kinder und Jugendliche im Jugendrotkreuz
20.099	Rotkreuzschwestern
75.356	Mitarbeiter/innen
7.611	Zivildienstleistende
4.281.064	Fördermitglieder
4.662.442 (ca. 5,65% der Bevölkerung)	DRK gesamt

Schaubild 1-9: Mitarbeiterstruktur des Deutschen Roten Kreuzes
(Quelle: www.drk.de, Zugriff am 25.03.2004)

sition von geeigneten ehrenamtlichen Mitarbeitern zukünftig vermehrt Bedeutung zukommen.

Beispiel: Mitarbeiter- und Mitgliederstruktur im Deutschen Roten Kreuz
Welchen zentralen Stellenwert die Mitarbeit von freiwilligen Helfern in einigen Bereichen von Nonprofit-Organisationen einnimmt, lässt sich beispielsweise an der Mitgliederstruktur des Deutschen Roten Kreuzes (DRK) aufzeigen. Wie dem Schaubild 1-9 zu entnehmen ist, übersteigt die Zahl der ehrenamtlich Tätigen deutlich die Anzahl an hauptamtlichen Mitarbeitern.

(6) Konsequenz der Nachfrageorientierung
Nonprofit-Organisationen sehen – im Gegensatz zu kommerziellen Unternehmen – ihre Aufgabe nicht immer darin, eine erhöhte Nachfrage durch konsequente Zielgruppenausrichtung anzustreben. Oft versuchen die Organisationen, ihre Zielgruppen (Öffentlichkeit, Staat, andere Organisationen) so zu beeinflussen, dass sie – auch gegen ihren Widerstand – bestimmte Verhaltensweisen oder Ideen verändern (Bruhn/Tilmes 1994, S. 24). In diesem Zusammenhang wird beispielsweise die Veränderung bestimmter Verhaltensweisen angestrebt, die

von der Mehrheit oder bestimmten Teilen der Bevölkerung als kritisch angesehen werden, wie z.B. Drogenkonsum, schnelles Fahren, bestimmte politische Ideen usw.

Beispiel: Drogen- und Gewaltprävention bei Jugendlichen
Mit dem Slogan „Keine Macht den Drogen" will der Verein „Keine-Macht-den-Drogen e.V." die Haltung und das Bewusstsein von Jugendlichen gegen Drogen und Gewalt stärken sowie zum kritischen Umgang mit den Suchtstoffen Alkohol und Tabak auffordern. Gemeinsam mit Partnern, u.a. vielen deutschen Sportverbänden und dem Verband deutscher Musikschulen, versucht die Anti-Drogen-Initiative, positives Leben und Erleben als Alternative zu Suchtverhalten, Drogen und Gewalt zu vermitteln (www.kmdd.de, Zugriff am 17.08.2004).

1.4 Besonderheiten von Nonprofit-Leistungen

Im Rahmen der Betrachtung der spezifischen Merkmale von Nonprofit-Organisationen ist das Augenmerk auch auf die Besonderheiten von Nonprofit-Leistungen zu legen, da diese ebenfalls Auswirkungen auf die Umsetzung des Nonprofit-Marketing haben.

1.4.1 Zum Begriff von Nonprofit-Leistungen

Nonprofit-Leistungen sind in erheblichem Umfang als eine spezifische Art von Dienstleistungen zu charakterisieren. Deshalb bietet es sich an, Nonprofit-Leistungen in enger Anlehnung an den allgemeinen Begriff der Dienstleistung zu kennzeichnen. Der Dienstleistungsbegriff wird in der neueren Marketingliteratur i.d.R. auf der Basis **konstitutiver Merkmale** definiert. Hierbei lassen sich potenzialorientierte, prozessorientierte und ergebnisorientierte Definitionsansätze unterscheiden (Hilke 1989; Rosada 1990; Mudie/Cottam 1993; Meyer 1994; Matul/Scharitzer 2002; Scheuch 2002).

Im Sinne einer **potenzialorientierten** Definition werden Nonprofit-Leistungen als die durch Menschen oder Maschinen geschaffenen Potenziale bzw. Fähigkeiten der Nonprofit-Organisation verstanden, spezifische Leistungen beim Leistungsempfänger zu erbringen. Diesbezüglich stellt die Infrastruktur eines Krankenhauses oder ein Kirchengebäude einschließlich dessen Inventar ein solches Potenzial dar – ebenso wie die Fähigkeit einer Krankenschwester, Patienten zu pflegen oder diejenige eines Pfarrers, seine Gemeinde zu betreuen.

Bei einer **prozessorientierten** Betrachtung wird die Nonprofit-Leistung als eine Tätigkeit interpretiert, die der Bedarfsdeckung Dritter dient und den synchronen Kontakt zwischen Nonprofit-Organisation und Leistungsempfänger erfordert. Bei dieser Definition wird somit insbesondere die gleichzeitige Erbringung und Inanspruchnahme der Nonprofit-Leistung betont (sog. „Uno-actu-Prinzip"), d.h. der Integration des Leistungsempfängers in den Dienstleistungsprozess kommt eine besondere Bedeutung zu.

Aus Sicht eines **ergebnisorientierten** Definitionsansatzes wird die Nonprofit-Leistung nicht als Prozess, sondern als Ergebnis des Prozesses betrachtet, zumal einzig dieses am Markt vertretbar ist. Nonprofit-Leistungen werden grundsätzlich von Menschen an bzw. mit anderen Menschen erbracht und resultieren i.d.R. in einem immateriellen Ergebnis (Immaterialität des Leistungsergebnisses). Damit wird die Nonprofit-Leistung als immaterielles Gut hervorgehoben. Das immaterielle Ergebnis einer politischen Aktivität ist z.b. die veränderte öffentliche Meinung bzgl. eines bestimmten Themas oder im Falle einer rechtlichen Fürsorgeberatung der erhöhte Informationsstand der Leistungsnachfrager.

Zur umfassenden Betrachtung der konstitutiven Merkmale von Nonprofit-Leistungen wird eine **phasenbezogene Integration** der prozess-, ergebnis- und potenzialorientierten Interpretation der Nonprofit-Leistung vorgenommen, d.h., die drei zuvor aufgezeigten Definitionsansätze werden zusammengeführt (Hilke 1984, S. 17ff.; 1989, S. 10f.). Erst aus den spezifischen Fähigkeiten und der Bereitschaft der Nonprofit-Organisation zur Erbringung einer Leistung (Potenzialorientierung) und der Einbringung des externen Faktors durch den Leistungsnachfrager als prozessauslösendes und -begleitendes Element (Prozessorientierung) resultiert ein Nonprofit-Leistungsergebnis (Ergebnisorientierung) (vgl. Schaubild 1-10).

Im Hinblick auf diesen integrierten Definitionsansatz bestehen in der Literatur Differenzen bzgl. der **relativen Bedeutung der drei aufgezeigten Phasen**. Zu entsprechenden Argumentationen gehören u.a. die folgenden beiden Thesen (Engelhardt 1990, S. 278ff.; Rosada 1990, S. 20ff.; Meyer 1994, S. 12):

- Lediglich der Prozesscharakter einer Nonprofit-Leistung und die hieraus folgende Integration des externen Faktors stellen eine spezifische Besonderheit von Nonprofit-Leistungen gegenüber Sachleistungen dar.
- Das Ergebnis einer Nonprofit-Leistung kann auch materieller Art sein, wie z.B. bei Leistungen von Entwicklungshilfeorganisationen oder bei Anbietern fair gehandelter Produkte.

Trotz dieser Differenzen erweist sich die Drei-Phasen-Auffassung von Nonprofit-Leistungen als geeignet, zentrale Besonderheiten von Nonprofit-Leistungen

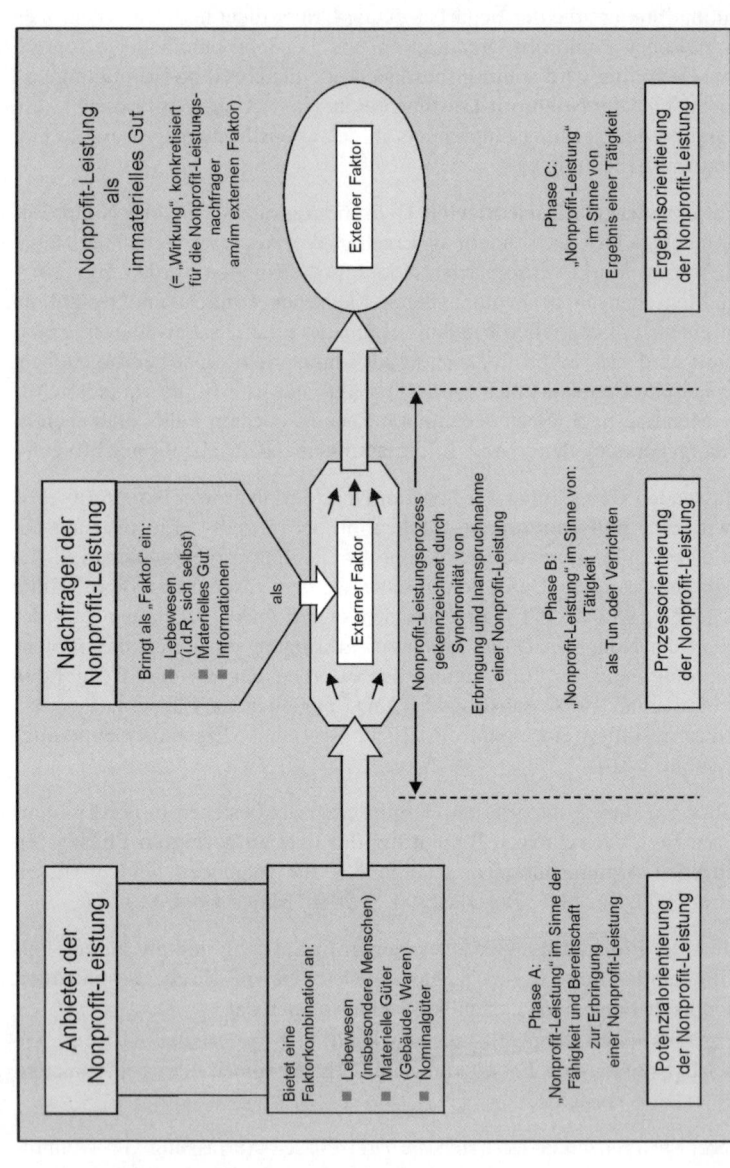

Schaubild 1-10: Phasenbezogener Zusammenhang zwischen den drei konstitutiven Merkmalen von Nonprofit-Leistungen (Quelle: in Anlehnung an Hilke 1989, S. 15)

aufzuzeigen und im Rahmen des Nonprofit-Marketing zu berücksichtigen. Daher kann der Begriff **Nonprofit-Leistung** folgendermaßen definiert werden (in Anlehnung an Meffert/Bruhn 2003, S. 30):

> **Nonprofit-Leistungen** sind selbstständige Leistungen, die mit der Bereitstellung und/oder dem Einsatz von Leistungsfähigkeiten verbunden sind (**Potenzialorientierung**). Interne und externe Faktoren (also solche, die nicht im Einflussbereich der Nonprofit-Organisation liegen) werden im Rahmen des Erstellungsprozesses kombiniert (**Prozessorientierung**). Die Faktorenkombination des Nonprofit-Leistungsanbieters wird mit dem Ziel eingesetzt, an den externen Faktoren, an Menschen, deren Objekten oder Lebensräumen nutzenstiftende Wirkungen zu erzielen (**Ergebnisorientierung**).

Beispiel: Leistungen bei Volkshochschulen
Bei einer Betrachtung von Volkshochschulen offenbaren sich verschiedene Merkmale, die sich den einzelnen Phasen zuordnen lassen. So verfügen Volkshochschulen beispielsweise über Dozierende, Unterrichtsräume und technische Ausstattungsmerkmale, die der Potenzialdimension zuzuordnen sind. Die Potenziale bilden somit die Voraussetzung für die Erstellung einer Dienstleistung. Innerhalb der Prozessdimension lassen sich beispielsweise der Unterrichtsstil und der Kursverlauf nennen. Diese Merkmale sind durch die Notwendigkeit der Interaktion zwischen Nonprofit-Organisation und Leistungsnachfrager gekennzeichnet. Das Ergebnis eines Volkshochschulkurses stellt beispielsweise das verbesserte Wissen der Kursteilnehmer dar.

1.4.2 Typen von Nonprofit-Leistungen

Die Typologisierung verschiedener Wirtschaftsgüter anhand charakterisierender Merkmale weist eine lange Tradition im Marketing auf. Die Idee der Typologiebildung basiert auf der Überlegung, dass Unterschiedliches auch unterschiedlich behandelt werden sollte (Meyer 1994). Generelles Ziel einer Leistungstypologie im Bereich des Nonprofit-Marketing ist somit die Identifikation von spezifischen Leistungstypen, die typenübergreifend differenzierte, aber innerhalb eines Typs einheitliche **Implikationen für das Nonprofit-Marketing** ableiten lassen.

Innerhalb einer Typologie besteht im Gegensatz zu rein definitorischen Ansätzen keine Notwendigkeit, die als relevant erachteten Merkmale eineindeutig festzulegen. Vielmehr werden die relevanten Merkmale als Kontinuum zwischen ihren Extremausprägungen dargestellt. Dies ist letztlich der zentrale Vorteil einer Leistungstypologisierung gegenüber einer definitorischen Abgrenzung. Typologien vermögen somit das Problem von Unschärfebereichen zwischen den „Rein-For-

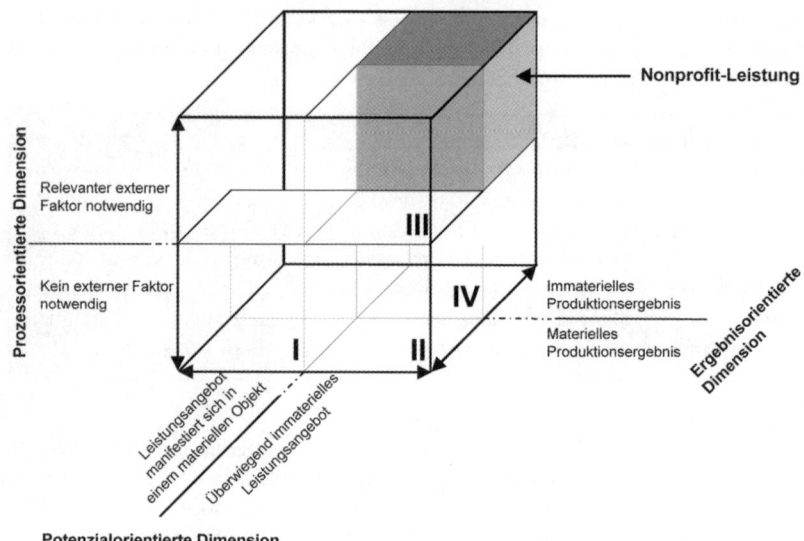

Schaubild 1-11: Nonprofit-Leistung als „Produkttyp"
(Quelle: in Anlehnung an Knoblich/Oppermann 1996, S. 17)

men" bestimmter Leistungen abzubilden, ohne gleichzeitig dessen Lösung – im Sinne einer eindeutigen Zuordnung – anzustreben.

In Anlehnung an Knoblich/Oppermann (1996) wird im Folgenden eine **Typologisierung auf Basis der drei konstitutiven Merkmale von Nonprofit-Leistungen** (Leistungspotenzial, -prozess und -ergebnis) vorgenommen und neben dem Typ der „klassischen" Nonprofit-Leistung vier weitere Produkttypen (Typ I bis IV) unterschieden, die sich aus den unterschiedlichen Kombinationen der drei Merkmale ergeben (vgl. Schaubild 1-11).

Kennzeichnend für **Produkttyp I** ist ein körperliches Objekt in der Angebotsphase, keine Einsatzfaktoren der Nachfrager und ein materielles Ergebnis der Faktorkombination (z.B. der Verkauf von Bibeln in der Kirche oder der Verkauf von Festabzeichen durch eine Hilfsorganisation). Dieser Produkttyp kann aufgrund des hohen Materialitätsgrades der darunter zu fassenden Produkte als Sachleistung charakterisiert werden.

Produkttyp II umfasst standardisierte Produkte, die erst nach der Inanspruchnahmeentscheidung des Leistungsempfängers, dann aber ohne eine weitere Integration des Leistungsempfängers, erbracht werden können (z.B. Mahlzeitendienst). Diese Produkte können als „Quasi-Sachleistungen" bezeichnet werden, da im Unterschied zu reinen Sachleistungen die Materialität des Leistungsangebotes fehlt.

Produkttyp III sind all jene Leistungen zuzurechnen, die in einer auftragsorientierten Produktion nach den individuellen Anforderungen des jeweiligen Konsumenten produziert werden und deren Ergebnis materiellen Charakters ist (z.b. Verwirklichung eines individuellen Bauprojektes in der Entwicklungshilfe). In diesem Sinne kann von Auftragsleistungen gesprochen werden.

Schließlich sind zu **Produkttyp IV** diejenigen Leistungen zu zählen, die lediglich als Leistungsversprechen angeboten werden, ohne dass ein externer Faktor bei der Produktion benötigt wird. Das Ergebnis des Leistungserstellungsprozesses ist immaterieller Natur (z.b. Leistungen von Umweltinformationsdiensten oder politische Themenführerschaft). Trotz der fehlenden Integration des externen Faktors ist die Nähe dieses Typs zum Typ Nonprofit-Leistung unverkennbar, so dass die Bezeichnung „Quasi-Dienstleistungen" für Nonprofit-Leistungen dieses Typs sinnvoll erscheint.

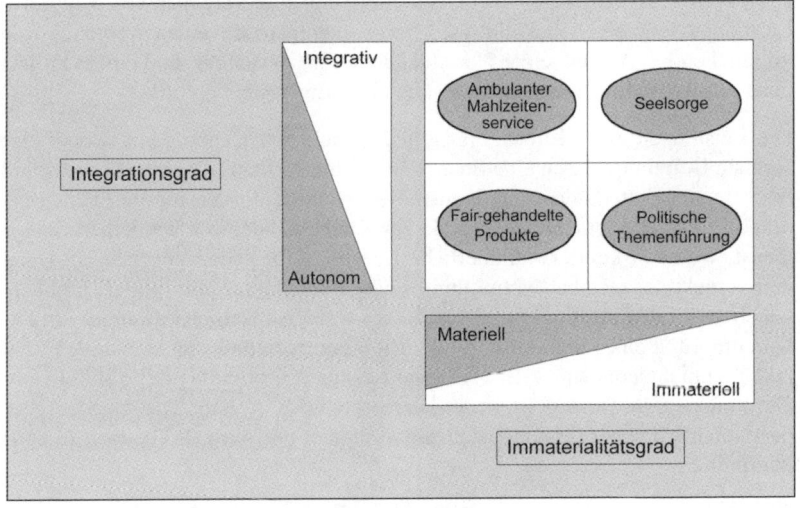

Schaubild 1-12: Leistungstypologie von Nonprofit-Organisationen
(Quelle: in Anlehnung an Engelhardt et al. 1992, S. 34 ff.)

Zusammenfassend lässt sich aus dieser Typologie somit festhalten, dass eine Gegenüberstellung von Dienstleistungen und Sachleistungen zu kurz greift und Dienstleistungen aufgrund ihrer „Dreidimensionalität" nicht nur gegenüber Sachleistungen (Typ I), sondern auch von Quasi-Sachleistungen (Typ II), Auftragsleistungen (Typ III) und Quasi-Dienstleistungen (Typ IV) zu unterscheiden sind (Knoblich/Oppermann 1996).

Eine weitere in der Literatur zum Dienstleistungsmarketing häufig diskutierte Leistungstypologie ist die **Leistungstypologie nach Engelhardt et al.** (Engelhardt et al. 1992, S. 34 ff.), die auf zwei Dimensionen beruht: dem Integrationsgrad im betrieblichen Leistungsprozess und dem Immaterialitätsgrad des Leistungsergebnisses. In Schaubild 1-12 sind exemplarisch Beispiele für diese Typologie aufgeführt.

Neben den zweidimensionalen Dienstleistungstypologien existieren auch **mehrdimensionale Leistungstypologien,** in denen mindestens drei Merkmale zur Typenbildung herangezogen werden. Hierbei lassen sich auf einer übergeordneten Ebene induktive und deduktive Typologisierungsansätze unterscheiden (Benkenstein/Güthoff 1996).

Eine induktive Typologie wird i.d.R. durch das gleichzeitige Heranziehen mehrerer bipolarer Typologisierungsmerkmale entwickelt. Hieraus resultieren Eigenschaftsprofile, die sich zur Charakterisierung und zum Vergleich von Nonprofit-Leistungen eignen. Schaubild 1-13 zeigt exemplarisch einen Vergleich von kirchlichen Leistungen, einer Notschlafstelle für Obdachlose und einem Projekt einer Umweltschutzorganisation anhand eines Eigenschaftsprofils.

Die Leistungen einer Kirche sind grundsätzlich personenbezogen, wobei eine formale Beziehung durch eine finanzielle Beitragspflicht (oftmals in Form eines prozentualen Anteils des Einkommens) gegeben ist. In den meisten Fällen beschränkt sich der persönliche Kontakt zur Kirche auf den wöchentlichen Gottesdienst, wodurch keine kontinuierliche Leistungserbringung gegeben ist. Unter dem Aspekt der Glaubensvermittlung sind die intellektuellen, oftmals problembehaftetem Leistungen – je nach Nachfrage – unterschiedlich zu betrachten: Die Durchführung einer Messe hat zum einen repetitiven und standardisierten Charakter, zum anderen sind z.B. Seelsorge-Leistungen individualisiert und kreativ. Der immaterielle Prozess ist weder konsumtiv noch investiv. Die am Menschen persönlich erbrachte Leistung ist prozessorientiert und wird als Glaubensfindung interpretiert.

Als zweites Beispiel wird eine Notschlafstelle für Obdachlose betrachtet. Die personenbezogene Leistung weist in der Regel keine formale Beziehung zwischen Leistungsempfänger und -anbieter auf und ist auf die Erbringung einer

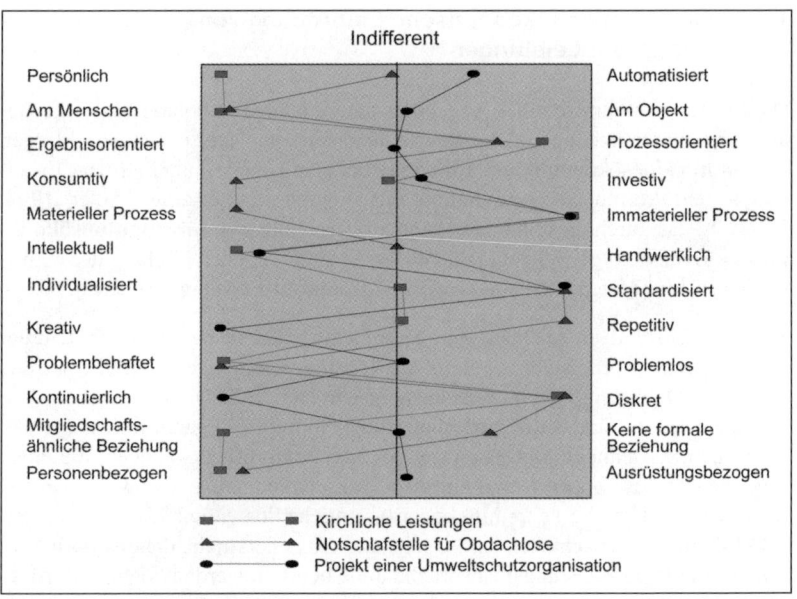

Schaubild 1-13: Eigenschaftsprofile von Nonprofit-Leistungen
(Quelle: in Anlehnung an Meffert/Bruhn 2003, S. 47)

Schlafmöglichkeit für die Nacht beschränkt. Der Leistungserstellungsprozess ist oftmals problembehaftet und weist einen repetitiven und standardisierten Charakter auf, wobei weder intellektuelle noch handwerkliche Elemente gegeben sind. Der materielle Prozess (Bereitstellung einer Schlafmöglichkeit) hat einen konsumtiven Charakter und ist eher prozess- (Übernachtung/Schlafen) als ergebnisorientiert (ausgeruhter Zustand). Die Leistung wird am Menschen verrichtet und ist dabei persönlich (Zuweisung des Schlafplatzes durch Mitarbeiter) als auch automatisiert (Benutzung der Schlafstelle). In entsprechender Weise lässt sich der Fall der Umweltschutzorganisation interpretieren.

Ziel einer derartigen Leistungstypologisierung ist es letztlich, durch eine Beschreibung von Erscheinungsformen die spezifische Problemstruktur hinsichtlich der Implementierung eines Nonprofit-Marketing zu erkennen (z.B. Unsicherheiten aufgrund hoher Immaterialität einer Leistung). Darauf aufbauend sind in einem zweiten Schritt Implikationen für den Einsatz von Marketinginstrumenten abzuleiten.

1.4.3 Informationsökonomische Einordnung von Nonprofit-Leistungen

Die Leistungsmerkmale eines Angebotes determinieren in hohem Maße die Beurteilungsmöglichkeiten und das Beurteilungsverhalten der Leistungsnachfrager. Die Informationsökonomik unternimmt dabei eine Unterteilung in Such-, Erfahrungs- und Vertrauenseigenschaften einer Nonprofit-Leistung (Adler 1994, S. 52). In das durch diese Dimensionen aufgespannte sog. **informationsökonomische Dreieck** (vgl. Schaubild 1-14) lassen sich – je nach Umfang der betreffenden Eigenschaften – die verschiedenen Nonprofit-Leistung einordnen:

- **Sucheigenschaften** zeichnen sich dadurch aus, dass sie bereits im Vorfeld der Leistungsinanspruchnahme durch die Leistungsempfänger beurteilt werden können. Da die eigentliche Kernleistung von Nonprofit-Organisationen i.d.R. immateriell ist, sind Sucheigenschaften bei Nonprofit-Organisationen eher die Ausnahme. Dennoch gibt es eine Reihe von Nonprofit-Leistungen, die einen vergleichsweise hohen Anteil an Sucheigenschaften aufweisen, wie beispielsweise öffentliche Verkehrsmittel oder öffentliche Schwimmbäder.
- **Erfahrungseigenschaften** sind solche Leistungsmerkmale, die erst nach bzw. im Verlaufe der Leistungsinanspruchnahme beurteilt werden können. Beispiele für Erfahrungseigenschaften sind die Qualität des Essens bei einer „Tafel" oder der Geschmack eines fair gehandelten Kaffees.
- **Vertrauenseigenschaften** (z.T. wird auch von Glaubenseigenschaften gesprochen) können hingegen überhaupt nicht oder nur zu prohibitiv hohen Kosten durch einen einzelnen Leistungsnachfrager überprüft werden (Kaas 1991a, S. 17ff.). Typische Beispiele für Vertrauenseigenschaften sind etwa die medizinischen Leistungen eines Krankenhauses oder die Seelsorgeleistungen der Kirchen.

In Abhängigkeit vom Anteil an Such-, Erfahrungs- oder Vertrauenseigenschaften können Nonprofit-Leistungen aus Sicht des Kunden entsprechend mehr oder weniger gut beurteilt werden. Dabei nimmt der Grad an Informationsdefiziten und Unsicherheiten mit steigendem Anteil an Erfahrungs- und Glaubenseigenschaften zu (Adler 1994). Mittels des informationsökonomischen Dreiecks lassen sich die Nonprofit-Leistungen je nach Dominanz einer Eigenschaft als Such-, Erfahrungs- oder Vertrauensleistung charakterisieren.

Auf Basis der informationsökonomischen Einordnung einer Leistung lassen sich Implikationen für das Nonprofit-Marketing ableiten. So führt beispielsweise ein hoher Anteil an Erfahrungs- und Glaubenseigenschaften dazu, dass die Nonprofit-Organisation Wege zu suchen hat, um die Informationsdefizite auf Seiten des Leistungsempfängers zu reduzieren und ihn von der Überlegenheit ihrer

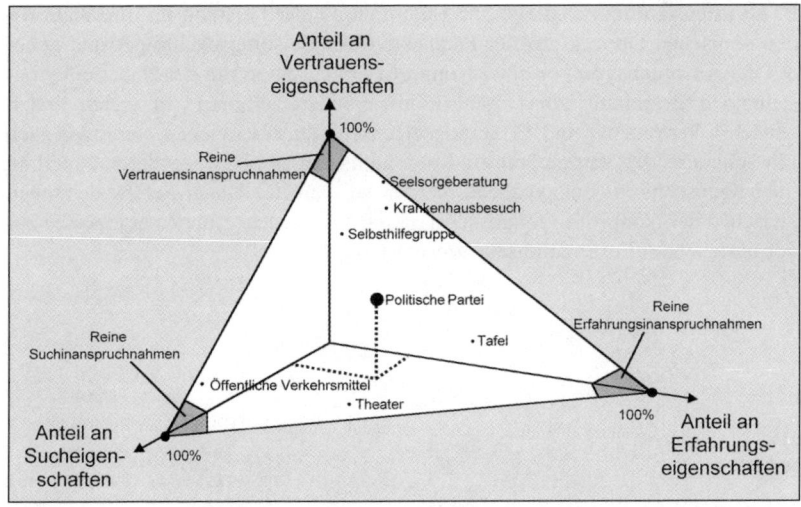

Schaubild 1-14: Informationsökonomische Einordnung von Nonprofit-Leistungen
(Quelle: in Anlehnung an Adler 1994, S. 52)

Angebote zu überzeugen. Als glaubhafte Signale kann die Nonprofit-Organisation in diesem Zusammenhang z.B. auf Qualitätszeichen oder Zertifizierungen zurückgreifen, die dem Leistungsempfänger als Schlüsselinformationen bzw. Ersatzindikator zur Leistungsbeurteilung dienen. Demgegenüber sind bei Nonprofit-Leistungen mit hohem Anteil an Sucheigenschaften derartige Signalingaktivitäten von geringerer Relevanz, da diese Leistungen dem Kunden eindeutig kommuniziert werden können. Dabei ist es durchaus denkbar, dass eine Nonprofit-Organisation eine Reihe von Leistungen anbietet, die im informationsökonomischen Dreieck unterschiedlich einzuordnen sind. In einem solchen Fall bietet es sich z.B. an, über relativ unproblematische Leistungen mit einem hohen Anteil an Sucheigenschaften potenzielle Leistungsempfänger zu einer ersten Leistungsinanspruchnahme zu motivieren, um nach dem Erfahrungsaufbau das gewonnene Vertrauen zu nutzen und zukünftig auch Leistungen mit höherem wahrgenommenen Risiko anzubieten. Beispielsweise kann eine Beratungsstelle für Suchtkranke potenziellen Klienten zunächst bei Problemen mit Behörden oder bei der Suche nach Übernachtungsmöglichkeiten behilflich sein. Haben die Leistungsempfänger Vertrauen gegenüber der Beratungsstelle aufgebaut, so kann in einem zweiten Schritt eine individuelle Beratung zum Ausstieg aus dem Suchtproblem angeboten werden.

Es ist offensichtlich, dass sich die Einordnung einer Leistung im informationsökonomischen Dreieck aus der Perspektive der Leistungsnachfrager und generell der Anspruchsgruppen einer Nonprofit-Organisation mit der Dauer einer bestehenden Beziehung zur Organisation verändert. Während in vielen Fällen zunächst Vertrauens- und Erfahrungseigenschaften überwiegen, verändert sich mit zunehmender Vertrautheit die Einordnung hin zu einem größeren Anteil an Sucheigenschaften. Entsprechend werden bei längerer Dauer der Beziehungen zwischen der Nonprofit-Organisation und den Anspruchsgruppen eine Reihe zuvor bestehender Informationsasymmetrien abgebaut.

2 Notwendigkeit eines Nonprofit-Marketing

2.1 Vom kommerziellen zum nicht-kommerziellen Marketing

Das Konzept des Marketing als konsequente Ausrichtung sämtlicher Unternehmensaktivitäten an den Bedürfnissen des Marktes bzw. des Kunden hat sich in den letzten Jahrzehnten in den meisten Branchen und Unternehmen der Privatwirtschaft durchgesetzt. Ausgangspunkt waren die Märkte im Konsumgüterbereich, in denen die Marketingmethoden zunehmend verfeinert und die Marketinginstrumente immer systematischer eingesetzt wurden (Kotler/Bliemel 2001; Nieschlag et al. 2002). Die Ausweitung des Marketinggedankens über den Konsumgüterbereich hinaus wurde maßgebend durch die sog. Broadening-Deepening-Diskussion Ende der 1960er- und Anfang der 1970er-Jahre angestoßen (vgl. Schaubild 2-1).

	Kommerzielles Marketing	
Human Concept of Marketing		Marketing öffentlicher Betriebe
Soziale Verantwortung des Marketing		Nonprofit-Marketing
Ökologieorientiertes Marketing		Generic Marketing
Nachhaltiges Marketing		Relationship Marketing
Vertiefung (Deepening)		**Ausweitung (Broadening)**

Schaubild 2-1: Deepening und Broadening des kommerziellen Marketing (Quelle: in Anlehnung an Wehrli 1981, S. 51; Meffert 2000, S. 1276)

Eine Befragung in den frühen 1970er-Jahren unter Marketingprofessoren ergab, dass mehr als 90 Prozent der Befragten der Meinung waren, das bisherige Verständnis von Marketing müsse erweitert bzw. neu überdacht werden (Nickels 1974, S. 142). Neben einer zunehmenden Ausweitung im kommerziellen Bereich (z.B. Entwicklung eines spezifischen Dienstleistungs-, Investitionsgütermarketing) erweiterte Kotler (1972) mit seinem **"Generic Concept of Marketing"** den Objektbereich des Marketing auch auf alle Austauschprozesse im nicht-kommerziellen Bereich. Diese weite Begriffsauffassung wurde später von einer Vielzahl von Autoren aufgegriffen (vgl. z.B. Hasitschka/Hruschka 1982; Raffée/Wiedmann 1983) und spiegelt sich auch in der Entwicklung der Marketingdefinition der American Marketing Association (AMA) wider (vgl. Schaubild 2-2).

Das Konzept des Nonprofit-Marketing war eine spezifischere Fokussierung des Marketing auf nicht-kommerzielle Organisationen. Es wurde gefordert, dass die Verantwortlichen im nicht-kommerziellen Bereich vermehrt die bewährten Marketingmethoden konsequent anwenden, um ihre Ziele effizient zu erreichen (Kotler/Zaltman 1971). Dabei stand jedoch bis in jüngster Zeit nahezu ausnahmslos die Austauschbeziehung zu den Leistungsempfängern bzw. zu den Förderern im Vordergrund der Betrachtung. Erst seit einigen Jahren wurde auch die Bedeutung der anderen, für die Nonprofit-Organisation relevanten Beziehungen (insbesondere auch der Mitarbeiter) erkannt und in das Marketingkonzept integriert (Schwarz et al. 2002, S. 203).

Die Fokussierung des Marketinggedankens auf die Beziehungen zu allen relevanten Anspruchsgruppen der Nonprofit-Organisation ist eng mit dem Aufkom-

Jahr	Definition
1960	„Marketing is the performance of business activities that direct the flow of goods and services from producer to consumer or user" (American Marketing Association 1960, S. 15).
Seit 1985 bis heute	„Marketing is the process of planning and execution, the conception, pricing, promotion and distribution of ideas, goods and services to create exchanges that satisfy individual and organizational objectives" (American Marketing Association 1985, S. 1; 2004).

Schaubild 2-2: Entwicklung der Marketingdefinition der American Marketing Association (AMA)

men des **Relationship Marketing** verbunden (Berry 1983; Grönroos 1994; Gummesson 1994; Payne 1995). Ziel des Relationship Marketing ist es, die Beziehungen zu den relevanten Anspruchsgruppen in den Mittelpunkt zu stellen, um über die Art der Beziehung zu einer Neustrukturierung der Marketinginstrumente zu gelangen (Bruhn 2001a). Im Rahmen von Netzwerküberlegungen stellte man in den 1990er-Jahren in diesem Zusammenhang fest, dass Austauschprozesse häufig nicht nur zwischen zwei einzelnen Organisationen stattfinden, sondern teilweise auch zwischen mehreren Partnern, die direkt oder indirekt miteinander in Kontakt stehen (Ford 1990; Kern 1990). Derartige Beziehungsnetzwerke existieren nicht nur bei kommerziellen Unternehmen, sondern auch und insbesondere bei Nonprofit-Organisationen (vgl. hierzu auch Abschnitt 1.3). Entsprechend besteht eine zentrale Aufgabe des Nonprofit-Marketing darin, die Beziehungen zu sämtlichen relevanten Anspruchgruppen anhand eines integrativen Managementprozesses zu steuern.

Die besondere Relevanz der Beziehungsorientierung im Nonprofit-Marketing lässt sich ferner aus den Besonderheiten von Nonprofit-Leistungen ableiten, wonach bei deren Absatz bzw. Erstellung ein externer Faktor integriert wird. Das Denken in Beziehungen stammt ursprünglich insbesondere aus dem Dienstleistungs- und Industriegütermarketing, da neben dem eigentlichen Kernprodukt dort die Interaktion ein wesentliches Leistungsmerkmal darstellt. Dies gilt auch für das Nonprofit-Marketing in besonderer Weise. Die Beziehungsorientierung bezieht sich im Nonprofit-Zusammenhang insbesondere auf die direkten Leistungsempfänger einer Nonprofit-Organisation sowie die Spender und Sponsoren, in einer weiteren Betrachtung aber auch auf andere Anspruchsgruppen, wie beispielsweise die allgemeine Öffentlichkeit.

Versteht man unter Marketing nicht nur eine betriebswirtschaftliche Funktion, sondern eine Führungsfunktion, dann lässt sich das generelle Verständnis von Marketing auch auf Nonprofit-Organisationen übertragen. Demzufolge kann Nonprofit-Marketing wie folgt definiert werden (in Anlehnung an Bruhn 2004d, S. 2302):

Nonprofit-Marketing ist eine spezifische Denkhaltung. Sie konkretisiert sich in der Analyse, Planung, Umsetzung und Kontrolle sämtlicher interner und externer Aktivitäten, die durch eine Ausrichtung am Nutzen und den Erwartungen der Anspruchsgruppen (z.B. Leistungsempfänger, Kostenträger, Mitglieder, Spender, Öffentlichkeit) darauf abzielen, die finanziellen, mitarbeiterbezogenen und insbesondere aufgabenbezogenen Ziele der Nonprofit-Organisation zu erreichen.

Die Definition verdeutlicht, dass Nonprofit-Marketing nicht nur als eine gleichberechtigte Funktion innerhalb einer Organisation (z.B. neben den Abteilungen Personal, Beschaffung, Controlling) zu verstehen ist, sondern als umfassendes Leitkonzept des Managements und somit eine ganzheitliche Organisationsphilosophie darstellt. Vor diesem Hintergrund wird deutlich, dass Nonprofit-Marketing ein umfassendes **Führungskonzept für nicht-kommerzielle Organisationen** ist, das sich – unter Berücksichtigung der Besonderheiten des Nonprofit-Sektors und der Nonprofit-Leistungen – an den Grundgedanken des modernen Marketingmanagements anlehnt.

Für das genauere Verständnis ist es hilfreich, aus der vorgenommenen Definition die wesentlichen **Merkmale des Nonprofit-Marketing** herauszuarbeiten. Hier sollen vor allem fünf Merkmale hervorgehoben werden:

(1) Leitidee einer anspruchsgruppenorientierten Organisationsführung
Die Philosophie des Nonprofit-Marketing basiert auf einer konsequenten Ausrichtung sämtlicher Aktivitäten einer Nonprofit-Organisation an den Bedürfnissen und Erwartungen der verschiedenen Anspruchsgruppen, um somit erfolgreich die finanziellen, mitarbeiterbezogenen und aufgabenbezogenen Ziele der Nonprofit-Organisation zu erreichen. Demzufolge sind die Erwartungen und Bedürfnisse der unterschiedlichen Anspruchsgruppen detailliert zu analysieren, um darauf hin sämtliche Marketingaktivitäten gezielt danach auszurichten. Eine besondere Herausforderung resultiert hierbei daraus, möglichen divergierenden Erwartungshaltungen der unterschiedlichen Anspruchsgruppen – im Sinne eines optimalen Trade-off – gerecht zu werden.

(2) Systematisches Planungs- und Entscheidungsverhalten
Nonprofit-Marketing ist eine Managementfunktion und bedingt ein Entscheidungsverhalten, das sich an einer systematischen Planung ausrichtet. Deshalb ist es erforderlich, für die unterschiedlichen Marketingaktivitäten einen integrierten Planungsprozess mit den Phasen der Analyse, Planung, Umsetzung und Kontrolle zu entwickeln, um diesen dem Nonprofit-Marketing als Basis für eine Entscheidungsfindung zugrunde zu legen. Ein professionelles Nonprofit-Marketing zeichnet sich demzufolge durch ein analytisches Vorgehen aus.

(3) Suche nach kreativen und innovativen Problemlösungen
Um sich von anderen Nonprofit-Organisationen abzuheben ist es erforderlich, Marketing nicht ausschließlich als stringenten, analytischen Planungsprozess zu betrachten, sondern darüber hinaus durch kreative und innovative Problemlösungen eine Alleinstellungsposition im Nonprofit-Markt zu sichern („Kreatives Marketing"). Nonprofit-Marketing beinhaltet daher auch eine Suche nach „ungewöhnlichen" und „einzigartigen" Lösungsansätzen im Sinne eines innovativen Denkens.

(4) Interne und externe Integration sämtlicher Marketingaktivitäten
Eine Vielzahl von Mitarbeitern einer Nonprofit-Organisation agieren mit direktem oder indirektem Bezug zu den Anspruchsgruppen. Notwendig für ein erfolgreiches Nonprofit-Marketing ist die Koordination sämtlicher Mitarbeiter und ggf. Abteilungen (z.B. Fundraising, Controlling), um ein integriertes Vorgehen innerhalb der Nonprofit-Organisation und vor allem am Markt sicherzustellen. Durch ein integriertes Marketing können Synergieeffekte ausgeschöpft und die Wirkungen der Marketingmaßnahmen gegenüber den Anspruchsgruppen erhöht werden.

(5) Ausbalancieren der verschiedener Zielkategorien
Obgleich das Oberziel einer Nonprofit-Organisation darin besteht, die aufgabenorientierten Zielsetzungen bzw. die Nonprofit-Mission zu erfüllen, sind die finanziellen und mitarbeiterbezogenen Ziele gleichfalls von zentraler Bedeutung. Beziehungsweise stellen diese eine Grundvoraussetzung für die Erfüllung der Nonprofit-Mission dar: Ohne fachlich und sozial kompetente Mitarbeiter sowie ohne entsprechende finanzielle Ressourcen können auch die Nonprofit-Ziele nicht erreicht werden. Demzufolge ist ein Ausgleich zwischen finanziellen, mitarbeiterbezogenen und aufgabenbezogenen Zielen anzustreben.

Zusammenfassend lässt sich somit erkennen, dass Nonprofit-Marketing erstens ein umfassendes Leitkonzept des Managements darstellt. Im Mittelpunkt steht ein **integriertes Marketingkonzept**. Dabei ist das Nonprofit-Marketing auf das ganze Spektrum nicht-kommerzieller Organisationen bezogen und richtet sich nicht nur an die eigentlichen Leistungsempfänger, sondern gleichermaßen an **weitere relevante Anspruchsgruppen** einer Nonprofit-Organisation. Nonprofit-Marketing umfasst somit zweitens die Beziehungsorientierung zu zentralen internen und externen Anspruchsgruppen der Nonprofit-Organisation. Drittens ist Nonprofit-Marketing als ein systematischer, zielgerichteter Managementprozess zu begreifen und nicht als einseitiger sowie unkoordinierter Einsatz einzelner Marketinginstrumente (z.B. PR, Fundraising) (vgl. hierzu Abschnitt 2.4).

Auch wenn sich die Marketingaktivitäten prinzipiell auf sämtliche Anspruchsgruppen beziehen können, stellen die Leistungsempfänger (Mitglieder, Klienten, Kunden usw.), die Mitarbeiter (ehrenamtlich Tätige, Zivildienstleistende und hauptamtliche Mitarbeiter) sowie die Geldgeber (Spender, Sponsoren usw.) die zentralen Anspruchsgruppen dar. Für den Erfolg des Nonprofit-Marketing sind letztendlich die Beziehungen zu diesen engeren Anspruchsgruppen entscheidend, deren Qualität wiederum von den Beziehungen zu den anderen Anspruchsgruppen beeinflusst wird und vice versa. Allerdings können – in Abhängigkeit von der Nonprofit-Branche – weitere Anspruchsgruppen von besonderer Bedeutung für die Missionserfüllung sein. Beispielsweise haben bei Entwicklungshilfeorganisationen gute Beziehungen zu politischen Instanzen einen hohen Stellenwert, um von staatlichen Finanzierungsquellen und Förderungen zu profitieren. Demnach lassen sich generell zwei Ausgestaltungsformen des Nonprofit-Marketing differenzieren:

- Das Nonprofit-Marketing **im engeren Sinne** betrifft die Beziehungen zu den Leistungsempfängern, Mitarbeitern und Geldgebern.
- Das Nonprofit-Marketing **im weiteren Sinne** umfasst die Beziehungen zu sämtlichen Anspruchsgruppen.

Im Folgenden werden insbesondere die Beziehungen der Nonprofit-Organisation zu den engeren Anspruchsgruppen im Vordergrund stehen. Auf die Beziehungen zu den übrigen Anspruchsgruppen wird bei Bedarf im Einzelfall eingegangen.

2.2 Zur Legitimationsproblematik eines Nonprofit-Marketing

Bereits seit Jahrzehnten wird die nach wie vor aktuelle Diskussion darüber geführt, ob Nonprofit-Organisationen ein professionelles Marketing benötigen. Diese Diskussion verdeutlicht die **Legitimationsproblematik** eines Nonprofit-Marketing, d.h., es besteht für Nonprofit-Organisationen die Notwendigkeit, gegenüber internen und externen Anspruchsgruppen zu rechtfertigen, Methoden und Instrumente des Marketing einzusetzen.

Diese Legitimationsproblematik resultiert primär aus den Ängsten, die mit den Begriffen „Markt", „Kunde" und „Marketing" bei vielen Beteiligten verbunden sind. Die aus dem kommerziellen Bereich entnommenen Begriffe werden häufig mit negativen Inhalten assoziiert und in Richtung einer „Kommerzialisierung" bzw. „Ökonomisierung" der Nonprofit-Organisation und ihrer Aufgabenerfüllung interpretiert. Dies löst bei den entsprechenden Anspruchgruppen – insbesondere den Verantwortlichen innerhalb der Nonprofit-Organisation – Widerstände hervor.

Der **Begriff des „Marktes"** ist beispielsweise in kirchlichen Institutionen stark umstritten (Grözinger et al. 2000, S. 25). Der Marktbegriff ruft Befürchtungen hervor, die Kirche verliere ihren eigentlichen Auftrag aus dem Blick und liefere sich den Gesetzen des Marktes und damit der Kommerzialisierung aus. Generell wird als Grund für die Nichtübertragbarkeit des Marketingdenkens auf Nonprofit-Organisationen das Argument angeführt, der zumeist soziale Zweck einer

Nonprofit-Leistung könne nicht über Marktmechanismen gesteuert werden, da dies der eigentlichen (sozialen) Aufgabe widerspreche: So entstehen Nonprofit-Organisationen oftmals erst aus dem Grund, dass die Steuerung über Marktmechanismen versagt und ein Unterangebot der entsprechenden Leistung vorhanden ist.

Auffallend an den von den Kritikern vorgebrachten Argumenten gegen ein Marketingdenken bei Nonprofit-Organisationen ist, dass die Ablehnung zumeist auf Vorbehalten und Unwissenheit beruht (o.V. 1998, S. 343), die daraus resultieren, dass dem Marketing gegenüber ein genereller Ideologieverdacht geäußert wird, marktwirtschaftliche Prinzipien unreflektiert auf nicht-kommerzielle Bereiche übertragen zu wollen. Insgesamt lässt sich somit schlussfolgern, dass die Ablehnung eines Marketing für Nonprofit-Organisationen primär auf ein reduziertes Marketingverständnis zurückzuführen ist und damit bereits an Begrifflichkeiten scheitert. Derartige Hemmnisse erschweren die Implementierung eines Marketing für Nonprofit-Organisationen massiv. So stellt z.B. Günter diese Problematik – nämlich die Ablehnung des Marketing aufgrund eines Ideologieverdachtes – als Hauptgrund für den fehlenden bzw. unzureichenden Einsatz des Nonprofit-Marketing bei Theatern fest (Günter 1998).

Am Beispiel des Kirchenmarketing, das als Spezialfall des Nonprofit-Marketing angesehen werden kann (Raffée 2001, S. 844), wird jedoch deutlich, dass der Marketinggedanke auch in der Religion kein vollkommen neuartiges Konzept darstellt, sondern nur mit anderen Begrifflichkeiten diskutiert wird. Es ist beispielsweise offensichtlich, dass die existierenden Religionen und Glaubensgemeinschaften in einem Wettbewerb untereinander stehen. Seit vielen Jahren werden Versuche unternommen, Mitglieder anderer Religionen zu überzeugen und zu einem anderen Glauben zu bekehren. Letztlich zeigt sich am Beispiel der christlichen Missionierungsversuche eine deutliche Marketingorientierung, die seit langer Zeit praktiziert wird. Die starke Verbreitung des Christentums in Europa und Amerika kann somit als das Ergebnis von Marktprozessen betrachtet werden (Grözinger et al. 2000, S. 26).

Generell kann festgehalten werden, dass das Konzept des Nonprofit-Marketing (noch) auf eine Vielzahl von Barrieren stößt. Dies liegt u.a. daran, dass Marketing nicht als umfassendes Konzept einer Führung vom Markt her verstanden wird, sondern immer noch als plakative Werbung oder „marktschreierischer" Verkauf aufgefasst wird. Diese Auffassung greift allerdings zu kurz und es ist ein Paradigmenwechsel erforderlich, um der Legitimationsproblematik eines Nonprofit-Marketing gerecht zu werden.

Konkrete Vorteile für Nonprofit-Organisationen, die aus einem Marketingeinsatz resultieren, sind insbesondere eine bessere Wahrnehmung durch die Anspruchsgruppen und die gesamte Öffentlichkeit. Ein gelungenes Beispiel ist das Kloster Andechs, das durch seine Offenheit gegenüber betriebswirtschaftlichen und marketingbezogenen Ansätzen immer wieder in den Medien präsent ist (Etscheit 2002; Goslich 2002). Darüber hinaus lassen sich z.B. bereits mehrere deutsche Bistümer – u.a. das Erzbistum Berlin – von Unternehmen wie McKinsey beraten (Schnabel 2003, S. 35) oder greifen selektiv auf Instrumente der Kommunikationspolitik wie Printkampagnen, Öffentlichkeitsarbeit oder Multimedia-Kommunikation, z.B. in Form von Internetseiten, zurück (Hillebrecht 1995, S. 228).

Es zeigt sich, dass das Nonprofit-Marketing eine Reihe von Vorteilen aufweist, die die Nachteile – die genau genommen Vorbehalte darstellen – bei weitem überwiegen und deshalb die Notwendigkeit eines Nonprofit-Marketing unterstreichen. Um ein wirksames Marketingkonzept in Nonprofit-Organisationen umsetzen zu können, ist jedoch den Widerständen und Bedenken gegenüber dem Marketingbegriff Rechnung zu tragen. Von Seiten der Verantwortlichen in Nonprofit-Organisationen ist die Bereitschaft notwendig, sich tiefergehender mit den tatsächlichen Inhalten des Marketingdenkens auseinander zu setzen, anstatt wie in der Vergangenheit eine sachliche Diskussion – aufgrund von Begrifflichkeiten wie „Markt", „Vermarktung", „Kunde" oder „Ökonomie" – erst gar nicht zuzulassen.

Gleichzeitig sind aber auch die Vertreter der Marketingdisziplin gefordert: Eine unreflektierte Übertragung des Marketing ohne Berücksichtigung der Besonderheiten von Nonprofit-Organisationen wird die genannten Widerstände noch verstärken. Hierbei ist es wichtig, dass mögliche Hemmnisse gegenüber dem Marketinggedanken offen diskutiert werden und vorhandene Vorbehalte ernst genommen werden. Ein erfolgversprechender Ansatz besteht darin, mögliche Missverständnisse bzgl. des Nonprofit-Marketing abzubauen, die Abgrenzung zum kommerziellen Marketing zu verdeutlichen und gleichzeitig aufzuzeigen, welche Chancen Marketing innerhalb bestimmter organisationsbezogener Restriktionen, wie der Unveränderbarkeit der Kernleistung bei Kirchen, für die Nonprofit-Organisation bietet.

Wenn sowohl die Vertreter der Nonprofit-Organisationen als auch diejenigen des Marketing bereit sind, sich unvoreingenommen mit dem jeweils anderen Themenfeld zu befassen und es gelingt, die genannten Widerstände abzubauen, bestehen zahlreiche Möglichkeiten, die Theorien und Ansätze des Marketing – innerhalb der vorgegeben Grenzen – für Nonprofit-Organisationen zu nutzen.

2.3 Marketing als Grundvoraussetzung für die Aufgabenerfüllung von Nonprofit-Organisationen

2.3.1 Marketing zum Absatz von Nonprofit-Leistungen

Das Abwägen der Vorteile eines Nonprofit-Marketing mit den Vorbehalten verdeutlicht die Notwendigkeit eines Marketing für Nonprofit-Organisationen. In diesem Zusammenhang wird im Folgenden aufgezeigt, wie durch ein gezieltes Marketing die Leistungsziele, insbesondere die leistungsempfängerbezogenen Ziele, einer Nonprofit-Organisation besser erreicht werden können. Dabei kommen insbesondere fünf grundlegende **Prinzipien** zum Tragen:

(1) Philosophieprinzip
Das Philosophieprinzip gründet auf den Erwartungen der relevanten Anspruchsgruppen als Basis für die grundsätzliche Ausrichtung des Nonprofit-Marketing. Konkret bedeutet dies, dass die Kenntnis der Erwartungen, Bedürfnisse und Vorstellungen aller wichtigen Anspruchsgruppen einer Nonprofit-Organisation die Ausgangslage für die Konzeptionalisierung des Nonprofit-Marketing bildet.

(2) Segmentierungsprinzip
Das Segmentierungsprinzip hat die differenzierte Marktbearbeitung zum Gegenstand. Aufgrund der Tatsache, dass sich Bedürfnisse der Leistungsempfänger unterscheiden und somit auch die Nonprofit-Märkte immer stärker differenzieren, wird versucht, spezifisch auf die Bedürfnisse einzelner Marktsegmente Rücksicht zu nehmen, indem diese Segmente eine differenzierte Bearbeitung erfahren.

(3) Zielgruppenprinzip
Das Zielgruppenprinzip ist eng mit dem Segmentierungsprinzip verzahnt. Auf der Grundlage der Marktsegmentierung können Nonprofit-Organisationen ihre Zielgruppen definieren und ihnen eine eigenständige, gezielte Ansprache und Behandlung im Rahmen des Einsatzes absatzpolitischer Instrumente zukommen lassen. Da Nonprofit-Leistungen zumeist individuell erstellt werden, ist es in diesem Zusammenhang von zentraler Bedeutung, den Markt für Nonprofit-Leistungen sehr genau zu parzellieren.

(4) Aktionsprinzip
Das Aktionsprinzip bezieht sich auf die Bündelung der Leistung in Leistungspakete, die attraktiv sind und den Nutzen für die Leistungsempfänger in den Vordergrund stellen. Um absatzbezogene Ziele zu erreichen ist es notwendig, auf

der operativen Ebene ein konsistent aufeinander abgestimmtes Maßnahmenbündel zu entwickeln, das die folgenden vier Komponenten enthält: Im Rahmen der Leistungsproduktpolitik (1) wird die Leistung einer Nonprofit-Organisation definiert. Die Preis- und Gebührenpolitik (2) für Nonprofit-Organisationen hat die Festlegung aller entgeltbezogenen Entscheidungen zum Gegenstand. Dabei ist zu berücksichtigen, dass Entgelt in diesem Zusammenhang nicht nur monetär im Sinne eines Preises zu verstehen ist, sondern sich auf alle Arten von Gegenleistungen bezieht. Die Kommunikationspolitik (3) umfasst alle Maßnahmen, die der Ansprache der relevanten Anspruchsgruppen dienen. Der Vertriebspolitik (4) sind alle Entscheidungsbereiche zuzuordnen, die helfen, eine Nonprofit-Leistung den Leistungsempfängern zugänglich zu machen. In diesem Zusammenhang ist somit darüber zu entscheiden, wie die Vertriebswege und die Logistik einer Nonprofit-Organisation ausgestaltet werden.

(5) Sozialprinzip
Das Sozialprinzip trägt dem Gedanken der sozialen Verantwortung von Nonprofit-Organisationen Rechnung. Sämtliche Entscheidungen sind in einem übergeordneten Zusammenhang zu sehen und mit anderen gesellschaftlichen Systemen abzustimmen.

Die Berücksichtigung dieser fünf zentralen Prinzipien begünstigt die Erreichung der leistungsbezogenen Ziele sowie den Erfolg einer Nonprofit-Organisation. Da der Absatz von Nonprofit-Leistungen ähnlichen Besonderheiten wie Dienstleistungen unterliegt, profitiert ein Nonprofit-Marketing von den **Kenntnissen des Dienstleistungsmarketing**. Deswegen werden im Folgenden die – bereits im ersten Kapitel aufgezeigten – konstitutiven Merkmale von Dienstleistungen aufgegriffen und entsprechende Implikationen für das Marketing zum Absatz von Nonprofit-Leistungen abgeleitet.

Als **konstitutive Merkmale** von Dienstleistungen im Allgemeinen bzw. Nonprofit-Leistungen im Besonderen lassen sich, wie in Schaubild 2-3 dargestellt, die Notwendigkeit der (permanenten) Leistungsfähigkeit zur Erbringung der Nonprofit-Leistung, die Integration des externen Faktors sowie die Immaterialität von Nonprofit-Leistungen identifizieren (Uhl/Upah 1979; Levitt 1981; Lovelock 1996).

Die **Notwendigkeit zur Leistungsfähigkeit der Nonprofit-Organisation** resultiert aus der Tatsache, dass Nonprofit-Organisationen als Dienstleistungsbetriebe zunächst ihre Potenziale aufbauen, bevor sie mit der eigentlichen Leistungserstellung beginnen und somit ihre Nonprofit-Aufgaben erfüllen können. Ohne geeignetes Personal, entsprechendes Know-how, Sachmittel und sonstige für die Leistungserstellung erforderlichen Ressourcen kann keine Nonprofit-Organisation ihre Leistungen erbringen.

Besonderheiten von Nonprofit-Leistungen	Implikationen für das Marketing zum Absatz von Nonprofit-Leistungen
Leistungsfähigkeit der Nonprofit-Organisation	• Darstellung der spezifischen Leistungsressourcen • Abstimmung der Potenzialfaktoren • Materialisierung der Leistungspotenziale
Integration des externen Faktors	• Leistungsempfängerorientierung im Erstellungsprozess • Unterbringung der Leistungsempfänger • Individualisierte Leistungserstellung • Reduzierung bestehender Informationsasymmetrien
Immaterialität des Leistungsergebnisses	• Materialisierung von Nonprofit-Leistungen
• Nichtlagerfähigkeit	• Management der Kapazitäten • Management der Leistungsnachfrage
• Nichttransportfähigkeit	• Leistungsnachfrageorientierte Planung des Standorts der Nonprofit-Organisation • Abholung der Leistungsempfänger bei bestimmten Nonprofit-Organisationen

Schaubild 2-3: Besonderheiten von Nonprofit-Leistungen und Implikationen für das Nonprofit-Marketing
(Quelle: in Anlehnung an Meffert/Bruhn 2003, S. 60)

Aus der Notwendigkeit zur Leistungsfähigkeit ergeben sich insbesondere die folgenden Implikationen für das Marketing zum Absatz von Nonprofit-Leistungen:

• **Darstellung der spezifischen Leistungsressourcen**
Damit sich potenzielle Leistungsempfänger ein Bild von der Leistungsfähigkeit und -bereitschaft der Nonprofit-Organisation machen können, gilt es, die aus Sicht der Leistungsempfänger zentralen Leistungsressourcen entsprechend herauszustellen. In diesem Zusammenhang ist insbesondere die Kommunikation herausragender, einzigartiger Potenziale geeignet, um sich von anderen Nonprofit-Organisationen abzugrenzen und positiv zu positionieren. Beispielsweise kann eine Nonprofit-Organisation im Bereich der Altenpflege ggf. auf die exzellente Fachkompetenz ihrer Mitarbeiter aufmerksam machen oder ein Krankenhaus auf hochwertige, selten verfügbare medizinische Apparaturen.

- **Abstimmung der Potenzialfaktoren**
Damit die Nonprofit-Leistung als Ganzes für die Leistungsabnehmer ein in sich stimmiges Produkt ergibt, sind die verschiedenen zur Leistungserstellung erforderlichen Potenziale aufeinander abzustimmen. Dazu zählen z.B. Fähigkeiten und Ausstattung, Personal, das Methodeninstrumentarium und eine allgemeine Organisationskapazität. Welche Potenziale in welcher Ausstattung die Grundlage für die Leistungserstellung bilden, hängt primär von der Zielsetzung der Nonprofit-Organisation und deren Leistungsempfängern ab. Beispielsweise wird eine sehr spezialisierte Nonprofit-Organisation, z.B. eine Beratungsstelle für psychisch auffällige Kinder, besonderen Wert auf einen hohen Sachverstand und soziale Kompetenz ihrer Mitarbeiter legen. Die physische Ausstattung der Beratungsstelle ist demgegenüber vergleichsweise weniger relevant, insbesondere, wenn ein Großteil der Beratungsleistungen am Telefon erbracht werden.

- **Materialisierung der Leistungspotenziale**
Ein Teil der Leistungspotenziale von Nonprofit-Organisationen sind für Leistungsempfänger nicht sichtbar. Dies gilt vor allem in Bezug auf die für die Leistungserstellung bei Nonprofit-Organisationen besonders zentralen Humanpotenziale. So ist es für die Leistungsempfänger nicht direkt ersichtlich, welche Qualifikationen und Kompetenzen die Mitarbeiter einer Nonprofit-Organisation haben. Deshalb ist es Aufgabe des Nonprofit-Marketing, derartige Leistungsfähigkeiten „greifbar" nach außen zu tragen. Die Kompetenzen der Mitarbeiter können beispielsweise durch die Darstellung von Qualifikationsnachweisen (z.B. Diplome) unterstrichen werden.

Als zweites konstitutives Merkmal von Nonprofit-Leistungen wurde die **Integration des externen Faktors** genannt, d.h., die Einbeziehung des Leistungsempfängers im Rahmen des Leistungserstellungsprozesses (z.B. pflegebedürftige Person bei der Krankenpflege). Ohne die entsprechende Mitwirkung des Leistungsempfängers (z.T. auch dessen Angehörige) kann bei vielen Nonprofit-Organisationen die Leistung nicht oder nur unzureichend erbracht werden. Aus der Notwendigkeit zur Integration des externen Faktors ergeben sich einige Implikationen für das Nonprofit-Marketing, die im Folgenden aufgezeigt werden:

- **Leistungsempfängerorientierung im Erstellungsprozess**
Da der Leistungsempfänger i.d.R. während des gesamten Leistungserstellungsprozesses anwesend ist bzw. an der Leistungserstellung mitwirkt, lässt sich daraus die Erfordernis einer Leistungsempfängerorientierung im Erstellungsprozess ableiten. Der Leistungsempfänger tritt mit bestimmten Erwartungen und Bedürfnissen in den Leistungserstellungsprozess ein, die es zu berücksichtigen gilt. In diesem Zusammenhang ist es erfolgsrelevant, dass die Mitarbeiter die Erwartungen und Bedürfnisse der Leistungsempfänger erkennen und ihr Verhalten

im Leistungserstellungsprozess danach ausrichten. Beispielsweise wird eine seelsorgerische Beratung nur dann erfolgreich sein, wenn die Mitarbeiter die Nöte der Beratungssuchenden erkennen und einfühlsam darauf eingehen.

- **Unterbringung der Leistungsempfänger**

Eine weitere Herausforderung, die sich aus der Integration des externen Faktors ergibt, ist dessen Unterbringung bei der Nonprofit-Organisation. Als typische Beispiele in diesem Zusammenhang lassen sich etwa die Warteräume und Zimmer in Krankenhäusern, die Sitzplätze bei Theatern oder die Hörsäle von Universitäten anführen. Hierbei besteht die Aufgabe für die Nonprofit-Organisation darin, die Räumlichkeiten derart zu gestalten, dass für die Leistungsempfänger eine angenehme Atmosphäre entsteht und auch Wartezeiten als möglichst kurz wahrgenommen werden. Beispielsweise ist es für eine Jugendberatungsstelle sinnvoll, eine der Zielgruppe angepasste Raumgestaltung zu wählen und in Warteräumen Jugendzeitschriften auszulegen oder ein Fernsehgerät aufzustellen.

- **Individualisierte Leistungserstellung**

In engem Zusammenhang mit der Leistungsempfängerorientierung im Erstellungsprozess steht die Notwendigkeit einer individualisierten Leistungserstellung. Nur wenige Nonprofit-Leistungen können standardisiert erbracht werden, indem Potenziale, Prozesse und/oder Ergebnisse vereinheitlicht werden. Deswegen gilt es im Kontakt mit den Leistungsempfängern i.d.R. eine individuelle Nonprofit-Leistung zu vereinbaren. Hierzu ist es zum einen erforderlich, dass geeignete Instrumente geschaffen werden, um die Bedürfnisse und Wünsche der Leistungsempfänger auf individualistischer Ebene zu erfassen. Zum anderen ist es erforderlich, dass die Leistungserstellungspotenziale derart flexibel ausgestaltet sind, um eine Anpassung der Nonprofit-Leistung an die Leistungsempfänger zu gewährleisten.

- **Reduzierung bestehender Informationsasymmetrien**

Eine letzte zentrale Implikation aus der Integration des externen Faktors ist die Reduzierung bestehender Informationsasymmetrien. Aufgrund der Tatsache, dass dem Leistungsempfänger bei der Leistungsinteraktion einige Eigenschaften der Nonprofit-Organisation verborgen bleiben und vice versa, liegt der Leistungsinteraktion i.d.R. eine asymmetrische Informationsverteilung zugrunde (Lehmann 1998, S. 63 ff.). Die hieraus resultierende Unsicherheit und das damit einhergehende wahrgenommene Risiko gilt es im Rahmen des Nonprofit-Marketing abzubauen (z.B. durch intensive Gespräche vor der Leistungsinanspruchnahme). Beispielsweise ist es aus Sicht einer Nonprofit-Organisation im Bereich der Suchthilfe von zentraler Bedeutung, die Vorgeschichte ihrer Klienten genauestens zu kennen, um eine zielgerichtete Beratung durchführen zu können.

Aus der **Immaterialität von Nonprofit-Leistungen**, als drittem konstitutiven Merkmal, resultieren zwei weitere Eigenschaften von Nonprofit-Leistungen, die Nichtlagerfähigkeit und die Nichttransportfähigkeit. Die **Nichtlagerfähigkeit** impliziert, dass der Leistungsempfänger die Leistung in dem Moment in Anspruch nimmt, in der sie vom Leistungsanbieter produziert wird, d.h. die Leistung kann nicht im Voraus bzw. auf Lager produziert werden. Ebenso wenig können Leistungen an einem Ort erstellt werden und dann an einem anderen Ort konsumiert werden (**Nichttransportfähigkeit**), das bedeutet auch, sie können nicht im Besitz wechseln. Beispielsweise ist es nicht realisierbar, eine medizinische Leistung in einem Krankenhaus zu erstellen und dann diese räumlich zu transferieren, um sie an anderer Stelle zu verbrauchen. Insgesamt ergeben sich aus der Immaterialität der Nonprofit-Leistung – bzw. deren Nichtlagerfähigkeit und Nichttransportfähigkeit – die folgenden Implikationen für das Marketing:

- **Materialisierung von Nonprofit-Leistungen**
Aufgrund der Tatsache, dass einige Beurteilungsmerkmale einer Nonprofit-Leistung immaterieller Natur sind, sind Überlegungen über Ansätze zur Materialisierung dieser Leistungsbestandteile anzustellen. Beispielsweise ist es für einen karitativen Mahlzeitenservices denkbar, zur Signalisierung von Hygiene, das mitgelieferte Besteck in Plastik einzuschweißen. Darüber hinaus sind materielle Leistungskomponenten häufig die Grundlage für Schlussfolgerungen über die Qualität der immateriellen Ergebnisse. Entsprechend sind sämtliche materielle Leistungsbestandteile so zu gestalten, dass sie die Aufmerksamkeit der Leistungsempfänger wecken und als Ersatzindikatoren für die immateriellen, schwer zu beurteilenden Leistungsergebnisse taugen.

- **Management der Kapazitäten**
Die fehlende Lagerfähigkeit von Nonprofit-Leistungen impliziert die Notwendigkeit eines systematischen Kapazitätenmanagements. Das Management der Kapazitäten erfolgt primär über die Anpassung der Ressourcenpotenziale einer Nonprofit-Organisation (z.B. zusätzliche Mitarbeiter, Anpassung der räumlichen Kapazitäten usw.). Beispielsweise kann ein Theater zur Kapazitätsausweitung zusätzliche Sitzplätze oder Vorstellungen anbieten, eine karitative Beratung mehr Mitarbeiter einstellen und ein Rettungsdienst zusätzliche Fahrzeuge anmieten. Grundsätzlich lässt sich dabei zwischen einer kurzzeitigen (z.B. im Katastrophenfall) und einer langfristigen Kapazitätsanpassung unterscheiden.

- **Management der Leistungsnachfrage**
Ergänzend zum Management der Kapazitäten bedarf es häufig auch einem Management der Leistungsnachfrage. Dies gilt insbesondere dann, wenn die Leis-

tungsnachfrage zeitweise die Leistungskapazität überschreitet, beispielsweise wenn die Anzahl der Beratungssuchenden zu bestimmten Tageszeiten sehr hoch ist oder die Nachfrage nach Theaterplätzen das Sitzplatzangebot übersteigt. In diesem Fall kann die Nonprofit-Organisation versuchen, steuernd auf die Leistungsnachfrage einzuwirken. Am Beispiel des Theaters ist es z.B. denkbar, die Eintrittspreise je nach Sitzplatzauslastung zu modifizieren. Demgegenüber lässt sich bei einer karitativen Beratungsstelle die Nachfrage primär durch kommunikationspolitische Maßnahmen beeinflussen, z.B. indem darauf aufmerksam gemacht wird, dass bei einem längeren Beratungsbedarf ein individueller Termin vereinbart oder bevorzugt bestimmte Tageszeiten gewählt werden sollten.

- **Leistungsnachfrageorientierte Planung des Standorts der Nonprofit-Organisation**

Die mangelnde Transportfähigkeit von Nonprofit-Leistungen führt dazu, dass sich viele Nonprofit-Organisationen intensiv mit der Standortplanung auseinander setzen. In diesem Zusammenhang ist die Nähe zu den Leistungsempfängern oftmals ein entscheidendes Auswahlkriterium. Kurze Wege erleichtern es den Nachfragern ohne größere Zeitverluste und Anstrengungen zum Leistungsanbieter zu gelangen. Dies ist besonders dann von hoher Relevanz, wenn die Leistungsnachfrager nur bedingt mobil sind (z.B. alte Menschen, Kinder). Darüber hinaus ist die Planung des Standortes für Nonprofit-Organisationen mit einem hohen Wettbewerbsdruck besonders wichtig, d.h., wenn es viele vergleichbare Nonprofit-Organisationen am Markt gibt (z.B. öffentliche Schwimmbäder). In diesem Fall ist darauf zu achten, dass in der Umgebung der Nonprofit-Organisation genügend Leistungsnachfrager leben, um die Kapazitäten der Nonprofit-Organisation auszulasten.

- **Abholung der Leistungsempfänger bei bestimmten Nonprofit-Organisationen**

Aufgrund der Tatsache, dass ein Teil der Leistungsempfänger von bestimmten Nonprofit-Organisationen körperlich nicht in der Lage sind, selbst zum Leistungsanbieter zu kommen, gilt es diese zum Ort der Leistungserstellung zu transportieren (z.B. Schwerkranke, Behinderte). Hierzu ist es erforderlich eine entsprechende Logistik aufzubauen. Neben der Abholung der Leistungsempfänger ist es ebenfalls denkbar, die Leistung direkt beim Leistungsempfänger zu Hause (z.B. im Rahmen der mobilen Altenpflege) oder an einem andern Ort (z.B. im Rahmen von „Streetworking-Projekten") zu erstellen.

2.3.2 Nonprofit-Marketing zur Beschaffung von Ressourcen

Neben der Erreichung leistungspolitischer Zielsetzungen können durch ein Nonprofit-Marketing auch beschaffungsseitige Ziele verfolgt bzw. deren Erreichung erleichtert werden. Beschaffung bezieht sich hierbei nicht nur auf finanzielle Zielsetzungen, wie beispielsweise die Gewinnung von Zustiftungen für ein bestehendes Stiftungsvermögen oder die Erhöhung der Spendenbeiträge, sondern sie ist in einem erweiterten Kontext zu verstehen. In diesem Sinne umfasst die Beschaffung ebenso die Gewinnung von Ressourcen wie Humankapital, Technologien, Dienstleistungen, Know-how (insbesondere Rechte und Informationen). Dementsprechend soll im Folgenden zwischen dem Marketing für Finanz-, Human-, Technologie- und Know-how-Ressourcen unterschieden werden.

(1) Nonprofit-Marketing für Finanzressourcen
Damit Nonprofit-Organisationen ihre Aufgaben wahrnehmen und ihre eigentlichen Leistungen erbringen können, benötigen sie finanzielle Mittel. Da sich Nonprofit-Organisationen i.d.R. nicht vollständig über den Verkauf ihrer Leistungen am Markt finanzieren, sind andere Einnahmequellen von zentraler Bedeutung.

Im Unterschied zu kommerziellen Unternehmen sind Nonprofit-Organisationen deshalb vielfach auf die **freiwillige finanzielle Unterstützung** von Mitgliedern, Sponsoren, dem Staat oder sonstigen Geldgebern angewiesen, um ihre Sachziele erfüllen zu können. Ein internationaler Vergleich der Finanzierungsstruktur von Nonprofit-Organisationen zeigt, dass in Deutschland – abweichend zu anderen Ländern – bisher insbesondere Gelder der öffentlichen Hand die Haupteinnahmequelle darstellen (vgl. Schaubild 2-4).

Obgleich sich ein großer Teil der Abweichung der Finanzierungsstruktur von Nonprofit-Organisationen in Deutschland auf das **Subsidiaritätsprinzip** zu-

Mittel	Deutschland	USA	Spanien	Frankreich	Länderdurchschnitt*
Leistungen der öffentlichen Hand	64 %	30 %	32 %	58 %	42 %
Spenden und Sponsoring	3 %	13 %	19 %	8 %	11 %
Selbst erwirtschaftete Mittel (inkl. Mitgliederbeiträge)	32 %	57 %	49 %	35 %	47 %

* In der Studie berücksichtigte Länder: Australien, Belgien, Deutschland, Finnland, Frankreich, Großbritannien, Irland, Israel, Japan, Mexiko, Niederlande, Österreich, Peru, Rumänien, Slowakei, Spanien, Tschechien, Ungarn, USA.

Schaubild 2-4: Finanzierungsstruktur von Nonprofit-Organisationen in Deutschland im internationalen Vergleich
(Quelle: Salamon/Anheier 1999, S. 24)

rückführen lässt, zeigt Schaubild 2-4 dennoch, dass in Bezug auf philanthropische Finanzierungsquellen noch Aufholbedarf zu anderen Ländern besteht. Diese Einschätzung lässt sich auch durch eine ländervergleichende Betrachtung des Spendenanteils am individuellen Einkommen belegen: Demzufolge spenden beispielsweise US-Bürger 0,57 Prozent ihres Einkommens, wohingegen Deutsche lediglich 0,18 Prozent ihres Lohns für gemeinnützige Zwecke zur Verfügung stellen (Salamon/Anheier 1994). Dies ist sicherlich nicht zuletzt auf die größere Professionalisierung des Spendensammelns bzw. Fundraising in Amerika zurückzuführen. So steigt dort das Volumen des privaten Fundraising-Marktes Jahr für Jahr um sechs bis zehn Prozent (Haibach/Müllerleile 2003, S. 130).

Die Notwendigkeit, bei der Finanzierung verstärkt auf private Förderer zu setzen, wird sich in Zukunft für die meisten Nonprofit-Organisationen kaum vermeiden lassen. So ziehen sich Bund, Länder und Gemeinden sukzessive aus der Unterstützung von sozialen, kulturellen oder sonstigen Nonprofit-Organisationen zurück. Beispielsweise wurden die finanziellen Mittel, die Misereor vom Bundesministerium für wirtschaftliche Zusammenarbeit zur Verfügung gestellt bekommt, im Jahr 2000 um 2,6 Prozent auf 137,4 Millionen Mark gekürzt (bsm 2001). Angesichts von konjunkturell angespannten Zeiten wird auch in den nächsten Jahren kaum mit einer Erhöhung der staatlichen Zuwendungen an soziokulturelle Organisationen zu rechnen sein. Auch auf Gemeindeebene wird die Kürzung der öffentlichen Mittel an kulturelle oder soziale Einrichtungen bereits konsequent umgesetzt. So wurde z.B. aufgrund der knappen finanziellen Ressourcen der Stadt München die Schließung des Deutschen Theaters in Erwägung gezogen (vgl. Insert 2-1).

Beispiel: Verkauf der Kirche Regina Mundi in Berlin
Ein ebenso drastischer Fall, der aufzeigt, welche Konsequenzen aus fehlenden finanziellen Reserven resultieren, ist das Erzbistum Berlin. Aufgrund eines Haushaltsdefizits des katholischen Erzbistums Berlins von 13 Millionen EUR im Jahre 2003 und einem erheblichen Rückgang der Kirchensteuereinnahmen in der finanziell selbst schwer angeschlagenen Hauptstadt sahen sich die Verantwortlichen im Erzbistum gezwungen, ein Viertel aller „pastoral genutzten Flächen" abzubauen. In diesem Zusammenhang wurde – mit der Kirche Regina Mundi – zum erstenmal in Berlin auch ein Gotteshaus verkauft. In den nächsten Jahren gehen darüber hinaus durch Fusionen und Entlassungen über 400 Arbeitsplätze im Erzbistum verloren (Quelle: Die Zeit, Ausgabe vom 26.08.2004).

Vor diesem Hintergrund wird deutlich, dass zur Gewährleistung eines finanziellen Spielraums von Nonprofit-Organisationen dem **Fundraising** zentrale Bedeutung zukommt. Unter der Bezeichnung Fundraising werden sämtliche Aktivitäten einer Nonprofit-Organisation zur Beschaffung finanzieller Mittel sowie geldwerter Güter und Dienstleistungen – im Sinne von Spenden – verstanden

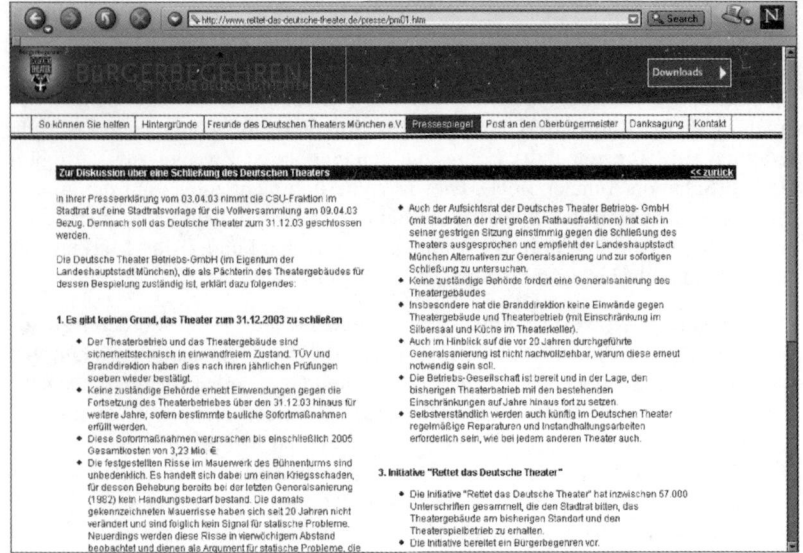

Insert 2-1: Kürzung der öffentlichen Mittel an kulturellen oder sozialen Einrichtungen (Quelle: www.rettet-das-deutsche-theater.de, Zugriff am 11.08. 2004)

(Haibach 1998, S. 21; Littich 2002, S. 373). Das Fundraising hat enge Bezugspunkte zum Relationship Marketing. Ziel ist es, eine möglichst langfristige und vertrauensvolle Beziehung zu attraktiven Spendern aufzubauen und zu intensivieren, da insbesondere die Neuakquisition von Geldgebern hohe Anfangsinvestitionen mit sich bringt (Alvarez-Gonzáles et al. 2002, S. 62; Arnett et al. 2003).

Eine Direct-Mailing-Kampagne des Bundes für Umwelt und Natur (BUND) zum Schutz von Biotopen kostete beispielsweise ca. 175.000 €. Durch diese Kampagne konnten ca. 190.000 € an Spendengeldern akquiriert werden (www. oekotest.de, Zugriff am 17.08.2004). Kurzfristig dienten dem BUND somit die meisten Gelder zunächst primär zur Finanzierung der Mailingkampagne. Gelingt es jedoch, die neu geworbenen Förderer langfristig zum Spenden zu motivieren, können die Anfangsinvestitionen amortisiert werden und die Gelder ihrem eigentlichen Zweck – dem Umweltschutz – zufließen. Dazu ist es notwendig, Unternehmen und Privatpersonen von den Anliegen bzw. der Mission der Nonprofit-Organisation zu überzeugen, so dass sie entsprechende Finanzmittel zur

Zielerreichung zur Verfügung stellen. Aufgrund der Vielzahl an Nonprofit-Organisationen, die um die Gelder von Förderern konkurrieren, wird das Fundraising zunehmend zu einer dominanten Aufgabe im Nonprofit-Marketing (Shelley/ Polonsky 2002; Srnka et al. 2003).

Trotz der konjunkturellen Situation in Deutschland war die Spendenbereitschaft der Deutschen im Jahre 2003 auf ähnlichem Niveau wie in den vergangenen Jahren. So zeigten die Ergebnisse des **TNS Emnid-Spendenmonitor**, dass im Jahre 2003 immerhin 45,1 Prozent der Gesamtbevölkerung für verschiedene Nonprofit-Organisationen Geld spendeten. Während in den meisten Altersgruppen ein leichter Rückgang bzw. eine konstante Spendenquote zu verzeichnen ist, konnte in der Gruppe der 14- bis 19-Jährigen sogar eine steigende Spendenbereitschaft ermittelt werden. Generell wurde vor allem für die Katastrophenhilfe, Krankenhilfe, Kinder- und Jugendhilfe, Wohlfahrtspflege, Kirchen, Tierschutz, Entwicklungshilfe, Umweltschutz und Politische Arbeit gespendet (Matzke 2004).

Neben dem Einwerben von Spenden bzw. Fundraising – stellt das **Sponsoring** eine weitere mögliche Form der Finanzierung von Nonprofit-Organisationen dar. Speziell Nonprofit-Organisationen aus dem Umwelt-, Bildungs-, Sport- und Kultursektor können versuchen, Einnahmen durch ein Sponsoringvertrag mit kommerziellen Unternehmen zu erzielen. Immer häufiger nutzen Unternehmen die vielfältigen Möglichkeiten des Sponsoring, um vorökonomische Ziele, wie z.B. eine bestimmte Imagewirkung, zu erreichen. Kulturelle, sport- oder bildungsbezogene Ereignisse bzw. Veranstaltungen sowie Organisationen des ökologischen und sozialen Bereichs stellen für die Kommunikationsaktivitäten kommerzieller Unternehmen interessante Podien dar. Um die Chancen auf einen Sponsoringvertrag und damit Sponsoringeinnahmen zu erhöhen können Nonprofit-Organisationen entsprechend herausstellen, dass sie an einem Sponsoringengagement grundsätzlich interessiert sind und sich somit als potenzielles Sponsoringobjekt präsentieren.

Sponsoring bedeutet

- die Planung, Organisation, Durchführung und Kontrolle sämtlicher Aktivitäten,
- die mit der Bereitstellung von Geld, Sachmitteln, Dienstleistungen oder Know-how durch Unternehmen und Institutionen,
- zur Förderung von Personen und/oder Organisationen in den Bereichen Sport, Kultur, Soziales, Umwelt und/oder den Medien verbunden sind,

um damit gleichzeitig Ziele der Unternehmenskommunikation zu erreichen (Bruhn 2003b, S. 5).

Sponsoring dient – durch die Bereitstellung von Finanz- und Sachmitteln oder Dienstleistungen – zur Verbesserung der Aufgabenerfüllung im Nonprofit-Sektor, wobei aus Sicht des Sponsors damit primär positive Wirkungen für die eigene Unternehmenskultur und -kommunikation angestrebt werden (Bruhn 2003b, S. 212). Sponsoring ist demzufolge ein klassisches Geschäft, das auf dem **Prinzip von Leistung und Gegenleistung** basiert. Die vielfach vorgenommene Gleichstellung des Sponsoring mit altruistischen Unternehmensspenden bzw. dem Mäzenatentum ist folglich nicht gerechtfertigt. Der Sponsor stellt seine Fördermittel in der Erwartung zur Verfügung, vom Gesponserten eine bestimmte Gegenleistung zu erhalten. Eine Konkretisierung der Leistung und Gegenleistung wird durch Sponsoringverträge (Sponsorship) vorgenommen, in denen Sponsor und Gesponserter vereinbaren, ein konkretes Sponsoringprojekt in einem festgelegten Zeitraum durchzuführen. Als Gegenleistung bietet der Gesponserte die werbewirksame Verwendung des Marken- oder Firmennamens des Sponsors an, oder dem Sponsor wird die kommunikative Nutzung des Sponsorships gewährt, beispielsweise im Rahmen seiner Öffentlichkeitsarbeit.

In der Praxis haben sich insbesondere fünf **Bereiche des Sponsoring** herausgebildet, die im Folgenden näher erläutert werden (Bruhn 2003b):

(1) Sportsponsoring,
(2) Kultursponsoring,
(3) Umweltsponsoring,
(4) Soziosponsoring,
(5) Wissenschaftssponsoring.

Von allen Sponsoringbereichen gilt das **Sportsponsoring** als die „älteste" Form des Sponsoring, die ihren Platz im Kommunikationsmix kommerzieller Unternehmen bereits in den späten 1970er-Jahren fand (Kernebeck 1977; Flögel 1979). Auch heutzutage ist das Sportsponsoring noch die dominierende Form von Sponsoring (Bob Bomliz Group 2002, S. 25; Pilot Checkpoint 2004), wobei zu den am häufigsten gesponserten Sportarten Fußball, sog. Fun- und Trendsportarten, Motorsport, Radsport, Tennis und Golf gehören. Die Attraktivität einer Sportart bestimmt sich aus Unternehmenssicht zu einem Großteil durch deren Image, die Akzeptanz und Beliebtheit der Sportart in der Bevölkerung, die Merkmale der Zielgruppen einer Sportart sowie das Medieninteresse an einer Sportart. Unabhängig von der jeweiligen Sportart lassen sich im Rahmen des Sportsponsoring grundsätzlich das Sponsoring von Einzelsportlern, Mannschaften, Sportveranstaltungen und Sportarenen als Erscheinungsformen unterscheiden (Bruhn 2003b, S. 42ff.).

Neben dem Sport haben sich in der jüngeren Vergangenheit vor allem Kunst und Kultur zu einem bedeutenden Sponsoringbereich entwickelt (vgl. z.B. Heinze

1998; Witt 2000; Rothe 2001). Dies lässt sich damit erklären, dass seit einigen Jahren breite Teile der Bevölkerung zunehmendes Interesse gegenüber Kultur und kulturellen Veranstaltungen zeigen. Demzufolge stellt das Sponsoring für Nonprofit-Organisationen in diesem Bereich ein Finanzierungsinstrument von steigender Bedeutung dar. Im Mittelpunkt des **Kultursponsoring** steht aus Unternehmenssicht die Demonstration gesellschafts- und sozialpolitischer Verantwortung sowie generell die positive Beeinflussung des Unternehmensimages (Drees 1991; Witt 2000, S. 89). Für kommerzielle Unternehmen bietet ein Engagement im kulturellen Bereich die Chance, die Nähe zur Kulturinstitution öffentlichkeitswirksam im Rahmen ihrer Unternehmenskommunikation einzusetzen. Im Vergleich zu Sportsponsoring-Engagements ist allerdings die Medienresonanz beim Sponsoring im kulturellen Bereich i.d.R. eher gering (Bruhn 2003b, S. 163). Dies verdeutlicht die Notwendigkeit für Nonprofit-Organisationen des kulturellen Sektors (z.b. Theater, Museen) sich als attraktive Sponsoringplattform zu präsentieren. Oftmals bestehen jedoch gerade bei diesen Nonprofit-Organisationen erhebliche Barrieren und Vorbehalte, eine Partnerschaft mit einem kommerziellen Unternehmen einzugehen, da eine Einschränkung der kulturellen oder künstlerischen Freiheit befürchtet wird. Leistung und insbesondere auch Gegenleistung sind demnach vorab zu präzisieren.

Die verstärkte Bedeutung ökologischer Themen in der öffentlichen Diskussion seit den 1980er-Jahren kann als Ausgangspunkt für die Entwicklung des Phänomens **Umweltsponsoring** gelten. Im Vergleich zu den beiden zuvor diskutierten Sponsoringformen – Kultur- und Sportsponsoring – nimmt das Umweltsponsoring jedoch eine eher untergeordnete Stellung als Bestandteil der Kommunikationspolitik kommerzieller Unternehmen ein. Kommerzielle Unternehmen dokumentieren durch Umweltsponsoring ihr Verständnis einer ökologisch orientierten Unternehmenskultur nach innen und außen. Dies erfordert i.d.R. eine starke inhaltliche Identifikation des Unternehmens mit den Engagements im Umweltbereich. Die werblichen Wirkungen für die Unternehmenskommunikation (z.B. Erzielung eines hohen Bekanntheitsgrades) spielen dabei eine weniger wichtige Rolle. Hinsichtlich einer Förderung von Umweltschutzorganisationen ist entweder eine allgemeine oder projektbezogen Unterstützung denkbar. Beispiele für umweltpolitische Institutionen, die sich der Finanzierung durch Sponsoringengagements bedienen, sind der World Wide Fund for Nature (WWF), der Bund für Umwelt- und Naturschutz (BUND) oder der Naturschutzbund Deutschland (NABU).

Schwerpunkte der Tätigkeit im sog. **Soziosponsoring** sind insbesondere in den Bereichen Gesundheits- und Sozialwesen zu sehen (vgl. Bruhn 2003b, S. 223 ff.). Die Unterstützung der Nonprofit-Organisationen im Sozial- und Gesundheitswesen erfolgte in der Vergangenheit zumeist in Form von Spenden, die national, regional oder lokal an verschiedene Organisationen – häufig nach dem „Gießkannenprinzip" – vergeben wurden. Erst seit einigen Jahren sind die Unternehmen bestrebt, ihr soziales Engagement strategisch zu planen und gleichzeitig kreativer zu gestalten. Viele Unternehmen sind etwa dazu übergegangen, gezielt bestimmte Vergabeschwerpunkte zu setzen. Dies erforderte in den Unternehmen die Initiierung eines Bewusstseinsprozesses über die Bildung von Prioritäten und eine Auseinandersetzung mit den Förderungsgründen. Darüber hinaus wird durch gemeinsame Kampagnen mit der geförderten Nonprofit-Organisation, Beilagen zu Direct-Mailings oder die Initiierung öffentlichkeitswirksamer Ereignisse eine erhöhte Imagewirkung des sozialen Engagements angestrebt. Im Soziosponsoring lassen sich generell die folgenden **Formen** unterscheiden:

(1) Bereitstellung finanzieller Mittel zur Lösung sozialer Aufgaben,
(2) Gründung eigener Stiftungen,
(3) Bereitstellung von Sachmitteln, Dienstleistungen und Know-how zur Lösung sozialer Aufgaben,
(4) Engagement bei Veranstaltungen mit sozialem Bezug,
(5) Kooperationen mit Medien zur Förderung sozialer Anliegen,
(6) Ausschreibung oder Unterstützung von Wettbewerben mit sozialem Bezug.

Als letztgenannte und eine vergleichsweise neuartige Sponsoringform umfasst schließlich das **Wissenschaftssponsoring** die Bereitstellung privater Geld- und Sachmittel für Nonprofit-Organisationen, die im Bereich Bildung und Ausbildung aktiv sind. Im Hinblick auf das Sponsoring in Wissenschaft und Bildung lässt sich danach unterscheiden, ob die Unterstützung den Bereichen Erstausbildung (Schulen, Hochschulen), Umschulung, Weiterbildung, Erwachsenenbildung oder der wissenschaftlichen Forschung gilt. Innerhalb der einzelnen Institutionen bieten sich folgende **Fördermöglichkeiten** an:

- **Ausstattung von Ausbildungsinstitutionen**

Beispiel: Schulsponsoring der Deutschen Telekom
Das Bundesministerium für Bildung und Forschung sowie die Deutsche Telekom gründeten die Initiative Schulen ans Netz, deren Ziel es ist, alle allgemeinen und berufsbildenden Schulen Deutschlands an das Internet anzuschließen (Quelle: www.schulen-ans-netz.de, Zugriff am 10.11.2004).

Beispiel: Hochschulsponsoring der BDO Deutsche Warentreuhand
Die BDO Deutsche Warentreuhand unterstützt seit 1995 den Lehrstuhl für Allgemeine Betriebswirtschaftslehre – Betriebswirtschaftliche Steuerlehre an der Wirtschafts- und Sozialwissenschaftlichen Fakultät der Universität Rostock mit jährlich etwa 20.000 € zum Erwerb von Büchern und Zeitschriften. Die Publikationen werden in einem Bereich der Fachbibliothek aufgestellt, der als Stiftungsbibliothek BDO Deutsche Warentreuhand ausgewiesen ist (Quelle: www-urb.wiwi.uni-rostock.de, Zugriff am 10.11.2004).

Beispiel: Stiftungslehrstuhl der Drewag (Stadtwerke Dresden) für die Technische Universität Dresden
Der DREWAG-Stiftungslehrstuhl Energiewirtschaft (Energy Economics) wurde zum Wintersemester 2004 an der Fakultät Wirtschaftswissenschaften der Technischen Universität Dresden eingerichtet. Der Lehrstuhl beschäftigt sich in Lehre, Forschung und Wirtschaftsberatung mit den aktuellen sowie den langfristigen Problemen der Energiewirtschaft in Deutschland, Europa und international (Quelle: www.tu-dresden.de, Zugriff am 10.11.2004).

- **Förderung von Forschungsprojekten**

Beispiel: Bereitstellung von Informations- und Kommunikationstechnologien
Im Schweizer Schulprojekt 21, an dem ca. 2.000 Schüler in 12 Projektgemeinden beteiligt sind, wird der Einsatz neuer Informations- und Kommunikationstechnologien als Lernwerkzeug erprobt. Das Unternehmen Compaq und Microsoft unterstützen das Projekt über die Bereitstellung von Hardware, Software und Dienstleistungen. Swisscom stellt Internetanschlüsse und Microsoft Softwarelizenzen zur Verfügung (Quelle: www.educa.ch, Zugriff am 10.11.2004).

Beispiel: Verkehrssimulationsspiel Mobility
Das im Internet angebotene Verkehrssimulationsspiel Mobility zur realitätsnahen Abbildung von Mobilität und Verkehr in der Stadt beruht auf einer Initiative der DaimlerChrysler AG, der Rhein-Main-Verkehrsverbund GmbH und der Verkehrsverbund Rhein-Ruhr GmbH (Glamus 2001).

- **Gründung eigener Forschungsinstitute**

Beispiel: Forschungsinstitut von Bertelsmann und Heinz-Nixdorf-Stiftung
Das Institut für Medien- und Kommunikationsmanagement an der Universität St. Gallen wurde 1998 von der Bertelsmann- und der Heinz-Nixdorf-Stiftung gegründet (University of St. Gallen o.J., S. 4).

Beispiel: Hochschule für Postgraduierte des Volkswagenkonzerns
Der Volkswagenkonzern eröffnete im Jahr 2004 mit der Volkswagen AutoUni eine eigene Hochschule für Postgraduierte. Nach fünf Jahren soll sich die Institution auch externen Interessierten öffnen (Logassi/Gagnebin 2003).

- **Ausschreibung oder Unterstützung von bildungs- bzw. wissenschaftsbezogenen Wettbewerben**

Beispiel: Schulsponsoring der Zürich Gruppe
Seit dem Jahr 2002 ist der Finanzdienstleister Zürich Gruppe Hauptsponsor des „Bundeswettbewerbs Mathematik". Die Zürich Gruppe vergab im Rahmen des Wettbewerbs 2002 auch einen Sonderpreis für besonders ausgeprägte Interessen im Bereich Mathematik (www.bundeswettbewerb-mathematik.de, Zugriff am 10.11.2004).

Zusammenfassend lässt sich festhalten, dass Sponsoringengagements Nonprofit-Organisationen zusätzliche Finanzierungsquellen erschließen und so dazu beitragen, mögliche finanzielle Engpässe bei der Aufgabenerfüllung zu vermeiden. Darüber hinaus können einzelne Nonprofit-Organisationen, die bislang eher eine geringe Bekanntheit aufweisen, mit Hilfe von renommierten Sponsoren stärker auf sich aufmerksam machen und den eigenen Bekanntheitsgrad erhöhen und somit z.B. einfacher Spenden für ihre Zwecke einwerben. Hauptargument für ein Engagement aus Sponsorensicht ist die Zielsetzung vieler kommerzieller Unternehmen, sich von Wettbewerbern abzuheben und im Rahmen der Marktkommunikation ihre Zielgruppen auf neuen Wegen zu erreichen. Der Aufmerksamkeits- und Imagewert des Sponsorships wird in diesem Sinne für eigene kommunikative Zielsetzungen genutzt. Nonprofit-Organisationen, die sich dieses Sachverhaltes bewusst sind, können sich demzufolge entsprechend profilieren, um bei der Suche nach einem geeigneten Sponsor ihre Chance zu erhöhen.

(2) Nonprofit-Marketing zur Beschaffung von Humanressourcen
Auf Basis einer ökonomischen Betrachtung stellt der Personalbereich auf der einen Seite einen nicht zu unterschätzenden Kostenblock innerhalb einer Nonprofit-Organisation dar (i.d.R. entfallen im kommerziellen Dienstleistungssektor bis zu 70 Prozent der Kosten auf den Personalbereich). Auf der anderen Seite ist das Personal ein zentraler Erfolgsfaktor für die Erfüllung der Nonprofit-Mission und hoch qualifizierte Mitarbeiter gelten in vielen Nonprofit-Organisationen als Engpassfaktor. Gut ausgebildete und motivierte Mitarbeiter – insbesondere diejenigen im Kontakt mit den Anspruchsgruppen – tragen maßgeblich zur Effizienz der Nonprofit-Organisation bei. Beispielsweise wird die Qualitätswahrnehmung der Leistungsempfänger entscheidend von den sozialen und fachlichen Fähigkeiten der Mitarbeiter sowie deren Motivation zur Erstellung der Nonprofit-Leistung beeinflusst. Ebenso ist der Erfolg beim Einwerben von Spenden oder bei der Akquisition von Sponsoren abhängig vom Auftreten der Mitarbeiter: Wenn diese nicht durch soziale Kompetenz und Überzeugungskraft potenzielle Geldgeber als Förderer gewinnen, können die Beschaffungsziele nicht erreicht werden. Indem qualifiziertes Personal eingestellt wird und Möglichkeiten zur kontinuierlichen Weiterbildung geboten werden, schafft die Nonprofit-Organisation somit die Voraussetzung für eine erfolgreiche Aufgabenerfüllung.

Dabei steht das **Personalmanagement** einer Nonprofit-Organisation i.d.R. vor der Herausforderung sowohl ehrenamtlich als auch hauptberuflich tätige Mitarbeiter für die Organisation zu gewinnen und diese untereinander zu koordinieren. Gleichzeitig gilt es – über die Aufgabe der Personalbeschaffung hinaus – ein Organisationsklima zu schaffen, das ein gemeinsames Nebeneinander von entgeltlicher und unentgeltlicher Arbeit ermöglicht sowie eine systematische Einarbeitung, Betreuung und Begleitung beider Mitarbeitergruppen gewährleistet.

Vor dem Hintergrund einer längerfristigen Sicherung der Aufgabenerfüllung kommt der **Gewinnung hauptamtlicher Mitarbeiter** eine große Bedeutung zu. Dies gilt insbesondere bei größeren Nonprofit-Organisationen. Während kleinere Nonprofit-Organisationen ihre Aufgaben häufig ausschließlich durch ehrenamtlich Tätige erfüllen (z.B. Sportvereine, Bürgerinitiativen), wächst mit der Größe und Aufgabenvielfalt der Nonprofit-Organisation i.d.R. auch der Bedarf an hauptamtlichen Mitarbeitern. Diese Mitarbeitergruppe wird vertraglich an die Organisation gebunden und deren Aufgaben und Verantwortlichkeiten werden detailliert im Rahmen eines Arbeitsvertrages geregelt. Hauptamtliche Mitarbeiter werden zumeist in Führungspositionen von Nonprofit-Organisationen eingesetzt, um längerfristige Zielvorgaben umzusetzen und die Koordination der ehrenamtlichen Mitarbeiter zu übernehmen. Aufgrund der vertraglichen Bindung können hauptamtliche Mitarbeiter die Organisation nicht so leicht verlassen, falls ihnen bestimmte Entwicklungen missfallen. Somit wird sichergestellt, dass Wissen und Know-how der Organisation nicht kurzfristig verloren geht. Hauptamtliche Mitarbeiter werden teils über Inserate in lokalen oder überregionalen Stellenmärkten sowie über Veröffentlichungen auf den Internetseiten einer Organisation gesucht, teils organisationsintern aus dem Bestand der ehrenamtlichen Mitarbeiter rekrutiert (Schwarz et al. 2002, S. 200ff.). In diesem Zusammenhang ist es sinnvoll, dass bei der Ausschreibung einer bestimmten Stelle hohe Anforderungen bzgl. der erwarteten sozialen und fachlichen Qualifikation gestellt werden, damit sich primär Bewerber melden, die in der Nonprofit-Stelle eine Alternative zum privaten Sektor sehen.

Eine ebenso zentrale Bedeutung wie der Akquisition hauptamtlicher Mitarbeiter kommt der **Gewinnung** geeigneter **ehrenamtlicher Mitarbeiter** zu. Ehrenamtliche Mitarbeiter tragen zu einem großen Teil durch ihr Engagement zur Leistungsfähigkeit der Nonprofit-Organisation bei. Demzufolge sind potenzielle ehrenamtliche Mitarbeiter durch Personalmanagementmaßnahmen für ein entsprechendes Engagement in der Nonprofit-Organisation zu überzeugen. Eine zentrale Barriere besteht in diesem Zusammenhang darin, dass vielen Menschen in der Bevölkerung nicht bewusst ist, in welcher Form sie sich engagieren können. Somit ist eine Aufgabe des Personalmanagements die Kommunikation von Möglichkeiten, sich in einer Organisation engagieren zu können. Insbesondere kleinere Nonprofit-Organisationen ergreifen oftmals kaum eigenständig Initiative zur Gewinnung von ehrenamtlichen Mitarbeitern. In vielen Fällen recherchieren Interessenten selbst, welcher Organisation sie ihre Mitarbeit anbieten können. Dabei wird gleichzeitig die Konkurrenz um freiwillige Mitarbeiter immer intensiver, da zum einen eine zunehmende Anzahl von Organisationen in den Wettbewerb um diese Ressource tritt, zum anderen auch die Bereitschaft in der Bevölkerung sinkt, sich ehrenamtlich zu engagieren (Horak/Heimerl 2002, S. 184).

Demzufolge ist es eine zentrale Aufgabe für Organisationen, die auf das Engagement freiwilliger Mitarbeiter angewiesen sind, ihre Kommunikationspolitik aktiver auf die Akquisition ehrenamtlicher Mitarbeiter auszurichten. Die Überzeugung von potenziellen ehrenamtlichen Mitarbeitern, ihr Engagement der eigenen und nicht konkurrierenden Organisation zur Verfügung zu stellen, ist in diesem Zusammenhang das primäre Ziel. Kommunikationsmaßnahmen zur erfolgreichen Mitarbeiterakquisition enthalten somit u. a. folgende zentrale Informationen:

- Ausgewählte und überzeugende Gründe, sich bei der Organisation zu engagieren,
- Herausstellung der Attraktivität der Nonprofit-Organisation für die freiwilligen Mitarbeiter,
- Verdeutlichung des Beitrags der ehrenamtlichen Mitarbeiter zur Erfüllung der Nonprofit-Mission,
- Darstellung interessanter Arbeitsinhalte,
- Aufzeigen einer klaren Perspektive, die den Motiven des potenziellen ehrenamtlichen Mitarbeiters entgegenkommt,
- Darstellung der Gründe, die zu einem Engagement anderer Mitarbeiter geführt haben.

Beispiel: Initiative Ehrenamt des THW
Das Technische Hilfswerk (THW) hat als Imagekampagne eine Plakatserie für das Ehrenamt im Bevölkerungsschutz konzipiert. Dargestellt sind Helferinnen und Helfer aus THW-Ortsverbänden bei Einsätzen der jüngeren Zeit. Die in Insert 2-2 exemplarisch dargestellten Plakate zeigen keine Fotomodelle, sondern reale Personen, die sich mit Namen und Beruf vorstellen. Es sind Menschen, mit denen sich die Betrachter identifizieren können. Die Plakate zeigen die Erfahrung der Einsatzkräfte und das ungeteilte Engagement der dargestellten Personen. Ziel der Plakatkampagne ist es, auf die Bedeutung des Ehrenamtes im Bevölkerungsschutz aufmerksam zu machen. Die Poster sollen dazu in Rathäusern, bei der IHK, in Schulen und Hochschulen an öffentlichen Plakatwänden und schwarzen Brettern ausgehängt werden. Die THW-Plakate sind in einer Gesamtauflage von 40.000 Stück gedruckt worden (Quelle: www.thw.de, Zugriff am 11.11.2004).

Neben der eher langfristig orientierten Gewinnung haupt- und ehrenamtlicher Mitarbeiter bedingt bei einigen Nonprofit-Organisationen die schwankende Nachfrage nach deren Leistungen die Notwendigkeit, kurzfristig den Mitarbeiterbestand zu erhöhen. Dies gilt beispielsweise bei Nonprofit-Organisationen im Bereich der Katastrophenhilfe. Hier kann eine Katastrophe, wie etwa ein Erdbeben oder eine Überschwemmung, kurzfristig zu einem akuten Bedarf an freiwilligen Helfern führen. Um diesen kurzfristig erhöhten Mitarbeiterbedarf decken zu können, wird bei derartigen Situationen die lokale Bevölkerung mobilisiert oder – bei besonders hohem Mitarbeiterbedarf – auch überregional Menschen dazu bewegt, für eine bestimmte Zeit als Helfer zur Verfügung zu stehen.

Insert 2-2:
Initiative Ehrenamt
des THW
(Quelle: www.thw.de,
Zugriff am 11.11.2004)

(3) Nonprofit-Marketing für Technologieressourcen
Nonprofit-Organisationen benötigen – ebenso wie kommerzielle Unternehmen – leistungsfähige Technologieressourcen, um alle an sie gerichteten Erwartungen zu erfüllen. Ab einer bestimmten Größe stellt beispielsweise eine leistungsfähige Hard- und Software, die eine effiziente Administration ermöglicht, einen nicht zu vernachlässigenden Erfolgsfaktor für das Management von Nonprofit-Organisationen dar. Ähnlich erfolgsrelevant sind i.d.R. Transportmittel, Kommunikationssysteme oder andere technische Hilfsmittel. Durch den Einsatz von modernen Technologien kann sowohl die erbrachte Leistungsqualität als auch die Kommunikation mit den verschiedenen Anspruchsgruppen verbessert werden.

Ein Beispiel für Chancen, die sich aus der Nutzung moderner Technologien für Nonprofit-Organisationen ergeben, ist das Internet. Durch das Internet – bzw. die Einrichtung einer professionellen Homepage – können Nonprofit-Organisationen mit Leistungsempfängern Kontakt halten, neue Leistungsempfänger akquirieren oder auch Personen zu Spenden motivieren (Sporn 2002, S. 419). Letzteres dürfte insbesondere vor dem Hintergrund interessant sein, dass ein Großteil der Förderer von Nonprofit-Organisationen private Spender sind und mittlerweile die Mehrheit (ca. 61 Prozent) der deutschen Bevölkerung im Internet aktiv ist (FGW 2004). Demzufolge kommt dem Internet als Fundraising-Plattform eine zentrale Bedeutung zu. Aufgabe der Nonprofit-Organisation ist es entsprechend, neue Technologien für Online-Spenden zu nutzen sowie leicht bedienbare Webseiten auf Basis des aktuellen technologischen Standards zu entwickeln.

Beispiel: Elektronischer Opferstock der Evangelischen Petrus-Kirche Bernhausen
Die Evangelische Kirchengemeinde Bernhausen hat in der Petrus-Kirche – als erstes Gotteshaus in Deutschland – die Möglichkeit geschaffen, auch mit EC-Karte opfern und spenden zu können. Gemeindemitglieder haben um diese zusätzliche Möglichkeit gebeten, da sie sonntags eher EC-Karte als Bargeld bei sich haben – und sie die Möglichkeit haben möchten, ihre Opferhöhe frei nach dem im Gottesdienst beschriebenen Zweck zu richten, statt nach der Höhe der mitgeführten Bargeldmenge. Gleichzeitig wird die Quittungen des Terminals bei Geldbeträgen bis zu 50 € vom Finanzamt als Spendenquittung akzeptiert. Für darüber hinausgehende Beträge stellt die Kirchengemeinde eine steuerwirksame Spendenbescheinigung aus. Finanziert wurde das Projekt durch die Unterstützung der Deutschen Sparkassen Verlags GmbH, die den Kartenleser (Terminal) stellt und die besondere Software entwickelt hat. Da gleichzeitig die lokale Sparkasse auf alle Gebühren und Transaktionskosten verzichtet, kommt auch aus dem bargeldlosen Opfer der gesamte Opferbetrag dem Opferzweck der Kirchengemeinde zugute (Quelle: www.bernhausen.evkifil.de/petrus-kirche/opferstock.html, Zugriff am 12.11.2004).

Häufig verfügen Nonprofit-Organisationen nicht über die nötigen finanziellen Mittel, um leistungsfähige Technologien zu Marktpreisen beschaffen zu können. Aus diesem Grund sowie aus sozialen Gesichtspunkten gewähren kommerzielle Lieferanten Nonprofit-Organisationen oftmals hohe **Rabatte und Sonderkonditionen**. Dies stellt für Nonprofit-Organisationen eine günstige Gelegenheit dar, neue technologische Ausstattungen kostengünstig zu erwerben. Beispielsweise gewähren bestimmte Autovermietungen karitativen Einrichtungen sehr günstige Mietkonditionen, die gerade die Kosten des Lieferanten decken. Anbieter von Technologien zur Webseitenerstellung – wie z.B. Redskill – bieten ihre Programme für Nonprofit-Organisationen sogar kostenlos an. Viele Nonprofit-Organisationen (z.B. Universitäten oder Krankenhäusern) handeln darüber hinaus langfristige Rahmenverträge mit Lieferanten über Sonderkonditionen aus, so dass sie eine bessere Kalkulationsbasis für ihre Beschaffungsplanung haben. Eine weitere Möglichkeit für Nonprofit-Organisationen, die nur über beschränkte finanzielle Ressourcen verfügen, ist das Eingehen von Partnerschaften und Kooperationen, um Zugriff auf die entsprechenden Technologien zu erhalten. Beispielsweise können mehrere Nonprofit-Organisationen gemeinsam bestimmte technologische Ressourcen anschaffen und nutzen (z.B. Spezialfahrzeuge,

Statistiksoftware, Server für einen Webauftritt). Ebenso ist es denkbar, Technologien von kommerziellen Partnerunternehmen in Anspruch zu nehmen.

(4) Nonprofit-Marketing für Know-how-Ressourcen
Oftmals in engem Zusammenhang mit dem Nonprofit-Marketing für Technologieressourcen steht das Nonprofit-Marketing für Know-how-Ressourcen. So nützt einer Nonprofit-Organisation die Beschaffung einer neuen Technologie nur wenig, wenn das entsprechende Wissen zur Verwendung dieser Technologie in der Organisation nicht vorhanden ist. In diesem Fall gilt es somit, entsprechende Know-how-Ressourcen organisationsintern oder -extern aufzubauen bzw. zu beschaffen. Aus Sicht der Nonprofit-Organisation gibt es – neben technologiebezogenem Know-how – noch eine Reihe von weiteren erfolgskritischen Know-how-Ressourcen. Dazu gehört z.b. spezifisches fachliches Know-how, etwa im Bereich der Marktforschung, Rechnungslegung oder bezogen auf rechtliche Fragestellungen.

Grundsätzlich können Know-how-Ressourcen durch unterschiedliche Wege für die Nonprofit-Organisation erschlossen werden, wie z.B. durch

- Beratung der Nonprofit-Organisation seitens externer Beratungsunternehmen bzw. Experten,
- Bereitstellung von Secondments,
- Aufbau von Netzwerken,
- Weiterbildung von organisationsinternen Mitarbeitern,
- Beschaffung von Daten und sonstigen Informationen.

Die Beschaffung von Know-how durch kommerzielle **Beratungsunternehmen** wird bei vielen – insbesondere kleineren – Nonprofit-Organisationen aufgrund der damit verbundenen Kosten vermieden. Größere Nonprofit-Organisationen arbeiten jedoch – wie die meisten kommerziellen Unternehmen – mit externen Spezialisten wie Rechtsanwälten, Steuerberatern, Unternehmensberatern, EDV-Beratern usw. zusammen (Eschenbach/Horak 2002, S. 390). Aufgrund der Komplexität und Spezifität der Managementaufgaben bei größeren Nonprofit-Organisationen sind hier die Führungsaufgaben ohne entsprechende externe Berater kaum zu bewältigen. Allerdings kann auch bei kleineren Nonprofit-Organisationen das Hinzuziehen von externen Beratern behilflich sein, um die Nonprofit-Aufgaben effizienter erfüllen zu können. Beispielsweise gibt es eine Vielzahl von Beratungsunternehmen, die Kompetenzen im Bereich der Spendeneinwerbung oder bzgl. der Entwicklung eines Sponsoringkonzeptes aufgebaut haben und somit Nonprofit-Organisationen, die auf diesem Gebiet bisher wenig Erfahrung haben, dabei unterstützen können, ihre Beschaffungsaktivitäten zu optimieren. Ebenfalls denkbar ist es, z.B. das Fundraising komplett auszulagern (Outsourcen), d.h., durch darauf spezialisierte Unternehmen durchführen zu lassen.

Im Rahmen von **Secondments** arbeiten erfahrene Mitarbeiter eines kommerziellen Unternehmens für einen vorher festgelegten Zeitraum in einer gemeinnützigen Organisation mit, werden aber weiterhin von ihrem Unternehmen entlohnt (Halley 1999). In diesem Zeitraum (i.d.R. 6 bis 24 Monate) setzt der Mitarbeiter sein persönliches Know-how ein, um spezielle Probleme der Nonprofit-Organisation zu lösen (z.B. Aufbau von Informationssystemen, Softwareentwicklung und -einsatz, Projektmanagement). Nach Abschluss der Aufgabe kehrt er in sein Unternehmen zurück. Aus Sicht der Nonprofit-Organisation ist die Vergabe von Secondments somit ein sehr kostengünstiges Instrument, um an externen Sachverstand zu gelangen.

Eine weitere Möglichkeit, um Know-how für die Nonprofit-Organisationen zu beschaffen, besteht im Aufbau von **Netzwerken**. Beispielsweise können Nonprofit-Organisationen durch entsprechendes Networking Beziehungen zu kommerziellen Unternehmen, Privatpersonen oder auch anderen Nonprofit-Organisationen aufbauen, um deren Know-how nutzen zu können. In diesem Zusammenhang ist es z.B. denkbar, auf Marktforschungsexperten von bestehenden Netzwerkpartnern, z.B. Sponsoren des Unternehmens, zurückzugreifen oder Manager unter den Spendern zu identifizieren, um diese gezielt als Netzwerkpartner zu gewinnen (z.B. durch eine persönliche Einladung). Gleichfalls kann mit anderen Nonprofit-Organisationen eine Vereinbarung über eine gegenseitige Unterstützung – im Sinne eines Know-how-Transfers – geschlossen werden.

Zur langfristigen Sicherung des Know-how-Bedarfs einer Nonprofit-Organisation bietet es sich darüber hinaus an, ausgewählte eigene ehren- und hauptamtliche Mitarbeiter entsprechend weiterzubilden. Eine **Weiterbildung** von Mitarbeitern hat insbesondere den Vorteil, dass eine sehr gezielte, bedarfsgerechte Know-how-Schaffung für die Nonprofit-Organisation möglich ist (z.B. durch eine Weiterbildung zum professionellen Spendensammeln, Seminare zum Nonprofit-Marketing usw.). In engem Bezug zur Weiterbildung von Mitarbeitern ist es ebenso denkbar, wissensrelevante **Daten** und **Informationen** zu beschaffen, aufzuarbeiten und in Datenbanken den Mitarbeitern der Nonprofit-Organisation zur Verfügung zu stellen.

2.3.3 Nonprofit-Marketing als interne Kundenorientierung

Bei Nonprofit-Organisationen kommt es zu einer Vielzahl von persönlichen Interaktionsprozessen zwischen den Mitarbeitern der Organisation und deren Anspruchsgruppen, wie beispielsweise bei der Erstellung der Leistung mit den Leistungsempfängern oder im Zusammenhang mit der Akquisition und Bindung von Förderern. Die Umsetzung einer für die (externen) Anspruchsgruppen entwickelten, zufriedenheitsorientierten Marketingstrategie ist nur möglich, wenn die Mitarbeiter sich in der Kontaktsituation so verhalten, dass die Erwartungen der verschiedenen externen Anspruchsgruppen nicht enttäuscht werden. Damit werden die **Mitarbeiter** zu einer erfolgskritischen **internen Zielgruppe** für das Nonprofit-Marketing einer Organisation (Barnes 1989; Bruhn 1999a; Stauss 2000; Wickel-Kirsch/Goerke 2002).

Demzufolge gilt es für Nonprofit-Organisationen ihre Marketingaktivitäten auch auf die Mitarbeiter bzw. die internen Anspruchsgruppen zu fokussieren. In diesem Zusammenhang kann auf das im kommerziellen Marketing diskutierte **Konzept der internen Kundenorientierung** zurückgegriffen werden. Im Sinne einer Definition bezeichnet die interne Kundenorientierung (bzw. interne Anspruchsgruppenorientierung) die Fähigkeit einer Nonprofit-Organisation, die innerorganisatorischen Voraussetzungen durch die Ausrichtung an den internen Anspruchsgruppen dafür zu schaffen, dass die an den Erwartungen der externen Anspruchsgruppen der Nonprofit-Organisation ausgerichtete Strategie erfolgreich umgesetzt wird (Bruhn 2002, S. 27). Die interne Kundenorientierung ist somit kein Selbstzweck, sondern dient der Erreichung der externen Zielsetzungen der Nonprofit-Organisation.

Dabei wird davon ausgegangen, dass die Maßnahmen der internen Kundenorientierung über die gesteigerte Zufriedenheit der Mitarbeiter und die Verbesserung des Interaktionsverhaltens der Mitarbeiter zu einer Erhöhung der externen Anspruchsgruppenorientierung beitragen (Bruhn 2002); diese ist wiederum – entsprechend den Ausführungen weiter oben – ein zentraler Erfolgsfaktor für die Zielerreichung bei Nonprofit-Organisationen. Dieser **Zusammenhang zwischen der internen und externen Anspruchsgruppenorientierung** ist in Schaubild 2-5 exemplarisch dargestellt. Darüber hinaus führt die interne Kun-

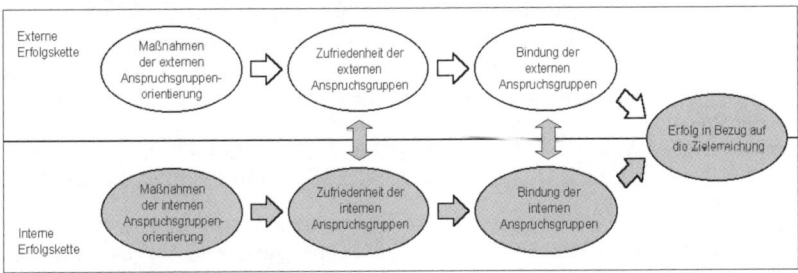

Schaubild 2-5: Zusammenhang zwischen interner und externer Erfolgskette
(Quelle: Bruhn 2002, S. 178)

denorientierung zu einer Steigerung der Mitarbeitermotivation und bildet somit eine Grundlage dafür, dass notwendige Veränderungsprozesse in der Nonprofit-Organisation, wie z.B. das verstärkte Denken in Anspruchsgruppen oder die Professionalisierung der Beschaffungsaktivitäten, von den Mitarbeitern eher akzeptiert und unterstützt werden. Als weiteres Argument für eine intensive Auseinandersetzung mit der Thematik der internen Kundenorientierung kann angeführt werden, dass eine hohe interne Kundenorientierung von konkurrierenden Nonprofit-Organisationen nur schwer imitierbar ist und daher langfristig den Erfolg einer Nonprofit-Organisation sichert sowie gleichzeitig die Akquisition neuer Mitarbeiter erleichtert.

Die **Umsetzung einer internen Kundenorientierung** erfolgt sowohl bezogen auf die Ebene der Organisation als Ganzes als auch in Bezug auf Abteilungen (z.B. Fundraising, Controlling), interne Gruppierungen (z.B. Gruppe der ehrenamtlichen Mitarbeiter, Gruppe der hauptamtlichen Mitarbeiter) oder einzelne Mitarbeiter. Ansatzpunkte zur Steigerung der internen Kundenorientierung sind dialog- oder auch zufriedenheitssteigernde Maßnahmen. Beispielsweise ist eine zentrale Maßnahme der internen Kundenorientierung das sog. **Empowerment**, bei dem Mitarbeitern relativ große Handlungsspielräume gewährt werden (Brymer 1991, S. 59). Dadurch können die Mitarbeiter im Kontakt mit den Anspruchsgruppen flexibel und individuell auf die Bedürfnisse und Wünsche der Leistungsempfänger, Spender, Sponsoren usw. eingehen und somit eine verstärkte externe Anspruchsgruppenorientierung realisieren. Weitere Maßnahmen der internen Kundenorientierung sind u.a. die Optimierung der internen Kommunikation, regelmäßige Mitarbeitergespräche oder die Verbesserung der Arbeitsplatzbedingungen.

Beispiel: Maßnahmen zur internen Kundenorientierung beim Caritasverband Brilon
Als eine dialogorientierte Maßnahme zur internen Kundenorientierung hat der Caritasverband Brilon vor einigen Jahren die regelmäßige Herausgabe einer Mitarbeiterzeitschrift beschlossen. Damit wird zum einen ein besserer Informationsstand der über 450 hauptamtlichen und einer großen Anzahl ehrenamtlicher Mitarbeiter angestrebt. Zum anderen kann die Schaffung von Offenheit und Transparenz innerhalb des Caritasverbandes auch zu einer positiven Wirkung auf das wahrgenommene Organisationsklima und die interne Zusammenarbeit führen. Unter Beteiligung der Mitarbeiter des Caritasverbandes wurde auch das externe Leitbild „Dem Menschen dienen" entwickelt, das den Mitarbeitern bei ihrem Handeln als Maxime dient (Quelle: www.cvbrilon.caritas.de, Zugriff am 12.11.2004).

Als grundlegende Rahmenbedingung zur Umsetzung einer – der externen Anspruchsgruppenorientierung zweckdienlichen – internen Kundenorientierung bedarf es einer integrierten Gestaltung der Strukturen, Systeme und Kultur der Nonprofit-Organisation. Konkret bedeutet dies, dass die Organisation ihre **Struk-**

turen, d.h. die Aufbau- und Ablauforganisation, derart anpasst, um die innerbetrieblichen Voraussetzungen für eine erhöhte Flexibilität und Effizienz bei der Aufgabenerfüllung zu gewährleisten (z.B. durch flache Hierarchien). Gleichzeitig gilt es, die Strukturen der internen Kundenorientierung durch eine Anpassung der **Systeme** (Informations-, Personalmanagement-, Kommunikations-, Steuerungssysteme) zu unterstützen sowie die **Kultur** (Organisationskultur, Kultur auf Abteilungsebene und individuelle Perspektive) derart zu modifizieren, dass das Denken in Anspruchsgruppen in der Nonprofit-Organisation gelebt wird.

2.4 Nonprofit-Marketing als integrativer Managementansatz

In den Bereichen Marketing und Management hat sich zur Lösung verschiedener Aufgaben eine bestimmte Entscheidungssystematik bewährt. In der Literatur wird in diesem Zusammenhang vom sog. **entscheidungsorientierten Ansatz** gesprochen. Dieser entscheidungsorientierte Ansatz hilft den Marketingverantwortlichen, die zentralen Entscheidungsprobleme zu erkennen und sinnvoll zu strukturieren, um so die Mission der Nonprofit-Organisation effizienter erfüllen zu können. Vor dem Hintergrund der Besonderheiten des Nonprofit-Marketing kommt in diesem Zusammenhang vor allem der integrativen Betrachtung des Absatz- und Beschaffungsmarktes eine zentrale Rolle zu. Für die Verantwortlichen in Nonprofit-Organisationen bedeutet dies, dass sie sich simultan darauf konzentrieren, wie sie (Schwarz 1996, S. 37)

- die benötigten finanziellen, technologischen und Know-how-Ressourcen beschaffen,
- fachlich und sozial qualifizierte Mitarbeiter gewinnen und halten,
- die richtigen Abnehmer für die Nonprofit-Leistungen finden sowie
- generell das Image und Ansehen der Nonprofit-Organisation erhöhen.

Es ist unzureichend, wenn sich Verantwortliche in Nonprofit-Organisationen bei ihren Aktivitäten ausschließlich an den Erwartungen der direkten Leistungsempfänger orientieren. Vielmehr ist es wichtig – wie die Ausführungen in den vorigen Abschnitten verdeutlichen – dass auch weitere relevante Gruppen, wie Sponsoren, Spender und Mitarbeiter berücksichtigt werden (Laing/Galbraith 1996). Bei der Darstellung der Entscheidungsstruktur wird dabei zwischen drei miteinander in Verbindung stehenden Marketingvariablen unterschieden (Bruhn 2004a, S. 23): der Marketingsituation, den Marketingzielen sowie den Marketinginstrumenten. Zur systematischen Ausarbeitung von tragfähigen Marketingkonzepten im Nonprofit-Sektor gilt es, die Strukturen zwischen diesen Variablen zu berücksichtigen und in einem Managementprozess zu integrieren.

Das Nonprofit-Marketing als komplexe Managementaufgabe bedingt somit ein systematisches Entscheidungsverhalten, das sich durch einen **Managementprozess** realisieren lässt. In Schaubild 2-6 ist ein idealtypischer Managementprozess für das Nonprofit-Marketing dargestellt. Als grundlegende Strukturierung lassen sich die Phasen der Analyse, Planung, Umsetzung und Kontrolle unterscheiden. Dieser Managementprozess verdeutlicht, wie das Nonprofit-Marketing seiner Rolle als Initiator für eine systematische Führung der Nonprofit-Organisation gerecht werden kann. Kern des Managements ist die kontinuierliche Marketingplanung. Sie beschäftigt sich mit der Analyse- und Planungsphase des Managementprozesses und resultiert in einem Marketingplan, der den Verantwortlichen Antworten darauf gibt, welche Maßnahmen wie und zu welchem Zeitpunkt durchzuführen sind (Bruhn 2002b, S. 37). Im Einzelnen sind folgende Phasen im Nonprofit-Marketing zu unterscheiden:

- Analysephase,
- Strategische Unternehmens- und Marketingplanung für Nonprofit-Organisationen,
- Qualitätsmanagement für Nonprofit-Organisationen,
- Operatives Nonprofit-Marketing,
- Implementierung des Nonprofit-Marketing und
- Controlling des Nonprofit-Marketing.

Die **Analysephase** ist der Ausgangspunkt für ein systematisches Nonprofit-Marketing. In dieser Phase wird durch den Einsatz von Marktforschungsmethoden die spezifische Situation untersucht, in der sich die Nonprofit-Organisation befindet sowie die sich daraus ergebende Marketingproblemstellung abgeleitet. Somit ist die Aufgabe der Analysephase eine umfassende Beurteilung der Ausgangssituation einer Nonprofit-Organisation.

Da Anbieter von Nonprofit-Leistungen häufig im Rahmen nicht-schlüssiger Tauschbeziehungen agieren, gilt es in einem ersten Schritt, die zentralen Anspruchsgruppen – Leistungsempfänger, Förderer, Kostenträger und Mitarbeiter – zu identifizieren und deren Entscheidungsverhalten zu analysieren. Das Wissen darüber, welche Motive die Förderer haben, um freiwillig und ohne direkte Gegenleistung finanzielle Ressourcen zur Verfügung zu stellen, nach welchen Kriterien die Aufwendungen von den Kostenträgern übernommen werden, welche Gründe die Mitarbeiter zu einem Engagement in der Nonprofit-Organisation bewegt und wie das Entscheidungsverhalten der Leistungsempfänger erfolgt, sind die Grundvoraussetzung jeglicher Marketingaktivitäten für Nonprofit-Organisationen. Beispielsweise kann die Kenntnis über die genauen Spendermotive

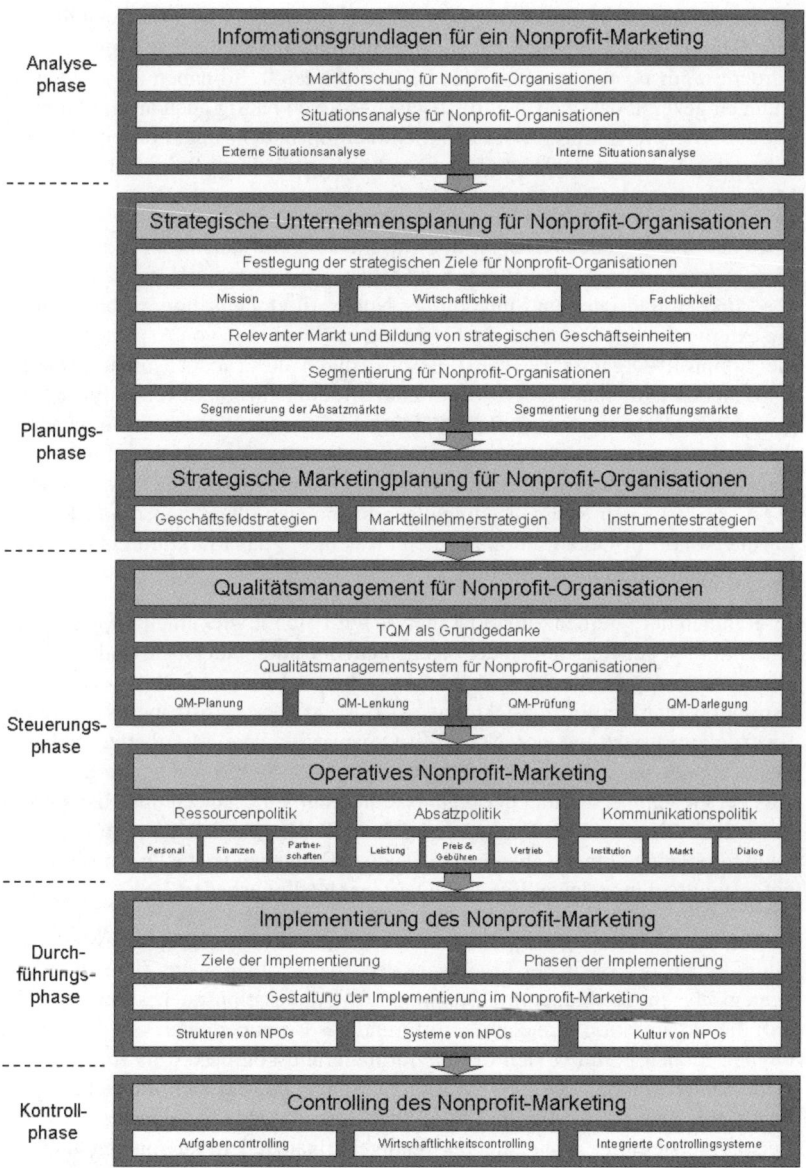

Schaubild 2-6: Managementprozess im Nonprofit-Marketing

als Basis für eine anspruchsgruppenadäquate Ansprache der Förderer hilfreich sein (Durch welche Marketingmaßnahmen können verschiedene Gruppen von Förderern am Besten zum Spenden bewegt werden?). So haben etwa Untersuchungen gezeigt, dass neben altruistischen Motiven häufig auch andere Gründe, wie z.B. Steuerersparnisse oder Familientraditionen, den Anlass für eine Spende geben (Cermak et al. 1994). Entsprechend scheint es sinnvoll, im Rahmen einer Marketingstrategie diese Motivstrukturen zu berücksichtigen.

Nach der grundlegenden Analyse des Entscheidungsverhaltens der zentralen Anspruchsgruppen liegt ein weiterer Schwerpunkt auf einer umfassenden Analyse der externen und internen Situation der Nonprofit-Organisation. Dabei umfasst die externe Situationsanalyse die Erfassung und Prognose von Aspekten, die für die Nonprofit-Organisation von Relevanz, durch diese jedoch nicht steuerbar sind. Neben aktuellen oder zu erwartenden Rahmenbedingungen aufgrund der generellen Marktsituation (z.B. Konjunktur) können in diesem Zusammenhang das Verhalten von Wettbewerbern, die Situation der Leistungsempfänger und sonstigen Anspruchsgruppen, wie z.B. Staat, Dachorganisationen usw., von Interesse sein. Aus den Rahmenbedingungen lassen sich die Chancen und Risiken für die Nonprofit-Organisation ableiten (Was bringt das Marktumfeld der Nonprofit-Organisation in der Zukunft?).

Im Rahmen der internen Situationsanalyse wird die Entwicklung und gegenwärtige Situation der Ressourcen der eigenen Organisation untersucht und bewertet. Hier geht es darum, die Stärken und Schwächen in Bezug auf alle relevanten organisationsinternen Einflussfaktoren zu erfassen. Dies betrifft insbesondere die finanzielle Ausstattung der Nonprofit-Organisation, die Mitarbeiter und ihre Qualifikation, das Leistungsangebot, das Image der Nonprofit-Organisation usw. Aus der Gegenüberstellung der organisationsexternen Chancen und Risiken und der organisationsinternen Stärken und Schwächen lassen sich die zentralen Marketingproblemstellungen ableiten (In welchen Bereichen ist die Organisation gut aufgestellt und in welchen Bereichen besteht Handlungsbedarf?).

Im Rahmen der **strategischen Unternehmensplanung** im Nonprofit-Marketing gilt es, – auf der Basis der Ergebnisse der Analysephase – die Ziele sowie die strategische Stoßrichtung für die Nonprofit-Organisation zu bestimmen (Was will die Organisation erreichen?). Aufgrund der Besonderheiten von Nonprofit-Organisationen gestaltet sich die Zielformulierung komplexer als für kommerzielle Unternehmen. Die Nonprofit-Organisation bewegt sich dabei im Spannungsfeld zwischen Mission, Wirtschaftlichkeit und Fachlichkeit bei der Leistungserstellung: Ohne die notwendigen finanziellen Ressourcen und die Fachlichkeit bei Leistungserstellung kann auch die Mission und damit der eigentliche Zweck der Nonprofit-Organisation nicht realisiert werden. Auch im

Rahmen der Markt- und Geschäftseinheitendefinition sind bei Nonprofit-Organisationen einige Besonderheiten zu berücksichtigen. Während bei kommerziellen Unternehmen der relevante Markt auf der Basis von Profitabilitätsüberlegungen definiert wird, ergeben sich im nicht-kommerziellen Bereich einige Schwierigkeiten bei der Marktabgrenzung. So ist beispielsweise für eine Hilfsorganisation die bewusste Auswahl, welche Marktsegmente bevorzugt Leistungen empfangen sollen und welche vernachlässigt werden, eine schwierige Entscheidung. Die Frage, ob primär die hilfsbedürftigsten Zielgruppen als Hauptempfänger der Leistungen definiert werden oder Zielgruppen mit einer hohen Erfolgswahrscheinlichkeit bevorzugt werden, ist für Nonprofit-Organisationen oftmals ein rational nicht zu lösendes ethisches Entscheidungsproblem, das zu einem „Segmentierungsdilemma" führt (Andreasen 2001).

Die **strategische Marketingplanung** im Nonprofit-Marketing dient der Konkretisierung der bisher getroffenen Entscheidungen. Zunächst gilt es, die Geschäftsfeldstrategien aus den übergeordneten Zielen abzuleiten. Es sind somit Entscheidungen über eine Intensivierung versus Reduktion der Marketingbemühungen in den verschiedenen Geschäftsfeldern einer Nonprofit-Organisation zu treffen (Welche Ziele sind mit welchem Einsatz zu erreichen?). Weiterhin werden Marketingstrategien in Bezug auf die zentralen Marktteilnehmer festgelegt, d.h., es muss der Frage nachgegangen werden, welche Strategien in Bezug auf Leistungsempfänger, Kostenträger, Förderer, Konkurrenz und das Umfeld zu wählen sind, damit die Mission der Nonprofit-Organisation erfüllt werden kann. Schließlich sind Strategien in Bezug auf den Marketinginstrumentenmix zu formulieren. Mit Hilfe der Strategien des Nonprofit-Marketing versucht die Nonprofit-Organisation somit, den Marketingproblemstellungen gerecht zu werden und die organisationalen Ziele zu verwirklichen.

Die Erstellung einer hohen Leistungsqualität durch ein professionelles **Qualitätsmanagement** bildet die Ausgangsbasis für das Vertrauen der Anspruchsgruppen in die Organisation und stellt einen zentralen Wettbewerbsfaktor dar. Dabei beziehen sich die Überlegungen zum einen auf die Seite der Leistungsabnehmer. Durch den zunehmenden Konkurrenzdruck unter den Nonprofit-Organsiationen haben die Leistungsempfänger vermehrt Wahlmöglichkeiten zwischen verschiedenen Anbietern (z.B. verschiedene Theater, die um die Gunst der Gäste konkurrieren). Zum anderen sind auch die Förderer an der Unterstützung von besonders vertrauensvollen Nonprofit-Organisationen mit hoher Qualität interessiert. Zur Gewährleistung einer dauerhaft hohen Qualität der Leistungen der Nonprofit-Organisation ist die Umsetzung eines systematischen Qualitätsmanagements erforderlich. Ein Qualitätsmanagement umfasst dabei die Gesamtheit der qualitätsbezogenen Tätigkeiten und Zielsetzungen einer Nonprofit-Organisation, d.h., sämtliche Planungs-, Durchführungs- und Kontrollaktivitäten einer

Nonprofit-Organisation, die auf die Sicherstellung einer hohen Qualität abstellen.

Das **operative Nonprofit-Marketing** dient der Umsetzung der strategischen Ausrichtung einer Nonprofit-Organisation. Hierbei sind für die Steuerung von personellen und finanziellen Ressourcen, die Veräußerung von Leistungen sowie die kommunikative Darstellung der Nonprofit-Organisation diejenigen Marketinginstrumente einzusetzen und zu kombinieren, die zur Verwirklichung der Strategie einer Nonprofit-Organisation beitragen. Im Rahmen der Ressourcenpolitik kommen vor allem personalpolitische, finanzierungspolitische und beziehungsorientierte Instrumente zum Einsatz. Die Veräußerung und die Gestaltung der Produkte (Absatzpolitik) der Nonprofit-Organisation wird durch leistungspolitische, preis- und gebührenpolitische sowie vertriebspolitische Instrumente unterstützt. Dabei sind als Produkt sämtliche materiellen und immateriellen Leistungen zu verstehen, die zur Erfüllung der Nonprofit-Aufgaben beitragen – also sowohl Sachgüter (z.B. Bücher) als auch Dienstleistungen (z.B. Altenpflege) oder Ideen bzw. Überzeugungen (z.B. Religion). Die Darstellung der Nonprofit-Organisation gegenüber den verschiedenen Anspruchsgruppen wird letztendlich durch die Instrumente der institutionellen Kommunikation, Marketing- und Dialogkommunikation realisiert. In diesem Zusammenhang kann beispielsweise der gezielte Aufbau einer Nonprofit-Marke angestrebt werden.

Im Rahmen der **Implementierungsphase** erfolgt die tatsächliche Umsetzung der zuvor festgelegten Maßnahmen durch die Mitarbeiter der Nonprofit-Organisation. Dabei gilt es, die verschiedenen Aufgaben personell zuzuordnen, um sicherzustellen, dass die Mitarbeiter für die Durchführung Verantwortung übernehmen. Erschwerend kommt hier vor allem die Koexistenz von ehrenamtlichem Engagement und bezahlter Arbeit hinzu sowie die häufig unklaren Organisationsstrukturen bei Nonprofit-Institutionen. Grundsätzlich sind in allen Nonprofit-Organisationen die Strukturen, Systeme sowie Kultur der Organisation in Bezug auf die Kompatibilität mit den Marketingzielen anzupassen.

Schließlich dient das **Controlling** am Ende des Planungsprozesses zur Überprüfung der Fragestellungen, inwieweit die Marketingziele erreicht wurden, wie wirtschaftlich die eingesetzten Marketingmaßnahmen waren und ob die geplanten Marketingaktivitäten tatsächlich umgesetzt wurden. Hierbei geht es also primär darum, zu identifizieren, inwieweit durch das Marketing die Mission der Nonprofit-Organisation effektiv und effizient vorangebracht wurde. Obwohl das Controlling die letzte Phase im Rahmen des Managementprozesses darstellt, kommt ihm dennoch eine herausragende Bedeutung zu. So kann beispielsweise das Aufzeigen des Zusammenhangs zwischen Marketingausgaben und Zielerfüllung dabei helfen, potenzielle Vorbehalte gegenüber einer marktorientierten Führung der Nonprofit-Organisation abzubauen. Das Controlling übernimmt dadurch die grundlegenden Funktionen der Koordination, Informationsversorgung, Planung und Kontrolle.

Dieser Managementprozesses, der in Schaubild 2-6 veranschaulicht ist, bildet die Grundlage für die weiteren Betrachtungen und ist als „roter Faden" zum Aufbau und zur Bearbeitung der weiteren Kapitel dieses Buches zu betrachten.

3 Informationsgrundlagen für ein Nonprofit-Marketing

3.1 Marktforschung für Nonprofit-Organisationen

Für ein zielgerichtetes Marketing ist die planmäßige und detaillierte Erforschung des Marktes eine zentrale Voraussetzung. Ebenso wie im traditionellen Marketing stellt die Marktforschung für eine Nonprofit-Organisation ein Hilfsmittel zur Fundierung von Entscheidungen in Bezug auf den Absatz- und Beschaffungsmarkt dar. Ziel dabei ist die Aufdeckung von Chancen und Risiken und damit die Schaffung einer Informationsgrundlage zur Unterstützung sämtlicher Marketingaktivitäten.

3.1.1 Fragestellungen und Aufgaben der Marktforschung

Aufgrund der Tatsache, dass es sich bei Nonprofit-Leistungen oftmals um Dienstleistungen handelt, lassen sich einige exemplarische **Schwerpunkte für die Marktforschung** ableiten (Meffert/Bruhn 2003, S. 127 ff.). Bedingt durch die Nichtlagerfähigkeit von Nonprofit-Leistungen sind z. b. zeitliche Nachfrageschwankungen zu untersuchen, um eine ausreichende Kapazitätsauslastung zu gewährleisten. Für die Notaufnahme eines Krankenhauses ist beispielsweise die Kenntnis über statistisch signifikante Stosszeiten von Patienten (z. b. erhöhte Unfallzahlen an Feiertagen) zur Planung der Leistungskapazitäten wichtig. Ebenfalls von zentraler Bedeutung für Krankenhäuser ist die Standortplanung – im Sinne der schnellen Erreichbarkeit für Patienten. Aufgrund der Notwendigkeit der Integration des externen Faktors spielt hierbei insbesondere die räumliche Nähe zu den Patienten sowie die Verkehrsanbindung eine relevante Rolle. Weitere zentrale Schwerpunkte der Nonprofit-Markforschung, die sich aus den Besonderheiten von Nonprofit-Leistungen – insbesondere der Immaterialität – ergeben, sind z. b. die Analyse der Zufriedenheit der Anspruchsgruppen mit der Leistung (z.B. Patientenzufriedenheit) sowie Imageanalysen. Darüber hinaus bedingt die Notwendigkeit der Leistungsfähigkeit der Nonprofit-Organisation einen besonderen Schwerpunkt auf der Analyse der Mitarbeiterfähigkeiten und der Mitarbeitermotivation (z.B. bezogen auf das medizinische Personal bei einem Krankenhaus).

Bei einer **umfassenden Betrachtung** können im Rahmen der Marktforschung grundsätzlich vier Bereiche unterschieden werden, die systematisch zu analysieren sind: Dies sind die Entwicklung des Marktes, das Verhalten der Marktteilnehmer, die Wirkung der Marketinginstrumente sowie die Beobachtung organisationsspezifischer Marketingfaktoren. Die vier Bereiche werden im Folgenden aufgegriffen und anhand von Fragestellungen exemplarisch verdeutlicht:

(1) Entwicklung des Marktes

(a) Welche mittel- bis langfristigen Chancen bestehen auf dem relevanten Markt?

Bei einer konsequenten Marktorientierung einer Nonprofit-Organisation stellt sich die Frage nach den bestehenden Marktchancen im Hinblick auf einen möglichen Markteintritt oder des weiteren Marktbestehens, d.h., lohnt sich beispielsweise der Bau eines neuen Theaters in Anbetracht des vorhandenen Angebotes. Um den Besonderheiten von Nonprofit-Organisationen gerecht zu werden ist es oftmals zweckmäßig anstelle des Begriffs Marktchancen von Marktherausforderungen zu sprechen. Beispielsweise stellt sich aus Sicht einer Entwicklungshilfeorganisation die Frage, welche mittel- bis langfristigen Herausforderungen – im Sinne einer Notwendigkeit – auf dem Markt für Entwicklungshilfe bestehen.

Beispiel: Studie des Deutschen Instituts für Weltwirtschaft (DIW) zum Kulturbedarf
Einer Untersuchung des Deutschen Instituts für Weltwirtschaft zufolge ist in den letzten Jahren die Nachfrage nach Kultur stark angestiegen. Am Beispiel der Stadt Berlin hat sich insbesondere die Zahl der Museumsbesucher drastisch erhöht. Wurden 1995 noch ca. 5,9 Mio. Besucher registriert, so waren es 1999 schon 7,4 Mio. und 2003 knapp 8,7 Mio. Besucher. Demgegenüber ist die Zahl der Theaterbesucher nur leicht gestiegen (1995: 2,96 Mio.; 2003: 2,99 Mio. Besucher). Unabhängig vom Wohnort besuchen immer mehr Menschen in Deutschland kulturelle Veranstaltungen. Dies gilt sowohl für den Bereich der „Hochkultur" (Opern, klassische Konzerte, Theater, Ausstellungen usw.) als auch für die sog. „Populärkultur" (Popkonzerte, Kinos, Tanzveranstaltungen usw.). In Bezug auf Berlin wird das Kulturangebot von der Bevölkerung insgesamt positiv angesehen. Beispielsweise halten rund 86 Prozent der im Rahmen der DIW-Studie Befragten das regionale Angebot an Museen für sehr gut. Als gut werden auch die meisten anderen Kulturangebote in Berlin angesehen, gewisse Einschränkungen zeigten sich lediglich in Bezug auf Galerien und Pop-/Jazzmusik (Quelle: www.diw.de; www.berlin-statistik.de, Zugriff am 22.11.2004).

Die Abschätzung des entsprechenden Marktpotenzials, des Marktvolumens und der relativen Marktbedeutung ist für die strategischen Überlegungen der Nonprofit-Organisationen von besonderem Interesse (z.B. inwieweit ist es für ein Altersheim sinnvoll oder notwendig, zusätzliche Plätze zu schaffen?). Um diesbzgl. eine valide Schätzung vornehmen zu können ist es erforderlich, neben den aktuellen Marktchancen, den Einfluss des Umfeldes auf die Marktentwicklung zu berücksichtigen, d.h., es stellt sich die Frage:

(b) Wie entwickelt sich das relevante Umfeld?
Im Rahmen dieser Fragestellung gilt es, den Einfluss relevanter Umfeldentwicklungen (z.B. Bevölkerungsentwicklung, Ökologie, Gesellschaft, Politik usw.) auf die Potenziale und Volumina des Gesamtmarktes und der Nonprofit-Organisation zu bewerten. Vertritt eine Nonprofit-Organisation sozio-politische Interessen, wie dies z.b. bei Parteien der Fall ist, so ist die Identifikation latenter gesellschaftlicher Probleme eine zentrale Herausforderung. Bei Nonprofit-Organisationen, deren Zielsegmente ausschließlich bestimmten Altersgruppen angehören (z.B. Kindergrippen, Altersheime), ist demgegenüber die demographische Entwicklung von größerer Bedeutung oder bei Umweltschutzorganisationen Veränderungen im Umweltbewusstsein der Bevölkerung sowie politische Entwicklungen. Um derartige Umfeldveränderungen abschätzen zu können ist es oftmals hilfreich, auf bestehende Studienergebnisse zurückzugreifen. Hinsichtlich latenter gesellschaftlicher Probleme liefert beispielsweise das sog. Sorgenbarometer des Bulletins der Credit Suisse, das nachfolgend erläutert wird, relevante Momentaufnahmen.

Beispiel: Das Sorgenbarometer der Credit Suisse als Momentaufnahme der Schweizer Befindlichkeit
Im Jahre 1976 führte die Credit Suisse mit dem sog. Sorgenbarometer erstmals eine repräsentative Meinungsumfrage durch, die die Befindlichkeit und Sorgen der Schweizer Bevölkerung widerspiegelt. Seit 1995 hat das GfS-Forschungsinstitut in Bern die wissenschaftliche Betreuung des Sorgenbarometers übernommen. Seither erfolgt die Befragung nach einem standardisierten Raster, so dass die Vergleichbarkeit der erhobenen Daten gewährleistet ist. Gemäß der Umfrage im Jahre 2003 wurde die Arbeitslosigkeit (67 Prozent) als größte Sorge eingestuft, gefolgt vom Gesundheitswesen (63 Prozent) und der Altersvorsorge (59 Prozent). Als weniger gravierend wurde demgegenüber beispielsweise die Flüchtlingsproblematik (36 Prozent) eingeschätzt (Huber 2003, S. 2ff.).

(2) Verhalten der Marktteilnehmer/Anspruchsgruppen

(a) Wie verhalten sich die organisationsbezogenen Leistungsempfänger?
Vor dem Hintergrund einer erwartungskonformen Leistungserstellung ist es erfolgsrelevant, die Verhaltensweisen und Reaktionen der Leistungsempfänger in Bezug auf das aktuelle Leistungsangebot zu analysieren sowie mögliche Änderungen rechtzeitig zu antizipieren. Deshalb kommt der Analyse von bestehenden oder potenziellen Leistungsempfängern – hinsichtlich Veränderungen in Bedarf, Erwartungen, Nutzungsgewohnheiten, Leistungsanforderungen, Preisverhalten usw. – ein hoher Stellenwert in der Nonprofit-Marktforschung zu.

Beispiel: Befragung von Leistungsempfängern eines Hauslieferdienstes von Mahlzeiten
Die Analyse der Leistungsanforderungen an einen Hauslieferdienstes von Mahlzeiten ist z.B. mittels schriftlicher Befragung möglich. Dem Leistungsempfänger wird hierzu, bei-

spielsweise bei der Auslieferung der Mahlzeit, ein Fragebogen mitgeliefert, in dem Meinungen zur aktuellen Qualität der Mahlzeiten, Erwartungen, besonderen Wünschen oder auch Anregungen und Kritik festgehalten werden können. Obgleich die Rücklaufquote der Fragebogen durch den persönlichen Kontakt bei der Auslieferung der Mahlzeiten tendenziell hoch sein wird, ist es zur weiteren Erhöhung der Rücklaufquote z.b. denkbar, die Rückgabe des Fragebogens in Verbindung mit einem Gewinnspiel durchzuführen.

(b) Wie verhalten sich die organisationsbezogenen Kostenträger und Förderer?

Für die Optimierung des Nonprofit-Marketing auf der Beschaffungsseite ist die Analyse der Kostenträger und potenzieller Förderer, insbesondere Spender und Sponsoren, in Bezug auf verhaltensbezogene Kriterien sinnvoll. Hinsichtlich der Spender sind z.b. die Spendenmotive, das Spendenverhalten sowie die Erwartungen der Spender von Interesse. Ähnliches gilt analog für die Sponsoren, wobei hier vor allem die Frage nach deren Erwartungen an die Nonprofit-Organisation relevant ist, d.h. welche Gegenleistungen erwarten die Sponsoren für ihr Engagement. In Bezug auf mögliche Kostenträger sind primär die Kriterien für ihre finanziellen Beiträge zu identifizieren. Auf Basis dieser Analysen können Strategien zur Bearbeitung der verschiedenen Segmente abgeleitet werden.

In Schaubild 3-1 ist ein Beispiel einer einfachen Spenderanalyse dargestellt. Hierbei werden die Spender einer Nonprofit-Organisation nach der Spendefre-

Spender-segmente	Namen	In Prozent der Liste aller Spender	In Prozent der Spendenhöhe im Vorjahr	In Prozent der Mailingkosten im Vorjahr	Besondere Maßnahmen für dieses Segment	
					Ja	Nein
Neue Spender im laufenden Jahr						
Zweitspender im laufenden Jahr						
Spender seit zwei und mehr Jahren						
Vorjahresspender, aber nicht dieses Jahr						
Spender aus weiteren Vorjahren, aber nicht dieses Jahr						

Schaubild 3-1: Beispiel einer einfachen Spenderanalyse
(Quelle: Körber 2003, S. 7)

quenz segmentiert. Eine mögliche Fragestellung im Rahmen der Marktforschung ist z.B. der Zusammenhang zwischen der Segmentzugehörigkeit und dem Spendevolumen. Darauf aufbauend können die Maßnahmen und das Marketingbudget für die jeweiligen Segmente festgelegt werden.

(c) Wie verhalten sich konkurrierende Nonprofit-Organisationen?
Eine Konkurrenzanalyse umfasst das Beobachten von Organisationen mit ähnlichen Leistungsangeboten über längere Zeiträume. Dadurch lassen sich beispielsweise Hinweise für die eigene Leistungsgestaltung gewinnen sowie neue Entwicklungen und Trends erkennen (z.b. bei karitativen Nonprofit-Organisationen bzgl. bevorzugter Förderzwecke der Wettbewerber).

Grundsätzlich werden in der Konkurrenzforschung folgende Themenstellungen untersucht (Sperka 2000):

- Angebote und Leistungsspektren konkurrierender Organisationen,
- Organisationsgröße und Marktanteile der verschiedenen Nonprofit-Anbieter,
- Bekanntheitsgrad und Image der konkurrierenden Organisationen,
- Werbemaßnahmen, Öffentlichkeitsarbeit, Lobbying, aber auch Betreuung der Leistungsempfänger und PR-Politik der konkurrierenden Organisationen,
- Überschneidungen mit dem eigenen Angebot u.a.

In der Konkurrenzforschung findet folglich eine Analyse der Stärken und Schwächen bestimmter Konkurrenten statt, die dann mit den eigenen Stärken und Schwächen abgeglichen werden. Aus Sicht von überwiegend spendenfinanzierten Nonprofit-Organisationen, wie beispielsweise Hilfsorganisationen (z.B. Caritas, Care, Pro Senectute usw.), rückt aufgrund gesättigter Spendermärkte die Analyse von Fundraising-Aktivitäten der Wettbewerber in den Vordergrund (z.B. Analyse von Kommunikationsmaßnahmen zur Spendeneinwerbung). Die Konkurrenzforschung lässt sich häufig mit sehr einfachen Mitteln durchführen, wie z.B. durch das systematische Lesen und Auswerten von Zeitungsberichten über Wettbewerber.

Beispiel: Konkurrenzanalyse mit einfachen Mitteln
Um eine erfolgreiche Konkurrenzanalyse mit einfachen Mitteln zu betreiben, lohnt sich die Einrichtung eines eigenen „Archivs", in dem beispielsweise interessante Zeitungsartikel, Anzeigen, Prospekte, Werbebriefe usw. gesammelt und sortiert nach Konkurrenzunternehmen aufbewahrt werden. In regelmäßigen Abständen (z.B. alle drei Monate) wird dann überlegt, welche Implikationen sich aufgrund der Konkurrenzaktivitäten für die eigenen Marketingaktivitäten ergeben. Ein solches Archiv lässt sich sehr preisgünstig realisieren, bedarf aber eines gewissen Pflegeaufwandes, um eine gute Basis für die Konkurrenzanalyse zu bilden (Quelle: www.sozialseite.de, Zugriff am 08.08.2004).

(d) Wie verhalten sich die Mitarbeiter?
Aufgrund der Tatsache, dass das Verhalten der Mitarbeiter in starkem Maße einen Einfluss auf die Leistungswahrnehmung externer Anspruchsgruppen ausübt, sind die Marktforschungsbemühungen auch auf die Mitarbeiter als interne Anspruchsgruppe zu konzentrieren. In diesem Zusammenhang ist es sinnvoll – neben der direkten Analyse des Mitarbeiterverhaltens im Kontakt mit verschiedenen Anspruchsgruppen – die Mitarbeiterfähigkeiten und die Mitarbeitermotivation sowie deren Erwartungen und Zufriedenheit zu erheben, da diese Größen das Mitarbeiterverhalten beeinflussen.

(3) Wirkung der Marketinginstrumente
Der Einsatz von Marketinginstrumenten zielt auf eine Veränderung von Marktreaktionen ab. Da eine effiziente Verwendung des Marketing-Budgets angestrebt wird, ist nicht nur die aktuelle Wahrnehmung des Marketinginstrumenteeinsatzes zu analysieren, sondern auch dessen Wirkung im Voraus abzuschätzen. Im Einzelnen gilt es somit, die Akzeptanz unterschiedlicher ressourcenpolitischer, absatzpolitischer und kommunikationspolitischer Maßnahmen bei den Anspruchsgruppen zu beobachten. Daraus lassen sich Schlussfolgerungen für den optimalen Instrumenteeinsatz ziehen.

(a) Wie wird die Ressourcenpolitik bewertet?
Im Zusammenhang mit der Ressourcenpolitik ist beispielsweise die Akzeptanz verschiedener Spendenakquisitionsmaßnahmen bei potenziellen oder aktuellen Spendern zu eruieren. Konkret bedeutet dies, dass aus der Vielzahl durchgeführter sowie denkbarer Spendenmaßnahmen diejenige auszuwählen ist, die der Nonprofit-Organisation die höchsten Spendenzuwendungen einbringt und gleichzeitig positive Auswirkungen auf das Image der Nonprofit-Organisation ausübt. Neben der Betrachtung und Evaluierung von Spendenmaßnahmen gilt es im Rahmen der Ressourcenpolitik u.a., mögliche Partnerschaften (z.B. mit kommerziellen Unternehmen) sowie alternative Personalmarketingmaßnahmen zu bewerten.

(b) Wie wird die Absatzpolitik bewertet?
Im Rahmen der Absatzpolitik wird das Leistungsprogramm einer Nonprofit-Organisation definiert, die Preise und Gebühren festgelegt sowie Vertriebsentscheidungen getroffen. Veränderungen innerhalb der **Leistungspolitik** betreffen primär die Modifikation, Ergänzung und/oder Streichung des Leistungsangebotes, um dieses den Bedürfnissen des Marktes anzupassen. Die Marktforschung hat in diesem Zusammenhang somit vor allem zu eruieren, welche Leistungsbestandteile von den Leistungsempfängern als relevant eingestuft werden und welches Qualitätsniveau die entsprechenden Leistungsmerkmale aufweisen bzw. aus Sicht der Leistungsempfänger aufweisen sollten (Leistungserwartungen).

Beispiel: Angebotsreduktion im Bereich öffentlicher Verkehrsbetriebe

Im Zuge der geplanten Sparpolitik diskutierten die Verantwortlichen der Basler Verkehrsbetriebe (BVB) (größtes Mitglied des TNW) auch die Möglichkeit, einen Leistungsabbau vorzunehmen: Die Taktverdünnung des Trambetriebes von 7,5 auf 10 Minuten. Zur Erfassung der möglichen Reaktionen von Fahrgästen auf entsprechende Maßnahmen lässt sich beispielsweise ein Internet-Forum einrichten, wie in Insert 3-1 aufgezeigt.

Im Rahmen der **Preis- und Gebührenpolitik**, die ein weiterer Bestandteil der Absatzpolitik darstellt, ist z. B. die Preiswahrnehmung der Nonprofit-Leistungen von Interesse, d. h., es stellt sich die Frage, ob die von der Nonprofit-Organisation verlangten Preise als fair wahrgenommen werden (z. B. Eintrittspreise für ein Schwimmbad). Ebenfalls von Relevanz sind die Reaktion der konkurrierenden Nonprofit-Organisationen und/oder der Leistungsempfänger auf mögliche Preisänderungen. Dies gilt allerdings nur dann, wenn die Leistungsempfänger auch gleichzeitig die Leistung bezahlen und ihnen somit eine Preiswahrnehmung und -empfindlichkeit zugeschrieben werden kann. Im folgenden Beispiel wird eine preispolitische Entscheidung eines Betreibers öffentlicher Verkehrs-

Insert 3-1: Internet-Forum zum Thema „Wenn das Tram nur noch alle zehn Minuten fährt" der Basler Zeitung Online (Quelle: www.baz.ch, Zugriff am 08.08.2004)

mittel, dem Tarifverbund Nordwestschweiz (TNW), aufgezeigt. Die Leistungsempfänger sind in diesem Fall – abgesehen von staatlichen Finanzierungen – die Kostenträger.

Beispiel: Tariferhöhung bei den Transportunternehmungen des Tarifverbundes Nordwestschweiz (TNW)
Seit der letzten Tariferhöhung beim TNW am 1. Juli 2001 sind die Betriebskosten um ungefähr 2,5 Prozent gestiegen. Hinzu kommt, dass die öffentliche Hand (Kantone, Gemeinden, Bund) als Besteller der Leistungen des öffentlichen Verkehrs mit geringerem Budget auskommen muss. Als Konsequenz wurden umfangreiche Sparprogramme vorgeschlagen und intern diskutiert. Da das Rationalisierungspotenzial der Transportbetriebe weitgehend ausgereizt ist, bleiben zur Erreichung der Sparvorgaben nur zwei Alternativen: Dies sind der Leistungsabbau und/oder Tariferhöhungen, um die fehlenden Beiträge der öffentlichen Hand auszugleichen. Das oberste Ziel der Besteller und der Transportunternehmungen des TNW ist es, so wenig Fahrgäste wie möglich zu verlieren und den öffentlichen Verkehr attraktiv zu halten. Vor dem Hintergrund, dass eine moderate Preiserhöhung von den Leistungsempfängern als „geringeres Übel" der beiden genannten Alternativen angesehen wurde, ist letztlich eine Tariferhöhung einem größeren Leistungsabbau (z.B. Einstellung von Verbindungen) vorgezogen worden (Quelle: Medienmitteilung des TNW vom 04.08.2004).

Die Akzeptanz von Vertriebskooperationen oder auch die Wirkung von neuen Vertriebskanälen sind Bestandteile der Marktforschung im **Vertriebsbereich** (z.B. Kooperation einer Organisation für Hilfstransporte mit einem kommerziellen Transportunternehmen oder Vertrieb von Bibeln über das Internet), der ebenfalls der Absatzpolitik zuzurechnen ist.

(c) Wie wird die Kommunikationspolitik bewertet?
Im Bereich der Kommunikationspolitik werden die Reaktionen auf Kommunikationsmaßnahmen zwischen der Nonprofit-Organisation und ihren Anspruchsgruppen gemessen, wie z.B. der Einsatz neuer Plakataktionen, Änderungen im Design des Organisationssignets oder des Internet-Auftritts. Hierbei gilt es, die Wirkung einzelner Elemente und/oder auch des gesamten Marktauftritts einer Nonprofit-Organisation zu analysieren. Die entsprechende Wirkung auf die Anspruchsgruppen lässt sich mittels unterschiedlichen Instrumenten erfassen. Will eine Nonprofit-Organisation beispielsweise die Akzeptanz ihres Internet-Auftritts beurteilen, so bietet sich die Integration eines Feedbackformulars oder einer Online-Umfrage an, damit die Anspruchsgruppen eine Bewertung der Homepage vornehmen können (vgl. Insert 3-2).

Beispiel: Online-Umfrage der Industrie- und Handelskammer (IHK)
Zur Optimierung ihres Online-Auftritts hat die IHK Bonn die Nutzer ihrer Homepage aufgefordert, an einer Online-Umfrage zu ihrem Internetauftritt teilzunehmen bzw. Verbesserungsvorschläge per mail zu schicken. In Insert 3-2 sind die Ergebnisse der Umfrage dargestellt.

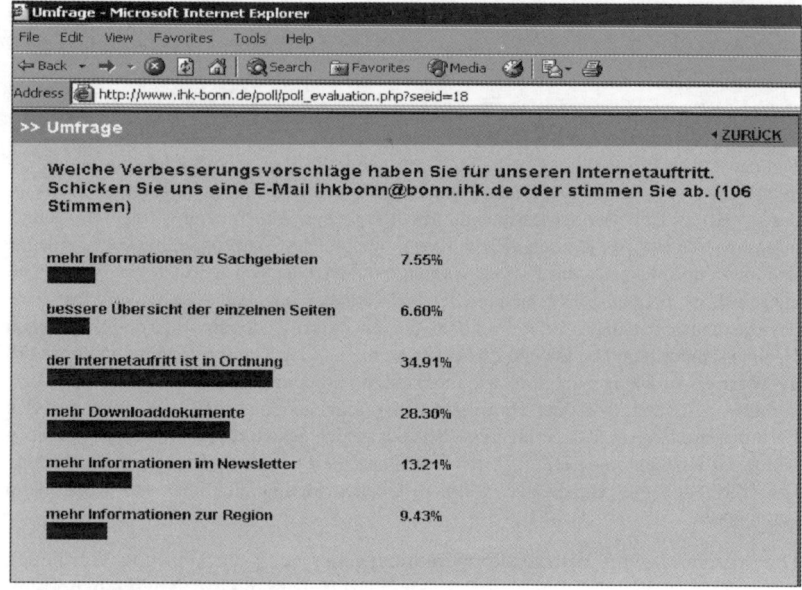

Insert 3-2: Online-Umfrage der IHK Bonn
(Quelle: www.ihk-bonn.de, Zugriff am 10.11.2004)

(4) Beobachtung organisationsspezifischer Marketingfaktoren
Aufgrund der hohen Dynamik der Märkte ist es erforderlich, dass marktrelevante Faktoren einer permanenten Überwachung unterliegen und bei möglichen Abweichungen eine gründliche Ursachenanalyse durchgeführt wird. Als marktrelevante Faktoren kommen bei Nonprofit-Organisationen z.B. die Deckungsbeiträge, die Entwicklung der Spendengelder, der Marktanteil, ggf. Absatzvolumen der Nonprofit-Leistungen sowie Umsätze usw. in Frage. Somit sind aus Sicht der Marketingforschung die folgenden beiden Fragestellung von Relevanz:

(a) Wie verändern sich die marktrelevanten Faktoren in der
  Nonprofit-Organisation?

Die marktrelevanten Faktoren in der Nonprofit-Organisation können der Marktforschung nur dann als Frühwarnindikator dienen, wenn eine regelmäßige Erfassung stattfindet. Demzufolge gehört es zu den Aufgaben der Marketingforschung, Statistiken über die Entwicklung der relevanten Faktoren möglichst zeitnah und kontinuierlich zu erstellen. Um dieser Aufgabe gerecht zu werden ist es u.a. sinnvoll, geeignete Datenbanken und Softwareprogramme einzusetzen, die dabei behilflich sind, Veränderungen der marktrelevanten Faktoren transparent zu machen.

Beispiel: Datenbanklösung NPO-1 für Nonprofit-Organisationen
Zur Verwaltung von marktrelevanten Daten sowohl auf der Beschaffungs- als auch auf der Absatzseite bietet beispielsweise das Softwareprogramm „NPO-1" den Anwendern die Möglichkeit, Spendeneingänge automatisch zu erfassen, die Entwicklung von Mitgliederzahlen zu beobachten, Zahlungseingänge zu verbuchen, Daten des Rechnungswesens einzulesen sowie eine Vielzahl statistischer Auswertungen über die Entwicklung dieser Daten durchzuführen (Quelle: www.softguide.de, Zugriff am 18.11.2004).

(b) Welche Ursachen sind für die Veränderung der marktrelevanten Faktoren verantwortlich?

Damit bei einer für die Nonprofit-Organisation kritischen Veränderung der marktrelevanten Faktoren entgegengesteuert werden kann, ist es wichtig, mögliche Ursachen für die Veränderungen zu identifizieren. In diesem Zusammenhang können eine Vielzahl von Verfahren eingesetzt werden. Beobachten die Verantwortlichen einer Nonprofit-Organisation beispielsweise sinkende Absatz- oder Mitgliederzahlen, so können sie abgewanderte Leistungsempfänger nach den Gründen ihrer Abwanderung fragen.

Die in den vier Untersuchungsbereichen erläuterten Themenstellungen und Beispiele haben umfassende Einsatzmöglichkeiten der Marktforschung bei Nonprofit-Organisationen aufgezeigt. In der Praxis von Nonprofit-Organisationen werden systematische Marktforschungsanalysen jedoch bisher allenfalls bei größeren Organisationen mit entsprechendem Marketing-Budget durchgeführt. Kleinere Nonprofit-Organisationen lösen marktforschungsbezogene Problemfelder oftmals eher intuitiv oder mit vergleichsweise pragmatischen Methoden.

Welche konkreten Vorteile eine systematische Marktforschung für Nonprofit-Organisationen im Einzelnen bringt, wird im Folgenden aus funktionaler Perspektive betrachtet. Dazu werden die sechs zentralen **Aufgaben der Marktforschung** aufgezeigt und deren Bedeutung für Nonprofit-Organisationen erläutert (Meffert 1992, S. 17):

(1) Frühwarnfunktion
Die Marktforschung sorgt dafür, dass Risiken im Umfeld der Nonprofit-Organisation frühzeitig erkennbar sind. Risiken stellen in dieser Hinsicht Änderungen des Umfeldes oder auch bislang verborgene Gegebenheiten der Umfeldsituation dar, die eine Beeinträchtigung der Aktivitäten oder letztlich auch der Existenz einer Nonprofit-Organisation zur Folge haben können.

Beispiel: Beschäftigungsgrad der Bevölkerung als Frühwarnindikator für Gewerkschaften
Grundsätzlich ist es für sozio-politische Organisationen von Belang, z.b. gesellschaftliche, politische oder makroökonomische Indikatoren zu untersuchen. Hierbei ist jede messbare oder beobachtbare Größe von Interesse, die das für die Leistungserbringung der Nonprofit-Organisation relevante Umfeld beeinflusst. Gewerkschaften beobachten diesbezüglich beispielsweise verstärkt den Beschäftigungsgrad in der Bevölkerung oder das Lohnniveau. Im Fall von Organisationen im sozialen Bereich ist ein möglicher Frühwarnungsindikator beispielsweise der Abbau sozialer Leistungen oder im Falle religiöser Institutionen, Kirchenaustritte oder die Besucherzahlen religiöser Veranstaltungen.

(2) Innovationsfunktion
Die Marktforschung trägt dazu bei, dass Chancen und Entwicklungen aufgedeckt und antizipiert werden können.

Beispiel: Verbesserungs- und Innovationsmaßnahmen eines Opernhauses
Vor einiger Zeit gab ein Opernhaus in Amerika eine Marktforschungsstudie in Auftrag, um Vorschläge für Innovationen und Verbesserungen im Dienstleistungsprozess „Opernbesuch" zu erhalten. Dabei kamen die Marktforschungsexperten – auf der Basis von Beobachtungen – u.a. zu folgenden Vorschlägen (Andreasen/Kotler 2002, S. 119):

- Gestalten Sie die Parkplätze ansprechender,
- Verkürzen Sie die Wartezeit der Gäste vor der Operndarbietung durch Unterhaltungsprogramme,
- Geben Sie den Gästen die Dauer der Pausen an, damit sie besser planen können,
- Stellen Sie dem Publikum nach dem Opernbesuch Broschüren zur Verfügung, damit sie sich nochmals intensiv mit der Darbietung auseinander setzen können und gleichzeitig Informationen über das zukünftige Opernprogramm erhalten.

(3) Intelligenzverstärkungsfunktion
Die Marktforschung trägt zur Unterstützung der Arbeit der Verantwortlichen einer Nonprofit-Organisation bei. Durch die Gewinnung relevanter Informationen wird dabei insbesondere der Entscheidungsprozess unterstützt.

Beispiel: Nutzung von Segmentierungskriterien
Die fundierte Analyse der Spender- oder Mitgliederdaten einer Nonprofit-Organisation liefert im Hinblick auf die Intelligenzverstärkungsfunktion Segmentierungskriterien der jeweiligen Gruppen. Anhand dieser Kriterien wird das Ausarbeiten optimaler Spendertypen, die Identifikation zahlungskräftiger Spendergruppen oder auch das Bestimmen typischer Mitgliederprofile innerhalb der Nonprofit-Organisation möglich. Diese Informationen dienen der Identifikation sowohl relevanter Zielgruppen im Beschaffungsmarkt als auch beispielsweise potenzieller Mitglieder. Darauf basiert u.a. eine spezifisch ausgerichtete und effiziente Kommunikationspolitik.

(4) Unsicherheitsreduktionsfunktion
Die Marktforschung trägt in der Phase der Entscheidungsfindung zur Präzisierung und Objektivierung der Sachverhalte bei. Hierzu werden Entscheidungsalternativen, sofern dies möglich ist, in quantifizierter Form dargestellt.

Beispiel: Entscheidung von Leistungserweiterungen in der Altenpflege
Eine mögliche Überlegung einer Nonprofit-Organisation, die im Bereich der Altenpflege tätig ist und sich bisher vor allem auf die ambulante Pflege konzentriert hat, kann beispielsweise sein, zusätzlich betreutes Wohnen anzubieten. Vor der tatsächlichen Entscheidung, ob eine Leistungserweiterung sinnvoll ist, gilt es zunächst, eine umfassende Analyse durchzuführen, um bestehende Unsicherheiten bei den Entscheidungsträgern zu reduzieren. Relevante Fragestellungen in diesem Zusammenhang sind beispielsweise:

- Werden zusätzliche Plätze beim betreuten Wohnen überhaupt benötigt?
- Welche Kosten würden der Nonprofit-Organisation entstehen?
- Welche neuen Zielgruppen würden diese Leistungen in Anspruch nehmen?
- Welche Preise lassen sich durch die Kostenträger realisieren?

(5) Strukturierungsfunktion
Die Marktforschung fördert das Verständnis bei der Zielvorgabe und die Lernprozesse in der Organisation.

Beispiel: Darstellung einer Kausalkette zur Strukturierung und Quantifizierung interner Prozesse
Um die Mitarbeiter einer Nonprofit-Organisation von der Notwendigkeit eines professionellen Marketing zu überzeugen, ist es sinnvoll, die Zusammenhänge zwischen Marketingzielen und Missionserreichung in Form einer Kausalkette darzustellen (z.B. Marketingaufwendungen → Spendenhöhe → Missionserfüllung). Somit ist für alle Mitarbeiter der Zweck der Marketingaufwendungen besser nachvollziehbar. Die Aufgabe der Marktforschung liegt dabei primär in der Datenerfassung in Bezug auf die genannten Konstrukte innerhalb der Kausalkette. In einem weiteren Schritt wird aus der Analyse der gesammelten Daten der Zusammenhang in der Kausalkette dargestellt. Dadurch werden Abläufe innerhalb der Nonprofit-Organisation strukturiert und quantifiziert.

(6) Selektionsfunktion
Die Marktforschung sorgt dafür, dass aus der umfeldbedingten Informationsflut die für die Marketingaktivitäten relevanten Informationen selektiert und aufbereitet werden.

Beispiel: Data Mining zur Gewinnung erfolgsrelevanter Informationen
Sog. Data-Mining-Anwendungen können eingesetzt werden, um in großen Datenmengen erfolgsrelevante Zusammenhänge und Muster sowie mögliche Trends zu entdecken. Das Data Mining hilft dabei, mittels komplexer Methoden aus den Bereichen der wissensbasierten Systeme und der Statistik, für die Organisation wertvolle Informationen aus Massendaten zu extrahieren (Lusti 2001). Beispielsweise ist es für einen Versandhändler von

fair-gehandelten Produkten denkbar, mittels eines Vergleichs von Bestell- und Interaktionsprofilen Kunden mit ähnlichen Interessen zu identifizieren. So können Produkte angeboten werden, die bereits von anderen Kunden mit vergleichbaren Interessen gekauft wurden.

Während die aufgeführten Funktionen der Marktforschung nicht nur für Nonprofit-Organisationen gelten, sondern auch im kommerziellen Marketing von Relevanz sind, sind inhaltlich zwei Aspekte bei der Nonprofit-Marktforschung besonders hervorzuheben: die **Beschaffungsmarktforschung** und die **interne Markt-(Personal-)Forschung**.

Die **Beschaffungsmarktforschung** bezieht sich auf die Analyse der verschiedenen für die Erstellung der Nonprofit-Leistung erforderlichen Ressourcen (Finanzmittel, Personal, Mitglieder, Einkauf, Kooperationen usw.). Die Funktion der Marktforschung besteht hierbei darin, die Nonprofit-Organisation bei der Beschaffung und beim Management der Ressourcen zu unterstützen. Hierzu sind Informationen über potenzielle oder vorhandene Ressourcen zu erfassen (z. B. übergreifende Spendendaten, Angebot an Subventionsgelder, ungenutzte Fremdkapazitäten, Angebot auf dem Arbeitsmarkt, potenzielle Sponsoren usw.) und mit dem Ressourcenbedarf abzugleichen. Insbesondere Nonprofit-Organisationen, die mittels Spenden finanziert werden, nutzen beispielsweise Angaben über die Eigenschaften der Spender und deren Spendenverhalten, um spendefreudige Bevölkerungsteile oder auch spendengünstige Jahreszeiten zu eruieren. Daraus werden relevante Hinweise für ein effektives Fundraising gewonnen.

Die interne Markt-(Personal-)Forschung ist auf die Analyse **interner Leistungsprozesse** und **Potenziale** fokussiert. Interne Leistungsprozesse stellen den Ablauf der Leistungserbringung innerhalb einer Nonprofit-Organisation dar. Die Analyse solcher Prozesse zielt auf die Optimierung einzelner Teilschritte hin (z. B. der Behandlungsweg von Patienten in einem Krankenhaus). Hierzu werden im Rahmen der Marktforschung prozessspezifische Daten erfasst (z. B. Dauer der einzelnen Schritte, Arbeitsaufwand, Kosten) und im Hinblick auf wiederholte Messungen ausgewertet (z. B. Arbeitsaufwand pro Leistung oder Kosten pro Leistungsaufwand).

3.1.2 Entscheidungsträger und Entscheidungsprozesse

Zur Analyse des Verhaltens von Leistungsempfängern und Förderern im Nonprofit-Sektor gilt es, die relevanten Entscheidungsträger und Entscheidungsprozesse hinsichtlich der Leistungsinanspruchnahme näher zu betrachten. Ausgangspunkt dabei bildet die Identifizierung der Art und Anzahl der am Entscheidungsprozess beteiligten **Entscheidungsträger**.

Grundsätzlich können an der Entscheidung über die Inanspruchnahme der Nonprofit-Leistung mehrere Personen in unterschiedlichen Rollen partizipieren (vgl. hierzu auch Johnson/Scheuing/Gaida 1986, S. 51 ff.):

- **Informant**
Rolle des Lieferanten von entscheidungsrelevanten Daten und Fakten betreffend der Nonprofit-Leistung (z.B. Medien, Fachzeitschriften oder Mitarbeiter der Nonprofit-Organisation).

- **Beeinflusser**
In der Rolle des Beeinflussers wird ein persönliches Interesse am Kaufentscheidungsprozess vertreten oder aber auch vollständig objektiv und neutral – z.B. durch Erfahrungsberichte – auf den Kaufentscheidungsprozess eingewirkt (z.B. ehemalige oder aktuelle Leistungsempfänger einer Organisation).

- **Entscheider**
Rolle des eigentlichen Entscheidungsträgers, wobei die Entscheidung zur Beanspruchung einer Nonprofit-Leistung die Bestimmung des Zeitpunktes der Inanspruchnahme, ggf. des Budgets und der Nonprofit-Organisation umfasst (z.B. betreuender Arzt eines Patienten, öffentliche Entscheidungsinstanzen).

- **Geldgeber**
Rolle des Förderers oder Kostenträgers für die zu erbringende Nonprofit-Leistung (z.B. Spender für eine Naturschutzorganisation, private Sponsoren oder eine staatliche Verwaltungsstelle bei der Vergabe öffentlicher Subventionen).

- **Leistungsempfänger**
Rolle des Anwenders oder Konsumenten, der den direkten Nutzen aus der Nonprofit-Leistung erfährt (z.B. Krankenhauspatient, Pflegebedürftiger, Arbeitsloser oder Sozialhilfeempfänger, aber auch Theaterbesucher, Schwimmbadgast, Vereinsmitglied).

Im Nonprofit-Marketing ist die Rolle des Leistungsempfängers und die Rolle des Geldgebers häufig nicht in einer Person vereint, d.h., der Leistungsempfänger zahlt nicht immer für die Leistungsinanspruchnahme (z.B. im Rahmen der Entwicklungshilfe) bzw. zahlt nur einen nicht-kostendeckenden Preis (z.B. bei subventionierten Theatern). Ausnahmen sind beispielsweise Leistungen von öffentlichen Behörden für die i.d.R. ein kostendeckender Preis verlangt wird (z.B. bei der Passausstellung). Auch die Rollen des Entscheiders und des Leistungsempfängers sind nicht immer in einer Person vereint (z.B. Eltern veranlassen eine Therapie für ihr Kind). Die Kenntnis über alle am Entscheidungsprozess beteiligten Personen und Institutionen sowie deren Rollen hilft dabei, die Marketingaktivitäten zielgerichtet auf die Beteiligten zu fokussieren.

Beispiel: „Brot für alle"
Die meist ausländischen Leistungsempfänger der karitativen Nonprofit-Organisation „Brot für alle" (www.bfa-ppp.ch), dem Entwicklungshilfedienst der Evangelischen Kirchen der Schweiz, erhalten wirtschaftliche und gesellschaftliche Entwicklungshilfe im Rahmen spezifischer Projekte. Die anfallenden Kosten werden von Spenden und Subventionsgeldern aus der Schweiz getragen. Die Rolle des Entscheiders über die Leistungserteilung übernimmt ein Gremium, bestehend aus Mitarbeitern der Organisation, Vertretern der DEZA (Direktion für Entwicklung und Zusammenarbeit) sowie dem Stiftungsrat. Die Rolle der Leistungsempfänger ist auf die Möglichkeit, eine Projektanfrage zu stellen, reduziert (Quelle: www.bfa-ppp.ch, Zugriff am 14.07.2004).

Vor dem Hintergrund nicht-schlüssiger Tauschbeziehungen ist das sog. **Äquivalenz-Prinzip** zu nennen. Es besagt, dass ein Optimum an Entscheidungsqualität nur dann erreicht wird, wenn der Nutznießer einer Leistung gleichzeitig für die Leistung bezahlt und auch Entscheidungen über deren Ausführung fällen kann (Schedler 1996, S. 39). Probleme entstehen immer dann, wenn die Rolle des Entscheidungsträgers, des Leistungsempfängers (Nutznießers) und/oder des Geldgebers nicht in einer Person vereint sind (Purtschert 2001, S. 71):

(a) Wer den Nutzen hat, jedoch weder zahlen noch entscheiden kann, wird tendenziell zu übermäßigen Leistungsforderungen neigen.

(b) Wer zwar entscheiden kann, jedoch weder Nutzen hat noch zahlen muss, wird tendenziell übermäßige, eventuell von den Nutznießern nicht gewünschte Leistungen anbieten.

(c) Wer zwar zahlen muss, jedoch weder den Nutzen hat noch entscheiden kann, wird tendenziell zum Anbieten ungenügender Leistungen neigen.

Diese „Probleme" führen dazu, dass in der Praxis von Nonprofit-Organisationen die verschiedenen Perspektiven der Anspruchsgruppen oftmals gegeneinander abgewogen werden müssen und Managemententscheidungen deswegen vergleichsweise komplex sind. Bei den Verantwortlichen der Nonprofit-Organisation ist somit eine entsprechende Sensibilität bei der Entscheidungsfindung erfolgsrelevant.

Im Zusammenhang mit den Entscheidungsträgern ist aus Marketingsicht gleichfalls der Entscheidungs- und Bewertungsprozess bei der Inanspruchnahme einer Nonprofit-Leistung von Interesse, da sich hieraus mögliche Ansatzpunkte zur Beeinflussung der Leistungsentscheidung sowie zur Steuerung der Leistungswahrnehmung ableiten lassen. Die **Entscheidungs- und Bewertungsprozesse** im Nonprofit-Bereich können in verschiedene Phasen unterteilt werden. Idealtypisch lassen sich dabei drei **Phasen** unterscheiden (Fisk 1981; Bateson 1992a):

(1) Vor-Leistungsphase mit den Teilphasen der Informationsaufnahme und Entscheidung zur Leistungsinanspruchnahme,

(2) Leistungsphase mit den Teilphasen der Leistungsbeauftragung und des Nutzungsverhaltens,
(3) Nach-Leistungsphase mit den Teilphasen der Ergebnisbewertung und Ergebnisreaktionen.

(1) Vor-Leistungsphase

Informationsaufnahme
Bevor Leistungsempfänger eine Nonprofit-Leistung in Anspruch nehmen, informieren sie sich i.d.R. über Schlüsselmerkmale der Leistung bzw. der Organisation, die zu diesem Zeitpunkt bereits verfügbar sind und eine ungefähre Beurteilung der Gesamtleistung ermöglichen. Sie schließen z.B. vom Image einer Nonprofit-Organisation, von der Anzahl der Mitarbeiter oder auch von der Professionalität der Kommunikationspolitik der Organisation auf die zu erwartende Qualität der Nonprofit-Leistung. In der Phase vor der Leistungsinanspruchnahme orientiert sich der Leistungsempfänger somit – zumindest bei fehlenden eigenen Leistungserfahrungen – an **Suchmerkmalen**, die zwar keinen unmittelbaren Aufschluss über die spätere Prozess- und Ergebnisqualität geben, aber den Leistungsempfängern als Indikatoren dafür dienen (Zeithaml 1991, S. 41 f.).

Darüber hinaus informieren sich potenzielle Leistungsempfänger in der Vor-Leistungsphase bevorzugt auch bei Freunden, Bekannten oder Kollegen, die aufgrund eigener Erfahrung mit dem entsprechenden Nonprofit-Anbieter über hinreichendes Expertenwissen verfügen, um die Leistungsqualität einschätzen zu können und gleichzeitig das **Vertrauen der Leistungsempfänger** genießen. Diese Strategie überführt also Erfahrungs- und Vertrauensinformationen Dritter in eigene Suchinformationen (Helm 2002). Ebenfalls besondere Relevanz kommt in diesem Zusammenhang zugänglichen Informationen von neutralen Experten zu, wie z.B. publizierten Testberichten oder Gütesiegeln.

Beispiel: Fehlen glaubwürdiger Informationsquellen im Bereich der Altenpflege
Seit einiger Zeit ist die mangelnde Pflegequalität von Altersheimen eine Thematik, die häufig in der Öffentlichkeit diskutiert wird. So kam beispielsweise ein inzwischen veröffentlichter, interner Bericht der Pflegekassen Schleswig-Holsteins zu dem Ergebnis, dass nicht einmal jedes dritte Heim ein Pflegekonzept aufweist und nur etwa 20 Prozent der Heime nachweisbar einen Hygieneplan führen. Darüber hinaus sind sechs Prozent der leitenden Pflegekräfte nicht ausreichend qualifiziert. Der interne Bericht ist das Ergebnis einer mehr als zweijährigen Untersuchung aller 570 Pflegeheime in Schleswig-Holstein. Die Prüfer hatten dazu 1.040 Patienten und 5.343 Dokumente begutachtet. Vor diesem Hintergrund und den bestehenden Informationsnachteile auf Seiten der potenziellen Pflegebedürftigen bzw. deren Angehörige ist es oftmals schwierig, ein geeignetes Pflegeheim zu finden. Deswegen werden derzeit von der Politik und einigen qualitativ hochwertigen Anbietern von Pflegeleistungen Diskussionen geführt, ob ein „Pflege-TÜV" eingeführt werden soll (Quelle: www.aerztezeitung.de, Zugriff am 17.11.2004).

Entscheidung zur Leistungsinanspruchnahme
Mit der Inanspruchnahme einer Nonprofit-Leistung ist – wie bereits im oberen Beispiel deutlich wurde – i.d.R. ein vergleichsweise hohes subjektiv empfundenes Risiko verbunden. Beispielsweise ist das wahrgenommene Risiko bei der Inanspruchnahme einer Pflegeleistung wesentlich höher, als z.B. beim Kauf von Sachgütern (Zeithaml 1991, S. 43f.). Während das finanzielle Risiko im Nonprofit-Marketing gelegentlich auf Dritte (Geldgeber) fällt, bezieht sich das soziale, psychische sowie funktionelle Risiko ausschließlich auf die Leistungsempfänger. Am Beispiel der Pflegeleistung ist aus Sicht des Leistungsempfängers insbesondere die zu erwartende Ergebnis- (z.B. Genesung eines Patienten) und Prozessqualität (z.B. Umgang des Pflegepersonals mit den Patienten) nur schwer einschätzbar und daher mit Unsicherheiten behaftet.

Aufgrund des **intangiblen Charakters** einer Nonprofit-Leistung und des daraus resultierenden höheren Informationsbedarfs bemühen sich die Leistungsempfänger zwar verstärkt um einen Erfahrungsaustausch mit anderen, allerdings ist auch das Vertrauen auf Empfehlungen mit Risiken behaftet. Beispielsweise besteht das Risiko, dass der Empfehlungsgeber andere Leistungsmerkmale als der Empfehlungsnehmer als ausschlaggebend für ein Qualitätsurteil betrachtet (**subjektive Wahrnehmung**). Weiterhin sind Nonprofit-Leistungen nur **begrenzt standardisierbar**, d.h. die Leistungserstellung kann, z.B. in Abhängigkeit von der Tagesform der Mitarbeiter oder den individuellen Bedürfnissen der Leistungsempfänger, sehr unterschiedlich ausfallen. Nicht zuletzt ist oftmals die bei Nonprofit-Leistungen **fehlende Garantie** ein zusätzlicher Risikofaktor (z.B. bzgl. der Genesung eines Patienten). Vor diesem Hintergrund gilt es, Instrumente einzusetzen, um den relevanten Entscheidungsträgern eine möglichst breite Entscheidungsgrundlage im Vorfeld der Leistungsinanspruchnahme zu bieten.

Beispiel: Instrumente zum Abbau des wahrgenommenen Risikos
Zur Reduzierung von Informationsunsicherheiten, die ausschlaggebend für ein erhöhtes Risiko sind, bietet sich aus Sicht der Nonprofit-Organisation die Möglichkeit des Signaling an, d.h., die Bereitstellung glaubwürdiger Informationen durch den besser informierten Marktteilnehmer. Dies geschieht insbesondere durch Maßnahmen der Kommunikationspolitik, in dem beispielsweise die Potenziale der Organisation dargestellt werden (Qualifikationen der Mitarbeiter, Komfort innerhalb der Räumlichkeiten eines Altenpflegeheims, Zertifizierungsurkunden usw.) oder auch indem andere zufriedene Leistungsempfänger zur positiven Mund-zu-Mund-Kommunikation motiviert werden.

(2) Leistungsphase

Leistungsbeauftragung
Aufgrund der Tatsache, dass Leistungsempfänger bei Nonprofit-Organisationen Erfahrungsinformationen hohe Bedeutung zumessen und auch ein relativ hohes

Risiko bei der Leistungsinanspruchnahme empfinden, ist **Gewohnheitsverhalten im Rahmen der Leistungsbeauftragung** vor allem dann eine logische Konsequenz, wenn die Leistungsqualität in der Vergangenheit auf akzeptablem Niveau lag (z.B. Zufriedenheit mit Pflegepersonal in der ambulanten Pflege). Dabei drückt sich Gewohnheitsverhalten in der langfristigen und freiwilligen Treue gegenüber einer bestimmten Nonprofit-Organisation und ihrer Leistung aus. Das bedeutet, dass Leistungsempfänger von Nonprofit-Organisationen seltener als z.B. Käufer von Sachleistungen abwandern, um somit ihr wahrgenommenes Risiko zu reduzieren (Zeithaml 1981; Friedman/Smith 1993). Beispielsweise wird ein Leistungsempfänger einer Kirchengemeinde vielfach bis zu seinem Lebensende die entsprechende Gemeinde besuchen. Während dieser Zeit wird er jedoch mehrmals den Anbieter seines Waschmittels oder seine Zahnpastamarke wechseln.

Vor der Erteilung eines Leistungsauftrages besteht für den Leistungsempfänger bzw. Entscheider die Möglichkeit, mit Hilfe von **Merkmalen der Potenzialqualität** eine Prognose auf Prozess- sowie Ergebnisqualität vorzunehmen. Am Beispiel eines Altenpflegeheims können beispielsweise die Räumlichkeiten und das Personal begutachtet werden und daraus entsprechende Qualitätserwartungen gebildet werden. Für die Nonprofit-Organisation ergibt sich somit die Forderung, ihre Potenziale derart zu gestalten, dass diese eine positive Signalwirkung in Bezug auf die zu erwartende Leistungsqualität ausüben (z.B. ansprechend gekleidete Mitarbeiter, Empfangsräume mit positiver Atmosphäre usw.).

Nutzungsverhalten

Was genau unter der Nutzung von Nonprofit-Leistungen zu verstehen ist, lässt sich – in Abhängigkeit der Art der Nonprofit-Organisation – oftmals nur schwierig fassen. Während die „Nutzung eines Theaters oder öffentlichen Schwimmbades" bzgl. Nutzungsbestandteilen und zeitlichem Umfang noch recht gut abgrenzbar ist, kann z.B. die Nutzungsintensität einer Umweltschutzorganisation oder einer Kirchengemeinde kaum exakt ermittelt werden. Grundsätzlich ist festzuhalten, dass der Leistungsempfänger im Rahmen der Leistungsnutzung **Erfahrungen mit der Prozess- und Ergebnisqualität** einer Nonprofit-Leistung gewinnt (z.B. Erfahrungen mit der Freundlichkeit und Kompetenz des Personals). Je nach Nonprofit-Leistung erfordert deren Nutzung eine bzgl. Inhalt und Intensität stark variierende **Integration** des Leistungsempfängers in den Leistungserstellungsprozess (Meyer/Westerbarkey 1995). Beispielsweise bedarf es bei der Altenpflege einer stärkeren Integration, als bei dem Besuch einer Theateraufführung. Im Falle eines hohen Integrationsgrades ist es für die Leistungsempfänger oftmals wichtig, das Gefühl zu haben, dass sie den Leistungserstellungsprozess mitbestimmen können (**interne Kontrolle**) und nicht dem Personal und der Ablauforganisation der Nonprofit-Organisation (**externe Kontrolle**) unterworfen ist (Rotter 1966; Bateson 1992b). Entsprechend besteht eine Aufgabe für die Verantwortlichen der Nonprofit-Organisationen darin, ein internes Kontrollgefühl bei den Leistungsempfängern sicherzustellen, z.B. durch individuelles Nachfragen nach den Wünschen der Leistungsempfänger und einer entsprechenden Leistungsanpassung.

Beispiel: Eingeschränkte interne Kontrolle der Bewohner von Alteneinrichtungen
Während ein Teil der eingeschränkten internen Kontrolle bei Bewohnern von Alteneinrichtungen durch körperliche und psychische Mängel bedingt ist, hat eine umfassende Untersuchung zu dieser Thematik ergeben, dass die Verantwortlichen von Alteneinrichtungen oftmals zusätzlich die Kontrollmöglichkeiten ihrer Bewohner reduzieren. Beispielsweise durften in einigen der untersuchten Alteneinrichtungen die Bewohner ihre Kleidung nicht selbst auswählen und konnten die Essenszeiten nicht beeinflussen. Weiterhin wurde bei einem Teil der Alteneinrichtungen eine externe Kontrolle bzgl. der Weck- und Schlafzeiten, der Verfügung über Bargeld, der Zimmergestaltung oder der Besuchszeiten ausgeübt (Schneekloth/Müller 1997).

(3) Nach-Leistungsphase

Ergebnisbewertung
In der Phase nach der Leistungsinanspruchnahme (z.B. nach einem Krankenhausaufenthalt, nach Einsatz der Rettungswacht oder nach Abschluss einer Universität) liegt das Ergebnis vor und der Leistungsempfänger hat während der Nutzungsphase Einsichten über die **Ergebnisqualität** (z.B. individueller Wissensfortschritt durch den Besuch einer Universität) gewonnen.

Aus Sicht der Nonprofit-Organisation ist die Qualitätswahrnehmung des Leistungsempfängers (bzw. auch des Entscheiders und Geldgebers) deswegen von besonderer Bedeutung, da sie die Grundlage für Zufriedenheit bzw. Unzufriedenheit der Leistungsempfänger bildet und sein (Wieder-)Wahlverhalten beeinflusst. Die Zusammenhänge zwischen Qualitätswahrnehmung, Zufriedenheit und (Wieder-)Wahlverhalten sind seit einigen Jahren Gegenstand intensiver Untersuchungen sowohl im kommerziellen als auch im nicht-kommerziellen Marketing (Cronin/Taylor 1992; Kelley/Davis 1994; Dabholkar 1995; Zeithaml et al. 1996; Sureshchandar/Rajendran/Anantharaman 2002; Marley/Collier/ Goldstein 2004). Dabei besteht weitgehend Einigkeit, dass die Qualitätswahrnehmung selektiv auf bestimmte Leistungsbereiche (z.B. Verpflegung und Wohnungen in einer Altersresidenz) und innerhalb dieser Bereiche wieder auf einzelne Kriterien (z.B. Sauberkeit im Bad) ausgerichtet ist. Dementsprechend lässt sich ein Qualitäts- und Zufriedenheitsurteil bzgl. Einzelmerkmale, Leistungsbereiche und der Nonprofit-Leistung als Ganzem ermitteln.

Ergebnisreaktion
Die möglichen **Reaktionen** der Leistungsempfänger **auf zufriedenstellende bzw. unzufriedenstellende Nonprofit-Leistungen** bestehen – zumindest bei einer freiwilligen Leistungsinanspruchnahme – aus Abwanderung, positiver oder negativer Mund-zu-Mund-Kommunikation (empfehlen versus abraten von der Leistung) und Loyalität (Hirschman 1974).

Grundsätzlich ist bei Nonprofit-Organisationen die Abwanderung der Leistungsempfänger zu konkurrierenden Organisationen vergleichsweise selten (Zeithaml 1981; Friedman/Smith 1993). Begründen lässt sich die hohe Loyalität mit dem **Wechselrisiko** und immateriellen **Wechselbarrieren** bei Nonprofit-Leistungen. In vielen Fällen, wie beispielsweise bei Mitgliedern einer Kirchengemeinde oder eines Sportvereins, zählt z.B. die Einbindung in das soziale Mitgliedergefüge zu den relevanten Barrieren eines Organisationswechsels. Gleichzeitig bedingen Such- und Anpassungsaufwand im Falle eines Organisationswechsels sowie das Risiko, eine noch schlechtere Leistung zu erhalten, das Loyalitätsverhalten der Leistungsempfänger. Langfristige Beziehungen zwischen Leistungsempfängern und der Nonprofit-Organisation sind insbesondere dann besonders häufig, wenn die Organisation intensiv mit ihren Leistungsempfängern interagiert und auf ihre spezifischen Bedürfnisse und Wünsche mit individuellen Leistungen reagiert. Diesbezüglich sind Leistungsempfänger dann gerne bereit, eine leicht fehlerhafte Leistungserstellung als „einmaligen oder seltenen Ausrutscher innerhalb einer Beziehung zur Organisation anzusehen und zu verzeihen" (Czepiel/Gilmore 1987).

Negative bzw. positive **Mund-zu-Mund-Kommunikation** ist oftmals mit den reaktionsalternativen Abwanderung oder Loyalität kombiniert. Um die Reaktionsformen der Leistungsempfänger einschätzen und ggf. beeinflussen zu können ist es das Ziel von Nonprofit-Organisationen, alle Reaktionsformen, die nicht direkt beobachtbar sind, über spezifische Formen der Marktforschung zu erfassen sowie deren genaue Ursachen zu ergründen (z.B. warum empfehlen Leistungsempfänger die Nonprofit-Organisation weiter oder verhalten sich loyal?). Reaktionen, von denen Nonprofit-Organisationen ausdrücklich Kenntnis erhalten, drücken sich am häufigsten in Form von Beschwerden aus. Diese geben den Verantwortlichen der Nonprofit-Organisation i.d.R. eindeutige Hinweise, wie sie ihr Leistungsangebot verbessern können. Dabei kann die Beschwerdebearbeitung und -reaktion aus Sicht der Leistungsempfänger ebenfalls als Leistung interpretiert werden und deren Qualitätswahrnehmung beeinflussen, so dass einem erfolgreichen Beschwerdemanagement eine zentrale Bedeutung zukommt.

3.1.3 Methoden der Marktforschung

Bezüglich der **Methoden der Marktforschung** wird entsprechend der Durchführung der Informationsgewinnung zwischen Sekundär- und Primärforschung unterschieden (Herrmann/Homburg 2000, S. 24 ff.; Hammann/Erichson 2004, S. 60 ff.).

> Bei der **Sekundärforschung** liegt das Informationsmaterial vor und ist dem Untersuchungszweck entsprechend auszuwerten. Hierbei können sowohl interne als auch externe Informationsquellen zur Auswertung herangezogen werden.

Organisationsexterne Quellen können insbesondere Aufschluss über konkurrierende Organisationen und generelle Rahmenbedingungen in der Nonprofit-Branche geben. Beispielsweise lassen sich Internetseiten konkurrierender Nonprofit-Organisationen, Branchenstatistiken oder auch Veröffentlichungen in Fachzeitschriften als Ausgangsbasis für weiterführende Analysen heranziehen. **Interne Quellen** liefern beispielsweise Informationen über die Leistungsempfänger der Nonprofit-Organisation oder die Ressourcenbestände der Organisation. Typische Beispiele für interne Informationsquellen sind z. B. Spenderdateien, Mitarbeiterberichte oder Datenbanken über Leistungsempfänger (zu einem umfassenden Überblick über generelle Quellen von Sekundärdaten vgl. Herrmann/Homburg 2000, S. 25). Soziodemographische Daten einer Spenderdatei können z. B. in Bezug auf ihre Prognosekraft für die Spendenhöhe untersucht werden. Im Rahmen der Sekundärforschung werden somit bereits verfügbare und in einem anderen Zusammenhang erhobene Informationen genutzt, um eigene Fragestellungen beantworten zu können (z. B. Prognose von Marktpotenzialen auf Basis der Untersuchung eines Verbandes oder Hinweise auf neue Marketingstrategien in Fachzeitschriften). Vor dem Hintergrund, dass die Mitarbeiter bei der Erstellung der Nonprofit-Leistung in engem Kontakt mit den Anspruchsgruppen stehen, sind sie – neben branchenspezifischen Studien – als Informationsquelle für die Sekundärforschung von besonderer Relevanz.

**Beispiel: Bevölkerungsrepräsentative Langzeitstudie
des deutschen Spendenmarktes**
Seit 1995 wird von TNS-EMNID der sog. Spendenmonitor veröffentlicht. Dabei handelt es sich um eine bevölkerungsrepräsentative Langzeitstudie zur kontinuierlichen Beobachtung des deutschen Spendenmarktes. Der Standardteil der Studie liefert empirische Informationen über (Quelle: www.tns-emnid.com, Zugriff am 10.01.2004):

- Einstellungen der Deutschen zum Spenden,
- Wertschätzungen der wichtigsten Spendenorganisationen in der Bevölkerung,

- Aktuelle Kritikpunkte der Spender an den unterstützten Organisationen,
- Image und Positionierung der beteiligten Organisationen,
- Soziodemographische Beschreibungen relevanter Spendergruppen.

Sind die für die Nonprofit-Organisation verfügbaren Sekundärdaten zur Beantwortung der Marktforschungsfragestellungen nicht ausreichend, werden Primärdaten erhoben.

Bei der **Primärforschung** werden speziell für die individuellen Informationsbedürfnisse und Problemstellungen des Nonprofit-Marketing zugeschnittene Erhebungen durchgeführt.

Zur Erhebung von Primärdaten lassen sich Methoden der Befragung, Beobachtungen sowie Experimente einsetzen. Sowohl die Befragung als auch die Beobachtung dienen in erster Linie der Tatsachenermittlung (z.B. Wie zufrieden sind die Leistungsempfänger?), während Experimente Ursache-Wirkungs-Zusammenhänge aufdecken (z.B. Warum sind die Leistungsempfänger unzufrieden?).

Die Befragungen der zentralen Anspruchsgruppen einer Nonprofit-Organisation nimmt im Rahmen der Primärforschung einen besonderen Stellenwert ein, da Fragen und Antwortmöglichkeiten sehr flexibel gestaltet werden können und so den unterschiedlichen Informationsbedürfnissen einer Nonprofit-Organisation gerecht werden. Von besonderem Interesse sind für Nonprofit-Organisationen in diesem Zusammenhang z.B. Befragungen zur Zufriedenheit sowie Qualitäts- und Imagewahrnehmung durch Leistungsempfänger, Förderer und Mitarbeiter. Grundsätzlich werden bei der **Befragung** vier verschiedene Formen unterschieden:

(1) Persönliche Befragung (z.B. Ad-hoc-Erhebung der Zufriedenheit von Theaterbesuchern im Anschluss an eine Aufführung),
(2) Schriftliche Befragung (z.B. Versand eines Fragebogens zur Qualitätswahrnehmung einer medizinischen Dienstleistung),
(3) Telefonische Befragung (z.B. telefonisches Interview zur Ermittlung relevanter Qualitätsdimensionen einer Universität),
(4) Online-Befragung (z.B. Umfrage auf der Homepage einer Naturschutzorganisation zur Identifizierung von Tendenzen hinsichtlich neuer Umweltprojekte).

Vorteil der **persönlichen Befragung** ist das unmittelbare Feedback durch die Befragungsteilnehmer sowie die Möglichkeit von Rückfragen bei Verständnisproblemen. Allerdings entstehen für die Durchführung von Interviews vergleichsweise hohe Kosten. Weiterhin besteht die Gefahr einer Verzerrung der Erhebungsergebnisse durch die soziale Interaktion zwischen Interviewer und

Befragten. Diese Gefahr kann durch die Schulung der Interviewer und ein standardisiertes Vorgehen reduziert werden. Oftmals werden persönliche Befragungen im Rahmen einer Vorstudie von schriftlichen Erhebungen durchgeführt mit dem Zweck, qualitative Hinweise zu erhalten und daraus Hypothesen für die Hauptbefragung abzuleiten.

Beispiel: Organisation der Jugendhilfe des Vereins Jugendliche ohne Beruf (JoB)
Die Hochschule für Soziale Arbeit Zürich (HSSAZ) wurde im Jahre 2002 vom Verein Jugendliche ohne Beruf (JoB), einer Nonprofit-Organisation der Jugendhilfe, beauftragt, das Projekt „individuelles Coaching in der Berufsbildung" begleitend zu evaluieren. Die Organisation erwartete von der Untersuchung detaillierte Kenntnisse über Stärken, Schwächen und Wirkungen des neuen Programms. Im Rahmen dieser Studie wurden 31 telefonische Gespräche mit Berufsschulen, finanzierenden Stellen und Lehrmeistern, 12 persönliche Befragungen mit Jugendlichen und ein persönliches Gespräch mit der für das Coaching verantwortlichen Sozialarbeiterin geführt. Der Verein JoB bietet dieses Coachingprogramm für Jugendliche mit erschwerten Startbedingungen ins Berufsleben an (Quelle: www.hssaz.ch, Zugriff am 13.07.2004).

Bei **schriftlichen Befragungen** entfällt das Vorliegen einer Interviewer-Bias, und die Befragungsteilnehmer haben mehr Zeit für die Beantwortung der Fragen. Darüber hinaus sind schriftliche Befragungen mit einem geringeren finanziellen und zeitlichen Aufwand verbunden. Somit eignet sich diese Methode auch für die Erreichung großer Fallzahlen, wie sie von vielen statistischen Verfahren verlangt wird.

Beispiel: Erhebungsdesign der Zufriedenheitsanalyse des FSJ-Jahrgangs 2003/2004 (Freiwilliges soziales Jahr)
Im dritten Jahr in Folge und erstmals in Kombination mit einer parallelen Befragung der Einsatzstellen hat die SilverAge GmbH im Jahre 2004 den Zuschlag zum Design und zur Durchführung der bundesweiten Zufriedenheitsanalyse des FSJ-Jahrgangs 2003/2004 erhalten. Über 1.500 Jugendliche werden durch ein schriftliches Erhebungsinstrument angesprochen. Die Ergebnisse der Befragung werden u.a. zur Durchführung von Best-Practice-Analysen und zur Optimierung der Arbeit der katholischen FSJ-Träger eingesetzt (Quelle: www.silverage.de, Zugriff am 14.07.2004).

Im Rahmen von **Telefoninterviews** werden die Befragten per Telefon kontaktiert und i.d.R. anhand eines Interviewleitfadens befragt. Um die Gefahr eines Abbrechens des Telefoninterviews zu minimieren, darf die Befragungszeit nicht länger als 20-30 Minuten dauern (Homburg/Krohmer 2003, S. 199). Die Vor- und Nachteile der telefonischen Befragung sind grundsätzlich mit denen eines persönlichen Interviews vergleichbar.

Beispiel: Interviews während des Krankentransportes
Das Österreichische Rote Kreuz (ÖRK) hat – vor dem Hintergrund eines zunehmenden Wettbewerbdrucks im Krankentransportbereich – geplant, sich vermehrt mit Fragen zur

Kundenzufriedenheit zu beschäftigen. Der Bereich der Krankentransportdienste ist für das ÖRK deswegen von besonderer strategischer Bedeutung, da mit seinen Erlösen ein Großteil der anderen Bereiche quersubventioniert wird. Zunächst haben die Verantwortlichen persönliche Interviews mit Patienten während des Krankentransportes durchgeführt. Diese Vorgehensweise brachte einige Probleme mit sich: So waren manche Transportwege zu kurz, um ausreichend Zeit für ein vollständiges Interview zu führen, der körperliche und psychische Zustand mancher Patienten war stark beeinträchtigt, weiterhin führte die Dankbarkeit über die generelle Existenz einer Rettungsorganisation zu sozial erwünschten Antworten. Wegen dieser Schwierigkeiten entschlossen sich die Verantwortlichen dazu, die Befragung auf Personen in Spitälern und Altersheimen auszudehnen sowie parallel dazu telefonische Interviews bei „Stammkunden" durchzuführen. Während sich die erstgenannte Vorgehensweise als geeignet zeigte, um aussagekräftige Ergebnisse zu erzielen, war die telefonische Kontaktaufnahme bei „Stammkunden" eher problematisch. So verweigerten zum einen viele der Befragten das Telefongespräch, zum anderen ergaben sich auch bedrückende Szenen, wenn Haushalte kontaktiert wurden, die einen Todesfall zu beklagen hatten (Scharitzer/Sinkovics 1997).

Eine vergleichsweise neue Befragungsform ist die **Online-Befragung** (Zou 1999; Theobald et al. 2003). Grundsätzlich werden Online-Befragungen vor allem in Form von Internet-Umfragen oder als E-Mail-Umfrage durchgeführt. Als zentrale Vorteile der Online-Befragung gelten vor allem geringe Kosten und geringer Zeitaufwand. Demgegenüber steht das Risiko von Verzerrungen aufgrund der Selbstselektion der Teilnehmer und damit die Gefahr einer geringen Repräsentativität der Ergebnisse.

Beispiel: Online-Erhebung zu gesellschaftspolitischen Fragen
Im Rahmen der privaten Nonprofit-Initiative „Perspektive Deutschland" werden Meinungen der Bürger zu gesellschaftspolitischen Fragen online erhoben und auf Basis der Ergebnisse Lösungsansätze für aktuelle Probleme im Land gesucht. Diese im Jahre 2001 erstmals durchgeführte Online-Umfrage ist inzwischen mit weit über 350.000 Teilnehmern (Umfrage 2003) die weltweit größte gesellschaftspolitische Befragung. Die aktuelle Umfrage widmet sich der Suche nach Lösungsansätzen für die Themenbereiche Bildungswesen, Gesundheits- und Altersvorsorge, Arbeitswelt sowie Familienpolitik. Ziel der Befragungsergebnisse ist es, die öffentliche Diskussion anzuregen und den Entscheidungsträgern in Politik, Wirtschaft und Gesellschaft konkrete Handlungsansätze aufzuzeigen (Quelle: www.perspektive-deutschland.de, Zugriff am 08.01.2004).

Eine **Beobachtung** ist im Gegensatz zur Befragung nicht abhängig von der Auskunftsbereitschaft der Anspruchsgruppen. So kann beispielsweise ein öffentliches Schwimmbad die Verweildauer der Gäste in bestimmten Bereichen (z.B. Kassenbereich, Sauna, Rutschen usw.) durch Beobachtungen ermitteln und daraus z.B. Implikationen für Leistungsprozessverbesserungen ableiten. Als vorteilhaft bei der Beobachtung gilt die Tatsache, dass kein Interviewereffekt die Ergebnisse verzerrt. Zentraler Nachteil ist die eingeschränkte Einsetzbarkeit dieses Verfahrens. Weiterhin besteht das Problem, dass beobachtete Personen sich womöglich anders Verhalten, wenn sie die Beobachtungssituation erkennen oder die Beobachtung als unangenehm empfinden.

Beispiel: Beobachtung am Sorgentelefon für Kinder
Eine durchwegs gebräuchliche Methode zur Verbesserung von Beratungsleistungen per Telefon ist die Beobachtung und Aufzeichnung von realen Gesprächen zwischen Leistungsempfängern und Mitarbeitern von Nonprofit-Organisationen (z.B. Betreiber eines Sorgentelefons für Kinder). Durch die Wiedergabe des Gesprächs wird die Analyse der Leistung möglich und es lassen sich daraus ggf. Ansatzpunkte für Verbesserungen ableiten.

Das **Experiment** dient der Aufdeckung von Ursache-Wirkungs-Beziehungen unter kontrollierten Bedingungen. Es können zwei Formen von Experimenten unterschieden werden: Feld- und Laborexperimente (vgl. z.B. Homburg/Krohmer 2003, S. 204 ff.). Das Feldexperiment findet in einer realistischen Interaktionssituation statt. Somit bleibt für die Versuchsteilnehmer unbemerkt, dass sie an einem Experiment teilnehmen. Ein Laborexperiment findet demgegenüber in einer künstlichen Umgebung statt, d.h., die Realität wird vereinfacht (z.B. durch eine Computersimulation) nachgebildet. Grundsätzlich ist der Einsatz von Experimenten im Nonprofit-Bereich eher selten zu beobachten.

Beispiel: Mögliche Ansatzpunkte für den Einsatz von Experimenten im Nonprofit-Bereich
Im Folgenden werden beispielhaft drei Ansatzpunkte für den Einsatzbereich experimenteller Designs im Nonprofit-Bereich aufgezeigt:

- Eine Mail-Kampagne könnte mit variierender Textlänge und unterschiedlichem emotionalem Appell an potenzielle Spender versendet werden. Eine Gruppe erhält lange Mails mit einer Vielzahl von sachlichen Hintergrundinformationen, eine zweite Gruppe eher einen knappen, emotional orientierten Spendenaufruf und eine dritte Gruppe eine Mischung aus Information und emotionaler Ansprache. Aufgrund der Rückantworten und der zugeflossenen Spendengelder lässt sich daraufhin der Erfolg der verschiedenen Stimuli evaluieren.
- Krankenhauszimmer in Kinderspitälern könnten in verschiedenen Farben gestrichen und deren Einfluss auf die Zufriedenheit der jungen Patienten ermittelt werden.
- Preise für Fair-Trade-Artikel können variiert werden, um deren Einfluss auf den Absatz zu bestimmen.

Sämtliche durch die Marktforschung erhobenen Daten lassen sich im Rahmen eines sog. „Data Warehouse" (vgl. z.B. Böhler/Riedl 1997; Muksch/Behme 2000) speichern, organisieren und außerdem zur Nutzung im strategischen und operativen Nonprofit-Marketing aufbereiten. Mögliche Erfassungsdaten sind in Bezug auf einen Spender neben Grunddaten (Name, Alter usw.), Verhaltensdaten (Wie viel wurde zu welchem Zeitpunkt gespendet?), Aktionsdaten (Welche Marketingaktivitäten wurden wann und mit welcher Intensität in Bezug auf den Spender durchgeführt?) und Reaktionsdaten (Wie reagiert der Spender auf die Marketingaktivitäten?). So ist gewährleistet, dass die Daten adäquat genutzt werden können und für weitere Auswertungen zur Verfügung stehen.

3.2 Analyse der externen und internen Situation für Nonprofit-Organisationen

Im Rahmen der Markt- und Anspruchsgruppenorientierung einer Nonprofit-Organisation bildet die Analyse der externen und internen Situation eine zentrale Informationsgrundlage zur strategischen Ausrichtung der Nonprofit-Organisation. Das Untersuchungsfeld lässt sich in die Bereiche Marktsituation, Marktteilnehmer und Marktumfeld gliedern. Die Marktsituation und die Marktteilnehmer werden weiter nach Absatz- und Beschaffungsmärkte differenziert.

3.2.1 Analyse der Marktsituation

Die Marktsituation umfasst den Status quo und die Entwicklungstendenzen des für die Nonprofit-Organisation relevanten Marktes sowie deren zentrale Einflussfaktoren. Ziel einer Marktanalyse aus Sicht der Nonprofit-Organisation ist es, vor dem Hintergrund der eigenen Ressourcen (interne Situation), die Chancen und Risiken auf dem Markt zu eruieren (externe Situation) und daraus Implikationen für das Marketing abzuleiten. Als mögliche Methode zur Analyse der externen und internen Situation bietet sich insbesondere die SWOT-Analyse (Strengths-Weaknesses-Opportunities-Threats) bzw. Stärken/Schwächen-Chancen/Risiken-Analyse an. Ergänzend können beispielsweise Benchmarkinganalysen oder Portfolioanalysen dazu beitragen, die relative Marktposition aus Sicht der Nonprofit-Organisation einzuschätzen.

3.2.1.1 Analyse der Marktsituation auf den Absatzmärkten

Im Rahmen der Absatzmarkt-Analyse werden die verschiedenen Märkte und Teilmärkte betrachtet, auf der die Nonprofit-Organisation ihre Leistungen absetzt. In diesem Sinne sind z.B. der Markt für Altenhilfe, für Hochschulbildung, für Sozialdienste oder für Kultur als relevante Märkte zu definieren. Diese lassen sich weiter in Teilmärkte unterteilen, beispielsweise kann der Markt für Altenhilfe in den Markt für mobile Altenhilfe und stationäre Altenhilfe unterteilt werden.

Je enger der Markt gefasst wird, desto detaillierter kann eine entsprechende Analyse der Marktsituation ausfallen. Wird in die Marktanalyse die organisationsinterne Perspektive miteinbezogen, bildet dies die Grundlage für eine SWOT-Analyse.

Die SWOT-Analyse ist ein integratives Konzept, das die organisationsexternen Chancen und Risiken den organisationsinternen Stärken und Schwächen gegenüberstellt (Müller-Stewens/Lechner 2001, S. 166). Dazu wird zum einen ein organisationsinternes **Stärken-Schwächen-Profil** erstellt. In diesem werden die Ressourcen der Nonprofit-Organisation (z.B. Mitarbeiter, Finanzen, Know-how) aufgeführt und kritisch bewertet. Anschließend sind die marktbezogenen Chancen und Risiken (z.B. Marktvolumen, Wettbewerbskonstellation, Erwartungsveränderung der Marktteilnehmer) zu analysieren (**Chancen-Risiken-Analyse**). Hierzu gilt es, diejenigen Größen zu erkennen und zu antizipieren, die für den Absatz der Nonprofit-Leistungen derzeit bzw. in Zukunft von Relevanz sind. In Schaubild 3-2 ist beispielhaft eine vereinfachte SWOT-Analyse des Evangelischen Johannesstifts abgebildet.

Beispiel: Vereinfachte SWOT-Analyse des Evangelischen Johannesstifts
Das **Evangelische Johannesstift** in Berlin wurde am 25. April 1858 mit dem Ziel gegründet, Armen, Kranken, Gefangenen und Kindern zu helfen. Inzwischen hat sich das Johannesstift zu einer der größten diakonischen Einrichtungen in Berlin entwickelt. Heute zählt das Johannesstift 1.400 Mitarbeiterinnen und Mitarbeiter, die sich in den Arbeitsfeldern Altenhilfe, Behindertenhilfe, Jugendhilfe sowie Ausbildung in sozialen Berufen engagieren.
Als Grundlage für Entscheidungen bzgl. der zukünftigen absatzmarktbezogenen Ausrichtung des Evangelischen Johannesstiftes haben die Verantwortlichen eine SWOT-Matrix erstellt. Als **Chance auf dem Absatzmarkt** wurde in diesem Zusammenhang beispielsweise der generell wachsende Markt für soziale Dienstleistungen bewertet sowie veränderte Kundenanforderungen und steigende Qualitätsansprüche, denen das Johannesstift dauerhaft gerecht werden möchte, um sich so vom Wettbewerb abzuheben.
Risiken auf dem Absatzmarkt sehen die Verantwortlichen vor allem durch die steigende Anzahl privater Anbieter, die neu im Tätigkeitsbereich des Evangelischen Johannesstifts, insbesondere in der Altenhilfe, agieren. Dadurch ist der entsprechende Markt für Altenhilfe zunehmend gesättigt und der Wettbewerbsdruck sowie die Rivalität zwischen den Anbietern steigen.
Bei der kritischen Betrachtung der eigenen Ressourcen identifizierte das Evangelische Johannesstift die starren Organisationsstrukturen sowie die damit verbundenen langen Planungs- und Entscheidungswege als **Schwächen der Organisation**. Weitere zentrale Schwächen sind u.a. das Fehlen eines integrierten Unternehmenskonzeptes, Gebundenheit an das derzeitige Anwesen und ein nur bedingt motivationsförderndes Vergütungssystem.
Demgegenüber konnten als **Stärken der Organisation** das differenzierte Leistungsangebot, die inzwischen hohe Bekanntheit und das gute Image des Evangelischen Johannesstifts in Berlin und Umgebung sowie die hohe Professionalität der Mitarbeiter identifiziert werden.

Chancen:	Stärken:
■ Wachsender DL-Sozialmarkt ■ Veränderte Kundenanforderungen ■ Marktveränderungen ■ Steigende Transparenz bzgl. Qualität ■ Lukrative Teilsegmente	■ Wirtschaftliche Solidität ■ Professionalität ■ Bekanntheit / Image ■ Differenziertes Leistungsspektrum ■ Gemeinwesen ■ Innovationsfreudigkeit
Risiken:	**Schwächen:**
■ Verknappung öffentlicher Mittel ■ Gesetzliche Rahmenbedingungen ■ Ent-Solidarisierung ■ Steigender Wettbewerbsdruck/ Rivalität ■ Privatwirtschaftliche Anbieter	■ Integriertes Unternehmenskonzept ■ Vergütungssystem ■ Planungs- und Entscheidungswege ■ Gebundenheit an das Anwesen ■ Organisationsstruktur

Schaubild 3-2: Vereinfachte SWOT-Analyse am Beispiel des Evangelischen Johannesstifts

Zur Konkretisierung von Marketingentscheidungen werden die Ergebnisse aus der Chancen-Risiken- und der Stärken-Schwächen-Analyse direkt gegenübergestellt und als sog. **SWOT-Matrix** dargestellt (vgl. Meffert/Bruhn 2003, S. 167). Dabei gilt es, Chancen und Risiken mit korrespondierenden Stärken und Schwächen in Verbindung zu bringen. Einfache Beispiele einer SWOT-Matrix finden sich in den Schaubildern 3-3 (Universität) und 3-4 (Hauslieferung von Mahlzeiten).

Beispiel: SWOT-Analyse im Bildungsmarkt
In Schaubild 3-3 ist eine beispielhafte SWOT-Matrix im Markt für Hochschulbildung aus Sicht einer fiktiven Universität (vgl. Schaubild 3-3) aufgezeigt. Als mögliche Marketingimplikationen, die auf Basis der SWOT-Matrix abgeleitet werden können, resultieren aus der Gegenüberstellung der Chance wachsender Studentenzahlen und der Stärke, über freie Ausbildungskapazitäten und stille Reserven zu verfügen, beispielsweise die Entscheidungen, den Lehrplan auszubauen, neue Fachbereiche zu schaffen oder auch stärkere Akquisitionsbemühungen bei Abiturienten durchzuführen.

Beispiel: Hauslieferungen von Mahlzeiten
Schaubild 3-4 zeigt eine SWOT-Matrix aus Sicht eines fiktiven Mahlzeitenlieferdienstes, der für pflegebedürftige Personen Essen zubereitet und ihnen nach Hause bringt. Dabei fällt beispielsweise, wie dem Schaubild zu entnehmen ist, das Risiko einer hohen Fluktuation der Leistungsnachfrager mit der Schwäche, organisationsintern keine geeigneten

	Chancen	Risiken
Stärken	Wachsende Zahl der Studierenden	Sinkende Subventionsgelder
	Stille Reserven, freie Ausbildungskapazitäten	Starke interne Kostenorientierung, vermehrt private Geldquellen aus der Privatwirtschaft
	Internationalisierung des Bildungsmarktes	Erhöhter Konkurrenzdruck durch andere Universitäten
Schwächen	Fehlende Netzwerkverbindungen zu ausländischen Universitäten	Teilweise Leistungsabbau durch Elimination bestimmter Fächerangebote

Schaubild 3-3: SWOT-Matrix am Beispiel einer Universität

Wechselbarrieren aufgebaut zu haben, zusammen. Diese (kritische) Kombination führt zu der Notwendigkeit, in Zukunft verstärkt eine Bindung von Leistungsnachfragern anzustreben. Umsetzen lässt sich eine Bindung der Leistungsnachfrager beispielsweise durch Preisreduktionen für treue Leistungsnachfrager (finanzielle Bindung) oder verstärkte Bemühungen der Mitarbeiter, eine persönliche Beziehung zu den Leistungsempfängern, z.B. durch persönliche Gespräche und kleine Geschenke, aufzubauen (emotionale Bindung).

3.2.1.2 Analyse der Marktsituation auf den Beschaffungsmärkten

In Bezug auf den Beschaffungsmarkt können verschiedene für die Nonprofit-Organisation relevante Teilmärkte unterschieden werden, wie z.b. der Markt für Spenden, Sponsoring, Mitarbeiter, technologische Ressourcen usw. Diese grundlegenden Teilmärkte bilden die Ausgangsbasis für weiter gehende Differenzierungen. Am Beispiel des Marktes für Arbeitskräfte lässt sich beispielsweise der Markt für qualifiziertes Geriatriepflege-Personal, Flüchtlingshelfer oder auch für Jugendseelsorger definieren. Ebenso ist eine Unterteilung nach dem Markt für ehrenamtliche und hauptamtliche Arbeitskräfte denkbar. Die Analyse der Beschaffungsmarktsituation gestaltet sich analog zur Absatzmarktanalyse und lässt sich ebenfalls mit einer SWOT-Matrix veranschaulichen.

	Chancen	Risiken
Stärken	Steigende Nachfrage nach Hauslieferdiensten	Erhöhte Preissensibilität und Qualitätsansprüche der Leistungsnachfrager
	Große Anzahl an Mitarbeitern und hohe finanzielle Ressourcen	Qualitätsorientierung, qualifiziertes Liefer- bzw. Pflegepersonal
Schwächen	Steigendes Bedürfnis nach breiterem Angebot und Zusatzleistungen	Hohe Fluktuation der Leistungsnachfrager
	Konzentration auf wenige Kernleistungen	Keine geeigneten Wechselbarrieren

Schaubild 3-4: SWOT-Matrix am Beispiel eines Hauslieferdienstes von Mahlzeiten

Aufgrund der zunehmenden Bedeutung privater Spendengelder für die Finanzierung von Nonprofit-Organisationen wird im Folgenden die Situation auf den Beschaffungsmärkten am Beispiel des Spendenmarktes dargestellt. Hierzu werden zunächst generell Entwicklungen und Volumina des Spendenmarktes in Deutschland, Österreich und der Schweiz aufgezeigt und dann beispielhaft abgeleitet, welche Schlussfolgerungen einzelne Nonprofit-Organisationen daraus ziehen können.

Der **Spendenmarkt in Deutschland** ist in seinem Gesamtvolumen nur schwer abzuschätzen. Verlässliche und aktuelle Daten liegen kaum vor. Die verschiedenen Schätzungen des jährlichen Spendenaufkommens schwanken zwischen 2 und 5 Mrd. € (zu einem Vergleich über unterschiedliche Schätzungen vgl. Haibach/Müllerleile 2003), wobei einer Langzeitstudie der Bundesarbeitsgemeinschaft Sozialmarketing zufolge die Spendeneinnahmen in den letzten Jahren nur moderat gewachsen sind und gleichzeitig neue spendensammelnde Organisationen auf dem Spendenmarkt auftraten, so dass sich der Wettbewerb um die Spendengelder verschärft hat. Weiterhin ist eine Verschiebung in Bezug auf die Spendenzwecke festzustellen. Während in der Vergangenheit „Entwicklungshilfe" und „Religion" primäre Spendenzwecke waren, so haben in den

	Organisation	Beitrags-, Spenden- und Erbschaftsaufkommen in EUR	Veränderung zum Vorjahr in Prozent
1.	Deutsches Rotes Kreuz	168.000.000	+ 732
2.	Hermann-Gmeiner-Fonds	96.000.000	– 4,5
3.	Deutscher Caritasverband	74.000.000	+ 162
4.	Johanniter-Unfall-Hilfe	71.000.000	+ 26
5.	Deutsches Komitee für UNICEF	67.000.000	– 14
6.	Bischöfliche Aktion Adveniat	59.000.000	– 4,5
7.	Deutsche Krebshilfe	57.000.000	+ 8
8.	Bischöfliches Hilfswerk Misereor	52.000.000	– 15
9.	Brot für die Welt	51.000.000	– 11
10.	Päpstliches Missionswerk der Kinder	47.000.000	– 5

Schaubild 3-5: Organisationen in Deutschland mit den höchsten Spendenaufkommen (2002)
(Quelle: Bundesarbeitsgemeinschaft Sozialmarketing 2002)

letzten Jahren die Themenfelder „Kinder" und „Gesundheit" an Bedeutung gewonnen (Haibach/Müllerleile 2003, S. 132). Schaubild 3-5 zeigt die zehn Nonprofit-Organisationen in Deutschland mit dem höchsten Spendenaufkommen im Jahre 2002.

In Bezug auf den Spendenmarkt in der **Schweiz** erstellt die ZEWO eine jährliche Spendenstatistik über die von ihr zertifizierten Spendenorganisationen. Der Verein ZEWO wurde 1934 als Auskunftsstelle für Spender gegründet. Fünf Jahre später führte die ZEWO ein Gütesiegel ein, das an Organisationen verliehen wird, die bestimmte Standards erfüllen (z.B. geringe Verwaltungskosten, Transparenz bei der Spendenverwendung usw.). Die Gesamteinkünfte der Organisationen mit ZEWO-Gütesiegel belaufen sich im Jahre 2002 auf 1,7 Mrd. CHF. Von den Einnahmen bilden die privaten Spenden mit 610 Mio. CHF (36 Prozent) sowie die Beiträge der öffentlichen Hand mit 580 Mio. CHF (34 Prozent) die größten Einnahmequellen der spendensammelnden Nonprofit Organisationen (Quelle: www.zewo.ch, Zugriff am 09.01.2004).

Die bisher umfangreichste Studie zum Thema Spenden in **Österreich** ergab ein geschätztes Gesamtvolumen von Privatspenden für das Jahr 2000 von

494 Mio. €. Rund 81 Prozent der Erwachsenen spenden mindestens einmal im Jahr Geld, wobei die durchschnittliche Spendenhöhe pro Person und Jahr 95 € beträgt. An der Spitze der Spendenzwecke stehen Kinder, gefolgt von Menschen mit Behinderung, (internationaler) Katastrophenhilfe und Armut in der Welt sowie Umwelt- und Tierschutz (Quelle: www.osgs.at, Zugriff am 26.06.2004).

Beispiel: Spendenmarkt in den USA
Den Effekt eines förderlichen Umfeldes für Spendensammler und Spender verdeutlicht das Beispiel der USA: Großzügige steuerliche Abzugsmöglichkeiten, ein modernes Stiftungsrecht und diverse weitere Begünstigungen haben 2000 zu einem Spendenvolumen von 170 Mrd. USD (Anteil am Bruttoinlandprodukt 2000: 1,57 Prozent) und einer Durchschnittsspende von 1.600 USD pro Haushalt und Jahr geführt. Der Anteil des Spendenvolumens am Bruttoinlandprodukt betrug 2000 in Deutschland 0,31 Prozent, in der Schweiz 0,30 Prozent und in Österreich 0,24 Prozent (Quelle: www.spendeninstitut.at, Zugriff am 27.06.2004).

In einem weiteren Schritt kann auf der Grundlage der Untersuchungen des Spendenmarktes und aus der internen Perspektive einer durch Spenden finanzierten Nonprofit-Organisation eine SWOT-Matrix erstellt werden, wobei für eine differenzierte SWOT-Analyse die Situation auf dem Spendenmarkt einer weiter gehenden Betrachtung bedarf. Dies gilt beispielsweise in Bezug auf die von den Wettbewerbern durchgeführten Maßnahmen zur Spendenakquisition, Spenderverhalten, Spendermotive usw. In Schaubild 3-6 ist am Beispiel einer Bürgerstiftung aufgezeigt, wie eine einfache SWOT-Matrix zur Ableitung von Strategien zur Bearbeitung des Spendenmarktes aussehen könnte.

Beispiel: Bürgerstiftungen im Spendenmarkt in Deutschland
Auf Basis des amerikanischen Community-Foundations-Stiftungsmodells bestehen in Deutschland seit Ende der 1990er-Jahre Bürgerstiftungen. Durch den besonders weit gefassten Stiftungszweck unterstützen Bürgerstiftungen eine Vielzahl von gemeinnützigen Aktivitäten und Projekten in ihrer Stadt oder Region. Bürgerstiftungen bauen – anders als herkömmliche Stiftungen – ihr Stiftungsvermögen langfristig auf. Eines ihrer Hauptziele ist demzufolge die Einwerbung von Spenden und Zustiftungen.

In diesem Zusammenhang gilt es beispielsweise, das wachsende Spendenpotenzial auf dem nationalen und internationalen Spendenmarkt auszuschöpfen. Deshalb ist die Stärke der Organisation, über ein innovatives Fundraising-Management zu verfügen, durch Schulungsmaßnahmen oder Mitarbeiterakquisitionen aufrechtzuerhalten bzw. weiter auszubauen. Gleichzeitig erfordert die Chance, die mit einer Internationalisierung des Spendenmarktes verbunden ist, vermehrt Anstrengungen in Richtung einer internationalen Beschaffungsstrategie anzustreben, z.B. durch die Einrichtung eines mehrsprachigen Webauftritts zur Spendenakquisition. Als Konsequenz auf die steigende Anzahl spendensammelnder Organisationen und dem damit verbundenen erhöhten Wettbewerb um Spenden-

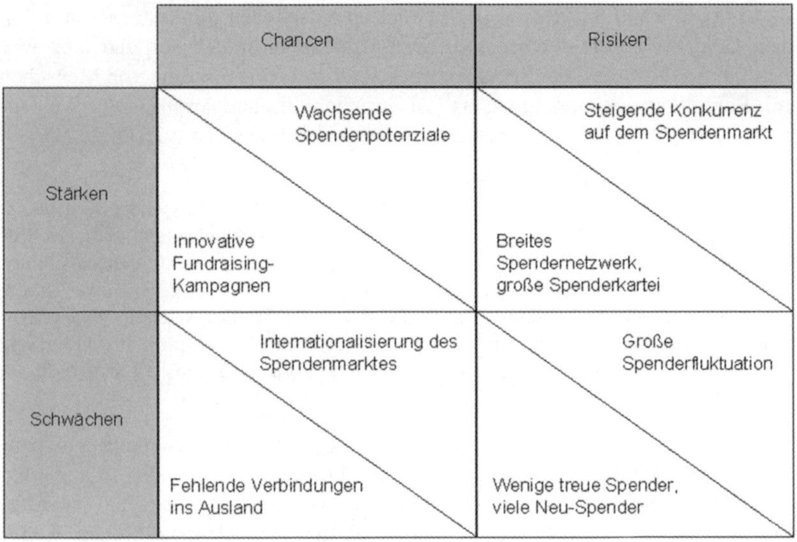

	Chancen	Risiken
	Wachsende Spendenpotenziale	Steigende Konkurrenz auf dem Spendenmarkt
Stärken	Innovative Fundraising-Kampagnen	Breites Spendernetzwerk, große Spenderkartei
	Internationalisierung des Spendenmarktes	Große Spenderfluktuation
Schwächen	Fehlende Verbindungen ins Ausland	Wenige treue Spender, viele Neu-Spender

Schaubild 3-6: SWOT-Matrix am Beispiel einer Bürgerstiftung

gelder resultiert die Implikation, das eigene Spendernetzwerke auszubauen und effektiver zu nutzen. Dies lässt sich beispielsweise durch Maßnahmen zur Stimulierung von positiver Mund-zu-Mund-Kommunikation umsetzen, indem beispielsweise aktuelle Spender aktiv aufgefordert werden, Bekannte und Arbeitskollegen auf die Organisation und deren soziale Aufgaben aufmerksam zu machen und diese zum Spenden zu motivieren.

Neben der Betrachtung des Spendenmarktes bzw. des Finanzbeschaffungsmarktes im Allgemeinen kommt bei Nonprofit-Organisationen insbesondere der Beobachtung des **Personalmarktes** eine zentrale Bedeutung zu. Fachlich kompetente und sozial engagierte Mitarbeiter sind für das Gelingen der Nonprofit-Mission unabdingbar – insbesondere wenn die Mission durch eine intensive Interaktion zwischen Organisation und Leistungsempfänger charakterisiert ist.

3.2.2 Analyse der relevanten Marktteilnehmer

Marktteilnehmer entsprechen den Akteuren auf den Nonprofit-Märkten. Da sich die Nonprofit-Märkte auf aggregiertem Niveau in Absatz- und Beschaffungsmärkte unterteilen lassen, ist folglich bei der Analyse der Marktteilnehmer zwischen Absatz- und Beschaffungsmarktteilnehmern zu unterscheiden.

3.2.2.1 Analyse der relevanten Marktteilnehmer auf den Absatzmärkten

Als Akteure auf den Absatzmärkten können vor allem die Leistungsabnehmer, sog. Absatzmittler, und die Wettbewerber identifiziert werden. Diese verschiedenen Gruppen von Absatzmarktteilnehmer werden im Folgenden näher analysiert.

Leistungsabnehmer und deren Agenten
Je nach Art der Nonprofit-Organisation sind die **Leistungsabnehmer** organisationsinterne und/oder organisationsexterne Personenkreise. **Organisationsinterne** Leistungsabnehmer, die häufig als Mitglieder bezeichnet werden, finden sich bei Eigenleistungsorganisationen, wie z.B. Vereinen, Genossenschaften usw. In diesem Fall ist der Träger gleichzeitig der Leistungsempfänger. Die Leistungsempfänger sind somit untrennbar mit der Nonprofit-Organisation verbunden. Demgegenüber sind bei sog. Drittleistungsorganisationen, wie z.B. Hilfsorganisationen oder Stiftungen, die Hauptnutznießer **organisationsexterne** Personenkreise.

Im Vergleich zu traditionellen Organisationen ist der Leistungsempfänger in Nonprofit-Organisationen nicht immer derjenige, der die Leistung selbstständig und autonom beauftragt. Vielmehr ist gerade im Sozialbereich der eigentliche Leistungsempfänger häufig „unfreiwilliger Kunde" der Nonprofit-Organisation. Entsprechend lässt sich eine Kategorisierung des Begriffs des Leistungsempfängers nach dem **Grad der Freiwilligkeit** vornehmen. Oliva (1997) nimmt in diesem Zusammenhang beispielsweise eine Unterteilung in klassische Nachfrager, Nutzer, freiwillige Klienten und unfreiwillige Klienten vor. Dabei verringert sich die **Autonomie des Leistungsempfängers** vom Nachfrager zum unfreiwilligen Klienten kontinuierlich. Die Einschränkung der Autonomie des Leistungsempfängers kann zum einen durch körperliche (z.B. bei Behinderten) oder finanzielle Restriktionen bedingt sein, zum anderen durch fehlenden Wettbewerb (z.B. bei Behörden) und nicht aufschiebbaren Bedarf (z.B. Notfall) ausgelöst werden. Bei sehr eingeschränkter Autonomie des Leistungsempfängers gewinnen Dritte (z.B. Angehörige von Behinderten) als Agenten der Leistungsempfänger eine zunehmende Bedeutung (Eichhorn/Schuhen 2001, S. 298). Die Marketingbemühungen richten sich in diesem Falle primär an die Agenten, um ihnen z.B. die hohe Qualität der Leistungen zu signalisieren.

Beispiel: Leistungsempfänger in der Behindertenhilfe
Im Bereich der Behindertenhilfe sind die eigentlichen Leistungsempfänger häufig in ihrer Autonomie stark eingeschränkt. Deswegen ist es eine zentrale Aufgabe für Einrichtungen und Dienste für Menschen mit Behinderungen, ihre Marketingaktivitäten auch auf die Angehörigen der Leistungsempfänger auszurichten. Ziel ist es, ihr Vertrauen gegenüber der Organisation aufzubauen und gleichzeitig das Gefühl bei ihnen zu wecken, die bestmögliche Entscheidung bei der Wahl der Betreuungs- oder Hilfeeinrichtung getroffen zu haben.

Von besonderem Interesse für das Nonprofit-Marketing ist weiterhin die **Dauer und Intensität der Austauschbeziehungen** mit den Leistungsempfängern. Insbesondere wenn langfristige Beziehungen zu den Leistungsempfängern angestrebt werden (z.B. bei mitgliedschaftsähnlichen Beziehungen wie bei Sportvereinen, Kirchengemeinden, Parteien), ist das Konzept des **Relationship Marketing** in den Vordergrund der Marketingbemühungen zu rücken. Dies ist i.d.R. dann der Fall, wenn ein Austausch von Ressourcen stattfindet, der für die Organisation von besonderem Interesse ist und zur Erreichung der Oberziele der Organisation maßgeblich beiträgt (z.B. Pflege der Beziehung zu Mitgliedern einer Kirchengemeinde).

Absatzmittler

Sog. **Absatzmittler** tragen dazu bei, dass der Austausch bzw. die Kontaktaufnahme zwischen Leistungsempfänger und Nonprofit-Organisation zustande kommt. Im engen Sinne werden primär rechtlich selbstständige Vertriebshelfer unter dem Begriff des Absatzmittlers gefasst (z.B. Vorverkauf von Theatertickets über Dritte) (Hasitschka/Hruschka 1982, S. 23). Bei Nonprofit-Organisationen erfüllen allerdings oftmals organisationsinterne Personengruppen die Funktion des Absatzmittlers.

Als weitere Besonderheiten in Bezug auf die Absatzmittler von Nonprofit-Organisationen lässt sich zum einen anführen, dass die **instrumentelle Steuerbarkeit** der Absatzmittler nur eingeschränkt möglich ist. So können die Nonprofit-Organisationen finanzielle Anreize für die Absatzmittlertätigkeit nur in eingeschränktem Maße zur Verfügung stellen. Stattdessen sind sie auf die freiwillige Motivation der Absatzmittler angewiesen. Zum anderen sind auch die Aufgabenbereiche, die an Tauschmittler ausgelagert werden können, im Nonprofit-Bereich vergleichsweise vielfältig. Typische Aufgaben in diesem Zusammenhang sind z.B. der physische Transport der Produkte, kommunikative Hilfeleistungen zum Absatz der Leistungen, die Annahme der von Leistungsabnehmern erbrachten Gegenleistungen, die vertragliche Abwicklung, rechtliche Hilfestellungen u.a.m.

Wettbewerber

Das Verhalten der **Wettbewerber** einer Nonprofit-Organisation – im Sinne konkurrierender Organisationen – hat einen entscheidenden Einfluss auf deren

Marktchancen und -risiken. So konkurrieren die verschiedenen Nonprofit-Organisationen bezogen auf den Absatzmarkt oftmals um dieselben Leistungsempfänger, die somit zum Engpassfaktor und damit zum Gegenstand des Wettbewerbs werden. Entsprechend kommt der Analyse des Konkurrenzumfeldes eine zentrale Bedeutung zu.

Grundsätzlich lässt sich zwischen einer Konkurrenzanalyse im engeren sowie im weiteren Sinne differenzieren. Die **Konkurrenzanalyse im engeren Sinne** bezieht sich auf das unmittelbare Konkurrentenumfeld der Nonprofit-Organisation, d.h. auf Organisationen mit vergleichbaren Organisationszielen bzw. -missionen und ähnlichen Segmenten von Leistungsempfängern. Am Beispiel der Umweltschutzorganisation Greenpeace sind direkte Wettbewerber primär andere Umweltschutzorganisationen. Für die katholische Kirche zählen insbesondere die evangelische Kirche und alle weiteren Institutionen mit religiösen Zielsetzungen zum unmittelbaren „Konkurrenzumfeld".

Demgegenüber umfasst die **Konkurrenzanalyse im weiteren Sinne** alle Organisationen, die aus Sicht der jeweiligen Leistungsempfänger als potenzielle Alternativen wahrgenommen werden (Andreasen/Kotler 2002, S. 53). Diese erweiterte Betrachtungsweise bezieht somit neben den direkten Wettbewerbern einer Nonprofit-Organisation auch deren weiteres Konkurrentenumfeld mit ein. In Bezug auf die angebotene Leistung einer Nonprofit-Organisation gehören zum weiteren Wettbewerberumfeld vor allem Organisationen, die verwandte Leistungen anbieten und somit für Leistungsempfänger mögliche Alternativen darstellen. Hierzu zählen auch kommerzielle Unternehmen. Dementsprechend gehören für ein Theater z.B. auch Kinos, Freizeitparks usw. zum weiteren Wettbewerbsumfeld.

Für eine Konkurrenzanalyse ist immer die **Definition des relevanten Marktes** notwendig, da dieser die Basis für die Identifizierung der Wettbewerber darstellt. Hierbei gilt es, zwischen leistungstyp- bzw. produkt- und nutzenorientierter Marktabgrenzung zu unterscheiden. Als Beispiel einer produktorientierten Abgrenzung kann der „Markt für Rollstühle" angeführt werden. Eine nutzenorientierte Marktabgrenzung entspricht dem „Markt für die Mobilität von Behinderten".

Wird die Anzahl der Nonprofit-Anbieter in Bezug auf den relevanten Markt und die Differenziertheit der angebotenen Leistungen kombiniert, so lassen sich Aussagen bzgl. der **Wettbewerbsintensität** auf bestimmten Nonprofit-Märkten treffen. Gibt es viele Anbieter von Nonprofit-Leistungen und homogene Leistungen, so herrscht eine hohe Intensität des Wettbewerbs. Mit abnehmender Anzahl an Wettbewerbern und zunehmender Heterogenität der Nonprofit-Leistungen sinkt die Wettbewerbsintensität. Bei ausgeprägtem Wettbewerb innerhalb einer Nonprofit-Branche sind entsprechend die Marketinganstrengungen zu erhöhen.

3.2.2.2 Analyse der relevanten Marktteilnehmer auf den Beschaffungsmärkten

In Bezug auf die Beschaffungsmärkte sind primär die „Lieferanten" von Ressourcen zu analysieren. Sie stellen die notwendigen finanziellen und sonstigen (Arbeitskraft, Know-how usw.) Potenziale zur Verfügung, um die Verwirklichung der Nonprofit-Ziele zu ermöglichen. Hinsichtlich der Finanzierung sind vor allem private Spender und Sponsoren sowie Kostenträger relevante Teilnehmer auf den Beschaffungsmärkten von Nonprofit-Organisationen. Darüber hinaus sind potenzielle Mitarbeiter eine zentrale Ressource, die es im Rahmen der Beschaffungsmarktbetrachtung zu berücksichtigen gilt. Je nach Nonprofit-Organisation können darüber hinaus weitere Akteure auf dem Beschaffungsmarkt von Relevanz sein (z.B. kommerzielle Unternehmen als Lieferanten von spezifischem Know-how).

Spender

Vor allem Organisationen, die für ihre Leistungen keinerlei oder nur geringe Entgelte verlangen, sind auf externe Geldgeber – also insbesondere auch **Spender** angewiesen. Um diese gezielt zum Bereitstellen größerer Geldbeträge zu motivieren, gilt es, das Entscheidungsverhalten von Spendern näher zu betrachten. Ohne die Wünsche und Vorstellungen der Spender zu kennen, wird ein effizientes Beschaffungsmarketing kaum möglich sein. Somit stellt sich in erster Linie die Frage, welche Motivation Personen haben, sich ohne materielle Gegenleistung freiwillig von ihrem Geld zu trennen.

Beispiel: Großzügige Spende für die Heilsarmee
„Die verstorbene Witwe von McDonald's-Gründer Ray Kroc, Joan Kroc, hat der Heilsarmee ein Vermögen von 1,5 Mrd. USD vermacht. W. Todd Bassett, US-Chef der Salvation Army, bedankte sich in Demut im Namen der christlichen Wohlfahrtsorganisation für die Großzügigkeit der Spenderin. Es handelte sich um eine der größten Summen, die der Heilsarmee je hinterlassen wurden. Die Organisation will mit dem Geld nach eigenen Angaben in den USA Gemeindezentren aufbauen, die nach Ray und Joan Kroc benannt werden sollen. Joan Kroc war am 12. Oktober 2003 gestorben. Die Heilsarmee zählt zu einer ganzen Reihe von Organisationen, denen die Witwe des Fastfoodketten-Gründers Teile ihres Besitzes vererbt hat. So hinterließ sie etwa dem öffentlichen US-Sender National Public Radio 90 Mio. USD" (Quelle: Basler Zeitung, www.baz.ch, Zugriff am 20.01.2004).

Im Zusammenhang mit der Spendenmotivation wird als Erklärungsansatz das sog. **Gratifikationsprinzip** herangezogen, das auch zur verhaltenswissenschaftlichen Fundierung von kommerziellen Markttransaktionen zugrunde gelegt wird (Raffée et al. 1983, S. 701; Dichtl/Schneider 1994, S. 186ff.). Demzufolge sorgt der antizipierte Nutzen bzw. die erwarteten Vorteile einer Transaktion für das Funktionieren von Austauschprozessen. Während bei kommerziellen Unternehmen der Nutzen für den Kunden in dem erworbenen Produkt bzw. der gekauften Leistung leicht transparent wird, ist die Gratifikation für Nonprofit-Organisationen i.d.R. immaterieller Art. Für Spender kommen in diesem Zusammenhang u.a. die folgenden drei **Nutzenkategorien** in Frage (Cooper 1994; Dichtl/ Schneider 1994):

(1) Abbau von kognitiven Dissonanzen
Ein Motiv für das Spendenverhalten von Personen liegt häufig in der Absicht, kognitive Spannungen zu verringern. Gemäß der Theorie der kognitiven Dissonanz (Festinger 1957) versuchen Individuen, ein dauerhaftes Gleichgewicht ihres kognitiven Systems anzustreben. Sieht eine Person beispielsweise auf der einen Seite die Bedürftigkeit von Personen in der sog. Dritten Welt und realisiert auf der anderen Seite die eigenen, nicht genutzten Möglichkeiten, gegen diese Probleme sich aktiv zu engagieren, so können kognitive Dissonanzen entstehen. Zur Reduktion dieses kognitiven Spannungszustandes sind prinzipiell zwei grundsätzliche Lösungsansätze denkbar. Entweder mindert die Person durch Umbewertung, Ergänzung oder auch Verdrängung von Informationen ihre kognitiven Dissonanzen oder sie stellt durch aktives Handeln eine Konsistenz der Gefühle, Einstellungen und Handlungen wieder her. Ein Beispiel für die Strategie der Umbewertung, Ergänzung oder Verdrängung von Informationen zur Dissonanzreduktion wäre etwa die bewusste Suche nach Informationen, die die Effektivität der Entwicklungshilfe als gering einschätzen (Cooper 1994, S. 70ff.). Die andere Möglichkeit zum Abbau von kognitiven Spannungen liegt in der finanziellen Unterstützung von Hilfsorganisationen, um etwas gegen die Bedürftigkeit der Menschen in der Dritten Welt zu tun.

(2) Nutzen aufgrund religiöser Überzeugungen
Ein weiterer potenzieller Grund für eine Spende liegt in der religiösen Überzeugungen der Spender. So sind Werte wie Mitleid und Erbarmen mit Schwächeren bei den meisten Religionen feste Bestandteile des Glaubens. Entsprechend bezieht sich das religiös motivierte Spenden vor allem auf Hilfsorganisationen oder direkt auf Glaubensgemeinschaften. Die Belohnung bzw. Gratifikation für den Spender wäre in diesem Fall beispielsweise die Hoffnung auf ein „ewiges Leben" oder eine „Erlösung".

(3) Prestigegewinn und soziale Anerkennung
Ziel einer Spende ist oftmals – neben den bereits erwähnten Nutzenkategorien – auch die Absicht des Spenders, aufgrund seines sozialen Engagements oder seiner sichtbaren finanziellen Unterstützung Anerkennung zu gewinnen. Das Bedürfnis nach Anerkennung wird beispielsweise durch Bekanntgabe der Spendernamen während Benefizveranstaltungen befriedigt oder durch die Publikation der Spendernamen in Mitgliederzeitschriften. Bei entsprechender Motivstruktur

ist demzufolge die Gewährleistung der Sichtbarkeit einer Spende die zentrale Aufgabe der Nonprofit-Organisation.

Neben den immateriellen Nutzenkategorien wirken darüber hinaus z.T. zusätzlich **materielle Gratifikationen** auf das Spenderverhalten. Hierbei ist in erster Linie an die mit einer Spende verbundene Steuerersparnis zu denken (Dichtl/Schneider 1994, S. 188). So ist in Deutschland im Falle gemeinnütziger Organisationen (§§ 51 ff. Abgabenordnung) eine steuerliche Absetzbarkeit gegeben. Weiterhin kann die Koppelung einer Spende an ein Gewinnspiel (z.B. Lotterielose) oder auch an einen Versicherungsschutz (z.B. schweizerische Rettungsflugwacht – Rega) die Motivation für ein finanzielles Engagement erhöhen.

Darüber hinaus existieren eine Reihe **nicht-monetärer Motive** für die Spenderaktivität, deren Nutzen nur schwierig fassbar ist. So sind beispielsweise altruistische Spenden mit keinerlei konkretem Nutzen für den Spender verbunden. Im weiteren Sinne können immaterielle Gratifikationen, wie die Freude am Schenken oder das Gefühl, „Gutes getan zu haben", als mögliche Gegenleistungen betrachtet werden. In diesem Zusammenhang steht somit der Austausch von ideellen, immateriellen Werten gegen die von der Organisation benötigten Ressourcen im Vordergrund.

Sponsoren

Die Förderung von Nonprofit-Organisationen aus den Bereichen Sport, Kultur, Umwelt sowie Sozialwesen durch kommerzielle Unternehmen hat eine lange Tradition, wobei insbesondere in den letzten Jahrzehnten ein zunehmendes Interesse der Wirtschaft am Sponsoring festzustellen ist. Ausgangspunkt für diese **Bedeutungszunahme** sind u.a. gestiegene Kosten bei traditionellen Werbeträgern, die Möglichkeit der Zielgruppenansprache im nicht-kommerziellen Rahmen sowie die Reaktanz der Bevölkerung gegenüber klassischer Mediawerbung (Nieschlag/Dichtl/Hörschgen 2002, S. 586).

Im Gegensatz zum Spendenwesen spielen – wie bereits in Kapitel 2 aufgezeigt – beim Sponsoring vor allem ökonomische Erwartungen auf der Geberseite eine zentrale Rolle für dessen Engagement. Aus Sicht der Nonprofit-Organisation sind genaue Kenntnisse über die von den Unternehmen erwarteten Gegenleistungen von besonderer Bedeutung, um bei der Suche nach einem geeigneten Sponsor erfolgreich zu sein. Analog zur Frage nach der Motivation von Spendern steht deswegen im Folgenden die Frage nach der Motivation bzw. der von den Sponsoren erwarteten Gegenleistung im Vordergrund.

Die **Gegenleistungen**, die kommerzielle Unternehmen im Hinblick auf die getätigten Sponsoringaktivitäten erwarten, sind je nach Bereich des Sponsoring

Ökonomische, ressourcenorientierte, psychologische, kommunikationspolitische Ziele und Motive von Sponsoren

Sportsponsoring	Kultursponsoring	Ökosponsoring	Soziosponsoring	Wissenschaftssponsoring
• Bekanntheit, Imageprofilierung, Imagetransfer, Imageaufbau • Kundenzufriedenheit, Kundenbindung, Neukundengewinnung • Umsatz, Absatz, Gewinn, Marktanteil • Wettbewerbsvorteil	• Bekanntheit, Imageprofilierung, Imagetransfer, Image- und/oder Markenpflege • Kundenzufriedenheit, Kundenbindung, Neukundengewinnung • Mitarbeitermotivation • Umsatz, Absatz, Gewinn, Marktanteil • Wettbewerbsvorteil	• Bekanntheit, Imageprofilierung, Imagetransfer, Imageaufbau • Darlegung der Unternehmensphilosophie • Dokumentation umweltpolitischer Verantwortung und unternehmerischen Selbstverständnisses • Kundenzufriedenheit, Kundenbindung, Mitarbeitermotivation • Umsatz, Absatz, Gewinn, Marktanteil, Wettbewerbsvorteil	• Bekanntheit, Imageprofilierung, Kundenzufriedenheit, Kundenbindung, Neukundengewinnung • Umsatz, Absatz, Gewinn, Marktanteil • Wettbewerbsvorteil	• Bekanntheit, Imageprofilierung, Imagetransfer, Imageaufbau • Darlegung der Unternehmensphilosophie und Dokumentation gesellschaftlicher Verantwortung • Kundenzufriedenheit, Kundenbindung, Mitarbeitermotivation • Wettbewerbsvorteil

Schaubild 3-7: Ziele und Motive in den verschiedenen Sponsoringbereichen

unterschiedlich und lassen sich gemäss den Zielen des Sponsoring jeweils nach ökonomischen, psychologischen und kommunikationspolitischen Motiven unterscheiden. In Schaubild 3-7 sind im Überblick die zentralen Ziele und Motive von Sponsoren in unterschiedlichen Sponsoringbereichen dargestellt. Oftmals besteht die Gegenleistung in einer direkten oder indirekten Werbewirkung, indem beispielsweise dem Sponsor die kommunikative Nutzung des Sponsorships, z.B. im Rahmen der Öffentlichkeitsarbeit, gestattet wird. Durch die werbewirksame Darstellung seiner Sponsoringaktivitäten kann ein Sponsor sein Image positiv beeinflussen (Meenaghan/Shipley 1999). Damit verbunden ist häufig auch die Absicht, einen Imagetransfer von der Nonprofit-Organisation auf das Unternehmen zu erreichen (z.B. Demonstration eines Sportvereinlogos zur Unterstreichung des Unternehmensimages als erfolgreich und aktiv). Um aus Sicht der Nonprofit-Organisation die Erfolgsaussichten auf ein lukratives Sponsorship zu erhöhen, ist bei der Kontaktaufnahme mit potenziellen Sponsoren z.b. das positive Image der Nonprofit-Organisation herauszustellen oder die Kongruenz zwischen der Zielgruppe des Unternehmens und den Leistungsempfängern der Nonprofit-Organisation aufzuzeigen.

Sonstige Geldgeber

Neben den Sponsoringeinnahmen und Spenden gibt es eine Reihe von weiteren Finanzierungsquellen, die je nach Nonprofit-Organisationen von mehr oder minder großem Interesse sein können. Als zusätzliche Finanzierungsquellen kommen beispielsweise Zuschüsse, Steuern oder zugewiesene Bußgelder in Frage.

Mögliche Ansprechpartner zur Akquisition von **Zuschüssen** sind insbesondere der Bund, Länder und Kommunen sowie die Europäische Union. In Bezug auf die Europäische Union gibt es zum einen Strukturfonds, die zum Abbau von wirtschaftlichen Ungleichheiten zwischen den EU-Mitgliedsstaaten beitragen sollen. In diesem Zusammenhang werden z.B. Projekte zur Förderung der sozialen Integration oder Maßnahmen zum Abbau der Arbeitslosigkeit gefördert. Zum anderen werden im Rahmen von sog. Aktionsprogrammen Projekte zu bestimmten, für die Europäische Union förderungswürdigen Themengebieten unterstützt, wie beispielsweise Bildungsprogramme. Ein Überblick über mögliche EU-Finanzhilfen findet sich auf der Homepage der Europäischen Union (www.europa.eu.int/grants). Beispielhaft zeigt das Insert 3-3 ein Verzeichnis der Programme zum Thema „Humanitäre Hilfe".

Auf der Ebene von Bund, Ländern und Kommunen lassen sich primär zwei Arten der Förderung differenzieren: Die institutionelle Förderung und die Projektförderung (Teske/Fellner 2003, S. 973 ff.). Bei der **Projektförderung** werden zielorientiert Gelder für ein konkretes Vorhaben zur Verfügung gestellt. Die finanziellen Mittel sind ausschließlich für die beabsichtigten Zwecke zu ver-

Insert 3-3: Förderprogramme der EU zum Thema Humanitäre Hilfe (Quelle: www.europa.eu.int/grants, Zugriff am 16.01.2004)

wenden und sind zeitlich befristet. Ein Beispiel für ein Projekt könnte etwa eine einmalige Konferenz einer Nonprofit-Organisation sein. Im Rahmen der **institutionellen Förderung** unterstützt der Staat die Gesamtbetätigung der Nonprofit-Organisation. In der Regel ist diese Art der Förderung mittel- bis langfristig angelegt. Um eine institutionelle Förderung zu erreichen, hat der Haushalts- und Finanzausschuss des Parlamentes einen entsprechenden Antrag zunächst zu befürworten, d.h., es ist eine langfristige und intensive Lobbyarbeit in Parteien und Parlamenten notwendig (Piwko 1999).

Beispiel: Förderungsaktivitäten des Bundesministerium für Bildung und Forschung
Vom Bundesministerium für Bildung und Forschung wird durch die institutionelle Förderung die Kompetenz und strategische Ausrichtung der deutschen Forschungslandschaft gesichert. Institutionell durch den Bund gefördert werden insbesondere die Bundeseinrichtungen mit Forschungsaufgaben, einige der großen Forschungsförderungsorganisationen, die bisherigen geisteswissenschaftlichen Auslandsinstitute und die Stiftungen Caesar, Deutsche Bundesstiftung Umwelt (DBU) und Deutsche Stiftung Friedensforschung (DSF) durch Aufbringen des Stiftungskapitals. Viele Akteure der deutschen Forschungslandschaft werden gemeinsam durch Bund und Länder institutionell gefördert. Dazu gehören beispielsweise die Deutsche Forschungsgemeinschaft (DFG), die Zentren der Hermann von Helmholtz-Gemeinschaft (HGF), die Max-Planck-Gesellschaft (MPG), die Fraunhofer-Gesellschaft (FhG) oder die Einrichtungen der Blauen Liste, die sich in der Wissenschaftsgemeinschaft Gottfried Wilhelm Leibniz (WGL) organisiert haben, und die Akademien (Quelle: www.bmbf.de, Zugriff am 16.01.2004).

In den letzten Jahren sind die staatlichen Gelder zur finanziellen Unterstützung von Nonprofit-Organisationen sukzessive zurückgegangen. Insbesondere die institutionelle Förderung wurde stark eingeschränkt. In diese Lücke sind zum Teil private Geldgeber gesprungen. Neben Spendern und Sponsoren als klassische Geldgeber sind eigenständige Stiftungen mit dem Ziel entstanden, Nonprofit-Organisationen finanziell zu unterstützen.

Beispiel: Private Stiftung „Die Mitarbeit" fördert Nonprofit-Initiativen
Die Stiftung „Die Mitarbeit" hat sich als Aufgabe gesetzt, Nonprofit-Initiativen zu fördern. Sie sieht sich als Servicestelle für das bürgerschaftliche Engagement außerhalb von Parteien und großen Verbänden. Die Stiftung finanziert ihre Arbeit überwiegend aus öffentlichen Mitteln, die durch Spenden und Einnahmen aus Tagungen, Projekten und Publikationen ergänzt werden. Bürgerinitiativen und Selbsthilfegruppen steht die Stiftung mit materieller Unterstützung, Beratung und Information, der Vermittlung von Kontakten und Vernetzungsmöglichkeiten sowie vielfältigen anderen Hilfestellungen zur Verfügung. So konnten seit 1991 über 1.000 lokale Gruppen, vornehmlich aus den neuen Bundesländern, mit kleinen finanziellen Starthilfezuschüssen (Größenordnung: 500 €) bei ihrer Arbeit unterstützt werden (Quelle: www.mitarbeit.de, Zugriff am 29.01.2004).

Personal
Neben direkten finanziellen Zuwendungen bzw. Sachleistungen kann der Nonprofit-Organisation insbesondere auch durch die **Bereitstellung von Arbeitskraft** geholfen werden. Somit kommt der Analyse von potenziellen und aktuellen Mitarbeitern – im Sinne von „Ressourcenlieferanten" – eine zentrale Bedeutung für die Beschaffungsmarktaktivitäten der Nonprofit-Organisation zu. In diesem Zusammenhang sind vor allem die Beweggründe für eine Mitarbeit in der Nonprofit-Organisation von Relevanz.

Beispiel: Freiwilliger Einsatz von medizinischem Personal der Organisation „Ärzte ohne Grenzen"
Die Organisation Médecins Sans Frontières (Ärzte ohne Grenzen) wurde am 20. Dezember 1971 von Ärzten und einigen Journalisten mit dem Ziel gegründet, die erste unabhängige Nichtregierungsorganisation zu schaffen, die Menschen in Not medizinische Hilfe bringt und gleichzeitig über ihre Situation berichtet („Witnessing") – unabhängig von der Art des Konfliktes oder der Krise und der geografischen Lage. MSF hat sich in den 1980er- und 1990er-Jahren zu einem internationalen Netzwerk entwickelt, mit fünf operativen Zentren in Europa und 13 nationalen Sektionen in Europa, Nordamerika und Asien sowie einem internationalen Büro in Brüssel. Médecins Sans Frontières ist unabhängig von jeglicher Regierung oder Institution sowie von politischen, wirtschaftlichen oder religiösen Organisationen – sei es im Bereich der Finanzen oder in der Wahl der Projekte. Die freiwilligen Mitarbeiter von MSF handeln unter Wahrung der medizinischen Ethik und der humanitären Prinzipien und unterzeichnen die Charta von MSF (Quelle: www.msf.ch, Zugriff am 11.08.2004).

Während bei hauptberuflich tätigen Mitarbeitern einer Nonprofit-Organisation u.a. auch monetäre Anreize ein Grund für ihr Engagement sind, stellt sich die Frage, welche Motive ehrenamtlich Tätige für ihre Mitarbeit haben. Hierbei kommen zum einen ähnliche **Motivstrukturen** wie bei Spendern zum Tragen:

Abbau von kognitiven Dissonanzen, religiöse Überzeugung oder soziale Anerkennung. Zum anderen stellen aber auch der Wunsch nach sinnvoller Nutzung der Freizeit, Kontaktbedürfnisse, Sammeln von persönlichen Erfahrungen usw. zentrale Motive für die ehrenamtliche Tätigkeit dar (von Eckardstein 2002, S. 311). Darüber hinaus ist es auch denkbar, dass die ehrenamtliche Arbeitsleistung als Investition betrachtet wird. Beispielsweise ist bei Parteien oder Kirchen für ein späteres hauptberufliches Anstellungsverhältnis ein ehrenamtliches Engagement i.d.R. von Vorteil. Bei speziellen Arten von Nonprofit-Organisationen, z.B. Selbsthilfegruppen, kann das Investitionsmotiv durchaus im Vordergrund stehen. Beispielsweise engagieren sich ehrenamtliche Mitarbeiter in der Nachbarschaftshilfe primär, um später auch eigene Hilfe zu bekommen (Badelt 2002d, S. 587).

Schaubild 3-8 zeigt exemplarisch häufig genannte Argumente, die für oder gegen ein gemeinnütziges Engagement angeführt werden.

Auf Basis der Motive für ein gemeinnütziges Engagement sind die Aktivitäten zur Akquisition und Bindung von ehrenamtlichen Mitarbeitern zu entwickeln. Wenn Ehrenamtliche beispielsweise primär aufgrund von Kontaktbedürfnissen ihre Tätigkeit ausüben, sind andere Aspekte bei der Personalgewinnung und beim -management in den Vordergrund zu stellen, als bei altruistisch motivierten Personen.

Ich **engagiere mich** und bin gemeinnützig tätig, weil

- es mich persönlich befriedigt und glücklich macht,
- es mir das Gefühl gibt, gebraucht zu werden,
- ich mithelfen will, eine bessere Welt zu schaffen,
- ich den Wunsch habe, anderen zu helfen,
- es meinem Leben einen tieferen Sinn gibt,
- es Spaß und Freude macht,
- ich christliche Nächstenliebe leben will,
- ich gut sein will,
- ich andere an meinem Glück teilhaben lassen möchte,
- ich beliebt sein will und Anerkennung finde,
- ich ein schlechtes Gewissen habe.

Ich **würde noch mehr tun**, wenn

- ich das Gefühl hätte, wirklich etwas bewirken zu können,
- ich ganz sicher sein könnte, nicht ausgenutzt zu werden,
- meine Hilfe mit mehr Hoffnung verbunden sein würde,
- ich mich mit meiner Hilfe nicht so allein gelassen fühlte.

Schaubild 3-8: Häufig genannte Argumente für bzw. gegen ein gemeinnütziges Engagement (Quelle: Schulz 2003, S. 194f.).

Insgesamt zeigt sich, dass bei der Betrachtung des Beschaffungsmarktes eine Vielzahl von „Ressourcenlieferanten" zu berücksichtigen sind, wie insbesondere Spender, Sponsoren, sonstige Geldgeber und Mitarbeiter. Analog zum Absatzmarkt ist darüber hinaus auch im Beschaffungsmarkt eine **Konkurrenzanalyse** erforderlich. So konkurrieren die verschiedenen Nonprofit-Organisationen um Spendengelder, Sponsorships oder Freiwillige, die damit gleichfalls zum Gegenstand des Wettbewerbs werden. Zentrale Aufgabe einer Konkurrenzanalyse im Beschaffungsmarkt ist es, die Beschaffungsstrategien der Wettbewerber zu analysieren und daraus Implikationen für das eigene Marketing abzuleiten. In diesem Zusammenhang können beispielsweise Überlegungen angestellt werden, wie eine Abgrenzung von der Fundraising-Strategie der Konkurrenten gelingt, welche innovativen Beschaffungsaktivitäten der Konkurrenten aufgegriffen werden oder welche Spender-Zielgruppen die Konkurrenten bisher kaum beachten.

3.2.3 Analyse des Marktumfeldes

Eine explizite Berücksichtigung des über den Beschaffungs- und Absatzmarkt hinausgehenden Umfeldes wurde für Nonprofit-Organisationen lange Zeit vernachlässigt. Da jedoch Veränderungen der Umfeldsituationen z.T. entscheidenden Einfluss auf die Organisation und sämtliche Marktteilnehmer ausüben können, ist deren Analyse eine Erfolgsvoraussetzung für ein systematisches Nonprofit-Marketing. In der Literatur liegen zahlreiche Vorschläge zur Untersuchung verschiedener Komponenten des Makroumfeldes vor (Webber 1969, S. 5; Kerr/Littlefield 1974, S. 46f.; McCarthy 1975, S. 37; Horak et al. 2002, S. 208ff.; Homburg/Krohmer 2003, S. 375ff.). Dabei wird vor allem zwischen dem ökonomischen, natürlichen, technologischen, kulturellen, sozialen sowie politisch-rechtlichen Umfeld unterschieden.

Die **ökonomischen Rahmenbedingungen** haben sich in den letzten Jahren für Nonprofit-Organisationen tiefgreifend verändert. Wirtschaftliche Indikatoren, wie beispielsweise die Konjunkturlage, das Wirtschaftswachstum, die Arbeitslosenquote usw. betreffen die Mehrzahl der Nonprofit-Organisationen direkt oder indirekt. Zum einen führen etwa Einschnitte im Einkommen sowie Arbeitslosigkeit zu einer größeren Anzahl an Leistungsempfängern für soziale Nonprofit-Organisationen. Zum anderen hat die derzeitige konjunkturelle Schwäche auch Auswirkungen auf die Spendenbereitschaft der betroffenen Personen und Organisationen.

In Bezug auf das natürliche bzw. **ökologische Umfeld** stehen insbesondere Fragestellungen zum Umweltbewusstsein der Anspruchsgruppen, Entwicklungen der natürlichen Energievorräte und der Umgang mit sonstigen öffentlichen Gütern im Mittelpunkt der Analyse. Für Nonprofit-Organisationen, die im Bereich des Umweltschutzes tätig sind, haben diese Faktoren einen zentralen Einfluss auf deren strategische Marketingplanung. Beispielsweise können Umweltschutzorganisationen neue Tätigkeitsfelder identifizieren (z.b. Beseitigung von ökologischen Altlasten in den neuen Bundesländern) oder die Gewichtung in ihren Zielsetzungen auf Basis der Analyseergebnisse verschieben.

Technologische Neuerungen im Sinne von Schlüsseltechnologien spielen für Nonprofit-Organisationen deren technologische Ressourcen grundlegend zur Leistungserstellung beitragen, wie beispielsweise Krankenhäuser oder auch Universitäten, eine entscheidende Rolle. Bei solchen Nonprofit-Organisationen sind technologische Neuerungen ein relevanter Bestandteil der Marktbehauptung. Außerdem gehen von den grundlegenden Veränderungen im Bereich der Informations- und Kommunikationstechnologien auch Auswirkungen auf die Formulierung der Marketingstrategien im Nonprofit-Bereich aus, da hier neue Wettbewerber und Marktregeln entstehen.

Beispiel: Einsatz von Minenräum-Technologie der Stiftung Menschen gegen Minen e.V. (MgM)
MgM, die Stiftung „Menschen gegen Minen" e.V., wurde am 16. Januar 1996 in Deutschland gegründet. Das Ziel war es, eine Organisation für humanitäres Minenräumen zu schaffen, die als Dienstleister für andere Nichtregierungs-Organisationen (NGOs) auftritt, welche den Wiederaufbau von Infrastrukturen in gefährlichen Regionen von Nachkriegsszenarien betreiben. Manuelle Techniken stehen zwar nach wie vor im Zentrum aller Minenräumaktionen. Allerdings konnte MgM Maschinen und Verfahren entwickelt, die die Effizienz und Sicherheit der Minenräumer entscheidend erhöhen (vgl. Insert 3-4; www.landmine.org, Zugriff am 12.08.2004).

Beispiel: Technologieeinsatz im Fundraising
Zu den wichtigsten Zahlungswegen im Fundraising zählen Scheckzahlungen, Überweisungen, Bankeinzüge und Kreditkartenzahlungen. Seit einigen Jahren gewinnt zusätzlich die Online-Spende sowie die entsprechende technologische Infrastruktur und ein dazugehöriger Webauftritt an Bedeutung. Die Fähigkeit einer Nonprofit-Organisation, sich den geänderten technologischen Rahmenbedingungen anzupassen, ist entscheidend für ihre Wettbewerbsfähigkeit im Beschaffungsmarkt. Anwendungskenntnisse von web-basierten Technologien sind somit zu einer zentralen Kompetenz im Fundraising-Wettbewerb geworden (Haibach 2003a).

Beispiel: Technologieeinsatz im Krankenhaus Lainz
Im Krankenhaus Lainz des Wiener Krankenanstaltenverbundes (KAV) wurde eine neue Angiographieanlage der Röntgenstation eröffnet. Mit Hilfe dieser medizinischen Neuanschaffung können erkrankte Gefäße anhand von Digitalbildern dargestellt und bestimmte medizinische Eingriffe sofort durchgeführt werden. Zudem weist das neue Gerät eine sehr gute Bildqualität auf und erleichtert somit sowohl die Diagnostik als auch die Therapie erheblich. Die Erstellung von digitalen Bildern in der Radiologie bietet den Vorteil, dass diese per Internet zwischen verschiedenen Experten ausgetauscht werden können. Allein das Kran-

Insert 3-4: Fahrzeuge aus dem Fuhrpark der Stiftung „Menschen gegen Minen"
(Quelle: www.landmine.org, Zugriff am 12.08.2004)

kenhaus Lainz verfügt über 60 sog. Bildbetrachtungsstellen, die miteinander vernetzt sind. Auf diese Weise können die Bilder schnell und unkompliziert an die entsprechenden Experten übermittelt werden. Die Teleradiologie scheint ein hohes Zukunftspotenzial aufzuweisen: So ist eine Vielzahl der KAV-Spitäler bereits heute vernetzt und das Netzwerke soll in naher Zukunft weiter ausgebaut werden (www.magwien.gv.at, Zugriff am 12.08.2004).

Veränderungen in der **demographischen Zusammensetzung** einer Bevölkerung beeinflussen sowohl direkt die Volkswirtschaft in ihrer Gesamtheit als auch die Bedeutung und das Leistungsangebot verschiedener Nonprofit-Branchen. In Bezug auf Deutschland lassen sich vor allem die folgenden demographischen Entwicklungen hervorheben (Bruhn/Tilmes 1994, S. 98; Opaschowski 2001):

- Rückgang der Bevölkerung,
- Zunahme der Einzelpersonenhaushalte,
- Verschiebung in der Altersstruktur der Bevölkerung.

Eine besondere Bedeutung hat die demographische Entwicklung für Nonprofit-Organisationen im Bereich des Marktes für Altenhilfe. So wird die Zielgruppe für Altershilfedienstleistungen in Deutschland (Personen über 60 Jahre) von derzeit ca. 18 Mio. Personen bis zum Jahre 2030 auf ca. 26,4 Mio. ansteigen. Weitere aktuelle Prognosen zur Entwicklung der Bevölkerung bis zum Jahre 2050 finden sich auf der Homepage des Statistischen Bundesamtes (www.destatis.de).

Neben demographischen Entwicklungen sind insbesondere die Veränderung der Werte, Einstellungen und Verhaltensweisen innerhalb der Bevölkerung von Relevanz. Hierbei sind vor allem **soziokulturelle Aspekte** wie Freizeitverhalten, Einstellung zu Gesundheit, Ernährung, Rolle der Frau usw. von Bedeutung. Ein Wandel in Bezug auf diese Aspekte hat i.d.R. auch Auswirkungen auf die Attraktivität der unterschiedlichen Leistungen von Nonprofit-Organisationen (für eine weiterführende Diskussion zum Wertewandel sowie Veränderungen in Politik, Wirtschaft und Gesellschaft vgl. z.B. Opaschowski 2001).

Politische und rechtliche Entwicklungen beziehen sich vor allem auf Änderungen in der spezifischen Gesetzgebung, Entwicklungen im Wirtschafts-, Arbeits- und Sozialrecht, globale und regionale politische Trends sowie wirtschaftspolitische Entscheidungen (Eichhorn/Schuhen 2001, S. 290). Im Falle von Nonprofit-Organisationen, die eng mit der Politik (z.B. Parteien, Interessensgemeinschaften) oder dem Gesetz (rechtliche Beratungen, Flüchtlingswesen) verknüpft sind, begründen politische und rechtliche Entwicklungen oftmals Leistungsentwicklungen in der Nonprofit-Organisation oder sind gar für deren Existenz ausschlaggebend.

Beispiel: Interessengemeinschaft für eine erleichterte Einbürgerung von Ausländern – „igsecondas"
Die im Hinblick auf die Bürgerrechtsrevision vom 26.09.2004 gegründete Interessensgemeinschaft „igsecondas" setzt sich für die erleichterte Integration von in der Schweiz niedergelassenen Ausländer der zweiten und dritten Generation ein. Die gemeinnützige Organisation richtet ihre Leistungen ausschließlich auf die Aufklärung und Sensibilisierung der Schweizer Bevölkerung in Bezug auf die genannte Thematik aus (Quelle: www.igsecondas.ch, Zugriff am 15.07.2004).

Im Sinne eines Fazits lässt sich abschließend sagen, dass die Märkte in den letzen Jahren – bedingt durch verschiedene Entwicklungstendenzen, wie z.B. zunehmende Internationalisierung, wirtschaftliche Veränderungen und erhöhter Wettbewerbsdruck – an Dynamik gewonnen haben. Einer systematischen externen (Markt, Marktteilnehmer, Marktumfeld) und organisationsinternen Situationsanalyse kommt daher zunehmende Bedeutung zu. Ziel ist es, Veränderungen in den genannten Bereichen frühzeitig zu erkennen bzw. zu antizipieren. Dies bildet die Voraussetzung für eine rechtzeitige neue strategische Ausrichtung der Nonprofit-Organisation.

4 Strategische Unternehmensplanung für Nonprofit-Organisationen

Wie im vorhergehenden Kapitel aufgezeigt wurde, unterliegen die Beschaffungs- und Absatzmärkte sowie das Marktumfeld von Nonprofit-Organisationen einer hohen Dynamik. Veränderungen in den Bedürfnissen der Leistungsnachfrager, das Eintreten neuer Wettbewerber oder technologische Entwicklungen sind nur einige Beispiele, die deutlich machen, dass es auch für Nonprofit-Organisationen unabdingbar ist, sich mit Fragen der strategischen Planung auseinander zu setzen. Die zunehmenden Instabilitäten und Diskontinuitäten stellen somit für Nonprofit-Organisationen Herausforderungen – insbesondere an ihre Anpassungsfähigkeit in Hinblick auf Strukturen, Systeme und Kultur – dar. Der strategischen Unternehmensplanung für Nonprofit-Organisationen kommt dabei die wichtige Aufgabe zu, die Flexibilität und damit Überlebensfähigkeit einer Organisation sicher zu stellen.

Die **strategische Unternehmensplanung** beschäftigt sich mit der Bestimmung jener relevanten Bereiche, in denen eine Nonprofit-Organisation ihre Tätigkeit plant. Sie umfasst insbesondere die Festlegung der Unternehmensmission, die Definition des relevanten Marktes und zentraler Geschäftsfelder, die Bildung von Geschäftseinheiten sowie die Suche von Kriterien zur Segmentierung der Nonprofit-Marktteilnehmer (Meffert 1994, S. 24). Die i.d.R. vergleichsweise langfristigen Entscheidungen im Rahmen der strategischen Unternehmensplanung stellen somit auf übergeordneter Ebene die Weichen, um die Nonprofit-Ziele zu erreichen.

Demgegenüber beschäftigt sich die **strategische Marketingplanung** mit der Festlegung konkreter Strategien für einzelne Geschäftsfelder und hinsichtlich bestimmter Marktteilnehmer sowie hinsichtlich des Einsatzes der Marketinginstrumente. In diesem Zusammenhang werden beispielsweise die Zeitpunkte und Zeitspannen des Maßnahmeneinsatzes sowie die Zuordnung der Maßnahmen zu den angebotenen Leistungen der Nonprofit-Organisation vorgenommen, um die definierten Ziele auf der Ebene der Geschäftseinheiten zu erreichen. Die strategische Marketingplanung ist im Vergleich zur strategischen Unternehmensplanung kurzfristiger und operativer angelegt.

Schaubild 4-1 verdeutlicht die Zusammenhänge zwischen strategischer Unternehmensplanung sowie strategischer und operativer Marketingplanung im Überblick.

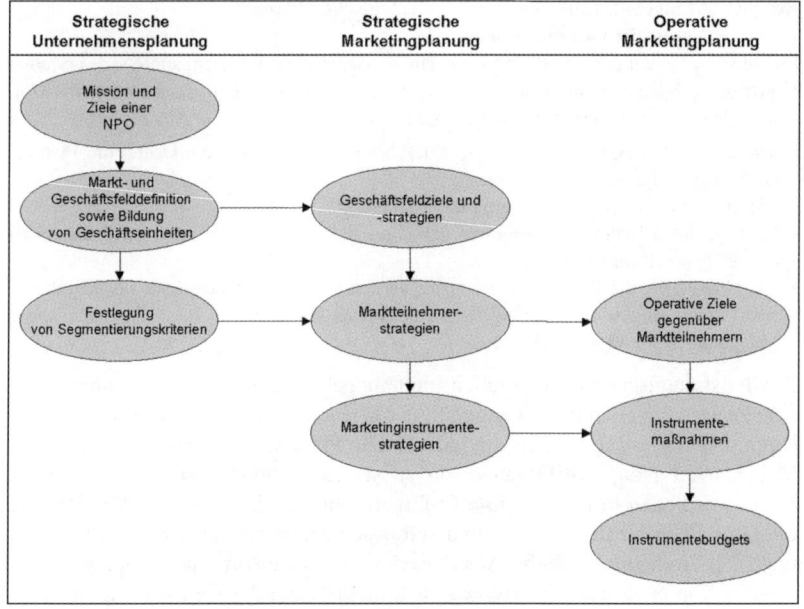

Schaubild 4-1: Beziehungen zwischen strategischer Unternehmensplanung, strategischer und operativer Marketingplanung
(Quelle: in Anlehnung an Meffert 1994, S. 28)

4.1 Aufgaben der strategischen Unternehmensplanung für Nonprofit-Organisationen

Das Verhalten und Agieren der Mitarbeiter einer Nonprofit-Organisation setzt sich aus einer Vielzahl einzelner Aktivitäten zusammen. Nachhaltige Erfolgspositionen lassen sich nur dann aufbauen, wenn das Handeln auf Basis von gemeinsamen Zielen und einer einheitlichen Strategie beruht (Bruhn 2002b, S. 53). Im Gegensatz zu kommerziellen Unternehmen ist eine bewusst strategische Orientierung bei vielen nicht-kommerziellen Organisationen immer noch die Ausnahme. Nur selten existieren schriftlich formulierte, strategische Grundsätze, die als normative Richtschnur für das Verhalten der Nonprofit-Organisation dienen.

Beispiel: Mangelndes Interesse an der strategischen Planung in Nonprofit-Organisationen

Das ausgesprochen geringe Interesse an einer strategischen Planung zeigte sich bei einer Umfrage des Forschungsinstituts für Verbands- und Genossenschaftsmanagement der Universität Freiburg/Schweiz (Imboden 1984):

- Von den 56 befragten Verbandsgeschäftsführern erachteten ca. ein Drittel die Planung als weniger wichtig oder unwichtig.
- Kaum ein Verband hat ein Gesamtplanungssystem.
- Mehr als zwei Drittel der Befragten gaben an, dass sie nur einzelne Bereiche des Verbandes generell für planbar halten.
- Als Gründe für die Planungshemmnisse wurden vor allem Widerstände der Mitglieder und Organe gegen die Planung, Schwierigkeiten der Zielerreichungskontrolle sowie Mangel an Zeit und Kapazität genannt.

Bei der strategischen Unternehmensplanung geht es zunächst darum, übergeordnete Zielsetzungen und Strategien auf der Ebene der Gesamtorganisation festzulegen und einen Rahmen für die individuelle Planung der verschiedenen Abteilungen einer Nonprofit-Organisation zu setzen. Zentrale Orientierung für die Verantwortlichen in einer Nonprofit-Organisation bildet dabei die **Mission**, die die Grundlage für die Identität und somit den zentralen Maßstab für die Ableitung von Strategien darstellt. Aus diesem Grund ist es für eine Nonprofit-Organisation von besonderer Bedeutung, sich intensiv mit der Entwicklung und Formulierung einer Mission auseinander zu setzen (vgl. Abschnitt 4.2.1; Horak 1995a; Horak et al. 2002, S. 198 ff.). Auf Basis der Mission und der externen sowie internen Situationsanalyse kann ein strategisches Leitbild ausgearbeitet und die Zielsetzung damit organisationsintern und -extern kommuniziert werden. Das Leitbild konkretisiert das Selbstverständnis der Organisation und umfasst generelle Ziele, die der Sicherstellung einer langfristigen Missionserfüllung der Organisation dienen. Darüber hinaus kommt den darin enthaltenen Zielen eine Motivationsfunktion für die Mitarbeiter zu. Dementsprechend wichtig ist es, dass die Zielformulierung allgemein verständlich ist und sich die Mitarbeiter einer Nonprofit-Organisation mit diesen Zielen identifizieren können.

Als weitere Aufgabe der strategischen Unternehmensplanung trägt die **Festlegung des relevanten Marktes und der zu bearbeitenden Geschäftsfelder** dazu bei, die Tätigkeitsfelder einer Nonprofit-Organisation einzuschränken, wobei die Geschäftsfelder organisatorisch durch die Bildung von strategischen Geschäftseinheiten in der Nonprofit-Organisation verankert werden. Aufgrund der heterogenen Anforderungen der verschiedenen Anspruchsgruppen kann – auch innerhalb der einzelnen Geschäftsfeldern – i.d.R. keine allgemein gültige Marktbearbeitung stattfinden. Entsprechend ist nach Kriterien zu Suchen, die eine Aufteilung der Anspruchsgruppen in homogene Untereinheiten ermöglichen (**Segmentierung**).

Schaubild 4-2: Ebenen der strategischen Unternehmensplanung

Die strategische Planung umfasst also einen **mehrstufigen Prozess**: Ausgehend von der Mission der Nonprofit-Organisation werden organisationale Zielsetzungen auf unterschiedlichen Ebenen und in verschiedenen Konkretisierungsgraden formuliert sowie grundlegende strategische Basisentscheidungen getroffen. Schaubild 4-2 zeigt diese verschiedenen Ebenen der strategischen Unternehmensplanung.

4.2 Festlegung der strategischen Ziele für Nonprofit-Organisationen

4.2.1 Nonprofit-Marketing im Spannungsfeld von Mission, Wirtschaftlichkeit und Qualität

Den Ausgangspunkt für die Ableitung sämtlicher Ziele im Rahmen der strategischen Planung sowie die Basis für die Identifikation und Motivation der Mitarbeiter bildet die **Mission der Nonprofit-Organisation**. Entsprechend kommt der aktiven Festlegung und Dokumentation der Mission eine übergeordnete Rolle zu. Prinzipiell legt die Organisation in der Mission fest, welche Zwecke mit der Gründung bzw. Existenz der Nonprofit-Organisation verfolgt werden, wer die Leistungsempfänger sind und welche Leistungen angeboten werden. Somit spiegelt die Mission die eigentliche Identität und das Selbstverständnis der Nonprofit-Organisation wider. Sie lenkt das strategische und operative Managementhandeln in die gewünschte Richtung, indem alle nachfolgenden Ziele und Strategien auf die spezifische Mission ausgerichtet werden (Bogaschewsky/Rollberg 1998, S. 88 ff.). Eine Mission bündelt die Organisationsidentität in einer kurzen Deklaration.

Beispiel: Sicherung des Marktzuganges als Mission der Max Havelaar-Stiftung
- Die Mission der Max-Havelaar-Stiftung besteht darin, Marktzugang für Produkte von bäuerlichen Genossenschaften, Arbeiterinnen und Arbeitern aus stark benachteiligten Regionen sowie Entwicklungsländern (insbesondere südamerikanische und afrikanische Länder) zu fairen und nachhaltigen Bedingungen zu sichern.
- Gleichzeitig gilt es, durch Zertifizierung und Kontrolle sicherzustellen, dass Produkte mit Max Havelaar-Gütesiegel gemäß den internationalen Kriterien des fairen Handels produziert und gehandelt werden (Quelle: www.maxhavelaar.ch, Zugriff am 12.07.2004).

Beispiel: Das Wohl von Kindern als Mission der UNICEF
UNICEF (United Nations Children's Fund) ist das Kinderhilfswerk der Vereinten Nationen, das sich weltweit für das Wohl von Kindern einsetzt. UNICEF ist politisch und konfessionell unabhängig und arbeitet vorrangig an der Verbesserung der Lebensbedingungen für Kinder in den Entwicklungsländern. Ihnen fehlen wichtige Voraussetzungen für eine gesunde Entwicklung: sauberes Wasser, sanitäre Einrichtungen, eine ausreichende und ausgewogene Ernährung, medizinische Betreuung und Grundschulen. UNICEF setzt sich als Anwältin der Kinder dafür ein, dass die 1989 von den Vereinten Nationen verabschiedeten – und von fast allen Staaten ratifizierten – „Konvention über die Rechte des Kindes" weltweit verwirklicht wird (Quelle: www.unicef.ch, Zugriff am 25.11.2004).

Häufig wird die Mission der Nonprofit-Organisation in einem **strategischen Leitbild** weiter ausformuliert und konkretisiert (Schwarz et al. 2002, S. 219). Während die Mission in wenigen Sätzen die Hauptziele einer Nonprofit-Organisation zusammenfasst, beinhaltet das Leitbild weiterführende Grundsätze und Zielsetzungen. Damit die Motivations- und Identifikationsfunktion der Mission und des Leitbildes ihre Wirkung entfalten, ist es empfehlenswert, diese gemeinsam im Team zu erarbeiten (Horak et al. 2002, S. 211). Schaubild 4-3 zeigt beispielhaft das Leitbild der Deutschen Rettungsflugwacht.

Beispiel: Leitbild Spitex Schweiz
Der Spitex Verband Schweiz ist 1995 aus dem Zusammenschluss der Schweizerischen Vereinigung der Hauspflegeorganisationen (SVHO) und der Schweizerischen Vereinigung der Gemeindekrankenpflege- und Gesundheitspflegeorganisationen (SVGO) hervorgegan-

Unser Leitbild ist der Mensch

Uneigennützig humanitäre Hilfe zu leisten, ist die selbstgestellte Aufgabe der DRF. Dabei handeln wir nach Grundsätzen, die sich ausschließlich an den Bedürfnissen der hilfsbedürftigen Menschen orientieren. Diese Grundsätze haben wir in unserem Leitbild festgeschrieben.

Ursprung
Die DRF ist eine Initiative der Björn Steiger Stiftung, und der schnellen Hilfe von Notfallpatienten verpflichtet. Als gemeinnützige Luftrettungsorganisation ist die DRF auf die Beiträge von Fördermitgliedern, Spendern und Sponsoren angewiesen.

Kernkompetenz
Die medizinische Hilfe aus der Luft steht im Mittelpunkt unserer Arbeit. In der Notfallrettung bieten wir unseren Patienten beste medizinische Versorgung. Als Ansprechpartner für Menschen in Not helfen wir weltweit und stellen umfangreiche Dienstleistungen bereit.

Kundenorientierung
Im Vordergrund unserer Arbeit steht die persönliche Betreuung der Patienten. Die Zufriedenheit unserer Fördermitglieder, Spender und Sponsoren ist uns ein besonderes Anliegen.

Qualitätsanspruch
Wir verpflichten uns einer hohen fliegerischen, technischen und medizinischen Qualität und streben in diesen Bereichen eine Spitzenposition an.

Partnerverständnis
Mit den Kostenträgern, Krankenhäusern, Leitstellen, Rettungsdienstorganisationen und Vertretern der öffentlichen Hand arbeiten wir kooperativ zusammen.

Teamverständnis
Wir erfüllen die uns gestellten Aufgaben kompetent und engagiert im Team. Die Mitarbeiter pflegen einen respektvollen und freundlichen Umgang sowie kritischen und konstruktiven Dialog. Stetige persönliche und fachliche Fortbildung bilden die Grundlage einer hohen Arbeitsqualität.

Schaubild 4-3: Leitbild der Deutschen Rettungsflugwacht e.V.
(Quelle: www.drf.de, Zugriff am 10.10.2004)

gen. Im Mai 1999 wurde von der Delegiertenversammlung der „Spitex" folgendes Leitbild erarbeitet: „Wir erbringen die Hilfe und Pflege zu Hause bedarfsgerecht, fachlich kompetent, wirksam und wirtschaftlich. All unsere Bemühungen zielen auf eine qualitativ gute und sichere Versorgung zum Wohl und zur Zufriedenheit unserer Kundinnen und Kunden ab. Unter Wahrung ihres Rechts auf Selbstbestimmung erhalten und fördern wir die Selbständigkeit unserer Kundinnen und Kunden. Wir beziehen unsere Kunden und Kundinnen sowie das an der Betreuung beteilige soziale Umfeld partnerschaftlich in alle Entscheidungen mit ein, die sie betreffen. Kundeninformationen sind grundsätzlich vertraulich; wir gehen entsprechend sorgfältig damit um. Den Datenschutzvorschriften tragen wir in vollem Umfang Rechnung. Wir bemühen uns aktiv um eine reibungslose Zusammenarbeit sowohl mit ambulanten und stationären Einrichtungen als auch mit anderen Leistungserbringern im Gesundheits- und Sozialbereich" (Quelle: www.spitex.ch, Zugriff am 19.08.2004)."

Die Mission und das Leitbild bilden das strategische Dach der Unternehmensplanung und kanalisieren gewissermaßen sämtliche nachgelagerten Entscheidungen und Handlungsweisen der Nonprofit-Organisation bzw. deren Mitarbeiter, indem sie die sechs folgenden konkreten **Funktionen** erfüllen (Bleicher 1994):

(1) Orientierungs- und Stabilisierungsfunktion
Die Mission einer Nonprofit-Organisation bzw. das Leitbild dient sämtlichen Mitarbeitern als Maxime für ihr Handeln und bietet ihnen somit eine Orientierungsmöglichkeit bei der täglichen Arbeit. Da Leitbilder/Missionen i.d.R. nur selten verändert werden, helfen diese gleichzeitig dabei, trotz dynamischer Umfeldveränderungen, Stabilität in den Entscheidungen der Nonprofit-Organisation zu gewährleisten.

(2) Verfahrensvereinfachungsfunktion
Eine gemeinsam entwickelte und von allen Mitarbeitern getragene Mission und ein dazugehöriges Leitbild sind maßgeblich dafür verantwortlich, dass Grundsatzdebatten über Zweck und Ausrichtung der Nonprofit-Organisation entfallen. Die Organisation kann sich somit verstärkt auf ihre eigentlichen, in Mission und Leitbild festgelegten Tätigkeiten konzentrieren.

(3) Motivations- und Kohäsionsfunktion
Die Mission und das Leitbild einer Organisation tragen dazu bei, Mitarbeiter zu motivieren und den internen Zusammenhalt zu fördern. Diese Funktion ist für Nonprofit-Organisationen deswegen von besonderer Relevanz, da Mitarbeiter oftmals auf ehrenamtlicher Basis beschäftigt sind und nur aufgrund intrinsischer Motivation dieser Tätigkeit nachgehen. Eine überzeugende Mission und ein konkretes Leitbild sind Grundvoraussetzung dafür, dass sich diese Mitarbeiter mit der Organisation sowie deren Zielen identifizieren können. Die Leitbild-/Missionsentwicklung und das entsprechende Ergebnis sind dabei gleichzeitig Instrumente, um ggf. Probleme innerhalb der Organisation ausfindig zu machen und Lösungswege aufzuzeigen.

(4) Koordinationsfunktion
Die Abstimmung von Entscheidungen, die dezentral getroffen werden, ist für große Nonprofit-Organisationen oftmals problematisch. Auch hierbei kann die Mission und ein klar formuliertes Leitbild hilfreich sein. In diesem Fall stellen Mission und Leitbild Instrumente dar, die den Zusammenhalt von dezentral organisierten Nonprofit-Organisationen begünstigen und die Koordination zwischen den einzelnen Einheiten verbessern, da die Entscheidungen aller Mitarbeiter auf den gleichen Zielen und Grundsätzen beruhen.

(5) Organisationskulturelle Transformationsfunktion
Diese nach innen wirkende Funktion beschreibt die von Mission und Leitbild ausgehende Veränderung der Organisationskultur, die sich in den grundsätzlichen Überzeugungen und Denkweisen einzelner Mitarbeiter, Abteilungen sowie der gesamten Nonprofit-Organisation widerspiegeln. In diesem Zusammenhang wird davon ausgegangen, dass Organisationen ihre Mission effizienter erfüllen können, wenn eine gemeinsame Organisationskultur existiert, die einen Rahmen für das Organisationshandeln darstellt.

(6) Informationsfunktion
Während die bisher angeführten Funktionen von Mission und Leitbild vornehmlich intern wirken, kommt der Informationsfunktion insbesondere eine externe Wirkung zu. Eine in präzisen Worten formulierte Mission und ein treffendes Leitbild, die im Rahmen der Kommunikation eingesetzt werden, verdeutlichen auf prägnante Art und Weise den Zweck einer Nonprofit-Organisation und tragen somit dazu bei, dass sich externe Anspruchsgruppen ein Bild von der Organisation machen können. Mission bzw. Leitbild fördern damit auch die Identifikation von Leistungsempfängern und Förderern mit „ihrer" Nonprofit-Organisation.

Die Formulierung und Festschreibung von langfristigen Zielen, Prinzipien und Werte einer Nonprofit-Organisation in Mission und Leitbild weist jedoch auch einige **Nachteile bzw. Gefahren** auf. Oftmals kann beobachtet werden, dass ein erforderlicher Wandel in der Organisation durch einmal festgeschriebene und nicht mehr den aktuellen Rahmenbedingungen entsprechende Zielsetzungen blockiert wird, indem Mission und Leitbild als unwiderruflich angesehen werden. Die Notwendigkeit bisherige Leitlinien zu überdenken besteht für Nonprofit-Organisationen insbesondere dann, wenn sich die Umfeldbedingungen einer Organisation sehr rasch und dramatisch ändern. Beispielsweise, wenn bislang staatlich stark reglementierte Nonprofit-Sektoren liberalisiert werden (z.B. im Hochschulbereich durch den Eintritt privater Universitäten in den Bildungsmarkt).

Darüber hinaus besteht die Gefahr, dass die Mission und das Leitbild lediglich leere „Worthülsen" darstellen, d.h., die Mitarbeiter sich nicht zu den formulierten Leitsätzen bekennen und im Rahmen ihrer täglichen Arbeit diese nicht berücksichtigen – beispielsweise, wenn die Anspruchsgruppenorientierung zwar im Leitbild explizit als relevante Denkhaltung formuliert wurde, in der Praxis jedoch nicht umgesetzt wird. Um diese Gefahr bereits im Vorfeld zu vermeiden, ist es bei der Entwicklung von Mission und Leitbild erfolgsrelevant, sämtliche Mitarbeiter zu beteiligen. Gleichzeitig sind auch die Vorgesetzten in der Verantwortung, die im Leitbild verbindlich fixierten Ziele und Prinzipien vorzuleben.

Eine weitere Gefahr ergibt sich, falls die festgeschriebenen Leitbilder einer Nonprofit-Organisation nicht realistisch sind, sondern ein irreales Wunschbild vermitteln. Dies kann bei den Mitarbeitern einer Nonprofit-Organisation zu einem trügerischen Gefühl von Sicherheit führen. Deswegen gilt es in regelmäßigen Zeitabständen zu überprüfen, inwieweit das Leitbild Wirklichkeit beschreibt oder lediglich ein unerreichbares Ideal wiedergibt. Allein „schöne Worte" auf dem Papier genügen nicht, um die Ziele, Werte und Prinzipien in der Organisationskultur zu implementieren. Vielmehr stellen die Leitlinien immer wieder eine Herausforderung in der täglichen Arbeit aller Mitarbeiter der Nonprofit-Organisation dar, die bewusst gelebt werden müssen.

Die in Mission und Leitbild festgehaltenen qualitativen Ziele und Grundsätze sind im Rahmen der **Strategiefestlegung** weiter zu konkretisieren und zu spezifizieren. Aus der Mission einer Organisation bzw. dem Nonprofit-Auftrag als Oberziel werden abgeleitete Ziele definiert, die soweit zu operationalisieren sind, dass eine Messung und Überprüfung des Zielerreichungsgrades möglich wird.

Als zentrale Erfolgsfaktoren für die Erreichung der Mission kommt zum einen der Wirtschaftlichkeit bei der Arbeit, zum anderen der Fachlichkeit bei der Leistungserstellung eine besondere Bedeutung zu. Nur durch ein effizientes Management auf der Beschaffungs- sowie der Ausgabenseite und ein qualitätsorientiertes Vorgehen bei der Erfüllung der Nonprofit-Aufgaben kann die Mission bestmöglich erreicht werden. Daraus resultiert ein fast allen Nonprofit-Organisationen inhärentes **Spannungsfeld** (vgl. Schaubild 4-4), das von Nonprofit-Organisationen verlangt, sowohl

- dem Auftrag/der Mission,
- der Qualität und Fachlichkeit der Leistungserstellung, als auch
- der Wirtschaftlichkeit der Projekte

gleichzeitig gerecht zu werden.

Beispiel: Zielsetzungen der Universität Basel
Die Universität Basel hat sich mit dem Spannungsfeld des Auftrages, der Qualität der Leistungen sowie der Finanzierung intensiv auseinander gesetzt. Dazu wurden zunächst übergeordnete Zielsetzungen formuliert (Quelle: www.unibas.ch/uni/uni/leitbild.html, Zugriff am 26.11.2004):

- Die Universität Basel fördert die Entwicklung von kritikfähigen und toleranten Menschen, die im Stande sind, Initiative zu entwickeln und Verantwortung zu übernehmen. Sie setzt sich zum Ziel, ihnen Vertiefung ihrer Bildung und fachbezogene wissenschaftliche Aus- und Weiterbildung zu ermöglichen.
- Die Universität will durch Forschung und Lehre überlieferte Einsichten vermitteln und neue Erkenntnisse schaffen. Sie lässt sich vom Prinzip der Sinnhaftigkeit und nicht der Machbarkeit leiten.

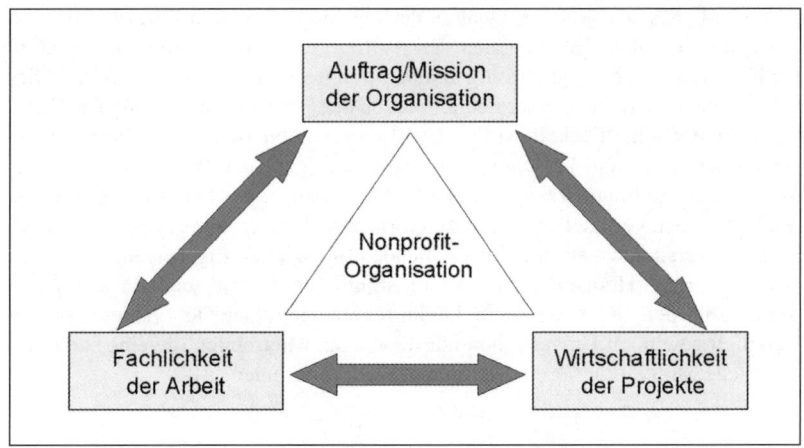

Schaubild 4-4: Spannungsfeld zwischen Mission, Qualität und Wirtschaftlichkeit von Nonprofit-Organisationen

- Die Universität ist sich der Verpflichtung bewusst, die durch Wissen entsteht. Sie kommt ihr nach durch kritische Reflexion und durch Dienstleistungen. Sie nimmt von sich aus Stellung zu gesellschaftlichen Problemen.
- Die Universität verwirklicht ihre Ziele in der Verantwortung gegenüber den kommenden Generationen, gegenüber der sie tragenden Gesellschaft, gegenüber der internationalen akademischen Gemeinschaft, gegenüber der ererbten Kultur.

Diese übergeordneten Zielsetzungen werden durch 25 Punkte präzisiert, die in einem Leitbild der Universität Basel festgehalten sind. Sie sind in sechs Bereiche geordnet:

1. Selbständig Handeln,
2. Menschen fördern,
3. Lehren, Lernen und Forschen verbinden,
4. Durch Information Transparenz schaffen,
5. Den Standort nutzen,
6. Durch Finanzierung Unabhängigkeit sichern.

Dieses Leitbild verdeutlicht, dass die Universität Basel die Herausforderungen, die sich im Rahmen des Spannungsfeldes zwischen Auftrag, Qualität und Finanzierung ergeben, in ihrer Strategieplanung berücksichtigt. Durch die Formulierung entsprechender Leitsätze wird diesem Spannungsfeld Rechnung getragen, indem sie allen Mitarbeitern einen grundsätzlichen Handlungsrahmen und ihre Verantwortlichkeiten aufzeigen.

Die aktuellen Diskussionen über notwendige Veränderungen im Bereich der Bildungspolitik sind ein Beleg dafür, dass sich Nonprofit-Organisationen im Spannungsfeld zwischen Auftrag, Qualität der Leistung, aber auch Wirtschaftlichkeit bewegen. So haben Universitäten den Auftrag, die Leistung Bildung bereit zu stellen, werden aber gleichzeitig durch öffentliche Haushalte finanziert. Dies führt in vielen Fällen zu einer Fehlallokation der Finanzmittel, so dass das Kriterium der Wirtschaftlichkeit häufig unberücksichtigt bleibt. Da z.T. keine Evaluationen der Lehr- und Forschungsleistungen erfolgen bzw. diese keine Auswirkungen auf die Finanzierung der Hochschulen haben, existieren kaum Anreize, qualitativ hochwertige Leistungen zu erbringen. Darüber hinaus ist es für öffentliche Universitäten – aufgrund der fehlenden finanziellen Eigenständigkeit – oftmals schwierig, Humankapital für die Institutionen zu gewinnen, da sie im Vergleich mit der Industrie keine konkurrenzfähigen Gehälter zahlen können. Letztlich gewinnen Universitäten nur diejenigen Mitarbeiter, die eine starke intrinsische Motivation für ein bestimmtes Fach mitbringen.

4.2.2 Inhalte und Zielkategorien

Die Formulierung von messbaren Zielen ist ein wesentlicher Bestandteil der strategischen Planung. Durch den Vergleich des geplanten mit dem tatsächlich erreichten Zielwert kann überprüft werden, ob die gesetzten Ziele und die damit verbundenen Strategien erfolgreich durchgesetzt worden sind (**Kontrollfunktion**). Weiterhin trägt die Zielformulierung zur effizienteren Koordination der Aufgaben innerhalb der Organisation bei. Die **Koordinationsfunktion** von Zielen wird durch die gemeinsame Abstimmung und Ausrichtung der Aufgaben an den Oberzielen der Nonprofit-Organisation erfüllt. Der Vorgabe sinnvoller und erreichbarer Ziele für die ehrenamtlichen und hauptberuflichen Mitarbeiter kommt darüber hinaus unter motivationalen Aspekten besondere Bedeutung zu (**Motivationsfunktion**).

In Zusammenhang mit der Zielformulierung sind zunächst die Zieldimensionen näher zu konkretisieren. Eine präzise, operationale Ausformulierung der Ziele ist Voraussetzung dafür, dass sie ihre Motivations-, Steuerungs- und Kontrollfunktion erfüllen können. Mess- und überprüfbare Ziele sind in folgenden Dimensionen zu spezifizieren:

- **Zielinhalt**
  Was soll durch die Zielfestlegung erreicht werden?
- **Zielausmaß**
  Welcher Zielerreichungsgrad ist zu fordern?
- **Zielperiode**
  In welchem Zeitraum sollen die Ziele erreicht werden?

Als **Beispiele** für eine operationale Formulierung von Zielen für Nonprofit-Organisationen lassen sich nennen:

- **Theater**
Erhöhung des Anteils Saisonabonnements um 10 Prozent innerhalb der kommenden Spielzeit.

- **Universität**
Steigerung des nationalen Bekanntheitsgrades für den neu eingeführten Studiengang „Geoinformatik" innerhalb der nächsten vier Monate von 0 auf 10 Prozent im Segment der diesjährigen Abiturienten.

- **Krankenhaus**
Erhöhung der Bettenauslastung um 5 Prozent im kommenden Halbjahr.

Falls die Angabe zu einer der genannten Dimensionen (Zielinhalt, Zielausmaß, Zielperiode) fehlt, sind die Ziele nicht operational definiert und somit nur unzureichend kontrollierbar. Die Zielformulierung, insbesondere bzgl. Zielausmaß und Zielperiode, gilt es prinzipiell gemeinsam mit den Mitarbeitern vorzunehmen und im Rahmen einer Zielvereinbarung verbindlich zu fixieren.

Nach der Festlegung der Zieldimensionen sind die verschiedenen Ziele der Nonprofit-Organisation in eine eindeutige **Zielhierarchie** zu bringen. Hier ist insbesondere auf eine Ausgeglichenheit der wirtschaftlichen und fachlichen Ziele zu achten. Im Vergleich zu traditionellen Unternehmen ist für Nonprofit-Organisationen die Entwicklung präziser Ziele oftmals schwieriger. Während bei kommerziellen Unternehmen vor allem leicht messbare Größen, wie z.B. Gewinn, Umsatz oder Marktanteil als Oberziele dienen, gestaltet sich die Suche nach messbaren Zielgrößen bei Nonprofit-Organisationen wesentlich komplexer. Die Probleme bei der Zielformulierung betreffen in diesem Zusammenhang vor allem die gesellschaftsorientierten und sozialen Ziele, d.h. jene Ziele, die einen unmittelbaren Bezug zur Mission aufweisen. Bei der genaueren Betrachtung des Zielsystems für Nonprofit-Organisationen lassen sich vor allem Leistungsziele, Beeinflussungsziele, wirtschaftliche Ziele und Potenzialziele als vier **Hauptzielkategorien** differenzieren (Horak 1995a; Klausegger/Zuba 1997, S. 54; Horak et al. 2002). Darüber hinaus sind auch Marktstellungs-, Image-, soziale sowie ökologische Ziele von Bedeutung für die Nonprofit-Organisation (Meffert/ Bruhn 2003, S. 187).

(1) Leistungsziele
Im Rahmen der Leistungsziele definiert die Nonprofit-Organisation die verschiedenen Aktivitäten, die zur Erfüllung der Bedürfnisse der Leistungsempfänger beitragen. Bezugsobjekt für Leistungsziele können etwa Beratungsgespräche einer karitativen Einrichtung, Aufführungen eines Schauspielhauses oder Lehr-

veranstaltungen einer Universität sein. Damit sämtliche relevanten Leistungen einer Nonprofit-Organisation bei der Zielformulierung berücksichtigt werden, ist zunächst ein differenzierter Leistungskatalog aufzustellen (Horak et al. 2002, S. 200).

Beispiel: Leistungsziele von FEX
Fex, ein Verein zur Förderung des Figurentheaters und angrenzender künstlerischer Bereiche, hat sämtliche aus Vereinssicht relevanten Leistungen in Form einer Aufzählung dargestellt und somit eine Basis für eine operationale Zielformulierung geschaffen. Als Leistungen gelten dabei (www.fex-theater.de, Zugriff am 26.11.2004):

- Die Erarbeitung von Erwachsenen-, Jugend- und Kindertheatervorstellungen und deren Aufführung.
- Vorbereitung und Durchführung von theaterpädagogischen Projekten, Kunstprojekten, Spielaktionen und Rollenspielgruppen mit Kindern und Jugendlichen.
- Fortbildung von Pädagogen und Künstlern im theaterpädagogischen/therapeutischen Bereich.
- Wissenschaftliche Veranstaltungen und Forschung auf dem Gebiet des Figurentheaters im regionalen und überregionalen Bezug.
- Herausgabe geeigneter Literatur zur theaterpädagogischen/therapeutischen Weiterbildung mit dem Schwerpunkt Figurentheater.
- Aufbau und Betreiben einer festen Figurentheater-Kleinkunstbühne.

(2) Beeinflussungsziele
Bei den Beeinflussungszielen werden bestimmte Änderungen im Bereich des Denkens oder Handelns bei den Anspruchsgruppen angestrebt. Die Beeinflussungsziele lassen sich je nach Art und Intensität der gewünschten Veränderung unterteilen in:

- Kognitive Veränderungen,
- Kurzfristige (handlungsbezogene) Veränderungen,
- Langfristige Verhaltensänderungen,
- Werteänderungen.

Bei den **kognitiven Veränderungen** wird primär eine Änderung des Informationsstandes der Zielpersonen angestrebt (z.B. Kenntnisse über die Infektionswege einer bestimmten Krankheit). Derartige Veränderungen sind bei den Zielpersonen relativ leicht durchsetzbar, da keine konkreten Verhaltensänderungen verlangt werden.

Kurzfristige Veränderungen im Verhalten sind demgegenüber schwieriger realisierbar, da von den Zielpersonen eine bestimmte Handlung erwartet wird (z.B. Spende an eine Tierschutzorganisation, Kauf einer Theaterkarte). Jedoch dominiert hierbei die Einmaligkeit und häufig auch Spontaneität bei der Handlung.

Beeinflussungs-ziele	Beispiele	Gering
Kognitive Veränderungen	• Aufklärung über die Schädlichkeit von Alkohol • Information über die Problematik des Waldsterbens	
Kurzfristige handlungsbezogene Änderungen	• Teilnahme an Spendenkampagne für Erdbebenopfer • Spontaner Kauf eines fair gehandelten Produktes	Intensität der Veränderung
Langfristige Verhaltensänderungen	• Einschränkung des Alkoholkonsums • Verbesserung der Ernährung • Einhaltung von Verkehrsregeln	
Dauerhafte Werteänderungen	• Erhöhung des Umweltbewusstseins • Abbau der Ausländerfeindlichkeit • Änderung der Einstellung zu Drogen	Hoch

Schaubild 4-5: Beispiele für Beeinflussungsziele in Nonprofit-Organisationen
(Quelle: in Anlehnung an Andreasen/Kotler 2002, S. 329)

Im Gegensatz dazu wird im Rahmen einer **langfristig intendierten Verhaltensänderung** nicht auf affektiv geprägte Entscheidungen abgezielt, sondern auf eine umfassende Änderung eingefahrener Verhaltensweisen (z.B. Einschränkung des Tabakkonsums). Die Erreichung dieser Zielsetzung, d.h. die Änderung langfristiger Verhaltensweisen, kann i.d.R. nur durch vergleichsweise intensive Marketingmaßnahmen realisiert werden.

Die mit Abstand am schwierigsten umsetzbaren Beeinflussungsziele sind dauerhafte **Werteänderungen** (z.B. Einstellung gegenüber Produkten aus Drittweltländern oder modernen Schauspielinszenierungen). Die Begründung liegt in der Notwendigkeit, die psychische Struktur der Zielpersonen zu beeinflussen, die durch die Erziehung, den Freundeskreis und Erfahrungen über Jahre bzw. Jahrzehnte hinweg geprägt wurden. In Schaubild 4-5 sind Beispiele für Zielformulierungen nach den vier Veränderungsoptionen dargestellt.

(3) Wirtschaftliche Ziele
Die wirtschaftlichen Ziele werden in Nonprofit-Organisationen häufig als nachgelagerte Ziele betrachtet. An die Stelle der in kommerziellen Unternehmen dominierenden Zielgrößen Rentabilität und Gewinn treten Größen wie Kosten-

deckung oder Absicherung der finanziellen Basis. Häufig wird in diesem Zusammenhang jedoch verkannt, dass auch Nonprofit-Organisationen auf die Erwirtschaftung von Überschüssen angewiesen sind, um beispielsweise nicht nur ihre laufenden Kosten zu decken, sondern auch zu investieren. Im Gegensatz zu primär kommerziellen Organisationen schütten Nonprofit-Organisationen diese Überschüsse jedoch nicht aus. Überschüsse von Nonprofit-Organisationen werden i.d.R. thesauriert bzw. in bestehenden oder neuen Projekten zur eigentlichen Leistungserstellung aufgrund des Auftrages reinvestiert.

(4) Potenzialorientierte Ziele
Als weitere Hauptzielkategorie sind personal- und objektbezogene (z.B. Maschinen, Gebäude) Potenzial- bzw. Ressourcenziele zu nennen. In diesem Zusammenhang ist vor allem sicherzustellen, dass die Fachlichkeit der Arbeit durch eine **Qualitätsorientierung** der menschlichen und technischen Potenziale gewährleistet wird. Beispielsweise kann angestrebt werden, die Qualitätsorien-

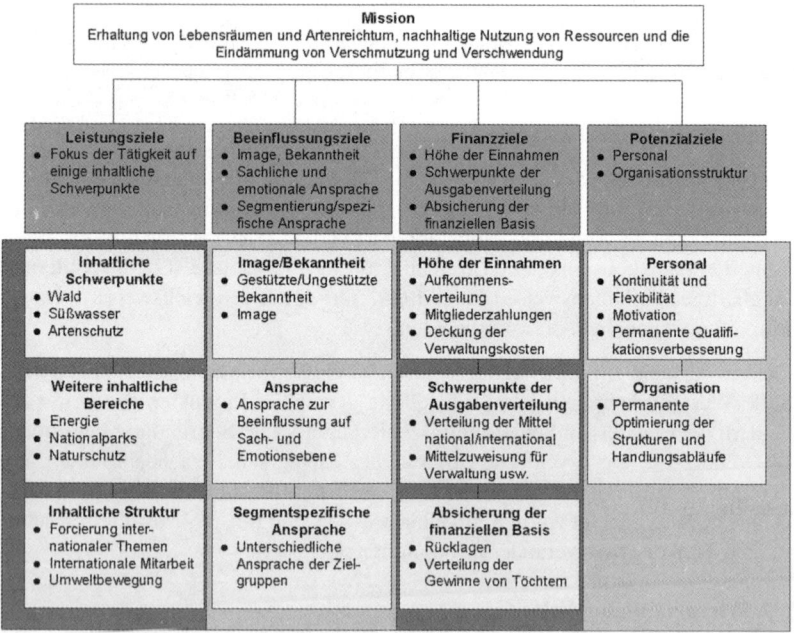

Schaubild 4-6: Zielsystem des WWF-Österreich
(Quelle: Klausegger/Zuba 1997, S. 56)

tierung der Mitarbeiter durch Schulungen und kontinuierliche Weiterbildungsangebote sukzessive zu erhöhen. Darüber hinaus stellt ein objektbezogenes Potenzialziel für Nonprofit-Organisationen die Beschaffung qualitativ hochwertiger Geräte und Ausstattungen dar (z.B. moderne IT-Infrastruktur). In diesem Zusammenhang sind Nonprofit-Organisationen darauf angewiesen, im Rahmen ihrer Beschaffungsaktivitäten konsequent in moderne Anlagen zu investieren und dementsprechende Finanzmittel vorzuhalten, um nicht aufgrund technologischer Mängel an Wettbewerbsfähigkeit zu verlieren.

Beispiel: Zielsystem des WWF-Österreich
Der WWF – die mit ca. 4,7 Mio. Mitgliedern größte weltweit agierende Umweltschutzorganisation – hat sich bereits Anfang der 1990er-Jahre intensiv mit der Festlegung von Zielen auseinander gesetzt. Auf Basis der oben diskutierten Hauptzielkategorien wurde ein umfangreiches Zielsystem abgeleitet. Schaubild 4-6 zeigt exemplarisch das Zielsystem des WWF-Österreich.

(5) Marktstellungsziele

Auch für Nonprofit-Organisationen gilt es zu klären, welche Position sie auf ihrem relevanten „Markt" erreichen möchten. In engem Zusammenhang mit der Marktposition steht die Frage der Überlebensfähigkeit einer Nonprofit-Organisation. Beispielsweise ist es auf stark fragmentierten Nonprofit-Märkten – d.h., es existieren eine Vielzahl von Organisationen, die ähnliche Leistungen erbringen – für kleine Organisationen schwierig, sich dauerhaft durchzusetzen (z.B. regionale Pflegedienste oder Kulturvereine). Organisationen mit einem nur geringen „Marktanteil" haben es tendenziell schwerer, sich auf diesem Markt zu behaupten. Für diese bietet es sich beispielsweise an, eine Nische innerhalb „ihres" Nonprofit-Marktes zu besetzen.

Beispiel: Spezialisierung der Volksbühne Berlin
Vor dem Hintergrund einer Vielzahl von Theateraufführungen in Berlin – beispielsweise wurden alleine im Jahre 2003 über 9.000 Aufführungen in der Hauptstadt gezählt (www.berlin-statstik.de, Zugriff am 28.11.2004) – ist es notwendig, dass sich die verschiedenen Bühnen spezialisieren, um sich am Markt behaupten zu können. In diesem Zusammenhang hat sich z.B. die Volksbühne Berlin auf realistisch-zeitnahe Bühnenkunst spezialisiert. Auf diese Weise hat sich dieses Theater eine dauerhafte Marktgeltung in Berlin verschafft.

(6) Imageziele

Das Image einer Nonprofit-Organisation ist das interne Bild, dass die relevanten Anspruchsgruppen von der Nonprofit-Organisation haben, wobei es um eine gefühlsmäßige Einschätzung geht. Ziel ist es, als einzigartig wahrgenommen zu werden, d.h., die Nonprofit-Organisation hebt sich in den Augen der Anspruchsgruppen von den Wettbewerbern durch besondere Eigenschaften ab. Insbesondere wenn eine Vielzahl ähnlicher Wettbewerber auf dem Markt ist, hilft ein Alleinstellungsmerkmal dabei, in der Erinnerung der Anspruchsgruppen verankert zu bleiben. Da es für eine Vielzahl von Nonprofit-Organisationen erfolgsrelevant ist, das Vertrauen ihrer Anspruchsgruppen zu gewinnen, ist es von besonderer Bedeutung, dass sich dies im Image widerspiegelt.

Beispiel: Abwanderung von Mitgliedern durch Vertrauensverlust
Parteispendenskandale schädigen das Vertrauen in die betroffene Partei nachhaltig und können einen massiven Mitgliederrückgang zur Folge haben. Mitglieder, die ihr Vertrauen in eine bestimmte Institution oder Organisation verloren haben, sind i.d.R. nicht mehr bereit, sich für die Ziele dieser Organisation zu engagieren.

(7) Soziale Ziele
Im Rahmen sozialer Zielkategorien verfolgen Nonprofit-Organisation zum einen mitarbeiterorientierte Ziele – wie z.b. soziale Sicherheit, Mitarbeiterzufriedenheit und Gleichberechtigung der Mitarbeitergruppen – sowie zum anderen gesellschaftsorientierte Ziele, die beispielsweise durch einen Dialog mit der Politik oder öffentlichen Stellungsnahmen erreicht werden. Die Verfolgung interner sozialer Ziele ist nicht zuletzt vor dem Hintergrund bedeutsam, dass Nonprofit-Leistungen zum Teil durch ehrenamtliche Mitarbeiter erbracht werden, die im Rahmen ihrer Tätigkeit häufig eine gewisse (soziale) Erfüllung und Befriedigung suchen. Die Erreichung gesellschaftsrelevanter Zielsetzungen, z.B. durch politische Einflussnahme, begünstigt wiederum die Vertrauensbildung der Anspruchsgruppen, so dass die übrigen Ziele einer Nonprofit-Organisation besser erreicht werden können.

Beispiel: Das Referat für gesellschaftliche Verantwortung des evangelischen Kirchenkreises Unna
Aufgrund der hohen Arbeitslosigkeit, die der Strukturwandel in der Region „östliches Ruhrgebiet" nach sich gezogen hat, haben sich die Verantwortlichen des Evangelischen Kirchenkreises Unna dazu entschlossen, aktiv zu diesem gesellschaftsrelevanten Thema Stellung zu beziehen und ihren Beitrag dazu zu leisten, dass neue Arbeitsplätze entstehen (vgl. Insert 4-1).

(8) Ökologische Ziele
Seit Ende der 1970er-Jahre haben Umweltschutzprobleme in der Öffentlichkeit ein besonderes Interesse erlangt. Aus diesem Grund ist es für kommerzielle Unternehmen, aber auch Nonprofit-Organisationen, gleichermaßen von Relevanz, ökologische Auflagen und Normen zu erfüllen. Da das ökologische Bewusstsein in Großen Teilen der Bevölkerung stark ausgeprägt ist, kann die Nichtberücksichtigung ökologischer Ziele ebenfalls einen Vertrauensverlust bei den relevanten Anspruchsgruppen zur Folge haben, so dass beispielsweise potenzielle Geldgeber ihre Spenden anderen Organisationen zur Verfügung stellen.

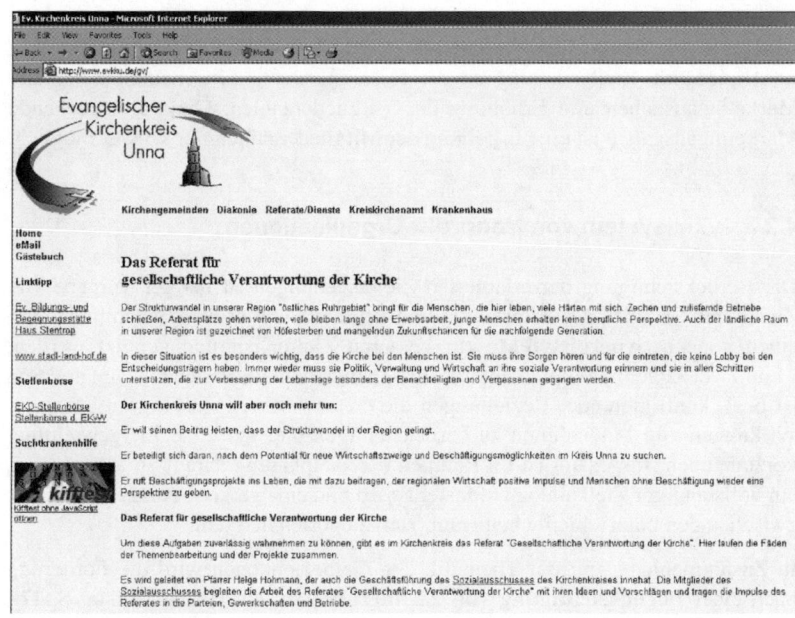

Insert 4-1: Referat für gesellschaftliche Verantwortung des Evangelischen Kirchenkreises Unna (Quelle: www.evkku.de/gv, Zugriff am 27.11.2004)

Beispiel: Das duale Abfallentsorgungssystem in Deutschland
Seit der Einführung des dualen Abfallentsorgungssystems in Deutschland zahlt der Verbraucher beim Erwerb von verpackten Waren zugleich die Kosten für die Entsorgung der gebrauchten Einwegverpackungen. Die Duale System Deutschland AG (DSD) sowie die Politik haben einen starken Vertrauensverlust erlitten, nachdem sich herausstellte, dass der Verordnungsgeber – d.h., die damalige Bundesregierung – seinerzeit der DSD zu Lasten der Endverbraucher ein lukratives Geschäftsfeld zur Verfügung gestellt und einen Anreiz zur Verwendung von Einwegverpackungen ausgelöst hat.

Die acht Zielkategorien sowie die daraus abgeleiteten Subziele stehen in unterschiedlichen Beziehungen zueinander. Hierbei lassen sich – neben neutralen Zielbeziehungen – konfligierende Zielsetzungen (der höhere Zielerreichungsgrad eines Ziels bedingt einen geringeren Zielerreichungsgrad des anderen Ziels) und komplementäre Ziele (die Realisierung des einen Ziels trägt zur Realisierung des anderen Ziels bei) differenzieren (Becker 2001, S. 20f.). Ein Beispiel für eine **komplementäre** Zielbeziehung ist etwa der Zusammenhang zwischen den Zielen Image bei den Geldgebern und dem Ziel Erhöhung der Spendenbereitschaft: Je besser das Image einer Nonprofit-Organisation ist, desto höher wird auch die Spendenbereitschaft der Geldgeber sein. Ein Beispiel für eine **konfligierende** Zielbeziehung ist der Zusammenhang zwischen Senkung der Marketingausgaben und Erhöhung der Mitgliederzahlen: Ohne entsprechende Marketingausgaben ist eine Erhöhung der Mitgliederzahlen nur schwer möglich.

4.2.3 Zielsystem von Nonprofit-Organisationen

Die Berücksichtigung der erläuterten Zielbeziehungen ist bei der Vorgabe von Zielen aus Gründen der Effektivität und Effizienz von großer Bedeutung. Zum einen können **Synergieeffekte** zur besseren Zielrealisierung genutzt werden, wenn zwei Ziele in komplementärer Beziehung zueinander stehen. Zum anderen ist bzgl. konfligierender Beziehungen die Gefahr sich gegenseitig aufhebender Wirkungen von Maßnahmen zu berücksichtigen und ggf. eine Zielgewichtung vorzunehmen. Insgesamt ist im Rahmen der Zielplanung darauf zu achten, dass ein vollständiger Zielkatalog aufgestellt wird und eine gewisse Ausgeglichenheit zwischen den unterschiedlichen Hauptzielkategorien herrscht.

In Zusammenhang mit der Thematik der Zielbeziehungen wird die Forderung nach einer **Berücksichtigung von Zielhierarchien** laut (Bruhn 2004a, S. 47). Erst durch ein detailliertes System von quantitativen, leicht überprüfbaren Zielvorgaben, die hierarchisch angeordnet sind, ist die Planung und Kontrolle von Marketing-Strategien möglich. Im Gegensatz zu kommerziellen Unternehmen sind in Nonprofit-Organisationen die Ziele zum Teil viel starrer, d.h., eine Zieländerung in Bezug auf hierarchisch weiter oben angesiedelte Ziele ist nur bedingt oder gar nicht möglich. Zum Beispiel wird eine Kirche ihre Ziele in Bezug auf Glaubensgrundsätze nicht aufgrund geänderter Umfeldbedingungen oder kurzfristiger Trends ändern (Horak et al. 2002, S. 201; Bruhn/Siems 2004b, S. 369).

Die Zusammenhänge zwischen verschiedenen für die Nonprofit-Organisation wichtigen Zielen und Subzielen können in komplexen **Zielsystemen** dargestellt werden. In Schaubild 4-7 ist exemplarisch der Zusammenhang zwischen mitarbeiterbezogenen und externen anspruchsgruppenbezogenen Zielen sowie deren Auswirkungen auf relevante Zielgrößen der Nonprofit-Organisation veranschaulicht. Die Grundüberlegung innerhalb eines Zielsystems ist die inhaltliche Verknüpfung von Zielgrößen, die miteinander in Zusammenhang stehen. Demnach wirkt sich beispielsweise eine erhöhte Mitarbeiterzufriedenheit u.a. über die gesteigerte Motivation der Mitarbeiter und gleichzeitig erhöhte Mitarbeiterbindung positiv auf die Zielerfüllung aus. Ähnliches gilt auch für die Anspruchsgruppen: Zufriedene Leistungsempfänger nutzen die Nonprofit-Leistung häufi-

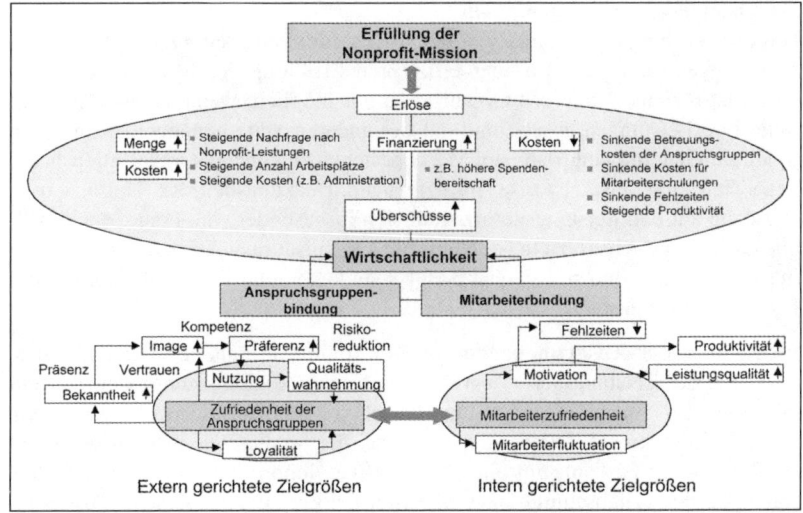

Schaubild 4-7: Zielsystem einer Nonprofit-Organisation

ger und entwickeln – im Falle freiwilliger Nutzung (z.B. bei Theaterbesuchen) – über verschiedene vorgelagerte psychologische Prozesse eine Loyalität gegenüber dem Leistungsanbieter. Auch andere Anspruchsgruppen, wie beispielsweise die Förderer, werden mehr Geld zur Verfügung stellen, wenn sie zufrieden mit der Nonprofit-Organisation sind und – aufgrund deren Image und Bekanntheit – entsprechendes Vertrauen in die Leistungsfähigkeit der Organisation haben. Werden sowohl die anspruchsgruppenbezogenen als auch die mitarbeiterbezogenen Ziele erreicht, so erhöht dies letztlich die Wahrscheinlichkeit, dass die Nonprofit-Organisation ihre Mission erreicht.

Zusammenfassend ist es zweckmäßig, für Nonprofit-Organisationen ein Zielsystem auf der Grundlage der drei zentralen betroffenen Einheiten zu entwerfen:

(1) Organisationsbezogene Ziele,
(2) Anspruchsgruppengerichtete Ziele und
(3) Mitarbeitergerichtete Ziele.

Wie in den vorhergehenden Ausführungen aufgezeigt, ist davon auszugehen, dass zwischen diesen drei Zielebenen Wirkungsinterdependenzen bestehen. Im Folgenden werden die relevanten organisations-, anspruchsgruppen- und mitarbeitergerichteten Ziele im Einzelnen aufgezeigt und weiter konkretisiert.

(1) Organisationsbezogene Ziele

Die organisationsbezogenen Ziele leiten sich direkt aus dem Oberziel der Nonprofit-Organisation ab, d.h., der effizienten Erfüllung der Nonprofit-Mission. Diese ist für eine Nonprofit-Organisation nur möglich, wenn sie auf der einen Seite ihre Leistungen absetzt und auf der anderen Seite genügend finanziellen Spielraum hat, um langfristig am Markt bestehen zu können. Organisationsbezogene Ziele sind beispielsweise Absatzmengen, Deckungsbeiträge, Umsätze usw. In Bezug auf den Leistungsabsatz stellt sich insbesondere die Frage, durch welche Größen die **Absatzziele** bei Nonprofit-Organisationen ausgedrückt bzw. gemessen werden können. In Schaubild 4-8 sind exemplarisch mögliche Maßzahlen für den Nonprofit-Absatz dargestellt.

Im Rahmen der **Absatzmengendefinition** kommt oftmals erschwerend hinzu, dass sich der Leistungsabsatz entweder auf eine Gesamtleistung oder aber auf einzelne Teilelemente einer Leistung beziehen kann. Beispielsweise erfolgt ein Studium in mehreren Teilabschnitten, wobei der Studierende mehrere Semester die Universität besucht, um eine vollständige Nonprofit-Leistung zu erhalten. Innerhalb der Teilabschnitte bzw. Semester geht er zu verschiedenen Vorlesungen und absolviert Prüfungen, die wiederum als eigenständige Absatzeinheiten definierbar sind. Neben der Problematik der Absatzmengenbestimmung bedingt ein hoher Individualisierungsgrad von Nonprofit-Leistungen vielfach Schwierigkeiten bei der Erfassung gleichartiger Absatzmengen. Beispielsweise ist bei Krankenhäusern die Anzahl behandelter Patienten kaum ein geeigneter Indika-

Nonprofit-Organisation	Maßzahlen für Absatzmengen
Verbraucherberatung, Telefonseelsorge	Kontaktzahl
Öffentlicher Nahverkehr	Tourenzahl, Beförderungseinheiten
Kirchen	Anzahl Taufen, Hochzeiten, Messebesucher
Krankenhäuser	Bettenauslastung
Jugendherbergen, Bahnhofsmission	Übernachtungszahl
Behörden	Erledigte Akten, bearbeitete Anträge
Hilfsdienste, Feuerwehr	Einsätze, Einsatzfahrten
Theater	Auslastung der Sitzplatzkapazität
Universitäten	Vorlesungen, Prüfungen, Anzahl belegter Studienplätze, Anzahl Abschlüsse

Schaubild 4-8: Exemplarische Größen zur Absatzmengenbestimmung von Nonprofit-Leistungen

tor, um verschiedene Krankenhausabteilungen zu vergleichen. Der hohe Individualisierungsgrad ist gleichfalls ein Grund dafür, dass die Ermittlung von einheitlichen Deckungsbeiträgen je abgesetzter Leistungseinheit oftmals nicht möglich ist (z.B. Deckungsbeitrag je Seelsorge). Darüber hinaus behindert bei vielen Nonprofit-Organisationen der hohe Anteil an Gemeinkosten, undurchsichtige Quersubventionierungen sowie ein mangelndes Rechnungswesen die Ermittlung relativer Einzelkosten (Eschenbach/Horak 2002, S. 405).

Im Zusammenhang mit den Deckungsbeiträgen ist zu beachten, dass für Nonprofit-Leistungen nicht immer ein „Marktpreis" verlangt wird, d.h., in vielen Fällen werden Nonprofit-Leistungen zu einem Preis, der unter den eigentlichen Erstellungskosten liegt, angeboten. Bei einer angestrebten Ausweitung der Absatzmenge führt dies dazu, dass die Kosten stärker ansteigen als die zusätzlichen Erlöse. Da es für Nonprofit-Organisationen überlebensnotwendig ist, Überschüsse zu erwirtschaften, ist eine Ausweitung der Absatzmenge demzufolge nur realisierbar, wenn die Kosten unterproportional zu den Einnahmen steigen, oder aber gleichzeitig zusätzliche Finanzierungsmöglichkeiten erschlossen werden. Eine schrittweise und mit Bedacht vorgenommene Ausweitung der Absatzmenge ist für das erfolgreiche Management einer Nonprofit-Organisation somit eine zentrale Voraussetzung.

(2) Anspruchsgruppengerichtete Ziele
Der Kategorie der anspruchsgruppengerichteten Ziele sind sämtliche Ziele subsumiert, die sich auf die aktuellen sowie potenziellen externen Zielgruppen der Nonprofit-Organisation beziehen (Leistungsempfänger, Spender, Sponsoren usw.). In diesem Zusammenhang können die folgenden **psychologischen und verhaltensbezogenen Zielgrößen** differenziert werden:

- Image,
- Qualitätswahrnehmung,
- Zufriedenheit,
- Beziehungsqualität,
- Bindung der Anspruchsgruppen u.a.

Image
Der hohe Stellenwert der bereits im Zusammenhang mit den Hauptzielkategorien erwähnten Imageziele resultiert primär aus der Immaterialität von Nonprofit-Leistungen und den damit verbundenen Schwierigkeiten einer objektiven Leistungsbeurteilung. Durch ein positives Image gelingt es der Nonprofit-Organisation, Glaubwürdigkeit zu signalisieren und das wahrgenommene Risiko der Leistungsempfänger sowie insbesondere auch der Geldgeber zu reduzieren. Von besonderer Relevanz ist hierbei ein langfristig stabiles Image, in dem Kompetenz, Vertrauenswürdigkeit und Engagement zum Ausdruck kommen.

Qualitätswahrnehmung
Aufgrund der hohen Bedeutung, die der Fachlichkeit bei der Erstellung der Nonprofit-Leistung zukommt, ist die positive Wahrnehmung der Leistungsqualität ein „Leitziel" im Rahmen der anspruchsgruppenbezogenen Ziele. Aus Sicht der Nonprofit-Organisation ist sicherzustellen, dass die für die Anspruchsgruppen relevanten Qualitätsmerkmale erkannt und im Falle von Leistungsdefiziten optimiert werden. Beispielsweise ist im Zusammenhang mit der Arbeit von Behindertenwerkstätten anzustreben, dass deren Arbeitsergebnisse in der Wahrnehmung einer Vielzahl von Anspruchsgruppen als qualitativ hochwertig angesehen werden. Dies hilft dabei, potenzielle Spender für ein Engagement zu überzeugen oder kommerzielle Unternehmen für eine Zusammenarbeit zu gewinnen. In diesem Zusammenhang ist z.B. zu beobachten, dass seit einigen Jahren eine Vielzahl von Designern mit Behindertenwerkstätten zusammenarbeiten und behinderten Menschen somit auch eine interessante und anspruchsvolle Tätigkeit ermöglicht wird, die deren Selbstbewusstsein stärkt. Für Designer bietet sich aus dieser Zusammenarbeit der Vorteil, kleine Serien in einer hohen Qualität zu günstigen Konditionen herstellen zu können (Friedli 2004, S. 80). Darüber hinaus sind beispielsweise die Angehörigen der potenziellen Beschäftigten bzw. Leistungsempfänger daran interessiert, dass die Organisation professionell geführt wird und Sozialämter sowie Krankenkassen daran, dass die Behindertenwerkstätten den medizinisch-psychologischen Fachstandards gerecht wird.

Zufriedenheit
Die Zufriedenheit der relevanten Anspruchsgruppen, die in engem Zusammenhang mit der wahrgenommenen Qualität steht, ist eine zentrale Erfolgsvoraussetzung, um das Ziel der Anspruchsgruppenbindung zu erreichen. Zufriedenheit ist das Ergebnis eines komplexen Vergleichsprozesses, bei dem Individuen die subjektiven Erfahrungen, die mit der Leistungsinanspruchnahme verbunden sind (IST-Komponente), mit ihren zuvor gebildeten Erwartungen (SOLL-Komponente) vergleichen. Dieser Vergleich resultiert in einer Übererfüllung, Erfüllung oder Untererfüllung der Erwartungen, die schließlich Begeisterung, Zufriedenheit oder Unzufriedenheit bei den Anspruchsgruppen hervorruft (Homburg/Giering/Hentschel 1999). Aufgrund der Heterogenität der Erwartungen, die die verschiedenen Anspruchsgruppen gegenüber den Nonprofit-Organisationen aufweisen, entstehen häufig Optimierungsprobleme: Zum einen gilt es, die Erwartungen der direkten Leistungsempfänger zu erfüllen und zum anderen den häufig davon abweichenden Erwartungen der übrigen Interessengruppen, wie beispielsweise den Kapitalgebern (Staat, Steuerzahler), gerecht zu werden.

Beziehungsqualität
Die Beziehungsqualität bezieht sich auf die wahrgenommene Güte der Beziehung zwischen Nonprofit-Organisationen und ihren Anspruchsgruppen. Grund-

lage zur Beurteilung der Beziehungsqualität aus Sicht der Anspruchsgruppen bildet das Vertrauen zu und die Vertrautheit mit dem Anbieter (Crosby/Evans/ Cowles 1990, S. 70; Bitner 1995, S. 251; Smith 1998; Hennig-Thurau/Klee/ Langer 1999; Hennig-Thurau 2000; Hadwich 2003).

Empirische Ergebnisse zeigen, dass die Beziehungsqualität – insbesondere bei komplexeren Leistungen – zu einer wichtigen Determinante der Anspruchsgruppenbindung zählt (Hadwich 2003). Hierbei kommt der Beziehungsqualität vor allem dann eine hohe Bedeutung zu, wenn lediglich informelle Beziehungen zwischen den Anspruchsgruppen und der Nonprofit-Organisation bestehen, d.h., keine vertragliche Bindung existiert und somit eine Abwanderung problemlos möglich ist (z.B. bei Spendern). Bei derartigen Beziehungen ist es entscheidend, das Vertrauen dieser Anspruchsgruppen in die Organisation und ihre Leistungsfähigkeit zu gewinnen sowie durch kontinuierliche Interaktionen Vertrautheit aufzubauen.

Vertrauen kann in diesem Zusammenhang definiert werden als die Bereitschaft eines Individuums, sich auf eine Nonprofit-Organisation im Hinblick auf deren zukünftiges Verhalten ohne weitere Prüfung zu verlassen (Morgan/Hunt 1994, S. 23). Dementsprechend spiegelt das Vertrauen das Urteil der Anspruchsgruppen bzgl. einer Organisation wider, die Erwartungen (auch) zukünftig zu erfüllen. Demgegenüber hat Vertrautheit einen vergangenheitsorientierten Charakter und beschreibt den Grad der Bekanntheit mit den Verhaltensweisen und Einstellungen der Nonprofit-Organisation (Georgi 2000, S. 46; Hadwich 2003, S. 59).

Bindung der Anspruchsgruppen
Die Bindung einer Reihe externer Anspruchsgruppen – insbesondere der Geldgeber und je nach Nonprofit-Organisation auch der Leistungsempfänger – stellt eine weitere zentrale Zielgröße im Nonprofit-Marketing dar. Ausgangspunkt für die Anspruchsgruppenbindung bilden sämtliche Maßnahmen einer Nonprofit-Organisation, die darauf abzielen, sowohl die tatsächlichen Verhaltensweisen als auch die zukünftigen Verhaltensabsichten der Anspruchsgruppen gegenüber der Organisation positiv zu gestalten, um die Beziehung zu diesen in Zukunft zu stabilisieren bzw. auszuweiten (Homburg/Bruhn 1999, S. 8).

Ein wesentlicher Grund für die besondere Bedeutung der Anspruchsgruppenbindung liegt daran, dass sie in engem Zusammenhang zu ökonomischen Zielgrößen steht (vgl. auch Schaubild 4-7). So kann davon ausgegangen werden, dass langfristige Beziehungen die laufenden Kosten reduzieren (z.B. durch Reduktion der Akquisitionskosten) und – bezogen auf die Geldgeber – mit zunehmender Beziehungsdauer auch die Bereitschaft zu einem größeren finanziellen Engagement steigt (Reichheld/Sasser 1991; Meffert 1993a, S. 13 ff.). Darüber hinaus äußert sich die Anspruchsgruppenbindung in gesteigertem Weiterempfehlungsverhalten, d.h., freiwillig gebundene Personen betreiben positive Mund-zu-Mund-Kommunikation und tragen somit z.B. dazu bei, neue Spender zu gewinnen.

(3) Mitarbeitergerichtete Ziele
Neben bzw. in Zusammenhang mit den organisations- und anspruchsgruppenbezogenen Zielen bilden mitarbeitergerichtete Zielgrößen eine bedeutsame Grundlage zur Erreichung der Nonprofit-Mission (Grund 1998). Die vergleichsweise hohe Bedeutung der mitarbeiterorientierten Ziele bei Nonprofit-Organisationen resultiert aus der Notwendigkeit der Interaktion zwischen den Mitarbeitern einer Nonprofit-Organisation und deren relevanten Anspruchsgruppen sowie dem daraus folgenden Zusammenhang zwischen Personalmotivation, Leistungsqualität und Zufriedenheit der Anspruchsgruppen (Heskett et al. 1994, S. 50ff.).

Grundlage für die mitarbeitergerichteten Ziele ist die Annahme, dass motivierte und zufriedene Mitarbeiter die Basis für den Aufbau von Zufriedenheit und Bindung der externen Anspruchsgruppen darstellen. Unter dieser Prämisse ist es folglich das Ziel einer Organisation, die Motivation und Zufriedenheit der Mitarbeiter durch extrinsische und intrinsische Leistungsanreize zu steigern, um in der Folge die Produktivität und Leistungsqualität zu erhöhen sowie Fehlzeiten der Mitarbeiter zu vermeiden und die Mitarbeiter langfristig an die Nonprofit-Organisation zu binden (Bruhn 1999a). Letzteres, also die langfristige Bindung der Mitarbeiter, hilft insbesondere dabei, aus Sicht der externen Anspruchsgruppen Vertrautheit aufzubauen, indem eine Beziehung zwischen Mitarbeitern und Anspruchsgruppen entstehen kann. Zu den zentralen mitarbeitergerichteten Zielen einer Nonprofit-Organisation zählen somit:

- Mitarbeitermotivation,
- Mitarbeiterzufriedenheit,
- Mitarbeiterbindung.

Nonprofit-Organisationen sind oftmals auf das Engagement freiwilliger Mitarbeiter angewiesen, die prinzipiell die Organisation jederzeit verlassen können. Nicht zuletzt aus diesem Grund bildet die Erreichung der mitarbeiterorientierten Ziele, d.h., einer hohen Mitarbeitermotivation, -zufriedenheit und -bindung, eine zentrale Voraussetzung dafür, dass die Leistungen sowohl in qualitativer als auch quantitativer Hinsicht auf einem hohen Niveau erbracht werden. Aufgrund dieser Tatsache sowie des generell engen Zusammenhangs zwischen mitarbeiterbezogenen Zielen und anspruchsgruppenbezogenen Zielsetzungen wurde in den letzten Jahren das Konzept des Internen Marketing entwickelt (vgl. Abschnitt 7.2).

Beispiel: Mitarbeitergerichtete Ziele der Umweltschutzorganisation Greenpeace
Für die Umweltschutzorganisation Greenpeace stehen die Mitarbeiter seit jeher im Zentrum der Leistungserstellung. Dementsprechend setzt Greenpeace eine Vielzahl von Maßnahmen im Rahmen der Personalpolitik ein, um die Kompetenzen der Mitarbeiter zu er-

weitern sowie ihre Qualifikationen zu verbessern. Das Führungskonzept, das Greenpeace verfolgt, ist durch eine kooperative Führungskultur gekennzeichnet, in der die Mitarbeiter an der Entscheidungsfindung beteiligt werden und ein aktives Coaching durch Führungskräfte erfahren. Ein Mentorensystem für neue Mitarbeiter fördert darüber hinaus die Einarbeitung und unterstützt bei neuen Aufgaben (z.B. Leitung eines Teams). Die Mentoren sind zugleich Ansprechpartner, Vertraute und Berater, die jedoch nicht für die fachliche Einarbeitung verantwortlich sind. Greenpeace verlangt von seinen Mitarbeitern, in ihrem Fachgebiet immer auf dem aktuellen Stand zu sein, um externe Situationen einschätzen und die Ziele von Greenpeace durchsetzen zu können. Zu diesem Zweck unterstützt Greenpeace Weiterbildungen und trägt damit auch zur Motivation bei (Quelle: www.greenpeace.org/deutschland, Zugriff am 27.8.2004).

Insgesamt wird deutlich, dass das Zielsystem einer Nonprofit-Organisation aus einer Vielzahl von verschiedenen Zielen und Subzielen besteht, die es im Rahmen des Marketing zu berücksichtigen gibt, wobei je nach Nonprofit-Sektor unterschiedliche Zielgewichtungen vorzunehmen sind. Aus diesem Grund ist es eine wichtige Aufgabe für die Verantwortlichen der Nonprofit-Organisation, sämtliche relevanten Ziele zu definieren und in einem individuellen Zielsystem darzustellen.

4.3 Strategische Basisentscheidungen für Nonprofit-Organisationen

4.3.1 Abgrenzung des relevanten Marktes für Nonprofit-Organisationen

Nachdem zuvor die Zielinhalte des Nonprofit-Marketing herausgearbeitet wurden, stehen im Folgenden konkrete strategische Basisentscheidungen im Mittelpunkt der Überlegungen. Hierbei stellt die **Abgrenzung und Beschreibung des relevanten Marktes** für sämtliche strategische und operative Marketingmaßnahmen einer Nonprofit-Organisation die Ausgangsbasis dar. Während für kommerzielle Unternehmen primär der Absatzmarkt abzugrenzen ist, sind bei nicht-kommerziellen Organisationen gleichsam die Beschaffungsmärkte von zentraler Bedeutung. Grundsätzlich lässt sich ein Markt dadurch charakterisieren, dass ein Austausch von Ressourcen zwischen einer Organisation und den sie umgebenden Gruppen stattfindet (vgl. z.B. Steffenhagen 2000a). Hierbei verdeutlicht der in Schaubild 4-9 dargestellte Überblick über die Art der Austauschbeziehungen, dass deutliche Unterschiede zwischen kommerziellen und nicht-kommerziellen Transaktionen bestehen. So sind die in Nonprofit-Organisationen getauschten Ressourcen – wie bereits in Kapitel 2 aufgezeigt – wesentlich heterogener und die Austauschbeziehungen häufig komplexer als auf kommerziellen Märkten.

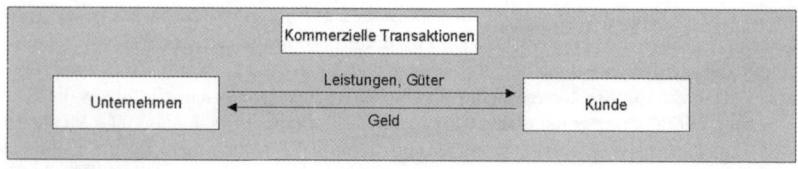
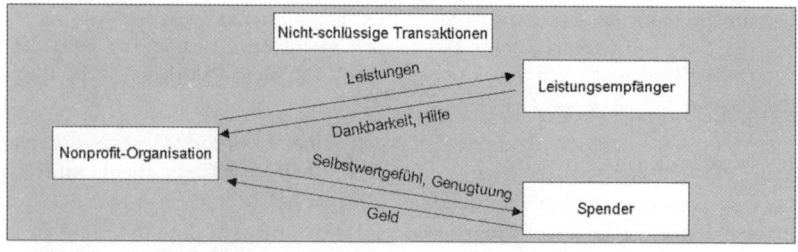
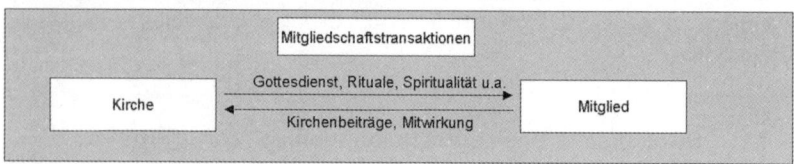

Schaubild 4-9: Beispiele für Austauschbeziehungen für kommerzielle und nichtkommerzielle Transaktionen (nicht-schlüssige- und Mitgliedschaftstransaktionen)

Zur Abgrenzung des relevanten Marktes auf der Absatzseite wird häufig das Konzept der **subjektiven Austauschbarkeit einer Leistung** herangezogen. Dies bedeutet, dass der relevante Markt einer Nonprofit-Organisation alle Leistungen umfasst, die von den Anspruchsgruppen als subjektiv gleichwertig angesehen werden (Backhaus 2003, S. 207 ff.). Beispielsweise bieten mehrere Nonprofit-Organisationen mobile Hilfsdienste im Rahmen der Altenpflege an. Dazu gehören zum Beispiel Organisationen wie die Caritas, soziale Verbände wie die Arbeiterwohlfahrt, Diakonische Werke oder auch kommerzielle Unternehmen. Aus Nachfragersicht werden die Leistungen dieser mobilen Hilfsdienste oftmals als relativ austauschbar wahrgenommen, obgleich zum Teil objektive Unterschiede im Rahmen der Leistungserbringung existieren, die z.B. auf eine unterschiedliche Ausbildung der Mitarbeiter zurückgeführt werden können.

Um eine differenzierte Marktbearbeitung durchführen zu können, ist eine operationale Aufspaltung des relevanten Marktes in feinere Teileinheiten notwendig.

Hierzu finden sich vielfältige Ansätze in der Literatur. Beispielsweise kann eine Aufspaltung des relevanten Marktes, wie im Folgenden beispielhaft dargestellt, anhand von Problemlösungen, Leistungs-/Funktionsmerkmalen oder Merkmalen der Leistungsempfänger erfolgen (Steffenhagen 2000a, S. 59):

- **Marktabgrenzung nach Problemlösungen**
Ein Beispiel für eine problemlösungsbezogene Marktabgrenzung für eine Umweltschutzorganisation wäre etwa eine Definition des relevanten Marktes auf Basis der (zu lösenden) Problemkategorie „Umweltverschmutzung". Diese noch recht allgemeine Problemkategorie lässt sich beliebig weiter eingrenzen (z.b. Wasserverschmutzung, Verschmutzung von Binnengewässern usw.).

- **Marktabgrenzung nach Leistungsmerkmalen bzw. Funktionen**
Eine leistungsmerkmalbezogene Aufteilung des Marktes für Altenpflege kann z.B. nach den Pflegestufen bzw. dem Betreuungsaufwand erfolgen oder eine funktionale Unterteilung des Bildungsmarktes in Markt für Erstausbildung (z.B. öffentliche Schulen) und Markt für berufsbegleitende Weiterbildung (z.B. Fernuniversitäten und Volkshochschulen). In Bezug auf den Bildungsmarkt kann darauf aufbauend eine weitere Unterteilung des Erstausbildungsmarktes gemäß der funktionalen Kategorien Haupt- und Realschulen sowie Gymnasien vorgenommen werden.

- **Marktabgrenzung nach Merkmalen der Leistungsempfänger**
Im Rahmen der leistungsempfängerbezogenen Marktabgrenzung wird der Markt z.B. nach dem Alter der Leistungsempfänger in jung und alt (z.B. Begegnungsstätten für Senioren, Kindertagesstätten, Kinderklinik, Jugendtheater) oder nach dem Verhalten der Leistungsempfänger in aktive und passive Leistungsempfänger (z.B. Empfänger von Leistungen der Bundesagentur für Arbeit) sowie informierte versus nicht-informierte Anspruchsgruppen aufgespalten.

Die Frage, anhand welcher Kriterien die Marktsegmentierung zu erfolgen hat und wie eng der Markt idealtypisch zu definieren ist, lässt sich kaum allgemein gültig beantworten. In der Praxis von Nonprofit-Organisationen ist bei der Marktabgrenzung häufig eine Orientierung am eigenen Leistungsangebot festzustellen, wodurch i.d.R. eine zu enge Abgrenzung des relevanten Marktes resultiert. So wäre z.B. für ein Schauspielhaus die Definition des relevanten Marktes als „Markt für Theateraufführungen" zu eng, da aus Sicht der potenziellen Theatergäste teilweise auch andere Kulturveranstaltungen als Substitut dienen könnten (z.B. Oper, Ballett, Kino). Der „Markt für Kultur" wäre demgegenüber zu weit gefasst. Für eine zweckmäßige Abgrenzung des relevanten Marktes sind demnach, die aus Kundensicht in Betracht gezogenen Leistungsalternativen zu eruieren und zu berücksichtigen.

175

Analog zur Marktabgrenzung auf der Absatzseite kann auch auf Seiten des **Beschaffungsmarktes** eine Abgrenzung vorgenommen werden. So ist etwa eine Differenzierung nach der Finanzierungsart (Spendenmarkt, Sponsorenmarkt usw.) und dem Zweck der Finanzierung (z.b. Spenden für Umweltschutz, Entwicklungshilfe usw.) oder nach Merkmalen der Förderer (z.B. Privatperson versus Unternehmen) und Kostenträger denkbar. Auch auf dem Beschaffungsmarkt ist bei der Frage des relevanten Marktes die Sicht der jeweiligen Anspruchsgruppe zu berücksichtigen. Beispielsweise kann aus Sicht eines Geldgebers sein Bedürfnis, „etwas Gutes zu tun", sowohl durch eine Spende an eine Umweltschutzorganisation als auch durch eine Spende an eine Tierschutzorganisation gestillt werden. Entsprechend würde bei der Definition des relevanten Marktes eine zu sehr an den eigenen Organisationszwecken ausgerichtete Beschaffungsmarktabgrenzung (z.B. Markt für Tierschutzspenden) zu kurz greifen, da relevante potenzielle Spender dabei nicht berücksichtigt werden.

Neben der Unterteilung des Marktes auf Basis der bisher dargestellten, globalen Marktabgrenzungskriterien wird darüber hinaus i.d.R. eine **räumliche Marktabgrenzung** vorgenommen. Die Nonprofit-Organisation legt demnach fest, ob sie ihre Leistungen und Beschaffungsaktivitäten auf lokale, regionale, nationale oder internationale Märkte konzentriert. Dabei ist es durchaus denkbar, dass die Organisation ihre Beschaffungs- und Absatzaktivitäten auf regional unterschiedlichen Märkten durchführt. Beispielsweise sammeln viele Hilfsorganisationen (z.B. das Deutsche Rote Kreuz) ihre Spendengelder regional oder national ein, stellen aber ihre Hilfsleistungen weltweit zur Verfügung. Generell dient die Marktabgrenzung dazu, Beschaffungsaktivitäten und Problemlösungen bestimmten geographischen Orten und Anspruchsgruppen zuzuordnen. Die Festlegung des relevanten Marktes bildet somit eine grundlegende Basisentscheidung für die weiteren strategischen Überlegungen.

4.3.2 Bildung strategischer Geschäftseinheiten und Geschäftsfelder für Nonprofit-Organisationen

Die Bildung strategischer Geschäftseinheiten steht in engem Zusammenhang mit der Abgrenzung des relevanten Marktes. Die Begriffe **Strategisches Geschäftsfeld** (SGF) und **Strategische Geschäftseinheit** (SGE) werden dabei häufig synonym verwendet. Strategische Geschäftsfelder (SGF) sind das Ergebnis einer extern gerichteten Aufteilung des Betätigungsfeldes einer Nonprofit-Organisation, während Strategische Geschäftseinheiten (SGE) eher interne Analyse- und Planungseinheiten sind und das Ergebnis einer internen Segmentierung darstellen (Müller-Stewens/Lechner 2001, S. 121). Strategische Geschäftseinheiten stellen somit eigenständige Analyse- und Planungseinheiten innerhalb einer Nonprofit-Organisation dar, wobei es möglich ist, dass eine SGE in mehreren Geschäftsfeldern tätig ist.

Beispiel: Mobiler sozialer Hilfsdienst der Arbeiterwohlfahrt
Die strategische Geschäftseinheit „mobiler sozialer Hilfsdienst" durch Zivildienstleistende der Arbeiterwohlfahrt kann zum einen in dem Geschäftsfeld „Essen auf Rädern" und zum anderen im Geschäftsfeld „Allgemeine Seniorenbetreuung" tätig sein.

Von besonderer Relevanz ist die Abgrenzung von Geschäftseinheiten vor allem für jene Nonprofit-Organisationen, die in heterogenen Leistungsbereichen tätig sind und über ein breites Leistungsangebot verfügen. Demgegenüber ist für Nonprofit-Organisationen, die ein vergleichsweise homogenes Tätigkeitsfeld in einer Marktnische anbieten und diese als ihren relevanten Markt betrachten, eine weiter gehende Abgrenzung strategischer Geschäftseinheiten nicht notwendig.

Im Sinne einer Definition lassen sich strategische Geschäftseinheiten (SGE) als gedankliche Einheiten charakterisieren, die voneinander abgegrenzte heterogene Tätigkeitsfelder einer Nonprofit-Organisation repräsentieren und für die jeweils eine eigenständige Strategie entwickelt wird (in Anlehnung an Bruhn 2004a). Inwieweit die in der Literatur diskutierten Ansätze zur Bildung strategischer Geschäftseinheiten auch auf Nonprofit-Organisationen übertragbar sind, wird im Folgenden diskutiert.

Ein- und **zweidimensionale Ansätze** zur Bildung von Geschäftseinheiten, zum Beispiel anhand von Leistungen (eindimensionale Definition) bzw. Leistungen und Regionen (zweidimensionale Definition), werden in der Literatur i.d.R. als nicht ausreichend angesehen, da den Bedürfnissen der verschiedenen Anspruchsgruppen so nur unzureichend Rechnung getragen wird (Farny/Kirsch 1987, S. 377; Meffert 2000; Meffert/Bruhn 2003, S. 212). Beispielsweise ist es nicht ausreichend, wenn die Geschäftseinheitenbildung von Pflegediensten lediglich anhand der angebotenen Leistungen erfolgt. Vielmehr ist es darüber hinaus sinnvoll, zusätzlich eine regionale Unterteilung vorzunehmen. Die Organisation von Verbänden basiert häufig auf diesen Überlegungen, d.h., es werden regionale Suborganisationen gebildet (z.B. Arbeiterwohlfahrt Kreisverband Duisburg-Süd).

Einen umfassenden Ansatz zur Abgrenzung von strategischen Geschäftseinheiten schlägt Abell (1980) vor. Ausgangspunkt ist ein auf drei Kriterien basierender Bezugsrahmen zur systematischen Analyse und Kombination von Tätigkeitsfeldern (vgl. Schaubild 4-10). Dabei werden als Kriterien zur Abgrenzung von Geschäftseinheiten die folgenden Dimensionen herangezogen:

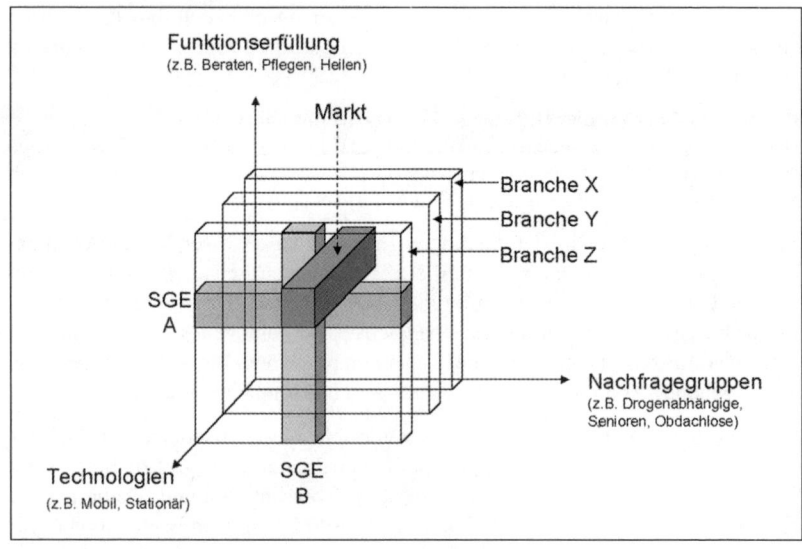

Schaubild 4-10: Konzept der Bildung strategischer Geschäftseinheiten für Nonprofit-Leistungen (Quelle: in Anlehnung an Abell 1980, S. 197)

- **Funktionserfüllung**
  Für welche grundlegenden Bedürfnisse der Anspruchsgruppen können Problemlösungen angeboten werden?
- **Nachfragegruppe**
  Welche Zielgruppen kommen grundsätzlich als Leistungsempfänger in Frage?
- **Technologien**
  Auf der Basis welcher Technologien können Leistungen entwickelt werden?

Zur Bildung strategischer Geschäftseinheiten werden bei dem Konzept von Abell sowohl die aktuellen als auch mögliche, zukünftig denkbare Funktionen, Nachfragegruppen und Technologien der Nonprofit-Organisation betrachtet. Dabei gibt die **Dimension „Funktionserfüllung"** an, welche Wünsche und Bedürfnisse durch Leistungen von der Nonprofit-Organisation erfüllt werden bzw. werden könnten. Aus Sicht einer karitativen Hilfsorganisation (z.B. Caritas) sind dies beispielsweise Sozialarbeit, Rechtsberatung, psychologische Betreuung, Pflegeleistungen oder materielle Unterstützungen von Leistungsnachfragern.

Zur Aufdeckung zukünftig denkbarer Funktionen kann die Organisation beispielsweise eruieren, welche Funktionen von Konkurrenten am Markt erfüllt werden oder aber potenzielle Leistungsempfänger nach offenen Wünschen und Bedürfnissen befragen. Die **Dimension „Nachfragegruppen"** dient zur Identifizierung homogener Segmente, die ein Interesse an den aktuellen bzw. zukünftigen Leistungen der Nonprofit-Organisation haben. Am Beispiel der karitativen Hilfsorganisation sind (potenzielle) Nachfragegruppen u.a. Alte, Behinderte, Obdachlose oder Kranke. Die **„Technologiedimension"** stellt die Art und Weise dar, wie die Funktionserfüllung erreichbar ist. Beispielsweise können Pflegeleistungen mobil oder stationär, psychologische Beratungen am Telefon, per Internet oder vor Ort erbracht werden.

Durch die Verbindung sämtlicher denkbarer Merkmalsausprägungen der drei im Schaubild 4-10 aufgezeigten Dimensionen erhält man verschiedene „Quader" als theoretisch am Markt realisierbare Tätigkeitsfelder (z.B. Funktion: Beraten; Nachfragegruppe: Obdachlose; Technologie: Beratung „auf der Strasse"). Aus der Vielzahl theoretisch möglicher Kombinationsmöglichkeiten sind dann in einem iterativen Prozess, unter Berücksichtigung der eigenen Ressourcen und Fähigkeiten, jene Einheiten zu bestimmen und auszuwählen, die Gegenstand der strategischen Planung der Nonprofit-Organisation sein sollen. Diese Einheiten stellen die strategischen Geschäftseinheiten dar. Dabei können ein einzelner Quader (z.B. SGE A) oder auch mehrere Quader (z.B. SGE A, SGE B) gemeinsam Gegenstand der strategischen Planung sein, wobei es denkbar ist, dass die strategischen Geschäftseinheiten einer Nonprofit-Organisation in verschiedenen Branchen (z.B. Gesundheitswesen, Entwicklungspolitik) tätig sind. Neben den drei im Ansatz von Abell zugrunde gelegten Dimensionen empfiehlt es sich, bei der Bildung und Abgrenzung von Geschäftseinheiten auch geographische Kriterien zu berücksichtigen (lokal, regional, national), um das Aufgabenfeld der Geschäftseinheiten räumlich einzugrenzen. Beispielsweise ist die Geschäftseinheit „stationäre Pflege von Senioren" ohne regionale Eingrenzung kaum sinnvoll als interne Analyse- und Planungseinheit einsetzbar.

Beispiel: SGE-Abgrenzung beim Evangelischen Johannesstift Berlin
Das Evangelische Johannesstift Berlin bietet verschiedene Leistungen im Pflegemarkt an, die sich an unterschiedliche Nachfragegruppen richten, wie ältere Menschen und deren Angehörige sowie Personen, die ihre Gesundheit erhalten möchten. Zu den angebotenen Leistungen gehören Beratungen, die der Prävention dienen, aber auch medizinische und therapeutische Leistungen. In diesem Zusammenhang findet ebenfalls die Technologiekomponente Berücksichtigung. So bietet das Evangelische Johannesstift Berlin Pflegeleistungen sowohl ambulant als auch stationär an.

Grundsätzlich sind bei der Auswahl strategischer Geschäftseinheiten verschiedene **Anforderungen** zu erfüllen, dies sind insbesondere (Bruhn 2004a, S. 57f.):

- **Eigenständigkeit in der Marktaufgabe**
Die Bildung strategischer Geschäftseinheiten ist nur sinnvoll, wenn die einzelnen Geschäftseinheiten deutlich voneinander abgrenzbare Aufgabenstellungen am Markt wahrnehmen, die eine eigenständige strategische Planung begründen. Interdependenzen und Überschneidungen, z.B. hinsichtlich zu bearbeitender Nachfragegruppen, führen zu möglichen Konflikten und Ressourcenverschwendung.

- **Abhebung von Mitbewerbern**
Aufgrund der zunehmenden Anzahl ähnlicher Nonprofit-Leistungen ist es erfolgsrelevant, dass Geschäftseinheiten gebildet und abgegrenzt werden, die eine von der Konkurrenz unterscheidbare Leistung am Markt repräsentieren – beispielsweise durch den Einsatz innovativer Technologien zur besseren Lösung bestimmter Probleme der Nachfragegruppen.

- **Erreichung einer bedeutenden Marktstellung**
Vor dem Hintergrund, dass für jede Geschäftseinheit jeweils eine individuelle Strategie zu entwickeln ist, besteht eine Anforderung bei der Auswahl strategischer Geschäftseinheiten in deren Marktstellungspotenzial. Nur wenn durch die Geschäftseinheit ein eigenständiger Beitrag zur Steigerung des Erfolgspotenzials der Nonprofit-Mission geleistet wird, ist deren Bildung sinnvoll.

Insbesondere bei kleinen Nonprofit-Organisationen erfolgt die interne Definition von Geschäftseinheiten bzw. die extern gerichtete Identifizierung von Geschäftsfeldern bisher noch sehr unsystematisch. Viele Organisationen verharren unreflektiert auf ihren traditionellen Tätigkeitsfeldern. Andere dehnen ihre Aufgabenbereiche scheinbar unsystematisch aufgrund der Überzeugung aus, sich in möglichst vielen Bereichen engagieren zu müssen (Horak et al. 2002, S. 214).
Als relevante Merkmale zur **Beurteilung** der Attraktivität verschiedener Tätigkeitsfelder lassen sich zum einen interne Kriterien und zum anderen externe Kriterien heranziehen. Interne Kriterien beziehen sich auf den Fit, d.h., die Kongruenz zwischen anvisiertem Tätigkeitsfeld und den Ressourcen und Fähigkeiten der Nonprofit-Organisation (z.B. sind die Mitarbeiter qualifiziert genug, um den neuen Aufgaben gerecht zu werden?). Die externen Kriterien beziehen sich auf die Notwendigkeit bzw. Attraktivität der Tätigkeitsfelder aus Sicht der Leistungsempfänger (z.B. gibt es genügend Nachfrager für neu angebotene Problemlösungen?).

Zusammenfassend lässt sich festhalten, dass durch eine systematische Bildung **strategischer Geschäftseinheiten** die Voraussetzung dafür geschaffen wird, um eine zielgerichtete Marktbearbeitungsstrategie zu entwickeln. Dabei ist es notwendig, aus der Bildung der strategischen Geschäftseinheiten sowohl organisatorische als auch personelle Konsequenzen zu ziehen, indem beispielsweise zusätzliche Mitarbeiter eingestellt, Schulungen durchgeführt oder den Geschäftseinheiten ein eigenständiges Management zugeordnet wird.

4.3.3 Segmentierung für Nonprofit-Organisationen

Eine weitere strategische Basisentscheidung für Nonprofit-Organisationen betrifft die Marktsegmentierung. Bei der **Marktsegmentierung** wird der relevante Markt in – bzgl. ihrer Marktreaktion – intern homogene, und extern heterogene Untergruppen aufgeteilt und ein oder mehrere Teilmärkte individuell bearbeitet (Freter 1983; Freter/Obermeier 2000). Die Marktsegmentierung dient demzufolge dazu, Unterschiede und Gemeinsamkeiten zwischen und innerhalb der Leistungsempfänger offen zu legen und Konsequenzen im Hinblick auf eine differenzierte Marktbearbeitung zu ziehen. Dabei erfordert die Marktsegmentierung ein **Vorgehen** in drei Schritten:

(1) Bildung von Segmenten
In diesem ersten Schritt spalten Nonprofit-Organisationen ihren Markt in mehrere Teilmärkte, d.h., Segmente, auf. Dazu ist es erforderlich, Merkmale der Leistungsempfänger zu identifizieren, die eine sinnvolle Aufspaltung des Gesamtmarktes ermöglichen. Beispielsweise sind aus Sicht einer Jugendherberge das Alter der Gäste und deren Motive für den Aufenthalt (z.B. Kultur, Schulklassenfahrten, Familienferien) Kriterien, um homogene Segmente zu bilden.

(2) Beschreibung von Segmenten
Nach der Aufteilung des Gesamtmarktes in mehrere Segmente ist es zweckdienlich, die einzelnen Segmente genauer zu beschreiben. In diesem Zusammenhang werden i.d.R. die Merkmale herangezogen, die die Elemente einzelner Segmente untereinander verbinden. Am Beispiel der Jugendherberge sind denkbare Segmente z.B. „Kulturinteressierte Twens" oder „Heranwachsende auf Klassenfahrt".

(3) Bearbeitung von Segmenten
Nachdem einzelne Segmente des Gesamtmarktes identifiziert und die Segmente beschrieben wurden, wird eine Nonprofit-Organisation mit der spezifischen Bearbeitung der einzelnen Segmente beginnen. Eine segmentspezifische Bearbeitung bezieht sich auf die einzelnen Instrumente des Marketingmix, d.h., die Instrumente Leistungs-, Preis- und Gebührenpolitik, Kommunikations-, Vertriebs- sowie Ressourcenpolitik sind entsprechend den Anforderungen und Bedürfnissen der einzelnen Teilmärkte spezifisch anzupassen, um das Ziel einer bestmöglichen Marktbearbeitung zu erreichen. Bezüglich des Jugendherbergebeispiels können z.B. für das Segment „Kulturinteressierte Twens" spezifische Kulturinformationen oder Veranstaltungstipps zusammengestellt werden und

preisgünstige Stadtführungen organisiert werden. Zur kommunikativen Ansprache dieses Segments ist es z.B. sinnvoll, in Kulturforen im Internet präsent zu sein. Hinsichtlich des Segments „Heranwachsende auf Klassenfahrt" sind die Marketinganstrengungen insbesondere auch auf die betreuenden Lehrer zu fokussieren, die i.d.R. die Entscheidung zur Leistungsinanspruchnahme treffen. Aufgrund des häufig knappen Budgets bei einigen Teilnehmern von Klassenfahrten kann eine preispolitische Maßnahme darin bestehen, spezifische Ermäßigungen für Schulklassen zu gewähren. Weiterhin können speziell auf die Wünsche der Heranwachsenden zugeschnittene Programmpakete mit ausgewählten Erlebnisprogrammen angeboten werden.

Ein hoher Nutzen der Segmentierung lässt sich für Nonprofit-Organisationen nur dann feststellen, wenn die Mission bzw. die Aufgabenstellung der Nonprofit-Organisation durch die Segmentbildung besser erfüllt werden kann. Da derartig abstrakte Ziele kaum in exakte Beurteilungskriterien transformierbar sind, wird der **Nutzen einer Segmentierung** i.d.R. anhand vorgelagerter Zielgrößen evaluiert. So kann beispielsweise bei einer Umweltschutzorganisation die Anzahl neuer Mitglieder oder der Anstieg der Verbundenheit der Mitglieder als Indikator für den Nutzen einer segmentspezifischen Marktbearbeitung herangezogen werden.

Die Marktsegmentierung, d.h., die Bildung, Beschreibung und spezifische Bearbeitung einzelner Segmente durch Nonprofit-Organisationen, bezieht sich i.d.R. nicht nur auf die Gruppe der direkten Leistungsempfänger, sondern auch auf weitere Anspruchsgruppen, wie z.B. die Geldgeber, Mitarbeiter und andere zentrale Zielgruppen. Für eine differenzierte Ansprache sind sämtliche Anspruchsgruppen nach ihrer Bedeutung in Bezug auf das Erreichen der Organisationsziele und ihren spezifischen Bedürfnissen zu evaluieren und dementsprechend unterschiedlich zu bearbeiten (Hermeier 1992). In diesem Zusammenhang ist insbesondere eine **differenzierte Bearbeitung der Absatz- und Beschaffungsmarktteilnehmer** durch Nonprofit-Organisationen vorzunehmen. So sind im Rahmen der Bearbeitung der Absatzmärkte die direkten Leistungsempfänger, aber auch Anspruchsgruppen, die Informationen bzgl. der Tätigkeiten der Nonprofit-Organisationen benötigen (z.B. die Angehörigen eines Pflegebedürftigen oder dessen Ärzte), segmentspezifisch gemäß ihren jeweiligen Erwartungen anzusprechen. Auf der Beschaffungsseite sind vor allem potenzielle Mitarbeiter, Kapitalgeber und sonstige Ressourcen-Lieferanten differenziert zu bearbeiten. Beispielsweise ist bei Lieferanten, die einer Nonprofit-Organisation besonders günstige Konditionen gewähren, eine langfristige Partnerschaft anzustreben, d.h. diese Lieferanten sind durch spezifische Marketingmaßnahmen an die Organisation zu binden. Dazu dienen z.B. regelmäßige Informationen über die Tätigkeiten und Erfolge der Nonprofit-Organisation, Einladung zu exklusiven Events sowie die Möglichkeit des Lieferanten, die Nonprofit-Organisation als Referenzkunden im Rahmen eigener Kommunikationsmaßnahmen einzusetzen. Bei Lieferanten, die eine weniger wichtige Rolle für die Nonprofit-Organisation spielen, können die Marketinganstrengungen demgegenüber vergleichsweise geringer ausfallen.

Der Grundgedanke der Marktsegmentierung stößt teilweise auf **Kritik** bei den Verantwortlichen von nicht-kommerziellen Organisationen. Untersuchungen zeigen, dass eine segmentspezifische Erfassung und Bearbeitung von Zielgruppen, wie sie für den kommerziellen Bereich vorgenommen wird, für den nicht-kommerziellen Bereich nicht immer uneingeschränkt übertragbar ist (Bloom/Novelli 1981, S. 81). Dies gilt vor allem hinsichtlich der Segmentierung der Leistungsempfänger bei Nonprofit-Organisationen aus dem sozialen Bereich. Wegen der begrenzten Budgets von Nonprofit-Organisationen für die Erbringung ihrer Leistung sehen sich diese oftmals der Entscheidung gegenüber, bestimmte Empfängergruppen zu bevorzugen und andere unberücksichtigt zu lassen.

Aufgrund des begrenzten Vermögens der allgemeinen Pflegeversicherung nimmt beispielsweise der medizinisch technische Dienst im Auftrag der Pflegekassen eine Kategorisierung der Pflegebedürftigkeit von Senioren vor. Diese Hierarchisierung ist ökonomisch notwendig, kann aus einer sozialen Perspektive heraus aber ungerecht erscheinen vor dem Hintergrund, allen Versicherten die bestmögliche Betreuung und Pflege zukommen zu lassen. Aus ähnlichen Gründen ist es für Hilfsorganisationen nahezu unmöglich, in allen Krisenregionen präsent zu sein. Diese Nonprofit-Organisationen nehmen dementsprechend ebenfalls eine Priorisierung ihrer Leistungsempfänger, d.h., Personen in Krisengebieten, vor, obwohl es das Ziel dieser Organisationen ist, alle Opfer und Betroffene von Kriegen, Krisen und Naturkatastrophen zu unterstützen. Insgesamt erfordern knappe Budgets die Kapitalallokation auf verschiedene Projekte – gemäß ihrer Wichtigkeit – und schaffen somit ein gewisses „Segmentierungsdilemma".

Das geschilderte **Segmentierungsdilemma** ist allerdings dahingehend zu relativieren, dass zum einen nur wenige Nonprofit-Organisationen derartige Entscheidungen im Rahmen ihrer Segmentierung zu treffen haben, bei denen das nichtberücksichtigen bestimmter Anspruchsgruppen brisante Konsequenzen nach sich zieht. Eine Vielzahl von Nonprofit-Organisationen, wie z.B. Parteien, Altenheime oder Opernhäuser, führen problemlos Marktsegmentierungen in Bezug auf ihre Anspruchsgruppen durch. Zum anderen bezieht sich das Segmentierungsdilemma lediglich auf die Segmentierung der direkten Leistungsempfänger; weitere Anspruchsgruppen wie z.B. Spender oder Sponsoren, können auch bei Organisationen aus dem sozialen Bereich – ohne ethische Bedenken – segmentbezogen bearbeitet werden.

4.3.3.1 Anforderungen an Segmentierungskriterien

Eine Marktsegmentierung setzt Klarheit über die Anforderungen voraus, die zur Bildung von eindeutig voneinander abgrenzbaren Teilsegmenten des Nonprofit-Marktes gestellt werden. Im Bereich des kommerziellen Marketing hat sich in diesem Zusammenhang ein Katalog mit bestimmten **Anforderungskriterien** etabliert (Freter 1983, S. 47 ff.; Meffert 2000, S. 181 ff.; Vossebein 2000, S. 41). Zu den Anforderungen zählen vor allem:

(1) Verhaltensrelevanz,
(2) Messbarkeit,
(3) Wirtschaftlichkeit,
(4) Zeitliche Stabilität,
(5) Erreichbarkeit bzw. Zugänglichkeit,
(6) Handlungsfähigkeit,
(7) Nonprofit-Bezug.

Im Folgenden werden die einzelnen Kriterien vorgestellt und deren Bedeutung für Nonprofit-Organisationen erläutert.

(1) Verhaltensrelevanz
Marktsegmentierungskriterien sollten einen unmittelbaren Bezug zum Kaufverhalten der Anspruchsgruppen aufweisen, d.h., für die Prognose des zukünftigen Verhaltens der Ziel- und Anspruchsgruppen relevant sein. Hierbei ist zu beachten, dass je nach Aufgabenstellung im Nonprofit-Marketing und in Abhängigkeit von der jeweiligen Anspruchsgruppe unterschiedliche Verhaltensweisen relevant sind. Am Beispiel „Opernhaus" ist es z.B. nahe liegend, dass in Bezug auf die Anspruchsgruppe „potenzielle Spender" ein bestimmtes Vermögen sowie Einstellungen gegenüber der Kultureinrichtung „Opernhaus" für das Spendenverhalten relevant sind. In Bezug auf die Anspruchsgruppe „Besucher", d.h., die direkten Leistungsempfänger, sind Kriterien wie z.B. Affinität zu klassischer Musik für das derzeitige und zukünftige Verhalten ausschlaggebend. Hinsichtlich der Besuchsfrequenz könnten zusätzlich z.B. das Einkommen, das Alter oder der Bildungsgrad gute Prädiktoren sein. Es sind somit Kriterien zu finden, die in Zusammenhang mit dem Verhalten der jeweiligen Anspruchsgruppe stehen.

(2) Messbarkeit
Die Segmentierungskriterien sind so auszuwählen, dass sie mit vorhandenen Marktforschungsmethoden operational erfasst werden können. Dies bedeutet konkret, dass es für Organisationen eindeutig messbar sein sollte, ob ein bestimmtes Kriterium bei einer Person vorliegt oder nicht bzw. in welcher Ausprägung dieses vorliegt. Beispielsweise ist das Kriterium „Grad der Pflegebedürf-

tigkeit" ein nur sehr subjektiv messbares Kriterium für Pflegeorganisationen. Jedoch ist dieses Kriterium gut geeignet, die einzelnen Segmente zu beschreiben.

(3) Wirtschaftlichkeit
Grundsätzlich ist auch im Rahmen einer Marktsegmentierung das ökonomische Prinzip zu beachten, so dass eine Segmentierung nur dann durchgeführt wird, wenn der Nutzen der Segmentbildung die Kosten der spezifischen Bearbeitung übersteigt. Dies verdeutlicht die Notwendigkeit für Nonprofit-Organisationen, eine Kosten-Nutzen-Analyse ihrer Segmentierung vorzunehmen, d.h., konkret die Frage zu beantworten, ob eine differenzierte Ansprache der verschiedenen Anspruchsgruppen finanziell darstellbar ist. Eine zentrale Voraussetzung für die Wirtschaftlichkeit der Bearbeitung ist eine ausreichende Segmentgröße. Erst Marktsegmente, die ein hinreichendes Potenzial aufweisen, rechtfertigen eine eigenständige Bearbeitung und ermöglichen Synergien im Rahmen ihrer Bearbeitung.

(4) Zeitliche Stabilität
Eine Marktsegmentierung kann nur dann erfolgreich durchgeführt werden, wenn die Ergebnisse der Markterfassung zum Zeitpunkt der Marktbearbeitung noch Bestand haben. Dies erfordert, dass die zum Zeitpunkt der Segmentbildung unterstellte Verhaltensrelevanz der Kriterien sowie die erhobenen Kriterien selbst über den Planungszeitraum hinweg weitgehend stabil sind.

(5) Erreichbarkeit bzw. Zugänglichkeit
Die Ansprechbarkeit ist Voraussetzung dafür, dass eine Nonprofit-Organisation die Marktteilnehmer selektiv und differenziert über ihr Leistungsprogramm informieren kann. Es ist nicht hinreichend, Segmente zu bilden und zu beschreiben, die anschließend nicht mit den Marketinginstrumenten erreichbar sind, d.h., es ist insbesondere sicherzustellen, dass die Teilsegmente über bestimmte Medien und Kommunikationskanäle ansprechbar sind. Insbesondere bei Nonprofit-Organisationen im sozialen Bereich ist die direkte Zugänglichkeit der Zielsegmente häufig problematisch. Beispielsweise kann im Bereich der Suchtprävention die mediale Erreichbarkeit der Leistungsempfänger schwierig sein. Weiterhin können beispielsweise bei den freien Wohlfahrtsverbänden (z.B. Caritas) Beschränkungen bei der Zugänglichkeit bestehen, wenn eine direkte Kommunikation mit den Leistungsempfängern nicht stattfindet, sondern die Leistungen nur indirekt über eine beschränkte Anzahl von vertraglich festgelegten Absatzhelfern vertrieben werden.

(6) Handlungsfähigkeit
Nur wenn die Segmentierungskriterien eindeutige Indizien auf den gezielten Einsatz segmenttypischer Marketingmaßnahmen geben, die mit den personellen und materiellen Ressourcen der Nonprofit-Organisation umsetzbar sind, sind sie für eine Marktsegmentierung geeignet.

(7) Nonprofit-Bezug

Für die Marktsegmentierung von Nonprofit-Organisationen ist es darüber hinaus insgesamt erforderlich, dass die Kriterien den Besonderheiten in diesem Sektor Rechnung tragen. Eine herausragende Bedeutung hat in diesem Zusammenhang die gleichzeitige Fokussierung auf den Absatz- und Beschaffungsmarkt. Dabei ist es notwendig, zum einen Kriterien zur Segmentierung der Teilnehmer auf den Absatzmärkten, zum anderen der Teilnehmer auf den Beschaffungsmärkten zu finden.

4.3.3.2 Segmentierung der Teilnehmer auf den Absatzmärkten

Im Rahmen der Segmentierung des Absatzmarktes lässt sich – in modifizierter Form – auf Kriterien aus dem kommerziellen Marketingbereich zurückgreifen. Aus der Vielzahl der in der Literatur angeführten Segmentierungsvariablen sind vor allem die folgenden Kriterien relevant (Freter 1983, S. 18; Freter/Obermeier 2000, S. 742 ff.):

(1) Demographische Kriterien,
(2) Sozioökonomische Kriterien,
(3) Psychologische Kriterien,
(4) Verhaltenskriterien.

(1) Demographische Segmentierungskriterien

Die demographische Segmentierung bezieht sich auf Merkmale wie z.B. Alter, Geschlecht oder Familienstand der Leistungsempfänger. Diese Kriterien waren – vor allem wegen der einfachen Messbarkeit – lange Zeit die dominanten Segmentierungsvariablen sowohl im kommerziellen als auch im nicht-kommerziellen Marketingbereich (Sausen/Tomczak 2003, S. 2 ff.). Die Eignung der einzelnen Kriterien hängt dabei stark von der Art der Nonprofit-Organisation ab. Im Folgenden wird beispielhaft aufgezeigt, wie demographische Kriterien zur Segmentierung des Absatzmarktes angewendet werden können.

• **Alter**

Viele Bedürfnisse und Wünsche ändern sich mit dem Alter im Rahmen eines Bedarfslebenszykluses. Entsprechend kann etwa das Leistungsprogramm einer Nonprofit-Organsiation für unterschiedliche Altersklassen differenziert ausgestaltet werden.

Beispiel: Qualitätswahrnehmung kirchlicher Leistungen
In einer empirischen Studie des Lehrstuhls für Marketing und Unternehmensführung der Universität Basel (Bruhn 1999c) zu Fragen der Qualität kirchlicher Leistungen zeigte sich, dass die Qualitätsbeurteilung der Bevölkerung in Abhängigkeit von demographischen Kriterien stark variiert. In Bezug auf das Alter konnte beispielsweise festgestellt werden, dass

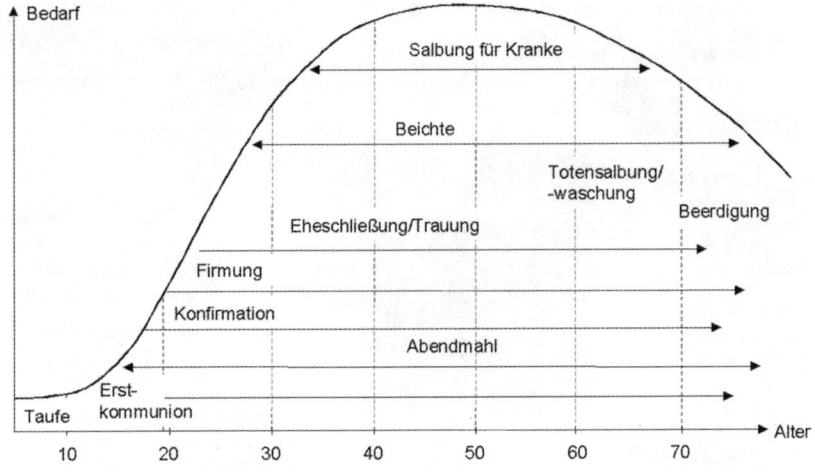

Schaubild 4-11: Bedarfslebenszyklus von Kirchenmitgliedern

Jüngere bei der Jugendarbeit sowie bei Tauf-, Hochzeits- und Beerdigungsfeiern größere Qualitätslücken sehen, wohingegen ältere Personen vor allem bei Hausbesuchen und der Anleitung zum religiösen Leben ihre Erwartungen nicht erfüllt sehen. Außerdem wird die Qualität der kirchlichen Leistungen mit zunehmendem Alter tendenziell besser bewertet.

Schaubild 4-11 zeigt die christlichen Sakramente der katholischen und reformierten Kirche, die im weiteren Sinne als „Leistungen" aufgefasst werden können und in Abhängigkeit vom Alter der Gläubigen unterschiedliche Bedeutung haben.

Beispiel: Jugendprogramm des WWF
Der WWF hat im November 1999 mit dem „Young Panda Team" ein spezielles Jugendprogramm gestartet (vgl. Insert 4-2), um diese Zielgruppe differenziert ansprechen zu können und frühzeitig für die Thematik des Tierschutzes zu sensibilisieren. Als „Young Panda-Mitglied" können Jugendliche beispielsweise an Naturerlebnis-Camps oder bestimmten WWF-Aktionen teilnehmen. Weiterhin erhalten sie einen Young-Panda-Ausweis sowie kleine Geburtstags- und Weihnachtsgeschenke (www.wwf.de, Zugriff am 27.08.2004).

- **Geschlecht**

Einige Nonprofit-Organisation haben die Konzentration des Leistungsprogramms auf ein bestimmtes Geschlecht bereits in ihren Oberzielen explizit formuliert, wie etwa bei Selbsthilfegruppen für Männer oder Frauen, bei Mädchen- oder Jungengymnasien usw. Darüber hinaus bietet eine Segmentierung nach dem Geschlecht jedoch auch generell Ansatzpunkte für eine Grobaufteilung der

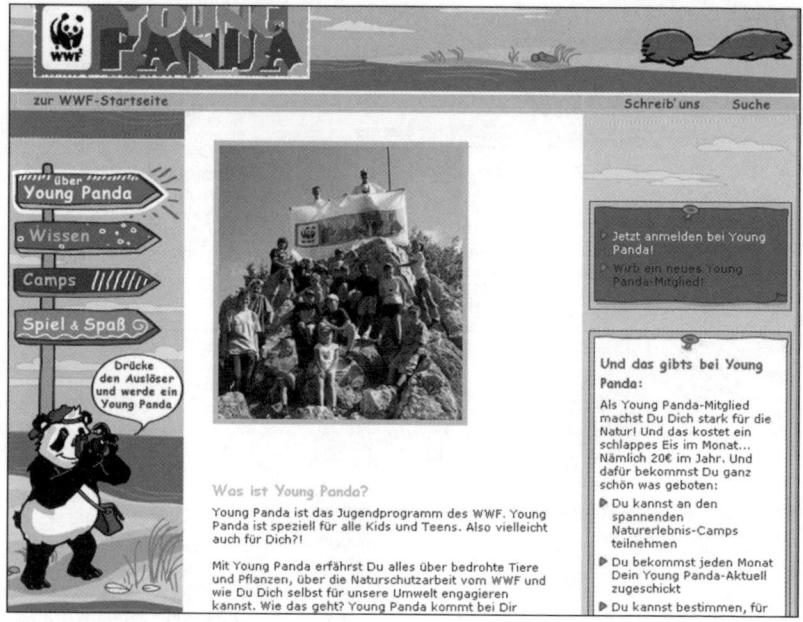

Insert 4-2: Ansprache junger Zielgruppen am Beispiel des WWF
(Quelle: www.wwf.de/young_panda, Zugriff am 26.08.2004)

Anspruchsgruppen. So kann die Berücksichtigung der spezifischen Besonderheiten von Frauen und Männern dabei helfen, effizientere Marketingprogramme zu entwickeln und die Aufgaben der Nonprofit-Organisation besser umzusetzen.

Beispiel: Geschlechterspezifische Qualitäts- und Leistungsbeurteilung
Im Hinblick auf das Geschlecht konnte in der oben zitierten Studie der Universität Basel nachgewiesen werden, dass Frauen bei der Seelsorge und kirchlichen Beratung deutlich größere Qualitätsdefizite feststellen als Männer. Bei Männern sind die Abweichungen der Leistungsbeurteilung von den Erwartungen demgegenüber vor allem bei der Erhaltung von Kirchenbauten signifikant größer als bei Frauen.

- **Geographische Kriterien**

Im Rahmen der geographischen Segmentierung wird der Markt auf der Basis von Ländern, Regionen, Städten, Postleitzahlen oder sonstigen räumlich zusammengehörenden Gebieten unterteilt, die verhaltensrelevante Unterschiede aufweisen. In diesem Zusammenhang sind vor allem kulturelle Differenzen ein relevantes Kriterium für die Marktaufteilung.

Beispiel: Berücksichtigung kultureller Besonderheiten bei der Zielgruppenansprache
Soll beispielsweise im Rahmen einer weltweiten Kampagne gegen die Ausbreitung des Aids-Virus gekämpft werden, so ist bei der Marketingplanung auf kulturelle Besonderheiten in Bezug auf moralische Aspekte Rücksicht zu nehmen. Während in europäischen Ländern eine relativ offene Auseinandersetzung mit Sexualität stattfindet, stellt dies beispielsweise in islamischen Ländern ein Hemmfaktor für die Umsetzung von Anti-Aids-Kampagen dar (Dreezens-Fuhrke 1997).

Neben makrogeographischen Kriterien haben in der letzten Zeit vor allem mikrogeographische Segmentierungskriterien an Bedeutung gewonnen (Wilde 1986; Holland 2000). Dieser Ansatz beruht auf der Erkenntnis, dass sich Menschen mit ähnlichen Lebensstilen häufig an bestimmten Wohnorten konzentrieren (z.b. Studentenviertel). Durch die Verknüpfung regionaltypischer Kennziffern (z.b. Demographie, Beschäftigungsstruktur) mit Angaben zum Lebensstil können spezifische Marktsegmente z.b. mit einer maßgeschneiderten Nonprofit-Kampagne beeinflusst werden oder potenzielle Spender differenziert angesprochen werden. Beispielsweise kann ein regionales Theater neue Zielgruppen erreichen, indem es Werbemaßnahmen gezielt in ausgewählten lokalen öffentlichen Verkehrsmitteln sowie Bahnhöfen, Bushaltestellen usw. einsetzt.

(2) Sozioökonomische Segmentierungskriterien
Ebenfalls in der Praxis weit verbreitet ist die Segmentierung auf der Basis sozioökonomischer Kriterien. In diesem Zusammenhang sind vor allem die folgenden Kriterien von Bedeutung.

- **Einkommen und soziale Schicht**

Die Höhe des Einkommens lässt zum einen Rückschlüsse darüber zu, welche finanziellen Mittel eine Person generell für die Nonprofit-Leistungen bereitstellen kann. Zum anderen kann das Einkommen Einfluss auf das gewünschte Serviceniveau der angebotenen Nonprofit-Leistung haben. Häufig steht das Kriterium der sozialen Schicht in engem Zusammenhang mit dem Einkommen. Dieses gibt vor allem Hinweise auf Präferenzstrukturen und Zahlungsbereitschaften.

Beispiel: Wahlleistungen in Krankenhäusern
Bei stationären Krankenhausaufenthalten bieten viele Krankenhäusern ihren Patienten Einzelzimmer, Chefarztbehandlungen sowie Telefon- und Fernsehanschluss gegen einen Aufpreis an. In diesem Zusammenhang ist davon auszugehen, dass primär Patienten mit höherem Einkommen diese Wahlleistungen in Anspruch nehmen (Andreasen/Kotler 2002, S. 149).

- **Beruf**

Als Segmentierungskriterium lässt sich der Beruf besonders dann heranziehen, wenn die Nachfrage nach den Nonprofit-Leistungen von bestimmten Berufsgruppen bevorzugt in Anspruch genommen werden oder diese geeignete Multiplikatoren sind. So können etwa bei Kulturdienstleistungen gezielt Transport- und Taxiunternehmer, Gastronomen usw. als zentrale Multiplikatoren für das Nonprofit-Marketing ausgewählt werden (Günter 2001, S. 342).

• **Prognostizierter Wert einer langfristigen Beziehung**
Obwohl der prognostizierte Wert einer Beziehung insbesondere in Bezug auf Sponsoren und Spender von besonderer Relevanz ist, lässt sich dieses Segmentierungskriterium auch auf die Beziehung zu den Leistungsempfängern übertragen. Dies gilt beispielsweise für Theater oder öffentliche Schwimmbäder, die für die Bereitstellung ihrer Leistung ein Entgelt verlangen, das der Kostendeckung dient. Je höher der antizipierte Wert einer Beziehung zu den Leistungsempfängern, desto größere Bedeutung kommt der Beziehungspflege und -intensivierung zu. Eine Gewährleistung einer stabilen Kapazitätsauslastung lässt sich vor allem durch Stammgäste erreichen. Entsprechend kommt den Beziehungen zu Dauerabonnenten eine zentrale Bedeutung für das Marketing von Theatern, Opern, Schwimmbädern usw. zu. Zur Schätzung des Wertes einer Beziehung sind neben rein ökonomischen Größen, wie z.b. der Beitrag eines Leistungsempfängers zur Kostendeckung, auch weitere Kennziffern zu berücksichtigen. So hat ein Leistungsempfänger, der selbst zwar nur selten die Leistungen der Nonprofit-Organisation bezieht, jedoch durch intensive Mund-zu-Mund-Kommunikation andere von den Leistungen der Nonprofit-Organisation überzeugt, durchaus auch eine zentrale Bedeutung für die Nonprofit-Organisation.

Zusammenfassend lässt sich in Bezug auf sozioökonomische und demographische Segmentierungskriterien feststellen, dass deren Erfassbarkeit relativ problemlos und kostengünstig umsetzbar und diese Kriterien Ansätze für den gezielten Einsatz des Marketinginstrumentariums bieten. Allerdings schränkt die zum Teil fehlende Verhaltensrelevanz in einigen Fällen den Aussagewert sozioökonomischer und demographischer Kriterien ein. Beispielsweise ist das Einkommen einer Person nicht zwangsläufig mit der Ausgabebereitschaft für Nonprofit-Leistungen, wie z.B. Theateraufführungen, korreliert.

(3) Psychologische Segmentierungskriterien
Neben den sozioökonomischen und demographischen Segmentierungskriterien lässt sich eine weitere Kriteriengruppe – sog. psychologische Segmentierungskriterien – differenzieren. Im Nonprofit-Marketing sind in diesem Zusammenhang vor allem die folgenden Segmentierungsmerkmale zu beachten:

• **Motive und Einstellungen**
Motive stellen hypothetische Konstrukte dar, die das Handeln von Personen antreiben und steuern. Sie tragen zur Versorgung des Individuums mit psychischer Antriebskraft und zur Zielorientierung des menschlichen Verhaltens bei (Kuß/Tomczak 2000, S. 42). Für Nonprofit-Organisationen weisen vor allem so-

ziale, religiöse oder kulturelle Motive eine hohe Relevanz auf. Im Vergleich zu demographischen oder sozioökonomischen Kriterien gibt es bei Motiven deutliche Schwierigkeiten bei der Erhebung.

In engem Zusammenhang mit dem Konstrukt Motiv stehen Einstellungen. Bei Einstellungen handelt es sich um „eine erlernte Neigung, in Bezug auf ein gegebenes Objekt in einer konsistent positiven oder negativen Weise zu reagieren" (Fishbein/Ajzen 1975, S. 6). Zu trennen sind die allgemeinen, persönlichkeitsbezogenen Einstellungen und die marken- oder organisationsbezogenen Einstellungen. Vor allem Letzteren kann eine hohe Verhaltensrelevanz zugeschrieben werden. Beispielsweise zeigte eine Studie im Bereich Stadtmarketing, dass mit einer positiven Einstellung der Bürger zu ihrer Stadt auch die Ausgabebereitschaft in dieser Stadt steigt (Gröppel-Klein/Baun 2001). Ein Überblick über die handlungsrelevanten Einstellungen im betrachteten Markt kann konkrete Hinweise für ein zielgruppenbezogenes Marketing sowie für die Entwicklung geeigneter Wettbewerbsstrategien geben. Die Erhebung markenspezifischer Einstellungen ist zwar generell mit hohen Kosten und Aufwand verbunden, doch verfügen gerade diese Segmentierungskriterien über einen hohen Aussagewert für das Marketing von Nonprofit-Organisationen.

Beispiel: Segmentierung von Theaterbesuchern
Vorlieben für bestimmte Sparten des Theaters, z.B. modernes Theater, klassisches Theater usw., können zu einer ersten Segmentierung von Theatergästen herangezogen werden. So wird beispielsweise ein Schauspielhaus für neuzeitliches Theater primär solche Kunden ansprechen, die generell positive Einstellungen gegenüber modernen Aufführungen äußern.

- **Lifestyle**

Die sog. Lifestyle- bzw. Lebensstilkriterien beziehen sich auf die Persönlichkeit der Anspruchsgruppen. Dabei spielen vor allem Interessen, Aktivitäten und Meinungen eine wichtige Rolle. Ziel ist eine Aufgliederung der Anspruchsgruppen nach typischen Verhaltensmustern. Lifestyle-Kriterien lehnen sich eng an die allgemeinen Einstellungskriterien an.

Beispiel: Segmentierung des Altenmarktes anhand von Lifestyle-Kriterien
Ein Beispiel für den sinnvollen Einsatz von Lifestyle-Kriterien zur Marktsegmentierung von Nonprofit-Organisationen ist die Altenhilfe. Eine einseitige Konzentration auf das biologische Alter genügt in diesem Zusammenhang zur Segmentierung des Marktes oftmals nicht. Vielmehr ist die quantitative Alterskomponente um qualitative Aspekte zu ergänzen. So hat sich in den letzten Jahren neben den „traditionellen Alten", die Gruppe der sog. „neuen Alten" als Folge von gewandelten sozialen und ökonomischen Lebensbedingungen gebildet (Eichhorn/Schuhen 2001, S. 296). Diese reisen beispielsweise gerne, engagieren sich in Initiativen und sind entsprechend weniger an klassischen Angeboten der Altershilfe interessiert.

(4) Verhaltenskriterien

Als weitere Kriteriengruppe zur Segmentierung des Nonprofit-Marktes können Verhaltenskriterien herangezogen werden. Verhaltenskriterien beziehen sich auf in der Vergangenheit liegende Aktivitäten der Anspruchsgruppen einer Nonprofit-Organisation. In diesem Zusammenhang sind vor allem die folgenden beiden Kriterien relevant.

- **Leistungsbezogene Kriterien**
Leistungsbezogene Kriterien segmentieren die Anspruchsgruppen anhand von Aspekten wie der von ihnen bevorzugten Art der Nonprofit-Organisation (z.B. Theater versus Oper), der Nutzungsintensität der Nonprofit-Leistung (z.B. Anzahl Theaterbesuche pro Jahr) oder der Markenwahl (z.B. welches Theater wird bevorzugt?). Während sich die bevorzugte Art der Nonprofit-Organisation primär für eine Vorselektion eignet, kann auf Basis der Nutzungsintensität das Potenzial der entsprechenden Segmente abgeschätzt werden. In Bezug auf die Markenwahl oder Markentreue gilt es, Segmente mit Tendenz zum Variety Seeking, d.h., dem Wunsch nach (Marken-)Abwechslung, durch geeignete Maßnahmen an die Nonprofit-Organisation zu binden.

Beispiel: Differenzierter Einsatz der Marketinginstrumente in Abhängigkeit der Nutzungsintensität

Im Rahmen des Marketing eines Theaters sind beispielsweise Personen mit hoher Besucherfrequenz (z.B. Besitzer von Abonnements) anders zu bearbeiten, als Personen mit geringer Besucherfrequenz. Bezüglich der Kommunikationspolitik ist es z.B. sinnvoll für Kunden mit einer hohen Besuchsfrequenz detaillierte Hintergrundinformationen über die einzelnen Theateraufführungen zur Verfügung zu stellen, während potenzielle Erstbesucher mit grundlegenden Informationen über Anfahrtsmöglichkeiten oder die Preisgestaltung zu versorgen sind. Preispolitisch kann beispielsweise häufigen Besuchern eine Preisermäßigung gewährt werden, indem etwa 10er-Karten oder Abonnements im Vergleich zum Einzeleintrittspreis günstiger angeboten werden, um den Beitrag der Stammkunden zur Kapazitätsauslastung zu honorieren. Ebenfalls ist es denkbar, Stammkunden besondere Plätze zur Verfügung zu stellen (leistungspolitische Differenzierung) und eine kurzfristige Platzreservierung über Telefon oder Internet (distributionspolitische Differenzierung) zu ermöglichen.

- **Kommunikationsbezogene Kriterien**
Diese Kriterien stellen das Mediennutzungsverhalten der Anspruchsgruppen in den Mittelpunkt. Zentrale Frage in diesem Zusammenhang ist, welche Medien geeignet sind, um die kommunikativen Botschaften der Nonprofit-Organisation an die verschiedenen Zielgruppen zu richten. Entsprechend ist vor allem das Merkmal der medialen Erreichbarkeit ein zentrales Entscheidungskriterium.

Beispiel: Wahl der Kommunikationskanäle
Zielt eine Nonprofit-Organisation etwa darauf ab, die Meinungen in bestimmten politischen Gruppierungen zu beeinflussen, so wird sie primär ihre Kommunikationsbotschaften in den Zeitungen platzieren, die der entsprechenden Partei nahe stehen.

Insgesamt ist im Rahmen der Absatzmarktsegmentierung zu beachten, dass das Heranziehen eines einzelnen Kriteriums i.d.R. nicht ausreichend ist, um Teilmärkte zu identifizieren, die gezielt bearbeitet werden können. Sowohl im kommerziellen als auch im Nonprofit-Marketing ist aus diesem Grund eine Kombination mehrerer Segmentierungsmerkmale notwendig.

Beispiel: Segmentierung der Leistungsempfänger von Volkshochschulen
Volkshochschulen segmentieren die Nachfrager ihrer Leistungen i.d.R. anhand mehrerer Kriterien. Es werden z.B. Kurse zu unterschiedlichen Zeiten angeboten (nachmittags/abends), um der Tatsache Rechnung zu tragen, dass bestimmte Zielgruppen nachmittags an Kursen teilnehmen wollen bzw. primär zu dieser Zeit teilnehmen können. Darüber hinaus werden auch sozioökonomische Kriterien zur differenzierten Marktbearbeitung herangezogen, indem z.B. Studierende eine reduzierte Kursgebühr zu entrichten haben. Weiterhin spiegelt sich im Kursprogramm der Volkshochschulen die zunehmende Lifestyle-Orientierung bestimmter Teilnehmersegmente wider, indem für diese Teilnehmer Kurse angeboten werden, die sehr spezifische Interessen und Aktivitäten berücksichtigen.

4.3.3.3 Segmentierung der Teilnehmer auf den Beschaffungsmärkten

Hinsichtlich der Segmentierung auf den Beschaffungsmärkten bietet es sich an, eine Differenzierung zwischen dem privaten Beschaffungsmarkt (Spenden, Mitarbeit, Ressourcen) und dem gewerblichen Beschaffungsmarkt (Unternehmensspenden, Sponsorships, Secondments, Produkte) vorzunehmen. Im Prinzip können auf der Beschaffungsseite – insbesondere auf dem privaten Beschaffungsmarkt – eine Vielzahl der bereits im vorherigen Abschnitt diskutierten Segmentierungskriterien analog verwendet werden. So kann beispielsweise das Kriterium der sozialen Schicht Hinweise auf bevorzugte Spendenzwecke geben oder es kann die Zugehörigkeit zu einer bestimmten Altersgruppe als Indikator für die Erfolgswirksamkeit möglicher Spendenaufrufe dienen. Im Schaubild 4-12 sind im Überblick die zentralen Segmentierungskriterien auf dem privaten sowie gewerblichen Beschaffungsmarkt dargestellt.

(1) Privater Beschaffungsmarkt
Wie in Schaubild 4-12 dargestellt, lassen sich zur Segmentierung auf dem privaten Beschaffungsmarkt vor allem demographische, sozioökonomische, psychologische sowie Verhaltenskriterien heranziehen. Im Folgenden sind exemplarisch die soziale Schicht (sozioökonomisches Kriterium) und das Spendenverhalten (Verhaltenskriterium) als Segmentierungskriterien herausgegriffen und durch Beispiele verdeutlicht.

Zentrale Segmentierungskriterien in Beschaffungsmärkten			
Privater Beschaffungsmarkt (Spenden, Mitarbeit, Ressourcen usw.)		Gewerblicher Beschaffungsmarkt (Spenden, Sponsorships, Secondments usw.)	
Kriterien	Beispiele	Kriterien	Beispiele
Demographische Kriterien	Alter, Geschlecht, Wohnort	Branchenbezogene Kriterien	Art der Branche, Branchenkonjunktur, Konkurrenzintensität
Sozioökonomische Kriterien	Einkommen, Beruf, Ausbildung	Unternehmensbezogene Kriterien	Umsatzgrößenklasse, Mitarbeiterzahl, Rechtsform
Psychologische Kriterien	Einstellungen, Persönlichkeitsmerkmale, Präferenzen	Gruppenbezogene Kriterien	Größe, Struktur und Zusammensetzung des Entscheidungsgremiums für das Nonprofit-Engagement
Verhaltenskriterien	Spendenverhalten, Mediennutzung, ehrenamtliches Engagement	Personenbezogene Kriterien	Demographische, sozioökonomische und psychologische Merkmale der für das Nonprofit-Engagement zuständigen Personen

Schaubild 4-12: Zentrale Segmentierungskriterien in Beschaffungsmärkten

Beispiel: Segmentierung anhand sozialer Schichten
Eine Studie von Srnka et al. (2003) zeigt, dass Menschen aus einer niedrigen sozialen Schicht im Vergleich zu Personen aus höheren sozialen Schichten häufiger Blut spenden und gerne Straßenkollekten unterstützen. Demgegenüber sind Personen aus höheren sozialen Schichten eher bereit, für „abstraktere" Ziele zu spenden, wie z.B. für die Entwicklungshilfe oder Menschenrechte. Zu vergleichbaren Ergebnissen kam eine Studie von Schlegelmilch et al. (1997).

Beispiel: Segmentierung anhand des Spendenverhaltens
In Schaubild 4-13 ist eine einfache Segmentierung von Spendern auf Basis des aktuellen Spendenverhaltens dargestellt. Je weiter oben ein Spender in der Pyramide steht, desto bedeutender ist dieser für die finanziellen Beschaffungsziele der Organisation. In Abhängigkeit von der Stufe der Pyramide kann eine individuelle Marketingstrategie entwickelt werden. In Bezug auf Erstspender kann beispielsweise durch emotionale Appelle und persönliche Ansprache die Intensivierung bzw. der Aufbau der Beziehung angestrebt werden, um langfristig eine Überführung dieser Segmente in eine höhere Stufe zu realisieren.

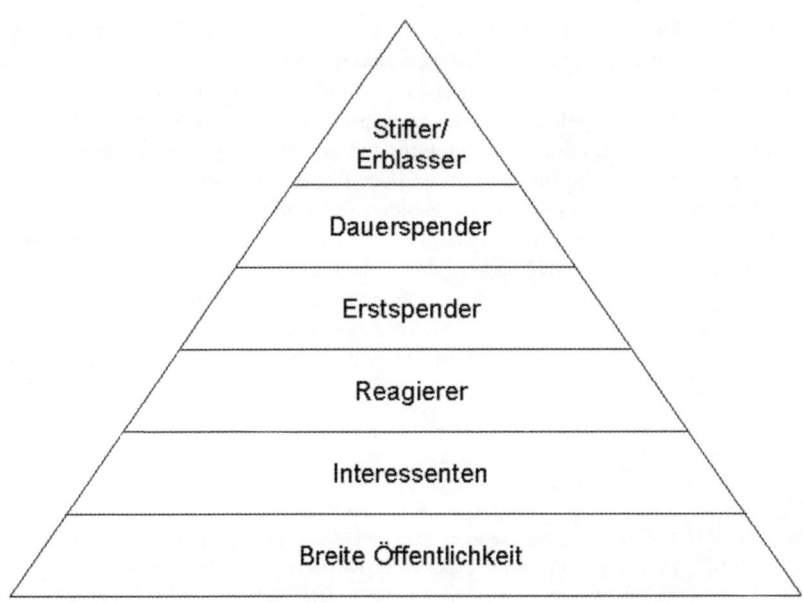

Schaubild 4-13: Spenderpyramide (Quelle: in Anlehnung an Urselmann 2002, S. 26)

Spender, die Bereitschaft zeigen dauerhaft zu fördern oder die Nonprofit-Organisation in ihrem Testament berücksichtigen wollen, verlangen demgegenüber eher nach sachlicher Aufklärung über die nachhaltige Wirkung ihrer finanziellen Unterstützung. Aufgrund der hohen Bedeutung von Dauerspendern und potenziellen Erblassern ist es sinnvoll, diesen Segmenten eine besondere Aufmerksamkeit zukommen zu lassen (z.B. durch persönliche Geschenke oder Einladungen zu Events). Darüber hinaus ist der Nutzen eines Geldgebers jedoch nicht nur aufgrund der Höhe der von ihm bereitgestellten Gelder zu bewerten, sondern auch auf Basis weiterer Kriterien. Beispielsweise stellt der Referenzwert eines Geldgebers eine weiterführende Größe für die Nutzenbewertung dar. So kann etwa eine kleine Spende durch eine in der Öffentlichkeit bekannte und beliebte Persönlichkeit dazu beitragen, dass daraufhin weitere Personen Gelder für die Nonprofit-Organisation spenden.

Neben der Segmentierung der potenziellen Spender von Geld- und Sachressourcen kommt im privaten Beschaffungsmarkt insbesondere der **Segmentierung des Mitarbeitermarktes** eine herausragende Bedeutung für das Nonprofit-Marketing zu. Ansatzpunkte für die Mitarbeitersegmentierung bieten beispielsweise die alternativen Motive für ein ehrenamtliches Engagement oder die fachlichen Kenntnisse. Auf Basis der Motive für ein ehrenamtliches Engagement lassen sich z.B. segmentspezifische Strategien zur Mitarbeiterakquisition ableiten. In Bezug auf aktuelle Mitarbeiter können durch eine Segmentierung (z.B. Mitarbeiter in direktem Kontakt mit Leistungsempfängern, Backoffice-Mitarbeiter, Führungskräfte) beispielsweise Mitarbeitergruppen unterschieden werden, deren Bindung aus organisationsinternen Gründen besonders zentral erscheint und Mitarbeitergruppen, die für die Bindung der Leistungsempfänger von besonderer Bedeutung sind. Analog zu der Spenderpyramide ist es darüber hinaus auch in Bezug auf die Mitarbeiter denkbar, diese nach deren relativen Bedeutung für die Organisation zu unterscheiden (z.b. gelegentliche freiwillige Mitarbeit, regelmäßige ehrenamtliche Tätigkeit, ehrenamtliche Mitarbeit auf bestimmten Posten, ehrenamtlicher Vorstand). Je nach Zugehörigkeit der Mitarbeiter zu einer der Gruppen lässt sich eine dezidierte Mitarbeiterbindungs- und Entwicklungsstrategie entwickeln.

Beispiel: Segmentspezifische Ansprache potenzieller Mitarbeiter
Ein Museum benötigt unterschiedliche Mitarbeiter für die verschiedenen Kontaktpunkte. Zum einen werden Mitarbeiter mit Fachkenntnissen benötigt, die in der Lage sind, Führungen durch Ausstellungen zu organisieren und im Kundenkontakt sowohl freundlich als auch fachlich kompetent zu interagieren. Diese Mitarbeiter – z.B. Kunststudenten – können über Stellenanzeigen in universitätsnahen Medien angesprochen werden und durch fachspezifische Weiterbildungen motiviert werden. Zum anderen werden (ehrenamtliche und in Abhängigkeit von der Größe des Museums auch hauptberufliche) Mitarbeiter für die Verwaltungsbereiche benötigt, die z.b. über Stellenanzeigen in regionalen oder überregionalen Tageszeitungen erreicht werden. Zur Motivation ehrenamtlicher Mitarbeiter für Verwaltungstätigkeiten können z.b. positive Erfahrungsberichte von anderen Ehrenamtlichen in der Kommunikationspolitik eingesetzt werden.

(2) Gewerblicher Beschaffungsmarkt
Zur Segmentierung des gewerblichen Beschaffungsmarktes sind primär branchenbezogene, unternehmensbezogene, gruppenbezogene und personenbezogene Segmentierungskriterien zu unterscheiden (vgl. Schaubild 4-12). Während sich die branchen- und unternehmensbezogenen Segmentierungskriterien auf betriebswirtschaftliche Kennzahlen beziehen, stehen bei den gruppen- bzw. personenbezogenen Segmentierungskriterien die Entscheider und Entscheidungsstrukturen innerhalb der Unternehmen im Fokus. Analog zum Vorgehen bei der Beschreibung des privaten Beschaffungsmarktes wird auch hier exemplarisch an zwei Beispielen aufgezeigt, wie eine Segmentierung im gewerblichen Beschaffungsmarkt aussehen könnte.

Beispiel: Segmentierung des gewerblichen Beschaffungsmarktes auf Basis der Branchenkonjunktur
Bei der Bearbeitung des Marktes für Sponsorships ist es sinnvoll, eine Segmentierung der (potenziellen) Sponsorgeber auf Basis der aktuellen Branchenkonjunktur vorzunehmen. Die Branchenkonjunktur gibt vor allem Aufschluss darüber, welche finanziellen Ressour-

cen für ein Sponsorship zur Verfügung stehen. Darauf können z.B. die Strategien zur Akquisition von Sponsorships abgestimmt werden. In Branchen mit guter Branchenkonjunktur sind zum einen intensivere Bemühungen zur Akquisition anzustellen, zum anderen können bei positiver Branchenkonjunktur auch gezielt besonders exklusive Sponsoringpakete angeboten werden (z.B. auf wenige Sponsoren limitierte Sponsoringengagements).

Beispiel: Merkmale des Entscheidungsgremiums als Segmentierungsmerkmal
Eine zielgerichtete Bearbeitung von potenziellen oder aktuellen Förderunternehmen ist oftmals erst durch eine Mikro-Segmentierung möglich, die an verhaltensrelevanten Kriterien des Entscheidungsgremiums für das Nonprofit-Engagement anknüpft. Beispielsweise ist die Größe des Entscheidungsgremiums von Relevanz, da mit zunehmender Größe der Formalisierungsgrad bei der Vergabe eines Sponsorships oder der Bereitstellung von Mitarbeitern bzw. Ressourcen wächst. Ebenfalls hat die Struktur des Entscheidungsgremiums einen Einfluss auf das Beschaffungsverhalten der Nonprofit-Organisation, da je nach organisatorischer Verankerung die Interaktionspartner auf Unternehmensseite mehr oder weniger klar definiert sind.

Insgesamt gilt es zu berücksichtigen, dass die verschiedenen Segmentierungskriterien häufig nicht isoliert eingesetzt werden können, sondern meistens eine **stufenweise Segmentierung** erforderlich ist. Eine stufenweise Segmentierung vollzieht sich auf unterschiedlichen Aggregationsniveaus. Auf der ersten Stufe erfolgt eine Makrosegmentierung. So kann beispielsweise im gewerblichen Beschaffungsmarkt zunächst eine Aufteilung nach der Branchenkonjunktur vorgenommen werden. Führen die Makrokriterien zu keinem klar abgegrenztem Segment, dann wird in einem zweiten Schritt eine Mikrosegmentierung durchgeführt. Hierbei sind z.B. zusätzliche Einteilungen nach Merkmalen des Entscheidungsgremiums und deren Mitglieder denkbar.

5 Strategische Marketingplanung für Nonprofit-Organisationen

Innerhalb der Planungsphase des Managementprozesses im Nonprofit-Marketing (vgl. Schaubild 2-6) folgt auf die strategische Unternehmensplanung die strategische Marketingplanung. Während mit der strategischen Unternehmensplanung die Basisentscheidungen im Nonprofit-Marketing getroffen werden (Festlegung der Organisationsmission und grundlegender strategischer Ziele, Abgrenzung des relevanten Marktes, Bildung der Geschäftseinheiten, Bestimmung von Segmentierungskriterien), dient die **strategische Marketingplanung** von Nonprofit-Organisationen der Konkretisierung der bisher getroffenen Entscheidungen. Ziel einer strategischen Marketingplanung ist ein bedingter, langfristiger und globaler Verhaltensplan zur Erreichung der relevanten Marketingziele einer Nonprofit-Organisation sowie eine Definition von darauf aufbauenden Strategien in den einzelnen Marketingmixbereichen einer Nonprofit-Organisation.

Zwischen der Zielfestlegung und der operativen Maßnahmenplanung einer Nonprofit-Organisation bildet die strategische Marketingplanung das zentrale Bindeglied innerhalb des Managementprozesses. Im Folgenden wird ein genereller Ansatz zur Systematisierung von Nonprofit-Marketingstrategien erarbeitet, der für alle Nonprofit-Organisationen gleichermaßen Gültigkeit hat. Entsprechende Ansätze, wenngleich nicht speziell auf Nonprofit-Organisationen zugeschnitten, finden sich in zahlreichen Varianten in der Marketingliteratur (Haedrich/Tomczak 1996; Becker 2001). Die in Schaubild 5-1 aufgeführten Strategien bzw. strategischen Optionen stellen die zu berücksichtigenden Ebenen und Ausprägungen einer **Strategiesystematik** dar.

Das grundlegende Element der Strategiesystematik bildet die Festlegung von **Geschäftsfeldstrategien** (Abschnitt 5.1). Beginnend mit der Überprüfung, welche marktfeldstrategische Option eine Nonprofit-Organisation wahrnehmen kann (Abschnitt 5.1.1), werden als weitere Elemente der Geschäftsfeldstrategie die Wettbewerbsvorteils- (Abschnitt 5.1.2) sowie die Marktabdeckungsstrategien (Abschnitt 5.1.3) diskutiert.

Auf den Geschäftsfeldstrategien bauen die **Marktteilnehmerstrategien** auf (Abschnitt 5.2). Zunächst sind marktbearbeitungsspezifische Optionen (Abschnitt 5.2.1) zu wählen. Darüber hinaus sind marktteilnehmerbezogene Verhaltensstrategien zu formulieren. Als zentrale marktteilnehmerbezogene Strategien

Geschäfts-feldstrategie	Marktfeldstrategien	• Marktdurch-dringung	• Marktent-wicklung		• Leistungsent-wicklung		• Diversifikation
	Wettbewerbsvorteils-strategien	• Qualtäts-vorteil	• Innova-tionsvorteil	• Markie-rungsvorteil	• Programm-breitenvorteil	• Kosten-vorteil	• Zeit-vorteil
	Marktabdeckungs-strategien	• Gesamtmarkt ←—————————————→ • Nische					
	Marktbearbeitungs-strategien	• Undifferenzierte Bearbeitung		• Differenzierte Bearbeitung		• Segment-of-One-Ansatz	
Marktteil-nehmer-strategien	Verhal-tens-stratgien / Anspruchs-gruppen-gerichtet	• Akquisition		• Bindung		• Rückgewinnung	
	Wettbe-werbsge-richtet	• Ausweichen		• Kooperation	• Offensiv	• Anpassung	
Marketing-instru-mente-strategien	Leistungs-politik	Preis- und Gebüh-renpolitik	Vertriebs-politik	Institutio-nelle Kommu-nikation	Marke-ting-kommuni-kation	Dialog-kommuni-kation	Personal-politik	Finanz-politik	Partner-schaften und Kooperationen
	Absatzpolitik			Kommunikationspolitik			Ressourcenpolitik	

Schaubild 5-1: Ebenen und Ausprägungen von Strategieoptionen für Nonprofit-Organisationen
(Quelle: in Anlehnung an Meffert/Bruhn 2003, S. 210)

werden in diesem Zusammenhang Strategien bezogen auf die Anspruchsgruppen (Abschnitt 5.2.2) sowie die Wettbewerber (Abschnitt 5.2.3) diskutiert. Schließlich gilt es, darauf aufbauende **Marketinginstrumentestrategien** festzulegen (Abschnitt 5.3). Diese beinhalten Konkretisierungen der Strategien hinsichtlich des Instrumenteeinsatzes.

5.1 Geschäftsfeldstrategien

5.1.1 Entwicklung von Marktfeldstrategien

Mit der Festlegung einer Marktfeldstrategie für eine Nonprofit-Organisation wird eine generelle strategische Stoßrichtung bestimmt, die die langfristige Erreichung der Unternehmensziele sicherstellt. Die möglichen Strategiealternativen lassen sich grob anhand der klassischen **Ansoff-Matrix** (Ansoff 1966,

Leistungen \ Märkte	Vorhanden	Neu
Vorhanden	**Marktdurchdringung** • Verwaltungsdienstleistungen • Vernetzung der einzelnen Einrichtungen (Case Management) • Optimierung der Geschäftsprozesse	**Marktentwicklung** • Neue geographische Räume (Berlin, Brandenburg, Polen) • Wohngruppen in Brandenburg
Neu	**Leistungsentwicklung** • Mobile Rehabilitation • Erweiterung der DL-Palette (Reinigung, Renovierung) • Call Center sozialer Dienstleistungen • Suppenküche, Obdachlosenheim	**Diversifikation** • Erziehungsstellen in Brandenburg • Ambulante Betreuungsleistungen (Spazieren gehen, Arztbesuche usw.) • Haus der sozialen Dienstleistungen • Angebote „Grenzbereich Psychiatrie"

Schaubild 5-2: Potenzielle Marktfeldstrategien am Beispiel des Evangelischen Johannesstifts

S. 13 ff.) strukturieren. Auf Nonprofit-Organisationen übertragen sind dabei die in Schaubild 5-2 dargestellten **Basisstrategien** zu unterscheiden. Sie werden hier am Beispiel des Evangelischen Johannesstifts, das in Berlin Einrichtungen der Alten-, Behinderten- und Jugendhilfe unterhält, veranschaulicht.

Mit der **Marktdurchdringungsstrategie** wird angestrebt, bei den vorhandenen Leistungsempfängern die gegenwärtigen Leistungsarten einer Nonprofit-Organisation vermehrt abzusetzen. Bei dieser Strategie ergeben sich im Wesentlichen drei Ansatzpunkte, die isoliert oder kombiniert verfolgt werden können:

(1) Schaffung von Anreizen zur Erhöhung der Leistungsnutzung
Bei bestehenden Leistungsempfängern werden Anreize zur vermehrten bzw. intensivierten Leistungsnutzung geschaffen (z.b. durch den Aufbau neuer Bereiche in Kurkliniken und Sanatorien, Erweiterung des Theaterprogramms bei Schauspielhäusern). Aktuelle Leistungsempfänger werden somit dazu gebracht, die Leistung möglichst häufig zu nutzen.

(2) Gewinnung von Leistungsempfängern, die bisher bei anderen Nonprofit-Organisationen Leistungen in Anspruch genommen haben
Diese strategische Option erfordert – insbesondere für Nonprofit-Organisationen, bei denen eine starke Bindung zwischen Leistungsanbietern und -nachfragern besteht (z.B. Universitäten, Krankenhäuser) – intensive Marketinganstrengungen, um einen Leistungsempfänger zum Wechsel zu bewegen. Dies erklärt sich vor allem durch die als hoch empfundene Verhaltensunsicherheit gegenüber

Insert 5-1: Anzeigenmotive der Deutschen Krebshilfe
(Quelle: www.krebshilfe.de, Zugriff am 24.10.2004)

dem (neuen) Leistungsanbieter. Als Maßnahme zur Gewinnung von anderweitig gebundenen Leistungsempfängern sind z.B. Preisreduktion bei Pflegeheimen, Verkaufsförderungsaktion eines Theaters, Leistungsoptimierung eines Verkehrsbetriebes usw. denkbar.

(3) Gewinnung bisheriger Nichtverwender der Nonprofit-Leistung
Die Gewinnung bisheriger Nichtverwender erfolgt u.a. durch intensivierte Kommunikation oder den Einsatz neuer Distributionskanäle. Hier lassen sich exemplarisch die Bemühungen sozialer Nonprofit-Organisationen anführen, die z.B. durch Werbemaßnahmen und Aufklärungsaktivitäten auf die Inanspruchnahme von Krebsvorsorgeuntersuchungen hinweisen. Insert 5-1 zeigt beispielhaft Motive der Anzeigenkampagne der Deutschen Krebshilfe, die dazu aufrufen, eine Untersuchung der Darmkrebs-Früherkennung durchführen zu lassen.

Im Rahmen der **Marktentwicklungsstrategie** erfolgt eine Intensivierung der Bemühungen, für die gegenwärtigen Leistungen einen oder mehrere neue Märkte zu finden. Ansätze für die Marktentwicklung finden sich vor allem bei der im Abell-Schema (vgl. Abschnitt 4.3.2) als Nachfragegruppe bezeichneten Dimension. Bei der Suche nach neuen Marktchancen sind insbesondere zwei Vorgehensweisen möglich:

(1) Erschließung zusätzlicher geographischer Märkte
Die Erschließung zusätzlicher Märkte ist durch regionale, nationale oder internationale Ausdehnung der Nonprofit-Organisation möglich (Stauss 1994a). Beispielhaft für die geographische Ausdehnung des Leistungsabsatzes einer Nonprofit-Organisation ist das Vordringen von Krankenhausketten (z.B. Rhönkliniken) und Parteien (z.B. PDS) von ehemals regionalen auf nationale Märkte oder die weltweite Tätigkeit von Umweltschutzorganisationen (z.B. Robin Wood, Greenpeace).

(2) Gewinnung neuer Marktsegmente
Die Gewinnung neuer Marktsegmente wird z.B. angestrebt durch spezifisch auf die Bedürfnisse von bestimmten Leistungsempfängern abgestimmte Leistungsvarianten, „psychologische" Leistungsdifferenzierungen durch den Aufbau von Nonprofit-Marken oder neuartige Vertriebskanäle. Beispielsweise will die Stiftung Warentest mit ihrem Wettbewerb „Jugend testet" speziell das Segment der jungen Menschen erreichen und sie dabei unterstützen, ein Bewusstsein als kritische Verbraucherinnen und Verbraucher zu entwickeln. Als weiteres Beispiel der Gewinnung neuer Marktsegmente von Nonprofit-Organisationen ist die Ausweitung des Angebotes des Deutschen Schützenbundes um die Sportart „Sommerbiathlon" zu nennen.

Im Rahmen der **geographischen Ausdehnung des Leistungsabsatzes** bei Nonprofit-Organisationen ist zu berücksichtigen, dass Nonprofit-Leistungen zumeist nicht transportfähig sind. Plant eine bisher regional tätige Nonprofit-Organisation ihre Absatzaktivitäten über ihr ursprüngliches Einzugsgebiet hinaus auszudehnen, so ist ein Wachstum in der Regel nur über den Aufbau zusätzlicher Standorte möglich (Graumann 1984, S. 608). Ein „langsames Vortasten" in internationale Märkte ist für eine Nonprofit-Organisation bezogen auf den Absatzmarkt somit kaum möglich. Entsprechend haben zahlreiche große Nonprofit-Organisationen, die auf internationalen Märkten tätig sind, ein Geschäftsstellennetz im Auslandsmarkt errichtet, um dort mit ihrem Leistungsangebot präsent zu sein. Greenpeace – 1971 in den USA gegründet – ist beispielsweise inzwischen an 41 Standorten weltweit mit eigenen Geschäftsstellen vertreten.

Eine Strategie der **Leistungsentwicklung** zielt darauf ab, für die gegenwärtigen Leistungsempfänger neue, innovative Leistungen zu entwickeln. Hierbei sind zwei alternative Vorgehensweisen denkbar:

(1) Entwicklung von Leistungen im Sinne von organisationsbezogenen Neuheiten oder echten Marktneuheiten
Das Deutsche Rote Kreuz (DRK) beschränkt beispielsweise sein Angebot heute nicht mehr auf die Rettungsdienste, sondern übernimmt z.B. auch die Bergrettung, Blutversorgung, Flüchtlingsbetreuung, Behindertentransportdienste, Aus-

bildung in der Ersten Hilfe und den Mobilen Sozialen Dienst. Aus Sicht des Roten Kreuzes wurden somit im Laufe der Jahre zusätzliche, neue Leistungen angeboten. Werden die Leistungen bisher von keiner anderen Nonprofit-Organisation angeboten, so handelt es sich um Marktneuheiten im engeren Sinne. Bei der Schaffung von Marktneuheiten verläuft die Grenze zwischen reinen Zusatzleistungen (z.B. die Vermarktung von Forschungsergebnissen durch Universitäten), die aufbauend zur eigentlichen Leistung angeboten werden, und eigenständigen neuen Leistungen, wie sie im Rahmen der Diversifikationsstrategie angeboten werden, oftmals fließend.

(2) Erweiterung des Leistungsprogramms durch das Angebot zusätzlicher Leistungsvarianten
Beispielsweise bietet das Evangelische Johannesstift in Berlin akut erkrankten älteren Patienten sowie älteren Patienten mit chronischen Krankheiten eine stationäre geriatrische Rehabilitation an. Ziel dieser medizinischen Maßnahme ist es, die Selbsthilfekräfte und die Eigeninitiative zu stärken, um den Patienten eine möglichst selbstbestimmte Lebensführung zu ermöglichen und Pflegebedürftigkeit zu vermeiden bzw. hinauszuzögern. In Zukunft wird die stationäre Rehabilitation um eine mobile Rehabilitation erweitert. Das Johannesstift trägt durch diese Leistungsvariante dem Trend Rechnung, dass ältere Menschen häufig einen stationären Aufenthalt ablehnen bzw. so kurz wie möglich halten möchten.

Charakteristisch für eine **Diversifikationsstrategie** ist die Ausrichtung der Aktivitäten von Nonprofit-Organisationen auf neue Leistungen für neue Märkte. Dabei lassen sich drei verschiedene **Diversifikationsformen** unterscheiden (Yip 1982, S. 129 ff.; Meffert 2002, S. 245 f.):

(1) Horizontale Diversifikation
Die horizontale Diversifikation stellt eine Erweiterung des Nonprofit-Angebotes um Leistungen dar, die mit dem bestehenden Programm noch in Verbindung stehen. Dabei können sich die Diversifikationsbemühungen einer Nonprofit-Organisation sowohl auf Leistungen als auch auf Sachgüter beziehen. Der Vorteil der horizontalen Diversifikation liegt vor allem in der Chance, vorhandenes Knowhow relativ gut übertragen zu können. Ein Beispiel ist die Aufnahme von Musicals in das Angebot eines Theaters.

(2) Vertikale Diversikation
Mit der vertikalen Diversifikation wird die Wertschöpfungstiefe des Absatzprogramms einer Nonprofit-Organisation vergrößert. Diese kann sowohl in Richtung Absatz des bisherigen Angebots als auch in Richtung Leistungs-„Vorproduktion" vorgenommen werden. Von einer vertikalen Diversifikation wird z.B. dann gesprochen, wenn eine Kulturstiftung einen Buchverlag oder ein Pflegeheim eine Umzugsfirma aufbauen würde.

(3) Laterale Diversifikation
In völlig neue Märkte stößt die Organisation bei der **lateralen Diversifikation** vor. Beispielsweise wenn eine Nonprofit-Organisation aus dem Bereich der Altenhilfe auch im Bereich der Entwicklungshilfe tätig wird.

5.1.2 Entwicklung von Wettbewerbsvorteilsstrategien

Bei der Ableitung einer Geschäftsfeldstrategie kommt der Bestimmung des zu verfolgenden **Wettbewerbsvorteils** eine zentrale Rolle zu. In diesem Zusammenhang ist es von besonderer Bedeutung, wie die Wettbewerbsvorteile aus Sicht der Leistungsabnehmer (bzw. von anderen Anspruchsgruppen) wahrgenommen und von diesen bewertet werden. Ein echter Wettbewerbsvorteil liegt erst dann vor, wenn folgende Anforderungen erfüllt sind (Simon 1988; Meffert/Burmann 2002; Backhaus 2003):

- **Wahrnehmbarkeit**
Der Vorteil hat von den Leistungsabnehmern als solcher erkennbar zu sein.

- **Bedeutsamkeit**
Es ist sicherzustellen, dass es sich um einen für die Leistungsabnehmer zentralen Vorteil handelt.

- **Dauerhaftigkeit**
Der Vorteil darf durch andere Nonprofit-Anbieter kurzfristig nicht imitierbar sein.

Bei einem Open-Air-Theater kann ein Wettbewerbsvorteil beispielsweise darin bestehen, dass es an einem vergleichsweise wettersicheren Ort gebaut wurde und bereits im Frühjahr erste Aufführungen im Freien anbieten kann. Der Wettbewerbsvorteil des bereits mehrfach als Beispiel herangezogenen Evangelischen Johannesstiftes in Berlin liegt in der Kombination folgender Stärken:

- Hohe Leistungsqualität (persönliche, individuelle Betreuung, gut ausgebildete Mitarbeiter),
- Differenziertes Leistungsangebot (z.B. „Geriatriezentrum"),
- Vernetzung der Leistungen,
- Hohe Innovationskraft.

Direkte Bedeutung kommt der Generierung eines Wettbewerbsvorteils dann zu, wenn der Abnehmer der Nonprofit-Leistung auch gleichzeitig Auftraggeber ist und für die Leistung bezahlt (Bumbacher 2003, S. 394 ff.). Der Leistungsabnehmer entscheidet in diesem Fall souverän, welche Leistung er in Anspruch nimmt, wie z.B. bei Nonprofit-Organisationen aus dem Bereich der Aus- und

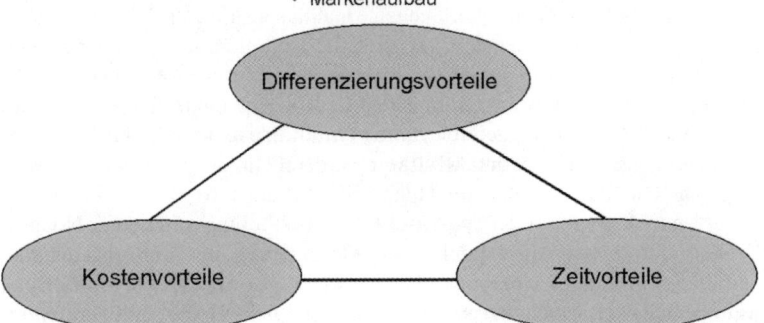

Schaubild 5-3: Dimensionen zur Umsetzung von Wettbewerbsvorteilsstrategien
(Quelle: in Anlehnung an Meffert/Bruhn 2003, S. 228)

Weiterbildung, bei öffentlichen Schwimmbädern oder Theatern. Im Rahmen von nicht-schlüssigen Tauschprozessen spielt der Wettbewerbsvorteil aus Sicht der Leistungsabnehmer demgegenüber lediglich eine **indirekte Rolle**. Geldgeber werden vor allem solche Leistungen für eine Drittpartei veranlassen, die aus ihrer Sicht einen Wettbewerbsvorteil aufweisen und die Leistungsempfänger am ehesten zufrieden stellen. Beispielsweise wird ein potenzieller Spender eine Hilfsorganisation kaum unterstützen, wenn er nicht davon überzeugt ist, dass diese die Hilfsbedürftigen besonders kompetent unterstützt.

Insgesamt hat sich in Wissenschaft und Praxis die Ansicht durchgesetzt, dass ein Wettbewerbsvorteil primär durch Kosten-, Zeit- und/oder Differenzierungsvorteile umsetzbar ist (vgl. Schaubild 5-3), wobei sich häufig Wettbewerbssituationen ergeben, in denen simultan mehrere Wettbewerbsvorteile aufzubauen sind, um die Position am Markt zu sichern bzw. zu verbessern (Bruhn 2001a). Daher werden im Folgenden alle drei Dimensionen zur Umsetzung von Wettbewerbsvorteilsstrategien diskutiert.

(1) Differenzierungsvorteile
Auf Basis einer Differenzierungsstrategie will sich eine Nonprofit-Organisation durch die Schaffung von spezifischen Leistungsvorteilen bzw. die Optimierung

des bisherigen Leistungsangebotes von den Wettbewerbern abheben und dadurch ihre Marktstellung verbessern. Eine Differenzierung kann beispielsweise über die **Qualität** der Nonprofit-Leistungen erfolgen, wobei die Erlangung einer aus Leistungsempfängersicht überlegenen Qualitätsposition im Nonprofit-Marketing i.d.R. ein komplexes, mehrdimensionales Optimierungsproblem darstellt. Die Mehrdimensionalität resultiert hierbei aus der Existenz verschiedener Dimensionen der subjektiv wahrgenommenen Leistungsqualität. Eine Analyse des Zusammenhanges zwischen den relevanten **Qualitätsaspekten** und den zu ihrer Beeinflussung geeigneten **Wertaktivitäten** verdeutlicht, wie komplex die Realisierung von Qualitätsvorteilen im Nonprofit-Marketing ist. Jede primäre und unterstützende Aktivität in der spezifischen Wertschöpfungskette einer Nonprofit-Organisation bietet Ansatzpunkte zur Optimierung der Leistungsqualität. Schaubild 5-4 gibt einen Überblick über relevante Qualitätsaspekte am Beispiel der European Business School (private wissenschaftliche Hochschule) und Möglichkeiten ihrer Steuerung anhand des Wertkettenmodells. Beispielsweise kann eine Qualitätsverbesserung bei einer Hochschule über personalwirtschaftliche Entscheidungen (z.B. Schulungen der Mitarbeiter) oder technologische Modernisierungen angestrebt werden.

Durch die Komplexität des Qualitätskonstrukts und die Vielzahl qualitätsbeeinflussender Wertaktivitäten wird deutlich, dass eine ständig gleich bleibende hohe Leistungsqualität und damit eine überlegene Qualitätsposition als Differenzierungsmerkmal für Nonprofit-Organisationen mit erheblichem Aufwand verbunden ist. Die **Qualitätssicherung** stellt deshalb insbesondere bei nicht-materiellen Nonprofit-Leistungen eine besondere Herausforderung dar (vgl. Kapitel 6). So ist es beispielsweise für ein Krankenhaus – aufgrund der Vielzahl unterschiedlicher Krankheiten und Krankheitsverläufe – kaum möglich, jede Behandlung in konstanter Qualität durchzuführen. Während bei materiellen Gütern die Qualitätskonstanz durch gleiche Größe, Form, Farbe, Herstellungsverfahren usw. gewährleistet wird, sind bei Nonprofit-Organisationen lediglich die „**Potenzialfaktoren**" (z.B. die technologischen Ressourcen, Räumlichkeiten oder die Mitarbeiter) autonom kontrollierbar. Entsprechend resultiert die Notwendigkeit, materielle Hilfsmittel zur Leistungserstellung (z.B. medizinische Apparate im Krankenhaus) regelmäßig zu warten und dem neuesten Stand der Technik anzupassen sowie Mitarbeiter in Schulungen auf die neuen bzw. steigenden Qualitätsanforderungen vorzubereiten. Letzteres ist bei Nonprofit-Organisationen besonders deshalb zentral, da eine Vielzahl der Mitarbeiter Ehrenamtliche sind und somit nicht zwingend über die notwendigen Qualifikationen für die Aufgabenerfüllung verfügen. Beispielsweise, wenn nicht speziell ausgebildete Personen im Rahmen eines Wohlfahrtsverbandes die Betreuung alter Menschen übernehmen (Badelt 2002d, S. 575). Neben der mangelnden Konstanz der Potenzialfaktoren

	Einstellung, Ausbildung (Verwaltung wie z.B. Studentensekretariat)	Einstellung, Weiterbildung (Lehrpersonal)	Einstellung, Ausbildung (Verwaltung wie z.B. Prüfungsamt, Placement/Career-Service)	Einstellung, Ausbildung (Verwaltung)	Einstellung, Ausbildung (Verwaltung)
Unternehmens-infrastruktur					
Personal-wirtschaft					
Technologie-entwicklung	Bewerberprofil	Akадcharakter bzgl. Lehre, Forschung und Weiterbildung (neue Fächer, Praxisorientierung, Internationalisierung etc.)	Prüfungsrichtlinien	Marktforschung	–
Beschaffung	Bewerberakquisition	Räumlichkeiten, Technische Ausstattung, Bibliothek, Rechenzentrum, Praktikaangebote	Stellenangebote	Werbeagenturdienstleistungen, Pressedienstleistungen	–
Informations-management	IS-Unterstützung für Bewerbungseingang, Aufnahmeverfahren, Immatrikulation	IS-Unterstützung für Lehre, Forschung und Weitertbildung	IS-Unterstützung für Exmatrikulation, Zeugnisvergabe, Diplomvergabe, Prüfungswesen	IS-Unterstützung für PR-Aktivitäten	IS-Unterstützung für Administration (Personalverwaltung, Rechnungswesen, Haustechnik etc.)

Unterstützende Aktivitäten

	Lehre	Weiter-bildung	For-schung	Lehre	Weiter-bildung	For-schung	Lehre	Weiter-bildung	For-schung		
	Interne Dienstleistungen wie Bewerbungseingang, Aufnahmeverfahren (schriftlich/mündlich), Immatrikulation, Studienvorbereitung			Interne Dienstleistungen wie Weiterbildungsangebote, Beratung			Interne Dienstleistungen wie Prüfungswesen, Zeugnisvergabe, Zertifikatsvergabe			Interne Dienstleistungen wie Prüfungswesen, Exmatrikulation, Zeugnisvergabe, Diplomvergabe, Placement/Career-Service, Résumé e Book, Bewerberseminar	Interne Dienstleistungen wie Prüfungswesen, Zeugnisvergabe, Zertifikatsvergabe
	Projektakquisition			Placement/Career-Service, Persönlichkeitsentwicklung, Bewerberseminar, Studienberatung, Auslandsstudium			Projektbearbeitung			Projektdokumentation und -ergebnisse	
	Eingangs-logistik			**Operationen/Dienste**						**Ausgangs-logistik**	

	Public Relations, Kontaktveranstaltungen	Administration exebs
	Marketing / Vertrieb	**Service-dienste**

ebs (private wissenschaftliche Hochschule in Deutschland)

Gewinnspanne

IS: Informationssystem Gewinnspanne: Einnahmen aus Studiengebühren, Spenden etc. abzgl. aller Kosten für Lehre, Forschung, Verwaltung, sonstige Kosten

Schaubild 5-4: Wertkette am Beispiel der European Business School (ebs) (Quelle: www.ebs.de, Zugriff am 25.10.2004)

kann auch ein ungenügender Input durch den **Leistungsempfänger** selbst zu einem schlechteren Qualitätsergebnis führen: Zeigt sich beispielsweise im Rahmen einer Therapie ein Patient wenig kooperativ, so wird trotz kompetenter Mitarbeiter und hervorragender Ausstattung des Nonprofit-Anbieters kein optimales Ergebnis erzielt. Darüber hinaus ist es denkbar, dass die verschiedenen Anspruchsgruppen einer Nonprofit-Organisation unterschiedliche Qualitätsdimensionen bei ihrem Leistungsurteil in den Vordergrund stellen. So ist es z.B. möglich, dass Patienten und deren Angehörige in der Altenpflege unterschiedliche, sich widersprechende Erwartungen an den Leistungsanbieter stellen (Bruhn 2004d, S. 2308f.).

Ein Differenzierungsvorteil ist ferner durch ein systematisches **Innovationsmanagement** der Nonprofit-Organisation realisierbar. Bei Nonprofit-Organisationen bestehen i.d.R. viele Innovationspotenziale, da prinzipiell in sämtlichen Phasen des Leistungserstellungsprozesses Neuheiten entwickelt werden können. Neben sog. Leistungspionieren, die innovative Nonprofit-Leistungen anbieten, lassen sich auch Themenpioniere unter den Nonprofit-Organisationen unterscheiden. **Leistungspioniere** sind beispielsweise die Hospizbewegung, die holländische Sterbehilfe, Antidrogen- und Antigewaltinitiativen, Sozialprojekte wie generationsübergreifendes Wohnen und Essstörungskampagnen. Unter **Themenpionieren** sind Nonprofit-Organisationen zu verstehen, die bestimmte Themen wie z.B. Wettrüsten, soziale Missstände, Weltwasserversorgung, Gentechnologie, Fleischkonsum und Rassismus als Erste aufgreifen und damit oft einen Anstoß für spätere Leistungsentwicklungen geben, die im Zusammenhang mit der entsprechenden Thematik stehen (Schüller 2002, S. 490). Konkrete Beispiele von innovativen Nonprofit-Organisationen lassen sich verschiedenen **Wettbewerben**, **Rankings** und **Awards** entnehmen:

- Von der Wüstenrot-Stiftung des deutschen Eigenheimvereins wird jedes Jahr das innovativste Betreuungsarrangement für Senioren prämiert (www.wuestenrot-stiftung.de, Zugriff am 19.08.2004).
- Die internationale Hospital Federation zeichnet innovative Projekte in Krankenhäusern, Heimen und bei Sozialen Diensten mit dem Arthur Andersen/Dr. Ed Crosby Award aus (www.hospitalmanagement.net/ihf, Zugriff am 19.08.2004).
- Mit einem Innovationspreis für Freiwilligenagenturen unterstützt die Bundesarbeitsgemeinschaft der Freiwilligenagenturen (bagfa) seit 2004 neue Ideen und zukunftsweisende Projekte (www.bagfa.de, Zugriff am 12.12.2004)
- Die „Innovation of the Week" im Nonprofit-Sektor wird von der Drucker Foundation gekürt und im Internet publiziert. Unter den Wochensiegern wird dann jährlich der „Drucker Award" vergeben (www.pfdf.org/innovation/innov_of_week/index.asp, Zugriff am 12.12.2004).
- Krankenhausleistungen können von Patienten unter www.patients-online.at bewertet werden.

Eine in engem Zusammenhang mit den Innovationsvorteilen stehende Differenzierungsmöglichkeit basiert auf der Erlangung von **Leistungsprogrammvorteilen**, die sowohl an der Breite als auch der Tiefe des angebotenen Leistungsprogramms anknüpfen können. **Programmbreitenvorteile** äußern sich beispielsweise in dem Angebot sog. „Lösungen aus einer Hand", z.B. Angebot von medizinischen (z.B. Massage), kulturellen (z.B. Theateraufführungen) sowie servicebezogenen (z.B. Friseur) Leistungen in einem Altenheim. Die **Tiefe des Leistungsangebotes**, d.h. die Anzahl der Varianten, die bezogen auf eine Leistung angeboten werden, kann ebenfalls zu Differenzierungsvorteilen führen. Am Beispiel des Altenheims ist ein potenzieller leistungstiefenbezogener Wettbewerbsvorteil z.B. eine große Auswahl an verschiedenen Mittagsmenüs.

Beispiel: Leistungsprogrammvertiefung bei Universitäten
Viele Universitäten haben in den letzten Jahren ihr Leistungsprogramm derart vertieft, dass neben der klassischen Erstausbildung für Studierende und zusätzlichen Studienrichtungen und -plänen erweiterte Programme angeboten werden, wie z.B. Abenduniversitäten für Berufstätige, Universitäten auf Rädern oder auf dem Schiff, Studium über TV oder Computernetze, Senioren- und Kinder-Universität (Scheuch 2004, S. 305).

Das zentrale **Risiko** einer Wettbewerbsvorteilsstrategie, die auf einer starken Ausdifferenzierung des Leistungsprogramms basiert, besteht in einer Abkehr von den Kernkompetenzen der jeweiligen Nonprofit-Organisation. Dies ist besonders bei der vertikalen und lateralen Diversifikation gegeben (z.B. wenn eine Wohlfahrtsorganisation gleichzeitig eine Buchhandlung, ein Hotel und Ferienhäuser betreibt).

Eine Differenzierung gegenüber den Wettbewerbern ist schließlich in Form von **Markierungsvorteilen** möglich. Die Notwendigkeit der Markenführung für Nonprofit-Organisationen ergibt sich nicht zuletzt aus dem hohen Anteil an Vertrauenseigenschaften bei nicht-materiellen Leistungen – wie sie bei Nonprofit-Organisationen die Regel sind – und der damit verbundenen schweren Beurteilbarkeit dieser Leistungen. So ist beispielsweise die Qualität bei der Altenpflege oder bei medizinischen Leistungen eines Krankenhauses durch die Leistungsempfänger bzw. deren Angehörige kaum bewertbar und somit „Vertrauenssache". Starke Nonprofit-Marken wirken als Vertrauensanker und helfen somit, das wahrgenommene Risiko zu reduzieren. Eine bekannte und vertraute Marke dient dem Leistungsempfänger als wichtiger Indikator für die zu erwartende Leistungsqualität und hilft ihm bei der Auswahl zwischen verschiedenen Nonprofit-Organisationen. Eine konsequente Realisierung von Markierungsvorteilen stellt insbesondere hohe Anforderungen an die **Kommunikationspolitik** der Nonprofit-Organisation. Dabei besteht die zentrale Aufgabe der Kommunikationspolitik darin, die Vorteile der jeweiligen Marke gegenüber den Zielgruppen zu verdeutlichen und somit ein einzigartiges Markenimage aufzubauen.

Beispiel: Imagekampagne der Stadt Basel
Im Rahmen der Marketingaktivitäten der Stadt Basel läuft derzeit eine Imagekampagne unter der Devise „Basel tickt anders", um die Attraktivität für die Bewohner, für Unternehmen sowie für Touristen deutlich zu machen und sich von anderen Städten abzuheben. Zur Ansprache von potenziellen „Neubürgern" werden u.a. in Zusammenarbeit mit Arbeitgebern in Basel und Umgebung Informationen über die Stadt sowie Beratungsdienstleistungen angeboten, die die Entscheidung über den zukünftigen Wohnort positiv beeinflussen sollen (www.basel.ch, Zugriff am 19.08.2004) (Bruhn 2004d, S. 2324).

(2) Kostenvorteile
Die Kosten können neben den bisher genannten Differenzierungsvorteilen ebenfalls Ansatzpunkt einer Wettbewerbsvorteilsstrategie sein. Eine **Strategie der Kostenführerschaft** ist – wie sich im Folgenden zeigen wird – bzgl. ihrer Bedeutung für Nonprofit-Organisationen sehr unterschiedlich zu beurteilen. Für einen Teil der Nonprofit-Organisationen kommt dem Konzept der Kostenführerschaft aus der Marketingperspektive eine zentrale Bedeutung zu. Beispielsweise bietet es sich für öffentliche Verkehrsbetriebe durchaus an, durch die Zusammenlegung vorhandener Kapazitäten im Sinne einer überregionalen Zusammenarbeit bis hin zur Gründung einer Gemeinschaftsorganisation betriebsgrößenbedingte Kostenvorteile zu erzielen (z.B. die Gründung der Rhein-Main-Verkehrsbetriebe, RMV), um so den Leistungsempfängern günstigere Leistungen zur Verfügung stellen zu können. Die Kostenführerschaft kann dabei prinzipiell auf den folgenden Grundsätzen bzw. Voraussetzungen beruhen:

- **Standardisierung/Automatisierung des Leistungsprozesses**
Grundsätzlich lassen sich zur Kostensenkung bzw. Produktivitätssteigerung bei Nonprofit-Organisationen die Potenziale, Prozesse und/oder Ergebnisse der angebotenen Leistungen standardisieren. Allerdings ist bei dieser Unterscheidung zu berücksichtigen, dass eine klare Trennung der Dimensionen vor dem Hintergrund einer Standardisierung kaum realisierbar ist. Beispielsweise ist es nahezu unmöglich, eine Ergebnisstandardisierung zu erreichen ohne eine vorherige Potenzial- und Prozessstandardisierung durchzuführen. Ein Beispiel für eine vergleichsweise standardisierte Nonprofit-Leistung ist die Suppenausgabe an Obdachlose. Eine noch weiter gehende Standardisierung kann durch eine Automatisierung der Leistungserstellung erreicht werden.

Beispiel: Automatisierung der Spritzenausgabe bei der
Aidshilfe Nordrhein-Westfalen
Die Aidshilfe Nordrhein-Westfalen hat in den letzten Monaten 100 Spritzenautomaten aufgestellt, die Drogenabhängigen den Zugang zu sterilen Spritzen ermöglichen. Im Vergleich zu einer individuellen Spritzenausgabe durch Mitarbeiter der Aidshilfe sind durch die Automation die Kosten erheblich geringer (Quelle: www.ahnrw.de, Zugriff am 12.12.2004).

- **Rationalisierungen/Kostenmanagement**

Mögliche Rationalisierungspotenziale bestehen vor allem im Bereich der Leistungsplanung (Rationalisierung beim Design) und im Rahmen der Leistungserstellung (Rationalisierung in der Produktion). Unter der Rationalisierung des Leistungsdesigns ist beispielsweise in der ambulanten Pflege von karitativen Organisationen die optimale Planung von Touren (eingeplante Besuche für eine Pflegekraft pro Tag) und Besuchszeiten zu verstehen. Rationalisierungen bei der Leistungserstellung sind z.B. durch Verzicht auf bestimmte Leistungsbestandteile zu erreichen (z.B. Verpflegung bei Jugendherbergen). Im Rahmen des Kostenmanagements (Homburg/Faßnacht 1998) geht es u.a. darum, ein optimales Verhältnis von Fixkosten zu variablen Kosten zu erreichen. Der Fixkostenanteil kann z.B. durch die Auslagerung bestimmter Aufgaben an externe Auftraggeber gesteuert werden, indem etwa bei Hilfsorganisationen besonders seltene Spezialtransporte durch Transportunternehmen durchgeführt werden und entsprechend keine eigenen Spezialfahrzeuge angeschafft werden müssen. Als Grundlage zur Implementierung eines effizienten Kostenmanagements ist in jedem Fall ein Einsatz von modernen Kostenrechnungsverfahren notwendig, die den Besonderheiten von Nonprofit-Organisationen gerecht werden.

Beispiel: Auslagerung der Verpflegungszubereitung bei Krankenhäusern
Essen und Trinken machen nach Schätzungen ca. fünf oder sechs Prozent der Gesamtkosten in einem Krankenhaus aus. Um die darin enthaltenen Fixkosten zu senken, sind in den letzten Jahren einige Krankenhäuser dazu übergegangen, auf sog. Care-Caterer zu setzen, die für Krankenhäuser, Seniorenheime, Reha- und Kurkliniken, soziale Einrichtungen usw. patienten- bzw. bewohnerspezifische Speiseversorgungslösungen anbieten (Quelle: www.klinikmanagement-aktuell.de, Zugriff am 10.12.2004).

- **Einsatz Ehrenamtlicher**

Eine weitere Möglichkeit, um Kostenvorteile zu realisieren, ist der verstärkte Einsatz von ehrenamtlichen Mitarbeitern, die ihre Arbeitsleistung kostenlos zur Verfügung stellen. Gelingt es einer Nonprofit-Organisation eine Vielzahl Ehrenamtlicher zur Mitarbeit zu gewinnen, die gleichzeitig die notwendigen Fachkenntnisse für die Arbeit in der Nonprofit-Organisation bereits mitbringen, kann sie ihre Personalkosten äußerst gering halten und sich somit im Wettbewerb einen Vorteil verschaffen. Neben dem Einsatz von ehrenamtlichen Mitarbeitern besteht für eine Vielzahl von Nonprofit-Organisationen darüber hinaus die Möglichkeit, Zivildienstleistende anzufordern.

Obgleich insgesamt somit eine Reihe von Möglichkeiten zur Erreichung von Kostenvorteilen existieren spricht vieles dafür, dass einige Nonprofit-Organisationen, insbesondere öffentliche Verwaltungen und Organisationen, strukturelle Besonderheiten aufweisen, die das Erreichen einer Position der Kostenführerschaft erheblich erschweren. Beispielsweise unterliegen öffentliche Organisationen hinsichtlich der Durchführung von Kostenreduktionsprogrammen deutlich höheren **rechtlichen**, aber auch **politischen Restriktionen** als private Organisationen. Ferner spielt die Strategie der Kostenführerschaft bei Nonprofit-Organisationen, die keinen oder nur einen symbolischen Preis für ihre Leistungen verlangen lediglich eine indirekte Rolle, indem die Kostensenkungen zwar keinen Einfluss auf die Preissetzung haben, jedoch z.B. mit dem bisherigen Budget Leistungsverbesserungen realisierbar sind.

(3) Zeitvorteile
Der Erreichung von Zeitvorteilen kommt – neben den Differenzierungs- und Kostenvorteilen – als strategischem Wettbewerbsvorteil seit einiger Zeit eine steigende Beachtung zu, wobei grundsätzlich folgende Einzelaspekte von Relevanz sind:

- **Zeitdauer der Leistungserstellung (im engeren Sinne)**
Die Leistungsempfänger haben in der Regel bei der Inanspruchnahme von Leistungen nicht kommunizierte Zeiterwartungen an die Dauer der Leistungserstellung. Für eine Buchausleihe in einer öffentlichen Bibliothek wird z.B. nicht länger als wenige Minuten angesetzt. Würde dieser Prozess erheblich länger dauern, so wäre die Gefahr einer Abwanderung des Leistungsempfängers vergleichsweise hoch. Eine nachhaltige Verbesserung der relativen Wettbewerbsposition lässt sich durch die Optimierung des Erstellungsprozesses im Hinblick auf die jeweilige Zeiterwartung der Leistungsempfänger erreichen (Stauss 1991, S. 81 ff.), wobei die branchenspezifische Situation zu beachten ist. Wirkt z.B. bei einer Bibliothek eine kurze Prozessdauer bei der Ausleihe zufriedenheitssteigernd, so verhält es sich bei Pflegeleistungen eines Krankenhauses bzw. Pflegeheimes oder Beratungsleistungen eines Berufsverbandes tendenziell umgekehrt. Generell ist eine relativ lange Zeitdauer vom Leistungsempfänger immer dann erwünscht, wenn er sich dadurch eine Nutzensteigerung erhofft (z.B. durch intensive Pflege) und/oder Freude bei der Leistungsinanspruchnahme empfindet (z.B. beim Theaterbesuch).

- **Verkürzung der Wartezeit**
Wartezeiten werden von den Leistungsempfängern i.d.R. als unangenehm empfunden, deswegen gilt es, diese nach Möglichkeit faktisch zu reduzieren oder zumindest für die Leistungsempfänger angenehmer zu gestalten (z.B. durch einen Fernseher in Wartezonen). Ähnlich wie bei der Erstellungsdauer haben die Leistungsempfänger auch hinsichtlich der Wartezeit eine interne Vergleichsnorm. Wird diese wahrnehmbar überschritten, so resultiert daraus Unzufriedenheit. Beispielsweise könnte eine Wartezeit von 10 Minuten am Kassenbereich eines Schwimmbades von den meisten Schwimmbadgästen als „normal" empfunden

werden, wohingegen eine einstündige Wartezeit nicht mehr im Toleranzbereich der Leistungsempfänger wäre. Eine faktische Verkürzung der Wartezeiten ist primär durch Umstrukturierungen in der Ablaufstruktur einer Nonprofit-Organisation sowie durch Neueinstellungen von Mitarbeitern umsetzbar.

Beispiel: Optimierung der Wartezeit im Bürgeramt Berlin-Marzahn
Die negative Wirkung von Wartezeiten auf die Wahrnehmung der Nonprofit-Organisation bzw. der Leistung ist in den letzten Jahren im Kontext von Behörden und öffentlichen Verwaltungen intensiv diskutiert worden. In diesem Zusammenhang hat z.b. das Bürgeramt Berlin-Marzahn beschlossen, seine interne Organisation so zu optimieren, dass die Bürgerinnen und Bürger ihre Anliegen in der Regel mit einmaligem Vorsprechen im Bürgeramt und ohne lange Wartezeit abschließend erledigen können (Quelle: www.berlin.de, Zugriff am 12.12.2004).

- **Reaktionsschnelligkeit**

Als zusätzliche Möglichkeit zum Aufbau eines Wettbewerbsvorteils ist ferner die Reaktionsschnelligkeit einer Nonprofit-Organisation, z.b. auf Anfragen, zu werten. Bei der Ausführung von Anträgen (z.b. an das Straßenbau- oder Finanzamt) ist beispielsweise nicht allein die Erteilung des Bescheides, sondern auch z.b. eine schnelle Eingangsbestätigung der Unterlagen für die Zufriedenheit des Leistungsempfängers ausschlaggebend. Gleiches gilt für die Beschwerdereaktion einer Nonprofit-Organisation. Wird auf eine Beschwerde in kürzester Zeit reagiert, so kann in den meisten Fällen eine hohe Beschwerdezufriedenheit erreicht werden, die wiederum Grundlage für eine mögliche Bindung der Leistungsempfänger ist.

Zusammenfassend ist aus Sicht einer Nonprofit-Organisation ein Wettbewerbsvorteil über Zeit-, Differenzierungs- und Kostenvorteile generierbar. Welche Wettbewerbsvorteilsstrategie dabei am meisten zum Erfolg der Nonprofit-Mission beiträgt, ist insbesondere auch von der jeweiligen Marktsituation abhängig. Existieren z.B. bereits eine Vielzahl von Wettbewerbern, die sich auf Kostenvorteile konzentrieren, kann es sinnvoll sein, einen Wettbewerbsvorteil primär über Zeit- und Differenzierungsvorteile anzustreben.

5.1.3 Entwicklung von Marktabdeckungsstrategien

Bei der Formulierung von **Marktabdeckungsstrategien** wird der Grad der Abdeckung und Bearbeitung des relevanten Marktes einer Nonprofit-Organisation festgelegt. Hierbei lassen sich grundsätzlich zwei generelle **Optionen** hinsichtlich der Marktabdeckung unterscheiden:

(1) Gesamtmarktstrategie,
(2) Teilmarktstrategie.

Für einige Nonprofit-Organisationen ist die Strategie der Gesamtmarktabdeckung bereits in ihrer Mission verankert bzw. ergibt sich aus deren öffentlichen Auftrag. Charakteristische Merkmale der **Gesamtmarktstrategie** sind ein eher breites Leistungsangebot (z.B. Erste Hilfe, Blutspendedienst, Sozialarbeit, Suchdienst usw. als Leistungen des Deutschen Roten Kreuzes), die Nutzung von Know-how-Synergien (z.B. zentrale Mitarbeiterpools) sowie Größeneffekten, um Wettbewerbsvorteile und Eintrittsbarrieren gegenüber den Wettbewerbern aufzubauen. Eine Gesamtmarktstrategie wird beispielsweise von der Stiftung Warentest verfolgt. Die Stiftung Warentest stellt unabhängige Verbraucherinformationen über objektivierbare Merkmale des Nutz- und Gebrauchswertes sowie der Umweltverträglichkeit für die breite Öffentlichkeit zur Verfügung, d.h., es wird keine Beschränkung auf ein bestimmtes Teilsegment vorgenommen. Außerdem gehört es zu ihren Aufgaben, die gesamte Öffentlichkeit über die Möglichkeiten einer optimalen Haushaltsführung, über eine rationale Einkommensverwendung und über gesundheits- und umweltbewusstes Verhalten aufzuklären. Es würde dem Versorgungsauftrag der Stiftung Warentest somit widersprechen, bestimmte Teile der Öffentlichkeit nicht mit Informationen zu versorgen.

Eine Vielzahl der Nonprofit-Organisationen verfolgt allerdings keine Gesamtmarktstrategie, sondern lediglich eine **Teilmarkt-** oder gar eine **Nischenstrategie**. Im Rahmen dieser Strategie versucht eine Nonprofit-Organisation durch eine Konzentration auf spezifische Zielgruppen Wettbewerbsvorteile gegenüber jenen Konkurrenten zu erlangen, die eine breitere Marktabdeckung anstreben. Beispiele für eine derartige Strategie sind z.B. spezifische Selbsthilfegruppen oder Theater, die sich auf bestimmte Zielsegmente konzentrieren (z.B. moderne Theater).

5.2 Marktteilnehmerstrategien

Die Überlegungen im Rahmen der **Marktteilnehmerstrategien** betreffen zum einen die marktteilnehmerübergreifende Marktbearbeitung, zum anderen das Verhalten der Nonprofit-Organisation gegenüber den einzelnen Marktakteuren auf Basis dieser Marktbearbeitungsstrategie. Als relevante Marktteilnehmer sind in diesem Zusammenhang die Anspruchsgruppen allgemein sowie die Wettbewerber einer Nonprofit-Organisation zu unterscheiden.

5.2.1 Entwicklung von Marktbearbeitungsstrategien

Im Rahmen der Marktbearbeitungsstrategie kann eine Nonprofit-Organisation zwischen verschiedenen **Strategiealternativen** wählen, die in Schaubild 5-5 überblicksartig mit Beispielen veranschaulicht sind:

- Undifferenzierte Marktbearbeitung (Standardisierung),
- Differenzierte Marktbearbeitung (Differenzierung),
- „Segment-of-One"-Bearbeitung (Individualisierung).

Entscheidet sich eine Nonprofit-Organisation für eine **undifferenzierte Marktbearbeitung**, werden sämtliche Marktsegmente bzw. Gruppen der Leistungsempfänger mit einheitlichem Marketinginstrumenteeinsatz bearbeitet. Eine undifferenzierte Marktbearbeitung erfolgt dabei häufig in Nonprofit-Sektoren mit ähnlichen Bedürfnisstrukturen der Leistungsempfänger und aufgrund dessen mit

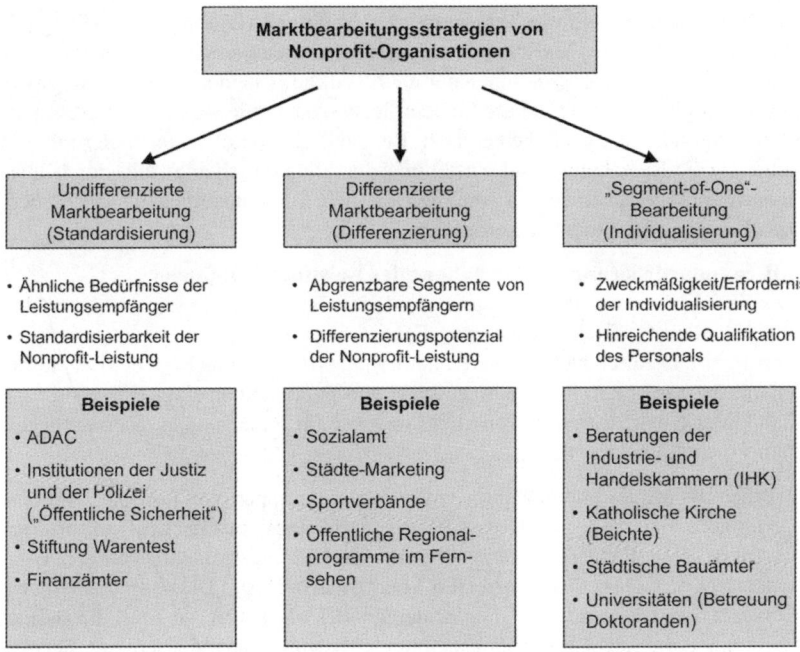

Schaubild 5-5: Formen und Beispiele für Marktbearbeitungsstrategien von Nonprofit-Organisationen
(Quelle: in Anlehnung an Meffert/Bruhn 2003, S. 241)

einem standardisierten Leistungsprogramm. So stellt z.B. der ADAC durch ein **Standardleistungsangebot** (z.B. Reiseservice, Sicherheitstrainings) auf die Gemeinsamkeiten und nicht auf mögliche Unterschiede in den Bedürfnissen und Verhaltensweisen der Pkw-Fahrer ab. Prinzipiell wird das Standardisierungspotenzial von Leistungen durch die Intensität des Einflusses des Leistungsempfängers auf den Leistungserstellungsprozess bzw. auf die Leistung determiniert. Dabei existieren drei zentrale **Arten der Standardisierung von Leistungen** (Corsten 2000):

(1) Standardisierung der gesamten Leistung
Die undifferenzierte Bearbeitung aller Leistungsempfänger mit einem einheitlichen Marketinginstrumenteeinsatz ist nur dann möglich, wenn die zu erbringende Nonprofit-Leistung im Voraus bereits exakt determiniert ist (kein Individualisierungsbedarf) und der Leistungsempfänger keinen direkten Einfluss auf die Leistungserstellung hat (keine zweiseitige Interaktion). Beispiele: Theaterbesuch, Inanspruchnahme eines Linienbusses, Abgassonderuntersuchung.

(2) Standardisierung von Teilkomponenten einer Leistung
Mit der Zunahme des Einflusses von Leistungsempfängern auf die Leistung und deren Erstellungsprozess, können nur noch Teilkomponenten einer Leistung vorab standardisiert werden. Diese Standardleistungsmodule werden in diesem Fall durch individuelle Leistungen ergänzt. Beispiel: Standardleistungen der Finanzämter (z.B. Berechnung und Zustellung der Steuerbescheide), die durch leistungsempfängerspezifische Auskünfte (z.B. Wie lange dauert es, bis der Steuerbescheid eintrifft?) ergänzt werden.

(3) Standardisierung des Verhaltens der Leistungsempfänger
Die Standardisierung des Verhaltens der Leistungsempfänger trägt dazu bei, den individuellen Einfluss des externen Faktors im Leistungserstellungsprozess zu verringern. Dadurch wird die Vereinheitlichung der Leistung bzw. der Leistungserstellung erleichtert. Beispiele: Auswahl von Studierenden einer Universität anhand ihrer Qualifikationen, Verhaltenshinweise für Patienten bei einer ärztlichen Untersuchung im Krankenhaus.

Werden die ausgewählten Marktsegmente bzw. Gruppen von Leistungsempfängern durch eine Nonprofit-Organisation mittels eines spezifischen, auf ihre Bedürfnisse zugeschnittenen Einsatzes der Marketinginstrumente bearbeitet, so entspricht dies einer **differenzierten Marktbearbeitung**. Diese Strategieoption versucht, entsprechend den Grundprinzipien des Marketing, sich auf die Besonderheiten der einzelnen Leistungsempfänger bestmöglich einzustellen („Service Customization").

Beispiel: Differenzierte Strategien der Marktbearbeitung
Eine differenzierte Marktbearbeitungsstrategie betreibt z.B. der Deutsche Sportbund, indem er versucht, durch eine Differenzierung in Kinder- und Jugendsport auf der einen Seite und Seniorensport auf der anderen, den Bedürfnissen und Fähigkeiten in den verschiedenen Altersklassen gerecht zu werden. Ein anderes Beispiel aus dem Bereich der Informationsanbieter stellt die Regionalisierung von Fernsehprogrammen zu bestimmten Tageszeiten dar.

Neben der undifferenzierten sowie der differenzierten Marktbearbeitung hat eine Nonprofit-Organisation schließlich noch die strategische Möglichkeit, bei der Marktbearbeitung den sog. „Segment-of-One"-Ansatz zu verfolgen. Bei dieser Marktbearbeitungsstrategie wird jede Leistung sowie der komplette Marketinginstrumenteeinsatz gezielt auf einen bestimmten, einzelnen Leistungsempfänger zugeschnitten. Während dieser Ansatz im kommerziellen Marketing – insbesondere im Konsumgüterbereich – noch eine vergleichsweise neue Herausforderung darstellt und schwierig zu realisieren ist, wird er in vielen Nonprofit-Organisationen durch die Art der Leistung „automatisch" bedingt. Hier können Leistungen aus den Bereichen medizinische Versorgung, Beratung der Verbände sowie seelsorgerische Leistungen der Kirchen als Beispiele angeführt werden. Bei einer Seelsorge in der Kirche oder einer Beratung eines Suchtkranken ist eine Segment-of-One-Bearbeitung unabdingbar – Versuche einer Standardisierung würden diese Leistungen nutzlos machen.

5.2.2 Entwicklung von anspruchsgruppengerichteten Verhaltensstrategien

Außer den grundsätzlichen Entscheidungen hinsichtlich der Bearbeitung des Marktes ist ferner festzulegen, welches **anspruchsgruppenbezogene Strategiekonzept** die Nonprofit-Organisation verfolgen will. In diesem Zusammenhang ist es sinnvoll den Anspruchsgruppenbegriff vergleichsweise weit zu fassen, d.h. darunter fallen sämtliche Gruppierungen oder Institutionen innerhalb und außerhalb der Organisation, die aufgrund marktlicher oder gesellschaftlicher Ansprüche Erwartungen an eine Organisation richten und entweder selbst oder durch Dritte dazu in der Lage sind, Einfluss auf eine Organisation auszuüben (Dyllick 1984). Zu den zentralen internen Anspruchsgruppen zählen bei dieser Begriffsauffassung die Mitarbeiter, aber auch eigene Organisationseinheiten, wie beispielsweise Werkstätten oder Fachkliniken einer Behinderteneinrichtung, wie auch Gesellschafter der Institutionen. Organisationsextern lassen sich mit dem Staat und den dort subsumierten Institutionen sowie der Gesellschaft nichtmarktbezogene Anspruchsgruppen gegenüber den marktbezogenen Anspruchsgruppen differenzieren. Zu diesen marktbezogenen Anspruchsgruppen zählen in erster Linie die Nutzer der Nonprofit-Organisation (z.B. Heimbewohner) sowie deren Interessensvertreter oder Angehörige, aber auch Förderer, Zulieferer und Kooperationspartner.

Zentrale Basis eines anspruchsgruppenbezogenen Strategiekonzeptes ist es, **interaktive Beziehungen** zu jenen Kräften aufzubauen, die einen Einfluss auf die Erfüllung der Nonprofit-Mission ausüben. Durch das Führen eines stetigen Dialoges mit allen für die Organisation bedeutenden Gruppen wird ermöglicht, selbst die Entscheidungen der relevanten Gruppen zu beeinflussen. Während die Beziehungen zu den organisationsinternen Anspruchsgruppen, wie z.b. den Mitarbeitern, in hohem Maße von der geschaffenen Kommunikationskultur abhängen, werden die organisationsexternen Beziehungen maßgeblich durch die Bestimmung von Verhaltensstrategien gegenüber den Marktteilnehmern, gesellschaftlichen Gruppen und staatlichen Instanzen bestimmt (Ulrich/Fluri 1995).

Da Nonprofit-Organisationen in einem komplexen Beziehungsgeflecht und teilweise Abhängigkeitsverhältnis zu unterschiedlichen Anspruchsgruppen stehen, ist es für sie mehr als für andere Marktakteure von zentraler Bedeutung, ein systematisches **Beziehungsmanagement** zu den relevanten Anspruchsgruppen zu etablieren. In der Marketingwissenschaft wird diese Abkehr vom Transaktionsmarketing, das lange Jahre das kommerzielle Marketing dominierte und auf Seiten von Nonprofit-Organisationen vielfältige Negativassoziationen auslöste, aktuell mit dem Begriff des „**Relationship Marketing**" diskutiert. Dieses Beziehungsmarketing bietet gerade für Nonprofit-Organisationen neue Ansatzpunkte, die Instrumente des Marketing adäquat einzusetzen.

In Anlehnung an den Beziehungslebenszyklus sind innerhalb des Relationship Marketing grundsätzlich drei alternative **Anspruchsgruppenstrategien** zu unterscheiden (Bruhn 2001a):

(1) Anspruchsgruppenakquisitionsstrategie,
(2) Anspruchsgruppenbindungsstrategie,
(3) Anspruchsgruppenrückgewinnungsstrategie.

Die Mehrheit der Nonprofit-Organisationen verfolgt bisher – mehr oder weniger strategisch – primär die beiden erst genannten Strategien. Handelt es sich dabei um neu entstandene Nonprofit-Organisationen oder zeitlich begrenzte Initiativen, so steht in der Regel die **Akquisition** im Bereich der Anspruchsgruppen im Vordergrund (z.B. die Neuakquisition von Geldgebern). **Ziele** der Akquisition von Nonprofit-Organisationen sind beispielsweise:

- Ausbau des Mitgliederstammes,
- Kompensation der Mitgliederverluste oder der Mitarbeiterfluktuation,
- Ausbau eines geringen Finanzierungsaufkommens durch Spender,

- Zunehmende Unabhängigkeit von staatlicher Finanzierung,
- Ideelle Unterstützung von privaten und staatlichen Institutionen u.a.m.

In der **Akquisitionsphase** will eine Nonprofit-Organisation das Interesse und die Aufmerksamkeit potenzieller Anspruchsgruppen erreichen. Die Akquisition ist dabei zum einen durch Stimulierung, zum anderen durch Überzeugung möglich. Akquisition durch **Stimulierung** beruht auf der Gewährung von Anreizen, die potenzielle Anspruchsgruppen davon überzeugen, die Leistung einer Nonprofit-Organisation in Anspruch zu nehmen bzw. die Nonprofit-Organisation zu unterstützen. Eine emotionale Stimulierung der Spendenbereitschaft kann z.b. durch das Darstellen von drastischen Bildern erfolgen (z.B. Darstellung von AIDS-Kranken zur Akquisition von Neuspendern für die AIDS-Hilfe). Die Akquisition durch argumentative **Überzeugung** beruht auf der Dokumentation der Leistungsfähigkeit der Nonprofit-Organisation. Beispielsweise kann gegenüber Spendengebern die Verwendung der Gelder detailliert dargestellt und die fachlichen Kompetenzen der Nonprofit-Organisation erläutert werden.

Eine **Anspruchsgruppenbindungsstrategie** ist vermehrt in Märkten mit starkem Verdrängungswettbewerb zu beobachten (Homburg/Bruhn 1999). Ziel ist der Aufbau stabiler, auf Vertrauen beruhender Beziehungen zu den Anspruchsgruppen. Durch die Kompetenz einer Nonprofit-Organisation, relevante Anspruchsgruppen zu halten und größere Fluktuationen innerhalb dieser Anspruchsgruppen zu vermeiden, kann sie Kostensenkungspotenziale nutzen und Transaktionskosten reduzieren. Die Intensivierung der Anspruchsgruppenbindung ist z.B. dann notwendig, wenn die Nonprofit-Organisation durch folgende Merkmale gekennzeichnet ist:

- Wenig regelmäßige Geldgeber,
- Kaum Dauermitgliedschaften,
- Häufig nur einmalig zur Unterstützung bereite Förderer,
- Viele Leistungsempfänger, die unerwartet die Nonprofit-Organisation wechseln,
- Für nur einzelne Aktionen zur Verfügung stehende Ressourcenlieferanten,
- Keine langjährigen Mitarbeiter u.a.m.

In Abhängigkeit von der Art der Anspruchsgruppe und den Ursachen der Anspruchsgruppenbindung sind unterschiedliche **Bindungsstrategien** denkbar. So lassen sich die Anspruchsgruppenbindung durch Gebundenheit und Verbundenheit differenzieren. Liegt eine **Gebundenheit** bei den Mitgliedern einer Anspruchsgruppe vor, so ist deren Bindungszustand für einen gewissen Zeitraum verbindlich fixiert. Innerhalb dieses Zeitraums sind sie aufgrund von bestimmten technisch-funktionalen, vertraglichen oder ökonomischen Wechselbarrieren (z.B. Mitglieds- oder Sponsoringvertrag, Jahreskarte eines öffentlichen Verkehrsbetriebes) an die entsprechende Nonprofit-Organisation gebunden (Bliemel/Eggert 1998, S. 39ff.). Dies trägt dazu bei, dass die Nonprofit-Organisation ihre Kapazitäten besser planen kann.

Für eine Nonprofit-Organisation ist es bei der Verfolgung einer Gebundenheitsstrategie jedoch wichtig, den Anspruchsgruppen zu vermitteln, dass eine Position der **positiven Gebundenheit** entsteht, die nicht ausschließlich aus „Muss-Elementen" besteht, sondern auch „Will-Elemente" im Sinne einer freiwilligen Bindung enthält. Ein Beispiel sind zufriedene Theaterabonnenten. In diesem Fall hat die Bindung nicht nur für das Theater einen Vorteil, sondern auch für die „Nutzer des Nonprofit-Angebots". So erhält beispielsweise der Theaterabonnent bequem und ohne weiteres Zutun seine Theaterkarten und die entsprechenden Programme für einen bestimmten Zeitraum (Theatersaison) zugestellt. Ihm entsteht somit ein Nutzen im Sinne von Zeitersparnis bzw. Bequemlichkeit. Oftmals sind mit der positiven Gebundenheit auch ökonomische Vorteile, wie etwa Rabatte, verbunden (z.B. Preisreduktion für Theaterabonnements im Vergleich zum Einzelbezug). Die exklusiven Vorteile einer Mitgliedschaft bei WWF macht Insert 5-2 deutlich.

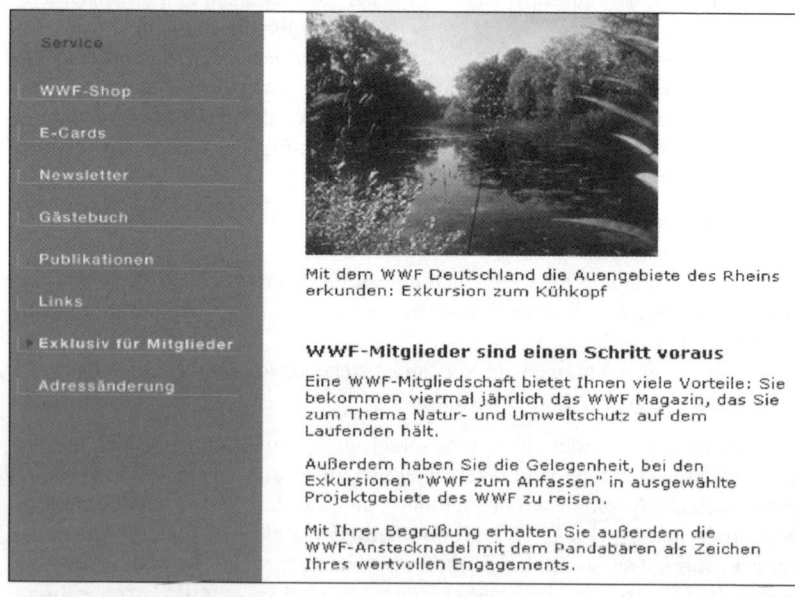

Insert 5-2: Exklusiv-Vorteile für WWF-Mitglieder
(Quelle: www.wwf.de, Zugriff am 15.07.2004)

Verbundenheit beschreibt im Gegensatz zur Gebundenheit einen rein „freiwilligen" Bindungszustand, der auf psychologische Größen, wie z.B. Vertrauen oder wahrgenommene Vorteilhaftigkeit der Beziehung zur Nonprofit-Organisation, zurückzuführen ist (z.B. treue Sponsoren, überzeugte Spender von Umweltschutzorganisationen, Stammwähler einer Partei, Fans eines Sportvereines, rgelmäßige Blutspender) (Meyer/Oevermann 1995; Bliemel/Eggert 1998, S. 39f.). Die Vertreter einer Anspruchsgruppe nehmen in diesem Fall nicht aufgrund von Wechselbarrieren wiederholt bei derselben Nonprofit-Organisation ein Angebot in Anspruch oder fördern diese mehrfach, sondern allein aufgrund eines positiven Zustands der Anerkennung und Wertschätzung (z.b. regelmäßiger Besuch von Sportveranstaltungen eines Sportvereins) (Eggert 2001, S. 94). In diesem Fall wird von einer sog. **Fan-Position** gesprochen.

Ist es der Nonprofit-Organisation nicht gelungen, zentrale Anspruchsgruppen emotional an sich zu binden und/oder entsprechende Wechselbarrieren aufzubauen, lässt sich eine **Rückgewinnungsstrategie** verfolgen. Sie dient der emotionalen Rückgewinnung abwanderungsgefährdeter Anspruchsgruppenmitglieder sowie der faktischen Rückgewinnung bereits abgewanderter Vertreter einer Anspruchsgruppe. Zu den vorgelagerten **Zielen der Rückgewinnung** gehören die Verhinderung negativer Mund-zu-Mund-Kommunikation (Kommunikationsziel) und die Verbesserung der Informationsgrundlagen in Bezug auf Abwanderungsgründe und -prozesse, um zukünftig präventive Maßnahmen ergreifen zu können (Informationsziel). Eine systematische Rückgewinnungsstrategie ist u.a. dann notwendig, wenn

- der Mitglieder- bzw. Leistungsempfänger- und/oder Mitarbeiterstamm hohe Fluktuationsraten aufweist,
- die Gründe für diese hohen Wechselraten von der Nonprofit-Organisation beeinflusst werden können,
- die abgewanderten Anspruchsgruppen eine besondere Bedeutung für die Nonprofit-Organisation haben (z.B. Exklusivsponsoren),
- die Rückgewinnung profitabler erscheint als eine Neuakquisition,
- das Image einer Nonprofit-Organisation aufgrund eines Skandals gelitten hat

u.a.m.

Je nachdem, wie das Ziel der Rückgewinnung zu erreichen ist und welche Zielgruppe angesprochen wird, ergeben sich verschiedene strategische Optionen der Rückgewinnung. Generell sind dabei die Rückgewinnung durch **Wiedergutmachung** und die Rückgewinnung durch **Verbesserung** der abwanderungsauslösenden Probleme zu differenzieren. Beide strategischen Optionen können sich zum einen auf **bereits abgewanderte,** zum anderen auf **abwandernde** (emotionale Abwanderung) Anspruchsgruppen beziehen. Demzufolge ergeben sich vier grundlegende **Strategien der Rückgewinnung** (Bruhn 2001a, S. 120):

(1) Wiedergutmachungsstrategien
Versuche zur Wiedergutmachung einer fehlerhaften Leistung, beispielsweise durch eine Kompensationszahlung oder Entschuldigungen, können die Abwanderung eines enttäuschten oder verärgerten Anspruchgruppenmitgliedes verhindern. Darunter fallen beispielsweise Gutscheine bei überfüllten Schwimmbädern oder persönliche Entschuldigungen bei fehlerhaftem Mitarbeiterverhalten.

(2) Nachbesserungsstrategien
Nachbesserungsstrategien beziehen sich auf die Verbesserung oder „Reparatur" einer fehlerhaften Nonprofit-Leistung und zielen ebenfalls auf abwanderungsentschlossene Mitglieder einer Anspruchsgruppe ab. Diese Strategie kann beispielsweise dann sinnvoll sein, wenn der Sponsor unzufrieden mit der Erwähnung seines Namens in der Pressearbeit der Nonprofit-Organisation ist. Auch die aufklärenden Informationen nach einem Skandal, der eine Nonprofit-Organisation betrifft, fallen in diesen Bereich.

(3) Stimulierungsstrategien
Stimulierungsstrategien haben die Wiederaufnahme bzw. Wiederbelebung einer Beziehung mit bereits abgewanderten Mitgliedern einer Anspruchsgruppe zum Ziel. Dies ist durch Anreize, wie z.B. Rabatte oder kleine Geschenke, zu erreichen. Beispielsweise werden von Hilfsorganisationen regelmäßig vor Weihnachten kostenlose Grußkarten und kleine Geschenke an ehemalige Spender mit Zahlungsformularen verschickt.

(4) Überzeugungsstrategien
Schließlich können abgewanderte Mitglieder einer Anspruchsgruppe im Rahmen einer Überzeugungsstrategie durch ein modifiziertes Leistungsangebot bzw. geänderte Rahmenbedingungen zurückgewonnen werden (z.B. veränderte Arbeitsbedingungen für Fachmitarbeiter, die gekündigt haben, oder neue Sponsorenpakete für abgewanderte Sponsoren).

5.2.3 Entwicklung von wettbewerbsgerichteten Verhaltensstrategien

Bei der Entwicklung von **wettbewerbsgerichteten Verhaltensstrategien** wird die Art und Weise festgelegt, in der eine Nonprofit-Organisation ihren (Haupt-) Wettbewerbern gegenübertritt. Dabei ist anzunehmen, dass wettbewerbsgerichtete Überlegungen – im Sinne von Konkurrenzdenken – für viele Nonprofit-Organisationen eher befremdend anmuten (z.B. Rettungsorganisationen im

„Kampf" um die Verletzten). Ein Blick auf das Spektrum von Nonprofit-Organisationen macht jedoch deutlich, dass durchaus vielfältige Konkurrenzbeziehungen bestehen, die zu beachten sind. Als Beispiel seien die Konkurrenten der Evangelischen Kirche Deutschlands (EKD) aufgeführt. Vor dem Hintergrund der Aufgabe, „christliche Lehre" zu vermitteln, sind im **unmittelbaren Konkurrenzumfeld** die katholische Kirche und alle weiteren religiösen Institutionen mit religiösen Zielsetzungen zu nennen (z.B. Kirchen anderer Glaubensrichtungen, Sekten usw.). Zum **weiteren Wettbewerbsumfeld** der EKD gehören alle jene Einrichtungen, die zwar keine Glaubensleistungen, den sonstigen Aufgabenbereichen kirchlicher Arbeit (Entwicklungshilfe, Erwachsenenbildung, Betreuung von Gastarbeitern usw.) hingegen verwandte Leistungen anbieten.

Eine Eigenart in der Konkurrenzbeziehung von Nonprofit-Organisationen besteht darin, dass im Nonprofit-Marketing Wettbewerbsbeziehungen häufig **vertraglich abgesichert** oder durch bestimmte **Regeln** festgelegt sind. So ist z.b. das Parteiensystem in Deutschland determiniert durch eine bestimmte Rollenverteilung zwischen Regierung und den sie tragenden Parteien auf der einen und den Oppositionsparteien auf der anderen Seite. Die sich aus dieser Machtaufteilung ergebenden Beziehungen gelten grundsätzlich für das Verhalten der Regierung und der Opposition, erlauben jedoch innerhalb festgelegter Bandbreiten z.T. alternative Verhaltensweisen (z.B. Kritik an der Regierungsarbeit insgesamt, vom Regierungshandeln abweichende Vorschläge zur Ausgestaltung der Politik usw.).

Unabhängig von diesen Besonderheiten ist – analog der Strategiesystematisierung für kommerzielle Unternehmen – auch für Nonprofit-Organisationen grundsätzlich von vier **wettbewerbsgerichteten Verhaltensstrategien** auszugehen (Porter/Fuller 1989; Meffert 1994):

- Kooperationsstrategie,
- Offensivstrategie,
- Ausweichstrategie,
- Anpassungsstrategie.

Kooperationsstrategien sind zum einen für Nonprofit-Organisationen von Relevanz, die über keinen dominanten Wettbewerbsvorteil bzw. nicht über die notwendigen Ressourcen verfügen, um ohne Kooperationspartner im Wettbewerb zu bestehen. Zum anderen ist eine Kooperationsstrategie für Nonprofit-Organisationen dann eine interessante Option, wenn dadurch Synergien genutzt werden können und die kooperierenden Nonprofit-Organisationen sich gegenseitig in ihrer Arbeit und ihrer Zielverfolgung ergänzen. Im Rahmen einer **formalen Kooperation** sind in diesem Zusammenhang z.B. Joint Ventures, Gründung von kooperativen Betrieben oder gegenseitige Mitgliedschaften zur Fixierung der Zusammenarbeit denkbar.

VENRO ...
VENRO
VERBAND ENTWICKLUNGSPOLITIK
DEUTSCHER NICHTREGIERUNGS-
ORGANISATIONEN e.V.

- bündelt die Kräfte und Erfahrungen der NRO
- intensiviert den Dialog und den Erfahrungsaustausch unter den Mitgliedern
- vertritt die gemeinsam definierten Interessen und Positionen der Verbandsmitglieder gegenüber Öffentlichkeit und staatlichen Stellen auf Kommunal-, Landes- und Bundesebene, der Europäischen Union sowie anderen internationalen Organisationen
- fördert und pflegt den Austausch mit anderen gesellschaftlichen Gruppen, z.B. Gewerkschaften, Wirtschaftsverbänden etc.
- bietet ein entwicklungspolitisches Forum
- identifiziert neue Herausforderungen an die NRO
- fördert und koordiniert gemeinsame Aktionen der Lobby- und Öffentlichkeitsarbeit
- erstellt Positions - und Arbeitspapiere zu wichtigen Fragen der Entwicklungspolitik und humanitären Hilfe
- organisiert Studientage und Fortbildungsveranstaltungen
- fördert europäische und internationale Kontakte und Kooperationen

Insert 5-3: Ziele des Verbandes entwicklungspolitischer Nicht-Regierungsorganisationen (Quelle: www.venro.org, Zugriff am 15.07.2004)

Beispiel: Kooperationsstrategien in unterschiedlichen Nonprofit-Sektoren
Beispiele für die Umsetzung einer Kooperationsstrategie finden sich etwa im Bereich der Katastrophenhilfe oder der Entwicklungspolitik. So haben sich im Rahmen des „Verbandes entwicklungspolitischer Nicht-Regierungsorganisationen" (VENRO), deren Ziele in Insert 5-3 aufgeführt sind, ca. 100 deutsche Nonprofit-Organisationen zusammengeschlossen, um die Koordination und Kooperation untereinander zu erleichtern (www.venro.org, Zugriff am 19.08.2004). Ein anderer Bereich, in dem Kooperationsstrategien üblich sind, ist die universitäre Forschung. Hier werden häufig auf nationaler oder internationaler Ebene Forschungskooperationen geschlossen, indem sich Spezialisten eines bestimmten Fachbereichs austauschen und ihre Kompetenzen bündeln.

Charakteristisch für **Offensivstrategien** ist ein im Kontrast zum Wettbewerb stark unterschiedliches (aggressives) Verhalten, das dazu beitragen soll, die zentralen Anspruchsgruppen für sich zu gewinnen und möglicherweise die am Markt dominierende Nonprofit-Organisation zu werden. Häufig ist das konkrete Ziel einer Offensivstrategie, mehr Spendengelder als die Wettbewerber zu akquirieren oder zusätzliche Mitglieder und Klienten zu gewinnen bzw. diese von den Wettbewerbern abzuwerben. Teilweise wird in diesem Zusammenhang auch offensiv kommuniziert, warum konkurrierende Nonprofit-Organisationen weniger unterstützungswürdig sind als die eigene Organisation.

Beispiel: Offensivstrategie eines amerikanischen Krebsforschungszentrums
Ein Beispiel für eine Offensivstrategie zeigt etwa der Werbeslogan eines amerikanischen Krebsforschungszentrums „... [our center] is not just the nation's oldest and largest cancer research center. It's also the best..." (Weinberg/Ritchie 1999).

Beispiel: Konkurrenzvergleich als offensive Strategie zur Spendenakquisition
Im Rahmen eines offensiv formulierten Rundbriefes des Vereins für die Völker des Regenwaldes (Bruno-Manser-Fonds) an potenzielle Spender wird diesen aufgezeigt, dass die Verwaltungskosten bei anderen Nonprofit-Organisationen wesentlich höher sind als bei der eigenen Organisation: „... Spenden sind ein umkämpftes Gut. Das Spendensammeln, sog. Fundraising, ist zu einem einträglichen Geschäft geworden. So geht einer von 4 Franken für den WWF direkt an die spezialisierte Werbeagentur. Bei „Menschen gegen Minen" waren es sogar 95 Prozent: Von 7 Mio. Franken flossen gerade mal 80.000 ihrem eigentlichen Zweck in Afrika zu, der Rest blieb bei florierenden Privatunternehmen. [...] Jeder Franken, den Sie uns zukommen lassen, bleibt bei seiner Aufgabe. Wir betreiben kein Fundraising – unsere Spenden erzielen wir durch die Öffentlichkeitsarbeit und in Zusammenarbeit mit weiteren gemeinnützigen Organisationen. Die uns zur Verfügung gestellten Mittel investieren wir sofort wieder in die festgelegten Ziele. Erzählen Sie's weiter!..." (Quelle: www.bmf.ch, Zugriff am 12.12.2004).

Ausweichstrategien sind zumeist mit der Zielsetzung verbunden, einem erhöhten Wettbewerbsdruck – z.B. im Spendenmarkt – durch abgeschirmte Marktsegmente, innovative Leistungen oder neuartige Marketinganstrengungen zu entgehen (Meffert 2002, S. 286). Beispielsweise verzeichnen in jüngster Zeit Online-Marketingaktivitäten bei Nonprofit-Organisationen einen starken Anstieg, die zumindest kurzfristig – aufgrund ihrer Innovativität – als Ausweichstrategie interpretiert werden können. Zu denken ist z.b. an das Online-Fundraising einiger Hilfsorganisationen, das Abrufen von Testergebnissen der Stiftung Warentest im Internet oder die Online-Reservierung von Theaterkarten. Als weiteres Beispiel kann eine Universität durch das Angebot von innovativen, modernen Studiengängen (z.B. Webdesign, Nonprofit-Management) dem Wettbewerb ausweichen und somit eine Kapazitätsauslastung sicherstellen.

Im Rahmen der **Anpassungsstrategien** wird das eigene Verhalten auf die Reaktion der Wettbewerber abgestimmt. Diese wettbewerbsvermeidende, defensive Ausrichtung wird häufig nur so lange beibehalten, wie keine Schwächung der eigenen Position durch Vorstöße der Wettbewerber zu befürchten ist. Beispielsweise orientieren sich Theater häufig an den Eintrittspreisen anderer Schauspielhäuser der Stadt: Erhöht ein Schauspielhaus die Preise, so ziehen die anderen oftmals wenige Zeit später nach. Ebenfalls eine gewisse Anpassungsstrategie lässt sich bei Nonprofit-Organisationen im Bereich des Tierschutzes identifizieren: Macht eine Tierschutzorganisation durch besonders dramatische Bilder auf die Notwendigkeit zur Unterstützung ihrer Aktivitäten aufmerksam, passen viele Wettbewerber ihre Spendenaufrufe entsprechend an.

5.3 Marketinginstrumentestrategien

Jeder Nonprofit-Organisation steht eine Reihe von marktbeeinflussenden Instrumenten zur Verfügung. Für diese gilt es, vor dem Hintergrund der zuvor getroffenen Marketingentscheidungen, dezidierte Strategien zu entwickeln, um damit die aufgabenbezogenen, beschaffungsbezogenen und qualitätsbezogenen Ziele der Nonprofit-Organisation operativ umzusetzen. Die Gesamtheit dieser Instrumente kann in sieben Teilbereiche unterschieden werden, in denen die folgenden Strategien abzuleiten sind:

(1) Leistungspolitik,
(2) Preis- und Gebührenpolitik,
(3) Vertriebspolitik,
(4) Kommunikationspolitik,
(5) Personalpolitik,
(6) Finanzierungspolitik,
(7) Kooperationen und Partnerschaften.

(1) Leistungspolitik
Bei der Festlegung der Leistungsstrategie einer Nonprofit-Organisation ist der Frage nachzugehen, welche Art von Leistungen in welcher Qualität wie am relevanten Markt angeboten wird. Zielt die Nonprofit-Organisation darauf ab, die Leistungsempfänger an sich zu binden, so kann sie die Leistungsempfänger durch das Angebot von Zusatzleistungen, die eine Ergänzung zur eigentlichen Kernleistung darstellen, zu einer weiteren Leistungsnachfrage stimulieren. Öffentliche Energieversorgungsunternehmen bieten beispielsweise zusätzlich zu den angebotenen Produkten (Elektrizität, Gas) auch Energieberatung, Wartungsleistungen und Finanzierungshilfen an. In Bezug auf das Qualitätsniveau der angebotenen Leistungen wird eine Nonprofit-Organisation, die eine Qualitätsvorteilsstrategie anstrebt, grundsätzlich ausschließlich hochwertige Ressourcen zur Leistungserstellung einsetzen. Hingegen wird sich die Leistungsstrategie bei einem Kostenführer eher auf die Erbringung einer Standardqualität beschränken.

(2) Preis- und Gebührenpolitik
Im Rahmen der Preis- und Gebührenstrategie hat die Nonprofit-Organisation festzulegen, zu welchen Konditionen die Leistungen am Markt angeboten werden. Bei vielen Nonprofit-Organisationen sind hierbei unterschiedliche Restriktionen zu berücksichtigen. So orientieren sich die Gebühren in öffentlichen Verwaltungen i.d.R. direkt an den Kosten für die Leistungserstellung und werden staatlich vorgegeben. Andere Nonprofit-Organisationen verlangen – aufgrund ihrer Mission – keinerlei Entgelt für ihre Leistungen oder lediglich einen symbo-

lischen Preis. Darüber hinaus gibt es aber auch einige Nonprofit-Sektoren, bei denen eine aktive Preispolitik zentral für den Erfolg der Nonprofit-Organisation ist. Dies gilt insbesondere dann, wenn die Kapazitätsauslastung der Nonprofit-Organisation ein wichtiges Ziel darstellt. So besteht die Möglichkeit, durch eine Erhöhung der mit einem Wechsel der Nonprofit-Organisation verbundenen Wechselkosten die Abwanderungswahrscheinlichkeit von Leistungsempfängern zu reduzieren oder durch die Preissetzung selbst die Wiederkaufrate zu erhöhen (z.B. Einführung eines Rabattsystems: ein freier Theaterbesuch bei Vorlage von zehn alten Theaterkarten).

(3) Vertriebspolitik
Die Vertriebsstrategie gibt an, auf welchen Vertriebswegen und durch welche Absatzmittler die Leistungen anzubieten sind sowie in welcher Form der Leistungsempfänger zu integrieren ist. Bei einigen Nonprofit-Organisationen erfolgt z.B. primär eine telefonisch Integration der Leistungsempfänger (z.B. Telefonseelsorge). Prinzipiell geht es bei der Vertriebsstrategie u.a. um die strategiekonforme Wahl der Standorte für die Nonprofit-Organisation, um die Festlegung der Zahl der Standorte, um die Suche nach passenden Absatzmittlern sowie um eine geeignete Gebäudegestaltung, die nicht zuletzt für eine angenehme Atmosphäre sorgt und eine Qualitätsstrategie unterstützen kann (z.b. Kinderspielecke, Sitzgelegenheiten für wartende Besucher eines Krankenhauses, Orientierungstafeln in öffentlichen Verwaltungen u.a.m.).

(4) Kommunikationspolitik
Die Kommunikationsstrategie beantwortet die Frage, welche Informations- und Beeinflussungsmaßnahmen in Bezug auf die Anspruchsgruppen ergriffen werden. Die jeweilige Kommunikationsstrategie ergibt sich direkt aus den im Rahmen der Geschäftsfeld- und Marktteilnehmerstrategien formulierten Schwerpunkten. Dies lässt sich am Beispiel der Spenderkommunikation verdeutlichen. Entschließt sich eine Nonprofit-Organisation beispielsweise für eine undifferenzierte Bearbeitung des Spendenmarktes, so wird sie sich in ihrer Kommunikation z.B. auf Direct Mailings oder TV-Spots konzentrieren, wohingegen bei einer differenzierten Marktbearbeitungsstrategie z.B. zusätzlich das Event Marketing für besonders bedeutsame Spender zum Einsatz kommen kann.

(5) Personalpolitik
Im Rahmen der strategischen Ausrichtung der Personalpolitik besteht die besondere Herausforderung für die Nonprofit-Organisation darin, die von den Anspruchsgruppen erwarteten Verhaltensweise möglichst im Einklang mit den Mitarbeiterinteressen zu realisieren. Es sind also personalpolitische Maßnahmen zu ergreifen, die die Zufriedenheit und Motivation der Mitarbeiter erhöhen und gleichzeitig auch die Grundlage für eine bessere Interaktion mit den An-

spruchsgruppen bilden. Ein weiterer Aspekt der Personalstrategie einer Nonprofit-Organisation betrifft das Verhältnis zwischen haupt- und ehrenamtlichen Mitarbeitern. Hierbei ist sicherzustellen, dass die Zahl und Qualifikation der Ehrenamtlichen den kosten- sowie qualitätsstrategischen Überlegungen der Nonprofit-Organisation gerecht wird. Darüber hinaus ist, u.a. durch eine faire Aufgabenverteilung zwischen ehrenamtlichen und hauptamtlichen Mitarbeitern sowie klar geregelten Kompetenzen, die Bindung und Zufriedenheit beider Mitarbeitergruppen zu gewährleisten.

(6) Finanzierungspolitik
Aufgrund der Tatsache, dass Nonprofit-Organisationen die von ihnen angebotenen Leistungen i.d.R. nicht zu einem kostendeckenden Preis absetzen, konzentriert sich die Finanzierungsstrategie im Wesentlichen auf die Frage, wie dennoch eine Sicherung der ökonomischen Basis gewährleistet werden kann. Die Finanzierungsstrategie bezieht sich somit primär darauf, welche Geldeinnahmequellen zu erschließen sind und wie diese langfristig optimal ausgeschöpft werden können, um die strategischen Ziele einer Nonprofit-Organisation zu erreichen.

(7) Kooperationen und Partnerschaften
In engem Zusammenhang mit der Finanzierungspolitik gilt es gleichzeitig zu überlegen, welche Partnerschaften bzw. Kooperationen – beispielsweise mit kommerziellen Unternehmen – eine Nonprofit-Organisation eingehen möchte, um ihre Mission besser erfüllen zu können.

6 Qualitätsmanagement für Nonprofit-Organisationen

6.1 Bedeutung des Qualitätsmanagements für Nonprofit-Organisationen

In den vergangenen Jahrzehnten hat sich die Erstellung einer hohen Qualität zu einem **zentralen Wettbewerbsfaktor** für kommerzielle Unternehmen – insbesondere im Dienstleistungsbereich – entwickelt. Aufgrund der Tatsache, dass Nonprofit-Organisationen primär Dienstleistungen erbringen und deshalb als spezifische Form von Dienstleistungsunternehmen anzusehen sind, liegt es nahe, dass auch für Nonprofit-Organisationen die Qualitätsorientierung eine herausragende Bedeutung aufweist. Dabei lassen sich eine Reihe von Gründen identifizieren, die die **Erfolgsrelevanz einer Qualitätsorientierung für Nonprofit-Organisationen** unterstreichen (Bruhn 2004b, S. 2 ff.):

- Der Markteintritt von neuen, teilweise auch international tätigen Nonprofit-Organisationen führt zu einer deutlichen **Zunahme des Wettbewerbs**; dies gilt nicht nur im Bereich spezifischer Nonprofit-Leistungen, wie z.B. bei Nonprofit-Organisationen, die ihre Leistungen über das Internet anbieten, sondern auch in den „klassischen" Nonprofit-Märkten (z.B. Kulturangebote, Pflegedienste, religiöse Dienste, Verkehrsbetriebe usw.) steigt die Wettbewerbsintensität. Dieser Umstand spiegelt sich in der deutlichen Zunahme von Nonprofit-Organisationen in Deutschland wider (vgl. hierzu Abschnitt 1.1).
- Aufgrund der Immaterialität von Nonprofit-Leistungen können diese vergleichsweise einfach durch Wettbewerber imitiert werden (z.B. neuartiges Pflegekonzept eines Altenheims), so dass eine **Homogenisierung des Leistungsangebotes** festzustellen ist. Für Nonprofit-Organisationen erschwert sich infolgedessen das Erreichen eines Wettbewerbsvorteils über ein innovatives Leistungsprogramm. Eine Differenzierung ist häufig primär über die exzellente Qualität der eigentlichen Kernleistung sowie der zusätzlich angebotenen Serviceleistungen (z.B. Stadtführungen für die Gäste einer Jugendherberge) möglich.
- Die dynamische Entwicklung der Informations- und Kommunikationstechnologien ermöglicht Leistungsempfängern bzw. sämtlichen Anspruchsgruppen eine bisher unbekannte Dimension der **Markttransparenz**. Dadurch wird es

für Nonprofit-Organisationen wichtiger, sich den Bedürfnissen und Wünschen der Anspruchsgruppen anzupassen, um diese nicht an die Wettbewerber zu verlieren.

- Durch die in kommerziellen Dienstleistungsbranchen gewohnten hohen Qualitätsstandards, wie beispielsweise in der Hotel- und Verpflegungsbranche, verlangen Leistungsempfänger grundsätzlich eine analoge Qualität auch von Nonprofit-Organisationen. Somit wird die Notwendigkeit zur Erbringung einer hohen Leistungsqualität teilweise auch **extern durch kommerzielle Anbieter** ausgelöst.

Im Zusammenhang mit der Qualitätsorientierung zeigen entsprechende Erfahrungen, dass letztlich nur durch eine konsequente Anspruchsgruppenorientierung des Qualitätsmanagements Chancen zur Erlangung von Wettbewerbsvorteilen bestehen. Der Erfolg einer Nonprofit-Organisation begründet sich demzufolge nicht auf Basis objektiv gegebener, sondern auf vom Leistungsempfängern und anderen Anspruchsgruppen subjektiv wahrgenommenen Positionierungs- und Qualitätsvorteilen (Simon 1988, S. 474). Dies macht den besonderen Stellenwert der Forderung nach einer **anspruchsgruppenbezogenen Leistungsqualität** deutlich (Vaughan/Shiu 2001, S. 132; Matul/Scharitzer 2002, S. 605).

Während kommerzielle Unternehmen bereits seit den 1980er-Jahren intensive Bemühungen zur Erreichung einer ausgeprägten Kunden- und Qualitätsorientierung anstellen, wurde dieser Thematik von Nonprofit-Organisationen lange Zeit wenig Aufmerksamkeit geschenkt. Erst seit einigen Jahren zeichnet sich eine ähnliche Entwicklung wie im kommerziellen Bereich ab, d.h., die **Qualität** wird inzwischen immer häufiger auch bei Nonprofit-Organisationen **als zentrales Anliegen** begriffen. Insert 6-1 zeigt exemplarisch die Qualitätsorientierung des Alters- und Pflegeheims Frenkenbündten.

Der in jüngster Vergangenheit festzustellende Wandel hin zu mehr Qualitätsbewusstsein bzw. das daraus folgende Interesse, für Nonprofit-Organisationen ein Qualitätsmanagement aufzubauen, ist auf mehrere **Ursachen** zurückzuführen (Matul/Scharitzer 2002, S. 605):

- **Rückgang von Ressourcen**

Beschaffungsseitig verschärft sich der Wettbewerb für Nonprofit-Organisationen. Als Resultat eines zunehmenden Legitimationsdrucks bei der Vergabe knapper Ressourcen, wie z.B. Subventionen, Förderungen, Spenden, Kostenübernahmen usw., werden die Organisationen zunehmend gefordert, über die Qualität ihrer Leistungen Rechenschaft abzulegen.

> # LEBEN, WOHNEN UND BETREUUNG IM ALTER
> # FRENKENBÜNDTEN
>
> Qualitätsbewusstsein
>
> **Wir erbringen Dienstleistungen von guter Qualität**
>
> FRENKENBÜNDTEN fördert das Qualitätsbewusstsein auf allen Ebenen und setzt sich zum Ziel, Dienstleistungen von guter Qualität zu erbringen.
>
> Wir überprüfen, sichern und fördern laufend die Qualität unserer Dienstleistungen. Die Qualitätssicherung umfasst auch die interne Zusammenarbeit, um sicherzustellen, dass die verschiedenen Dienstleistungen von den BewohnerInnen als ganzheitliches Angebot erlebt werden.
>
> Die Qualitätsmaßstäbe von FRENKENBÜNDTEN orientieren sich an den konkreten Bedürfnissen der BewohnerInnen und der Menschen im Einzugsgebiet des Heimes, an aktuellen Entwicklungen und neuen Erkenntnissen im Bereich der Altershilfe sowie an den gegebenen wirtschaftlichen Verhältnissen.

Insert 6-1: Auszug der Leitgedanken des Alters- und Pflegeheims Frenkenbündten (Quelle: www.frenkenbuendten.ch/leitgeda.htm, Zugriff am 01.09.2004)

- **Konkurrenz durch private bzw. kommerzielle Dienstleister**
Nonprofit-Organisationen bieten zum Teil Dienstleistungen an, bei denen sie in Konkurrenz zu kommerziellen Dienstleistungsunternehmen stehen (z.B. Industrie- und Handelskammer versus Beratungsunternehmen). In diesem Fall wird die Qualität der Leistungen im Vergleich zu den konkurrierenden Unternehmen beurteilt. Für Nonprofit-Organisationen ist es daher erforderlich, ihr Qualitätsniveau zu verbessern, um so im Vergleich zu kommerziellen Unternehmen konkurrenzfähig zu bleiben.

Beispiel: Veränderte Rahmenbedingungen bei Alten- und Pflegeheimen
Durch das Inkrafttreten der zweiten Stufe der Pflegeversicherung am 01.07.1996 haben sich im stationären Altenhilfesektor, also für Nonprofit-Organisationen wie z.B. Alten- und Pflegeheime, die Rahmenbedingungen erheblich verändert. Während sich die entsprechenden Organisationen bis Mitte 1996 aufgrund eines durch den Staat stark reglementierten Marktes nur wenig um einen Nachfragerückgang Sorgen zu machen hatten, so dass Themen wie Marketing oder Qualität kaum beachtet wurden, haben die neu eingeführten gesetzlichen Reformen durch eine Marktöffnung den Wettbewerb gefördert. In Folge der Liberalisierung traten primär kommerzielle Anbieter auf den Markt der stationären Altenhilfe und somit in Wettbe-

werb mit den bereits etablierten Nonprofit-Organisationen. Aufgrund der gestiegenen Wettbewerbsintensität sind die stationären Pflegeeinrichtungen zunehmend gezwungen, sich auf die Bedürfnisse ihrer Leistungsempfänger zu konzentrieren und sich durch eine überlegene Dienstleistungsqualität gegenüber den Konkurrenten im Markt zu profilieren.

- **Kooperationen zwischen kommerziellen Unternehmen und Nonprofit-Organisationen**
Viele Nonprofit-Organisationen erbringen zunehmend ihre Dienstleistungen in Kooperation mit kommerziellen Unternehmen (z.B. Behindertenwerkstätten). Hierbei ist zu beachten, dass die Gesamtqualität nur so gut ist, wie die Qualität des schwächsten Partners. Nonprofit-Organisationen sind daher zum einen dazu aufgefordert, ihre eigene Leistungsfähigkeit, an den oftmals hohen Qualitätsansprüchen der beteiligten kommerziellen Unternehmen auszurichten. Zum anderen ist es erforderlich, sämtliche Ressourcenlieferanten der Nonprofit-Organisation (z.B. die Health Care Caterer für Krankenhäuser) zur Erbringung einer hohen Qualität zu verpflichten.

Während sich in der Literatur bereits einige Publikationen finden, die sich speziell mit der Thematik Qualitätsmanagement in Nonprofit-Organisationen auseinander setzen (z.B. Eversheim et al. 1997; Schubert/Zink 1997; Matul/Scharitzer 2002; Klausegger et al. 2003), ist dennoch festzuhalten, dass die bisherige Qualitätsdiskussion weitgehend durch ein „Reagieren auf Impulse aus dem kommerziellen Bereich" (Matul/Scharitzer 2002, S. 606) gekennzeichnet ist. Demzufolge wird die Diskussion um die Qualitätsorientierung in Nonprofit-Organisationen sehr stark durch **Trends und Entwicklungen in kommerziellen Unternehmen** (z.B. Benchmarking, Prozessorientierung usw.) beeinflusst. Die Qualitätsorientierung in Nonprofit-Organisationen ist jedoch nur teilweise aus dem selben Blickwinkel wie in kommerziellen Unternehmen zu betrachten. So sind zum einen die Qualitätsmerkmale einer Nonprofit-Leistung nicht mit denen von kommerziellen Leistungen identisch. Zum anderen sind bei Nonprofit-Organisationen Qualitätserwartungen aus mehreren Perspektiven, d.h. aus Sicht der unterschiedlichen Anspruchsgruppen (z.B. Spender, Sponsoren, Kostenträger, Entscheider usw.), zu berücksichtigen. Des Weiteren besteht die Schwierigkeit, dass es für Nonprofit-Organisationen keine dem Gewinnziel entsprechenden, einfachen Größen zur Erfolgsbeurteilung der Qualitätsbemühungen gibt (Matul/Scharitzer 2002, S. 606). Hieraus resultiert, dass häufig lediglich die **Kosten der Qualität** im Mittelpunkt der Qualitätsdiskussion stehen.

Vor diesem Hintergrund wird im Folgenden zunächst nach geeigneten Ansatzpunkten zur Bestimmung eines nonprofit-spezifischen Qualitätsverständnisses gesucht, um darauf aufbauend sukzessive ein eigenständiges Konzept zur Steuerung der Leistungsqualität für Nonprofit-Organisationen zu entwickeln, das den Besonderheiten in diesem Sektor gerecht wird.

6.2 Grundlagen des Qualitätsmanagements für Nonprofit-Organisationen

6.2.1 Ansatzpunkte für das Qualitätsverständnis für Nonprofit-Organisationen

Die Bestimmung eines einheitlichen Qualitätsverständnisses für Nonprofit-Organisationen stellt aus verschiedenen Gründen eine Herausforderung dar. So ist es bislang noch nicht gelungen, ein tragfähiges und allgemein akzeptiertes Begriffsverständnis zu schaffen, d.h. der Begriff „Qualität" wird sehr heterogen verwendet (Matul/Scharitzer 2002, S. 609; Bruhn 2004b, S. 29). Die Ausführungen zum Verständnis der Qualität reichen von umgangssprachlichen Wortdeutungen bis hin zu sehr abstrakten Definitionen des Qualitätsbegriffes, die für die Praxis wenig hilfreich sind. Gemäß den Definitionen der Deutschen Gesellschaft für Qualität e.V. (1993) sowie dem Deutschen Institut für Normung e.V. (DIN) – die in der Marketingliteratur weite Verbreitung gefunden haben – bezeichnet **Qualität** im Wesentlichen die Gesamtheit von Eigenschaften und Merkmalen einer Einheit (d.h. eines Produktes oder einer Tätigkeit), die sich auf festgelegte bzw. vorausgesetzte Erfordernisse bezieht. Diese Betrachtungsweise integriert zwei zentrale **Auffassungen des Qualitätsbegriffs** (Bruhn 2004b, S. 30f.):

(1) Produktbezogener Qualitätsbegriff
Bei dieser Auffassung wird die Qualität als die Summe bzw. das Niveau der vorhandenen Leistungseigenschaften interpretiert. Demzufolge rücken objektive Kriterien bzw. Merkmale der Beschaffenheit in den Vordergrund der Betrachtung (z.B. Vielfalt des Fächerangebotes einer Universität oder das Verhältnis der Studentenzahl zur Anzahl der Dozierenden, Niveau der technologischen Ausstattung, Größe und Komfort der Räumlichkeiten usw.).

(2) Leistungsempfängerbezogener Qualitätsbegriff
Entsprechend dieser Sichtweise lässt sich Qualität ausschließlich durch die Wahrnehmung der Leistungen durch den Leistungsempfänger definieren. Eine Messung der Qualität erfolgt demzufolge anhand von subjektiven Qualitätskriterien (z.B. wahrgenommene Freundlichkeit des Kantinen- oder Bibliothekspersonals einer Universität, wahrgenommene didaktische Fähigkeiten von Dozenten, wahrgenommener Nutzen aus Vorlesungen usw.).

Als Ergänzung dieser beiden Perspektiven, sind drei weitere Qualitätsauffassungen anzufügen (Garvin 1984, S. 25ff.): Der **absolute** Qualitätsbegriff definiert Qualität als ein Maß für die Güte eines Produktes oder einer Leistung. Sie kann in verschiedene Klassen kategorisiert werden (z.B. gut, mittel, schlecht). Die theoretisch höchste denkbare Güte oder auch die Leistungsqualität der Konkurrenz werden hierbei als Vergleichsmaßstab herangezogen. Damit entspricht diese Definition weitgehend dem umgangssprachlichen Verständnis von Qualität. Der **herstellungsorientierte** Qualitätsbegriff definiert Qualität als die Vorgabe von betrieblichen Standards, die als Basis für die Qualitätskontrolle der Organisation dienen. Hierbei bleibt offen, ob diese Maßstäbe durch objektive Indikatoren (z.B. Mindestnährwertgehalt der Speisen bei einer Tafel) oder subjektive Indikatoren (z.B. „Nonprofit-Organisation mit der höchsten Anspruchsgruppenorientierung") definiert werden. Der **wertorientierte** Qualitätsbegriff relativiert schließlich das Leistungsniveau vor dem Hintergrund des vom Leistungsempfänger zu bezahlenden Preises bzw. der erhobenen Gebühr. Der Leistungsempfänger (bzw. andere Anspruchsgruppen) beurteilen, ob die Nonprofit-Leistung das „Geld wert ist" (z.B. ob die vom Theater erbrachte Performance dem Eintrittspreis gerecht wurde oder die Auswahl an Tieren und die Gestaltung der Gehege in einem Zoo die hohen Eintrittspreise relativiert).

Für einen Transfer der verschiedenen Qualitätsverständnisse auf Nonprofit-Organisationen ist zu berücksichtigen, dass sich deren Ziele in einem wesentlich stärkeren Maß als bei kommerziellen Unternehmen an den Bedürfnissen, Erwartungen und Wünschen von verschiedenen **Anspruchsgruppen** orientieren, die oftmals sehr unterschiedlich ausfallen (Matul/Scharitzer 2002, S. 611). Hieraus resultiert u.a. die Schwierigkeit, dass sich die Qualitätsanforderungen für Nonprofit-Organisationen nicht eineindeutig festlegen lassen, sondern anspruchsgruppenspezifisch zu definieren sind. Bei genauerer Betrachtung steht die Qualität bei Nonprofit-Organisationen hauptsächlich in einem **Spannungsfeld**, das sich aus der Sicht der „Kunden" (d.h. Leistungsempfänger und Geldgeber), der Gesellschaft, der Wettbewerber und der eigenen Organisation ergibt (vgl. Schaubild 6-1).

Beispiel: Anspruchsgruppen des Österreichischen Roten Kreuzes
Das Österreichische Rote Kreuz (ÖRK) ist eine von der Republik Österreich und vom Internationalen Komitee vom Roten Kreuz (IKRK) anerkannte Rotkreuz-Gesellschaft in Österreich. Zu einem der Kerngeschäftsbereiche des ÖRK zählt der Rettungs- und Krankentransport. Im Jahr 1999 wurden z.B. 2.171.412 Patienten im Rettungs- und Krankentransportdienst betreut (Sinkovics et al. 2000). Für die Beurteilung der Qualität und der Kundenzufriedenheit dieser Leistung stellt sich die Frage, wer überhaupt „Kunde" von Krankentransporten ist. Das ÖRK hat vor dem Hintergrund verschiedener Anspruchsgruppen vier (externe) Anspruchsgruppensegmente identifiziert: Landesverbände, Gemeindegremien, Ärzte und Pflegepersonal sowie Patienten als eigentliche Leistungsempfänger. Aufgrund dieser Heterogenität ist zu vermuten, dass die Qualitäts- und Zufriedenheitskriterien ganz unterschiedlich ausfallen. Während für die Landesverbände vor allem Effektivität und Effizienz der Ressourcenverwendung in einer Bezirksstelle als entscheidendes Qualitäts-

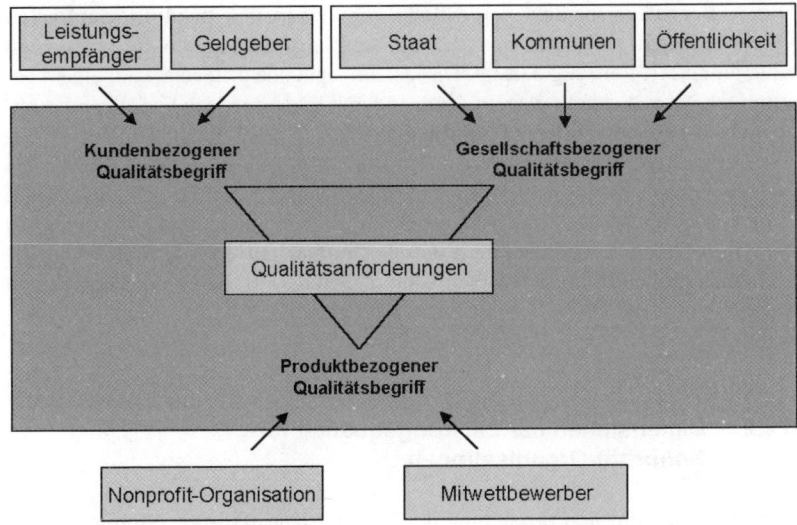

Schaubild 6-1: Qualitätsanforderungen von Nonprofit-Organisationen im Spannungsfeld unterschiedlicher Anspruchsgruppen

merkmal in Frage kommen, sind Gemeindegremien eher zufrieden, wenn die lokale Bezirksstelle den öffentlichen Auftrag zum Gemeinwohl der Bürger ihres Bezirks erfüllt. Für Ärzte und das Pflegepersonal stellen wiederum die reibungslose Zustellung und Abholung der Patienten relevante Qualitätsmerkmale dar. Die Anforderungen aus Sicht der Patienten als Leistungsempfänger werden hingegen von den bisher genannten Kriterien abweichen. Bei dieser Anspruchsgruppe sind Merkmale wie Sicherheit und Schnelligkeit des Transportes bedeutsam für die Wahrnehmung der Qualität (Scharitzer/Sinkovics 1997, S. 219 ff.).

Als Konklusion der verschiedenen Qualitätsauffassungen wird folgende **Definition der Leistungsqualität** für Nonprofit-Organisationen zugrunde gelegt (für eine ähnliche Definition vgl. Schwarz et al. 2002, S. 143):

Leistungsqualität aus Sicht einer Nonprofit-Organisation spiegelt sich in deren Fähigkeit wider, die Beschaffenheit einer primär intangiblen und nur zum Teil entgeltlichen Leistung, die sich aus den ideellen Organisationszielen ableitet, sowohl gemäß den Erwartungen ihrer (primären) Anspruchsgruppen auf einem bestimmten Anforderungsniveau effektiv und effizient zu erstellen als auch Akzeptanz und Unterstützung bei den übrigen (sekundären) Austauschpartnern und der Öffentlichkeit zu finden.

Dieses Begriffsverständnis verdeutlicht zum einen den **produktorientierten Qualitätsbegriff**, wonach sich die Leistungsqualität auf die Beschaffenheit einer Nonprofit-Leistung bezieht. Diese kann – gut oder schlecht – auf einem bestimmten Niveau erstellt werden. Zum anderen kommt jedoch vor allem der **anspruchsgruppenorientierte Qualitätsbegriff** zum Ausdruck, indem die subjektive Perspektive der verschiedenen Anspruchsgruppen, d.h., deren spezifische Anforderungen, berücksichtigt wird. Schließlich wird der Besonderheit Rechnung getragen, dass auch der Staat und/oder die Öffentlichkeit die Leistung von Nonprofit-Organisationen beurteilt (**gesellschaftsorientierter Qualitätsbegriff**) und einen großen Einfluss ausüben kann: der Staat z.B. durch die Vergabe von Subventionen; die Öffentlichkeit z.B. durch negative Mund-zu-Mund-Kommunikation.

6.2.2 Dimensionen der Leistungsqualität für Nonprofit-Organisationen

Als Grundlage für die Präzisierung des Qualitätsbegriffs ist es erforderlich, die relevanten **Qualitätsdimensionen für Nonprofit-Organisationen** zu bestimmen, wobei als Qualitätsdimension die Wahrnehmung unterschiedlicher Qualitätseigenschaften durch organisationsinterne und -externe Anspruchsgruppen verstanden wird (Bruhn 2004b, S. 44). Aufgrund der Heterogenität der von Nonprofit-Organisationen angebotenen Leistungen und der Vielzahl verschiedener Anspruchsgruppen existieren eine Reihe branchen- sowie anspruchsgruppenspezifischer Qualitätsmerkmale. Es stellt sich die Frage, welche übergeordneten Qualitätsdimensionen für alle Nonprofit-Leistungen zutreffen und wie diese von den Anspruchsgruppen beurteilt werden. Ferner ist zu ermitteln, welche relative Bedeutung diese Dimensionen aus Sicht der unterschiedlichen Anspruchsgruppen einer Nonprofit-Organisation aufweisen.

Als erste allgemein gültige Strukturierung der Leistungsqualität kann auf die Ausführungen in Abschnitt 1.4 zurückgegriffen werden. Demnach lässt sich die Leistungsqualität für Nonprofit-Organisationen grundsätzlich aus dem Blickwinkel einer Potenzial- (z.B. Räumlichkeiten und Mitarbeiter einer Universität), Prozess- (z.B. Interaktion der Dozenten mit den Studierenden) und Ergebnisdimension (z.B. Lernfortschritt der Studierenden) betrachten (Donabedian 1980), wobei die Ergebnisdimension einerseits ein besonders relevanter Indikator für die Qualitätsbeurteilung einer Nonprofit-Leistung darstellt, andererseits von den drei Dimensionen am schwierigsten quantifizierbar ist (Matul/Scharitzer 2002, S. 619).

Eine ebenfalls grundlegende Strukturierung der Leistungsqualität für Nonprofit-Organisationen ist die Unterteilung in eine technische und eine funktionale Qualitätsdimension (Grönroos 2000). Im Mittelpunkt der **technischen Dimension** steht der Umfang des Leistungsprogramms bzw. die Frage „Was wird angeboten?" (z.B. Behandlungen, die ein Krankenhaus durchführt). Die **funktionale Dimension** fragt dagegen nach dem „Wie" einer Leistung, d.h. in welcher Form das Leistungsprogramm angeboten wird (z.B. die fachliche Eignung des Ärztepersonals eines Krankenhauses oder die Höflichkeit des Pflegepersonals).

Ergebnis nicht nur konzeptioneller Überlegungen, sondern auch empirischer Prüfungen sind die folgenden fünf **Qualitätsdimensionen** des sog. **SERV-QUAL-Ansatzes**, der in der Literatur vielfach Beachtung gefunden hat (Parasuraman/Zeithaml/Berry 1985, 1988; Zeithaml/Parasuraman/Berry 1992):

- **Annehmlichkeit des tangiblen Umfeldes** („Tangibles")
  Diese Dimension umfasst z.B. das äußere Erscheinungsbild der Nonprofit-Organisation, insbesondere die Ausstattung der Räume und das Erscheinungsbild des Personals, wie z.B. der Empfangsraum eines Krankenhauses oder eines Blutspendezentrums, die Dienstbekleidung eines Mitarbeitenden der Heilsarmee oder eines karitativen Mahlzeitenlieferdienstes oder auch der Sitzungsraum einer Partei.

- **Zuverlässigkeit** („Reliability")
  Hierunter wird die Fähigkeit einer Nonprofit-Organisation verstanden, die Leistungen auf dem (implizit oder explizit) versprochenen Niveau zu erfüllen. Dazu zählt beispielsweise die Pünktlichkeit eines Behinderten-Taxis oder die reibungslose Administration innerhalb eines Sportvereines.

- **Reaktionsfähigkeit** („Responsiveness")
  Bezieht sich auf die Frage, ob die Nonprofit-Organisation in der Lage ist, flexibel auf spezifische Wünsche der Leistungsempfänger einzugehen und sie zu erfüllen. Dabei spielen sowohl die Reaktionsbereitschaft als auch die Schnelligkeit der Reaktion eine Rolle. Als Beispiel ist die Bereitschaft eines Mitarbeiters in der Seelsorge zu erwähnen, Terminwünsche von Leistungsnachfragern kurzfristig und z.B. auch in den Abendstunden zu erfüllen.

- **Leistungskompetenz** („Assurance")
  Stellt die Frage nach den Kompetenzen der Nonprofit-Organisation zur Erbringung der Leistung, insbesondere in Bezug auf Fachwissen und zuvorkommendes Verhalten der Mitarbeitenden sowie deren Fähigkeit, Vertrauen zu erwecken. Hierzu zählen beispielsweise der Ausbildungsstand bzw. die Fachkompetenz des Pflegepersonals eines Krankenhauses.

- **Einfühlungsvermögen** („Empathy")
  Kennzeichnet sowohl die Bereitschaft als auch die Fähigkeit einer Nonprofit-Organisation, jedem einzelnen Leistungsempfänger die notwendige Fürsorge und

Aufmerksamkeit entgegenzubringen. Als Beispiel ist die Fähigkeit eines Universitätsdozenten zu nennen, mögliche Unsicherheiten der Studenten im Verständnis des Vorlesungsinhaltes wahrzunehmen und auf diese eingehen zu können.

**Beispiel: Berücksichtigung individueller Bedürfnisse durch den Verband
„Kind & Spital Schweiz"**
Ein Krankenhausaufenthalt ist für Kinder i.d.R. eine tiefgreifende Erfahrung. Die ungewohnte Umgebung und die vielen unbekannten Gesichter wirken oftmals einschüchternd. Darüber hinaus haben viele Kinder Angst vor Schmerzen oder der Trennung von ihren Eltern und fürchten sich vor der Behandlung oder einem notwendigen Eingriff. Die körperlichen, emotionalen und seelischen Bedürfnisse von Kindern sind je nach Alter und Entwicklungsstufe unterschiedlich. Der Einbezug der Eltern und die Berücksichtigung der individuellen Bedürfnisse eines Kindes erfordern vom Krankenhauspersonal eine qualifizierte Ausbildung, Erfahrung und vor allem Einfühlungsvermögen. Hier bietet der Verband „Kind & Spital Schweiz" seine Unterstützung an. Dies ist eine 1978 gegründete Vereinigung von Eltern, Pflegenden, Kinderärzten und Kinderärztinnen sowie weiteren Berufsleuten, die mit Kindern arbeiten. Die politisch und konfessionell neutrale Nonprofit-Organisation finanziert sich ausschließlich aus Mitgliederbeiträgen und Spenden (Quelle: www.familienhandbuch.de, Zugriff am 20.07.2004).

Neben der rein betriebswirtschaftlichen Perspektive schließt eine umfassende Qualitätsbetrachtung für Nonprofit-Organisationen auch politische, gesamtwirtschaftliche und soziokulturelle Qualitätsdimensionen mit ein (Matul/Scharitzer 2002, S. 619ff.). Auf einer aggregierten Ebene resultiert hieraus eine „**Makroqualität**", die die Qualität eines Gesamtsystems bezeichnet (z.B. der Gesundheitsstand oder das Bildungsniveau der Bevölkerung). Aus gesamtwirtschaftlich-gesellschaftspolitischer Sicht zählen nach Matul/Scharitzer die allokative Effizienz, Gerechtigkeit sowie Sicherheit zu den relevanten Qualitätsdimensionen der Makroqualität (Matul/Scharitzer 2002, S. 622).

Zusammenfassend ermöglichen die aufgeführten Unterscheidungen von Qualitätsdimensionen – neben ihrer strukturierenden Funktion – erste Hinweise für die Gestaltung von Mess- und Steuerungskonzepten zur Erfassung der Leistungsqualität für Nonprofit-Organisationen zu liefern. Hierbei gilt, dass für die Qualitätsbeurteilung der Leistungen von Nonprofit-Organisationen eine rein betriebswirtschaftliche Perspektive nicht ausreicht, sondern dass zugleich die Makroebene mit in die Qualitätsdiskussion einzubeziehen ist (vgl. Schaubild 6-2).

Anhand eines konkreten Beispiels – der Gesundheitsversorgung – bedeutet Makroqualität, dass „ein Versorgungssystem nur dann als leistungsfähig und qualitätsadäquat eingestuft wird, wenn kranke Menschen sämtliche medizinischen Leistungen erhalten, die sie brauchen, unabhängig davon, wie viel sie dafür bezahlen können" (Badelt 1995, S. 97). Die Makroebene stellt somit ein **Kontextfaktor** dar, der alle Nonprofit-Organisationen zugleich betrifft. Im Rahmen eines

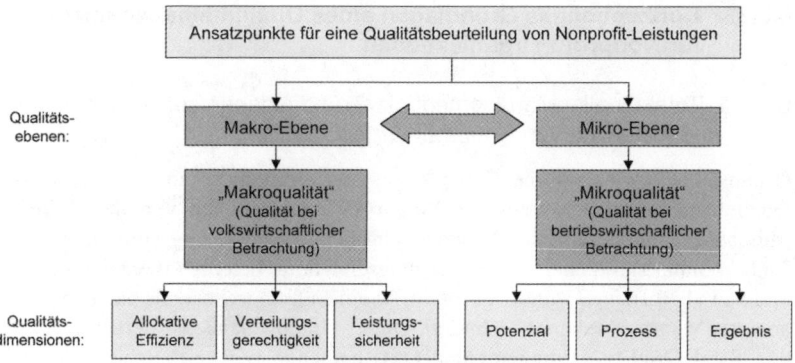

Schaubild 6-2: Differenzierung von Qualitätsdimensionen auf Basis verschiedener Qualitätsebenen
(Quelle: in Anlehnung an Matul/Scharitzer 2002, S. 608)

Qualitätsmanagements erfolgt daher sowohl eine Konzentration auf die Perspektive der Mikroqualität, auf deren Ebene ein Wettbewerbsvorteil generierbar ist, als auch auf die Makroebene, die als Rahmenbedingung zu berücksichtigen. Dazu ist es jedoch notwendig, die diskutierten Qualitätsdimensionen durch einzelne **Merkmale** der Leistungsqualität in Abhängigkeit der verschiedenen Anspruchsgruppen zu konkretisieren (Stauss/Hentschel 1991, S. 240), denn aufgrund des hohen Abstraktionsgrades, auf dem die Dimensionen abgegrenzt werden, sind sie einer unmittelbaren Messung kaum zugänglich (Benkenstein 1993, S. 1099). Als zentrale Fragen bei der Entwicklung eines Qualitätsmanagements für Nonprofit-Organisationen gilt es somit zu klären, welche einzelnen Qualitätsanforderungen welche Anspruchsgruppe an die Organisation stellt und welche Optimierungskonflikte daraus ggf. resultieren.

In diesem Zusammenhang ist zu berücksichtigen, dass der Interessenausgleich zwischen den einzelnen Anspruchsgruppen einer Nonprofit-Organisation eine anspruchsvolle Aufgabe darstellt. So ist es in einem ersten Schritt erforderlich, die Unterschiedlichkeit der einzelnen Qualitätsansprüche zu identifizieren und diese zu akzeptieren. Die hieraus resultierende Qualitätsdiskussion erleichtert in einem zweiten Schritt eine eigenständige und zielgerichtete Qualitätsentwicklung der Nonprofit-Organisation (Matul/Scharitzer 2002, S. 612).

6.2.3 Konzeptionelle Grundlagen eines Qualitätsmanagements für Nonprofit-Organisationen

6.2.3.1 Total Quality Management als Grundgedanke zur Sicherstellung von Qualität von Nonprofit-Organisationen

Grundsätzlich wird für die Entwicklung und Umsetzung eines umfassenden Qualitätsmanagementsystems für Nonprofit-Organisationen von der **Philosophie** ausgegangen, dass die Sicherstellung bzw. Verbesserung von Qualität die Einbeziehung sämtlicher an der Leistungserstellung beteiligten ehrenamtlichen und hauptberuflichen Mitarbeiter (sowohl auf Führungsebene als auch auf allen anderen Mitarbeiterebenen) erfordert. Dieser Grundgedanke ist in dem Konzept des **Total Quality Management** (TQM) enthalten (vgl. z.B. Ishikawa 1985; Schildknecht 1992; Frehr 1999; Bruhn 2004b, S. 52 ff.; mit Bezug zu Nonprofit-Organisationen vgl. Bumbacher 2000; Matul/Scharitzer 2002, S. 610 ff.). Bezugnehmend auf das Begriffsverständnis der Deutschen Gesellschaft für Qualität wird TQM als eine auf der Mitwirkung aller ihrer Mitglieder beruhende Führungsmethode einer Organisation definiert, die Qualität in den Mittelpunkt stellt und durch die Zufriedenheit der zentralen Anspruchsgruppen auf den langfristigen Geschäftserfolg sowie auf den Nutzen für die Mitglieder der Organisation und für die Gesellschaft zielt (DFQ-Lenkungsausschuss Gemeinschaftsarbeit der Deutschen Gesellschaft für Qualität e.V. 1995; vgl. für eine erweiterte Definition Oess 1993, S. 89).

Beim TQM handelt es sich folglich nicht einfach um ein Qualitätsinstrument, sondern um eine umfassende **Qualitätsphilosophie** bzw. **Qualitätskultur**, die die ganze Organisation einschließt (Döttinger/Klaiber 1994, S. 258). Bausteine eines TQM für Nonprofit-Organisationen sind:

- **Total**, d.h. die Einbeziehung sämtlicher an der Leistungserstellung beteiligten Personengruppen (Mitarbeitende, Tauschmittler, Leistungsempfänger),
- **Quality**, d.h. die konsequente Orientierung aller Aktivitäten an den Qualitätsanforderungen der externen und internen Anspruchsgruppen,
- **Management**, d.h. die Übernahme einer Vorbildfunktion der obersten Verbands- bzw. Organisationsführung im Rahmen eines partizipativ-kooperativen Führungsstils.

Beispiel: Total Quality Management im Deutschen Herzzentrum München
Das Deutsche Herzzentrum München gilt als Modell für die Vereinigung von Spitzenleistungen der Behandlung von Herz- und Kreislauferkrankungen unter einem zentralen Dach. Der Leitgedanke des Hauses ist, die verschiedenen zur Diagnostik und Therapie der Herz- und Kreislauferkrankungen erforderlichen Fachrichtungen unter einem Dach zusammenzuführen, damit in ständiger enger interdisziplinärer Zusammenarbeit die Patien-

ten optimal versorgt werden. So vereinigt das Haus drei Kliniken (Klinik für Herz- und Gefäßchirurgie, Klinik für Herz- und Kreislauferkrankungen und Klinik für Kinderkardiologie und angeborene Herzfehler) und drei Institute (Institut für Anästhesiologie, Institut für Laboratoriumsmedizin und Institut für Radiologie mit Nuklearmedizin). Das Institut für Laboratoriumsmedizin hat z.B. den Auftrag, das Herzzentrum mit einem breiten Spektrum laboratoriumsmedizinischer Untersuchungen zu versorgen. Im Rahmen dieser Versorgung werden die Messgrößen und Methoden für die Bestimmung körpereigener Stoffe, von Zellen sowie von Medikamenten ständig aktualisiert und dem neuesten Stand des Wissens angepasst. Die moderne Geräteausstattung wird wiederum von einem leistungsfähigen Labor-EDV-System unterstützt, das mit dem klinikweiten Krankenhausinformationssystem vernetzt ist. Das Institut wird dabei nach den Grundsätzen des Total Quality Managements geführt und hat sich als erstes seiner Art einem Fremdassessment nach dem Modell der European Foundation for Quality Management (EFQM) in Europa unterzogen (Quelle: www.dhm.mhn.de, Zugriff am 19.08.2004).

Nonprofit-Organisationen, die einen Wettbewerbsvorteil durch eine konsequente Qualitätsorientierung erreichen wollen, sind gefordert, den Grundgedanken des TQM durch zielgerichtete und systematische Organisationsprinzipien umzusetzen (Matul/Scharitzer 2002, S. 611). Zu den wesentlichen Prinzipien einer **Qualitätsmanagementphilosophie für Nonprofit-Organisationen** zählen (in Anlehnung an Mudie/Cottam 1993, S. 92; Kamiske/Brauer 1999):

- Orientierung an den Anspruchsgruppen und deren Urteil, sowohl in Bezug auf externe (Leistungsempfänger, Spender usw.) als auch interne Anspruchsgruppen (ehrenamtlich tätige Mitarbeitende, festangestellte Mitarbeitende),
- Kontinuierliche und dynamische Qualitätsverbesserung,
- Aufnahme der Qualität als oberstes Ziel der Nonprofit-Organisation,
- Forderung, dass „jeder" Mitarbeitende der Nonprofit-Organisation zugleich „Qualitätsmanager" ist.

Zur **Schaffung und dauerhaften Sicherstellung der Qualitätsfähigkeit** von Nonprofit-Organisationen dient ein systematisches Qualitätsmanagement, dessen Bausteine im Folgenden vorgestellt werden.

6.2.3.2 Begriff und Bausteine eines Qualitätsmanagements für Nonprofit-Organisationen

Da der Begriff **Qualitätsmanagement** – ähnlich wie der Qualitätsbegriff – in Wissenschaft und Praxis in vielfältiger Weise diskutiert wird (vgl. allgemein Bruhn 2004b, S. 59ff.; mit Bezug zu Nonprofit-Organisationen vgl. Eversheim et al. 1997, S. 39ff.; Schwarz et al. 2002, S. 143ff.), sind verschiedenartige Definitionsvorschläge vorhanden. Als ein für Nonprofit-Organisationen zweckmäßig erscheinendes Begriffsverständnis werden im Folgenden zunächst die **DIN-Nor-**

men als Basisdefinition zugrunde gelegt. Qualitätsmanagement ist nach DIN 55350 Teil 11 sowie den Bestimmungen der Deutschen Gesellschaft für Qualität e.V. umfassend als „Gesamtheit der qualitätsbezogenen Tätigkeiten und Zielsetzungen" definiert (Deutsche Gesellschaft für Qualität e.V. 1995, S. 35). Unter einem Qualitätsmanagementsystem werden dann die Aufbauorganisation, Verantwortlichkeiten, Abläufe, Verfahren und Mittel zur Verwirklichung des Qualitätsmanagements erfasst.

In Anbetracht der zu Beginn dieses Kapitels dargestellten Wettbewerbsänderungen erscheint es ratsam, dass die Entwicklung eines Qualitätsmanagementsystems unter Wirtschaftlichkeitsaspekten erfolgt. Ohne die Berücksichtigung von Kosten- und Nutzen-Aspekten läuft die Nonprofit-Organisation Gefahr, ihre wirtschaftlichen Ziele nicht zu erreichen. Vor diesem Hintergrund wird unter dem **Begriff des Qualitätsmanagementsystems** für Nonprofit-Organisationen die Zusammenfügung verschiedener Bausteine unter sachlogischen Gesichtspunkten verstanden, um unternehmensintern und -extern eine systematische Analyse, Planung, Organisation, Durchführung und Kontrolle von qualitätsrelevanten Aspekten des angebotenen Leistungsprogramms sicherzustellen.

Beispiel: Qualitätsmanagement des Malteser Hilfsdienstes
Qualitätsmanagement im Rettungsdienst stellt eine aktuelle Forderung deutscher Notfallmediziner dar und wird als wichtiger Bestandteil einer notwendigen Strukturreform im Rettungswesen angesehen. In Deutschland ist der Malteser Hilfsdienst die erste Rettungsorganisation, die diese Forderung in ihrem Qualitätsmanagementprojekt „Qualität rettet Leben" flächendeckend bei allen Rettungswachen umsetzt. Nach mehr als zweijähriger Projektarbeit wurde bundesweit an 155 Standorten ein Qualitätsmanagementsystem beim Rettungsdienst der Malteser eingeführt, das anschließend nach DIN EN ISO 9001 zertifiziert wurde. Durch die Einführung und Umsetzung dieses Qualitätsmanagementsystems konnte erreicht werden, dass die haupt- und ehrenamtlichen Mitarbeitenden sowie die Zivildienstleistenden des Malteser Hilfsdienstes bundesweit nach einheitlichen Standards und definierten Abläufen ihre Dienstleistung im Rettungsdienst und Krankentransport durchführen (Runggaldier/Falk 2000).

Die Gestaltung eines Qualitätsmanagementsystems hat sich an der **Qualitätsfähigkeit** einer Nonprofit-Organisation zu orientieren. Hierzu ist es erfolgsrelevant, dass ein Qualitätsmanagementsystem die vier **Bausteine** (Meffert/Bruhn 2003, S. 276f.) der Analyse, Planung, Durchführung und Kontrolle umfasst (vgl. Schaubild 6-3):

(1) Analyse der Leistungsqualität als Informationsgrundlage des Qualitätsmanagements für Nonprofit-Organisationen.

(2) Planung des Qualitätsmanagements zur Festlegung der erforderlichen Qualitätsfähigkeit in der Planungsphase.

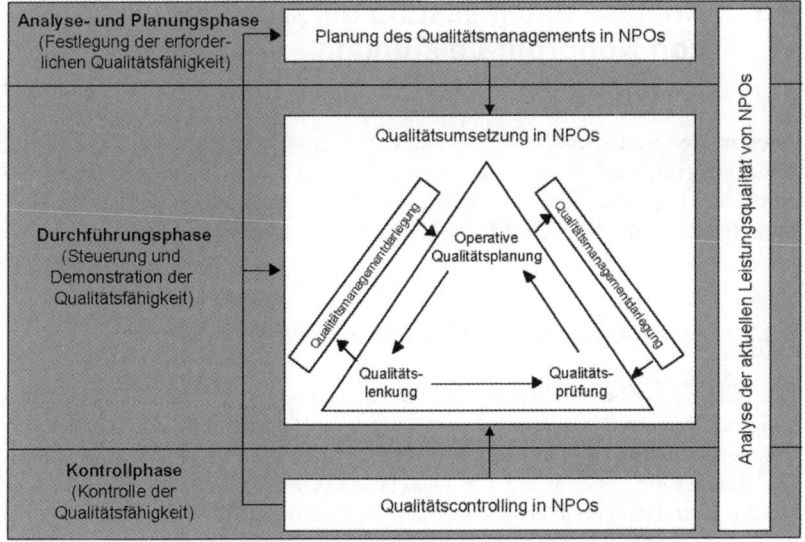

Schaubild 6-3: Bausteine eines Qualitätsmanagementsystems für Nonprofit-Organisationen (Quelle: in Anlehnung an Bruhn 2004b, S. 61)

(3) Umsetzung des Qualitätsmanagements mit den Phasen der Qualitätsplanung, -lenkung, -prüfung und -managementdarlegung zur Steuerung und Demonstration der Qualitätsfähigkeit in der Durchführungsphase.

(4) Controlling des Qualitätsmanagements zur Informationsversorgung und Kontrolle der Qualitätsfähigkeit im weitesten Sinne einer modernen Controllingphilosophie.

Für die einzelnen Phasen dieses Managementprozesses stehen dem Qualitätsmanagement eine Vielzahl unterschiedlicher Instrumente zur Verfügung. Ein professionelles Qualitätsmanagement für Nonprofit-Organisationen erfordert den gezielten Einsatz dieser Instrumente innerhalb jeder Phase. Es ist daher notwendig, sich mit den jeweiligen Nutzungsmöglichkeiten auseinander zu setzen. Dementsprechend wird den Phasen des Managementprozesses gefolgt und ausgewählte Instrumente sowie deren Einsatzmöglichkeiten dargestellt.

6.3 Analyse und Messung der Qualität von Nonprofit-Leistungen

Auch in Nonprofit-Organisationen gilt, dass „gute" Leistungsqualität nicht von selbst entsteht, sondern im Rahmen eines konsequenten Qualitätsmanagements zu planen, implementieren und kontrollieren ist (Hentschel 2000, S. 294). Hieraus ergibt sich die Notwendigkeit, die Qualität messbar zu machen.

6.3.1 Anforderungen und Kriterien zur Qualitätsmessung

Der Einsatz möglicher Verfahren zur Qualitätsmessung hat unter Berücksichtigung der Stärken und Schwächen der jeweiligen Ansätze bzw. der spezifischen Rahmenbedingungen einer Nonprofit-Organisation zu erfolgen (Platzek 1998). Zur Beurteilung der Eignung von Qualitätsmessansätzen können dabei die folgenden **Kriterien** herangezogen werden (Meffert/Bruhn 2003, S. 290):

- **Relevanz**

Sind die gemessenen Beurteilungskriterien der Leistungsqualität in der Wahrnehmung aller Anspruchsgruppen von Relevanz und bilden damit den Maßstab für die Ableitung von Marketingentscheidungen?

- **Vollständigkeit**

Werden sämtliche aus Sicht der jeweiligen Anspruchsgruppen relevanten Qualitätskriterien erhoben?

- **Aktualität**

Stellen die Resultate des Verfahrens aktuelle Beurteilungen der Qualitätswahrnehmung aus Anspruchsgruppensicht dar?

- **Eindeutigkeit**

Können auf Basis der Messergebnisse des eingesetzten Verfahrens eindeutige Rückschlüsse auf die Qualitätsbeurteilung der Nonprofit-Leistung gezogen werden?

- **Steuerbarkeit**

Bieten die Ergebnisse gezielte Ansatzpunkte für eine darauf aufbauende Qualitätsverbesserung?

- **Kosten**

Rechtfertigen die Ergebnisse der Verfahren den finanziellen und personellen Aufwand, der mit der Erhebung verbunden ist?

Zur Erfassung der Qualitätsanforderungen bedarf es Instrumente der externen und internen **Marktforschung**, wie z.B. Leitungsempfängerbefragungen, -beobachtungen, -experimente, Auswertung von Beschwerden oder Expertenurteilen (Meyer/Ertl 1998). Dabei können die Merkmale einer Nonprofit-Leistung (z.B. Intangibilität, Integration des Leistungsempfängers) zur Beurteilung der Verfahren herangezogen werden. Je höher z.b. der Intangibilitätsgrad einer Leistung ist, desto häufiger sind Zufriedenheitsmessungen durchzuführen oder Beschwerdestatistiken zu analysieren, um Stärken und Schwächen bei der Leistung zu erkennen. Erfordert die Leistung eine starke Integration des Leistungsempfängers, so ist es sinnvoll, sowohl Qualitätsinformationen aus Sicht der Mitarbeiter als auch der Leistungsempfänger zu erheben.

6.3.2 Verfahren zur Qualitätsmessung

Die in der Praxis zur Messung der Leistungsqualität einsetzbaren **Verfahren** lassen sich grundsätzlich nach zwei Kriterien unterscheiden (Hentschel 1992; Zollondz 2001, S. 564, vgl. Schaubild 6-4):

(1) Kriterium der Beurteilungsperspektive
(d.h. organisations- versus anspruchsgruppenorientierte Messansätze)
Während bei den organisationsorientierten Messansätzen eine Messung aus Sicht der Mitarbeitenden der Nonprofit-Organisation – entweder aus der Perspektive der Organisationsführung (z.B. Verbandsvorstand) oder der sonstigen Mitarbeitenden – erfolgt, wird bei den anspruchsgruppenorientierten Messverfahren z.B. die Sichtweise der Leistungsempfänger oder Förderer eingenommen.

(2) Kriterium der (Un-)Abhängigkeit der Ergebnisse vom Beurteiler
(d.h. objektive versus subjektive Messansätze)
Im Rahmen der objektiven Messansätze wird die Qualität anhand objektiv definierbarer Kriterien und einer intersubjektiv nachprüfbaren Vorgehensweise gemessen. Bei den subjektiven Messverfahren erfolgt die Beurteilung der Dienstleistungsqualität hingegen auf Basis von subjektiven Kriterien.

Die Verfahren zur Qualitätsmessung werden, wie in Schaubild 6-4 dargestellt, in der Literatur weiter untergliedert (vgl. z.B. Zollondz 2001, S. 564 ff.; Bruhn 2004b, S. 99 ff.).

Für Nonprofit-Organisationen besteht grundsätzlich die Möglichkeit, verschiedene der in Schaubild 6-4 abgebildeten Verfahren zur Qualitätsmessung einzeln oder in Kombination einzusetzen. Hierbei ist den **Besonderheiten der jeweiligen Nonprofit-Organisationen** Rechnung zu tragen: Bei Nonprofit-Organisationen, die sowohl haupt- als auch ehrenamtliche Mitarbeitende beschäftigt, hat

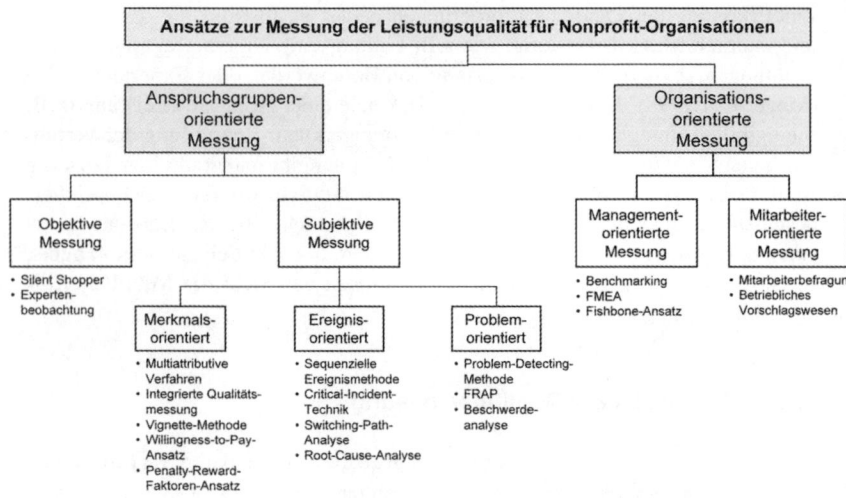

Schaubild 6-4: Messverfahren der Leistungsqualität für Nonprofit-Organisationen (Quelle: in Anlehnung an Bruhn 2004b, S. 99ff.)

sich diese Differenzierung bei der Anwendung von organisationsorientierten Messansätzen niederzuschlagen, indem z.B. beide Mitarbeitergruppen bei einer Mitarbeiterbefragung berücksichtigt werden. Bei den anspruchsgruppenorientierten Messansätzen ist der Identifikation der für eine Qualitätsmessung relevanten Gruppen eine große Bedeutung beizumessen. Je nach Nonprofit-Organisation sind dabei unterschiedliche externe Anspruchsgruppen für eine Erhebung der Qualität von besonderer Bedeutung, wobei i.d.R. den Leistungsempfängern und Förderern eine herausragende Stellung zukommt. Ausgewählte Verfahren zur Qualitätsmessung werden im Folgenden kurz exemplarisch erläutert.

6.3.2.1 Anspruchsgruppenorientierte Messverfahren

(1) Objektive Messverfahren

Als objektive Messverfahren zur Beurteilung der Leistungsqualität von Nonprofit-Organisationen lassen sich primär das sog. Silent-Shopper-Verfahren sowie die Expertenbefragung einsetzen.

- **Silent-Shopper-Verfahren**

Der „Silent Shopper" ist ein Schein- bzw. Testnutzer einer Nonprofit-Leistung, der als Leistungsempfänger von Nonprofit-Organisationen auftritt. Solche Testpersonen durchlaufen wie gewöhnliche Leistungsempfänger den Leistungserstellungsprozess, um dadurch in einer realistischen Situation Anhaltspunkte für Leistungsverbesserungen zu finden (Bruhn/Hennig 1993, S. 220; Stauss 2000, S. 330). Der Erfolg des Einsatzes dieses Verfahrens ist abhängig vom Erfahrungsgrad des „Silent Shopper". Ein beispielhaftes Einsatzfeld für einen Silent Shopper ist etwa eine Buchbestellung oder ein Rechercheauftrag an eine Bibliothek. Dadurch werden Angaben über die Bedienungsqualität des Bibliothekpersonals, die Lieferzeiten von Buchbestellungen und die Recherchequalität erfasst.

- **Expertenbeobachtung**

Ähnlich wie im Silent-Shopper-Verfahren wird bei der Expertenbeobachtung versucht, Mängel im Leistungserstellungsprozess durch Beobachtung zu erkennen. Hierbei werden Kontaktsituationen zwischen Mitarbeitenden und Leistungsempfängern einer Nonprofit-Organisation durch geschulte Experten beobachtet (z.B. die Beobachtung eines Dozenten im Rahmen einer Vorlesung durch eine Fachperson oder die Beobachtung eines Hauslieferdienst-Angestellten während der Auslieferung von Mahlzeiten durch einen geschulten Sozialforscher). Beim Einsatz der Expertenbeobachtung können Kontaktsituationen aber oftmals nicht ohne das Wissen der Beteiligten erfasst werden. Dadurch treten unter Umständen Beobachtungseffekte auf, d.h., Personen verhalten sich in der Beobachtungssituation anders. Außerdem ist aus den beobachteten Reaktionen von Leistungsempfängern während der Kontaktsituationen nur unzureichend auf deren Qualitätswahrnehmung zu schließen. In Anbetracht einer kritischen Würdigung der objektiven Messmethoden ist deshalb zu berücksichtigen, dass deren Indikatoren allein kein valider Maßstab für die Qualität einer Nonprofit-Leistung sind.

(2) Subjektive Messverfahren

Gilt es, die Leistungsqualität für Nonprofit-Organisationen auf Basis subjektiver Kriterien zu erheben, so können merkmals-, ereignis- und problemorientierte Verfahren zum Einsatz kommen, die im Folgenden kurz skizziert sind.

- **Multiattributive Verfahren**

Multiattributive Messverfahren sind subjektive und differenzierte Methoden der Qualitätsmessung, um die Sichtweise der externen Anspruchsgruppen detailliert zu analysieren. Hierbei wird davon ausgegangen, dass globale Qualitätsurteile auf der Einschätzung einzelner Qualitätsmerkmale beruhen (Stauss/Hentschel 1991, S. 240). Ein globales Qualitätsurteil lässt sich somit aus der Summe mehrerer („multi") bewerteter Einzelmerkmale („Attribute") bilden.

Der bereits weiter oben erwähnte **SERVQUAL-Ansatz** (Parasuraman/Zeithaml/Berry 1985, 1988; Zeithaml/Parasuraman/Berry 1992) stellt ein solches Verfahren dar und erhebt den Anspruch, ein branchenübergreifender Ansatz zur Messung der Qualität von Dienstleistungen – und somit auch Nonprofit-Leistungen – zu sein. Trotz der empirischen Fundierung dieses Modells und seiner weiten Verbreitung in der betrieblichen Praxis besteht ein wesentlicher Kritikpunkt darin, dass die fünf Dimensionen (Annehmlichkeit des tangiblen Umfeldes, Zuverlässigkeit, Reaktionsfähigkeit, Leistungskompetenz und Einfühlungsvermögen) nur unzureichend den sektorspezifischen Charakteristika von Nonprofit-Organisationen Rechnung tragen (Shiu et al. 1997). Entsprechend sind die Ergebnisse aus einer SERVQUAL-Erhebung für die Steuerung der Leistungsqualität von Nonprofit-Organisationen zu wenig präzise.

Ein spezifisch für Nonprofit-Organisationen entwickelter Ansatz ist das sog. **ARCHSECRET-Modell** von Vaughan/Shiu (2001), das eine Modifizierung und Erweiterung des SERVQUAL-Ansatzes darstellt. Schaubild 6-5 zeigt die in diesem Modell verwendeten Qualitätsdimensionen, die in SERVQUAL-orientierte und Nonprofit-spezifische Dimensionen unterteilt sind. Die Grundlage des ARCHSECRET-Modells bilden mehrere, über den Zeitraum von 1995 bis 2000 durchgeführte Studien zur Messung der Dienstleistungsqualität im öffentlichen Bereich und im Sektor der Wohlfahrt in der Stadt Glasgow/Schottland.

Die im **ARCHSECRET-Modell** enthaltenen zehn Dimensionen bzw. der jeweilige englische Ausdruck, prägen das Akronym des Modells: Die Zugänglichkeit (**A**ccess) beschreibt u. a. die Bereitschaft, Anspruchsberechtigten durch für sie geeignete Bedingungen den Zugang zu den Nonprofit-Leistungen zu ermöglichen sowie diese mit relevanten Informationen zu versorgen. Die Dimension der

Dimensionen der Dienstleistungsqualität im ARCHSECRET-Modell	
SERVQUAL-orientierte Dimensionen	**Nonprofit-spezifische Dimensionen**
• Annehmlichkeit des tangiblen Umfeldes (Tangibles) • Zuverlässigkeit (Reliability) • Reaktionsfähigkeit (Responsiveness) • Leistungskompetenz (Competence) • Sicherheit (Security) • Kommunikation (Communication)	• Menschlichkeit (Humanness) • Ermächtigung (Enabling/Empowerment) • Zugänglichkeit (Access) • Gerechtigkeit (Equity)
Das endgültige ARCHSECRET-Modell enthält die folgenden zehn Dimensionen: Zugänglichkeit (**A**ccess), **R**eaktionsfähigkeit (Responsiveness), **K**ommunikation (Communication), Menschlichkeit (**H**umanness), **S**icherheit (Security), **E**rmächtigung (Enabling/Empowerment), Leistungskompetenz (**C**ompetence), Zuverlässigkeit (**R**eliability), Gerechtigkeit (**E**quity), Annehmlichkeit des tangiblen Umfeldes (**T**angibles).	

Schaubild 6-5: Dimensionen der Dienstleistungsqualität im ARCHSECRET-Modell (Quelle: Vaughan/Shiu 2001, S. 137)

Reaktionsfähigkeit (**R**esponsiveness) beinhaltet sowohl die prompte und pünktliche Leistungserbringung als auch die Bereitschaft und die Flexibilität, auf individuelle Wünsche von Leistungsempfängern zu reagieren. Der Dimension der Kommunikation (**C**ommunication) wird die höfliche und verständliche Kommunikation mit dem Leistungsempfänger subsumiert sowie die Bereitschaft, sich die Meinung von Leistungsempfängern anzuhören.

Die Dimension der Menschlichkeit (**H**umanness) beinhaltet den respektvollen Umgang mit Leistungsempfängern, deren Privatsphäre oder auch deren Ängste und Sorgen. Ebenso enthalten ist eine freundliche und rücksichtsvolle Leistungserbringung. Unter der Dimension der Sicherheit (**S**ecurity) ist zu verstehen, dem Leistungsempfänger ein Gefühl von Geborgenheit und Sicherheit zu geben. Damit verbunden ist der akkurate und sorgfältige Umgang mit vertraulichen Angaben zu seiner Person.

Die Dimension der Ermächtigung (**E**nabling/Empowerment) basiert auf der Schaffung eines spezifischen Umfeldes innerhalb der Nonprofit-Organisation, das die Entwicklung jedes Individuums fördert, z.b. durch gezielte Unterstützung, Trainings oder Weiterbildung. Eng damit verknüpft ist die Dimension der Leistungskompetenz (**C**ompetence). Hierbei rückt die Fähigkeit der Nonprofit-Organisation, empfängergerechte Leistungen anzubieten, in den Vordergrund. Die Dimension der Zuverlässigkeit (**R**eliability) umfasst die Erstellung einer Leistung unter Einhaltung der von der Nonprofit-Organisation gemachten Vereinbarungen, wobei Mitarbeitende hierzu durch vertrauenswürdiges Auftreten und entsprechendes Handeln beitragen. Die Dimension der Gerechtigkeit (**E**quity) beschreibt die Fähigkeit, für Gruppen und Individuen auf faire und gerechte Weise Leistungen zu erbringen. Zum tangiblen Umfeld (**T**angibles) zählen alle physischen, greifbaren Leistungsbestandteile, wie Geräte, Räumlichkeiten, Ausstattung oder auch Mobiliar der Nonprofit-Organisation.

Bei einer **kritischen Würdigung** des ARCHSECRET-Modells ist insbesondere die Fähigkeit des Modells hervorzuheben, die Leistungsqualität von Nonprofit-Organisationen spezifisch messen zu können. Somit stellt es ein Instrument dar, das einen konkreten Praxisbezug enthält und dadurch die Verantwortlichen in Nonprofit-Organisationen bei ihrer Entscheidungsfindung unterstützen kann.

- **Integrierte Qualitätsmessung**

Im Rahmen der integrierten Qualitätsmessung werden – analog zu den multiattributiven Messverfahren – individuelle Einschätzungen von verschiedenen Qualitätseigenschaften erfasst. Darüber hinaus werden die Zielgrößen der Qualität erhoben (z.B. Zufriedenheit der Leistungsempfänger oder deren Bindung an die Organisation). Diese Vorgehensweise basiert auf der Überlegung, dass eine isolierte Messung der Leistungsqualität – z.B. mittels des ARCHSECRET-Ansatzes – lediglich eine Aussage über das durch den Leistungsempfänger wahrgenommenen Niveau der Leistung zulässt, jedoch keine Aussage über die Auswirkungen der Qualitätswahrnehmung für das Verhalten der Anspruchsgruppen ermöglicht und somit auch keine umfassenden Marketingimplikationen zulässt. Eine denkbare Anwendung einer integrierten Qualitätsmessung lässt sich am Beispiel einer öffentlichen Badeanstalt verdeutlichen. Hierbei werden z.B. die Badegäste zur Leistungsqualität (z.B. Freundlichkeit des Bademeisters, Sauberkeit der Umkleidekabinen oder der Nasszone usw.) sowie bzgl. ihrer Gesamtzufriedenheit mit dem Badeaufenthalt und ihrer Wiederbesuchsabsicht befragt. Durch die Berechnung von Zusammenhängen zwischen diesen Größen können z.B. Leistungseigenschaften eruiert werden, die sich besonders positiv auf die Zufriedenheit der Badegäste oder ihre Wiederbesuchsabsicht auswirken. In diesem Zusammenhang ist als konkretes Beispiel aus der Praxis die im Jahre 1998 in Basel durchgeführte Kirchenstudie zu nennen.

Beispiel: Integrierte Qualitätsmessung im Rahmen der Ökumenischen Basler Kirchenstudie
In einer Studie über die Evangelisch-Reformierte Kirche (ERK) und die Römisch-Katholische Kirche (RKK) in Basel im Jahre 1998 wurden insgesamt 524 Kirchenmitarbeitende mittels Fragebogen und 1.009 zufällig ausgewählte Bewohner der Stadt Basel mittels Telefoninterviews befragt. Kern der Studie bildete die Erfolgskette von Qualität, Zufriedenheit und Verhaltensabsichten. Die Qualitätswahrnehmungen der Bevölkerung wurde durch ein multiattributives Verfahren erhoben. Die Messung der Zufriedenheit wurde auf die Erhebung der Globalzufriedenheit mit der ERK bzw. der RKK beschränkt. Als Grundlage für die Beurteilung der Bindung zur Kirche wurde das Austrittsverhalten und die zukünftige Verhaltensabsicht erhoben. Somit konnten beispielsweise die zentralen Gründe für Kirchenaustritte eruiert werden. In der Befragung der Mitarbeitenden wurde erfasst, wie sie die Meinung der Bevölkerung über die Kantonalkirchen einschätzen. Durch die Gegenüberstellung des Bildes, das die Bevölkerung tatsächlich von den Kirchen hat (Fremdbild) und jenem Bild, von dem die Mitarbeitenden denken, das die Bevölkerung von der Kirche hat (Drittbild), konnten Ansatzpunkte für Mitarbeiterschulungen abgeleitet werden. Im Sinne eines betrieblichen Vorschlagswesen (vgl. Abschnitt 6.3.2.2) wurden außerdem interne Verbesserungsvorschläge seitens der Mitarbeitenden erfasst (vgl. Bruhn et al. 1999; Bruhn/Grözinger 2000).

- **Vignette-Methode**
Bei der Vignette-Methode (Haller 1998; Bruhn 2001a, S. 105 ff.) wird angenommen, dass Qualitätsurteile primär von einigen wenigen Faktoren determiniert werden, die in der Wahrnehmung des Leistungsempfängers besonders wichtig sind. Eine Vignette stellt dabei eine fiktive Situation dar, die anhand von bestimmten Charakteristika – sog. „Critical Quality Characteristics" (CQCs) – beschrieben wird und von Testpersonen subjektiv zu bewerten ist (Werturteil der CQCs). Jede Vignette stellt damit eine Kombination unterschiedlicher Charakte-

ristika (i.d.R. 4-5 zentrale Qualitätsmerkmale) und Werturteile (z.B. geringes, mittleres, hohes Leistungsniveaus) dar. Die Vignette-Methode eignet sich hauptsächlich zur Analyse der Rangfolge und Gewichtung von einzelnen Qualitätsattributen einer Nonprofit-Leistungen sowie zur Ermittlung globaler Qualitätsurteile (Bruhn 2004b, S. 121). Auf diese Weise lassen sich z.B. für eine Jugendherberge spezifische Leistungsmerkmale (z.B. Ausstattung der Freizeiträumlichkeiten, Sauberkeit der hygienischen Anlagen, Bettenzahl pro Zimmer usw.) in Bezug auf ihre Relevanz beurteilen sowie deren Beitrag für ein Globalurteil ermitteln. Dabei stellen die Charakteristika im Rahmen der Auswertung die unabhängigen Variablen dar und die Gesamtbeurteilung die abhängige Variable. Somit kann der Einfluss der einzelnen Attribute auf das globale Qualitätsurteil mittels eines Koeffizienten ausgedrückt werden.

- **Willingness-to-Pay-Ansatz**

Beim Willingness-to-Pay-Ansatz wird davon ausgegangen, dass der Leistungsempfänger ein wertorientiertes Qualitätsurteil hinsichtlich einer erhaltenen Nonprofit-Leistung bildet, d.h. Kosten und Nutzen der Leistung gegenübergestellt. Als Kosten werden dabei die im Rahmen der Inanspruchnahme der Leistung in Kauf genommenen Opfer finanzieller, zeitlicher, psychischer oder physischer Art betrachtet, wohingegen sich der Nutzen aus der gewichteten Bewertung einzelner Leistungsmerkmale ergibt (vgl. auch Haller 1998). „Opfer" werden z.B. durch den Preis bzw. die Gebühr einer Nonprofit-Leistung ausgedrückt. Der Einsatz dieser Methode ist vor allem sinnvoll, wenn Nonprofit-Leistungen im Rahmen der Leistungspolitik variiert werden sollen. Dann kann mittels des Willingness-to-Pay-Ansatzes festgestellt werden, ob die Erweiterung oder Verbesserung eines Merkmals zu einer entsprechend höheren Zahlungsbereitschaft der Leistungsempfänger bzw. Geldgeber führt.

- **Penalty-Reward-Faktoren-Ansatz**

Der Penalty-Reward-Faktoren-Ansatz unterteilt die Dimensionen der Dienstleistungsqualität in Routine- und Ausnahmekomponenten (Berry 1986; Brandt 1987, S. 61ff., 1988, S. 35ff.). Er basiert auf der Annahme, dass zum einen Qualitätsfaktoren existieren, deren Nichterfüllung beim Leistungsempfänger Unzufriedenheit hervorruft, sog. Penalty-Faktoren. Zum anderen stellen die Reward-Faktoren Zusatzleistungen dar, die beim Leistungsempfänger eine höhere Qualitätswahrnehmung und daher eine gesteigerte Zufriedenheit erzeugen. Durch diesen Ansatz lassen sich gezielte Handlungsprioritäten für das Qualitätsmanagement ableiten: Zunächst ist die Qualität der Penalty-Faktoren zu gewährleisten, erst dann kann sich das Qualitätsmanagement auf zusätzliche Bonusleistungen konzentrieren. Am Beispiel eines öffentlichen Schwimmbades sind Penalty-Faktoren z.B. die Sauberkeit der Toiletten, der moderate Chlorgehalt des Wassers, verschließbare Aufbewahrungskästen für Kleider usw. Sie sind aus

Sicht der Schwimmbadgäste Selbstverständlichkeiten und führen im Falle negativer Qualitätsausprägung zu (starker) Unzufriedenheit. Mögliche Reward-Faktoren, d. h. potenzielle Zufriedenheitstreiber, sind z. B. kostenlose Handtücher für die Badegäste, markierte Schwimmbahnen, Zahlungsmöglichkeit per EC-Karte usw. Darüber hinaus existieren Faktoren, die sowohl Zufriedenheit (bei Erwartungsübererfüllung) als auch Unzufriedenheit (bei Nichterfüllung der Erwartungen) auslösen können.

- **Sequenzielle Ereignismethode**
Die sequenzielle Ereignismethode stellt eine phasenbezogene Befragung der Leistungsempfänger auf der Grundlage eines sog. „Blueprints" dar. Dieser gibt den Erstellungsprozesses der Nonprofit-Leistung anhand eines graphischen Ab-

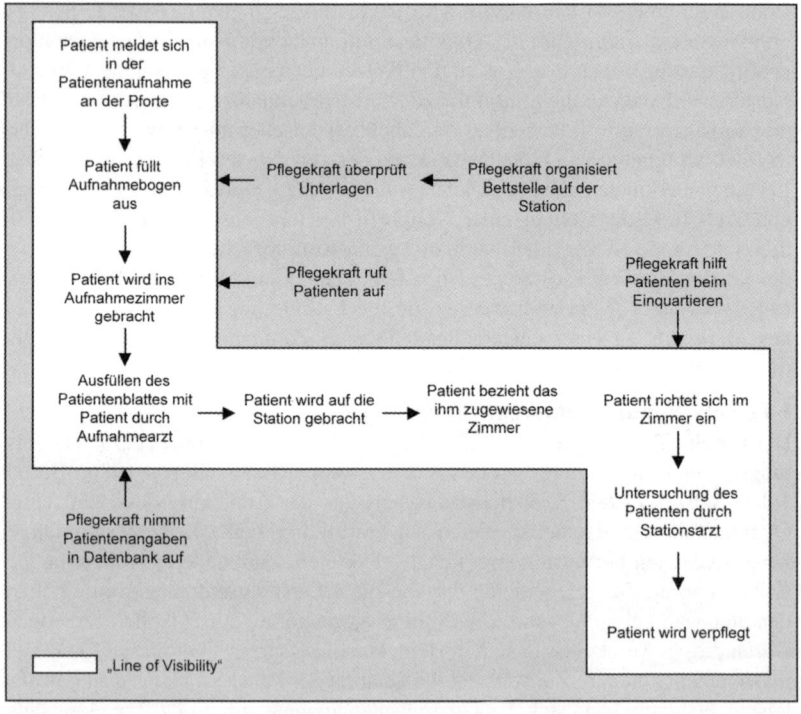

Schaubild 6-6: Vereinfachtes Beispiel eines Blueprints bei einer Patientenaufnahme im Krankenhaus (Quelle: in Anlehnung an Meffert/Bruhn 2003, S. 309)

laufdiagramms wieder und ermöglicht eine vollständige Erfassung der verschiedenen Kontaktsituationen mit dem Leistungsempfänger (Stauss/Hentschel 1991, S. 242). In Bezug auf jede einzelne Kontaktsituation des Blueprints wird nach dem wahrgenommenen Ablauf, den Empfindungen und den jeweiligen Bewertungen der Leistungsempfänger gefragt (Stauss 2000, S. 331). Dieser Ansatz beleuchtet das Erleben der einzelnen Leistungserstellungsphasen aus aktueller und subjektiver Sicht der Leistungsempfänger. Als Beispiel für ein Blueprint ist der mögliche Ablauf einer Patientenaufnahme im Krankenhaus dargestellt (vgl. Schaubild 6-6). Die sog. „Line of Visibility" zeigt den für den Leistungsempfänger sichtbaren Verlauf des Leistungserstellungsprozesses. Außerhalb dieser „Linie" befinden sich sowohl vorgelagerte (z.b. Bestellung von Aufnahmeformularen für Patienten) und nachgelagerte (z.b. Eingabe von Patientenangaben in Datenbank) als auch parallele Leistungsprozesse (z.b. Hilfe durch Pflegekraft beim Einquartieren des Patienten).

- **Critical-Incident-Technik**

Die Critical-Incident-Technik untersucht sog. „Schlüsselereignisse" im Interaktionsprozess zwischen Leistungsempfängern und der Nonprofit-Organisation, d.h. Ereignisse die vom Leistungsempfänger als außergewöhnlich positiv oder negativ empfunden wurden (Bitner/Booms/Tetreault 1990, S. 71 ff.). Dazu werden i.d.R. offene standardisierte Interviews mit den Leistungsempfängern geführt, bei denen diese dazu aufgefordert werden, die einzelnen Schlüsselereignisse mittels einer möglichst konkreten Beschreibung sämtlicher Details zu rekonstruieren. Eine mögliche Anwendung der Critical-Incident-Technik lässt sich am Beispiel von Teilnehmern einer Museumsführung erläutern. Hierbei werden die Besucher nach der Führung z.b. ins Museums-Café eingeladen und nach besonders zufrieden stellenden sowie weniger zufrieden stellenden Kontakten oder Ereignissen während des Museumsbesuchs gefragt.

- **Switching-Path-Analyse**

Eng mit der Critical-Incident-Technik verknüpft ist die Switching-Path-Analyse. Hierbei werden nicht einzelne Transaktion, sondern die Beziehungsperspektive zwischen der Nonprofit-Organisation und dem Leistungsempfänger oder anderen Anspruchsgruppen analysiert. Dabei wird die Switching-Path-Analyse insbesondere zur Untersuchung des Abwanderungsprozesses von Anspruchsgruppen eingesetzt (Roos/Strandvik 1997, S. 623; Roos 1999, S. 71 ff.). Dieses Verfahren erlaubt, den gesamten Abwanderungsprozess – angefangen von einem bestimmten Auslöser bis hin zur (Wieder-)Aufnahme einer neuen Beziehung – abzubilden. Inhaltlich basiert das Verfahren auf strukturierten, persönlichen Interviews mit abgewanderten Leistungsempfängern bzw. Förderern. Ziel dabei ist es, entscheidungsrelevante Informationen für ein Rückgewinnungsmanagement zu erhalten sowie generelle Leistungsdefizite aufzudecken. Aus Sicht einer Kirche lässt sich die Switching-Path-Analyse z.B. bei Mitgliedern anwenden, die aus der Kirchengemeinde ausgetreten sind.

- **Root-Cause-Analyse**

Die Root-Cause-Analyse ist – ebenso wie die Switching-Path-Analyse – eine Methode zur Analyse von Abwanderungsgründen (Wilson et al. 1993, S. 9; Ammermann 1998, S. 52 ff.; Michalski 2002). Hierbei werden die Ursachen der Abwanderung von Leistungsempfängern oder Förderern in einem mehrstufigen Verfahren differenziert erfasst. Mögliche Ursachen der Abwanderung bzw. Hypothesen bilden den Ausgangspunkt des Verfahrens. In einem weiteren Schritt werden diese durch detaillierte Ursachenbäume weiterentwickelt. Als Grundlage hierzu dienen persönliche oder telefonische Befragungen abgewanderter Leistungsempfänger bzw. Förderer. Die Aufzeichnung sowie die Auswertung der Gespräche erfolgt anschließend mit Hilfe einer computergestützten Befragungssoftware (Venohr/Zinke 1999, S. 160). Diese Analysemethode lässt sich z.b. im Bereich des Fundraising anwenden, um Motive abgewanderter Spender zu analysieren.

- **Problem-Detecting-Methode**

Die Problem-Detecting-Methode gehört den problemorientierten Messverfahren an. Hierbei wird die relative Bedeutung bestehender Probleme aus Sicht der Leistungsempfänger ermittelt, um Aussagen über die Dringlichkeit der Problembehebung machen zu können. Das grundsätzliche Vorgehen bei der Problem-Detecting-Methode erfolgt in mehreren Schritten (Stauss/Hentschel 1990, S. 233 ff.): (1) Ermittlung einer Problemliste (z.B. durch die Critical-Incident-Technik), (2) Komprimierung der Problemliste nach Relevanz- und Redundanzaspekten, (3) Erstellung eines Fragebogens mit Statements zu den einzelnen Problemen, (4) Datenerhebung bei Leistungsempfängern mittels schriftlicher, mündlicher oder telefonischer Befragung und (5) Auswertung der Daten sowie Präsentation in Problemindizes oder -diagrammen (z.B. Welche Probleme sind besonders häufig, welche Probleme sind besonders gravierend?, wie entwickelt sich das Auftreten bestimmter Probleme im Zeitablauf?).

- **Frequenz-Relevanz-Analyse für Probleme**

Die Frequenz-Relevanz-Analyse für Probleme (FRAP) ist eine Weiterentwicklung der Problem-Detecting-Methode. Inhaltlich ist das grundlegende Vorgehen zur Problemklassifikation gleich wie bei der Problem-Detecting-Methode, wobei allerdings zusätzlich gefragt wird, wie groß das Ausmaß der Verärgerung ist und wie das faktische oder geplante Reaktionsverhalten des Leistungsempfängers aussehen wird. Eine mögliche Anwendung der Methode lässt sich am Beispiel eines Hauslieferdienstes für Mahlzeiten erläutern. Hierbei werden die aufgetretenen Probleme (z.B. kalte Speisen, verspätete Auslieferung, Lieferung der falschen Mahlzeit, unsaubere Lieferbehälter usw.) nach der Problemrelevanz (gering/hoch) und der Problemfrequenz (gering/hoch) abgetragen. Ein dringender Handlungsbedarf besteht bei Problemen mit hoher Problemfrequenz und hoher Problemrelevanz. Bei Problemen mit jeweils niedriger Problemfrequenz und -relevanz besteht eine geringere Handlungspriorität.

- **Beschwerdenanalyse**
Beschwerden sind Artikulationen der Unzufriedenheit eines Leistungsempfängers, die gegenüber den Mitarbeitern einer Nonprofit-Organisation (oder auch einer Drittinstitution) vorgebracht werden, wenn der Leistungsempfänger die erlebten Probleme subjektiv als gravierend empfindet (Bruhn/Hennig 1993, S. 222; Stauss/Seidel 1998). Beschwerdemessungen weisen i.d.R. eine hohe Aktualität und Problemrelevanz auf, da sich Leistungsempfänger zumeist sehr zeitnah und problembezogen über Mängel bei der Leistungserstellung beschweren. Außerdem ist die Beschwerdeanalyse im Vergleich zu anderen Qualitätsmessverfahren relativ kostengünstig, da Beschwerden auf Initiative der Leistungsempfänger artikuliert werden und „nur noch" auszuwerten sind. Der Nachteil dieses Verfahrens liegt in der Tatsache, dass die eingegangenen Beschwerden oftmals nur die „Spitze des Eisberges" missgestimmter Leistungsempfänger darstellen. Demzufolge sind aktive Bemühungen zu unternehmen, um die Beschwerdeabgabe für die Leistungsempfänger möglichst einfach zu gestalten, wie beispielsweise durch das Bereitstellen von Feedback-Formularen im Internet. In diesem Zusammenhang erhöht z.B. ein Gewinnspiel den Anreiz zur Beschwerde bzw. zur Meinungsabgabe von Leistungsempfängern.

Bevor im nächsten Abschnitt die organisationsbezogenen Messansätze genauer erläutert werden, stellt Abbildung 6-7 die Stärken und Schwächen der anspruchsgruppenorientierten Verfahren zusammenfassend dar. Zur Beurteilung der Verfahren wird hierbei auf die folgenden Kriterien zurückgegriffen: Qualitätsrelevanz, Vollständigkeit (im Sinne der Erfassung sämtlicher Leistungsmerkmale), Aktualität, Eindeutigkeit und Kosten. Außerdem sind die Verfahren dahingehend bewertet, ob sie für alle Nonprofit-Leistungen einsetzbar sind oder nur zur Qualitätsbeurteilung bei spezifischen Leistungsarten geeignet sind.

6.3.2.2 Organisationsorientierte Messverfahren

Beim Einsatz organisationsinterner Messansätze wird die Qualität nicht aus der Perspektive der externen Anspruchsgruppen eingeschätzt, sondern von den Managementverantwortlichen der Nonprofit-Organisation oder den Mitarbeitenden. Demnach lassen sich managementorientierte und mitarbeiterorientierte Messansätze unterscheiden.

Beurteilungskriterien/ Messverfahren	Qualitäts-relevanz	Vollstän-digkeit	Aktualität	Eindeu-tigkeit	Steuer-barkeit	Kosten	Leistungsspezifika	Gesamtwürdigung
Objektive Verfahren								
Silent-Shopper-Verfahren	Nicht gegeben	Nicht vollständig	Aktuell	Nicht eindeutig	Steuerbar	Hoch	Bei vielen sozialen Nonprofit-Leistungen nicht anwendbar (z.B. Altenpflege)	**Vorteil**: Ermöglicht einen Konkurrenzvergleich **Nachteil**: Verzerrte Wahrnehmung der Qualität durch Testpersonen
Experten-beobachtung	Nicht gegeben	Nicht vollständig	Aktuell	Nicht eindeutig	Steuerbar	Sehr hoch	Bei hohem Integrationsgrad des Leistungsempfängers nicht geeignet	**Vorteil**: Verfahren kann Ansatzpunkte für den darauf aufbauenden Einsatz subjektiver Verfahren liefern **Nachteil**: Gefahr von Beobachtungseffekten
Subjektive Verfahren								
Merkmalsorientierte Verfahren	Nicht gegeben	Nicht vollständig	Nicht aktuell	Nicht eindeutig	Steuerbar	Hoch	Für alle Nonprofit-Leistungen geeignet	**Vorteil**: Große Anzahl von Befragungen möglich **Nachteil**: Organisation gibt Qualitätsmerkmale vor
Ereignisorientierte Verfahren	Gegeben	Vollständig	Nicht aktuell	Eindeutig	Steuerbar	Sehr hoch	Für alle Nonprofit-Leistungen geeignet	**Vorteil**: Prozessorientierte Betrachtung einer Nonprofit-Leistung **Nachteil**: Hoher Erhebungsaufwand
Problem-Detecting-Methode/Frequenz-Relevanz-Analyse für Probleme	abhängig von den vorausgehenden Verfahren				Steuerbar	Sehr hoch	Für alle Nonprofit-Leistungen geeignet	**Vorteil**: Sehr anschaulich **Nachteil**: Nur als Ergänzung zu den anderen Verfahren
Beschwerde-analyse	Gegeben	Nicht vollständig	Aktuell	Eindeutig	Steuerbar	Niedrig	Besonders bei hoher Intangibilität der Nonprofit-Leistung geeignet	**Vorteil**: Qualitätsrelevante, aktuelle Ergebnisse bei geringen Kosten **Nachteil**: Problem der Beschwerdeaufforderung

Schaubild 6-7: Stärken und Schwächen von anspruchsgruppenorientierten Verfahren zur Qualitätsmessung (Quelle: in Anlehnung an Bruhn 2004b, S. 320)

(1) Managementorientierte Messverfahren

- **Benchmarking**

Das Benchmarking stellt einen managementorientierten Ansatz zur Messung der Dienstleistungsqualität dar, bei dem Prozesse und Ergebnisse der Nonprofit-Organisation relativiert und anhand bestimmter Vergleichsgrößen evaluiert werden (Madu/Kuei 1995, S. 27 ff.). Im Rahmen des Benchmarking werden z.b. die eigenen Leistungen, Mitarbeiter oder die Strategien mit denen der Konkurrenz verglichen, um daraus Implikationen für mögliche Qualitätsoptimierungen abzuleiten. Ebenfalls ist es denkbar, ein Benchmarking zwischen internen Leistungseinheiten vorzunehmen.

Beispiel: Stillstatistik der Schweizerischen Stiftung zur Förderung des Stillens
Die Schweizerische Stiftung zur Förderung des Stillens will optimale Voraussetzungen für alle Mütter schaffen, die stillen möchten. Mit verschiedenen Aktionen werden die Vorteile der Muttermilch und des Stillens einer breiten Öffentlichkeit bekannt gemacht, die Bedürfnisse der stillenden Mütter werden in Spitälern, am Arbeitsplatz und im öffentlichen Raum integriert. Gemäß einer durch die UNICEF und der Schweizerischen Stiftung zur Förderung des Stillens initiierten Auszeichnung für Schweizer Krankenhäuser sind alle ausgezeichneten Krankenhäuser verpflichtet, eine Statistik über die Neugeborenenphase aller Kinder, die bei Ihnen auf die Welt kommen, zu führen. Die Resultate werden dem Institut für Sozial- und Präventivmedizin der Universität Basel (ISPM Basel) zur Verfügung gestellt. Als Gegenleistung stehen den Krankenhäusern die Statistikinstrumente zur Verfügung und jährlich wird ein Bericht über die eigenen Resultate und über die gesamtschweizerische Situation verfasst. Damit haben die Verantwortlichen der Geburtskliniken ein verlässliches Führungsinstrument in der Hand und können ein Benchmarking mit anderen Spitälern in der Schweiz vornehmen (www.allaiter.ch/de/org/index.html, Zugriff am 24.10.2004).

- **Fehlermöglichkeits- und Einflussanalyse**

Aufgrund der Tatsache, dass Leistungsfehler bei Nonprofit-Organisationen im Nachhinein nicht mehr rückgängig gemacht werden können (z.B. Pflegefehler in der Altenbetreuung), kommt der proaktiven Fehlervermeidung eine zentrale Bedeutung zu. Deshalb wird im Rahmen der Fehlermöglichkeits- und Einflussanalyse (FMEA) versucht, alle denkbaren Fehler- und Irrtumsmöglichkeiten, die bei der Erstellung einer Nonprofit-Leistung auftreten können, systematisch aufzulisten, um so die Dringlichkeit vorbeugender Maßnahmen zu ermitteln und ggf. Losungsansatze zur Fehlervermeidung zu entwickeln (Tlach 1993, S. 278; Masing 1995, S. 252; Pfeifer 2001, S. 59 ff.). Der Ablauf einer FMEA – am Beispiel einer städtischen Abfallentsorgung erläutert – lässt sich in die Phasen der Fehlerbeschreibung (z.B. verspätete Abholung des Abfalls innerhalb eines Abfalleinzuggebietes), Risikobeurteilung – im Sinne von Bedeutung der Fehlerfolgen und Wahrscheinlichkeit des Fehlerauftretens – (z.B. bei hohem Verkehrsaufkommen ist die Auftretenswahrscheinlichkeit einer verspäteten Abholung relativ groß, mögliche Konsequenzen sind Beschwerden bis hin zur Zahlungsverweigerung), Festlegung von Maßnahmen zur Qualitätsverbesserung (z.B. Einsatz zusätzlicher Fahrzeuge) und Erfolgsbeurteilung (z.b. anhand von Rückmeldungen aus der Bevölkerung oder gezielten Befragungen).

- **Fishbone-Ansatz**

Auch der Fishbone-Ansatz beschäftigt sich mit der Suche und Behebung von Fehlern bzw. Qualitätsmängeln, indem systematische Ursache-Wirkungs-Diagramme erstellt werden („Ishikawa-Diagramm") (Frehr 1994, S. 239). Dabei wird ein besonders dringlicher Qualitätsmangel in den Mittelpunkt der Untersuchung gestellt (z.B. schlechte bzw. ungenügende Telefonauskünfte an der Pforte eines Pflegeheims). Anschließend werden mögliche Haupt- und Nebeneinflussgrößen für dieses Problem (z.b. Personal, technische Mittel/Infrastruktur, interne Kommunikationsprozesse usw.) identifiziert und in Form einer „fischgrätenähnlichen" Grafik veranschaulicht. Auf diese Weise wird versucht, den Zusammenhang zwischen einem Qualitätsmangel („Kopf der Fischgräte") und den dafür verantwortlichen Ursachen („Gräten") zu rekonstruieren. Die einzelnen Problemursachen werden dabei nicht empirisch ermittelt, sondern durch qualitative Techniken, wie z.B. Brainstorming, erarbeitet.

(2) Mitarbeiterorientierte Messverfahren

- **Mitarbeiterbefragung**

Bei Mitarbeiterbefragungen wird das Personal einer Nonprofit-Organisation – analog zu den anspruchsgruppenorientierten Verfahren der Qualitätsmessung – gebeten, die Leistungsqualität der eigenen Organisation subjektiv einzuschätzen. Gleichzeitig können die Mitarbeiter kritische Ereignisse im Umgang mit den Leistungsempfängern berichten (Dotzler/Schick 1995, S. 281). Ziel der Mitarbeiterbefragungen ist es, Qualitätsmängel aufzudecken sowie „falsche" Vorstellungen des Managements hinsichtlich der anspruchsgruppenbezogenen Erwartungen an die Nonprofit-Leistung zu erkennen und ggf. zu revidieren (Zeithaml/Parasuraman/Berry 1992).

- **Betriebliches Vorschlagswesen**

Im Rahmen des betrieblichen Vorschlagswesens zeigt der Mitarbeitende aus seiner Sichtweise auf, wie die Leistungen des Unternehmens verbessert werden können. Damit die Mitarbeitenden einen Anreiz zur Erbringung eines Verbesserungsvorschlages haben, bietet es sich an, besonders hilfreiche Vorschläge zu prämieren (Dotzler/Schick 1995, S. 281). Dabei können die Vorschläge z.B. auf einem Formblatt eingereicht werden, auf dem der Mitarbeitende beschreibt, wo Qualitätsprobleme innerhalb der Nonprofit-Organisation aufgetreten sind und wie diese Probleme gelöst werden können. In Analogie zum Beschwerdemanagement als anspruchsgruppenorientiertes Messinstrument stellt das betriebli-

Beurteilungskriterien/ Messverfahren	Qualitäts-relevanz	Vollstän-digkeit	Aktualität	Eindeu-tigkeit	Steuer-barkeit	Kosten	Leistungsspezifika	Gesamtwürdigung
Subjektive Verfahren								
Fishbone-Analyse	Nicht gegeben	Nicht vollständig	Nicht aktuell	Nicht eindeutig	Steuerbar	Niedrig	Für alle Nonprofit-Leistungen geeignet	**Vorteil:** Sehr anschaulich **Nachteil:** Nur als Ergänzung zu den anderen Verfahren
FMEA-Methode	Nicht gegeben	Nicht vollständig	Nicht aktuell	Nicht eindeutig	Steuerbar	Niedrig	Für alle Nonprofit-Leistungen geeignet	**Vorteil:** Einfach anwendbar **Nachteil:** Nur als Ergänzung zu den anderen Verfahren
Benchmarking	Nicht gegeben	Nicht vollständig	Nicht aktuell	Nicht eindeutig	Nicht steuerbar	Hoch	Für alle Nonprofit-Leistungen geeignet	**Vorteil:** Relatives Qualitätsurteil **Nachteil:** Schwierige Datenerhebung
Mitarbeiterbefragungen	Nicht gegeben	Nicht vollständig	Nicht aktuell	Nicht eindeutig	Steuerbar	Hoch	Für alle Nonprofit-Leistungen geeignet	**Vorteil:** Große Anzahl von Mitarbeiterbefragungen möglich **Nachteil:** Unternehmen gibt Qualitätsmerkmale vor
Betriebliches Vorschlagswesen	Gegeben	Nicht vollständig	Aktuell	Eindeutig	Steuerbar	Niedrig	Für alle Nonprofit-Leistungen geeignet	**Vorteil:** Dient nicht nur zur Qualitätsmessung, sondern auch zur Qualitätsverbesserung **Nachteil:** Problem der Vorschlagsaufforderung

Schaubild 6-8: Stärken und Schwächen von organisationsorientierten Verfahren zur Qualitätsmessung (Quelle: in Anlehnung an Bruhn 2004b, S. 320)

che Vorschlagwesen ein internes Instrument zur Aufdeckung von qualitätsbedingten Problemen dar.

Ein Überblick über die Stärken und Schwächen von organisationsorientierten Verfahren zur Qualitätsmessung ist in Schaubild 6-8 dargestellt.

6.4 Planung des Qualitätsmanagements für Nonprofit-Leistungen

Die Planung eines Qualitätsmanagements für Nonprofit-Organisationen erfordert, den grundsätzlichen Handlungsrahmen des Qualitätsmanagements sowie die qualitätsbezogene strategische Ausrichtung der Nonprofit-Organisation in Einklang mit der Unternehmensmission festzulegen. Hieraus leiten sich vier zentrale **Aufgaben** der strategischen Planung eines Qualitätsmanagements für Nonprofit-Organisationen ab, die im Folgenden näher erläutert werden (Meffert/Bruhn 2003, S. 327 ff.):

(1) Festlegung der strategischen Qualitätsposition,
(2) Festlegung der Qualitätsstrategie,
(3) Festlegung von Qualitätsgrundsätzen,
(4) Bestimmung der Qualitätsziele.

6.4.1 Festlegung der strategischen Qualitätsposition

Die Grundlage für den Entwurf eines Qualitätsmanagementkonzeptes bildet die Festlegung der strategischen Qualitätsposition einer Nonprofit-Organisation (Carlzon 1990, S. 62). Dabei sind als Instrumente zur Bestimmung der Qualitätsposition sog. **Qualitätsportfolios** einsetzbar (Horváth/Urban 1990, S. 32 f.). Damit können Nonprofit-Organisationen eine relative Einstufung ihrer aktuellen Qualitätsposition bei einzelnen Geschäftsfeldern vornehmen sowie – unter Verwendung der Ergebnisse der qualitätsbezogenen SWOT-Analyse – Ansatzpunkte für die Erreichung einer zukünftigen Soll-Qualitätsposition aufzeigen.

Wird ein Geschäftsfeld einer Nonprofit-Organisation beispielsweise anhand der Dimensionen „Relative Qualitätsposition der Nonprofit-Organisation" (Bedeutung der Qualitätsposition der Nonprofit-Organisation im Vergleich zu konkurrierenden Organisationen) und „Bedeutung der Qualität für Nonprofit-Organisationen" (Bedeutung der Qualität am Markt) eingestuft, dann ergibt sich das in

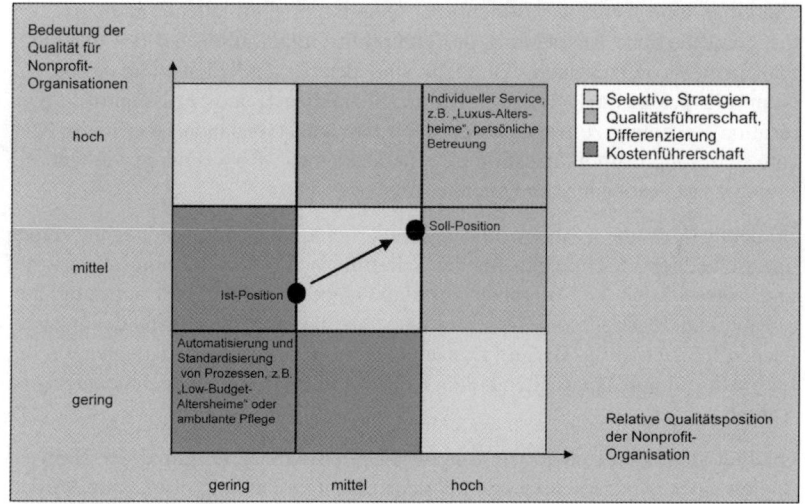

Schaubild 6-9: Qualitätspositionierung in einem Qualitätsportfolio für Altenhilfe
(Quelle: in Anlehnung an Horváth/Urban 1990, S. 30)

Schaubild 6-9 dargestellte Qualitätsportfolio. Auf diese Weise ist es möglich, generelle Richtungen in Bezug auf die Soll-Position verschiedener Geschäftsfelder einer Nonprofit-Organisation zu veranschaulichen. Detailliertere Informationen werden allerdings erst mit Hilfe umfangreicher Befragungen von Anspruchsgruppen unter Verwendung von Qualitätsplanungsinstrumenten gewonnen.

Im Qualitätsportfolio von Schaubild 6-9 sind die Strategien „Kostenführerschaft" und „Qualitätsführerschaft" am Beispiel der Altenhilfe aufgezeigt. Aus der Positionierung einer Organisation (Ist-Position) in Bezug auf die genannten Dimensionen und der Festlegung einer anzustrebenden Position (Soll-Position) lassen sich mögliche Strategien ablesen (z.B. verstärkte Qualitätsorientierung oder auch Kostensenkungsorientierung).

6.4.2 Festlegung der Qualitätsstrategie

Vor dem Hintergrund der eigenen qualitätsbezogenen Stärken und Schwächen sowie der am Markt identifizierten Chancen und Risiken wird die Qualitätsstrategie der Nonprofit-Organisation festgelegt, die zur Erreichung der angestrebten Qualitätsposition dient. Aufgrund der verschiedenen Anspruchsgruppen reicht allerdings eine wettbewerbsorientierte Qualitätsstrategie alleine nicht aus, um die grundsätzliche Ausrichtung der Nonprofit-Organisation und des Qualitätsmanagements aufzuzeigen. Vielmehr sind den Besonderheiten im jeweiligen Nonprofit-Sektor (z.b. Religion, Kultur, Sozialdienst) und der Nonprofit-Organisation Rechnung zu tragen. Hier spielt das Selbstverständnis sowie die Mission der Nonprofit-Organisation eine herausragende Rolle und ist vielfach ein Präjudiz zur Festlegung der Qualitätsstrategie.

Eindeutig formulierte intern und extern orientierte Qualitätsstrategien zeigen unterschiedliche Richtungen für die Schaffung von Dienstleistungsqualität auf und zeigen konkrete Aufgaben für die Qualitätslenkung und -prüfung auf. Schaubild 6-10 zeigt ein Beispiel für eine Qualitätsstrategie anhand des Evangelischen Johannesstifts (Berlin). Danach können vier Aspekte (Leistungen, Preise, Innovationen und Mitarbeitende) als Kern der Dienstleistungsqualität aufgefasst werden.

Qualitätsstrategien stehen bei Nonprofit-Organisationen aufgrund der Notwendigkeit einer hohen Fachlichkeit bei der Leistungserstellung oftmals im Vordergrund. Jedoch werden bei veränderten Rahmenbedingungen (z.b. geringe staatliche Zuschüsse) und einer zunehmenden Standardisierung von sozialen und öffentlichen Dienstleistungen alternative Strategien wie Differenzierung, Nischenorientierung und Kostenführerschaft zukünftig an Bedeutung gewinnen. In diesem Zusammenhang lässt sich die Strategie der Nischenorientierung am Beispiel einer Universität darstellen. Innerhalb eines Studiengangs mit geringer Studentenzahl aber dennoch hoher wirtschaftlicher Relevanz werden z.B. verstärkt Mittel eingesetzt, um daraus eine Marktführerschaft in diesem Nischenbereich zu erlangen. Dadurch wird z.B. ebenso versucht, eine für den entsprechenden Fachbereich einzigartige Position auf universitärem Gebiet zu erlangen.

Das Evangelische Johannesstift verfolgt eine konsequente **Qualitätsstrategie**, die sich durch folgende Merkmale auszeichnet:

- **Leistungen**: Qualitativ hochwertiges Leistungsangebot,
- **Preise**: Konkurrenzfähige Leistungsentgelte,
- **Innovationen**: Systematisch neue innovative Leistungen,
- **Mitarbeiter**: Hohe fachliche und überdurchschnittlich soziale Kompetenz der Mitarbeiter.

Schaubild 6-10: Qualitätsstrategie des Evangelischen Johannesstifts (Berlin)

> **Akademie für Ehrenamtlichkeit Deutschland** in der Jugendhilfe
>
> Unser **Leitsatz**: Die Vermittlung von Kompetenzen und Know-how für die Freiwilligenarbeit ist eine besondere Form der Erwachsenenbildung.
>
> Deshalb orientieren wir uns an folgenden **Qualitätsaspekten**:
>
> - **Vermittlung fundierter, aktueller und zukunftsweisender Inhalte rund um freiwilliges Engagement, Ehrenamt und Freiwilligenarbeit**: Wir setzen neue Perspektiven, auf Innovatives, entwickeln Arbeits- und Berufsethik und die kritische Auseinandersetzung.
>
> - **Anwendungsorientierung & Anwendbarkeit der Theorie**: Wissenschaftlich fundierte Theorie wird bei uns praxisorientiert vermittelt. Diese bietet einen realen Nutzen für Freiwillige und Freiwilligen-Manager/innen und für die, mit denen sie zusammenarbeiten. Freiwillige und Hauptamtliche erwerben neue Kenntnisse, Fähigkeiten und Fertigkeiten, die sie für ihre freiwillige oder berufliche Arbeit benötigen. Wir achten auf Ausgewogenheit von Theorie und Praxis.
>
> - **Mäeutische „entdeckende" Methoden der Erwachsenenbildung und keine „Schulungen"**: Freiwillige bringen Erfahrungen, Kompetenzen und Qualifikationen mit. In der Weiter- und Fortbildung geht es darum, sich dieser Fähigkeiten und Fertigkeiten bewusst zu werden, das Mitgebrachte auszubauen und weitere Qualifikationen zu erwerben.
>
> - **Praxiserfahrene und qualifizierte Dozenten**: Unser Maßstab für unsere Auswahl der Dozent/innen: Erfahrungen auf dem Gebiet Ehrenamt und Freiwilligenarbeit/Vereinsarbeit/Sozialmanagement, fundierte Kenntnisse, Zusatzqualifikationen, methodisch-didaktisches Lehren, Methodenvielfalt.
>
> - **Gemeinsame Teilnahme von Haupt- und Ehrenamtlichen in unseren Fortbildungen**: Diese begünstigt den Perspektivenwechsel zwischen diesen beiden Teilnehmergruppen, fördert Verständigung und Verständnis über die jeweiligen Tätigkeitsfelder hinaus.

Insert 6-2: Auszug von Qualitätsaspekten in der Bildungsarbeit der Akademie für Ehrenamtlichkeit in der Jugendhilfe (Quelle: www.ehrenamt.de, Zugriff am 19.08.2004)

6.4.3 Festlegung von Qualitätsgrundsätzen

Auf der Grundlage der gewünschten Qualitätsposition und der gewählten Qualitätsstrategie werden für die Nonprofit-Organisation **Qualitätsgrundsätze** festgelegt. Diese konkretisieren die Qualitätsstrategie für die tägliche Qualitätsarbeit der Organisation. Die Formulierung verbindlicher Qualitätsgrundsätze bildet gewissermaßen das Fundament und eine Richtschnur für die durchzuführenden Qualitätslenkungs- und -verbesserungsmaßnahmen einer Nonprofit-Organisation. Dementsprechend ist es Aufgabe der Verantwortlichen in der Nonprofit-Organisation, zusammen mit den Mitarbeitenden konkrete Qualitätsgrundsätze zu entwickeln und in Leitlinien festzuschreiben. Insert 6-2 zeigt, wie die Akademie für Ehrenamtlichkeit, eine bundesweite Fortbildungseinrichtung für haupt- und ehrenamtlich engagierte Personen, konkrete Qualitätsaspekte formuliert hat.

Ein weiteres Beispiel für spezifische Qualitätsgrundsätze einer Nonprofit-Organisation sind die von den „von Bodelschwinghschen Anstalten Bethel" (diakonische Einrichtung) formulierten Grundsätze zur Qualitätsorientierung. Ziel dieser Grundsätze ist es, den Mitarbeitenden in allen Arbeitsbereichen Hilfestellungen bei der täglichen Arbeit zu geben, um somit eine kontinuierliche Qualitätssiche-

Bethel	v. Bodelschwinghschen Anstalten Bethel			
Qualitäts-grundsätze	Würde	Rechtswahrung	Sinnerfüllte Bestätigung und Zeitstrukturierung	Eigen-verantwortung
	Sinnsuche und religiöse Orientierung	Entfaltung	Privatheit und Intimsphäre	Soziales Leben

Inhalte des Qualitätsgrundsatzes „Entfaltung"

- Jeder Mensch hat Anspruch darauf, sich in seiner Persönlichkeit entfalten und entwickeln zu können.
- Wir bieten Unterstützung bei der verantwortlichen Verwirklichung persönlicher Wünsche und Fähigkeiten in allen Bereichen des täglichen Lebens.
- Menschen bedürfen immer eines Umfeldes, das die Entfaltung ihrer Persönlichkeit unterstützt und entwickeln hilft. Das heißt konkret, dass wir Anreize zum emotionalen, kognitiven, motorischen und sozialen Lernen bieten und zur weiteren Entwicklung und Entfaltung anregen. Hierbei legen wir Wert auf eine ganzheitliche Sicht der Entwicklung des Menschen als individuelle Person, als soziales Wesen in Kommunikation und Austausch mit seiner Umwelt, als Träger vielfältiger Rollen in Arbeit, Beschäftigung und Freizeit.
- Neben allen Bemühungen um Förderung und Entwicklung respektieren wir das Recht jedes erwachsenen Menschen auf die Unantastbarkeit seiner Person und damit sein Recht, so bleiben zu wollen, wie er ist, und sich nicht permanentem Veränderungsdruck aussetzen zu müssen.

Insert 6-3: Qualitätsgrundsätze in den von Bodelschwinghschen Anstalten „Bethel" (Quelle: www.bethel.de, Zugriff am 02.02.2005)

rung und Qualitätsverbesserung zu fördern. Dies steigert letztlich das Wohl der Bewohner und deren Angehörigen sowie den Nutzen der Beschäftigten.

Die Qualitätsgrundsätze nehmen als Ausgangspunkt Bezug auf Rechte, die jedem Bürger in Deutschland zustehen und die sich zugleich aus dem diakonischen Selbstverständnis der „von Bodelschwinghschen Anstalten Bethel" ergeben. Insert 6-3 zeigt exemplarisch, wie der Qualitätsgrundsatz „Entfaltung" als Grundlage für die tägliche Arbeit präzisiert wird.

6.4.4 Bestimmung der Qualitätsziele

Die vorgestellten allgemeinen Qualitätsgrundsätze und -leitlinien sind im Rahmen der strategischen Qualitätsplanung für die verschiedenen Geschäftsstellen, Abteilungen und Funktionsbereiche innerhalb der Nonprofit-Organisation zu konkretisieren. Das bedeutet, dass vom Vorstand lang- und kurzfristig zu erreichende **Qualitätsziele** festzulegen sind.

Die Ziele des Qualitätsmanagements der Nonprofit-Organisation können dabei von den übergeordneten organisationsbezogenen Zielen abgeleitet werden (Weber 1989, S. 56f.). Ein entsprechendes Zielsystem ist in Schaubild 6-11 exemplarisch wiedergegeben. Demnach lassen sich Qualitätsmanagementziele den Marketingzielen unterordnen.

Innerhalb der Ziele des Qualitätsmanagements finden sich sowohl marktgerichtete, organisationsgerichtete als auch gesellschaftsgerichtete Ziele. Das Erreichen psychologischer **marktgerichteter Ziele**, wie die Steigerung von Zufriedenheit bzw. Bindung der Anspruchsgruppen, wirken sich positiv auf den Realisierungsgrad der ideellen und ökonomischen Ziele aus (Anderson/Fornell/Lehmann 1994; Heskett/Sasser/Schlesinger 1997). Relevante **organisationsgerichtete Ziele** eines Qualitätsmanagements sind die Schaffung eines Qualitätsbewusstseins bei den haupt- und ehrenamtlichen Mitarbeitenden sowie die damit einhergehende Senkung von Qualitätskosten, die eine Effizienzsteigerung im Rahmen der Leistungserstellung bewirkt (Rucci/Kirn/Quinn 1998). **Gesellschaftsgerichtete Ziele** des Qualitätsmanagements beinhalten die allokative Effizienz und Gerechtigkeit beim Leistungsabsatz sowie die langfristige Sicherung der Leistungserstellung. Diese übergeordneten Qualitätsaspekte außer

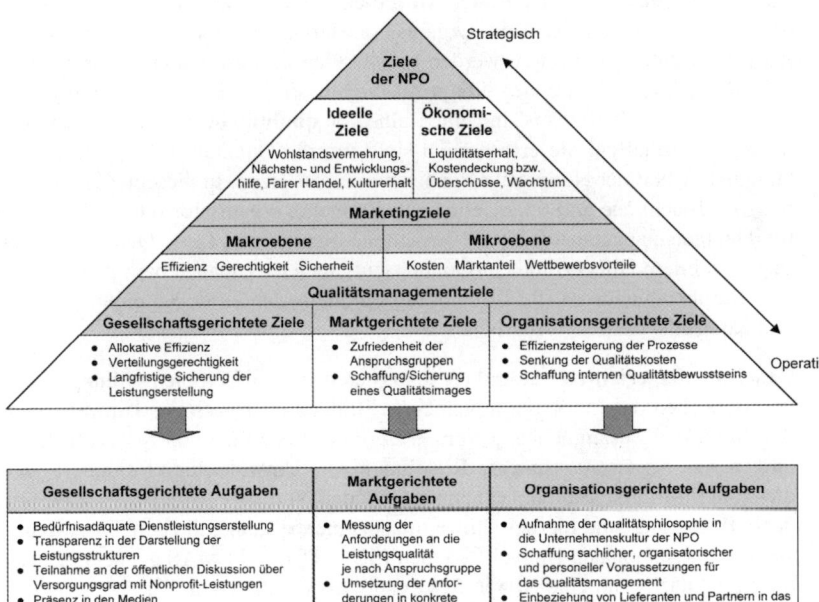

Schaubild 6-11: Ziele und Aufgaben des Qualitätsmanagements im Zielsystem von Nonprofit-Organisationen (Quelle: in Anlehnung an Bruhn 2004b, S. 178)

Acht zu lassen, stellt gemäß Matul/Scharitzer eine „unzureichende Erfassung der Qualitätsproblematik" dar (Matul/Scharitzer 2002, S. 622).

Als Grundlage für die Umsetzung der **marktgerichteten Aufgaben** ist es notwendig, die anspruchsgruppenrelevanten Erwartungen der Dienstleistungsqualität durch Methoden der Marktforschung oder auch Mittel der internen Kommunikation zu eruieren. In einem weiteren Schritt gilt es, diese in spezifische Anforderungen an die Leistungserstellung umzusetzen, damit eine bedürfnisgerechte Leistungserstellung gewährleistet ist. Maßnahmen der externen Kommunikation bilden und bestätigen außerdem die Qualitätserwartungen der Anspruchsgruppen und dienen gleichzeitig als Profilierungsinstrument gegenüber anderen Nonprofit-Organisationen (oder auch kommerziellen Unternehmen). In diesem Zusammenhang ist davon auszugehen, dass die von den Anspruchsgruppen gebildeten Leistungserwartungen auch direkt (d.h. nicht nur über einen Soll-Ist-Abgleich) das spätere Qualitätsurteil bzgl. der Nonprofit-Leistung beeinflussen – insbesondere wenn die Leistungen der Organisation schwer beurteilbar sind.

Zu den **organisationsgerichteten Aufgaben** zählt vor allem die Verankerung der Qualitätsphilosophie in die Organisationskultur (Meffert 1998). Um dieser Aufgabenstellung gerecht zu werden besteht eine zentrale Voraussetzung darin, dass die Führungskräfte der Nonprofit-Organisation die Qualitätsphilosophie „vorleben". Darüber hinaus sind eine Reihe von **qualitätsbezogenen Voraussetzungen** zu schaffen, die erforderlich sind, um die Qualitätsphilosophie in der täglichen Arbeit der Nonprofit-Organisation umzusetzen. In diesem Zusammenhang sind sachliche und finanzielle (z.B. Budgets), organisatorische (z.B. Stelle für Qualitätsmanagement) sowie personelle Ressourcen (z.B. Qualitätsbeauftragte) vor dem Hintergrund der Qualitätsaufgaben auszubauen bzw. zu optimieren. Darüber hinaus ist die Einrichtung qualitätsorientierter Kommunikations- und Kontrollsysteme erforderlich.

Gesellschaftsgerichtete Aufgaben fokussieren u.a. auf Problemstellungen aus den Bereichen der Ethik, der allgemeinen Bildung oder auch des Umweltschutzes. In diesem Zusammenhang werden bzgl. der Erstellung von Nonprofit-Leistungen z.B. organisationsinterne Richtlinien zum Umweltschutz formuliert oder die Nonprofit-Organisation nach entsprechenden Normen zertifiziert. Von besonderer Bedeutung sind hierbei Umweltmanagementsysteme, die den Anforderungen der internationalen Umwelt-Normen ISO 14001 und EMAS genügen. Durch die ISO 14001 kann eine Nonprofit-Organisation nachweisen, dass sie sich umweltgerecht verhält. Dazu gehören neben der Einsparung von Energie auch beispielsweise der Umgang mit Gefahrenstoffen. Innerhalb einer Nonprofit-Organisation sind gesellschaftsbezogene Ziele oftmals auch Teil der Organisationsmission (z.B. bei Umweltschutzorganisationen, Hilfsorganisationen, Kirchen usw.).

Beispiel: Umweltmanagement-Zertifikat des Zentrums für soziale Psychiatrie Bergstraße (ZSP)
Das Zentrum für soziale Psychiatrie Bergstraße (ZSP) verfügt über eine stationäre Klinik für Psychiatrie und Psychotherapie mit 249 Betten und eine Institutsambulanz in Heppenheim. Außenstellen bestehen in Bensheim mit einer Tagesklinik mit 20 Plätzen und einer Institutsambulanz sowie in Erbach mit einer Tagesklinik mit 15 Plätzen und einer Institutsambulanz. Zusätzlich ist dem ZSP eine Krankenpflegeschule mit 60 Ausbildungsplätzen angeschlossen. In der Einrichtung sind insgesamt rund 580 Arbeitnehmer beschäftigt. Das ZSP Bergstraße ist sehr engagiert im Bereich des Qualitätsmanagements. Im Juli 2001 erhielt die Krankenpflegeschule des ZSP das QM-Zertifikat „ISO 9001:2000", 2003 bekam dieses Zertifikat die Tagesklinik Erbach des ZSP. Der erste Schritt auf dem Weg zum Umweltmanagement-Zertifikat war für das ZSP Bergstraße die Teilnahme am Projekt „Ökoprofit" des Landkreises Bergstraße. Dort hatte sich das ZSP mit dem Schwerpunkt „Mülltrennung" beteiligt. Auf diesem Grundstein aufbauend hat das ZSP seine Bemühungen im Umweltschutz intensiviert und die Zertifizierung „Umweltmanagement" im Jahr 2004 bestanden (Quelle: www.lwv-hessen.de, Zugriff am 20.12.2004).

6.5 Umsetzung des Qualitätsmanagements für Nonprofit-Leistungen

6.5.1 Regelkreis des Qualitätsmanagements

Die Implementierung des Total-Quality-Management-Konzeptes in einer Nonprofit-Organisation erfordert den systematischen Einsatz von aufeinander abgestimmten Qualitätsinstrumenten im Rahmen eines integrierten Qualitätsmanagementsystems (Algedri 1998; Boutellier/Masing 1998). In diesem Zusammenhang wird vom sog. **Regelkreis des Qualitätsmanagements** (Pfeifer 2001, S. 300f.) gesprochen. Das Qualitätsmanagementsystem orientiert sich dabei, wie auch in Schaubild 6-12 zu erkennen ist, an dem Konzept der klassischen Managementfunktionen Planung, Durchführung sowie Kontrolle (DIN ISO 8402/E.03.92 1992, S. 22ff.; Schmidt/Tautenhahn 1996) und beinhaltet die folgenden Phasen:

(1) Qualitätsplanung,
(2) Qualitätslenkung,
(3) Qualitätsprüfung,
(4) Qualitätsmanagementdarlegung.

An diesen Phasen orientieren sich die folgenden Ausführungen bzgl. der Instrumente des Qualitätsmanagements.

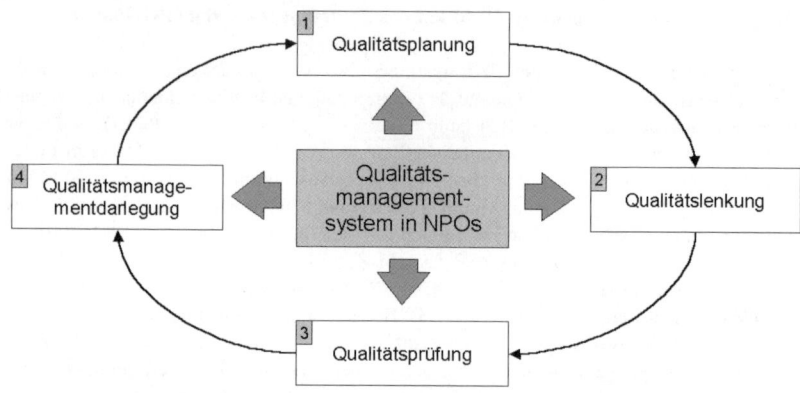

Schaubild 6-12: Idealtypische Phasen eines Qualitätsmanagementsystems
(Quelle: in Anlehnung an Bruhn 2004b, S. 192)

6.5.2 Instrumente der Qualitätsplanung

Die Qualitätsplanung als Phase eines systematischen Qualitätsmanagementprozesses umfasst gemäß der Definition der Deutschen Gesellschaft für Qualität e.V. alle Maßnahmen des „Auswählens, Klassifizierens und Gewichtens der Qualitätsmerkmale sowie eines schrittweise Konkretisierens aller Einzelforderungen an die Beschaffenheit einer Dienstleistung zu Realisierungsspezifikationen und zwar im Hinblick auf die durch den Zweck der Einheit gegebenen Erfordernisse, auf die Anspruchsklasse und unter Berücksichtigung der Realisationsmöglichkeiten" (Deutsche Gesellschaft für Qualität e.V. 1995, S. 95).

Hieraus lässt sich ableiten, dass diese Phase eines Qualitätsmanagements bei Nonprofit-Organisationen die Planung und Weiterentwicklung der Qualitätsanforderung an die verschiedenen Leistungen der Organisation beinhaltet. Nicht die Qualität der Leistung selbst, sondern die verschiedenen Qualitätsanforderungen sind somit zu planen (Meffert/Bruhn 2003, S. 332).

Zu den drei zentralen **Aufgaben der Qualitätsplanung** zählen die Ermittlung der Erwartungen der verschiedenen Anspruchsgruppen im Hinblick auf die Leistungsqualität, das Aufstellen von konkreten Qualitätszielen sowie die Entwicklung von Konzepten zu deren Verwirklichung (Bruhn 2004b, S. 197f.).

Beispiel: Portfolioanalyse der Fachhochschule Hannover
Als Beispiel für die Qualitätsplanung dient die Darstellung einer Portfolioanalyse der Fachhochschule Hannover (vgl. Schaubild 6-13). Hierbei wurde zunächst die Gesamtleis-

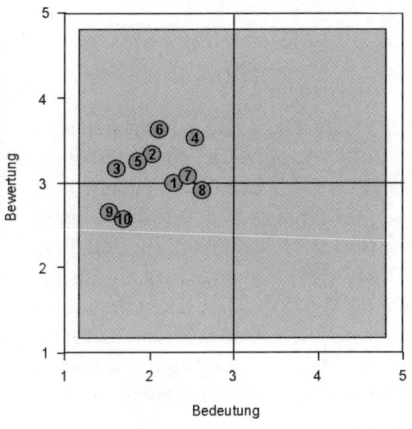

Schaubild 6-13: Portfolioanalyse der Fachhochschule Hannover
(Quelle: Bienert 2002, S. 4)

tung der Hochschule in einzelne Leistungsbereiche differenziert und diese von den Leistungsempfängern bewertet. Auf Basis der Einzelurteile und des Gesamtqualitätsurteils konnte die relative Bedeutung, die den einzelnen Leistungsbereichen zukommt, ermittelt und diese im Portfolio entsprechend eingetragen werden. Die Grundlage der Portfolioanalyse bildete eine repräsentative Befragung der Studierenden. Durch diese Analyse wird ersichtlich, in Bezug auf welche Leistungsbereiche besonderes Augenmerk bei der Qualitätsoptimierung zu legen ist. Dies ist insbesondere im Bereich schlecht bewerteter Leistungen, denen jedoch eine hohe Bedeutung zugesprochen wird, der Fall (Bienert 2002).

6.5.3 Instrumente der Qualitätslenkung

Die Phase der Qualitätslenkung orientiert sich an den Ergebnissen der Qualitätsplanung. Die **Qualitätslenkung** beinhaltet dabei sämtliche „vorbeugenden, überwachenden und korrigierenden Tätigkeiten bei der Realisierung einer Einheit mit dem Ziel, unter Einsatz von Qualitätstechnik die Qualitätsforderung zu erfüllen" (Deutsche Gesellschaft für Qualität e.V. 1995, S. 97). Diese Phase umfasst somit alle Aufgaben, die zur Erfüllung der Leistungsqualität aus Sicht der Anspruchsgruppen und der Nonprofit-Organisation erforderlich sind.

Hierbei sind als Grundlage für die Erreichung der Qualitätsanforderungen primär die folgenden **Instrumentegruppen** zu unterscheiden:

- Mitarbeiterbezogene Instrumente,
- Kulturbezogene Instrumente,
- Organisationsbezogene Instrumente.

Als **mitarbeiterbezogenes Instrument** der Qualitätslenkung kommt der Einstellung neuer Mitarbeitenden eine zentrale Rolle zu, wobei bei der Mitarbeiterakquisition insbesondere darauf zu achten ist, dass die neuen Mitarbeitenden die qualitätsrelevanten Anforderungen der Nonprofit-Organisation erfüllen. Hierzu zählen – neben fachlichen Qualifikation – z. B. Servicementalität, Einfühlungsvermögen und Kommunikationsfähigkeit. Ein weiteres Qualitätslenkungsinstrument ist die Durchführung von **Schulungen** zur Weiterqualifizierung der bisherigen Mitarbeitenden. In diesem Zusammenhang ist es erfolgsrelevant, nicht nur die hauptamtlichen Mitarbeitenden zu berücksichtigen, sondern insbesondere auch die ehrenamtlichen Mitarbeitenden, die häufig keine spezifische Ausbildung für das von ihnen übernommene Ehrenamt haben.

Beispiel: Fortbildung für Ehrenamtliche in der Akademie für Ehrenamtlichkeit
Die Akademie für Ehrenamtlichkeit ist eine bundesweite Fortbildungseinrichtung, die bereits seit 1994 attraktive Qualifizierungsmöglichkeiten und einen organisationsübergreifenden Erfahrungsaustausch für haupt- und ehrenamtlich engagierte Personen anbietet. Das Ziel der Akademie ist die Qualifizierung und Fortbildung, Beratung und Organisationsentwicklung zur Förderung einer nachhaltigen Freiwilligen-Kultur in Deutschland. Zu dem umfangreichen Qualifizierungsangebot zählen u. a. Ausbildungsgänge zur Organisationsentwicklung, zum Vereinsmanagement oder dem Fundraising sowie Workshops und Seminare. Durch die gemeinsame Fortbildung von Haupt- und Ehrenamtlichen werden beide Gruppen angeregt, Verständnis und Offenheit füreinander zu gewinnen und durch gemeinsame Arbeit voneinander zu profitieren (Quelle: www.ehrenamt.de, Zugriff am 19.08.2004).

Beispiel: Anforderungen an Jugendschwimmleiter der Schweizerischen Lebensrettungsgesellschaft
Die Schweizerische Lebensrettungsgesellschaft (SLRG) wurde 1933 gegründet und ist im Bereich der Wasserrettung ein anerkanntes Organ im schweizerischen Rettungswesen. Die SLRG ist eine gemeinnützige, humanitäre Organisation im Sinne des Rotkreuz-Gedankens. Sie bezweckt die Unfallverhütung sowie die Lebensrettung aus allen Notlagen, insbesondere aus stehenden und fließenden Gewässern. Sie fördert dabei den Breitensport und die Jugendarbeit. Die regionalen Sektionen der SLRG bilden durch Jugendschwimmleiter u. a. Jugendliche bis zum sechzehnten Lebensjahr zu sog. „Jugendschwimmern" aus. Die für die Tätigkeit als Jugendschwimmleiter der SLRG notwendige Anforderung umfasst die Ausbildung zum sog. „Geschulten Rettungsschwimmer" bzw. der Besitz des „Brevet 1" (www.slrg.ch, Zugriff am 24.10.2004).

Neben den bereits erwähnten mitarbeiterbezogenen Instrumenten zur Qualitätslenkung ist es ebenfalls denkbar, **Anreizsysteme** zu entwickeln, mit denen ein qualitätsorientiertes Verhalten der Mitarbeiter durch materielle oder immaterielle

Anreize honoriert wird. Vor allem bei der Einführung des Qualitätsmanagementsystems sind **extrinsische Motive**, d.h., im Arbeitsumfeld oder in den Folgen des Tätigkeitsvollzugs liegende Anreize von besonderer Bedeutung, um die anerkennenswerten Leistungen der Mitarbeitenden zu belohnen. Um aber gerade in Nonprofit-Organisationen langfristig zu gewährleisten, dass sich die Mitarbeitenden entsprechend den Qualitätsstandards verhalten, sind zusätzlich **intrinsische Motive**, d.h., in der Tätigkeit selbst liegende Anreize, zu schaffen. Arbeitsbedingungen und -inhalte sind derart zu gestalten, dass die Mitarbeitenden aus einer inneren Motivation heraus bereit und überzeugt sind, qualitativ hochwertige Leistungen zu erbringen. Für Nonprofit-Organisationen ist dabei insbesondere die persönliche Identifikation der ehrenamtlichen Mitarbeitenden mit den ideellen Werten bzw. der Mission der Nonprofit-Organisation zu berücksichtigen. Dies wird beispielsweise durch die Darstellung von anderen zufriedenen Mitarbeitenden oder auch prominenten Unterstützern der Nonprofit-Organisation erleichtert.

Beispiel: NEUSTART – Förderung intrinsischer Motive durch Testimonials
Die Nonprofit-Organisation NEUSTART bietet Hilfen und Lösungen zur Bewältigung von Konflikten sowie Schutz vor Kriminalität und deren Folgen an, wie z.B. Deeskalationsarbeit und konstruktive Regelung von Konflikten, Präventionsarbeit bei Jugendlichen und Kindern und (Re-)Integration von Tätern in die Gesellschaft. Durch Statements ausgewählter Mitarbeitenden von NEUSTART und von Prominenten, die die Arbeit der Organisation unterstützen, wird zum einen die intrinsische Motivation der eigenen Mitarbeitenden gefördert und gleichzeitig für potenzielle externe Unterstützung ein Anreiz geschaffen bzw. darum geworben. Die Statements zielen darauf ab, die Motivation zur Unterstützung der Organisation emotional zu begründen, wie z.B. „Ich arbeite bei NEUSTART, weil ich Menschen einen anderen Weg als Strafe aus kriminellem Verhalten zeigen kann" oder „Ich arbeite bei NEUSTART, weil ich den Auftrag von NEUSTART als einen sehr humanen für die Gesellschaft sehe". Gleichzeitig werden auch prominente Unterstützer zitiert, wie beispielsweise der ehemalige Justizminister Österreichs Dr. Christian Broda oder der Musiker Georg Danzer (Quelle: www.neustart.at, Zugriff am 21.07.2004).

Neben den personalbezogenen Aspekten spielt das „Klima" der Zusammenarbeit zwischen den Mitarbeitenden eine wichtige Rolle zur Entwicklung und Umsetzung der Qualitätsmanagementphilosophie in der Organisation. Notwendig ist eine Anpassung der **Organisationskultur** in dem Sinne, dass sich das System gemeinsamer Werte- und Normenvorstellungen sowie geteilter Denk- und Verhaltensmuster, das die Entscheidungen, Handlungen und Aktivitäten der Organisationsmitglieder prägt (Heinen/Dill 1990, S. 17), in Richtung stärkerer Anspruchsgruppen- bzw. Leistungsorientierung entwickelt. Daher ist es auch für Nonprofit-Organisationen erforderlich, dass der Vorstand bzw. sämtliche Führungskräfte der Nonprofit-Organisation sowie alle haupt- und ehrenamtlichen Mitarbeitenden zum einen die Optimierung der Leistung als relevantes Ziel betrachten und zum anderen die Orientierung an den Bedürfnissen der Leistungsempfänger als selbstverständliche Aufgabe in der täglichen Arbeit ansehen.

Als **kulturbezogene Maßnahme** zur Verbesserung der Leistungsqualität ist z.B. die Förderung der internen Kommunikation sinnvoll. Am Beispiel eines Altenpflegeheims wäre es in diesem Zusammenhang z.b. denkbar, für sämtliche Mitarbeiter Namensschilder bereitzustellen oder auch das „Duzen" sowohl zwischen den Mitarbeitern als auch zwischen Mitarbeiter und Patienten zu fördern. Dadurch wird in einem ersten Schritt die interne Dialogbereitschaft der Mitarbeitenden erhöht. In einem weiteren Schritt wirkt sich dies insbesondere auf die Interaktion mit Patienten bzw. auch externen Anspruchsgruppen positiv aus.

Neben den genannten mitarbeiter- und kulturbezogenen Instrumenten der Qualitätslenkung, die vor allem die individuellen Wertvorstellungen sowie Denk- und Verhaltensweisen der Mitarbeiter in Richtung einer stärkeren Anspruchsgruppen- und Serviceorientierung beeinflussen, spielt auch die **Verankerung des Qualitätsmanagements in der Organisationsstruktur** eine bedeutende Rolle (Bruhn 2004b, S. 226). Das bedeutet, dass für die erfolgreiche Umsetzung von spezifischen Maßnahmen des Qualitätsmanagements in einer Nonprofit-Organisation verschiedene **aufbau- und ablauforganisatorische Voraussetzungen** zu schaffen sind (Zeller 1994; Schneider/Bowen 1995).

In diesem Zusammenhang stellt das **Qualitätszirkelkonzept** eine ergänzende Organisationsform des Qualitätsmanagements dar (Simon/Hess 1988; Beriger 1995; Hansen 2001; Hummel/Malorny 2002). Die Grundidee des Qualitätszirkels besteht darin, dass Qualitätsmängel nicht nur von Experten gelöst werden können, sondern dass die betroffenen Mitarbeiter als „Insider" einen entscheidenden Beitrag zur Qualitätsverbesserung leisten können. Im Sinne einer Definition stellen Qualitätszirkel auf unbegrenzte Dauer angelegte Gesprächsgruppen dar, in denen sich eine begrenzte Zahl (i.d.R. 4-6) Mitarbeiter aus ein oder mehreren Arbeitsbereichen auf freiwilliger Basis und in gewisser Regelmäßigkeit treffen. Hierbei werden selbstgewählte Probleme des eigenen Arbeitsbereiches diskutiert und im Team nach möglichen Lösungsvorschlägen gesucht sowie Ansätze für deren Umsetzung erarbeitet (Deppe 1986, S. 15). Qualitätszirkel können neben der beabsichtigten Verbesserung der Dienstleistungsqualität auch zur Förderung des generellen Qualitätsbewusstseins und der Qualitätsverantwortung der Beteiligten beitragen sowie die Qualität der internen Kommunikation maßgeblich verbessern (Bruhn 2004b, S. 231).

Beispiel: Qualitätszirkel im deutschen Gesundheitswesen
Im deutschen Gesundheitswesen haben sich Qualitätszirkel in den 1980er-Jahren zunächst in der stationären Versorgung verbreitet, wobei sie primär im Dienst der Organisationsentwicklung standen. Demgegenüber hat sich im ambulanten Bereich in den vergangenen

zehn Jahren ein Konzept entwickelt, das zum einen Erfahrungen ärztlicher Gruppenarbeit aufnimmt (z.B. Ärzte-Stammtische, Fallbesprechungsgruppen, Problemfallseminare) und sich zum anderen an der Art kollegialer Selbstüberprüfung im Peer-Review-Verfahren orientiert (vgl. zur Entwicklung ärztlicher Qualitätszirkel in Deutschland Gerlach/Beyer 2001). Während medizinische Themen im engeren Sinne eindeutig im Vordergrund stehen, kann prinzipiell alles, das im ärztlichen Alltag bedeutsam ist und die Qualitätswahrnehmung von Patienten beeinflusst, zum Gegenstand eines solchen Qualitätszirkels werden. Insgesamt ist zu konstatieren, dass insbesondere im allgemeinmedizinischen Bereich Qualitätszirkel in erheblichem Maße dazu beigetragen haben, die „Kluft" zwischen akademischer und praktizierter Medizin zu verringern sowie die Leistungsqualität in der stationären und ambulanten Versorgung zu verbessern (Bahrs 2001).

6.5.4 Instrumente der Qualitätsprüfung

In der Phase der **Qualitätsprüfung** gilt es für eine Nonprofit-Organisation festzustellen, „inwieweit eine Einheit die Qualitätsforderung erfüllt" (Deutsche Gesellschaft für Qualität e.V. 1995, S. 108), d.h., sämtliche qualitätsbezogenen Elemente, Prozesse, Tätigkeiten u.ä. der Nonprofit-Organisation sind im Hinblick auf die Erreichung der geplanten Qualitätsziele zu beleuchten.

Grundsätzlich lässt sich in diesem Zusammenhang eine interne und eine externe Qualitätsprüfung durchführen. Bei der **internen Qualitätsprüfung** sind sowohl objektive als auch subjektive Verfahren der organisationsbezogenen Qualitätsmessung einsetzbar. Demgegenüber orientieren sich die Instrumente der **externen Qualitätsprüfung** an den qualitätsbezogenen Wahrnehmungen der verschiedenen externen Anspruchsgruppen und umfassen dabei z.B. die kontinuierliche Beobachtung der Zufriedenheitsentwicklung bei Leistungsempfängern oder Förderern.

Beispiel: Projekt „Jugend in Arbeit" – Wie zufrieden sind Jugendliche mit der Beratung?
Das Projekt „Jugend in Arbeit" ist eine Maßnahme des Arbeiterwohlfahrt-Kreisverbandes Neumünster e.V. Erklärtes Ziel ist es, „... alle ausbildungs- bzw. arbeitsfähigen Jugendlichen und Heranwachsenden bis zum 31.12.2004 in Arbeit bzw. in Ausbildung zu bringen und (noch) nicht ausbildungs- bzw. arbeitsfähige Jugendliche in arbeitsanbahnende und tagesstrukturierende Maßnahmen zu integrieren". Die Aufgaben des Zentrums für Konstruktive Erziehungswissenschaft (ZKE) in der Zusammenarbeit mit der AWO Neumünster e.V. bestanden in der Konstruktion eines geeigneten Messinstruments, der Durchführung und der Auswertung der Befragung. Die Untersuchung, die sich insgesamt über einen Zeitraum von sechs Monaten erstreckte, durchlief verschiedene Phasen:

(1) Zusammen mit dem Beratungsteam von „Jugend in Arbeit" wurde die Grundlage für einen Fragebogen erarbeitet.

(2) Der daraus entwickelte Fragebogen wurde in der langen Fassung mit 60 Items in einem ähnlichen Projekt der AWO – dem Freiwilligen Sozialen Trainingsjahr – zweimal getestet.
(3) Mit Hilfe des Verfahrens der Itemanalyse wurde die Langfassung des Fragebogens auf einen akzeptablen Befragungsumfang von 40 Items reduziert.
(4) Mit diesem Fragebogen wurde die Befragung vor Ort in den Räumen der AWO durch einen Mitarbeiter des ZKE innerhalb eines Monats durchgeführt.
(5) Es folgten die Auswertung der Befragungsergebnisse und die Erstellung des Berichtes für „Jugend in Arbeit".

Im Rahmen der Studienergebnisse wurde ein Zufriedenheits-Unzufriedenheits-Quotient (ZU-Quotient) berechnet, indem die durchschnittliche Zahl der Zufriedenheitsaussagen durch die durchschnittliche Zahl der Unzufriedenheitsaussagen geteilt wurden (mathematisch betrachtet liegt das Minimum des ZU-Quotienten bei 0 und das Maximum bei „unendlich"; Felst et al. 2004, S. 18).

6.5.5 Instrumente der Qualitätsmanagementdarlegung

Am „Ende des Kreislaufs" ist schließlich im Qualitätsmanagementsystem die **Phase der Qualitätsmanagementdarlegung** bzw. „Quality Assurance" zu betrachten. Hierunter versteht man „alle geplanten und systematischen Tätigkeiten, die innerhalb des Qualitätsmanagementsystems verwirklicht und wie erforderlich dargelegt werden, um ein ausreichendes Vertrauen zu schaffen, dass die angebotenen Dienstleistungen die jeweilige Qualitätsforderung erfüllen werden" (Deutsche Gesellschaft für Qualität e.V. 1995, S. 145).

Mit der Qualitätsmanagementdarlegung werden sowohl **interne** als auch **externe Zwecke** verfolgt. Während die Qualitätsmanagementdarlegung intern vor allem zur Motivation der Mitarbeiter dient, kann sie extern zur Profilierung eingesetzt werden.

Für die Qualitätsmanagementdarlegung stehen umfassende Instrumente zur Verfügung (Bruhn 2004b, S. 252 ff.). Hierzu zählen u.a.:

- Qualitätsmanagementhandbücher,
- Qualitätsaudits,
- Gütesiegel,
- Zertifizierungen.

Qualitätsmanagementhandbücher legen prinzipiell die Qualitätspolitik der Nonprofit-Organisation offen und definieren den Ist-Zustand des Qualitätsmanagementsystems. Insert 6-4 zeigt beispielhaft das Arbeitsbuch EFQM Diagnose SB (Version 2002), das im Rahmen des Modellprojektes „Qualitätsmanagement in der ambulanten Suchtkrankenhilfe NRW" erstellt wurde.

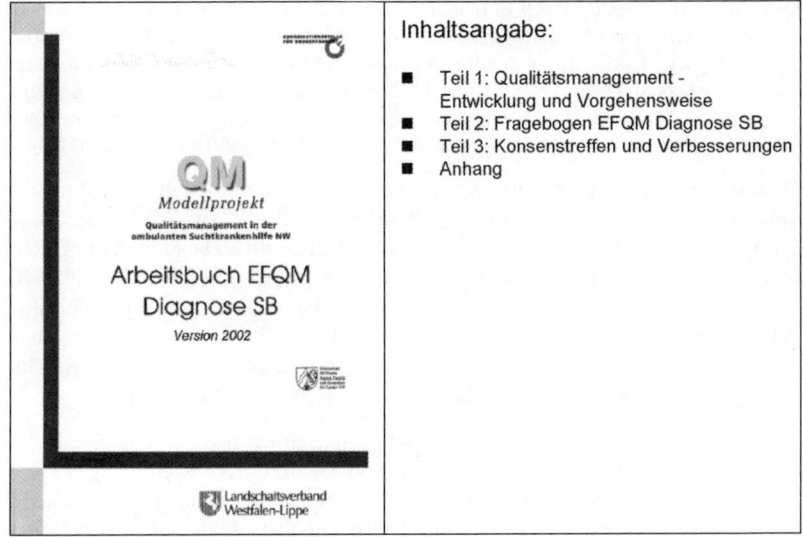

Insert 6-4: Exemplarisches Qualitätsmanagementhandbuch
(Quelle: www.lwl.org/ks-download/qm/EFQM_Arbeitsbucht_Version 2003.pdf, Zugriff am 18.10.2004)

Bei der Ausarbeitung eines solchen Handbuchs ist – ausgehend von den ideellen und wirtschaftlichen Qualitätszielen – der gesamte Prozess des Dienstleistungsdesigns und der tatsächlichen Dienstleistungserstellung darzulegen (z.B. die Dokumentation von Aufbau- und Ablaufstrukturen, Zuständigkeiten usw.).

Beispiel: Qualitätsmanagementhandbuch des Sozialwerks St. Georg e.V.
Das Sozialwerk St. Georg e.V. ist ein soziales Dienstleistungsunternehmen, das in Nordrhein-Westfalen Hilfe für Menschen mit geistiger oder psychischer Behinderung bereitstellt. Die Nonprofit-Organisation hat die Rechtsform eines eingetragenen Vereins mit Sitz und Hauptverwaltung in Gelsenkirchen und weiteren Unternehmensbereichen in den Regionen Ruhrgebiet, Westfalen-Nord und Westfalen-Süd. Das Sozialwerk St. Georg verfolgt seit über 30 Jahren das Ziel, behinderte Menschen in ihre Lebensumgebung zu integrieren und ihnen die erforderliche Unterstützung für ein selbstbestimmtes Leben zu geben. 1997 führte die Nonprofit-Organisation ein Qualitätsmanagementsystem mit dem Ziel der Zertifizierung nach DIN EN ISO 9001 ein (Benikowski/Schröder 2000). Zu den grundlegenden Elementen zählten dabei eine einheitliche Betreuungsplanung und -dokumentation sowie die Neufestlegung von Verantwortlichkeiten und Abläufen durch die Einführung eines Bezugsbetreuungssystems und einer neuen Führungsebene, den Fachleitungen. Im Rahmen der Umsetzung des Qualitätsmanagementsystems galt es auch ein

Qualitätsmanagementhandbuch zu führen, dessen Aufgabe es ist, die zentralen Unternehmensgrundsätze und -abläufe systematisch zu beschreiben. Das Qualitätsmanagementhandbuch gliedert sich dabei in drei Beschreibungsebenen: (1) Politik, d.h. die Grundsätze des Sozialwerks St. Georg, (2) Prozesse, d.h. unternehmensweit geltende und verbindliche Regelungen, (3) Verfahren, d.h. einrichtungsspezifische Regelungen, Ergänzungen sowie interne Festlegungen (Quelle: www.sozialwerk-st-georg.de, Zugriff am 18.10.2004).

Qualitätsmanagementhandbücher ermöglichen wiederum eine regelmäßige Überprüfung des Qualitätsmanagementsystems in Bezug auf Wirksamkeit und Funktionsfähigkeit im Rahmen von sog. **Qualitätsaudits**. Dabei wird ein Qualitätsaudit nach den DIN ISO Normen definiert als „systematische und unabhängige Untersuchung, um festzustellen, ob die qualitätsbezogenen Tätigkeiten und damit zusammenhängende Ergebnisse den geplanten Anordnungen entsprechen, und ob diese Anordnungen wirkungsvoll verwirklicht und geeignet sind, die Ziele zu erreichen" (Deutsche Gesellschaft für Qualität e.V. 1995, S. 141).

Qualitätsaudits dienen zur Aufdeckung von Schwachstellen des Qualitätsmanagementsystems und zur Anregung von Qualitätsverbesserungen bei den verschiedenen Mitarbeitergruppen sowie zur Überprüfung durchgeführter Qualitätslenkungsmaßnahmen. Dabei können sich Qualitätsaudits auf einzelne Verfahren, Produkte, Dienstleistungen, aber auch auf das gesamte Qualitätsmanagementsystem beziehen (Deutsche Gesellschaft für Qualität e.V. 1995, S. 141 f.).

Beispiel: Qualitätsaudit im niederländischen Jellinek-Zentrum
Das Jellinek-Zentrum ist eine niederländische Einrichtung zur Behandlung von Suchtpatienten mit 600 Mitarbeitern, 200 Betten, 1.700 neuen Klienten pro Jahr, in dem seit 1988 ein kontinuierlicher Prozess der Qualitätsentwicklung stattfindet. Die Geschäftsleitung des Jellinek-Zentrums hat bereits zu Beginn der 1990er-Jahre damit begonnen, auf Basis des EFQM-Modells eine Selbstbewertung durchzuführen. Jede Einrichtung, die nach dem EFQM-Konzept arbeitet und einen Selbstbewertungsbericht erstellt, kann sich um den niederländischen Qualitätspreis oder um die niederländische Qualitätsauszeichnung bewerben. Diese Einrichtungen werden dann von einem Auditorenteam, das vom niederländischen Qualitätsinstitut ausgebildet und ausgewählt wurde, besucht und beurteilt. Im Jahr 1994 befassten sich drei Auditoren des niederländischen Qualitätsinstituts mit dem Bewerbungsbericht des Jellinekzentrums und sprachen während ihres zweitägigen Aufenthaltes mit 14 Mitarbeitern des Zentrums, um sich ein umfassendes Bild des Qualitätsmanagements zu verschaffen. Als Ergebnis entstand ein sog. „Null-Audit-Auswertungsbericht", d.h. ein umfangreiches Dokument mit über 100 Empfehlungen zur Qualitätsverbesserung sowie einer Profilskizze und einem Spinnennetz zur Veranschaulichung der Qualität. Aus der Profilskizze war z.B. erkennbar, dass das Prozessmanagement sowie die Kunden- und die Mitarbeiterzufriedenheit im Jellinek-Zentrum zu wünschen übrig ließen. Daneben wurden ungefähr ein Dutzend Einzelaspekte von den Auditoren als unzulänglich bewertet, wie z.B. die Unterstützung seitens der Leitung bzw. die systematische Förderung der Fachkompetenz der Mitarbeiter. Zur Vorbereitung einer zweiten Beurteilung durch das niederländische Qualitätsinstitut führte das Managementteam im April

1996 eine erneute Selbstbewertung durch. Nach dem erfolgreichen zweiten Qualitätsaudit wurde dem Jellinek-Zentrum die niederländische Qualitätsauszeichnung zuerkannt (Walburg 2000).

Eine weitere Form der Qualitätsmanagementdarlegung für Nonprofit-Organisationen sind sog. „**Gütesiegel**", die z.B. in der Schweiz durch die Stiftung „Zentralauskunftsstelle für Wohlfahrtsunternehmungen" (ZEWO) bei der Erfüllung bestimmter Anforderungskriterien vergeben werden.

Beispiel: Gütesiegel der Stiftung ZEWO Schweiz
Die Stiftung ZEWO wurde 1934 zunächst als reine Auskunftsstelle für Spender gegründet. Fünf Jahre später führte die ZEWO ein Gütesiegel ein, das vertrauenswürdigen Nonprofit-Organisationen verliehen wird. Organisationen, die das Gütesiegel der ZEWO tragen, in-

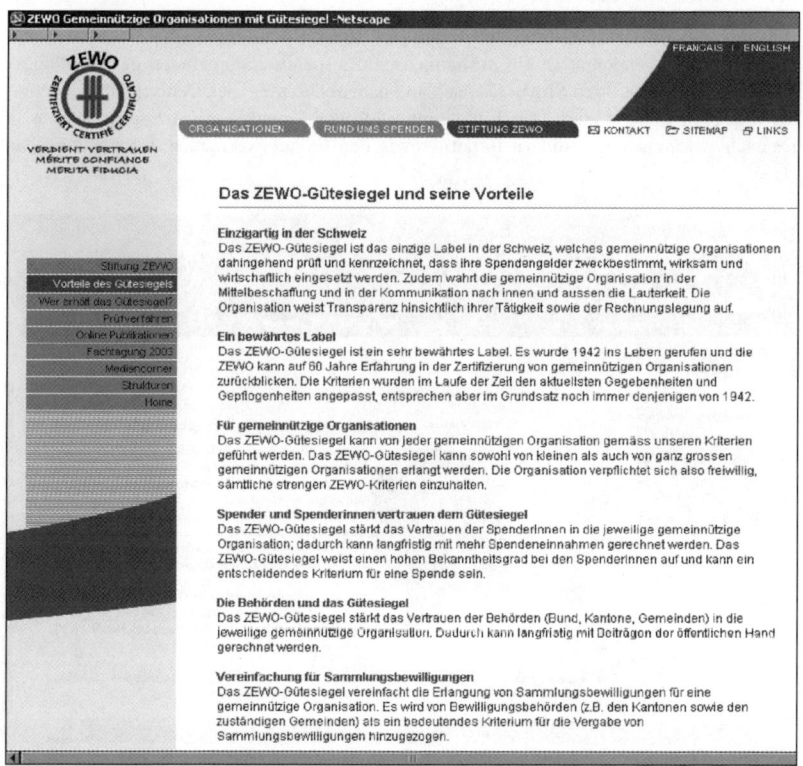

Insert 6-5: Vorteile des Gütesiegels der ZEWO
(Quelle: www.zewo.ch/label/vorteile.html, Zugriff am 19.08.2004)

formieren offen über ihre Tätigkeiten, führen eine transparente Rechnungslegung und setzen ihre Spendengelder zweckbestimmt, wirksam und wirtschaftlich ein. Des Weiteren verfügen diese Organisationen über funktionierende interne und externe Kontrollstrukturen. Aus Sicht der Nonprofit-Organisationen dient das ZEWO-Gütesiegel als ein neutraler Qualitätsausweis und trägt dazu bei, das Image von gemeinnützigen Organisationen zu stärken und die Spendenbereitschaft der Bevölkerung zu erhalten. Insert 6-5 stellt die Vorteile des Gütesiegels der ZEWO im Überblick dar. Mittlerweile haben ca. 300 Organisationen in der Schweiz das ZEWO-Gütesiegel erhalten (Quelle: www.zewo.ch, Zugriff am 19.08.2004).

Auch in Deutschland und Österreich existieren vergleichbare Einrichtungen, die sich mit den Standards bei spendensammelnden Organisationen beschäftigen. Hierzu zählt z.B. der Deutsche Spendenrat e.V. bzw. für Österreich die Kammer der Wirtschaftstreuhänder.

Beispiel: Spendenempfehlung durch den Deutschen Spendenrat e.V.
Der Deutsche Spendenrat ist ein Zusammenschluss spendensammelnder, gemeinnütziger Körperschaften, die ihren Sitz in Deutschland haben. Die Ziele des Deutschen Spendenrates e.V. sind insbesondere, die Einhaltung ethischer Grundsätze im Spendenwesen in Deutschland zu wahren und zu fördern sowie den ordnungsgemäßen, treuhänderischen

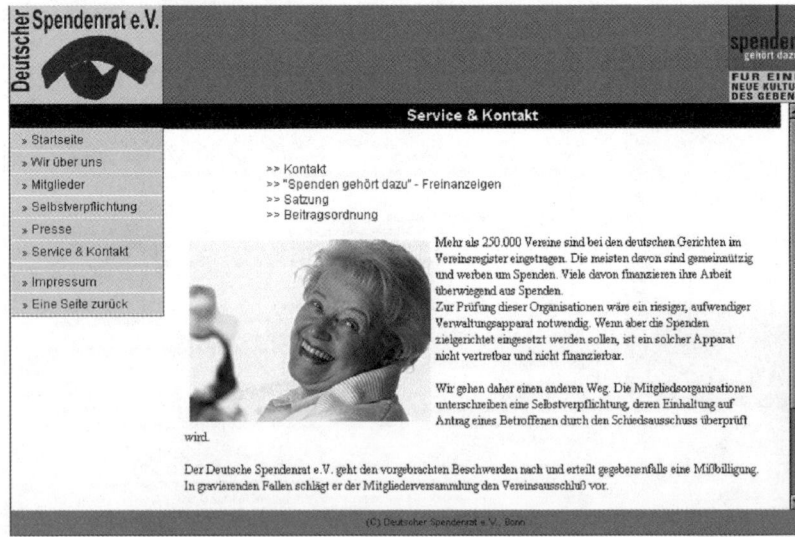

Insert 6-6: Dienstleistungen des Deutschen Spendenrates e.V. für registrierte gemeinnützige Organisationen (Quelle: www.spendenrat.com, Zugriff am 21.07.2004)

Umgang der Mitgliedsorganisationen mit Spendengeldern durch freiwillige Selbstkontrolle sicherzustellen. Die Mitgliedsorganisationen des Deutschen Spendenrates e.V. unterschreiben deshalb eine Selbstverpflichtung, deren Einhaltung auf Antrag durch den Schiedsausschuss überprüft wird. Der Deutsche Spendenrat umfasst über 50 gemeinnützige Organisationen deren jährliches Gesamtvolumen an Spenden ca. 116 Mio. € beträgt (vgl. Insert 6-6; www.spendenrat.com, Zugriff am 21.07.2004).

Beispiel: Prüfungskriterien des Österreichischen Spendengütesiegels
Das Österreichische Spendengütesiegel wurde erstmals im Jahre 2001 von der österreichischen Kammer der Wirtschaftstreuhänder (KWT) verliehen. Seitdem sind über 140 österreichische Nonprofit-Organisationen berechtigt, das Gütesiegel zu verwenden. Für die Vergabe des Gütesiegels werden die antragsstellenden Organisationen durch einen Wirtschaftstreuhänder der KWT anhand bestimmter Kriterien geprüft. Diese gliedern sich in sieben Prüfungsbereiche, wie z.b. die Ordnungsmäßigkeit der Rechnungslegung, die Trennung von Geschäftsführungsaufgaben und Kontrollaufgaben sowie die den Werbemaßnahmen entsprechende Verwendung der Spenden. Neben der KWT gehören acht Nonprofit-Dachverbände zu den Trägern des Spendengütesiegels, wie z.b. die Arbeitsgemeinschaft Entwicklungszusammenarbeit, die Arbeitsgemeinschaft der missionierenden Orden, die Diakonie Österreich sowie die Interessensvertretung österreichischer gemeinnütziger Vereine (vgl. Insert 6-7; www.osgs.at, Zugriff am 18.10.2004).

Insert 6-7: Kontaktseite des Österreichischen Spendengütesiegels für Nonprofit-Organisationen (Quelle: www.osgs.at, Zugriff am 21.07.2004)

Schließlich bildet die **Zertifizierung** von Nonprofit-Organisationen, die im Rahmen der Steuerung des Qualitätsmanagements nachfolgend vertiefend dargestellt wird, ein Instrument der Qualitätsmanagementdarlegung.

Zusammenfassend ist festzuhalten, dass in Bezug auf die innen- und außengerichtete Qualitätsmanagementdarlegung verschiedene Einzelinstrumente in Nonprofit-Organisationen eingesetzt werden, allerdings scheint – auch unter Effizienzgesichtspunkten – eine Verknüpfung der Einzelmaßnahmen in einem Gesamtkonzept zweckmäßig und notwendig.

6.6 Steuerung des Qualitätsmanagements für Nonprofit-Leistungen

Als Grundlage für die Steuerung und Demonstration der Qualitätsfähigkeit von Nonprofit-Organisationen ist in erster Linie die **Zertifizierung** eines Qualitätsmanagementsystems nach der für sämtliche Branchen einsetzbaren Normenfamilie DIN EN ISO 9000-9004 oder einer anderen, nonprofit-spezifischen Zertifizierungsnorm zu nennen. Des Weiteren bilden **Qualitätspreise** (Awards) nationaler oder internationaler Organisationen einen Anreiz zur Realisierung von sog. „Best-Practice-Leistungen". Auch hier lassen sich allgemein gültige und nonprofit-spezifische Preise unterscheiden.

6.6.1 Zertifizierung von Nonprofit-Organisationen

Die Implementierung eines Qualitätsmanagementsystems bzw. die Maßnahmen zur Qualitätssteuerung sind grundsätzlich nicht an einen Formzwang gebunden (Matul/Scharitzer 2002, S. 625). Obwohl sich Organisationen folglich individuelle Regeln für die Erreichung ihrer Qualitätsziele aufstellen können, gewinnt in der Praxis seit Ende der 1980er-Jahre das internationale Normensystem DIN ISO 9000 ff. und die damit verbundene Zertifizierung an Bedeutung (Stauss 1994). Eine auf Grundlage dieser Normenfamilie basierende **Zertifizierung** beinhaltet die Durchführung eines umfassenden Qualitätsaudits durch eine akkreditierte Zertifizierungsgesellschaft. Bei einem positiven Ergebnis dieses Audits wird durch die Zertifizierungsstelle ein Zertifikat ausgestellt, das die Eignung des Qualitätsmanagementsystems der Nonprofit-Organisation nach außen dokumentiert. Im Dezember 2000 ist eine neue Ausgabe dieser Normenfamilie erschienen. Die bisherigen Normen DIN ISO 9001, 9002 und 9003 (Ausgabe

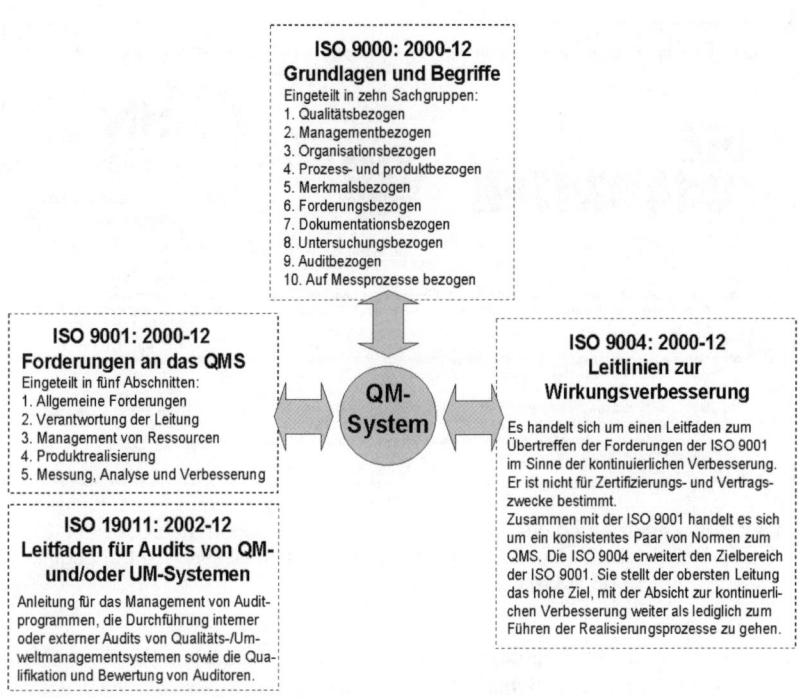

Schaubild 6-14: Systembausteine der DIN EN ISO 9000 ff.
(Quelle: in Anlehnung an Zollondz 2002, S. 253)

1994) sind nun in der Norm DIN ISO 9001 (Ausgabe 2000) zusammengefasst. Ergänz wird diese Norm durch die Regelwerke DIN ISO 9000 (Grundlagen und Begriffe eines Qualitätsmanagementsystems), DIN ISO 9004 (Leitfaden zur kontinuierlichen Wirkungsverbesserung) sowie DIN ISO 19011 (Anleitung für das Auditieren von Qualitätsmanagement- und Umweltmanagementsystemen) (vgl. Schaubild 6-14). Insgesamt hat die Revision der Normenfamilie zu einer wesentlichen Vereinfachung und höheren Verständlichkeit in der Anwendung geführt (Matul/Scharitzer 2002, S. 325).

Neben dem Zeugnis eines systematischen Qualitätsmanagements liefert eine Zertifizierung nach DIN ISO 9000 ff.:2000 die Basis für **kontinuierliche Qualitätsverbesserungen** des Dienstleistungsprozesses, indem sie Chancen zur Effizienzsteigerung und Kostensenkung aufzeigt. Organisationsintern kann sie als Motivationsinstrument für die Mitarbeiter genutzt werden und unternehmensex-

Johanniter in der Region Aachen durch den TÜV Rheinland nach DIN EN ISO 9001:2000 zertifiziert

DIE
JOHANNITER

DIN EN ISO 9001:2000
ZERTIFIKAT: 01 100 000914

- Nach intensiver Vorbereitung durch die Fachdienstleiter und Schulung der Mitarbeiter haben drei Fachdienste der Johanniter die Zertifizierung durch den TÜV Rheinland nach DIN EN ISO 9001:2000 erlangt.

- Damit ist den Johannitern als erster Hilfsorganisation in der Region Aachen/Heinsberg/Düren möglich, die Qualität der Dienstleistungen messbar zu machen.

- Das Qualitätsmanagementsystem ist ein zertifiziertes System zum Nachweis der Qualität auf verschiedenen Arbeitsebenen. Davon profitieren die Kunden durch eine gesicherte Qualität der Dienstleistungen, aber auch die Mitarbeiter durch geordnete, eindeutige und mitarbeiterorientierte Verfahren zur Aufgabenerledigung.

Insert 6-8: Zertifizierung der Johanniter-Unfall-Hilfe (Aachen) nach DIN EN ISO 9001:2000 (Quelle: www.juh-aachen.de/aktuell/seite_1.htm, Zugriff am 19.08.2004)

tern dient sie als Profilierungsinstrument gegenüber anderen Wettbewerbern. Das Insert 6-8 zeigt beispielhaft die Zertifizierung nach DIN ISO 9001 der Johanniter-Unfall-Hilfe Aachen.

Allerdings ist der Nutzen einer Zertifizierung nach den entsprechenden DIN-Normen aus Sicht der Leistungsempfänger umstritten und die Wirkungen sind durchaus differenziert zu betrachten (Haas 1998). So bestätigt das Zertifikat zwar die Einhaltung der Norm; sie ist aber nicht als eine Qualitätsauszeichnung für die Leistungen der Nonprofit-Organisation zu verstehen (Matul/Scharitzer 2002, S. 625). Des Weiteren ist kritisch anzumerken, dass die Zertifizierung nach DIN ISO 9000:2000 ff. in ungenügender Weise den Besonderheiten von Nonprofit-Organisationen Rechnung trägt.

Ein Zertifizierungssystem, das sich speziell an Nonprofit-Organisationen richtet, ist das „**NPO-Label für Management Excellence**", das gemeinsam vom Verbandsmanagement-Institut der Universität Freiburg/Schweiz (VMI) und der Schweizerischen Vereinigung für Qualitäts- und Management-Systeme (SQS) entwickelt wurde (o.V. 2003). Mit dieser Auszeichnung wird Nonprofit-Organisationen ein fortschrittliches und effizientes Führungssystem auf allen Ebenen und professionelle Dienstleistungen in allen Bereichen attestiert. Zu den **Kriterien** des NPO-Labels zählen (www.sqs.ch, Zugriff am 20.10.2004):

- Anspruchsgruppenorientierung und damit gesteigerte Akzeptanz,
- Vertrauen in die Tätigkeit der Nonprofit-Organisation,
- Klare Verantwortlichkeiten, Kompetenzen und Schnittstellen, die vermehrt zu Verbindungsstellen werden,
- Neutraler, anerkannter Nachweis der Qualitätsfähigkeit,
- Verbesserte Transparenz innerhalb der Organisation,
- Optimierung der komplexen Abläufe und dadurch bessere Lenkbarkeit,
- Rasche Reaktionsmöglichkeit dank Prozessmessgrößen und Kennzahlen.

Dabei bewertet das NPO-Label für Management Excellence das **gesamte Managementsystem der Nonprofit-Organisation** hinsichtlich ihrer Effektivität und Effizienz, um damit die Qualität für die Anspruchsgruppen sicherzustellen. Im Unterschied zur ISO-Normenfamilie berücksichtigt dieses Zertifikat vertieft die besonderen Aspekte von Nonprofit-Organisationen, wie z.b. die Zusammenarbeit von Ehrenamt und Hauptamt, das Spendenwesen sowie die Freiwilligenarbeit. Schaubild 6-15 zeigt die verwendete 5er-Skala für die Bewertung der entsprechenden Bereiche. Die minimale Grundvoraussetzung für die Verleihung der Auszeichnung ist das Erreichen des dritten Reifegrades bzgl. aller für die jeweilige Nonprofit-Organisation relevanten Bereiche (www.vmi.ch, Zugriff am 12.12.2004).

Beispiel: Träger des NPO-Labels für Management Excellence
Die Caritas Schweiz wurde als erste Nonprofit-Organisation mit dem vom VMI (Verbandsmanagement Institut)· und der SQS (Schweizerische Vereinigung für Qualitäts- und Management-Systeme) entwickelten NPO-Label für Management Excellence ausgezeichnet. Jährlich werden die Qualitätsanforderungen kontrolliert und nach drei Jahren wird mit einem umfassenden Wiederholungs-Assessment die ganze Organisation überprüft, ob das NPO-Label für Management Excellence noch berechtigt ist. Weitere Träger des Labels nach der Caritas sind die Stiftung Pro-Senectute Basel-Stadt, der FSK Freundschaftskreis

Reifegrad	Leistungsniveau	Erläuterungen
1	Kein formaler, systematischer Ansatz	Kein solcher Ansatz erkennbar
2	Gewisse formale Ansätze	Einzelne Ansätze erkennbar, jedoch nicht strukturiert oder systematisiert
3	Stabiler, formaler, systematischer Ansatz	Methoden, Instrumente, Prozesse sind auf einem adäquaten Niveau definiert und werden realisiert und eingehalten
4	Systematischer Ansatz mit hohem Wirkungsgrad	Methoden, Instrumente, Prozesse haben ein hohes Niveau bzw. sind überdurchschnittlich
5	Excellence	Aufgrund ständiger Verbesserung wird ein Topniveau erreicht

Schaubild 6-15: Skala des „NPO-Labels für Management Excellence"
(Quelle: www.vmi.ch, Zugriff am 12.12.2004)

Insert 6-9:
Trägers des „NPO-Label für Management Excellence" am Beispiel des Vereins FDP Frauen der Stadt Zürich (Quelle: www.fdp-zhstadt-frauen.ch, Zugriff am 20.12.2004)

Schweiz Kurdistan und die FDP-Frauen der Stadt Zürich (vgl. Insert 6-9) (Quelle: www.vmi.ch, Zugriff am 20.12.2004).

Generell liefert eine Zertifizierung der Nonprofit-Organisation zum einen ein Zeugnis über die Systematik des von ihr eingesetzten Qualitätsmanagementsystems, zum anderen werden während des Zertifizierungsprozesses mögliche Potenziale zur Optimierung des Leistungsprozesses aufgezeigt und ein Qualitätsdenken in der Organisationskultur verankert. Weiterhin kann die Zertifizierung organisationsintern zur Motivation der Mitarbeiter genutzt werden und organisationsextern als Instrument zum Vertrauensaufbau bei den Anspruchsgruppen.

6.6.2 Qualitätspreise für Nonprofit-Organisationen

Einen weiteren Ansatzpunkt für die Berücksichtigung der Wahrnehmungen der Anspruchsgruppen liefern **Qualitätspreise** („Quality Awards"). Hierunter werden Preisvergaben durch spezielle Institutionen verstanden, die für den Nachweis der Förderung der Qualität, des Qualitätsverständnisses in der gesamten Organisation sowie deren erfolgreicher interner und externer Umsetzung vergeben werden.

Die Schritte zur Erlangung eines Qualitätspreises umfassen die **Bewerbung** durch die Nonprofit-Organisation, die formale und praktische Prüfung des Managementsystems sowie die zentrale Vergabe durch eine bedeutende Institution (Peacock 1992, S. 526). Für **Nonprofit-Organisationen** kommen die folgenden drei Qualitätsauszeichnungen in Frage (Eversheim et al. 1997, S. 58 ff.):

(1) Malcolm Baldrige National Quality Award (MBNQA),
(2) European Quality Award und
(3) Charter Mark Award.

(1) Malcolm Baldrige National Quality Award (MBNQA)
Der nationale, jährlich zu vergebende **MBNQA** (www.baldrige.nist.gov/index.html) wurde unter Federführung des „National Institute of Standards and Technology" (NIST) 1987 mit den Preiskategorien „Produktionsunternehmen", „Dienstleistungen" und „Mittelständische Unternehmen" geschaffen (NIST 2003a; Bruhn 2004b, S. 280). Heute gehören außerdem die Bereiche „Bildung und Erziehung" sowie „Gesundheitswesen" zu den Preiskategorien, wobei explizit Nonprofit-Organisationen zur Bewerbung aufgerufen sind (www.nist.gov, Zugriff am 12.12.2004). Ziel dieser Qualitätsauszeichnung war und ist es, das „Gedankengut" des TQM in amerikanischen Unternehmen sowie Nonprofit-Organisationen zu verbreiten. Die vom National Institute of Standards and Technology entwickelten Kriterien dienen dabei zum einen als ein interner Leitfaden zum Ausbau eines eigenen Qualitätsmanagements. Zum anderen stellen sie die Beurteilungskriterien für die Verleihung des Qualitätspreises dar (Eversheim et al. 1997, S. 59). In Schaubild 6-16 sind diese Beurteilungskriterien – entsprechend den drei Preiskategorien – dargestellt.

Die Kriterien in Schaubild 6-16 werden weiter nach spezifischen Unterkriterien differenziert. Das Kriterium der „Führung" unterteilt sich beispielsweise in „Organisationsbezogene Führung" und „Soziale Verantwortung", dasjenige der „Mitarbeiterorientierung" im Bildungs- und Erziehungswesen wird nach „Interne Arbeits- und Vergütungssysteme", „Förderung und Entwicklung der Ausbildungskräfte und Mitarbeitern" sowie „Mitarbeiterempfinden und -zufriedenheit" differenziert (NIST 2003b).

Im Jahr 2003 wurde erstmalig eine amerikanische Gesundheitsorganisation, die **SSM Health Care**, mit dem Baldrige Award ausgezeichnet (vgl Insert 6-10).

Unternehmen	Bildung und Erziehung	Gesundheitswesen	Gewichtung
Führung (Leadership)	Führung (Leadership)	Führung (Leadership)	12.0%
Strategische Planung (Strategic Planning)	Strategische Planung (Strategic Planning)	Strategische Planung (Strategic Planning)	8.5%
Kunden- und Marktorientierung (Customer and Market Focus)	Anspruchsgruppenorientierung (Student, Stakeholder and Market Focus)	Anspruchsgruppenorientierung (Focus on Patients, Other Customers and Markets)	8.5%
Informations- und Analysesysteme (Information and Analysis)	Ressourcenorientierung (Measurement, Analysis and Knowledge Management)	Ressourcenorientierung (Measurement, Analysis and Knowledge Management)	9.0%
Ressourcenorientiertes Personalmanagement (Human Resource Focus)	Mitarbeiterorientierung (Faculty and Staff Focus)	Mitarbeiterorientierung (Staff Focus)	8.5%
Prozessmanagement (Process Management)	Prozessmanagement (Process Management)	Prozessmanagement (Process Management)	8.5%
Ökonomische Effizienz (Business Results)	Auftragserfüllung (Organizational Performance Results)	Auftragserfüllung (Organizational Performance Results)	45.0%
			100.0%

Schaubild 6-16: Beurteilungskriterien des MBNQA nach Hauptkategorien (Quelle: www.baldrige.nist.gov, Zugriff am 22.07.2004)

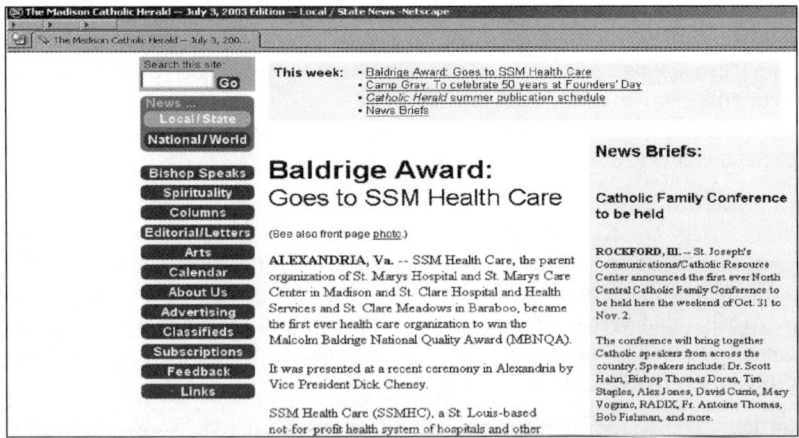

Insert 6-10: Verleihung des MBNQA an die Nonprofit-Organisation SSM Health Care (Quelle: www.madisoncatholicherald.org/2003-07-03/local-state.html, Zugriff am 19.08.2004)

(2) European Quality Award
Ähnliche Beweggründe, die zur Entwicklung des MBNQA geführt haben, veranlassten 14 kommerzielle europäische Unternehmen 1988 mit Unterstützung der Europäischen Kommission zur Gründung der europäischen Organisation „European Foundation for Quality Management" (EFQM). Auf Basis des im Jahr 1991 konzipierten EFQM-Modells der Business Excellence, das inzwischen **EFQM Excellence Modell** heißt und somit auch aufgrund des Begriffs Nonprofit-Organisationen nicht mehr exkludiert, wurde 1992 erstmalig der **European Quality Award** verliehen (EFQM 2003a). Das EFQM Excellence Modell strukturiert die Bewertungskriterien, nach denen der European Quality Award vergeben wird. Die **Kriterien** sind hierbei in zwei Hauptgruppen eingeteilt (vgl. Schaubild 6-17; EFQM 2003b):

(1) Befähiger,
(2) Ergebnisse.

Befähiger beschreiben Sachverhalte, die die Bemühungen einer Nonprofit-Organisation zum Erbringen einer hohen Qualität zum Ausdruck bringen und die Grundlage für ein Qualitätsmanagementsystem bilden. Anders als bei der Zertifizierung werden die Organisationen jedoch nicht ausschließlich danach beurteilt, ob sie bestimmte Normen erfüllen, sondern wie gut sie ein Qualitätsma-

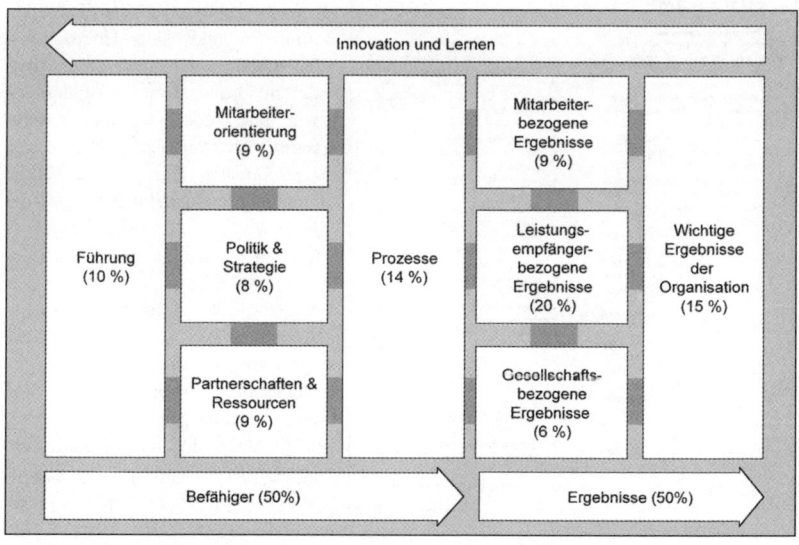

Schaubild 6-17: EFQM Excellence Modell (Quelle: EFQM 2003b)

nagementsystem einsetzen. Demnach kann anhand der Befähiger überprüft werden, welche qualitätsrelevanten Maßnahmen eine Nonprofit-Organisation auf dem Weg zum Total Quality Management erfolgreich ein- und umsetzt.

Die **Ergebnisse** beziehen sich auf die Wirkungen des Qualitätsmanagements. Im überarbeiteten EFQM Excellence Modell sind die Zufriedenheit der Leistungsempfänger und die Bindung der Leistungsempfänger an die Organisation in den leistungsempfängerbezogenen Ergebnissen enthalten. Ökonomische Ergebnisse sowie Ergebnisse, die in Zusammenhang mit der Nonprofit-Mission stehen, sind den sog. „wichtigen Ergebnisse der Organisation" subsumiert. Da gleichzeitig mitarbeiter- und gesellschaftsbezogene Ergebnissen als Grundlage für die Wirkungsanalyse des Qualitätsmanagementsystems dienen, werden eine Vielzahl relevanter Qualitätsaspekte einer Nonprofit-Organisation berücksichtigt.

Der European Quality Award umfasst seit 1995 auch eine spezifische Kategorie für Organisationen (oder Teilbereiche von Organisationen), die im öffentlichen Bereich tätig sind. In diesem Bereich wird der sog. „Preis für Führung und konstante Verfolgung der Organisationsmission" vergeben. Hierbei wird insbesondere die Verfolgung einer nachhaltigen Strategie und Organisationsführung geprüft.

RUNSHAW COLLEGE Category: Public Sector **RUNSHAW** **COLLEGE**	AWARD WINNER AND PRIZE WINNER IN LEADERSHIP AND CONSTANCY OF PURPOSE
Mission: At Runshaw, we believe that education is a profoundly worthwhile activity which has the capacity to change lives. Accordingly, Runshaw is a college where the needs of the learner always come first. We serve three groups primarily in Central Lancashire through "three colleges in one", that is • a Sixth Form College that seeks to match the best A level provision and the best vocational provision and to provide all students with the skills required for progression; • an Adult College which provides inclusive learning opportunities, both academic and vocational, to meet personal and professional needs; • and a Runshaw Business Centre that actively engages with the business community to meet the skill needs of employers. We aim to sustain the current size of our Sixth Form College to provide both a wide range of learning opportunities and a supportive environment where each individual feels valued.	We seek to increase the numbers of adults participating in learning and to expand the services provided to the business community. We support all our learners with first class facilities. In all that we do, we seek to • instil a love of learning • set the highest possible standards • support individuals to fulfil their potential • achieve added value outcomes building upon learners' prior achievements • establish a climate of trust and mutual respect • promote equal opportunities Vision: To be 'three exceptional colleges in one', each of which is renowned and valued by its community for outstanding levels of service which at least match the best available elsewhere in the UK. Our Six Core Values: • Teaching & Learning if our first priority • Valuing the Individual • Opportunities for all • Striving for Excellence • Working together and with others • Putting our ethos into action

Beispiel: Nachhaltige Strategie des „Runshaw College"
Im Jahr 1990 verordnete die Regierung Englands den Hochschulen des Landes, sich nach marktorientierten Grundsätzen zu richten sowie eine verstärkte Kundenorientierung zu verfolgen. Durch den konsequenten Einsatz eines Total Quality Management gelang es der Hochschule, verschiedene nationale Qualitätspreise zu erlangen, u.a. den UK Award. Im Rahmen der Vergabe des European Quality Award 2003 in der Kategorie „Öffentlicher Bereich" wurde die Hochschule „Runshaw" aufgrund ihrer nachhaltigen Strategie prämiert, die in Insert 6-11 dargestellt ist (Quelle: www.efqm.org, Zugriff am 26.10.2004).

Insert 6-11: Strategieprofil der Hochschule „Runshaw" (England)
(Quelle: www.efqm.org, Zugriff am 26.10.2004)

Insert 6-12: Überblick des Charter Mark Award als Bewertungsschemas für öffentliche Dienstleistungen
(Quelle: www.ni-charter.gov.uk/charter.htm, Zugriff am 19.08.2004)

Im Zusammenhang mit der Anwendung des EFQM-Modells für Nonprofit-Organisationen ist jedoch sowohl hinsichtlich der Strukturierung der verschiedenen Bereiche, wie z. b. Führung oder auch Ergebnisse der Organisation, als auch in Bezug auf deren Gewichtung eine Adaption an die spezifischen Gegebenheiten von Nonprofit-Organisationen unabdingbar (vgl. hierzu Abschnitt 9.5.3).

(3) Charter Mark Award
Während der ersten beiden Qualitätsauszeichnungen von genereller Natur sind und ursprünglich ausschließlich auf das Qualitätsmanagement von kommerziellen Unternehmen ausgerichtet waren, existieren spezifische Qualitätsauszeichnungen für Nonprofit-Organisationen. Hierzu zählt u. a. das Modell der „Charter Mark" (www.chartermark.gov.uk) für Anbieter öffentlicher Dienstleistungen in Großbritannien (z. B. Krankenhäuser, Schulen und Universitäten, Polizei, Feuerwehr, Krankentransporte, Steuerämter usw.), anhand dessen Bewertungsschema die entsprechenden Nonprofit-Organisationen ihre Qualitätsorientierung evaluieren und ggf. auszeichnen lassen können (Eversheim et al. 1997, S. 62f.; vgl. Insert 6-12).

Die konzeptionelle Stärke dieses Bewertungsschemas liegt gemäß Eversheim et al. (1997, S. 63) in der konsequenten Ausrichtung auf die Anforderungen von

289

Leistungsempfängern. Während das ursprüngliche Bewertungsschema aus zehn Kriterien bestand, beinhaltet das aktuelle überarbeitete Modell seit 2003 sechs **Elemente** (vgl. ausführlich Cabinet Office 2003):

(1) Qualitätsstandards setzen,
(2) Aktive Interaktion mit internen und externen Leistungsempfängern,
(3) Faires Verhalten und hohe Erreichbarkeit,
(4) Kontinuierliche Entwicklung und Verbesserung,
(5) Effiziente Nutzung von Ressourcen,
(6) Beitrag zu Verbesserung der Lebensqualität in der Gemeinschaft.

Beispiel: Charter Mark Award
Das „Cabinet Office" der Regierung in Großbritannien (www.cabinet-office.gov.uk) hat dieses Jahr den Charter Mark Award u. a. an den Rushmoor Borough Stadtrat (www.rushmoor.gov.uk) verliehen (vgl. Insert 6-13). Die Auszeichnungen ging an die beiden Dienstleistungen „Environmental Health Services" und „Crematorium and Cemeteries Service" dieser Gemeinde. Im Rahmen der Beurteilung wurden insbesondere die Mitarbeiter aufgrund ihrer Motivation und ihres Commitment besonders positiv bewertet.

Insert 6-13: Gewinner des Charter Mark Award (Quelle: www.rushmoor.gov.uk/PressJune3.htm, Zugriff am 19.08.2004)

Weitere Beispiele von Qualitätspreisen für Nonprofit-Organisationen sind z.B. der Speyerer Qualitätspreis für öffentliche Verwaltungen (www.dhv-speyer.de/ Qualitaetswettbewerb) oder der „Noyce Award For Nonprofit Excellence" (www.mainecf.org). Ein umfassender Überblick über Qualitätspreise in Deutschland, Europa sowie Amerika und Asien findet sich beispielsweise auf den Internetseiten www.qualitaetspreise.denkeler-qm.de, www.quality-link.de oder www.asq.org. Hierbei werden jedoch zumeist generelle, nicht-branchenspezifische Qualitätspreise vorgestellt.

Im Hinblick auf den **Nutzen von Qualitätspreisen** rückt – ähnlich wie bei der Zertifizierung – insbesondere die Realisierung interner und externer Zielsetzungen in den Vordergrund. Als externe Zielsetzung steht dabei vor allem der Aufbau von Vertrauen bei den Anspruchsgruppen im Vordergrund, indem ein positiver Imageeffekt von der Preisverleihung ausgeht. Dadurch gelingt es der Nonprofit-Organisation z.b. einfacher, neue Leistungsempfänger oder Förderer zu akquirieren bzw. an die Organisation zu binden. In Bezug auf die internen Nutzenwirkungen hilft die Bewerbung um einen Qualitätspreis bzw. die damit verbundenen Qualitätsanstrengungen bei der Optimierung der Leistungserstellung, der Identifizierung und -behebung von Problemen sowie der Verbesserung der Aufbau- und Ablaufstrukturen innerhalb der Nonprofit-Organisation (Specht/Schenk 1995, S. 63). Darüber hinaus geht in Bezug auf die Mitarbeiter ein Motivationseffekt von der Bewerbung um einen Qualitätspreis aus. Allerdings darf der teilweise nicht unerhebliche finanzielle und personelle Aufwand für die Bewerbung zu einem Qualitätspreis nicht aus den Augen verloren werden.

7 Operatives Nonprofit-Marketing

7.1 Komponenten des Marketingmix von Nonprofit-Organisationen

Auf Grundlage der Marketinginstrumentestrategien sowie unter Einbeziehung von Ergebnissen der Marktforschung und der darauf aufbauenden Marktsegmentierung sind die Marketinginstrumente hinsichtlich ihres zielgerichteten Einsatzes zu bestimmen. **Marketinginstrumente** stellen die „konkreten praktischen Aufgabenbereiche zur Erreichung der Ziele der Nonprofit-Organisation dar" (Klausegger et al. 2003, S. 100). Analog zum Marketing für Konsum- oder Industriegüter kann grundsätzlich eine **Systematisierung der Marketinginstrumente** in die vier grundlegenden Mixbereiche, die sog. „4P's", vorgenommen werden. Diese auf McCarthy (1960) zurückgehende Einteilung hat sich in Wissenschaft und Praxis durchgesetzt und auch im deutschsprachigen Raum eine weite Verbreitung gefunden (Meffert 2000; Becker 2001; Kotler/Bliemel 2001; Nieschlag/Dichtl/Hörschgen 2002; Bruhn 2004a). Die „vier P's" entsprechen den folgenden Marketinginstrumenten:

- Leistungspolitik („Product"),
- Kommunikationspolitik („Promotion"),
- Vertriebspolitik („Place"),
- Preispolitik („Price").

In der deutschsprachigen Literatur wird diese Einteilung häufig aus dem Sachgüter- auf den **Dienstleistungsbereich** transferiert (Corsten 2001, S. 349 ff.). Zahlreiche Autoren vertreten jedoch die Auffassung, dass die Aufteilung in die gezeigten vier klassischen Mixbereiche den Besonderheiten des Dienstleistungsmarketing nicht gerecht wird (Magrath 1986; Beaven/Scotti 1990). In diesem Zusammenhang diskutiert man im Dienstleistungsmarketing eine **Erweiterung des Marketingmix** um drei weitere Bereiche (Magrath 1986; Cowell 1993, S. 99 ff.; Payne 1993, S. 24): Personalpolitik („Personnel"), Ausstattungspolitik („Physical Facilities") sowie Prozesspolitik („Process").

Für das **Nonprofit-Marketing** stellt sich die Frage, inwieweit der klassische Marketingmix adaptiert wird oder ob nicht auch eine Modifizierung erforderlich ist, die den Besonderheiten von Nonprofit-Organisationen Rechnung trägt. So argumentieren z.B. Schwarz et al., dass die klassischen Marketinginstrumente

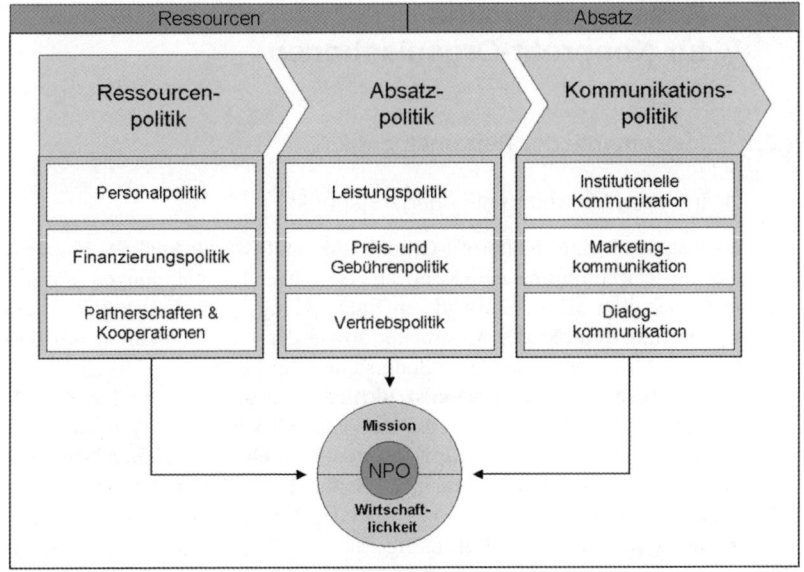

Schaubild 7-1: Marketingmix für Nonprofit-Organisationen

für den Einsatz in der Nonprofit-Organisation spezifisch anzupassen sind (Schwarz et al. 2002, S. 233ff.). In ihrem sog. „Freiburger-Modell des Nonprofit-Marketing" schlagen sie als Marketinginstrumente die „6P's" „People", „Performance", „Price", „Politics", „Place" und „Promotion" vor. Diese erweiterte Fassung des Nonprofit-Marketingmix spiegelt allerdings primär die absatzmarktorientierte Perspektive wider, wohingegen spezifische Marketingmaßnahmen zur Ressourcenbeschaffung nicht berücksichtigt werden. Ausgehend von dem Spannungsfeld von Mission und Wirtschaftlichkeit kommt es aber zu der Überlegung, dass eine Nonprofit-Organisation zunächst Maßnahmen im Rahmen der **Ressourcenpolitik** zu ergreifen hat, die zur Erfüllung der Leistungsbereitstellung dienen. Erst im Anschluss erfolgen Maßnahmen im Rahmen der **Leistungspolitik** (d.h. zum Absatz der Leistungen), die durch Maßnahmen im Rahmen der **Kommunikationspolitik** begleitet werden. Schaubild 7-1 zeigt diesen prozessorientierten Ansatz zur Systematisierung der Marketinginstrumente für Nonprofit-Organisationen auf.

7.2 Ressourcenpolitik für Nonprofit-Organisationen

7.2.1 Instrumente der Personalpolitik

7.2.1.1 Internes Marketing als Ausgangspunkt

Die Personalpolitik einer Nonprofit-Organisation umfasst die Analyse, Planung, Organisation, Durchführung und Kontrolle sämtlicher Entscheidungen, die mit der Einstellung von Mitarbeitern, deren Entwicklung sowie Freistellung, dem Arbeitsplatz und -umfeld der Mitarbeiter sowie der Kommunikation mit und zwischen den Mitarbeitern in Verbindung stehen. Im Nonprofit-Marketing stellen die **Besonderheiten der Personalstrukturen** (vgl. auch Kapitel 2, Abschnitt 2.3) eine große Herausforderung an die Personalpolitik bzw. das Personalmanagement dar. So ist insbesondere die Koexistenz von **ehrenamtlichem Engagement** und **bezahlter Arbeit** zu beachten (Badelt 1985; Wehling 1993; Ridder/Neumann 2001, S. 244). Ferner sind bei sozialen Nonprofit-Organisationen oftmals **Zivildienstleistende** als Beschäftige auf Basis einer „quasi militärischen Zwangsverpflichtung" zu berücksichtigen (vgl. zur rechtlichen Abgrenzung der unterschiedlichen Beschäftigungsgruppen Runggaldier/Drs 2002, S. 337 ff.). Schließlich werden durch die Arbeitsmarktreformen im Zusammenhang mit „Hartz IV" und den sog. „**1-Euro-Jobs**" gerade bei Nonprofit-Organisationen neue Stellen geschaffen, die eine neue Art von Mitarbeitern für die Nonprofit-Organisationen mit sich bringen.

Dem **Personalmanagement** obliegt hier die Aufgabe, sich auf die jeweilige Kombination von entgeltlich Beschäftigen, ehrenamtlichen Mitarbeitern, Zivildienstleistenden sowie Mitarbeitern mit „1-Euro-Jobs" einzustellen und eine optimale Gestaltung in Bezug auf die Rekrutierung und Entwicklung der Mitarbeiter zu erreichen. Aufgrund des hohen Interaktionsgrades zwischen den Mitarbeitern und den verschiedenen externen Anspruchsgruppen (z.B. Spender, Leistungsempfänger usw.) bzw. dem potenziellen Spannungsfeld zwischen den unterschiedlichen Gruppen und Vergütungen von Mitarbeitern (Badelt 2002d, S. 590 f.) wird im Folgenden Abstand von der traditionellen Sichtweise genommen, bei der das Personalmanagement ein isoliert zu betrachtender Teil der Organisationsführung ist. Stattdessen wird ein **ganzheitlicher Ansatz** gewählt, dessen Grundlage das **Konzept des Internen Marketing** darstellt (vgl. ausführlich Cahill 1996; Bruhn 1999a; Ahmed/Rafiq 2002), das zum einen die Personal- und Marketingsichtweise integriert und zum anderen den Besonderheiten für Nonprofit-Organisationen Rechnung trägt.

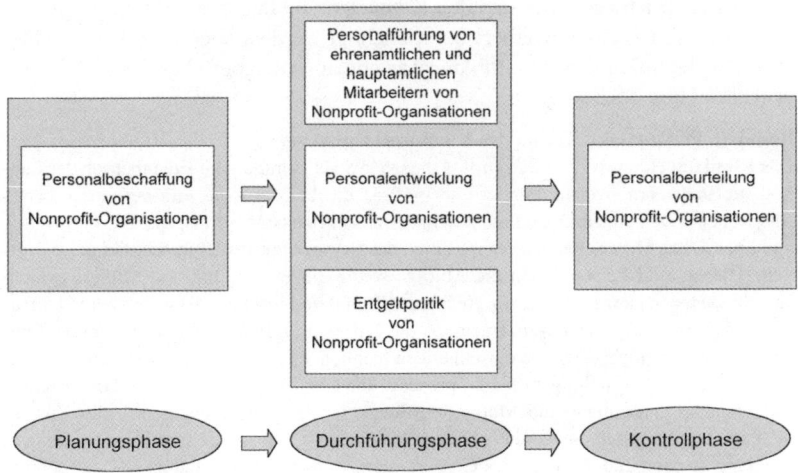

Schaubild 7-2: Phasen eines Personalmanagementsystems von Nonprofit-Organisationen

7.2.1.2 Instrumente des Personalmanagements für Nonprofit-Organisationen

Zu den Instrumenten des Personalmanagements gehören sämtliche Maßnahmen, durch deren Einsatz kognitive, affektive und konative Wirkungen bei den Mitarbeitern erzielt werden. Der Einsatz der Instrumente kann anhand eines **Personalmanagementsystems** zielgerichtet vorgenommen werden. Dieses System umfasst verschiedene **Phasen**, die in Schaubild 7-2 aufgeführt sind. Hierzu zählen im Einzelnen die Planungsphase (Personalbeschaffung), die Durchführungsphase (Personalführung, Personalentwicklung, Entgeltpolitik) sowie die Kontrollphase (Personalbeurteilung), die jeweils spezifisch auf die unterschiedlichen **Zielgruppen** von Mitarbeitern anzupassen sind.

(1) Personalbeschaffung von Nonprofit-Organisationen
Ein marketingorientiertes Personalmanagement beginnt bei der **Personalbeschaffung**, die sich aus der Personalakquisition und der Personalauswahl zusammensetzt. Unter **Personalakquisition** wird die Summe der Maßnahmen verstanden, durch die im Rahmen der Personalbeschaffung mit potenziellen Mitarbeitern Kontakt aufgenommen wird (Weber/Mayrhofer/Nienhüser 1993, S. 197). Für Nonprofit-Organisationen ist dabei von großer Bedeutung, dass po-

tenzielle Mitarbeiter nicht allein nach fachlichen Kriterien ausgewählt werden, sondern auch Kriterien der sozialen Kompetenz und andere „weiche Faktoren" (sog. Soft Skills) des Bewerbers berücksichtigt werden. Hierzu zählen z.b. Flexibilität, Teamfähigkeit, Einfühlungsvermögen, pädagogisches Geschick, Belastbarkeit und Toleranz.

Beispiel: Personalakquisition des Klinikums Hannover
Das Klinikum Hannover wurde zum 1. Januar 1998 als kommunaler Eigenbetrieb der Landeshauptstadt Hannover gegründet und umfasst die bis dahin einzeln geführten sieben städtischen Krankenhäuser und ein Altenzentrum mit zusammen insgesamt 2.000 Betten und über 4.300 Mitarbeitenden. Hinsichtlich der **Personalakquisition** schreibt das öffentliche Dienst- und Personalrecht die Abfolge sowie die Beteiligung und Mitbestimmung verschiedener Instanzen genau vor. Neben der Einhaltung formaler Vorgaben bei Personalbeschaffungs- und -auswahlprozessen legt das Klinikum Hannover insbesondere bei Führungspersonal – abgesehen von einschlägigen fachlichen Kenntnissen – (zunehmend) Wert auf die positive Einstellung zu team-, prozess- und interdisziplinär orientiertem Verhalten und Handeln, Führungs- und Motivationsfähigkeit, Kenntnisse übergeordneter Zusammenhänge im Gesundheitswesen sowie die Bereitschaft, Ökonomie und Dienstleistung in Einklang bringen und die Ziele des Gesamtunternehmens unterstützen zu wollen (Schmid 2001, S. 313 ff.).

Nonprofit-Organisationen bedienen sich einer Vielfalt von **Instrumenten der Personalansprache** bzw. **-akquisition**. Zu unterscheiden sind hierbei der Einsatz indirekter und direkter Instrumente, die wiederum in Abhängigkeit der internen Anspruchsgruppe (z.B. Ehrenamtliche versus Hauptamtliche) zu spezifizieren sind. Beim Einsatz von **indirekten Instrumenten** verläuft die Personalgewinnung über eine vermittelnde Institution (z.B. Personalberatungen). Zu den zentralen **direkten Instrumenten** zählen primär Stellenanzeigen sowie die Direktansprache.

Mit Hilfe von **Stellenanzeigen** in großen überregionalen Zeitungen, spezifischen Online-Stellenmärkten oder der eigenen Webseite wird ein relativ großer Teil an potenziellen Mitarbeitern auf eine bestimmte Stelle aufmerksam gemacht. Diesbezüglich besteht auch die Möglichkeit, interne Stellenausschreibungen innerhalb einer Nonprofit-Organisation einzusetzen. Bei der Formulierung der Stellenbeschreibung ist es zweckmäßig, ein **Anforderungsprofil** zu entwerfen. Dieses Anforderungsprofil stellt einerseits ein Kommunikationsmittel dar, das den aktuellen und potenziellen Mitarbeitern jene Merkmale und Fähigkeiten aufzeigt, die für die Stelle erforderlich sind. Andererseits hilft es Organisationen, eine zuverlässigere Personalauswahl zu treffen, da durch das Anforderungsprofil die gewünschten fachlichen und persönlichen Anforderungen systematisch abgeleitet und dokumentiert werden (Smith, Bucklin & Associates 2000, S. 312). Insert 7-1 stellt ein Beispiel einer klar strukturierten Stellenbeschreibung für eine Nonprofit-Organisation dar.

Ehrenamtliches Engagement in der Straffälligenhilfe

Wir suchen
Bürgerinnen und Bürger, die sich ehrenamtlich für straffällig gewordene Menschen und deren Angehörige engagieren wollen.

Wir wollen
- dem Menschen, der eine Straftat begangen hat, als Menschen sehen und ihm eine Chance geben
- Straftaten erklären und die Gründe erkennen, aber Straftaten nicht entschuldigen
- helfen, Brücken zu bauen
- die Gesellschaft und deren gescheiterte und ausgegrenzte Mitglieder zusammenführen
- dem sozialen Ehrenamt größere Anerkennung verschaffen

Ehrenamtlichem Engagement kommt in unserer Gesellschaft immer mehr Bedeutung zu. Innerhalb der Diakonie hat soziales Ehrenamt bereits lange Tradition. Straffällig gewordene Menschen brauchen besonders ehrenamtliche Hilfe und praktische Unterstützung, um ihre Probleme lösen zu können.

Sie möchten
- Ihre Freizeit sinnvoll gestalten
- anderen helfen
- etwas Neues (kennen) lernen
- Ihre Fähigkeiten und Stärken gezielt einsetzen
- sich aktiv daran beteiligen, dass einer Minderheit, die unter Vorurteilen leidet, eine Chance gegeben wird
- Kontakt zu Menschen aufnehmen

Es gibt viele Gründe, sich für ein Ehrenamt zu interessieren. Und es gibt viele Möglichkeiten und Formen, sich ehrenamtlich zu engagieren.

Sie können
- Briefkontakt zu Inhaftierten aufbauen
- Inhaftierte in der Justizvollzugsanstalt besuchen
- Einzelbetreuungen übernehmen
- Freizeitangebote in Justizvollzugsanstalten anbieten
- einzeln oder in Gruppen tätig sein
- Angehörige durch persönlichen Beistand und praktische Hilfe unterstützen
- bei der Wohnungs- und Arbeitsplatzsuche helfen
- bei speziellen Problemen (Schulden, Schreiben an Ämter...) behilflich sein
- zuhören und begleiten
- ohne direkten Kontakt zu Straffälligen ehrenamtlich im Verein tätig sein und auf diese Weise den Einrichtungen helfen (im Vorstand, bei Öffentlichkeitsarbeit, Organisationsfragen, Spenden...)

Es gibt viele Aufgaben, die Sie nach ihren Fähigkeiten übernehmen können. Jede Bürgerin und jeder Bürger verfügt über eigene Kenntnisse und Fertigkeiten, die helfen, die Probleme zu überwinden. Sich ehrenamtlich zu engagieren, gibt viel Freude und Sinn, ist aber nicht immer einfach. Ehrenamtliche Hilfe kann für den einzelnen, und auch gesamtgesellschaftlich viel bewirken. Es ist eine interessante, vertrauensvolle und ehrenhafte Aufgabe, die zu begleiten, die am Rande stehen. Verantwortung zu übernehmen, kostet nicht nur etwas. Verantwortung zu übernehmen, bringt auch etwas.

Wir sollten deshalb gemeinsam überlegen,
- in welcher Form Sie sich engagieren können
- was Sie Ihren Möglichkeiten entsprechend anbieten können
- wie viel Zeit Sie zur Verfügung stellen können
- wo Ihre ganz speziellen Fähigkeiten liegen.

Wir bieten Ihnen Information, Beratung, Begleitung, Schulung, Supervision

Falls Sie interessiert sind, erfahren Sie Näheres unter:
Diakonisches Werk der Ev. Kirche im Rheinland, Fachberatung Straffälligenhilfe, Sabine Bruns
Lenaustr. 41, 40470 Düsseldorf, Tel.: 0211 / 63 98-343, Fax: 0211 / 63 98-299
Oder per Email: hbroecker@dw-rheinland.de

Wir freuen uns auf Sie !

Insert 7-1: Beispiel für eine Stellenanzeige von Nonprofit-Organisationen (Quelle: www.ekir.de/diakonie/service/werbung_ehrenamt.htm, Zugriff am 15.07.2004)

Der **Erfolg einer Stellenanzeige** hängt davon ab, inwiefern mit ihr kognitive Wirkungen (z.B. Wecken von Aufmerksamkeit aufgrund der Anzeige), affektive Wirkungen (z.B. positive Einstimmung zu der angebotenen Stelle) und konative Wirkungen (z.B. Anfertigen einer Bewerbung) erzielt werden (Meffert/Bruhn 2003, S. 600).

Nach der Ermittlung des entsprechenden Anforderungsprofils und Durchführung der Personalansprache folgt die eigentliche **Personalauswahl** mit dem Ziel, das definierte Anforderungsprofil bestmöglich zu erfüllen. Die **fachliche Beurteilung** der Qualifikation, die beispielsweise von Theologen, Ärzten, Krankenschwestern, Pflegern oder Sozialarbeitern für die entsprechende Tätigkeit in Nonprofit-Organisationen zu erbringen ist, wird dabei durch Ausbildungs- bzw. Studiennachweise belegt. Als Instrumente der **persönlichen Beurteilung** bieten sich verschiedene **Verfahren** an:

- **Persönliches Interview bzw. Vorstellungsgespräch**
Auswahlinterviews sind die am häufigsten eingesetzte Methode der Personalauswahl (Eckardstein 2002, S. 315). Durch freie oder strukturierte Gespräche zwischen Bewerbern für eine ehren- oder hauptamtliche Stelle und den Personalverantwortlichen der Nonprofit-Organisation werden neben objektiven Fähigkeiten (z.B. Fachwissen) ebenso zusätzliche Kriterien, wie z.b. soziales Engagement, Flexibilität, Qualitätsbewusstsein usw. beurteilt.

- **Eignungstest**
Hierbei handelt es sich um formale Persönlichkeits- und/oder Fähigkeitstests. Für komplexe Aufgaben, wie sie oftmals in Nonprofit-Organisationen vorkommen (z.B. Betreuung von AIDS-Kranken), ist es allerdings kaum möglich, mittels Eignungstests sämtliche relevante Wissens- bzw. Persönlichkeitsaspekte von Bewerbern zu beurteilen. Vielmehr konzentrieren sich die Tests lediglich auf einige besonders zentrale Aspekte (z.B. Beurteilung des Einfühlungsvermögens).

- **Assessment Center**
Zu den wichtigsten Auswahlinstrumenten der Personalselektion gehört mittlerweile die Assessment-Center-Methode, die sich seit den 1960er-Jahren in Mittel- und Großunternehmen etabliert hat (Jeserich 1981; Eckardstein 2002, S. 316). Dabei handelt es sich um „... ein systematisches Verfahren zur qualifizierten Feststellung von Verhaltensleistungen bzw. Verhaltensdefiziten, das von mehreren Beobachtern gleichzeitig für mehrere Teilnehmer in Bezug auf vorher definierte Anforderungen angewandt wird" (Jeserich 1981, S. 33). Durch eine Kombination von formalen Tests und situativen Interviews entsteht ein möglichst umfassendes Gesamtbild des Bewerbers. Die große Realitätsnähe sowie die Möglichkeit, das tatsächliche Verhalten in bestimmten Situationen (Rollenspiele) von potenziellen Mitarbeitern zu beobachten, favorisiert dieses Verfahren

auch für einen Einsatz in Nonprofit-Organisationen. Dem stehen allerdings ein hoher finanzieller und zeitlicher Aufwand gegenüber, so dass der Einsatz nach dem Kosten-Nutzen-Verhältnis in Abhängigkeit von der zu besetzenden Stelle zu beurteilen ist.

Während die Anwendung von Auswahlverfahren im Rahmen der Personalrekrutierung bei bezahlten Mitarbeitenden zur Selbstverständlichkeit zählt, hat sich dieser Ansatz bei **Ehrenamtlichen** noch nicht generell durchgesetzt (Eckardstein 2002, S. 316). Wenngleich die angeführten Argumente nachvollziehbar sind, weist Eckardstein zurecht darauf hin, dass bei einer maßgeblichen Beteiligung am Leistungserstellungsprozess auch ehrenamtlich tätige Personen einer professionellen Personalauswahl zu obliegen haben (vgl. Eckardstein 2002, S. 316f.). Hierzu ist es erforderlich, potenziellen Ehrenamtlichen eine klare **Perspektive** aufzuzeigen, die deren Motive reflektiert, beispielsweise durch die Veranschaulichung der Sinnhaftigkeit oder des ethischen Wertes einer ehrenamtlichen Tätigkeit (Badelt 2002d, S. 588).

Insgesamt ist es zweckmäßig, die Personalbeschaffung in einem strukturierten **Prozess** durchzuführen. Schaubild 7-3 zeigt anhand der Telefonseelsorge ein mögliches Vorgehen, um geeignete neue Mitarbeiter einzustellen.

Beispiel Telefonseelsorge

Welche **Eigenschaften** hat ein geeigneter Mitarbeiter?	In welchen **Situationen** zeigt sich diese Kompetenz?
z.B. Einfühlsamkeit, gut zuhören können, seelische Belastbarkeit	z.B. Gespräch mit suizidgefährdeten Menschen

Herleitung eines **Kompetenzprofils** für die zu besetzende Stelle

z.B. Empathievermögen, Stressresistenz

Festlegung der **Methoden** zur Personalauswahl

z.B. Fragen im Auswahlgespräch: „Was tun Sie, wenn eine Person anruft, die Suizid begehen will?"

Schaubild 7-3: Prozess der Personalbeschaffung am Beispiel der Telefonseelsorge

Hinsichtlich der „Beschaffung" von **ehrenamtlichem Leitungspersonal** (bzw. Funktionären, Milizern), ist es bei mitgliedschaftlich strukturierten Nonprofit-Organisationen nahe liegend, aktuelle Mitglieder dazu zu bewegen, dass sie in der Nonprofit-Organisation einen „Posten" übernehmen, sei dies in Ausschüssen oder durch die Übernahme eines Mandates in einem der Führungsgremien. Funktionäre in Organen werden durch das oberste Verbandsgremium gewählt, wobei eine langfristige und sorgfältige Personalplanung für alle Gremien empfehlenswert ist (Purtschert 2001, S. 366f.).

Bei nicht-mitgliedschaftlich strukturierten Nonprofit-Organisationen – insbesondere Stiftungen – werden ehrenamtliche Funktionäre außerhalb des Systems der Nonprofit-Organisation gesucht. Dieses Vorgehen betreiben auch karitative oder andere Drittleistungsorganisationen, die bewusst Stiftungsrats-/Vorstandsmitglieder suchen, die nicht aus dem Bereich der eigenen Nonprofit-Organisation kommen, um damit nicht vorhandenes fachspezifisches Wissen in die Organisation einzubringen (z.B. Rechtsanwalt als juristischer Fachmann der Nonprofit-Organisation).

Letztlich spielen die Positionierung und/oder das Ansehen der Organisation eine wesentliche Rolle, um solche Ämter attraktiv erscheinen zu lassen. Weitere Anreize sind die Mitwirkungs- und Mitgestaltungsmöglichkeiten (z.B. Stiftungsrat: Mitspracherecht bei der Bestimmung von Adressaten von Stiftungsgelder), wobei die ehrenamtlichen Mitarbeitenden in Führungspositionen nicht mit dem Tagesgeschäft belastet, sondern primär für die strategischen Aufgaben, die langfristigen Ziele und die grundsätzliche Steuerung der Nonprofit-Organisation eingesetzt werden.

(2) Mitarbeiterführung von Nonprofit-Organisationen

Die **persönliche Kommunikation** zwischen dem Vorgesetzten und den Mitarbeitenden ist das Kernelement der Mitarbeiterführung. Über Kommunikation werden die Ziele der Nonprofit-Organisation verdeutlicht sowie die fachlichen und personenbezogenen Informationen vermittelt. Ziel ist es dabei, die Mitarbeitenden in ihrem Verhalten dahingehend zu beeinflussen, dass sie die jeweiligen Ziele der Nonprofit-Organisation mit größerem Nachdruck zu erreichen suchen. Vorgesetzte vertreten in dieser Sichtweise die Leitung der Nonprofit-Organisation gegenüber den Beschäftigten und haben die Ziele der Nonprofit-Organisation so „herunterzubrechen", dass sie für die Beschäftigten der Organisationseinheit zu eindeutigen Handlungsvorgaben führen.

Dazu lässt sich das Grundkonzept der Mitarbeiterführung anhand des sog. **Managements by Objectives (MbO)** (Führung durch Ziele) darstellen, das sich in die beiden Varianten der Führung durch Zielvorgaben und Führung durch Zielvereinbarungen untergliedert (Neubarth 1997, S. 422ff.). In beiden Fällen wird ein Ziel festgelegt (im Falle der Führung durch Zielvorgaben einseitig durch den Vorgesetzen; bei der Führung durch Zielvereinbarung gemeinsam mit den betroffenen Mitarbeitern), das von den Geführten in einer bestimmten Zeit sowie Art und Weise mit zuvor definierten Hilfsmitteln anzustreben ist. Neben der Beobachtung des Ausmaßes der Zielerreichung während der vereinbarten Laufzeit findet am Ende eine Zielüberprüfung statt. Bei Zielabweichungen sind deren Ursachen zu erforschen und als Information für den Zielbildungsprozess der Folgeperiode zu nutzen, so dass sich ein Regelkreis aus dem gesamten Ablauf ergibt.

Über dieses Grundkonzept hinaus haben sich auch für Nonprofit-Organisationen mit dem Rückmeldungsgespräch, der Mitarbeiterbeurteilung und dem Mitarbeiterentwicklungsgespräch wichtige **Führungsinstrumente** entwickelt. Mit der **Rückmeldung** wird jedem Beschäftigten nach einer Beobachtung des Vorgesetzten möglichst umgehend mitgeteilt, wie dieser das gezeigte Verhalten bewertet. Dies geschieht im positiven Fall in Form der Anerkennung, im negativen Fall als Kritik. Die **Mitarbeiterbeurteilung** stellt ein systematisches Verfahren zur umfassenden Erhebung von Informationen über die Leistung und das Verhalten des beurteilten Mitarbeiters dar, das üblicherweise einmal jährlich durchgeführt wird. Diese Informationen sind dem Mitarbeiter zugänglich zu machen und mit ihm im Einzelnen zu erörtern. Im Rahmen von **Entwicklungsgesprächen** sind die Beurteilungsergebnisse zu besprechen. Darüber hinaus geht es darin um die Entwicklung des jeweiligen Mitarbeiters während des letzten Jahres, wobei auch die zukünftigen Entwicklungsperspektiven aus der Sicht des Vorgesetzten und aus der Sicht des Mitarbeiters thematisiert werden.

Zu den **Aufgaben der Mitarbeiterführung** gehört es auch, auftretende Konflikte (z.B. aufgrund widersprüchlicher Interpretation von Prioritäten der Aufgabenerledigung, persönlicher Unstimmigkeiten, struktureller Ursachen) konstruktiv zu handhaben. Insbesondere die Koexistenz von ehrenamtlichem Engagement und bezahlter Arbeit in Nonprofit-Organisationen stellt eine Herausforderung an die Mitarbeiterführung dar. So sind beispielsweise Konflikte zwischen den verschiedenen Mitarbeitergruppen in Nonprofit-Organisationen mit gemischter Personalstruktur keine Seltenheit (Eckardstein 2002, S. 323). **Probleme** entstehen hierbei in zweierlei Hinsichten (Badelt 2002d, S. 591):

- **Konflikte zwischen ehrenamtlichem Leitungspersonal und bezahlten Mitarbeitenden**
Diese Art von Konflikten sind oftmals auf Macht- und Informationsprobleme zurückzuführen. Die vorgegebene Hierarchie in einer Nonprofit-Organisation sieht beispielsweise oftmals vor, dass ehrenamtliche Funktionäre an der Spitze der Organisation stehen, die mit entsprechenden Befugnissen ausgestattet sind.

Falls diese Funktionäre aber ihre ehrenamtliche Tätigkeit nur selten ausüben, entsteht eine Wissenslücke gegenüber den angestellten Mitarbeitenden, die letztlich zu einer de facto Umkehrung der realen Hierarchie führt (Badelt 2002d, S. 591). Insert 7-2 dokumentiert einen entsprechenden Fall innerhalb der Deutschen Sportjugend, bei dem im Zuge der Absetzung des ersten Vorsitzenden auch der „große Einfluss" des Geschäftsführers betont wird.

- **Konflikte zwischen angestellten und ehrenamtlichen Mitarbeitern bei ausführenden Tätigkeiten**
  Diese Art von Konflikten basieren nach Badelt (2002d, S. 591) zumeist auf einer wechselseitigen Geringschätzung sowie Konkurrenzängsten. Hier bedarf es einer kritischen Reflexion der Art der Zusammenarbeit (Otto-Schindler 1996, S. 164 ff.; Badelt 2002d, S. 591 f.).

Ein spezifisches Problem von Nonprofit-Organisationen stellt die psychische und physische Belastung dar, insbesondere in der Betreuung und Pflege von Kranken und psychisch instabilen Personen. So besteht die Gefahr, dass Mitarbeitende im Laufe der Zeit „Berufsschäden" bekommen und nur noch begrenzt einsetzbar sind (in Anlehnung an Greenberg 1990, S. 56). Die Gefahr des **Burnout** bzw. einer **emotionalen Erschöpfung** (Nerdinger 2001, S. 71 ff.) wird daher bei Nonprofit-Organisationen als sehr hoch gesehen. Der Begriff Burnout geht auf Freudenberger (1974) zurück, der als Betreuer mit Mitarbeitern in Sozialberufen beobachtete, dass bei besonders engagierten Helfern häufig Symptome von Erschöpfung und Müdigkeit auftraten, aber auch eine zunehmend negative Einstellung zur eigenen Arbeit und zu Leistungsempfängern sowie häufig auch Anzeichen einer depressiven Verstimmung. Hier hat die Mitarbeiterführung frühzeitig anzusetzen, um einem Burnout von Mitarbeitenden vorzubeugen.

(3) Personalentwicklung von Nonprofit-Organisationen

Gegenstand der Personalentwicklung ist grundsätzlich die Auswahl, Durchführung und Kontrolle von Entwicklungsmaßnahmen für Mitarbeitende (Drumm 2000, S. 385 f.). Dies umfasst alle **bildungsbezogenen** (z.B. Aus- und Weiterbildung, Umschulung) und **stellenbezogenen** (z.B. Verwendungsplanung und -steuerung, Stellvertretungsregelungen) **Maßnahmen**, die zur weiteren Qualifizierung der Mitarbeitenden dienen. Für Nonprofit-Organisationen sind Maßnahmen der Personalentwicklung insbesondere vor dem Hintergrund des Einsatzes von haupt- und ehrenamtlichen Mitarbeitern zu betrachten, da sich hier Unterschiede hinsichtlich der fachlichen Fähigkeiten oder des Bewusstseins zu wirtschaftlich verantwortlichem Handeln bzw. einem leistungsempfängerorientierten Verhalten ergeben. Aus diesem Grund sind für Nonprofit-Organisationen anspruchsgruppenspezifische Qualifizierungsangebote zu definieren.

Die Entmachtung des Vorsitzenden der Deutschen Sportjugend

Ein merkwürdiges Intrigenspiel
Kütbach wehrt sich gegen Vorwürfe

FRANKFURT. Ein turbulentes Macht- und Intrigenspiel mit offenem Ausgang sorgt in diesen Tagen in der Jugendorganisation des Deutschen Sportbundes (DSB) in Frankfurt für großen Wirbel. Der Interessenkonflikt beschäftigt mittlerweile sogar die Justitiare des Verbandes, auch eingeschaltet hat sich unterdessen DSB-Präsident Manfred von Richthofen. Zum Fall: Wie jetzt bekannt wurde, ist es dem Vorsitzenden der Deutschen Sportjugend (DSJ), Hans-Jürgen Kütbach, untersagt worden, weiterhin im Namen des Vorstands oder der DSJ zu sprechen. So jedenfalls beschlossen es ausgerechnet seine sechs Vorstandskollegen, die sich in einer Nacht-und-Nebel-Aktion allesamt gegen die weitere Zusammenarbeit mit dem 42 Jahre alten Juristen aussprachen und ihm jegliche Vertreterrechte absprachen.

„Herr Kütbach ist in der Vergangenheit von wichtigen Vorstandspositionen abgewichen. Er hat es nicht geschafft, in seiner anderthalbjährigen Amtszeit den Vorstand zu einem Team zusammenzuschweißen", sagte DSJ-Schatzmeister Olaf Osteroth dieser Zeitung zur Begründung der höchst umstrittenen Entscheidung.

Erste Zweifel an dieser ungewöhnlichen Vorgehensweise, die einer Amtsenthebung nahekommt, tauchen auf, nachdem das DSB-Justitiariat eiligst den Vorfall überprüft hat. Das Präsidium des DSB, dem Kütbach von Amts wegen angehört, wurde nämlich ebenfalls zur vollen, uneingeschränkten Solidarität aufgefordert. In einer schriftlichen Erklärung auch an die Adresse des DSB heißt es, dem DSJ-Vorsitzenden seien „alle Außenvertretungen zu entziehen, die nicht als Berufungen ad personam erfolgt sind". Die Juristen des DSB empfehlen allerdings, den Ball in dieser Sache lieber flachzuhalten: „Herr Kütbach übt, so wie gehabt, sein Amt aus. Als Vorsitzender der DSJ kann er nur von ihrer Vollversammlung abgewählt werden oder selbst zurücktreten", bestätigte der Sprecher des DSB. Und auch der von dieser Entwicklung überraschte Präsident stellt sich hinter den Juristen Kütbach. „Er ist weiterhin volles Mitglied unseres Präsidiums", stellte Manfred von Richthofen unmißverständlich klar.

Der umstrittene Funktionär, im Hauptberuf Bürgermeister der Stadt Bad Bramstedt, war am 14. Oktober 2000 mit 359 von 405 Stimmen von der Mitgliederversammlung als Nachfolger des damals 67 Jahre alten Norbert Petry zum höchstrangigen Jugendvertreter des deutschen Sports und Vorsitzenden der DSJ gewählt worden. Von schwerwiegenden Differenzen zwischen ihm und seinen Vorstandskollegen, die einen derart drastischen Schritt erklären könnten, will Kütbach nichts wissen. „Ich habe mir nichts vorzuwerfen", sagte er. Eine Bestätigung dieser persönlichen Ansicht läßt sich übrigens im Internet, auf der Homepage der DSJ, nachlesen. Nach der vergangenen Jugendhauptausschußsitzung wurde dort folgende Stellungnahme abgegeben: „Große Zustimmung und Akzeptanz fand im Kreise der Delegierten die Arbeit des Vorstandes."

Aber was hat sich Kütbach wirklich zuschulden kommen lassen? Er selbst glaubt, mit seiner Annäherungspolitik gegenüber dem DSB im eigenen Haus in die Kritik geraten zu sein. Osteroth, einer seiner Widersacher im Vorstand, nennt uneinheitliche Grundpositionen in der Eigenständigkeit der DSJ und ihrer Vermarktung als Gründe für die Schwierigkeiten. Auf den ersten Blick sicher keine handfesten Gründe für den Krach, der nun einen „großen Imageschaden für die DSJ" bedeutet. So sieht es jedenfalls Ingo-Rolf Weiß, der als Sprecher der 54 Spitzenverbände in der DSJ eine wichtige, einflußreiche Stimme hat. „Herr Kütbach hat uns politisch nach außen gut vertreten", sagt Weiß, der dem Vorsitzenden damit den Rücken stärkt.

Im Umfeld der DSJ wird unterdessen gemunkelt, Kütbach könnte einer Intrige seines Vorgängers Petry und des einflußreichen Geschäftsführers und hauptamtlichen DSJ-Vorstandsmitgliedes Wolfram Ochs zum Opfer gefallen sein. Kütbach hatte Petry unlängst auch auf Geheiß des DSB-Präsidenten als Schulsportverantwortlichen abgelöst. Differenzen mit Ochs über die strategische Ausrichtung des Jugendverbandes gibt auch Kütbach zu. Nun, an diesem Mittwoch wollen sich die Hauptakteure zu einem Gespräch in Frankfurt treffen. Wo es hingehen soll, steht fest: „Wir gehen davon aus, daß Herr Kütbach seinen Rücktritt erklärt", sagt Osteroth. Der Bedrängte aber will weitermachen. MICHAEL ASHELM

Insert 7-2: Konflikte zwischen ehrenamtlichen und hauptamtlichen Mitarbeitern bei der Deutschen Sportjugend (Quelle: Ashelm 2002, in: FAZ, 19.02.2002)

Hierbei versucht in einigen Nonprofit-Sektoren der **Gesetzgeber**, durch entsprechende Regelungen direkt oder indirekt Einfluss auf die Qualifizierung und Personalentwicklung zu nehmen. So schreiben z.b. die Rettungsdienstgesetze der Bundesländer Qualifikationen für Mitarbeiter in Rettungsleitstellen oder in Notfall-Fahrzeugen vor. Beispiele für den indirekten Einfluss finden sich in der Sozialgesetzgebung (z.B. SGB IX, BSHG) über die Verankerung von Qualitätsvorgaben. Der Zwang zur Personalentwicklung beschränkt sich derzeit noch sehr stark auf Vorschriften zur rein fachbezogenen Qualifizierung (z.B. für Pädagogen, Ärzte, Psychologen), weniger zur Entwicklung von „Soft Skills". Nahezu überhaupt noch nicht den Weg in Qualifizierungs- oder Qualitätsvorgaben gefunden haben Aktivitäten zur **Professionalisierung des Managements** von Nonprofit-Organisationen. Vor dem Hintergrund der Tatsache, dass es sich bei vielen Nonprofit-Organisationen inzwischen um mittelständische Organisationen mit zweistelligem Millionen-Euro-Umsatz handelt, die ehrenamtlich geführt werden, stellt dies ein Manko dar, das es in den nächsten Jahren zu beheben gilt.

Beispiel: Qualifizierungsangebote der Bundesvereinigung Lebenshilfe
Die „Bundesvereinigung Lebenshilfe" – ein eingetragener, gemeinnütziger Verein, der sich in ganz Deutschland für das Wohl geistig behinderter Menschen und ihrer Familien einsetzt – bietet beispielsweise auf ihrer Website spezifische **Fortbildungsangebote nach Zielgruppen** (z.B. für Vorstände und ehrenamtliche Mitarbeitende) an. Die Angebote für Vorstände von Lebenshilfevereinen bzw. ehrenamtliche Mitarbeiter in der Lebenshilfe umfassen wiederum eine Vielfalt von unterschiedlichen Themen, z.B. Lebenshilfe in internationalen Projekten der Behindertenhilfe in Entwicklungsländern und Osteuropa, Aufsichtspflicht und Haftung (d.h. rechtliche Grundlagen, Konsequenzen, Versicherungsmöglichkeiten), Aufsichtspflicht und Haftung für Trägerverantwortliche oder Kreativität, Selbstbild und Persönlichkeitsentwicklung (www.lebenshilfe.de, Zugriff am 15.07.2004).

Größere Nonprofit-Organisationen bieten häufig in eigenen Akademien oder Verbundinstituten eine **Vielzahl anspruchsgruppenadäquater Bildungsangebote** sowohl für Ehren- als auch für Hauptamtliche an. Dabei lässt sich auf staatlich organisierte Bildungsangebote aufbauen. So besteht in Deutschland beispielsweise die Möglichkeit, eine kaufmännische Ausbildung mit anschließender mehrjähriger Tätigkeit in einem Altenheim und gleichzeitiger berufsbegleitender Qualifizierung zum Heimleiter zu verbinden (ohne diese Qualifikation ist die Besetzung der Position einer Heimleitung nicht möglich). Wurde bereits die Weiterbildung zur Pflegedienstleitung absolviert, wird dies auf die Qualifizierung zum Heimleiter angerechnet. Ein Beispiel aus dem Sport stellt sich wie folgt dar: Studium der Betriebswirtschaft an einer staatlichen Universität, Trainertätigkeit in einem Sportverein zur Finanzierung des Studiums, Absolvierung sämtlicher Verbandstrainerlehrgänge bis zur Erlangung des A-Trainerscheins, danach berufsbegleitendes Studium an der Trainerakademie in Köln mit Abschluss Diplom-Trainer, darauf folgend hauptamtliche Anstellung als Vereins- oder Verbandstrainer, später als Manager unter Nutzung der im BWL-Studium und anschließender Tätigkeit erworbenen Fähigkeiten.

(4) Entgeltpolitik von Nonprofit-Organisationen
Während im kommerziellen Bereich die Vergütungspolitik seit jeher ein zentrales Element des strategischen Personalmanagements darstellt, wird auch zunehmend in Nonprofit-Organisationen versucht, die Entgeltpolitik als **Instrument der Leistungssteuerung** und **Verhaltensbeeinflussung** zu nutzen. Dabei stellt sich für Nonprofit-Organisationen nicht nur die Frage nach der Höhe des Entgelts, sondern auch nach der Struktur des Entgeltsystems und wie das Vergütungssystem auf die Ausübung von Leistungsanreizen hin konzipiert wird (Eckardstein 2002, S. 326f.).

Die **Vergütungshöhe** ist grundsätzlich in Zusammenhang mit dem jeweiligen Mitarbeitersegment zu betrachten. So gelten für das hauptamtliche Personal analoge Gesetzmäßigkeiten bei der Bezahlung wie für kommerzielle Unternehmen, d.h., es sind marktübliche Lohnsätze zu bezahlen, um im Wettbewerb um qualifizierte Kräfte bestehen zu können (Eckardstein 2002, S. 326f.). Insbesondere wenn eine Nonprofit-Organisationen nicht an überbetriebliche Vorgaben gebunden ist, wird sie sich an bestimmte Kollektiv- und Tarifverträge anlehnen, um für die Beschäftigten Vergleichbarkeit und Lohnfairness sicherzustellen. Allerdings ist darauf hinzuweisen, dass sich viele Beschäftigte mit einer geringeren Vergütung begnügen als sie in einem kommerziellen Unternehmen erhalten würden, da sie sich stark mit der Mission der Nonprofit-Organisation identifizieren, d.h. intrinsisch motiviert sind.

Die Vergütungshöhe in Nonprofit-Organisationen in Deutschland ist derzeit noch stark geprägt durch eine weitgehende Anlehnung an den **Bundes-Angestellten-Tarif** (BAT). Die Nonprofit-Organisationen wenden den BAT entweder unmittelbar an oder haben eigene Tarifverträge entwickelt, die sich sehr stark an die typischen **Merkmale** des BAT anlehnen:

- Orientierung der Vergütungsgruppen am Bildungsabschluss und an durch Verwaltungsdenken geprägte Tätigkeitsmerkmale,
- Automatisierte Vergütungssteigerungen durch Familienstand, Zahl der Kinder, Lebensalter und Betriebszugehörigkeit,
- Unkündbarkeit nach 15 Jahren,
- Vorrang starrer, kollektiver Regelungen vor flexiblen, individuellen Varianten,
- Kaum leistungs- und ergebnisorientierte Bestandteile.

Auch die eigenen Tarifverträge großer Träger wie beispielsweise die Allgemeinen Vergütungs-Richtlinien (AVR) der kirchlichen Organisationen (z.B. Diakonisches Werk der Evangelischen Kirche, Deutscher Caritas Verband) sind ähnlich strukturiert.

Leistungsorientierte Vergütungssysteme, bei denen ein Zusatzlohn an die Erreichung und ggf. Überschreitung bestimmter quantitativer (z.B. Anzahl akquirierter Spender) und qualitativer (z.B. Zufriedenheit der Leistungsempfänger) Leistungsziele gebunden ist, sind in Nonprofit-Organisationen bisher weniger verbreitet als in kommerziellen Unternehmen. In diesem Zusammenhang lässt sich jedoch feststellen, dass sich in den Branchen mit „marktfähigen" Leistungen (z.B. mobile Altenhilfe) die Vergütungsverhältnisse zwischen Nonprofit-Organisationen und kommerziellen Unternehmen teilweise angleichen. Viele Nonprofit-Organisationen versuchen derzeit, aus den Tarifverträgen auszusteigen, um konkurrenzfähig gegenüber kommerziellen Unternehmen zu bleiben oder zu werden. Damit einhergehend steigt insgesamt von Arbeitgeberseite her der Druck, neue Tarifverträge zu vereinbaren, die eine wesentlich größere Bandbreite an flexiblen, individuellen Gestaltungsmöglichkeiten ebenso zulassen wie die Aufnahme einer stärkeren Orientierung der Vergütung an der tatsächlich erbrachten Leistung der Mitarbeitenden. Insgesamt hängt die Wirksamkeit derartiger Systeme von der Transparenz der Lohn-Leistungs-Relation, von der Spürbarkeit des Zusatzlohns und von einer engen zeitlichen Verknüpfung des Zusatzlohns mit der erbrachten Leistung ab.

Beispiel: Leistungsorientierte Vergütung bei der Führungs-Akademie des Deutschen Sportbundes

Die Führungs-Akademie des Deutschen Sportbundes ist ein gemeinnütziger und eingetragener Verein, der sich als Serviceeinrichtung des Deutschen Sportbundes und seiner Mitgliedsorganisationen für Führungs-, Management- und Verwaltungsthemen versteht. Neben den „klassischen" Aus- und Weiterbildungsseminaren reagiert die Führungs-Akademie mit speziellen, individuell der Aufgaben- oder Problemstellung angepassten Veranstaltungsangeboten auf aktuelle Entwicklungen im Sport. Die ergebnisorientierte Beratung von Verbänden als Themen- und Prozessberatung (Consulting) bildet ein weiterer wichtiger Schwerpunkt der Arbeit der Führungs-Akademie. Ein Teil der leitenden Mitarbeitenden erhalten neben einer am Bundes-Angestellten-Tarif orientierten Vergütung auch eine leistungsabhängige Vergütung in Höhe von 15 Prozent. Als Maßstab gelten in Zielgesprächen vereinbarte Zielgrößen, beispielsweise Anzahl der durchgeführten Weiterbildungen und deren Teilnehmerzahl oder der erfolgreiche Abschluss einer Verbandsberatung.

Für unbezahlte Ehrenamtliche in Nonprofit-Organisationen stellt sich die Frage der Vergütung definitionsgemäß nicht. Selbst die an der Spitze stehenden Ehrenamtlichen von mitgliederstarken Nonprofit-Organisationen, wie dem Deutschen Fußballbund oder dem ADAC, bekommen für ihren „Full-Time-Job" lediglich ihre Auslagen erstattet. Stattdessen gewinnen immaterielle „Gegenleistungen" und „passende" Anreize an Bedeutung (Eckardstein 2002, S. 328). Hier sind folgende **Kategorien von Anreizen** zu unterscheiden (Purtschert 2001, S. 333):

- **Sachanreize**
Anreize aus diesem Bereich befriedigen vor allem die materiellen Bedürfnisse und Interessen von Ehrenamtlichen. Hierzu zählen die Leistungen der Nonprofit-Organisation und die damit verbunden persönlichen Vorteile (z.b. (Sitzungs-) Gelder, persönliche Sekretärin und eigener Fahrer (z.b. als Präsident), Gewährung von Sicherheiten durch Berufsverbände und Gewerkschaften).

- **Sozio-emotionale Anreize**
Für viele Ehrenamtliche spielen Motive wie Kollegialität, Freundschaft, Freizeit unter Gleichgesinnten, Anerkennung, Wertschätzung und Macht eine wesentliche Rolle für ihr Engagement. Diese Motive können beispielsweise durch regelmäßige Treffen, Ehrenklubs, Gratifikationen und Prestigeeffekte der Nonprofit-Organisation gefördert werden.

- **Ideelle Reize**
Insbesondere Kirchen, Parteien sowie Sport- und Freizeitvereine sind durch ideelle Elemente geprägt, da sie spezifische Identifikationsmöglichkeiten bieten, die im Berufsleben oft nicht mehr vorgefunden werden.

- **Mitgestaltungsanreize**
Die Ausstattung von Ämtern, Organen, Stellen mit Kompetenzen spielt eine wesentliche Rolle, um intrinsisch motivierte Ehrenamtliche zu motivieren, ihre Ideen zu realisieren.

Der Einsatz des Anreizkataloges hängt von der Person und der jeweiligen Situation ab, wobei es sich bei den Sachanreizen um grundlegende Anreizfaktoren handelt. Sozio-emotionale Anreize und die Mitgestaltungsanreize spielen dann eine zentrale Rolle, wenn es darum geht, ehrenamtliche Mitarbeitende zu motivieren (Purtschert 2001, S. 334).

(5) Mitarbeiterbeurteilung in Nonprofit-Organisationen
In der Kontrollphase eines Personalmanagementsystems steht die Mitarbeiterbeurteilung im Vordergrund. Unter **Mitarbeiterbeurteilung** wird die systematische Informationserhebung von Leistung und Verhalten des zu beurteilenden Mitarbeitenden verstanden (Eckardstein 2002, S. 322). Dabei werden Leistung und Verhalten i.d.R. gemeinsam betrachtet und beurteilt, da davon ausgegangen wird, dass ein bestimmtes Verhalten einen leistungsfördernden, ein anderes Verhalten dagegen einen leistungsmindernden Einfluss ausübt. Als Ziele des Beurteilungsprozesses stehen grundsätzlich die folgenden **Funktionen der Mitarbeiterbeurteilung** im Mittelpunkt (Knorr 1999, S. 67f.):

- Leistungsverbesserung durch Verhaltenssteuerung,
- Gehalts- und Lohnbestimmung,
- Personelle Entscheidungen auf individuellem und kollektivem Niveau,

- Planung, Auswahl und Gestaltung von Maßnahmen der Personalentwicklung,
- Individuelle Beratung und Förderung von Mitarbeitenden,
- Verbesserung der Führungskompetenz der Vorgesetzten,
- Evaluation von Selektionskonzepten, personellen Entscheidungen, Maßnahmen der Personalentwicklung, Programmen der Organisationsentwicklung, Anreiz- und Vergütungssystemen,
- Artikulation von Anforderungen an Arbeitstätigkeit und soziales Verhalten,
- Hervorhebung der Bedeutung leistungsorientierter Personalplanung und Personalentwicklung in der Nonprofit-Organisation.

Gerade bei Tätigkeiten in Nonprofit-Organisationen ist es schwierig, geeignete **Leistungskriterien** zu finden, die eine Personalbeurteilung ermöglichen. Dies liegt vor allem daran, dass zähl- und messbare Arbeitsergebnisse häufig nicht vorliegen bzw. schwer zu beurteilen sind. In der Beurteilungspraxis werden häufig die Arbeitsqualität und -quantität sowie das Arbeitsverhalten als Maßstab herangezogen. Wie diese drei Elemente in ein Beurteilungssystem einfließen können, zeigt der Entwurf des Bundesministers für Inneres zu einer Leistungsbeurteilung im öffentlichen Dienst, der ausschnittsweise in Schaubild 7-4 wiedergegeben ist.

Als **Verfahren** der Personalbeurteilung lassen sich Kennzeichnungs-, Rangordnungs- und Einstufungsverfahren unterscheiden. Zu den **Kennzeichnungsverfahren** zählen beispielsweise Checklisten (schriftliche Kataloge aus Adjektiven, die für die Leistungsbeschreibung am Arbeitsplatz von Bedeutung sind). Die Besonderheit der **Rangordnungsverfahren** liegt darin, dass die Merkmale entlang einer Rangordnung gegliedert werden (z.B. einfache Rangreihe, Paarvergleiche, Quotenverfahren). Im Gegensatz dazu berücksichtigen die **Einstufungsverfahren** individuelle Merkmale des jeweiligen Mitarbeitenden ohne den Vergleich zu anderen Mitarbeitenden. Die Leistungskriterien werden hier aufgegliedert und verbal, numerisch oder prozentual nach einem entsprechenden Gliederungsschema skaliert (Knorr 1999, S. 73 ff.).

Die Akzeptanz derartiger Beurteilungssysteme ist ein wesentliches Kriterium für deren Erfolg. Doch gerade für Nonprofit-Organisationen lassen sich **Barrieren gegen Personalbeurteilungen** bei Mitarbeitenden feststellen. Grund dafür sind u.a. methodische Schwächen des Beurteilungswesens, das beispielsweise im öffentlichen Dienst Grundlage für das Entgelt und die geschuldete Arbeitsleistung im Bundes-Angestellten-Tarif (BAT) ist. Vorwiegend vergangenheitsorientiert lässt ein derartiges Beurteilungssystem nur bedingt Personalprognosen für die zukünftige Entwicklung des Mitarbeiterpotenzials zu (z.B. ob der Mitarbeitende für andere bzw. höherwertige Tätigkeiten in Frage kommt). Diese Defizite sind bis heute nicht nur im öffentlichen Dienst und seinen Sozialverwaltungen, son-

Leistungskriterium	Bewertung
• Arbeitsgüte • Einhalten von Vorschriften • Fachliche Richtigkeit • Beachtung von Zusammenhängen und Prioritäten • Termingerechtigkeit • Formgerechtigkeit • Wirtschaftlichkeit • ... • Arbeitsmenge • Einhalten des Pensums • Übernahme zusätzlicher Arbeiten • ... • Arbeitsweise • Eigenständigkeit • Zusammenarbeit • Bürgerfreundliches Verhalten • ... • Sachlicher und personeller Führungserfolg • Grundsatzplanung • Organisation • Anleitung • Informationsfluss • Aufsicht • Motivierung • Kostenbewusste Entscheidungen • Beurteilung und Förderung • Vertretung des Verantwortungsbereiches u.a.m.	

Schaubild 7-4: Entwurf zur Personalbeurteilung im öffentlichen Dienst
(Quelle: Knorr 1999, S. 70)

dern beispielsweise auch bei freien Wohlfahrtsverbänden zu finden (Knorr 1999, S. 83). Schließlich finden sich auch zahlreiche Nonprofit-Organisationen, in denen keine oder nur selten Personalbeurteilungen vorgenommen werden (z.B. Schulen, Universitäten).

7.2.2 Instrumente der Finanzierungspolitik

Im Gegensatz zu kommerziellen Unternehmen ist für Nonprofit-Organisationen die Aufgabenvielfalt des Finanzierungsmanagements eingeschränkt (Littich et al. 2003, S. 175). Dies resultiert aus der Tatsache, dass erstens zu treffende Investitionsentscheidungen ihrem Wesen nach durch die Mission vorgegeben werden und nur hinsichtlich ihres Ausmaßes disponibel sind. Zweitens spielt die Rentabilitätsorientierung eine untergeordnete bis keine Rolle. Aufgrund der verschiedenen Besonderheiten von Nonprofit-Organisationen konzentriert sich der **Einsatz der finanzierungspolitischen Instrumente** folglich im Wesentlichen auf die Finanzierungsplanung und die Beschaffung von Finanzmitteln (Littich et al. 2003, S. 175). Dabei stehen für die Nonprofit-Organisationen folgende **Finanzierungsmöglichkeiten** zur Verfügung (Purtschert 2001, S. 307 f.):

- Marktpreise/Monopolpreise,
- Gebühren,
- Beiträge,
- Spenden,
- Staatliche Beiträge,
- Kapitalfinanzierung,
- Nicht-monetäre Leistungen.

Hier wird bereits die enge Verbindung zwischen der Finanzierungs- sowie der Preis- und Gebührenpolitik deutlich. Während sich letztere vor allem mit der marktlichen Preisfinanzierung von Individual- oder Kollektivgütern durch die Leistungsempfänger beschäftigt (vgl. Abschnitt 7.3.2), wird an dieser Stelle der Schwerpunkt auf die Finanzierung durch freiwillig geleistete Beiträge an eine Nonprofit-Organisation gelegt, ohne dass der Leistungsempfänger eine eigentliche Gegenleistung dafür erhält (Purtschert 2001, S. 316 f.). Zu den beiden zentralen Finanzierungsinstrumenten zählen dabei das **Fundraising** (im klassischen Sinne sowie durch innovative Methoden) und das **Sponsoring**.

7.2.2.1 Fundraising

Unter Fundraising wird die Beschaffung benötigter Ressourcen (d.h. Finanz- und Sachleistungen) von unterschiedlichen Personen und Institutionen ohne eine marktadäquate materielle Gegenleistung verstanden (Urselmann 2002, S. 17, 21), d.h. von

- Privatleuten („Individual Giving"),
- Firmen („Corporate Giving"),
- Stiftungen („Foundation Support") und/oder
- staatlichen Institutionen („Public Support").

Nach Festlegung einer konkreten Strategie des Fundraising sowie unter Berücksichtigung der personellen Kapazitäten und/oder der Höhe des Fundraising-Budgets stellt sich die Frage, mit welchen Fundraising-Instrumenten die Spender – die sich wie im Zusammenhang mit der Marktsegmentierung aufgezeigt z.b. in Großspender, Dauerspender, gelegentliche Spender und Erstspender unterteilen lassen – zielgerichtet angesprochen werden.

Der Fokus bei Großspendern, die eine hohe Bedeutung für die Organisation aufweisen, ist dabei primär auf eine persönliche Ansprache zu legen. Demgegenüber stehen bei weniger relevanten Fundraising-Zielgruppen kostengünstigere Instrumente im Vordergrund. Grundsätzlich stehen Nonprofit-Organisationen eine Vielzahl an Methoden zur Verfügung, um (potenzielle) Förderer anzusprechen und finanzielle Mittel zu beschaffen (Urselmann 2002, S. 117). Im Folgenden werden zentrale **Instrumente des klassischen Fundraising** sowie verschiedene innovative Ansätze vorgestellt. Im Einzelnen sind dies:

(1) Persönliche Gespräche,
(2) Mailings,
(3) Telemarketing,
(4) Medien-Fundraising,
(5) Events,
(6) Online-Fundraising,
(7) Fundraising per SMS,
(8) Erbschaftsfundraising.

(1) Persönliche Gespräche
Ein zentrales Instrument mit hohem Erfolgscharakter ist das **persönliche (Fundraising-) Gespräch**, bei dem ein erfahrener Mitarbeiter der Nonprofit-Organisation seine Bitte individuell auf den (potenziellen) Spender abstimmt (Urselmann 2002, S. 123). Von großer Bedeutung ist dabei, dass der Gesprächspartner akzeptiert wird und das Vertrauen des potenziellen Spenders gewinnt (Haibach 2000, S. 71). Der Vorteil liegt in der gezielten Informationsmöglichkeit. Als Nachteil ist hingegen der hohe Zeit- und Kostenaufwand für die Organisation zu bewerten. So bedarf das Fundraising-Gespräch z.b. einer intensiven Vorbereitung (Haibach 2000, S. 72).

(2) Mailings
Eine kostengünstige Alternative, mit der zugleich eine große Anzahl von Personen angesprochen werden können, stellt seit Beginn der 1980er-Jahre der sog. „Spendenbrief" in Form eines **Mailings** dar (Haibach 2000, S. 72 ff.; Urselmann 2002, S. 124). Mittlerweile wird das Mailing allerdings so intensiv von zahlreichen Nonprofit-Organisationen eingesetzt, dass Kritiker zurecht auf die Gefahr hinweisen, dass der Adressat aufgrund eines überfüllten Briefkastens

verärgert ist und den einzelnen Brief gar nicht mehr öffnet, sondern ihn stattdessen ungelesen wegwirft. Des Weiteren ist als Nachteil die sehr geringe Response-Rate zu werten, die nach Urselmann (2002, S. 124) nur bei 1 bis 2 Prozent liegt.

Ein weiterer wichtiger Faktor, der beim Einsatz eines Mailings zu beachten ist, sind die bestehenden **rechtlichen Beschränkungen**. Hier ist es notwendig, sich vor dem Einsatz genau mit den aktuellen wettbewerbs- und datenschutzrechtlichen Bestimmungen auseinander zu setzen. Grundsätzlich unterliegt das Mailing als Form des Direct Marketing denselben allgemeinen gesetzlichen Regelungen wie andere Kommunikationsinstrumente. Auch ein per Mail unterbreitetes Angebot hat sich folglich wie jede Fernseh-, Anzeigen- oder Plakatwerbung inhaltlich an die Bestimmungen, z.b. des Gesetzes gegen den unlauteren Wettbewerb (UWG), zu halten.

Insbesondere aus der Novellierung des **Bundesdatenschutzgesetzes** (BDSG) vom 23. Mai 2001 ergeben sich für den Bereich des Direct Marketing und damit auch für Mailings zahlreiche Änderungen. Bereits nach dem alten Bundesdatenschutzgesetz konnte jede Person jederzeit der Verarbeitung und Nutzung seiner personenbezogenen Daten für Werbezwecke widersprechen (vgl. jetzt § 28 Abs. 3 Satz 1 BDSG). Das neue Bundesdatenschutzgesetz weitet diese Rechte aus und sieht eine besondere Informationspflicht vor (§ 28 Abs. 4 Satz 2 BDSG): „Der Betroffene ist bei der Ansprache zum Zweck der Werbung oder der Markt- oder Meinungsforschung über das Widerspruchsrecht nach Satz 1 zu unterrichten; soweit der Ansprechende personenbezogene Daten des Betroffenen nutzt, die bei einer ihm nicht bekannten Stelle gespeichert sind, hat er auch sicherzustellen, dass der Betroffene Kenntnis über die Herkunft der Daten erhalten kann."

Durch die zunehmende Verbreitung von **Datenbanken** gewinnt das Mailing zunehmend neues Potenzial hinsichtlich einer zielgenauen Ansprache, da sich dadurch Adressbestände systematisch segmentieren und Streuverluste reduzieren lassen (vgl. Urselmann 2002, S. 124). Insbesondere bewirken **personalisierte Spendenbriefe**, die nicht nur den Namen und die Anschrift des Empfängers tragen, sondern auch eine persönliche Anrede enthalten, eine höhere Response-Rate als solche mit unpersönlicher Anrede (Haibach 2000, S. 73).

Beispiel: Mailing durch UNICEF und das Deutsche Rote Kreuz
Die Organisation UNICEF ist in den USA bereits 1997 dazu übergegangen, Mailings in 24 Textvarianten zu verschicken. Auch das Deutsche Rote Kreuz verschickt mittlerweile bis zu 100 verschiedene Spendenbriefvarianten pro Aussendung (Urselmann 2002, S. 70).

(3) Telemarketing
Eine persönlichere und individuellere Form der Spenderansprache als das Mailing ermöglicht das Telefon bzw. der **Einsatz von Telemarketing** (Smith, Buck-

lin & Associates 2000, S. 110f.; Urselmann 2002, S. 126; ausführlich zum Telemarketing vgl. Müllerleile/Tapp 1997; Haibach 2000, S. 75f.). Hierbei werden zwei Varianten unterschieden. Beim **passiven Telemarketing** („**Inbound-Telemarketing**") wird auf eine (i.d.R. kostenlose) Telefonnummer („Hotline") hingewiesen, unter der sich Spender selbst melden können. Hierzu zählen z.B. die Spendenaufrufe während einer Fernsehgala, in der während der Sendung die Nummer eines Spendentelefons eingeblendet wird (Urselmann 2002, S. 127). Beim **aktiven Telemarketing** („**Outbound-Telemarketing**") wird hingegen das Telefongespräch durch die Nonprofit-Organisation initiiert (d.h. durch das Anrufen von bereits registrierten Spendern, z.B. zum Dank für Spenden, zur Einladung zu Veranstaltungen usw.). Bei Einsatz des Telemarketing ist allerdings zu berücksichtigen, dass die Möglichkeiten zum Teil durch **rechtliche Regelungen** begrenzt werden (Keating et al. 2003, S. 81). So ist beispielsweise das Anrufen von Privatpersonen nur mit deren Einverständnis bzw. bei bestehender „Geschäftsbeziehung" erlaubt.

(4) Medien-Fundraising

Für das Fundraising gewinnen die **Massenmedien** (Rundfunk und Fernsehen) zunehmend an Bedeutung, da sich damit schnell ein großer Personenkreis (d.h. potenzielle Spender) ansprechen lässt. Der gezielte Einsatz dieser Medien für Fundraising-Zwecke wird auch mit dem Begriff „**Humanitarian Broadcasting**" versehen (Urselmann 2002, S. 128). Hierbei wird zwischen dem Spendenaufruf in einem Katastrophenfall zum einen und einer geplanten Fernsehgala zum anderen unterschieden. Beispielsweise hat der **Spendenaufruf in Rundfunk und Fernsehen** für die Opfer der Flutkatastrophe an Donau und Elbe im August 2002 ein bis dato nicht gekanntes Echo in der Bevölkerung gefunden. Ähnliches gilt für die Flutwelle in Südostasien im Dezember 2004. Allein die von dem Fernsehsender Sat 1 durchgeführte Benefizgala erbrachte ein Spendenvolumen von 10,25 Mio. €. Auch die Einblendung einer Spenden-Kontonummer in der Tagesschau trägt zu einem hohen Spendenaufkommen bei (Urselmann 2002, S. 129). Im Gegensatz zum aktuellen Spendenaufruf wird eine **Fernsehgala** i.d.R. frühzeitig (nach Katastrophen z.T. auch kurzfristig) und intensiv geplant. Von zentraler Bedeutung ist hierbei, dass eine ausreichend große Anzahl von Telefonisten zur Verfügung steht, um ggf. die Anrufe von mehreren tausend spendewilligen Personen bewältigen zu können.

Beispiel: Spendengala im Fernsehen
Der RTL-Spendenmarathon hat sich seit der ersten Ausstrahlung im Jahre 1996 zu einer festen Größe im deutschen Fernsehen entwickelt. Immer zur Vorweihnachtszeit ruft die Stiftung RTL Zuschauer 24 Stunden nonstop zum Spenden auf. Den Zuschauern wird zusätzlich ein Anreiz zum Spenden gesetzt, indem prominente Persönlichkeiten den Anruf entgegennehmen. Mit dem achten Spendenmarathon, der am 28.11.2003 um 18.30 Uhr en-

dete, wurde ein Spendenaufkommen von 4,5 Mio. € erzielt. Die Gesamtsumme wuchs so seit 1996 auf über 30 Mio. €. Im Vergleich hierzu sammelte Dieter Thomas Heck seit 1994 mit der Show „Melodien für Millionen" etwa 34 Mio. € für die Deutsche Krebshilfe. Mit dem gespendeten Geld werden jedes Jahr jeweils sechs Kinderhilfsprojekte in aller Welt finanziert. Im letzten Jahr war auch ein Projekt der Organisation CARE für die Kriegskinder im Irak dabei (www.glaubeaktuell.net; www.rtl-television.de/html/stiftung.html; www.care.de, Zugriff am 15.07.2004).

(5) Events
Eine interessante Variante des Fundraising, die in Zukunft noch an Bedeutung zunehmen wird, stellen **Events** dar (Haibach 2000, S. 75). Hierbei handelt es sich um Veranstaltungen einer Nonprofit-Organisation, die einen besonderen **Erlebnischarakter** aufweisen und die Emotionen der Teilnehmer – möglichst in origineller Art und Weise – ansprechen (Urselmann 2002, S. 131). Die Gestaltung eines Events ist vielschichtig und reicht von kleinen Lotterien bis hin zu spektakulären Schlauchbootaktionen für Großspender (z.B. bei Greenpeace). Vor der Festlegung der Art des Events sind mehrere Fragen zu klären, z.B. welche Zielgruppe angesprochen wird, was dieses Publikum anspricht, welches Spendenpotenzial vorhanden ist und wie dieses Potenzial am besten aktiviert wird (Haibach 2000, S. 75; Smith, Bucklin & Associates 2000, S. 103).

Beispiel: Duck Races als Events von Nonprofit-Organisationen
Das Unternehmen „Great American Duck Races" (www.duckrace.de) unterstützt Organisationen dabei, sog. „FUNdraising-Events" in den USA und überall auf der Welt durchzuführen. Im vergangenen Jahr wurden weltweit über 200 Rennen mit mehr als 2,8 Mio. ge-

Insert 7-3: Fundraising durch Entenrennen der US-Firma „Great American Duck Races" (Quelle: www.duckrace.de/fotogalerie.htm, Zugriff am 15.10.2004)

starteten „Derby Ducks" gemeinsam mit den Veranstaltern organisiert (vgl. Insert 7-3). Dabei konnten mehr als 10 Mio. € für gemeinnützige Zwecke „erschwommen" werden, indem die Teilnehmer auf den Zieleinlauf ihrer „Derby Ducks" wetteten.

(6) Online-Fundraising
Das **Internet** entwickelt sich immer mehr zum Kommunikations- und Akquisitionsmedium für das Fundraising von Nonprofit-Organisationen. Während die derzeitige Bedeutung des Internets für Nonprofit-Organisationen noch als gering einzustufen ist (Urselmann 2002, S. 143), treffen wissenschaftliche Untersuchungen, Marktanalysen und Expertenmeinungen übereinstimmend die Feststellung, dass die Zukunft des Fundraising im Internet liegt (Johnson 1998; Saß/Fischer 2001; Littich et al. 2003, S. 191; Bank für Sozialwirtschaft 2004). Insbesondere zeigen erste Erfahrungen vorausschauender gemeinnütziger Organisationen, dass sich durch die Nutzung des Internets das Spendenaufkommen erheblich steigern lässt. Die „American Cancer Society" berichtet beispielsweise, dass sie ihr Spendenaufkommen verdreifacht hat, seitdem sie Spenden über das World Wide Web sammelt (Johnson 1998). Allerdings ist auch zu berücksichtigen, dass derzeit der erwirtschaftete Anteil über das Internet im Vergleich zum gesamten Spendenaufkommen noch gering ausfällt. Beispielsweise stellen die immerhin sechsstelligen Online-Spenden beim Deutschen Roten Kreuz oder UNICEF nur ein Prozent der Gesamtspendeneinnahmen dar (Urselmann 2002, S. 143).

Beispiel: Studie zum Stand der Verbreitung des Online-Fundraising
Eine Studie der Evangelischen Fachhochschule Berlin kommt zu dem Ergebnis, dass von 100 untersuchten Nonprofit-Organisationen bislang weniger als die Hälfte Online-Fundraising betreibt: 30 Prozent rufen zum Spenden für ein aktuelles Projekt auf, 43 Prozent nehmen einmalige Spenden entgegen und 58 Prozent suchen fördernde Mitglieder. Das Fazit der Autoren ist, dass jede zweite Nonprofit-Organisation das Internet nicht ausreichend zur Gewinnung von dringend benötigten Ressourcen nutzt (Holewa/Dettmann 2001).

Für den erfolgreichen Einsatz des Internets ist primär zu definieren, wie über die **Website der Nonprofit-Organisation**, die ein aktives Kommunikationsinstrument darstellt, Besucher interessiert, involviert sowie gebunden werden, um sie anschließend zur Spende zu führen (Saß/Fischer 2001). Beim **Online-Fundraising** stellt sich vor allem die Frage, welche Möglichkeiten ein Spender erhält, um online spenden zu können. Hierbei ist darauf zu achten, dass es dem Spender so leicht und bequem wie möglich zu machen ist, damit er auch „spontan" spendet (Bank für Sozialwirtschaft 2004). Hieraus leiten sich die zwei wesentlichen **Anforderungen an eine Spendenwebsite** ab, die über deren Erfolg oder Misserfolg entscheiden:

- Einfachheit und
- Sicherheit.

Einfachheit einer Online-Spende bezieht sich auf die informative und übersichtliche Gestaltung der Website. So weisen Littich et al. (2003, S. 192) zurecht darauf hin, dass eine attraktive inhaltliche und graphische Gestaltung eine zentrale Voraussetzung ist, um den Internet-User immer wieder auf die Homepage der Nonprofit-Organisation zu bringen. Zur Förderung der Spendenbereitschaft sind dem User beispielsweise eindeutige Wahlmöglichkeiten anzubieten (z.B. Spendenhöhe, Dauer usw.). Hierzu bietet es sich z.B. an, sowohl vordefinierte Spendenbeträge anzuzeigen als auch individuell festlegbare Beträge, die der Spender selbst bestimmt, zu akzeptieren. Außerdem sind nur wenige Schritte zu definieren, um die Online-Spende schnell durchzuführen („Spende per Mausklick"). Insert 7-4 zeigt drei Beispiele für eine informative und zugleich einfach gestaltete Spendenwebsite anhand der Nonprofit-Organisationen „Zentralstelle

Insert 7-4: Beispiele für drei informative und übersichtliche Spendenwebsites (Quelle: www.zentralstelle-kdv.de, www.alzheimer-forschung.de, www.misereor.de, Zugriff am 11.01.2005)

für Recht und Schutz der Kriegsdienstverweigerer aus Gewissensgründen e.V." (www.zentralstelle-kdv.de), „Alzheimer Forschung Initiative e.V." (www.alzheimer-forschung.de) sowie „Misereor" (www.misereor.de).

Aufgrund der Tatsache, dass immer mehr Spendenorganisationen in den Wettbewerb um Spendengelder treten und sich zugleich das Gesamtspendenvolumen in Deutschland in den letzten Jahren nicht nennenswert erhöht, sondern lediglich umverteilt hat, stellt sich heute die Frage, wie das Online-Fundraising als zukunftsweisendes Fundraisinginstrument organisiert werden kann und welche technischen Mittel dafür effektiv eingesetzt werden können (vgl. ausführlich Bank für Sozialwirtschaft 2004). Hierbei geht es insbesondere auch um den Einsatz sicherer elektronischer Zahlungsverfahren (**Sicherheit einer Online-Spende**), die mögliche Sicherheitsbedenken bei potenziellen Spendern abbauen.

In Deutschland ist der **Lastschrifteinzug** weit verbreitet, bei dem die Nonprofit-Organisation auf ihrer Website ein entsprechendes Formular bereitstellt, das vom Spender auszufüllen ist (vgl. die Beispiele in Insert 7-4). Als kritisch wird hierbei zum Teil angemerkt, dass die Spenderdaten nicht über gesicherte Leitungen (d.h. ohne SSL-Verbindung) übermittelt werden (Bank für Sozialwirtschaft 2004). Aufgrund dieser Vertrauenslücke ist es zweckmäßig, den Spendern die Sicherheitsvorkehrungen einer Online-Spende mit **SSL-Verbindung** (Secure Socket Layer) klar zu kommunizieren, wie dies z.B. bei der Organisation Cap Anamur (www.cap-anamur.org) erfolgt. Eine Alternative stellt eine Partnerschaft (vgl. auch Abschnitt 7.2.3) mit Finanzinstituten dar. Dadurch wird z.B. die Nutzung eines **Internet-Zahlungssystems** möglich.

Beispiel: Online-Spende mit ELBA-Payment der Raiffeisen Bankengruppe Oberösterreich

Der österreichische Nonprofit-Verein „Licht ins Dunkel" hilft Kindern sowie geistig-, sozial- und körperbehinderten Menschen in Österreich und in der Dritten Welt. Zu diesem Zweck führt der Verein regelmäßig Hilfsaktionen durch. Der Verein setzt sich dabei aus sieben Organisationen zusammen (Lebenshilfe Österreich, Rettet das Kind, Gesellschaft Österreichischer Kinderdörfer, Österreichische Kinderfreunde, Österreichisches Komitee für UNICEF, CARITAS Österreich, Diakonie Österreich und Österreichische Arbeitsgemeinschaft für Rehabilitation). Unterstützt wird diese Aktion durch die Raiffeisenbankengruppe Oberösterreich mit einem elektronischen Spendenshop („ELBA-Payment") und dem Internet-Banking-System von Raiffeisen („ELBA-Internet"). Damit können Leistungsempfänger der Raiffeisenbank sicher und einfach von zuhause aus spenden. Auf einer eigenen Spendenwebsite wählen Leistungsempfänger zunächst einen Betrag aus und klicken auf „jetzt spenden" (vgl. Insert 7-5). Dadurch wird die ELBA-Internet-Anmeldung gestartet. Nach erfolgter Anmeldung wird die Spende automatisch als fertig ausgefüllter Überweisungsauftrag angezeigt. Im Anschluss ist der Überweisungsauftrag nur noch durch eine Transaktionsnummer (TAN) freizugeben (Quelle: www.raiffeisen-ooe.at, Zugriff am 15.07.2004).

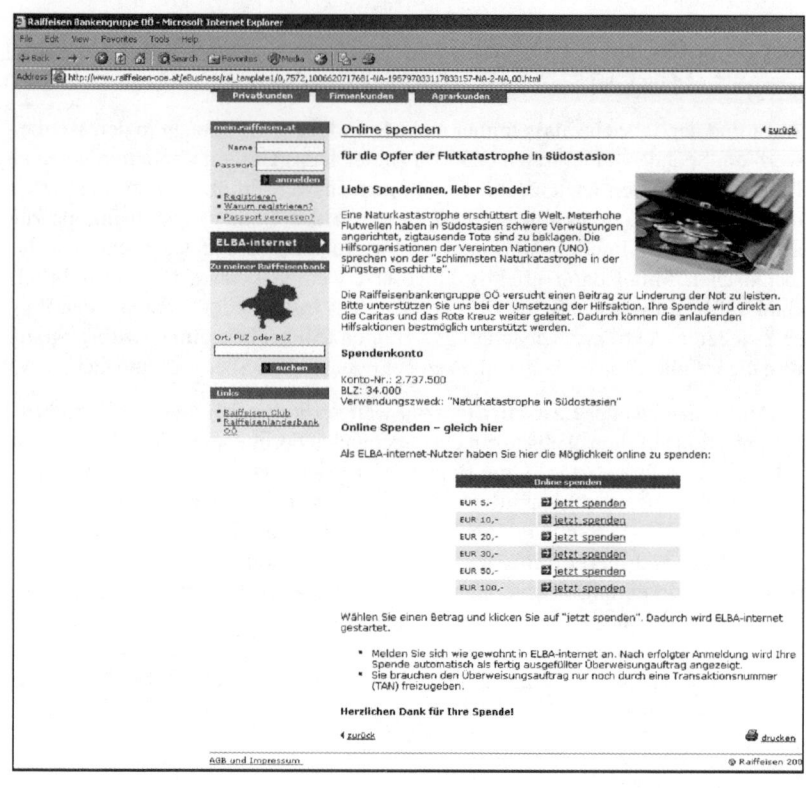

Insert 7-5: Online-Spende mit ELBA-Payment der Raiffeisen Bankengruppe Oberösterreich (Quelle: www.raiffeisen-ooe.at/eBusiness, Zugriff am 01.09.2004)

Online-Fundraising beschränkt sich jedoch nicht nur auf die Auswahl der Zahlungssysteme. Stattdessen sind bereits im Vorfeld bei der Planung des Internetauftritts einige **grundsätzliche Erfolgskriterien** zu beachten. Hierzu zählen z.b. ein einprägsamer Domainname, Einträge in Suchmaschinen, eine optische und klar gegliederte Website sowie die schnelle Hinführung zur eigentlichen Spendenseite (Bank für Sozialwirtschaft 2004).

In jüngster Vergangenheit haben besonders kleinere Nonprofit-Organisationen alternativ bzw. additiv neben ihrer eigenen Webpräsenz auch Einträge in sog. **Spendenportalen** vorgenommen. Portale sind – im Allgemeinen thematisch

Insert 7-6: Spendenportal der Sparkassen-Finanzgruppe
(Quelle: www.ihrespendehilft.de, Zugriff am 17.01.2004)

sortierte – Sammelseiten, in denen unterschiedliche Anbieter aufgelistet und verlinkt werden. Insert 7-6 zeigt beispielhaft das Spendenportal der Sparkassen-Finanzgruppe. Als weiteres erfolgreiches Spendenportal ist z.B. das Portal helpdirect (www.helpdirect.org) zu deuten, nicht zuletzt deshalb, weil die Tagesschau seit einiger Zeit für alle Spendenaufrufe auf dieses Portal, das über 300 Organisationen bündelt, verlinkt (Bank für Sozialwirtschaft 2004).

(7) **Fundraising per SMS**
Das sog. „**Mobile Fundraising**" ist ein weiteres Instrument einer „Multi-Channel"-Fundraising-Strategie. Mobile Endgeräte (v.a. Handys, PDAs wie z.B. Palm) bieten mittlerweile zahlreiche Einsatzmöglichkeiten an. Bei Handybesitzern ist neben der Telefonie vor allem der Versand von **SMS-Nachrichten** die populärste Kommunikationsanwendung. Nonprofit-Organisationen bietet sich

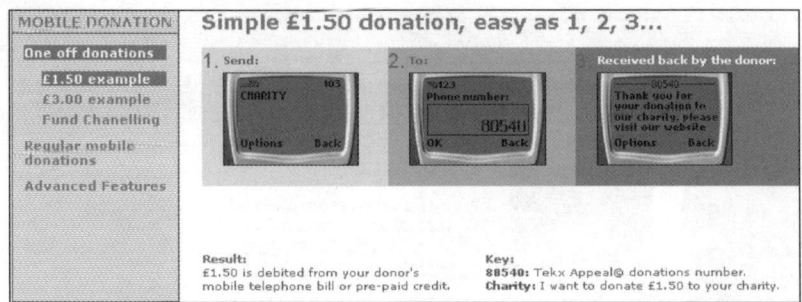

Insert 7-7: „Mobile Donation©" der Tekx Appeal (Quelle: www.tekxappeal.com/mobile_donation_simple_150.htm, Zugriff am 01.09.2004)

hier mittels „SMS-Sendouts" ein kostengünstiges Instrument für ein anspruchsgruppenspezifisches Fundraising (Impulse 2003b). Insert 7-7 illustriert am Beispiel des Anbieters „Tekx Appeal" das Spenden mittels Versand einer SMS.

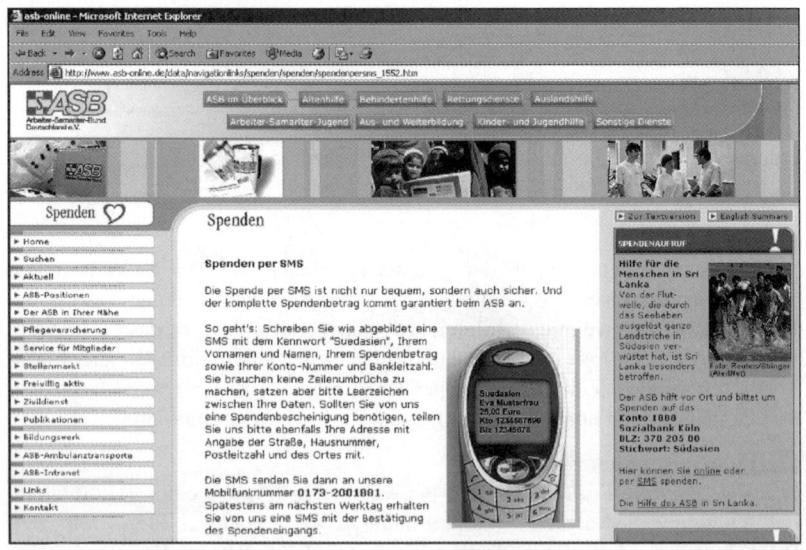

Insert 7-8: Fundraising per SMS beim Arbeiter-Samariter-Bund (Quelle: www.asb-online.de, Zugriff am 17.10.2004)

Beispiel: Fundraising per SMS beim Arbeiter-Samariter-Bund
Der Arbeiter-Samariter-Bund e.v. (ASB) ist eine in ganz Deutschland tätige Hilfs- und Wohlfahrtsorganisation mit 16 Landesverbänden und 249 regionalen Gliederungen. Parallel zu seinen Aufgaben im Rettungsdienst (von der Notfallrettung bis zum Katastrophenschutz) engagiert sich der ASB in der Alten- und Behindertenhilfe, der Betreuung von Kindern und Jugendlichen, der Aus- und Weiterbildung sowie der Auslandshilfe. Zur Förderung der durch die Flutwelle im Dezember 2004 betroffenen Menschen in Südasien bietet der ASB die Möglichkeit an, eine SMS mit dem Kennwort „Suedasien", dem Vornamen und Namen, dem Spendenbetrag sowie der Kontonummer und Bankleitzahl zu senden (vgl. Insert 7-8).

Insgesamt ist festzuhalten, dass die Nutzung des Internets und/oder SMS ein hohes Maß an Personalisierung und Individualisierung ermöglicht (Saß/Fischer 2001). Als Folge resultiert eine verbesserte **Spenderbindung**, da alle Förderer – im Idealfall – zu den Themen und mit den Motiven angesprochen werden, die sie interessieren. Eine Individualisierung setzt allerdings den Aufbau von **Spenderprofilen** voraus. Um an Profildaten zu gelangen, ist ein einfacher Weg, den Spender um personenbezogene Informationen zu bitten. Die Qualität der Spenderbeziehung wird sich in der Qualität der freiwillig überlassenen Spenderprofildaten ausdrücken (Saß/Fischer 2001).

Im Zusammenhang mit Fundraising-Technologien werden – im Sinne eines Lebenszyklus – verschiedene **Entwicklungsphasen von Fundraising-Instrumenten** unterschieden (vgl. hierzu auch Urselmann 2002, S. 117f.). Die **Einführungsphase** ist durch die Konzeption und den Einsatz neuartiger und kreativer Instrumente zum Fundraising geprägt. Hierzu sind derzeit z.B. die Restdevisengeld-Aktionen bei (Urlaubs-)Flügen zu zählen, die von Nonprofit-Organisationen in Zusammenarbeit mit Fluggesellschaften durchgeführt werden.

Insert 7-9:
„Change for Good"-Programm von UNICEF
(Quelle: www.britishairways.com/travel/crcfgood/public/en_gb, Zugriff am 03.02.2005)

Beispiel: „Change for Good"-Programm von UNICEF
Die Organisation UNICEF hat zusammen mit Quantas bzw. British Airways das Programm „Change for Good" (vgl. Insert 7-9) gestartet, bei dem das Flugpersonal die Fluggäste bittet, ihr restliches Münzgeld der Heimat- oder Fremdwährung an UNICEF zu spenden. Dadurch konnten bislang über 8 Mio. USD (Quantas) bzw. 16 Mio. Pfund (British Airways) erzielt werden.
(Quelle: www.britishairways.com; www.quantas.com
Zugriff am 03.02.2005).

In der **Wachstumsphase** wird das Fundraising-Instrument häufig von anderen Nonprofit-Organisationen übernommen (z.B. Erbschaftsspenden). Die folgende Phase, der z.B. Mailings zuzuordnen sind, bildet die **Sättigungsphase**. Kennzeichnend ist, dass das Fundraising-Instrument eine sehr hohe Verbreitung aufweist. Schließlich, in der **Degenerationsphase**, ist der Einsatz des Fundraising-Instruments nicht mehr zeitgemäß und generiert immer weniger an Spenden. Dies ist derzeit bei der kirchlichen Kollekte zu beobachten (Urselmann 2002, S. 118). Die Differenzierung dieser Phasen ist im Rahmen der Auswahl und Anwendung einzelner Instrumente von nicht unerheblicher Bedeutung, da sich dadurch eventuell sinkende Einnahmen erklären lassen.

Beispiel: Innovatives Fundraising in der Kirche
Ein Beispiel für innovatives Fundraising ist die Einführung von Kollektenbons (weitere Informationen hierzu finden sich auf der Website www.kollektenbon.de) in Kreditkartengröße. Die Spendengutscheine werden vor der Kollektensammlung im Gottesdienst im Gemeindebüro gekauft (z.b. im Wert zu zwei, fünf und zehn €). Zugleich erhält der Käufer eine Spendenbestätigung für das Finanzamt. Von Interesse ist auch, dass die Kollektenbons an Kinder, Konfirmanden oder Taufpaten verschenkt werden können. Mittlerweile haben mehrere Gemeinden mit diesen Bons positive Erfahrungen gemacht und das Spendenaufkommen steigern können. Beispielsweise hat die Evangelisch-Lutherische Kirche in Thüringen aus der Idee ein Programm gemacht. Die Kollektenbons werden professionell gestaltet, in großer Stückzahl (30.000) produziert und den 1.450 Kirchengemeinden angeboten. Aufgrund des Erfolges haben mittlerweile zahlreiche Gemeinden diese Bons nach einem Beschluss des Gemeindekirchenrates eingeführt. Insert 7-10 zeigt die erfolgreiche Einführung solcher Kollektenbons am Beispiel der Evangelische Philippus-Gemeinde Mainz-Bretzenheim (www.philippus-mainz.de).

(8) Erbschaftsfundraising

Erbschaftsfundraising beschreibt die Bemühungen einer Nonprofit-Organisation bei Erblassern und Erben um deren Vermächtnisse, Erbschaften, Stiftungen und sonstige Zuwendungen (Gremmel 2002, S. 44 ff.). Dazu werden insbesondere distributions- und kommunikationspolitische Instrumente der Direktkommunikation eingesetzt (vgl. Abschnitt 7.2.1.1). Da Erbschaften in Zusammenhang mit dem Thema Tod stehen, ist beim Erbschaftsfundraising mit dem Höchstmaß an „Fingerspitzengefühl" vorzugehen. Auch die Bundesarbeitsgemeinschaft Sozialmarketing, der Deutsche Spendenrat e.V., das Deutsche Zentralinstitut für Soziale Fragen (DZI) und der Bundesverband der FundraiserInnen in Deutschland haben dies erkannt und ethische Grundlagen entworfen, an die sich Nonprofit-Organisationen beim Erbschaftsfundraising zu halten haben (z.B. Wahrung der Freiheit des Erblassers, keine persönliche Bereicherung am Vermächtnis des Erblassers, Anerkennung familiärer Prioritäten).

Insert 7-10: Einführung von Kollektenbons in der Kirchengemeinde Mainz-Bretzenheim (Quelle: www.philippus-mainz.de/gemeindebrief/022bon.html, Zugriff am 09.10.2004)

Beispiel: Erbschaftsspenden
Aufgrund der aktuellen demographischen Entwicklung bzw. der Vermögenssituation gewinnen Vermächtnisse (Legate) oder Erbschaften für Nonprofit-Organisationen verstärkt an Bedeutung (Littich et al. 2003, S. 199). Nach einer Umfrage von EMNID im Jahr 1998 besteht eine grundsätzliche **Bereitschaft zur testamentarischen Berücksichtigung gemeinnütziger Organisationen** (EMNID-Spendenmonitor 1998). Demzufolge sind von den Bundesbürgern über 14 Jahren grundsätzlich 26 Prozent bereit, gemeinnützige Organisationen testamentarisch zu berücksichtigen, 73 Prozent sind nicht bereit (ein Prozent

323

gaben keine Auskunft). Die Bereitschaft ist in der Alterskategorie der jungen Erwachsenen (20-29 Jahre) mit 33 Prozent am höchsten, bei den 65-Jährigen und Älteren mit 19 Prozent am niedrigsten. Die Bereitschaft zur Begünstigung steigt signifikant mit dem Bildungsgrad, ebenso mit dem Einkommen. Ferner liegt die Erbschaftsbereitschaft bei Spendern für Tierschutzzwecke (53 Prozent) und Kinder-/Jugendschutz (42 Prozent) signifikant höher als bei denen für andere Zwecke (EMNID-Spendenmonitor 1998).

Beim WWF Schweiz, der über 230.000 Mitglieder in der Schweiz zählt und über 40 Mio. CHF Jahreseinnahmen durch Mitgliederbeiträge, Spenden, Zuwendungen und Lizenzen erzielt, haben z.b. die Einnahmen aus Erbschaften im Geschäftsjahr 2002/03 mit 20,2 Prozent überdurchschnittlich zugenommen (swissinfo 2003). Die Deutsche Krebshilfe e.V. erzielte 1998 ca. 32 Mio. € Einnahmen aus Erbschaften, dies entspricht 56 Prozent ihrer Gesamtspendeneinnahmen. Zwei Jahre zuvor erhielt die Organisation „erst" 18 Millionen € aus Erbschaften. Auch der Hermann-Gmeiner-Fonds Deutschland e.V. in München (SOS-Kinderdörfer) erhielt im Jahr 1998 aus Erbschaften 26 Mio. €, das zugleich in diesem Jahr 27 Prozent der Gesamtspendeneinnahmen ausmachte (Impulse 2003a, S. 4).

Im Rahmen des Erbschaftsfundraising sind allerdings einige besondere **Erfolgsfaktoren** zu berücksichtigen (Littich et al. 2003, S. 199): So ist erstens eine persönliche Beziehung zu den potenziellen Erblassern bzw. deren Erben aufzubauen und zu pflegen, bei denen ein hohes Maß an Sensibilität und Feingefühl erforderlich ist. Zweitens sind weitere Anspruchsgruppen (z.B. Rechtsanwälte, Steuerberater, Notare) zu identifizieren, die unter Umständen Einfluss auf die Entscheidung des Erblassers nehmen können. Drittens sind dem Erblasser sowie den Angehörigen die positiven Effekte einer Testamentsspende aufzuzeigen, z.B. durch Broschüren, Vorträge und persönliche Gespräche.

7.2.2.2 Klassisches Sponsoring

Unter Sponsoring von Nonprofit-Organisationen ist eine Kooperation zwischen kommerziellen Unternehmen und gemeinnützigen Organisationen zu verstehen, die auf dem Prinzip von Leistung und Gegenleistung beruht (Littich 2002, S. 377; Bruhn 2003b, S. 7; Littich et al. 2003, S. 183). Beim klassischen Sponsoring in Form von Geldleistungen beteiligen sich Unternehmen an der Finanzierung von Projekten einer Nonprofit-Organisation. Der Gegenwert kann in Werbung für das Unternehmen selbst oder dessen Produkte/Leistungen, im Zugang zu bestimmten Anspruchsgruppen oder auch einem Imagegewinn bestehen. Dabei lässt sich Sponsoring auf Basis der Kriterien Art der Gegenleistung, Art der Projekte und ggf. Art des Prädikats in unterschiedliche Erscheinungsformen untergliedern. Einen Überblick über die verschiedenen Ausprägungen, die im Folgenden näher erläutert werden, vermittelt Schaubild 7-5 anhand ausgewählter Beispiele.

Abgrenzungs-merkmale	Formen	Beispiele
Art der Gegenleistung	• Aktive Gegenleistung	Firmenaufdrucke, Erwähnung in Pressemitteilungen und Veröffentlichungen
	• Passive Duldung	Unternehmen wird die Möglichkeit gegeben, mit dem Sponsorship z.B. in der eigenen Mediawerbung und PR aufzutreten
Art der Projekte	• Veranstaltungen	Durchführung von Symposien, Ausstellungen in Unternehmen, Benefizveranstaltungen
	• Aktionen	Schutzaktionen für bestimmte Umweltbelange, z.B. Wattenmeer, Biotope, Artenschutz
	• Wettbewerbe	Ausschreibung von Preisen, z.B. Wettbewerb „Europas Jugend forscht für die Umwelt"
	• Verkaufsaktionen	Anteil des Reinerlöses geht an gemeinnützige Organisationen oder an Stiftungen, z.B. Schuhhaus Beck
Art des Prädikats	• Titelvergabe	Unternehmensname geht mit in das Projekt ein, z.B. Philip Morris-Forscherpreis, Océ-van-der-Grinten-Preis
	• Lizenzierung	Gemeinnützige Organisation vergibt das Recht zur Nutzung von Lizenzen, z.B. WWF-Logo, Oro-Verde-Logo

Schaubild 7-5: Erscheinungsformen des Sponsoring von Nonprofit-Organisationen aus Sicht der Gesponserten (Quelle: Bruhn 2003b, S. 219)

In Bezug auf das Kriterium der **Art der Gegenleistung** des Gesponserten ist zwischen der Erbringung aktiver Gegenleistungen und der passiven Duldung von Aktivitäten des Sponsors zu unterscheiden:

(1) Aktive Gegenleistungen
Der Gesponserte erbringt selbst Gegenleistungen, indem er sich z.B. bereit erklärt, im Schriftverkehr auch das Firmenzeichen seines Partners zu verwenden, ihn in Pressemitteilungen und Veröffentlichungen zu nennen oder bei Veranstaltungen öffentlich „lobend" zu erwähnen. Denkbar sind auch gemeinsame Kampagnen, die zwar das Anliegen des Gesponserten kommunizieren, dem Sponsor aber die Möglichkeit der Selbstdarstellung bieten (Lang/Haunert 1995, S. 51).

(2) Passive Duldung
Die Gegenleistung besteht hierbei darin, dass die Nonprofit-Organisation die kommunikative Nutzung des Engagements durch den Sponsor zulässt. Ein Beispiel ist die Überlassung der Nutzungsrechte für das Logo des Gesponserten über eine Lizenzvergabe, wie dies beispielsweise durch den WWF praktiziert wird.

In der Praxis zeigt sich, dass im Sponsoring von Nonprofit-Organisationen die passive Duldung werbender Maßnahmen durch den Sponsor bei der Mehrzahl der Sponsorships dominiert. Gleichzeitig wird deutlich, dass mittlerweile viele Nonprofit-Organisationen im Rahmen einer Zusammenarbeit grundsätzlich bereit sind, aktive Gegenleistungen zu erbringen.

Eine wesentliche Restriktion des Sponsoring von Nonprofit-Organisationen ist vielfach dessen **Projektbezogenheit**. Während in anderen Bereichen des Sponsoring eine personen- bzw. allgemein organisationsbezogene Förderung möglich und auch sinnvoll ist, gilt dies für das Sponsoring von Nonprofit-Organisationen nur in eingeschränktem Maße. Folge dieser Einschränkung ist, dass Nonprofit-Organisationen aktiv förderungswürdige Projekte zu erarbeiten haben, um für sponsoringtreibende Unternehmen als Partner von Interesse zu sein. Eine Differenzierung der verschiedenen Erscheinungsformen des Sponsoring von Nonprofit-Organisationen nach deren Projektform führt u.a. zu folgenden vier **Arten der Förderprojekte**:

(1) Veranstaltungen
In der Initiierung von Veranstaltungen besteht eine Möglichkeit für Nonprofit-Organisationen, einen Sponsoringanlass zu bieten. Beispielsweise können allgemein Symposien oder Workshops angeboten werden, während speziell für den sozialen Bereich Benefiz- bzw. Wohltätigkeitsveranstaltungen (z.B. Gala-Dinner, Bälle) „für einen guten Zweck" geeignet erscheinen.

(2) Aktionen
Oft sind Nonprofit-Projekte auf bestimmte Aktionen konzentriert. Beispielsweise besteht die Möglichkeit der Beteiligung an der Durchführung von Forschungsprojekten sowie Aktionen zum Schutz benachteiligter Gruppen. Darüber hinaus können spezifische Aktivitäten zum Schutz von Gewässern oder Biotopen sowie vom Aussterben bedrohter Tier- bzw. Pflanzenarten und anderes mehr angeboten werden.

(3) Wettbewerbe
In der Ausschreibung von Wettbewerben für ausgewählte Anspruchsgruppen (z.B. Wissenschaftler, Landschaftspfleger oder Studenten), die sich im Rahmen einer Arbeit z.B. einem bestimmten Thema bzw. einer Problemlösung widmen, besteht eine weitere Form der Initiierung einer Förderung. Unternehmen wird dann die Möglichkeit geboten, sich an der Ausschreibung des Wettbewerbs zu beteiligen und beispielsweise mit der spezifischen Wettbewerbsidee korrespondierende Preise zu stiften. Ein Beispiel ist die erstmals 1990 durchgeführte Ausschreibung des internationalen Wettbewerbs „Europas Jugend forscht für die Umwelt" durch die Stiftung „Jugend forscht" in Zusammenarbeit mit der Deutschen Bank (Cavegn 1993, S. 185).

(4) Verkaufsaktionen
Mit dieser spezifischen Form der Generierung einer Förderung können sich Unternehmen beispielsweise verpflichten, einen bestimmten Anteil (z.b. fünf Cent pro Hektoliter Bier, ein Euro pro CD oder Buch) ihres Umsatzes oder Reinerlöses einer gemeinnützigen Institution zur Verfügung zu stellen („Kundencent"). Es gibt allerdings bislang keine Untersuchungen darüber, welchen Einfluss diese Abgabeart auf das Kaufverhalten von Leistungsempfängern ausübt. Als Beispiel sei hier eine Spendenaktion des Schuhhauses Görtz zu dessen 125-jährigem Jubiläum im März 2000 erwähnt. Zwei Wochen lang war bundesweit jedes Paar Schuhe um 20 Prozent reduziert und von jedem in diesem Zeitraum verkauften Paar Schuhe wurden 125 Pfennige an den Verein Herzenswünsche gespendet (Gebhardt 2001).

Schließlich lässt sich das Sponsoring von Nonprofit-Organisationen aus Sicht der Gesponserten auch dahingehend unterscheiden, ob und welche **Arten von Prädikaten** im Rahmen von Sponsorships vergeben werden. Mit der Titelvergabe und der Lizenzierung werden zwei Formen von Prädikaten charakterisiert:

(1) Titelvergabe
Bei einem Titelsponsoring wird der Name des Sponsors mit einer Aktion verbunden, z.b. Förderer eines bestimmten Programms. Bei Wettbewerben wird der Sponsorname sehr häufig mit der Ausschreibung verbunden, z.b. Philip Morris-Forscherpreis oder Océ-van-der-Grinten-Preis.

(2) Lizenzierung
Mit der Vergabe einer Lizenz wird dem Unternehmen das Recht eingeräumt, bestimmte Embleme oder Zeichen auf Produkten, deren Verpackung oder anderen Werbemitteln zu verwenden. So besteht beispielsweise seit 1988 eine Lizenzkooperation zwischen dem WWF und dem Schreibwarenhersteller Herlitz. Umweltverträgliche Papierwaren der WWF-Serie von Herlitz – wie Schulhefte und Briefumschläge – dürfen mit dem WWF-Logo und aktuellen WWF-Projektbeschreibungen bedruckt werden. Ein anderes Beispiel ist das von Greenpeace geschaffene Gütesiegel „future approved by Greenpeace", das Unternehmen bei Erfüllung bestimmter Voraussetzungen für ihre Produkte verwenden dürfen.

Da viele Logos bzw. Embleme in der breiten Öffentlichkeit bislang wenig bekannt sind, erfolgt die Vergabe von Prädikaten zurzeit noch relativ selten. Das WWF-Panda Logo und das Logo von Greenpeace bilden Ausnahmen, die aufgrund der hohen Bekanntheit der Organisationen zu den weltweit bekanntesten „Markenzeichen" zählen. Nach einer Emnid-Umfrage aus dem Jahr 1998 kennen 77 Prozent der Westdeutschen und 58 Prozent der Ostdeutschen den WWF. Die Umweltschutzorganisation Greenpeace ist laut einer Forsa-Umfrage aus dem Jahr 1999 bei 91 Prozent der Bevölkerung bekannt. Neben der mangelnden

Bekanntheit kommt jedoch auch hinzu, dass viele Nonprofit-Organisationen in der Vergabe von Prädikaten äußerst zurückhaltend sind, da sie die damit verbundenen Risiken scheuen (z.B. Kontrollverlust). Abschließend ist aus Sicht der Nonprofit-Organisation auf die Gefahr einer zu großen **Abhängigkeit vom Sponsor** hinzuweisen (vgl. Urselmann 2002, S. 20f.). Insofern ist es ratsam, die langfristige Arbeit durch eine stabile Finanzierung mittels verschiedener Formen des Fundraising sicherzustellen. Eine solide finanzielle Basis ist die Grundlage für die Planung weiterer Einnahmen durch zeitlich befristete Sponsoringverträge (Urselmann 2002, S. 21).

Beispiel: „Geld-zurück-Garantie" für Sponsoringbeträge bei Fortuna Düsseldorf
Der Fußball-Regionalligist Fortuna Düsseldorf hat ein im Sport neues Konzept entwickelt. In einem Werbespot wurde gesendet, dass der Fußballklub mit einer „Geld-zurück-Garantie" um Sponsoren wirbt. Das Konzept sieht vor, dass die Geldgeber nur bei Erfolg wirklich zahlen müssen. Was genau als Erfolg zu werten ist, wird dabei mit jedem Sponsoren einzeln vereinbart (z.B. Nichtabstieg, das Erreichen eines bestimmten Tabellenplatzes, drei Heimsiege in Folge usw.). Wenn das Ziel erreicht wird, kann der Verein die Gelder behalten und ggf. mit dem Sponsor einen Vertrag für die nächste Saison abschließen. Falls das Ziel hingegen verfehlt wird, ist die Summe abzüglich der Produktionskosten für Werbematerialien zurückzuzahlen. Die Resonanz war sowohl bei Sponsoren als auch der Presse und anderen Vereinen ungewöhnlich groß (Hoffmann 2000).

7.2.3 Partnerschaften und Kooperationen

Neben der Personal- und Finanzierungspolitik besteht eine weitere Aufgabe im Rahmen der Ressourcenpolitik darin, Partnerschaften und Kooperationen mit wichtigen Ressourcenlieferanten oder anderen Nonprofit-Organisationen einzugehen. Beispielsweise ist es aus Sicht einer Hilfsorganisation sinnvoll, intensive Beziehungen zu Fluggesellschaften aufzubauen, um besondere Konditionen für den Transport von Hilfsgütern zu bekommen oder mit anderen Hilfsorganisationen zusammen zu arbeiten, um eine bessere Versorgung von Leistungsempfängern zu realisieren.

Beispiel: „Aktion Deutschland Hilft – Das Bündnis der Hilfsorganisationen"
Aktion Deutschland Hilft macht sich zur Aufgabe, den Opfern großer Katastrophen im Ausland schnell und bedarfsgerecht beizustehen. Ihre Not soll mit vereinten Kräften wirksam gelindert, ihre Existenzgrundlage wieder hergestellt und dauerhaft gesichert werden. In Ausnahmefällen ist Aktion Deutschland Hilft auch im Inland tätig. Die an Aktion Deutschland Hilft beteiligten Organisationen (Die Johanniter, Malteser Hilfsdienst, action medeor, Arbeiter-Samariter-Bund, Arbeiterwohlfahrt, HELP – Hilfe zur Selbsthilfe, CARE, Paritätischer Wohlfahrtsverband, ADRA, World Vision) bringen ihre fachlichen Kompetenzen ein, um an der Not orientiert und zielgerichtet Hilfsprojekte durchzuführen.

Vorhandene Kapazitäten sollen gebündelt und im Falle von Kriegen und Konflikten, Hungersnöten, Erdbeben, Überschwemmungen und anderen Katastrophen gemeinsam und aufeinander abgestimmt eingesetzt werden. Aktion Deutschland Hilft will durch gemeinsame Öffentlichkeitsarbeit den Einsatz der anvertrauten Gelder übersichtlicher gestalten. Spendenaufrufe unter einer Kontonummer und eine zusammenfassende Dokumentation der Leistungen aller Mitglieder im Katastrophenfall bieten vereinfachte und umfassende Informationen. Aktion Deutschland Hilft greift somit in Meinungsumfragen wiederholt genannte Anregungen und Wünsche der Spender nach verstärktem Zusammenwirken auf. Alle Mitgliedsorganisationen haben sich verpflichtet, gemeinsame Standards und nationale wie internationale Richtlinien zur Qualitätssicherung in der Nothilfe einzuhalten. Diese Normen und Vereinbarungen werden vom Auswärtigen Amt, der Europäischen Union und den Vereinten Nationen anerkannt (Quelle: www.aktion-deutschland-hilft.de, Zugriff am 16.01.2005).

Als Instrumente zur Initiierung und Aufrechterhaltung von Partnerschaften und Kooperationen kommen vor allem die im Rahmen der Kommunikationspolitik in Abschnitt 7.4 diskutierten Instrumente und Maßnahmen zum Einsatz.

7.3 Absatzpolitik für Nonprofit-Organisationen

Üblicherweise werden die Aktionsgrundlagen des Marketing in die vier klassischen Instrumente und Teilbereiche untergliedert: Leistungs-, Preis-, Vertriebs- und Kommunikationspolitik (Bruhn 2004a, S. 28). Vor der eigentlichen Analyse des nicht-kommerziellen Instrumentariums besteht die Problematik einer richtigen Zuordnung eines Instruments zu einem Teilbereich der Marketingpolitik, wobei jede **Bündelung im Marketingmixbereich** immer eine **Frage der Zweckmäßigkeit** ist. Fallen z.B. Erstellung und Verbreitung einer Leistung zusammen (dies ist z.B. bei nicht-kommerziellen Beratungs- und Ausbildungsleistungen der Fall), so beinhaltet die Leistungspolitik den Bereich der Vertriebspolitik. Bei Parteien kommt etwa der Vertriebspolitik innerhalb des Marketing die Aufgabe zu, dem Wähler politische Sachverhalte an verschiedenen Orten transparent zu machen und verständlich darzustellen. Da auch die Kommunikationspolitik „dialogische Austauschprozesse" mit dem Bürger führt, ist es keine eigenständige Aufgabe der Vertriebspolitik, auf den Wähler zuzugehen und kommunikative Prozesse zu initiieren. Ein mögliches **Überschneidungsproblem** kann auch zwischen Leistungs- und Kommunikationspolitik dargestellt werden. Bietet ein Theater beispielsweise Programmhefte an, die die Theaterbesucher auf eine Vorstellung einstimmen und sie informieren, so werden diese als leistungsbegleitende Maßnahmen oder auch als eigenständiges Kommunikationsinstrument aufgefasst.

An dieser Stelle wird der in Abschnitt 7.1 dargestellten **prozessorientierten Systematisierung** in Maßnahmen der Absatzpolitik (Leistungspolitik, Preis- und Gebührenpolitik, Vertriebspolitik) und Kommunikationspolitik (Institutionelle Kommunikation, Marketing-, Dialogkommunikation) Folge geleistet.

7.3.1 Einsatz der Leistungspolitik

7.3.1.1 Besonderheiten der Leistungspolitik für Nonprofit-Organisationen

Aufgrund der spezifischen Merkmale von Dienstleistungen im Allgemeinen bzw. Nonprofit-Leistungen im Besonderen ergeben sich einige **Besonderheiten für die Leistungspolitik** bei Nonprofit-Organisationen (Meffert/Bruhn 2003, S. 60ff.):

- Die Notwendigkeit der **permanenten Leistungsfähigkeit** einer Nonprofit-Organisation hat beispielsweise zur Konsequenz, dass bei der Planung und Umsetzung des Leistungsprogramms die Potenziale des Nonprofit-Anbieters in Form der Qualifikation der Mitarbeitenden (z.B. Beratung bei der Telefonseelsorge) oder vorhandener tangibler Einrichtungen (z.B. medizinische Versorgung im Katastrophenfall) zu berücksichtigen sind. Auf diese Weise ist sicherzustellen, dass die Nonprofit-Organisation in der Lage ist, die geplante Leistung auf dem erforderlichen Bedürfnisniveau zu erstellen.
- Je nach Art der Nonprofit-Organisation führt die **Integration des Leistungsempfängers** in den Erstellungsprozess wiederum zu Schlussfolgerungen für die Leistungspolitik. Im Bereich der Programmplanung werden neben Variationen und Differenzierungen auch mögliche Externalisierungen (z.B. Mülltrennung im Haushalt) bzw. Internalisierungen (z.B. Büchersuche in einer Bibliothek durch den Mitarbeiter) von Aktivitäten in Betracht gezogen. In wettbewerbsintensiven Nonprofit-Branchen, in denen Leistungsempfänger eine freie Anbieterwahl haben (z.B. Theater, Museen), gewinnt zudem die Beschwerdepolitik an Bedeutung.
- Schließlich sind Besonderheiten aufgrund der **Immaterialität** zu beachten. Aufgrund ihrer Nicht-Patentierbarkeit sind viele Leistungen einer Nonprofit-Organisation vergleichsweise leicht imitierbar. Vor diesem Hintergrund hat insbesondere die Markenpolitik zur Profilierung einer Nonprofit-Organisation bzw. deren Leistung und als Vertrauensanker für den Empfänger einen hohen Stellenwert. Auch das Image einer Leistung bzw. des Nonprofit-Anbieters gewinnt in diesem Zusammenhang an Bedeutung. Des Weiteren bietet sich eine Leistungsbündelung an, um sich so von Wettbewerbern abzugrenzen. Durch

den Dienstleistungscharakter von Nonprofit-Leistungen ist ferner zu berücksichtigen, dass Leistungsinnovationen bzw. -variationen an der Potenzial-, Prozess- und/oder Ergebnisdimension ansetzen können.

7.3.1.2 Festlegung des Leistungsprogramms für Nonprofit-Organisationen

Die wachsende Anzahl der in den Nonprofit-Märkten tätigen Organisationen, sinkende Spendeneinnahmen sowie eine steigende Wettbewerbsintensität verdeutlichen, dass eine sowohl missions- als auch ökonomisch-orientierte Gestaltung des **Dienstleistungsprogramms** für die Erfolgsposition einer Nonprofit-Organisation im Wettbewerb und ihre langfristige Existenz von zentraler Bedeutung ist. Der Prozess der **Festlegung des Leistungsprogramms** findet auf zwei Ebenen statt, der Kern- und der Zusatzleistung (vgl. Schaubild 7-6).

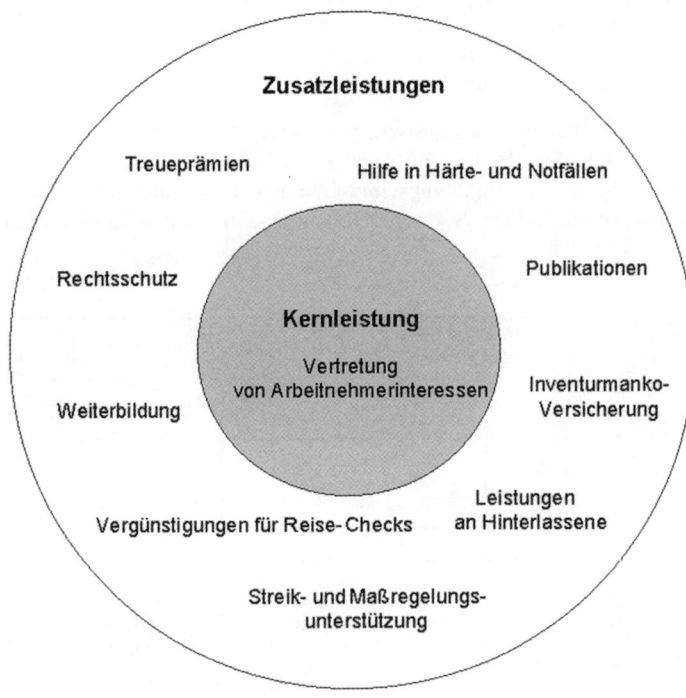

Schaubild 7-6: Kern- und Zusatzleistungen von Gewerkschaften
(Quelle: in Anlehnung an Meffert 2000, S. 333)

Als **Kernleistung** wird die (oftmals unentgeltliche) missionsgebundene Grundleistung („**Core Mission**") angesehen. Grundsätzlich wird durch die Kernleistung eine „USP" (Unique Selling Proposition) aufgebaut, sofern die Leistung einen höheren ideellen Nutzen als diejenige konkurrierender Nonprofit-Organisationen stiftet. Diese USP ist vor allem im Hinblick auf die Gewinnung von Spendern und Sponsoren von großer Bedeutung. Allerdings ist in diesem Zusammenhang auch zu berücksichtigen, dass die Herausstellung des Grundnutzens zwar vergleichsweise einfach ist, jedoch zur Profilierung einer Nonprofit-Organisation vielfach nicht mehr ausreicht. Dies lässt sich z.B. durch die große Anzahl karitativer Einrichtungen verdeutlichen, die alle mit ähnlichen Grundleistungen (Helfen im weitesten Sinne) um die Spendergunst werben.

Während die Kernleistung direkt zur Missionserfüllung beiträgt, handelt es sich bei den **Zusatzleistungen** um jene Leistungseigenschaften, die nicht unbedingt notwendig sind, aber einen zusätzlichen Nutzen für die Leistungsempfänger stiften. Bei den sog. „**Supporting Services**" ist darauf zu achten, dass noch immer ein Beitrag zur eigentlichen ideellen Zielverfolgung geleistet wird. Schaubild 7-7 zeigt, wie beispielsweise mittels einem Leistungsportfolio evaluiert wird, ob das Leistungsprogramm zu verändern ist.

Bei einer Unterscheidung des Leistungsprogramms nach den Dimensionen „Beitrag zur Mission" und „Beitrag zur finanzwirtschaftlichen Situation" resultieren vier Felder, die jeweils Handlungsempfehlungen für Veränderungen des Leistungsprogramms darstellen. So wird deutlich, dass eine Einordnung im Feld IV

Beitrag zur Mission / Beitrag zur finanzwirtschaftlichen Situation	Cashflow	
	Negativ	Positiv
Erfüllt die Mission	**Feld II:** Verluste minimieren und Gewinne abschöpfen	**Feld I:** Leistungen aufbauen und fördern
Erfüllt die Mission nicht	**Feld IV:** Leistungen eliminieren	**Feld III:** Verknüpfung zur Mission stärker hervorheben

Schaubild 7-7: Leistungsportfolio als Entscheidungsgrundlage für Leistungsprogrammveränderungen

(die Zusatzleistung ist teuer und trägt nicht zur Missionserfüllung bei) eine Eliminierung der Leistung zur Folge hat, da weder ideelle noch wirtschaftliche Ziele erreicht werden.

7.3.1.3 Planungsprozess der Leistungspolitik für Nonprofit-Organisationen

Als Grundlage für die Ableitung von systematischen Entscheidungen im Rahmen der Leistungspolitik einer Nonprofit-Organisation wird der folgende **Prozess der Leistungsplanung** unterstellt (Bruhn 2004a, S. 126ff.):

(1) Der erste Schritt zur Entwicklung eines leistungspolitischen Planungsprozesses ist nicht durch planerische, sondern durch analytische Überlegungen im Rahmen der **Situationsanalyse des Leistungsprogramms** geprägt. Dabei handelt es sich um eine rückschauartige Bestandsaufnahme, die die aktuelle leistungspolitische Situation der Organisation reflektiert und Aufschluss darüber gibt, inwiefern es Handlungsbedarf für Veränderungen des Programms gibt. Diese Phase des Planungsprozesses ist daher durch die Suche nach und Analyse von wichtigen Informationen und Trends bzgl. des zu bearbeitenden Marktes, der Bedürfnisse der Anspruchsgruppen, den Leistungen der Konkurrenz, dem Erfolg der eigenen Leistungen sowie der Zusammenstellung des eigenen Leistungsprogramms gekennzeichnet.

(2) Eine Bestandsaufnahme des Leistungsprogramms – organisationsintern und -extern – ist die Grundlage für die Ableitung von **Zielen der Leistungspolitik**, die aus der ideellen Mission abzuleiten sind. Dabei ist auf Zielüberschneidungen mit ökonomischen Zielen zu achten.

(3) Stehen die leistungspolitischen Ziele fest, ist die mittel- bis langfristige Stoßrichtung als Rahmen für die Leistungspolitik durch die **Entwicklung leistungspolitischer Strategien** zu determinieren.

(4) Auf Basis dieser Strategie ist das **Budget der Leistungspolitik** zu bestimmen, das die eingeschränkten finanziellen Ressourcen und die Personalstrukturen berücksichtigt.

(5) Ist der Rahmen der Leistungspolitik durch das Budget abgesteckt, erfolgt eine Feinabstimmung hinsichtlich des **Einsatzes der leistungspolitischen Instrumente**. Hierbei sind für Nonprofit-Organisationen die Leistungsprogrammpolitik und die Markenpolitik von zentraler Bedeutung für die Umsetzung der leistungspolitischen Strategie.

(6) Am Ende des Planungsprozesses steht die **Kontrolle des Leistungsprogramms**, in deren Rahmen festgestellt wird, inwiefern die Ziele der Leistungspolitik erreicht wurden bzw. werden. Bei Nichtrealisierung von Zielen sind ggf. Anpassungsmaßnahmen vorzunehmen.

In der Vergangenheit wurde dieser Planungsprozess in der Praxis nicht immer in dieser Systematik durchlaufen. Dies lag bisher vor allem daran, dass es in Nonprofit-Organisationen im Vergleich zu kommerziellen Unternehmen keine ausgeschriebenen **Träger der leistungspolitischen Entscheidungen** gab, die in erster Linie für die Entwicklung und Verbesserung von Produkten und Leistungen sowie die Führung von Produkten und Leistungen am Markt verantwortlich sind. Es ist jedoch zu erwarten, dass durch die enger werdenden finanziellen Rahmenbedingungen sich Nonprofit-Organisationen zukünftig intensiver mit den einzelnen Phasen des Planungsprozesses zu beschäftigen haben, insbesondere dann, wenn die Inhalte der einzelnen Phasen gegenüber institutionellen Förderern und Sponsoren im Sinne eines **Businessplans** darzustellen sind.

7.3.1.4 Instrumente der Leistungspolitik für Nonprofit-Organisationen

Im Rahmen der Leistungspolitik für Nonprofit-Organisationen steht die Gestaltung und Zusammensetzung des Leistungsangebotes im Vordergrund. Leistungspolitische Entscheidungen beziehen sich dabei auf die Entwicklung, Veränderung und Eliminierung von Produkten und Dienstleistungen (in Anlehnung an Klausegger/Scharitzer/Scheuch 2003, S. 102). Dazu sind zunächst Fragestellungen hinsichtlich der Leistungsprogrammgestaltung (**Leistungsprogrammpolitik**) zu beantworten. Da sich die Leistungen für Nonprofit-Organisationen im Wesentlichen aus der Mission bestimmen lassen, stehen hier vor allem die Variationsmöglichkeiten des Leistungsprogramms im Vordergrund. Daneben sind Entscheidungen hinsichtlich der **Markenpolitik** zu treffen. Aufgrund der mix-übergreifenden Wirkungen der Markenpolitik sind hierbei die Interdependenzen zu anderen Instrumenten zu berücksichtigen. Schließlich ist auf den Einsatz von **E-Services** hinzuweisen, die auch für Nonprofit-Organisationen an Bedeutung zunehmen werden.

(1) Leistungsprogrammpolitische Instrumente
Die Leistungsprogrammpolitik für Nonprofit-Organisationen als ein strategisch bedeutsamer Bestandteil der Marktbeeinflussung umfasst jene Entscheidungstatbestände, die sich auf die materielle und personale Ausstattung sowie die räumliche und zeitliche Planung der Leistungskapazitäten bezieht. Hierbei sind Entscheidungen darüber zu fällen, ob Nonprofit-Organisationen (in Anlehnung an Meffert/Bruhn 2003, S. 365):

(a) Neue Leistungen entwickeln und verwirklichen (**Leistungsinnovation**).
(b) Bestehenden Leistungen verändern (**Leistungsvariation**).
(c) Einzelne, vorhandene Leistungen nicht mehr anbieten (**Leistungselimination**).

(a) Innovation von Nonprofit-Leistungen

Die hohe Bedeutung von Innovationen im Zielsystem der Leistungspolitik von Nonprofit-Organisationen resultiert zum einen aus dem Wunsch, bisherige (z.B. „veraltete") Leistungen zu ersetzen oder die bearbeiteten Aktivitätenfelder zu erweitern. Zum anderen wird mit Innovationen das Ziel einer **Produktivitätserhöhung** der Leistungserstellung in der Organisation und eine **Verbesserung angebotener Qualitätsmerkmale** für den Leistungsempfänger verbunden (Licht et al. 1997).

Der Begriff der **Leistungsinnovation** konzentriert sich im Wesentlichen auf die Neuentwicklung von Nonprofit-Leistungen (z.B. Ergänzung eines mobilen Pflegedienstes durch das Angebot „Essen auf vier Rädern"). Dabei ist häufig nicht eindeutig geklärt, wann überhaupt von einer Leistungsinnovation gesprochen wird oder wann es sich lediglich um eine Leistungsvariation handelt. Im öffentlichen Theaterbereich z.B. lassen sich Uraufführungen bzw. Erstaufführungen noch ohne Schwierigkeiten der Leistungsinnovation zuordnen. Bei Neuinszenierungen hingegen (zu verstehen als eine Inszenierung von bereits bekannten Theaterstücken) wird nur dann von einer Leistungsinnovation gesprochen, wenn sie richtungweisend für Aufführungen desselben Theaterstücks an anderen Theatern ist (Hilger 1985, S. 221). Generell ist von einer Leistungsinnovation bei zwei Sachverhalten zu sprechen (Arnold 2003, S. 324):

- Die Leistung wird bisher nicht von einer anderen Organisation angeboten,
- Die Leistung stellt für diese Nonprofit-Organisation eine neuartige Leistung dar.

Der **Leistungsinnovationsprozess** wird häufig in mehrere Phasen eingeteilt (Meffert/Bruhn 2003, S. 387ff.), die mit der systematischen Suche nach neuen Betätigungsfeldern und Leistungsideen beginnen. Innovationsideen werden beispielsweise durch die Befragung von Mitarbeitern, Leistungsempfängern, durch die Auswertung von Fachzeitschriften und -literatur, oder durch den Einsatz von Kreativitätstechniken gewonnen. Wenn prüfenswerte Ideen gefunden wurden, schließt sich an die Ideensuche deren Bewertung und Auswahl an. Im Vordergrund steht dabei die Beurteilung der Machbarkeit und die Ermittlung der Finanzierbarkeit (Wirtschaftlichkeitsanalyse). Führt eine probeweise Einführung der Leistung zu einem positiven Ergebnis, wird die Idee umgesetzt und in das Leistungsprogramm der Nonprofit-Organisation aufgenommen. Eine Kontrolle des Leistungseinführungserfolges rundet den Innovationsprozess ab (Arnold 2003, S. 325).

Im **Unterschied zum kommerziellen Marketing** besteht im Nonprofit-Marketing nicht gleichermaßen die Einsicht, dass Leistungsinnovationen langfristig die Existenz und Weiterentwicklung der Organisation sichern. So wird oft in Anlehnung an die vorgegebenen Oberzielformulierungen und der Hinwendung zu

„Altbewährtem" auf Leistungsinnovationen verzichtet. Da in vielen Fällen die Leistung vorgegeben ist (z.B. Kirche, ADAC, Notrettung, Stiftungen), sind Leistungsinnovationen auch nur in engen Grenzen möglich und beziehen sich i.d.R. auf das Angebot von innovativen Zusatzleistungen. Zudem sind Leistungen von Nonprofit-Organisationen, insbesondere von öffentlichen Verwaltungen, oftmals politisch bzw. per Gesetz genau definiert. Ein Spielraum für neue Leistungen bedarf in der Regel einer vorherigen Gesetzesänderung, die aber nicht in der Zuständigkeit der Verwaltung selbst liegt. Darüber hinaus mangelt es in der öffentlichen Verwaltung oft an der Einsicht, dass Leistungsinnovationen langfristig die Existenz und Weiterentwicklung der Organisation sichern (Bargehr 1991, S. 186 f.), so dass selbst entsprechende Gesetzesinitiativen ausbleiben. In öffentlichen Verwaltungen herrscht auch aufgrund fehlender Anreize oftmals eine nur wenig innovationsfreundliche Organisationskultur vor.

(b) Variation und Modifikation von Nonprofit-Leistungen
Im Gegensatz zur Leistungsinnovation, die sich auf Markt- und Organisationsneuheiten bezieht, beinhaltet die **Leistungsvariation** die Änderung bestimmter Eigenschaften bereits vorhandener Leistungen. In der Regel sind bestehende Leistungen zu verbessern (z.B. Verlängerung der Öffnungszeiten eines Museums). Es sind aber auch **Modifikationen** denkbar, die nicht eine Leistungsverbesserung, sondern – z.B. aus wirtschaftlichen oder verteilungspolitischen Gründen – eine Reduktion des Leistungsumfangs zum Ziel haben (z.B. Verkürzung der Leihfrist in einer öffentlichen Bibliothek). Die Leistungsbreite bzw. -tiefe an sich wird dadurch jedoch nicht verändert.

Variationsmöglichkeiten konzentrieren sich auf die materiellen Bestandteile einer Leistung oder auf die Leistung selbst. Aufgrund der Immaterialität der meisten Nonprofit-Leistungen stellt sich hierbei die Frage, in welcher **Form** eine Variation bestehender Leistungen erfolgt. Bereits in Abschnitt 1.4 wurde dargestellt, dass sich die Veränderungen von Leistungen auf Potenziale, Prozesse und Ergebnisse beziehen (vgl. Schaubild 7-8).

Anregungen und Impulse verschiedener organisationsinterner und -externer Quellen stellen mögliche **Auslöser für Variationsentscheidungen** dar:

- Auch wenn davon ausgegangen wird, dass Nonprofit-Organisationen in den meisten Fällen mit Übernachfrage konfrontiert sind (wie z.B. bei den großen Hilfsorganisationen wie Caritas, Misereor, Rotes Kreuz), bedeutet die große Nachfrage nicht automatisch den Verzicht auf eine intensive **Marktforschung**. Die Marktforschung hat in diesem Fall beispielsweise Trends im Verhalten der Leistungsempfänger aufzuzeigen oder im Rahmen von Zufriedenheitsbefragungen spezielle Defizite im Leistungsangebot der Nonprofit-Organisation zu ermitteln.

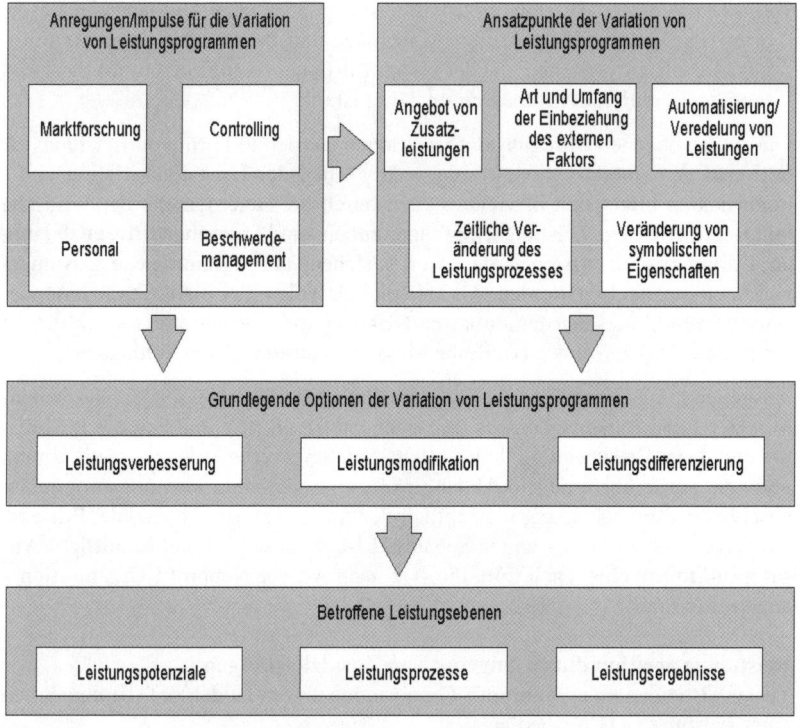

Schaubild 7-8: Entscheidungstatbestände der Variation von Leistungsprogrammen (Quelle: Meffert/Bruhn 2003, S. 367)

- Darüber hinaus werden im Rahmen des organisationsinternen **Controlling** Daten abgeleitet, die eine Variation des Leistungsprogramms sinnvoll erscheinen lassen (z.B. mangelnde Kostendeckung einer angebotenen Nonprofit-Leistung).
- Die bei der Erstellung von Nonprofit-Leistungen im Kontakt mit den Leistungsempfängern stehenden **Mitarbeitenden** sind eine weitere wichtige Quelle von Anregungen für Leistungsvariationen. Die Mitarbeitenden verfügen über detaillierte Kenntnisse der Wünsche der Leistungsempfänger und den gegenwärtigen Grad der Bedürfnisbefriedigung (Zeithaml/Parasuraman/Berry 1992; Grönroos 2000).
- In diesem Zusammenhang ist schließlich noch auf die besondere Bedeutung des **Vorschlags- und Beschwerdemanagements** zu verweisen, z.B. in Form

eines kostenlosen Telefon- und Fax-Services oder dem Abdruck von Leserbriefen in Verbandszeitschriften. Vorschläge und Beschwerden sind als Frühwarnsignale zu verstehen, die der Nonprofit-Organisation zeigen, wo das Leistungsprogramm noch verbesserungsfähig ist.

Die so gewonnenen Anregungsinformationen werden in Form von Leistungsvariationen und -modifikationen umgesetzt. Neben der Leistungsvariation und - modifikation bietet sich in vielen Fällen durch die Heterogenität der Wünsche und Bedürfnisse der Leistungsempfänger zudem eine **Leistungsdifferenzierung** an. Darunter ist zu verstehen, dass zum bestehenden Programm neue Leistungsvarianten hinzugefügt werden. Als Beispiel lässt sich hier die differenzierte Gestaltung von Gottesdiensten anführen (Kinder- und Jugendgottesdienste für die jüngeren Gläubigen sowie feierliche Messen an ausgewählten Sonntagen).

Ausgehend von den bisher dargestellten Entscheidungsabläufen bei der **Variation des Leistungsprogramms** (Ausgangspunkt: interne und externe Informationen; dann Entscheidung hinsichtlich Leistungsverbesserung, -modifikation und/oder -differenzierung in Abhängigkeit vom aktuellen Leistungsprogramm; abschließend Entscheidung hinsichtlich der Anpassung der Potenziale, Prozesse und Ergebnisse) gibt es – wie in Schaubild 7-8 dargestellt – fünf **inhaltliche Ansatzpunkte für eine Variation**, die – je nach Art der Nonprofit-Organisation – anzutreffen sind:

Leistungsvariation durch Angebot von Zusatzleistungen
Zusatzleistungen einer Nonprofit-Organisation setzen an den drei **Dimensionen** einer Leistung an (Donabedian 1980):

- **Potenzialdimension** (z.B. Vermietung von Theaterräumen),
- **Prozessdimension** (z.B. Filmvorführungen im Wartezimmer eines Krankenhauses),
- **Ergebnisdimension** (z.B. Zufriedenheitsgarantien für Leistungsempfänger).

Zusatzleistungen erfüllen unterschiedliche **Funktionen** in Abhängigkeit von der funktionalen Verbundenheit und zwingenden Nähe zur Kernleistung (Jugel/Zerr 1989, S. 163; Meyer 1998, S. 728):

- **Obligatorische ergänzende Leistungen**
Diese stellen die Erfüllung der Kernleistung überhaupt erst sicher (z.B. Theaterkasse, Aufnahme der persönlichen Daten im Arbeitsamt). Sie sind somit auf die Erfüllung des Grundnutzens fokussiert. Eine Wettbewerbsdifferenzierung ist durch sie kaum möglich.

- **Unmittelbar fakultative ergänzende Leistungen**
Unmittelbar fakultative ergänzende Leistungen sind keine notwendigen Be-

standteile einer Nonprofit-Leistung. Vielmehr führen sie zu einer Steigerung der Attraktivität der Kernleistung einer Nonprofit-Organisation, indem sie sich auf eine verbesserte Funktionserfüllung der Kernleistung beziehen und somit deren Attraktivität steigern (z.B. Getränke und Speisen im Theaterfoyer, Online-Recherche über www.arbeitsagentur.de). Sie sind zur Differenzierung geeignet, allerdings durch die Wettbewerber vergleichsweise einfach imitierbar.

- **Mittelbar fakultative ergänzende Leistungen**
Sie führen zu einer Stärkung der emotionalen Bindung des Leistungsempfängers an die Nonprofit-Organisation, ohne direkt im Zusammenhang mit der Kernleistung zu stehen. Aufgrund der psychologischen Dimension ist der geschaffene Zusatznutzen zur Profilierung besonders geeignet (z.B. WWF-Kreditkarte, Katalog ökologisch hergestellter Bekleidungsartikel von Greenpeace).

Darüber hinaus denkbar sind zudem **Mischformen**, die sowohl unmittelbar als auch mittelbar fakultativen Charakter haben und sich als besonders erfolgreich zur Bindung von Leistungsempfängern erweisen. So dienen Fördervereine von Kultureinrichtungen oder Fanclubs von Sportvereinen einerseits zum Aufbau einer emotionalen Beziehung und ermöglichen andererseits die Attraktivität der Kernleistung zu steigern, z.B. durch die Nutzung von Lounges oder die bevorzugte Behandlung bei Ticketreservierungen.

Leistungsvariation durch Veränderung von Art und Umfang der Einbeziehung des Leistungsempfängers in den Erstellungsprozess
Ein weiterer Ansatzpunkt für die Variation des Leistungsprogramms von Nonprofit-Organisationen ist die Veränderung von Art und Umfang der Einbeziehung des Leistungsnachfragers, sofern er selbst während des Erstellungsprozesses präsent ist. In diesem Zusammenhang stellen **Internalisierung** und **Externalisierung** mögliche Optionen für eine Leistungsmodifikation und eine Leistungsdifferenzierung dar (Corsten 2000). Überträgt die Nonprofit-Organisation Teile der Leistungserbringung auf den Leistungsempfänger, wird dies als **Externalisierung** bezeichnet (z.B. häusliche Pflege). Unter **Internalisierung** wird die Übernahme bisher vom Leistungsempfänger durchgeführter Aktivitäten durch die Nonprofit-Organisation verstanden (z.B. Abholdienst für Besucher eines Theaters). Bei einer deutlichen Abweichung der Leistung gegenüber bisher angebotenen Problemlösungen wird mittels dieser Optionen sogar eine Innovation generiert.

Bei jeder Nonprofit-Leistung ist ein **Ist-Internalisierungsgrad** festzustellen. Letztlich lassen sich keine generellen Empfehlungen hinsichtlich des Optimums dieses Internalisierungsgrades abgeben. Vielmehr ist im Einzelfall unter Berücksichtigung der Wünsche und Fähigkeiten der Leistungsempfänger sowie der den zu internalisierenden bzw. externalisierenden Wertschöpfungsaktivitäten zurechenbaren Kostenpositionen zu entscheiden.

Leistungsvariation durch Automatisierung und Veredelung der Leistung
Während im Rahmen der Diskussion von Internalisierungs- bzw. Externalisierungsoptionen die Übertragung von Wertschöpfungsaktivitäten auf den externen Faktor im Mittelpunkt der Analyse stand, geht es bei der Frage nach der Automatisierung und Veredelung um die Übertragung von Leistungen von persönliche auf sachliche Leistungsträger. Im Rahmen der **Automatisierung** werden bisher von menschlichen Leistungsträgern durchgeführte Leistungsprozesse durch entsprechende Maschinen ersetzt, z.b. bei Fahrkartenautomaten der öffentlichen Verkehrsbetriebe oder bei medizinischen Leistungen durch Roboter. Ziel ist es dabei, arbeitsintensive Leistungsprozesse zugunsten eines verstärkten Einsatzes sachlicher Leistungsprozesse zu reduzieren. Neben der Option der Automatisierung existiert als zweite Option die **Veredelung** von Nonprofit-Leistungen. Im Rahmen der Veredelung wird die Multiplikation der menschlichen Leistungsfähigkeit einer Nonprofit-Organisation vorgenommen, indem sie mittels materieller Trägermedien gespeichert und vervielfältigt wird, z.b. Aufzeichnung einer Theateraufführung und Verkauf entsprechender Kopien als DVD.

Leistungsvariation durch zeitliche Veränderungen des Leistungsprozesses
Eine weitere grundlegende Option bei der Ausgestaltung des Leistungsprogramms, besonders bei der Variation von Nonprofit-Leistungen, stellt ein **leistungsempfängerorientiertes Zeitmanagement** dar. Basis eines auf den Leistungsempfänger orientierten Zeitmanagements bildet eine Aufteilung der mit der Inanspruchnahme der Nonprofit-Leistung verbundenen Leistungsempfängerzeiten. In Anlehnung an die These, dass Leistungsangebote von Nonprofit-Organisationen als Zeitverwendungsangebote verstanden werden können, lassen sich in einer differenzierten Analyse Transaktionszeiten, Transferzeiten, Abwicklungszeiten und Wartezeiten unterscheiden (Stauss 1991, S. 82). Ziel des Zeitmanagements ist die Minimierung der in der Regel als negativ empfundenen Transfer-, Abwicklungs- und Wartezeiten. Die vier verschiedenen Zeitarten werden im Folgenden am **Beispiel** einer medizinischen Behandlung durch einen Notdienst eines Krankenhauses verdeutlicht:

- **Transferzeiten**
Die Transferzeiten beziehen sich auf den Transport hin zum Ort der Leistungserstellung und wieder zurück. Bezogen auf das gewählte Beispiel wäre das etwa die Zeit für die Fahrt zum Krankenhaus und vom Krankenhaus wieder nach Hause. Dieser Transfer kann wahlweise mit privaten Verkehrsmitteln, zu Fuß, mit dem Taxi, mit öffentlichen Verkehrsmitteln oder dem Krankenwagen durchgeführt werden. Je nach Art des gewählten Verkehrsmittels fällt die Transferzeit unterschiedlich lang aus und wird unterschiedlich positiv bzw. negativ bewertet.

- **Abwicklungszeiten**
Abwicklungszeiten werden für die Erledigung aller Formalitäten benötigt, die für die Inanspruchnahme einer Nonprofit-Leistung erforderlich sind, aber selbst keinen Bestandteil der Leistung darstellen. Im Beispiel wäre das die für die Anmeldung, die Angabe der persönlichen Daten und für die Bezahlung der Praxisgebühr benötigte Zeit.

- **Wartezeiten**
Als Wartezeiten werden solche Zeiten bezeichnet, in denen keinerlei Transaktionen stattfinden und der Leistungsempfänger der anbietenden Nonprofit-Organisation zur Verfügung steht. Im Rahmen des gewählten Beispiels wäre das etwa die Zeit im Warteraum. In diesem Zeitraum hat die Nonprofit-Organisation die Gelegenheit zum Angebot weiterer Leistungen entgeltlicher oder unentgeltlicher Art, was zu einer positiven Wahrnehmung der Gesamtleistung beitragen kann (z.B. Kaffeeautomat im Wartezimmer).

- **Transaktionszeiten**
Die Transaktionszeiten umfassen schließlich den Zeitraum, der für die eigentliche Erbringung der Nonprofit-Leistung bzw. für den Kern des Interaktionsprozesses anzusetzen ist. Bezogen auf das gewählte Beispiel wäre das die eigentliche medizinische Behandlung durch das Krankenhauspersonal.

Während bei Transfer-, Abwicklungs- und Wartezeiten eine Zeitminimierung angestrebt wird, gilt dies in Bezug auf die Transaktionszeit nicht zwangsläufig, da die im Rahmen der **Leistungskonsumtion verbrachte Zeit** bei den Leistungsempfängern durchaus heterogenen Nutzen stiften kann. Entsprechend der Nutzenstiftung wird hierbei zwischen drei grundsätzlichen Arten von Leistungen differenziert (Meyer 1998, S. 794):

- Zunächst existieren Nonprofit-Leistungen, deren primärer Nutzen der **Zeitvertreib** ist. Beispiele hierfür lassen sich insbesondere in der erlebnisorientierten Freizeitgestaltung finden (z.B. Besuch eines öffentlichen Freibads, Theaters, Veranstaltungen eines Sportvereins).
- Weiterhin bestehen einige wenige Nonprofit-Leistungen, deren zentraler Nutzen in der **Zeitersparnis** zum Ausdruck kommt (z.B. Rettungshelikopter des ADAC).
- Darüber hinaus gibt es Nonprofit-Leistungen, bei denen die **subjektive Einschätzung der Zeit** stark heterogen ist und von der Person des Leistungsnachfragers bestimmt wird. So wird beispielsweise die Dienstzeit bei der Bundeswehr als willkommener Zeitvertreib oder als notwendiger Zeitverlust aufgefasst.

Leistungsvariation durch Veränderung symbolischer Eigenschaften
Die Veränderung symbolischer Eigenschaften zielt in der Regel auf **Elemente der Markenpolitik** ab, die in einem der folgenden Abschnitte ausführlich diskutiert wird.

(c) Elimination von Nonprofit-Leistungen
Der Entscheidungstatbestand der **Leistungsprogrammreduzierung** bzw. **-straffung** dient dazu, sich von weniger wichtigen oder veralteten Leistungsarten (z.B. Suche von im Zweiten Weltkrieg verschollenen Soldaten oder Zivilpersonen) zu trennen bzw. deren Erstellung anderen Nonprofit-Organisationen zu überlassen. Durch die damit verbundene Freisetzung von Ressourcen materieller, finanzieller und personeller Art ist ein Kostenabbau und eine effizientere Verwendung begrenzter Mittel zu erreichen (Meffert 2000). Allerdings kommt der Leistungselimination eine vergleichsweise geringe Bedeutung im Nonprofit-Marketing zu. Dies liegt zum einen daran, dass viele Verantwortliche von Nonprofit-Organisationen das Gefühl haben, sie müssen ein möglichst umfassendes Leistungsprogramm haben, dass den Bedürfnisse von sämtlichen potenziellen Leistungsempfängern gerecht wird. Zum anderen sind viele Leistungen direkt von der Mission ableitbar und daher ist deren Eliminierung indiskutabel. So kann der ADAC nicht den Autobahnservice wegfallen lassen weil der Umfang der geleisteten Pannenhilfen auf Autobahnen zurückgegangen ist oder die Katholische Kirche Deutschlands (KKD) nicht den Gottesdienst aufgrund der rückläufigen Anzahl der Kirchenbesucher aufgeben. Darüber hinaus lassen sich vor allem die folgenden **Barrieren von Eliminierungsentscheidungen** identifizieren:

- Prestige-/Imagegründe (z.B. Pferdestaffel der Polizei),
- Synergieeffekte mit anderen Nonprofit-Leistungen (z.B. Rettungsfahrten und Krankentransporte),
- Soziale Gründe (z.B. Behandlung bestimmter Krankheiten),
- Gesetzliche Vorschriften (z.B. Leistungen von Behörden).

Kommt es zu Eliminierungsüberlegungen, so gilt es diese durch eine simultane Betrachtung verschiedener **quantitativer** (sinkende Nachfrage, geringer Kostendeckungsbeitrag, viele anderen Anbieter) und **qualitativer Kriterien** (negativer Einfluss auf das Image der Nonprofit-Organisation, Änderung der Bedarfsstruktur, Einführung besserer Leistungen durch die Konkurrenz), z.B. mittels eines klassischen Punktbewertungsverfahrens, zu überdenken. In diesem Zusammenhang werden zunehmend strategische Analyse- und Planungskonzepte eingesetzt, wie sie in den vorherigen Kapiteln diskutiert wurden.

(2) Markenpolitische Instrumente
Die Markenführung wird im Nonprofit-Marketing bislang noch weitgehend „stiefmütterlich" behandelt. Die Notwendigkeit der **Markenführung für Non-**

profit-Organisationen ergibt sich jedoch nicht zuletzt aus dem hohen Anteil an **Vertrauenseigenschaften** bei nicht-materiellen Leistungen – wie sie für Nonprofit-Organisationen die Regel sind – und der damit verbundenen schweren Beurteilbarkeit dieser Leistungen. So ist z.b. die Qualität bei medizinischen Leistungen eines Krankenhauses durch die Leistungsempfänger bzw. deren Angehörige kaum bewertbar und somit als „Vertrauenssache" einzustufen. Hier dienen starke **Nonprofit-Marken** dazu, das wahrgenommene Risiko zu reduzieren, indem sie als Vertrauensanker wirken (Meffert/Bruhn 2003, S. 394). Eine bekannte und vertraute Marke dient z.B. Spendern als wichtiger Indikator für die zu erwartende Leistungsqualität und hilft ihnen bei der Auswahl zwischen verschiedenen Nonprofit-Organisationen. Darüber hinaus trägt die Markierung von Angeboten aus Sicht der Nonprofit-Organisationen zur Differenzierung gegenüber anderen Anbietern und zur klaren Positionierung der Organisation bei.

Die Marke ist daher insgesamt für Nonprofit-Organisationen mehr als lediglich ein physisches Kennzeichen für die Herkunft eines Produktes (Mellerowicz 1963) bzw. einer Leistung. Vielmehr ist die Vermittlung der erforderlichen Sicherheit und Hilfestellung bei Auswahlentscheidungen zwischen wahrgenommenen Alternativen (z.B. zwischen verschiedenen Spendenorganisationen) das übergeordnete Ziel der Markenführung. Demnach wird eine Nonprofit-Marke als ein in der Psyche der Anspruchsgruppen verankertes, unverwechselbares Vorstellungsbild von einer Nonprofit-Organisation bzw. deren Leistungen beschrieben. Die zugrunde liegende markierte Leistung ist dabei langfristig in gleichartigem Auftritt und in gleich bleibender oder verbesserter Qualität anzubieten (vgl. auch Meffert/Bruhn 2003, S. 395). Damit die Marke das Wahlverhalten der Anspruchsgruppen positiv beeinflusst, ist insbesondere der **Aufbau einer starken Markenidentität** notwendig. Diese wird – in Analogie zur menschlichen Persönlichkeit – auch als Markengesicht bezeichnet und umfasst die essenziellen, wesensprägenden und charakteristischen Merkmale einer Marke (Domizlaff 1992; Esch 2003). Um eine Verwässerung der Markenidentität zu vermeiden, erscheint eine Homogenität von Selbstbild und Fremdbild einer Marke notwendig (Meffert/Burmann 1996, S. 13 ff.). Das Selbstbild einer Marke beinhaltet die Vorstellung der Markenpersönlichkeit aus Sicht der internen Anspruchsgruppen (vor allem der Mitarbeiter), während sich das Fremdbild aus der Markenwahrnehmung durch externe Anspruchsgruppen ergibt.

Die Frage, ob eine einzelne oder mehrere Leistungen unter einer Marke geführt werden, gehört zu den zentralen markenpolitischen Überlegungen einer Nonprofit-Organisation. Für Nonprofit-Organisationen sind grundsätzlich die folgenden **markenstrategischen Optionen** denkbar (vgl. Esch 2003, S. 251 ff.; Meffert/Bruhn 2003, S. 403 ff.; Bruhn 2004d, S. 2311 ff.):

(a) Dachmarkenstrategie,
(b) Markenfamilienstrategie,
(c) Einzelmarkenstrategie,
(d) Mehrmarkenstrategie,
(e) Markentransferstrategie,
(f) Co-Branding.

Im Hinblick auf die Bedeutung der einzelnen Optionen dominiert für Nonprofit-Organisationen klar die Dachmarkenstrategie, wohingegen Einzelmarkenstrategien oder Markenfamilienstrategien in der Praxis von Nonprofit-Organisationen eher selten anzutreffen sind.

(a) Dachmarkenstrategie

Die Dachmarkenstrategie ist dadurch gekennzeichnet, dass sämtliche Leistungen und Produkte unter einem **Markennamen** zusammengefasst werden. Diese Markenstrategie ist insbesondere auch bei kleineren und verwaltungsnahen Nonprofit-Organisationen anzutreffen, die keine bewusste Markenstrategie verfolgen und demzufolge ihre Leistungen unter dem Organisationsnamen anbieten (z.B. Stadtwerke, die Gas und Strom unter einer Dachmarke anbieten; Sportvereine, die verschiedene Sportarten unter einer Dachmarke integrieren).

Die Dachmarkenstrategie wird häufig dann gezielt von Nonprofit-Organisationen gewählt, wenn die Dachmarke über ein bei den Leistungsempfängern oder anderen Anspruchsgruppen aufgebautes Vertrauenspotenzial (z.B. WWF, Deutscher Sportbund, Greenpeace usw.; vgl. Insert 7-11) verfügt und die Nonprofit-Organisation neue Leistungsarten einführen will. Die neuen Leistungen profitieren in diesem Fall von der Stärke der Dachmarke im Kernbereich und stoßen so auf eine größere Akzeptanz bei den Anspruchsgruppen. In diesem Zusammenhang ist es z.B. für Hochschulen sinnvoll, die neben der Erstausbildung als „Kernprodukt" weitere Leistungen anbieten wollen, wie z.B. Weiterbildung oder Beratung, den **Goodwill der Dachmarke** zu nutzen und eine Dachmarkenstrategie umzusetzen (Bruhn 2004d, S. 2311).

Allerdings birgt eine derartige Ausweitungsstrategie die **Gefahr negativer Ausstrahlungseffekte** in sich, da im Rahmen der Dachmarkenstrategie häufig der Name der Nonprofit-Organisation als Markenname oder zumindest als Teil des Markennamens Verwendung findet. Beispielsweise könnte das zusätzliche Engagement einer Umweltschutzorganisation in einem neuen Tätigkeitsfeld unter dem gleichen Namen dazu führen, dass einige Mitglieder mit der Tätigkeitsausweitung nicht einverstanden sind und abwandern. Akzeptieren die Anspruchsgruppen den Kompetenzanspruch der Organisation nicht mehr für alle Leistungen (z.B. wenn unter dem Label eines Altenpflegeheims neben der Betreuung alter Personen gleichzeitig ein Kinderhort eröffnet wird), besteht schließlich die

Insert 7-11: Beispiele für Dachmarken von Nonprofit-Organisationen
(Quelle: Bruhn 2004d, S. 2311)

Gefahr der Markenerosion. Daher sind die unter einer Dachmarke vertriebenen Leistungen möglichst in homogenen Segmenten anzusiedeln (Bruhn 2004d, S. 2312).

(b) Markenfamilienstrategie
Bei der Markenfamilienstrategie werden mehrere **Leistungen einer Kategorie** unter einer Marke geführt, wobei oftmals innerhalb einer Nonprofit-Organisation durchaus mehrere Markenfamilien nebeneinander vorzufinden sind. Bezogen auf eine Hilfsorganisation wäre es beispielsweise denkbar, das sie ihre verschiedenen Leistungskategorien (Umweltschutz, Entwicklungshilfe usw.) jeweils unter einer Markenfamilie zusammenfasst (Bruhn 2004d, S. 2312).

Beispiel: Markenfamilienstrategie des karitativen Hilfswerks der Katholischen Kirche
Eine Markenfamilienstrategie im weiteren Sinne findet sich z.b. beim karitativen Hilfswerk der Katholischen Kirche – **Misereor** – wieder, das diverse Leistungen, Kampagnen und Produkte unter dieser Bezeichnung integriert (vgl. Insert 7-12).

Insert 7-12: Beispiel für eine Markenfamilie für Nonprofit-Organisationen (Quelle: Bruhn 2004d, S. 2313)

Die Markenfamilienstrategie ist damit als eine **Zwischenform** zwischen der Einzel- und der Dachmarkenstrategie zu verstehen. Entsprechend werden wie bei der Dachmarkenführung die Synergiewirkungen genutzt und somit die Kosten der Markenbildung herabgesetzt. Allerdings besteht neben dem erhöhten Abstimmungsbedarf des Marketingmixes innerhalb der Markenfamilie auch das Hauptrisiko in der **Gefahr von negativen Ausstrahlungseffekten** (Meffert 2002, S. 143). Beispielsweise könnte das positive Image einer Marke mit fair gehandelten Produkten durch Gerüchte über einzelne, nicht-fair gehandelte Produkte aus derselben Markenfamilie zerstört werden.

(c) Einzelmarkenstrategie
Im Rahmen einer Einzelmarkenstrategie werden die unterschiedlichen Leistungen einer Nonprofit-Organisation unter **eigenständigen Markennamen** geführt, wobei die Nonprofit-Organisation an sich als Leistungsersteller nicht in Erscheinung tritt (beispielsweise Führung eines Beratungsangebots eines freien Wohlfahrtsverbandes unter eigenständigem Markennamen am Markt). Diese Vorgehensweise bietet sich vor allem dann an, wenn eine Organisation stark heterogene Leistungen für verschiedene Segmente anbietet (Esch 2003). Die we-

sentlichen Vorteile dieser Strategie liegen in der gezielten Ansprache einzelner Marktsegmente. Für die jeweilige Nonprofit-Leistung besteht die Möglichkeit einer **individuellen Positionierung** der verschiedenen von der Organisation angebotenen Leistungen nach den Bedürfnissen der Anspruchsgruppen. Gelingt es der Nonprofit-Organisation, den Einzelmarken ein individuelles Markenimage mitzugeben, so dass ein Imagetransfer von und zu anderen Leistungen ausbleibt, so werden negative Ausstrahlungseffekte bei einem potenziellen Imageeinbruch einer Einzelmarke vermieden (Bruhn 2004d, S. 2312f.). Allerdings bedeutet die Führung verschiedener Leistungen unter jeweils eigener Marke auch gleichzeitig die Vervielfachung der Kosten, da für jede Nonprofit-Leistung eine eigene Marke konzipiert wird, die am Markt durchzusetzen ist.

(d) Mehrmarkenstrategie
Bei einer Mehrmarkenstrategie wird im Vergleich zur Einzelmarkenstrategie die parallele Führung von mindestens zwei Marken in derselben Produktgruppe angestrebt. Ein Beispiel für eine Mehrmarkenstrategie – allerdings mehr im übertragenen Sinne – im politischen Umfeld war etwa der SPD-Bundestagswahlkampf 1994 mit der sog. „Troika", bestehend aus den Politikern Schröder, Scharping und Lafontaine (Schneider 2002, S. 364). **Ziel** der Mehrmarkenstrategie ist eine verbesserte **Marktdurchdringung und -absicherung** gegenüber anderen Organisationen, insbesondere dann, wenn die Gefahr eines Markenwechsels relativ hoch ist. Am Beispiel des Wahlkampfes einer Partei wird angestrebt, dass die Leistungsempfänger den Marken im eigenen Leistungsangebot treu bleiben, anstatt zu anderen Leistungsanbietern zu wechseln. Ein weiteres Ziel dieser Strategie liegt zudem in der Erhöhung der **Bindung der Leistungsempfänger** über den gesamten Lebenszyklus, vom Kindesalter bis hin zur Rente, an eine Nonprofit-Organisation („Customer-Life-Cycle-Konzept", Meffert 2000, S. 895). Ein Beispiel für eine lebenszyklusübergreifende Mehrmarkenstrategie wäre etwa, wenn eine Umweltschutzorganisation jüngere Menschen mit einem Jugendklub (z.B. Panda Club des WWF) gewinnt und im weiteren Verlauf z.B. jüngere Familien oder ältere Menschen mit einer ihrer Präferenzen entsprechenden Marke eine Bindung an die Organisation erreicht. Da eine Vielzahl der Nonprofit-Organisationen die Bindung der Leistungsempfänger nicht als Ziel verfolgen (z.B. Arbeitsämter, Behörden) bzw. eine Mehrmarkenstrategie ohne direkten Bezug zur Dachmarke nicht sinnvoll oder möglich ist (z.B. bei Kirchen), spielt die Mehrmarkenstrategie für Nonprofit-Organisationen bisher eine eher untergeordnete Rolle (Bruhn 2004d, S. 2315f.).

(e) Markentransferstrategie
Für starke Nonprofit-Marken mit einem ausgeprägten Markenimage und einer hohen Bekanntheit bietet sich als weitere markenstrategische Option die Markentransferstrategie an, deren Ziel in der **Übertragung der positiven Image-**

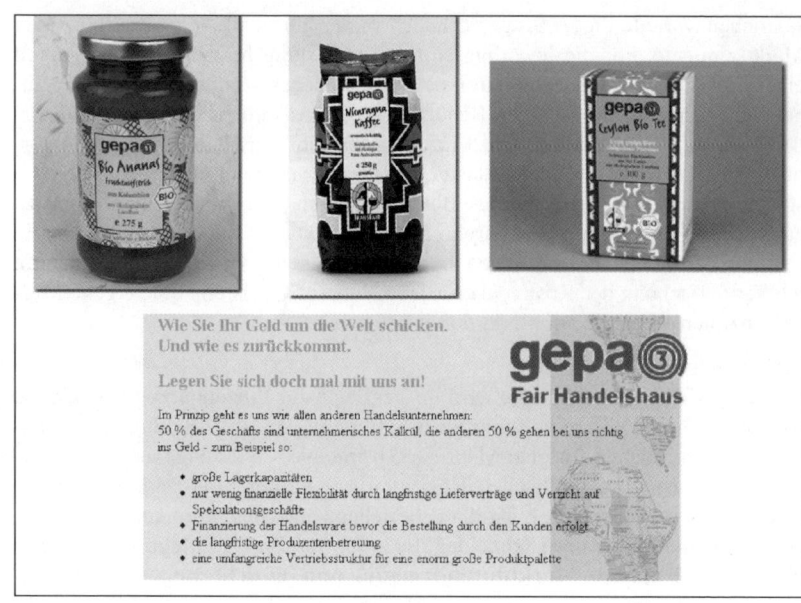

Insert 7-13: Markentransferstrategie am Beispiel des gepa-Fair-Handelshauses (Quelle: Bruhn 2004d, S. 2317)

komponenten von einer bereits am Markt vertretenen Nonprofit-Marke auf eine neue Leistung bzw. ein neues Produkt besteht. Eine zentrale Voraussetzung für den Erfolg einer Markentransferstrategie stellt daher die Nähe in Bezug auf das Image von Ursprungs- zu Transfermarke dar (Keller 2000; Caspar 2002). Als Beispiel lassen sich die verschiedenen Produkte heranziehen, die unter der Dachmarke Greenpeace verkauft werden (von Vogelkästen über Kleidung bis hin zu Strom) und von der Imagekomponente „umweltverträglich" profitieren. Wenig Erfolg versprechend wäre in diesem Fall, wenn unter der Dachmarke Greenpeace ein Sportwagen vermarktet würde. Ein weiteres Beispiel ist das „Fair-Handelshaus gepa" (www.gepa3.de), das neben dem sozial- und umweltverträglichem Handel von Tee, Kaffee usw. ihre Marke auch auf faire Geldanlagen ausgedehnt hat (vgl. Insert 7-13), in der Hoffnung, dass Personen, die bereits bei gepa „fair gehandelte" Produkte zu ihrer Zufriedenheit gekauft haben, vielleicht auch dazu bereit sind, bei einer Geldanlage auf diese Marke zu vertrauen (Bruhn 2004d, S. 2316f.).

Insert 7-14: Beispiele für Markenallianzen von Nonprofit-Organisationen
(Quelle: Bruhn 2004d, S. 2319)

(f) Co-Branding

Im Rahmen einer Partnerschaft bzw. Kooperation bietet sich für Nonprofit-Organisationen die Option des Co-Branding bzw. der **Markenallianz**. Hierbei treten mindestens zwei selbstständige Marken gemeinsam auf, wie Insert 7-14 an einigen Beispielen für Nonprofit-Organisationen darstellt.

Ziel der Kooperation ist der gegenseitige positive Imagetransfer und das Nutzen von Synergien (Littich et al. 2003, S. 185). Je nach Ziel der Markenzusammenarbeit werden die folgenden grundlegenden **Ausgestaltungen des Co-Branding** unterschieden (Blacket/Boad 1999; Baumgarth 2001; Bruhn 2004d, S. 2318 ff.; Meffert 2002; Esch 2003):

• **Klassische Co-Brands**
Diese Form der Markenallianz zielt darauf ab, ein neues Produkt bzw. eine neue Leistung unter gemeinsamer Nennung der beteiligten Marken auf den Markt zu bringen. Als klassisches Beispiel für Co-Brands werden die WWF-Card von Visa oder der NABU (Naturschutzbund)-Naturstrom herangezogen (vgl. Insert 7-14). Durch die Kombination beider Marken werden die jeweils positiven Imageanteile der Einzelmarken auf das neue Produkt bzw. die neue Leistung übertragen. Am Beispiel des NABU-Naturstrom-Angebotes unterstreichen beispielsweise die mit dem Naturschutzbund verbundenen Gedächtnisvorstellungen wie „aktiv für die Natur", „Natur bewahren" usw. das Ökostromangebot.

Beispiel: Co-Branding zwischen einer Nonprofit-Organisation und einem Kreditkartenunternehmen

Im Rahmen einer Partnerschaft mit Kreditkartenunternehmen können sich Nonprofit-Organisation als sog. „Co-Branding-Partner" an der Herausgabe einer „Affinity Credit Card" beteiligen (Urselmann 2002, S. 134 f.). Hierbei handelt es sich um eine Kreditkarte mit normaler Zahlungsfunktion, wobei auf der Karte neben dem Logo der Bank bzw. des Kreditkarteninstituts zusätzlich das Logo der Nonprofit-Organisation abgebildet wird. Der Vorteil dieser Kooperationsform für die Nonprofit-Organisation besteht darin, dass es sich um ein indirektes Fundraising-Instrument handelt. So kann z.B. die Organisation zum einen für jeden neu geworbenen Leistungsempfänger vom Kreditkartenunternehmen eine Prämie erhalten. Zum anderen ist eine prozentuale Beteiligung an den Kartenumsätzen möglich, wie das folgende Beispiel der Deutschen AIDS-Hilfe illustriert.

Die Entrium Direct Bankers AG in Nürnberg (ehemals Quelle Bank) gibt seit 1993 die DAH-VISA-Card (vgl. Insert 7-15) in einem exklusiven Design mit dem Logo der Deutschen AIDS-Hilfe (DAH) heraus. Der Karteninhaber kann durch diese Partnerschaft zum einen einfach und bequem bargeldlos bezahlen und zum anderen der Deutschen AIDS-Hilfe einen Teil des Umsatzes spenden. Die DAH erhält von allen Umsätzen der Karte 0,2 Prozent Lizenzgebühr für die Nutzung ihres Namens – ganz ohne Mehrkosten für den Karteninhaber, d.h. diese „Spende" kostet den Karteninhaber keinen Cent zusätzlich (www.aidshilfe.de/dah/frameset.html?/dah/mittel_aids/index.php, Zugriff am 15.07.2004).

Insert 7-15: DAH-VISA-Card
(Quelle: www.aidshilfe.de/dah/frameset.html?/dah/mittel_aids/index.php; Zugriff am 15.07.2004)

- **Co-Promotion**

Hierbei handelt es sich um eine gemeinsame kommunikative Aktion zweier oder mehrerer Marken, die auf eine bestimmte zeitliche Dauer angelegt ist. Auf diesem Wege kann die Nonprofit-Organisation von erfolgreichen und bekannten Marken aus dem kommerziellen oder nicht-kommerziellen Bereich profitieren und vice versa.

Beispiel: Co-Promotion zwischen WWF Deutschland und der Brauerei Krombacher

Die Umweltstiftung WWF Deutschland will über eine zeitlich befristete Kampagne gemeinsam mit der Brauerei Krombacher und TV-Star Günther Jauch ein Regenwaldgebiet in Zentralafrika retten. Hierzu führt Krombacher im Aktionszeitraum pro verkaufter Getränkekiste einen Betrag an das Umweltschutzprojekt ab.

- **Mega-Brands**
Bei dieser Form der Markenallianz wird eine neue, zusätzliche Markenidentität geschaffen. Ein Beispiel wäre hier der Zusammenschluss mehrerer Hilfsorganisationen unter einem Dach (z.B. der Deutsche Verein für öffentliche und private Fürsorge – DV; vgl. Insert 7-16), wobei die eigenständigen Marken (z.B. Arbeiterwohlfahrt – AWO, Deutscher Caritasverband – DCV, Deutscher Paritätischer Wohlfahrtsverband – Der Paritätische, Diakonisches Werk der Evangelischen Kirche in Deutschland – DW, Deutsches Rotes Kreuz – DRK, Zentralwohlfahrtsstelle der Juden in Deutschland – ZWSt) weiterhin als solche erhalten bleiben.

Insbesondere in jenen Teilbereichen von Nonprofit-Märkten, in denen eine Vielzahl von Organisationen mit ähnlichen Missionen in Konkurrenz zueinander stehen (z.B. Wohlfahrtsorganisationen, Krankenhäuser usw.), hat die Nonprofit-Marke auf die Besonderheit und Einzigartigkeit der Leistung bzw. der Organisation aufmerksam zu machen. Damit eine Nonprofit-Marke trotz anwachsender Informationsflut von den Anspruchsgruppen wahrgenommen wird,

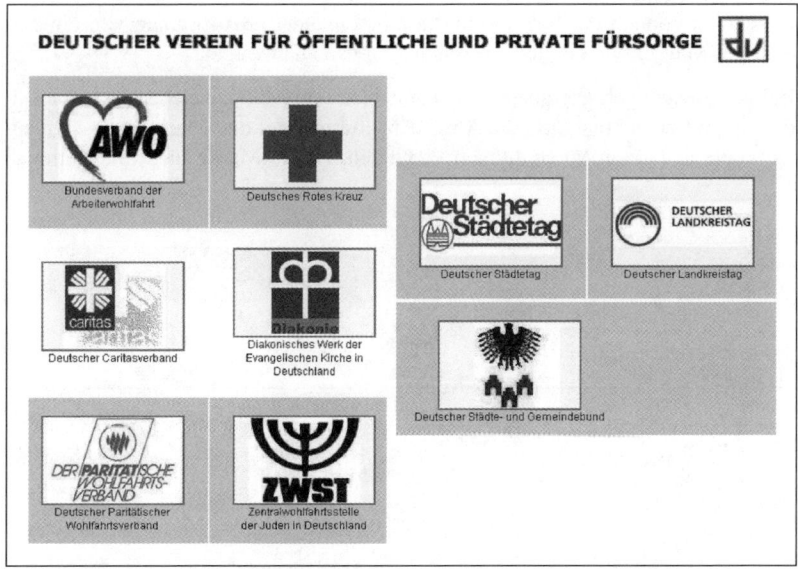

Insert 7-16: Mitgliederstruktur des Deutschen Vereins (DV) für öffentliche und private Fürsorge

erleichtert z.B. ein einfach zu erinnernder **Markenname** und ein **einprägsames Markenzeichen** die schnelle Durchsetzung der Marke am Markt. Zusätzlich verdeutlicht ein **Slogan** als kommunikative Leitidee einen Hinweis auf das spezielle Leistungsangebot des Anbieters. Allerdings ist gerade bei komplexen Nonprofit-Leistungen der Mehrwert und Nutzen für die Anspruchsgruppen schwer in dieser kurzen Form darstellbar. Um den Markenvorteil aber dennoch möglichst eindeutig zu kommunizieren, greift das Markenmanagement auf verständliche Symbole und Zeichen zurück, wie beispielsweise der vom Aussterben bedrohte Panda als Markenzeichen des WWF oder der prägnante Name „Brot für die Welt" der kirchlichen Entwicklungshilfe (Bruhn 2004d, S. 23121 ff.).

Beispiel: AIDS-Präventionskampagne als Marke
Das Logo „Gib AIDS keine Chance" der AIDS-Präventionskampagne der Bundeszentrale für gesundheitliche Aufklärung (BzgA) gehört inzwischen zu den bekanntesten Markenzeichen in Deutschland. Unter der bundesweiten Dachkampagne werden Medien und Maßnahmen geplant und realisiert sowie die Konzepte und einzelnen Bausteine ständig weiterentwickelt (www.gib-aids-keine-chance.de, Zugriff am 15.07.2004).

Dabei ist zu beachten, dass diese drei Elemente der Markengestaltung (Markenname, Markenzeichen und Slogan), wie sie Schaubild 7-9 für einige Umwelt- und Artenschutzorganisationen darstellt, nicht unabhängig voneinander betrachtet werden können. Vielmehr sind diese aufeinander abzustimmen, um ein eindeutiges Markenbild bei den Anspruchsgruppen zu erzeugen.

Bei der Suche nach geeigneten Markennamen und Markenzeichen ist insbesondere darauf zu achten, dass die Anspruchsgruppen mit den Markierungselementen keine negativen Vorstellungen verbinden. Ist die Marke nicht nur national,

Markenname	Markenzeichen	Slogan
WWF (World Wide Fund for Nature)	WWF	„For a living planet"
BUND (Bund für Umwelt- und Naturschutz)	BUND FREUNDE DER ERDE	„Freunde der Erde"
Oro Verde	ORO VERDE	„Die Tropenwaldstiftung"

Schaubild 7-9: Markennamen, Markenzeichen und Slogans ausgewählter Umwelt- und Artenschutzorganisationen

sondern auch international zu führen, so ist die interkulturelle Verständlichkeit und Akzeptanz der Kennzeichnungsdimensionen sicherzustellen. Beispielsweise weisen Farben oder Symbole je nach Kulturkreis eine unterschiedliche Bedeutung auf. Dies spielt beispielsweise bei international tätigen Hilfsorganisationen (z.B. Rotes Kreuz, Roter Halbmond) eine entscheidende Rolle.

Jedoch stellt die Immaterialität vieler Nonprofit-Leistungen eine Schwierigkeit für die **Visualisierung des Markenzeichens** dar. So kann beispielsweise ein erfolgreiches Projekt in der Welthungerhilfe oder eine gelungene Operation in einem Krankenhaus nicht mit einem Markenlabel gekennzeichnet werden. Demzufolge sind alternative Markierungsobjekte zu finden, bei denen eine Kennzeichnung im technischen/physischen Sinne möglich ist. Als Träger des Markenzeichens eignen sich prinzipiell vor allem interne **Kontaktobjekte und -subjekte**, wie z.B. die Gebäude, die Einrichtung und die technischen Objekte einer Nonprofit-Organisation (interne Kontaktobjekte). Aufgrund der persönlichen Interaktion zwischen den Mitarbeitenden der Nonprofit-Organisationen und den Leistungsempfängern ist auch eine Markierung des Kontaktpersonals denkbar (interne Kontaktsubjekte). Wie Schaubild 7-10 veranschaulicht, werden jedoch in einigen Fällen auch externe Kontaktobjekte und -subjekte für die Markierung herangezogen. So eignen sich beispielsweise textile Merchandising-Artikel als Markierungsobjekte. Dies gilt insbesondere dann, wenn die Anspruchsgruppen sich mit der Nonprofit-Organisation stark verbunden fühlen oder ihr

Kontaktträger / Verfügungsbereich	Kontaktobjekte (Dinge)	Kontaktsubjekte (Menschen)
Extern	**Externe Kontaktobjekte** • Schild an einem durch eine Hilfsorganisation erbauten Brunnen	**Externe Kontaktsubjekte** • Textile Merchandising-Artikel (z.B. mit Greenpeace-Logo)
Intern	**Interne Kontaktobjekte** • Markierung von Gebäuden, Geräten, Fahrzeugen der Nonprofit-Organisation	**Interne Kontaktsubjekte** • Bekleidungsordnung (z.B. Krankenhäuser, Polizei, Bundeswehr)

Schaubild 7-10: Ansätze zur physischen Markierung von Dienstleistungen (Quelle: in Anlehnung an Meyer 1994, S. 98)

Engagement Dritten gegenüber zeigen wollen, wie z.B. bei Umweltschutzgruppen oder Sportvereinen. Hierbei steht oft auch der Wunsch nach einem Imagetransfer von der Organisation zum Leistungsempfänger im Vordergrund (z.B. Demonstration des Sportvereinlogos zur Unterstreichung des persönlichen Images als sportlich und aktiv) (Meyer 1994, S. 98).

(3) Einsatz von E-Services als Instrument der Leistungspolitik
Die Besonderheiten des Internet beeinflussen alle Phasen des Leistungserstellungsprozesses, die Nonprofit-Leistung selbst und die beteiligten Transaktionspartner. Im Folgenden werden unter **Electronic Services** bzw. **E-Services** solche Leistungen verstanden, die durch die Bereitstellung von elektronischen Leistungsfähigkeiten des Anbieters (Potenzialdimension) und durch die Integration eines externes Faktors mit Hilfe eines elektronischen Datenaustauschs (Prozessdimension) an den externen Faktoren auf eine nutzenstiftende Wirkung (Ergebnisdimension) abzielen.

Die Erstellung von Nonprofit-Leistungen über das Internet ist weitgehend auf Leistungen beschränkt, die auf der Weitergabe von Informationen beruhen. Dementsprechend handelt es sich bei im Internet angebotenen Leistungen primär um Ergänzungen einer (offline angebotenen) Kernleistung. Als typische **Anwendungsfelder** von Internet-Services, die allerdings von vielen Nonprofit-Organisationen noch nicht hinreichend genutzt werden, lassen sich festhalten:

- **Online-Beratung bzw. -Information**

Informationen werden speziell auf die Wünsche und Bedürfnisse von Leistungsempfängern zugeschnitten und diesen z.B. in Form eines Chats, Newsletters, Frequently-Asked-Questions(FAQ)-Listen, E-Mails usw. zugänglich gemacht.

Beispiel: Online-Beratung der Aids-Hilfe Schweiz
Seit Mai 2002 bietet die Aids-Hilfe Schweiz als erste Nonprofit-Organisation der Schweiz Beratung in der Form eines Internet-Chats an. Wer zu HIV und Aids, aber auch zu anderen sexuell übertragbaren Krankheiten Fragen hat, tritt ins virtuelle Wartezimmer und wird von einer Beraterin oder einem Berater ins Besprechungszimmer geladen, wo zuverlässiger und fachkundiger Rat erteilt wird. Dank der interaktiven, zugleich aber anonymen Form der Beratung werden Tabuthemen leichter angesprochen.

Beispiel: Internet-Suche nach Angehörigen
Das Internet spielt bei der Bewältigung der Tsunami-Katastrophe (Dezember 2004) im Indischen Ozean eine herausragende Rolle. Schon kurz nach der zerstörerischen Flutwelle am zweiten Weihnachtsfeiertag hatten Krankenhäuser Patientenlisten ins Netz gestellt. In Deutschland etablierte sich die Suchseite Asienflut.de als wichtige Anlaufstelle für Angehörige. Auch das Auswärtige Amt nutzt das Netz als Informationsmedium. Zum Beispiel können Angehörige ein Suchformular online ausfüllen (http://service.diplo.de/asien/gesucht.php).

- **Reservierungssysteme**
Aufgrund der Tatsache, dass bei Nonprofit-Leistungen oftmals die Kapazität stark begrenzt ist, bietet es sich an, den Leistungsempfängern die Möglichkeit einer Online-Reservierung als zusätzlichen Service anzubieten (z.b. bei Theatern, Jugendherbergen usw.).

- **Verkauf oder kostenlose Abgabe von materiellen Produkten**
Hierbei werden Produkte, die in einem Zusammenhang mit der Missionserfüllung der Nonprofit-Organisation stehen, den Anspruchsgruppen angeboten.

Insert 7-17 zeigt am Beispiel der Evangelischen Haupt-Bibelgesellschaft die Gestaltung eines Online Shops.

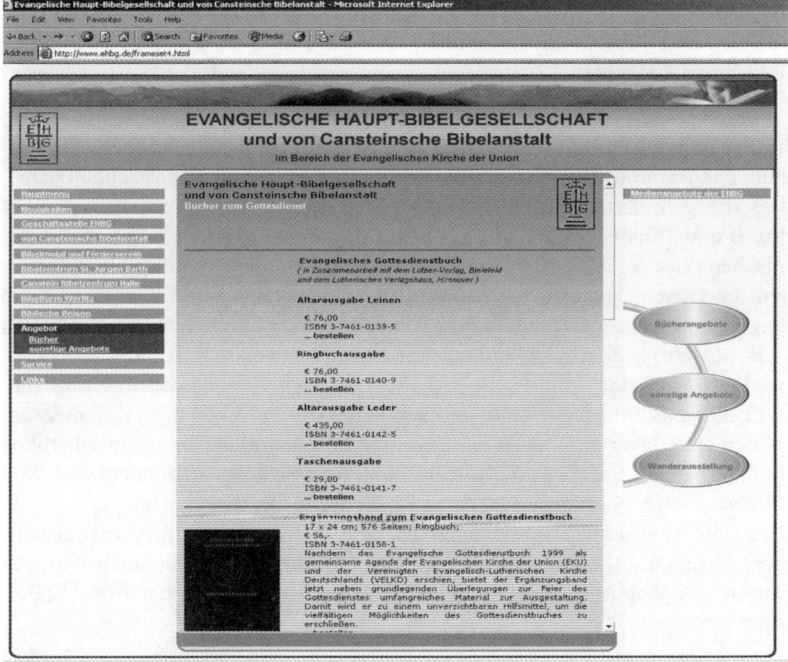

Insert 7-17: Online Shop der Evangelischen Hauptbibelgesellschaft
(Quelle: www.ehbg.de, Zugriff am 23.12.2004)

7.3.2 Einsatz der Preis- und Gebührenpolitik

7.3.2.1 Besonderheiten der Preis- und Gebührenpolitik für Nonprofit-Leistungen

Im Rahmen der Preis- und Gebührenpolitik wird festgelegt, zu welchen Bedingungen Leistungen oder auch Produkte einer Nonprofit-Organisation mit den Abnehmern getauscht werden (Klausegger/Scharitzer/Scheuch 2003, S. 129).

Traditionell wird der Preis als die monetäre Gegenleistung („Entgelt") eines Käufers für ein Wirtschaftsgut definiert (kalkulatorische Preisdefinition) (Diller 2000, S. 23). Preise werden von Anbietern gefordert und von Nachfragern geboten, so dass sich ein **Marktpreis** entwickelt, wenn die Angebots- und Nachfragepreise akzeptiert werden. Überall dort, wo Leistungen und Gegenleistungen getauscht werden, existieren somit Preise. Eine Besonderheit besteht bei Nonprofit-Organisationen darin, dass sie sich i.d.R. nur teilweise oder gar nicht über die Erlöse der abgesetzten Leistungen finanzieren. Ergänzend kalkulieren die meisten Nonprofit-Organisation mit weiteren Finanzierungsinstrumenten (u.a. Spenden und Subventionen), um die Lücke zu schließen, die entsteht, falls der Preis für die direkten Leistungsempfänger nicht kostendeckend ist (Klausegger/Scharitzer/Scheuch 2003, S. 129).

Im Zusammenhang mit dem Absatz von Nonprofit-Leistungen ist die Verwendung des Terminus Preis eher selten anzutreffen. Dies liegt hauptsächlich daran, dass die geforderten Gegenleistungen für Nonprofit-Leistungen häufig **nicht durch marktliche Mechanismen zustande** kommen, sondern aufgrund von politischen oder sozialen Überlegungen festgelegt werden. Darüber hinaus erfolgen die Gegenleistungen bei Nonprofit-Organisationen nur teilweise in Form von leistungsbezogenen Zahlungen, sondern werden durch indirekte Zahlungen (z.B. Steuern) oder schwer konkretisierbare nichtmonetäre Entgelte pauschal abgegolten. Weiterhin wird der Begriff Preis bei vielen Verantwortlichen in Nonprofit-Organisationen auch mit kommerziellen Unternehmen bzw. Kommerz assoziiert und daher vermieden. Schaubild 7-11 verdeutlicht in einem Überblick die alternativen Preisbegriffe, die im Nonprofit-Sektor vorzufinden sind. Von „Tarifen" wird beispielsweise gesprochen, wenn der Preis abhängig von bestimmten Anwendungsbedingungen ist, wie z.B. bei öffentlichen Transportdienstleistungen (Diller 2000, S. 23). Bei Leistungen von Behörden wird der Begriff „Gebühren" verwendet, bei Mitgliederorganisationen der Begriff „Beiträge".

Im Rahmen der Preispolitik von Nonprofit-Organisationen werden i.d.R. verschiedene **Instrumente** eingesetzt, die dazu dienen, die Ziele der Organisation zu fördern. Zu den preispolitischen Instrumenten und Maßnahmen von Nonpro-

Preisbegriff	Beispiele
Preis bzw. Leistungsentgelt	• Eintrittspreis eines Museums oder eines Theaters • Preis für fair-gehandelte Produkte
Gebühr	• Abfallentsorgungsgebühr • Bearbeitungsgebühren öffentlicher Ämter • Studiengebühren von Universitäten • Kurtaxen • Vermittlungsgebühr einer Mitfahrzentrale
Beitrag	• Beiträge für die Mitgliedschaft in Vereinen
Steuer	• Kirchensteuer
Tarif	• Tarif bei öffentlichen Stromversorgern • Tarife des öffentlichen Personenverkehrs
Lizenzgebühr	• Lizenzgebühr für die Nutzung eines bestimmten Logos (z.B. Fair Trade)
Honorar	• Honorare für Beratungen von Nonprofit-Organisationen
Gage	• Gage für den Auftritt eines Künstlers im Rahmen einer Benefiz-Veranstaltung • Gage für das Engagement eines Theaterensembles
Unbare Tauschgeschäfte	• Solidarische Tauschgemeinschaften • Organisierte Nachbarschaftshilfe

Schaubild 7-11: Erscheinungsformen des Preisbegriffes für Nonprofit-Organisationen

fit-Organisationen zählen neben der Festlegung der durch den Leistungsempfänger zu entrichtenden Preise bzw. Gegenleistungen, ggf. die Festlegung einer Preisdifferenzierung sowie der zugrunde liegenden Kriterien zur Preisdifferenzierung. Beispielsweise stellt sich die Frage, ob Studierende, Rentner, Arbeitslose usw. eine Ermäßigung für den Eintritt in ein Museum oder Theater erhalten und wie hoch diese ggf. ist. Insgesamt wird die Preisstruktur der Nonprofit-Leistungen sowohl von den Möglichkeiten der Leistungsempfänger zur Bezahlung der Leistung und den von den Wettbewerbern verlangten Preisen beeinflusst als auch durch interne Größen, wie z.B. Kosten für die Leistungserstellung und Subventionsmöglichkeiten durch eingenommene Spendengelder u.ä.

Ebenso wie bei den vorherigen Entscheidungstatbeständen der Ressourcen- und Leistungspolitik nehmen die **nonprofit-spezifischen Besonderheiten** auch Einfluss auf die Preis- und Gebührenpolitik einer Nonprofit-Organisation:

- Die **Aufrechterhaltung der Leistungsbereitschaft** der Nonprofit-Organisation führt zu einem hohen Anteil von Fixkosten (Corsten 2001), die zumeist Gemeinkostencharakter aufweisen (z.B. Personalkosten in einem Theater, Kosten für die Bereitstellung von Transportmitteln bei öffentlichen Verkehrsbetrieben). Beabsichtigt die Nonprofit-Organisation kostendeckende Preise zu verlangen, so ergibt sich das Problem, dass eine verursachungsgerechte Zuordnung der Kosten kaum möglich ist (z.B. wie hoch sind die Kosten für eine bestimmte Strecke im Nahverkehr?).

- Die **Integration des Leistungsempfängers** führt bei Nonprofit-Leistungen mit einem hohen Individualisierungsgrad – im Falle einer kostenorientierten Entgeltbestimmung – zum Problem der Festlegung einheitlicher Preise bzw. Gebühren für die in Anspruch genommenen Leistungen. Beispielsweise kann bei einer Beratung eines Lohnsteuervereins oder einer sozialen Rechtsberatungsstelle im Voraus nur schwierig eingeschätzt werden, wie aufwändig die einzelne Beratung sein wird.

- Aufgrund der **Immaterialität von Nonprofit-Leistungen** erweist es sich als schwierig, die Zahlungsbereitschaft für Nonprofit-Leistungen aus Sicht der Leistungsempfänger zu erfassen So ist es für ein Museum z.B. problematisch abzuschätzen, welcher Preis bei welcher Gruppe von Leistungsempfängern (z.B. Studenten, Rentner, Kinder) für einen Museumsbesuch als vertretbar gilt.

Da sich die Preise einer Vielzahl von Nonprofit-Leistungen nicht an der Zahlungsbereitschaft der Leistungsempfänger orientieren, sondern an deren **Zahlungsvermögen**, besteht häufig ein zentrales Ziel darin, einen sozial fairen Preis zu ermitteln. Aus diesem Grunde gilt es, das Zahlungsvermögen der Leistungsempfänger zu ermitteln, um dann – unter Berücksichtigung der organisationsinternen Ressourcensituation – festzulegen, in welchem Umfang diese an den Kosten beteiligt werden. Eine exakte Kostenrechnung ist im Falle preispolitischer Handlungsfreiräume die grundlegende Voraussetzung für Nonprofit-Organisationen, um die Preise bzw. Gebühren sinnvoll (d.h. konform zur Nonprofit-Mission) zu bestimmen.

7.3.2.2 Ziele der Preis- und Gebührenpolitik für Nonprofit-Leistungen

Nonprofit-Organisationen verfolgen im Rahmen ihrer Preispolitik spezifische Zielsetzungen. Derartige, nicht ausschließlich durch preispolitische Maßnahmen realisierbare **Ziele** sind beispielsweise:

- Erschließung von Nonprofit-Leistungen für breitere Bevölkerungsschichten (z.B. Theater, Museen),
- Auslösung von Verhaltensänderungen der Leistungsempfänger (z.B. stärkere gesundheitliche Vorsorge durch erleichterten Zugang zu Sportmöglichkeiten

wie Schwimmbäder oder Gesundheitsberatungen, Gebühren für verspätet abgegebene Bücher einer öffentlichen Bibliothek, um die Nutzer zur Einhaltung der Leifristen zu bewegen),
- Verbesserung der Lebensqualität (z.b. Reduzierung der Umwelt- und Lärmbelastung durch ein Zurückdrängen des Individualverkehrs aus den Innenstädten aufgrund eines preisgünstigen öffentlichen Verkehrsangebots und hoher Parkgebühren).

Neben diese gemeinwohlorientierten Ziele tritt – z.b. bei kommunalen Dienstleistungen angesichts der angespannten Finanzsituation öffentlicher Haushalte – in immer stärkerem Maße die Erhöhung des **Kostendeckungsgrades** als notwendige Nebenbedingung der Preispolitik. Für die meisten Nonprofit-Organisationen ist es jedoch i.d.R. nicht ausreichend, nur kostendeckend zu arbeiten. Vielmehr haben eine Vielzahl von Nonprofit-Organisationen das Erwirtschaften von Überschüssen zum Ziel. Diese Überschüsse werden i.d.R. in der Organisation thesauriert, um notwendige Investitionen zu tätigen. Beispielsweise haben viele Museen oder Naturparks begonnen, Eintritt zu verlangen, um bei notwendigen Investitionen nicht vollständig von staatlichen Subventionen abhängig zu sein.

Darüber hinaus existieren für Nonprofit-Organisationen zahlreiche gesetzliche Regelungen, nach denen die „Preise" für Nonprofit-Leistungen erhoben werden, wie z.b. feste Sätze oder Gebührenordnungen. Auch hier ist das Ziel der Gebührenpolitik i.d.R. die Kostendeckung. Insgesamt lässt sich festhalten, dass viele Märkte für Nonprofit-Leistungen durch ein hohes Ausmaß an Regulierung gekennzeichnet sind, d.h. die Preis- und Gebührenpolitik ist in ihren Handlungsfreiräumen stark begrenzt.

Beispiel: Kirchensteuer

Das Kirchensteuerrecht gehört zu den sog. gemeinsamen Angelegenheiten von Staat und Kirche. Beide Partner haben dabei eine gleichberechtigte Regelungskompetenz. Sie beruht auf staatlicher und auf kirchlicher Gesetzgebung und führt zu parallelen Vorschriften. Oberste Rechtsquelle für das Kirchensteuerrecht bildet Art. 140 GG. Danach wird den Kirchen, die Körperschaften des öffentlichen Rechts sind, u.a. das Recht eingeräumt, aufgrund der bürgerlichen Steuerlisten Steuern zu erheben (Art. 140 GG i.V.m. Art. 137 Abs. 6 WRV). Landesrechtliche Bestimmungen setzen den Rahmen, d.h. die Bundesländer sind zuständig für die Kirchensteuergesetze. Die Kirchensteuergesetze der Länder sind Rahmengesetze, die von den Kirchen durch ihre eigenen kirchensteuerlichen Gesetze (Kirchensteuerordnungen, Kirchensteuerbeschlüsse) ausgefüllt werden. Die Rahmengesetze stellen den Kirchen mehrere Arten von Kirchensteuern zur Auswahl und überlassen ihnen auch, die Höhe der Kirchensteuer festzusetzen. Die Kirchensteuerbeschlüsse legen den Besteuerungsmaßstab und die anzuwendenden Hebesätze (8 Prozent oder 9 Prozent der Lohn- bzw. Einkommensteuer) fest. Sie werden von den Synoden gefasst und bedürfen der staatlichen Genehmigung. Ihre vorgeschriebene Veröffentlichung erfolgt in den jedermann zugänglichen Gesetz- und Verordnungsblättern der Bundesländer und der Kirchen. Die Kirchensteuergesetze der Länder, die Kirchensteuerordnungen und die Kirchensteuerbeschlüsse bilden somit die festgefügte Rechtsgrundlage für die Erhebung der Kirchensteuer (www.kigst.de, Zugriff am 22.07.2004).

Beispiel: Studiengebühren
Aufgrund ihres öffentlichen Versorgungsauftrages werden Universitäten in Deutschland zu einem Großteil staatlich finanziert. Diese Finanzierung orientiert sich an den in Forschung und Lehre sowie bei der Förderung des wissenschaftlichen Nachwuchses erbrachten Leistungen (HRG § 5). Die staatliche Finanzierung lässt somit einen Leistungs- und Marktbezug erkennen. Das Hochschulrahmengesetz ist von den jeweiligen Bundesländern in entsprechendes Landesrecht umzusetzen. Es liegt im Ermessen des jeweiligen Bundeslandes, über die staatliche Finanzierung hinaus Studiengebühren zu erheben, die zur Deckung der anfallenden Kosten eingesetzt werden können. Derzeit werden lediglich in den Bundesländern Bayern und Baden-Württemberg Studiengebühren für „Langzeitstudierende" erhoben, die als Anreiz dienen, das Studium zügiger abzuschließen. Mit der Aufhebung des Verbots allgemeiner Studiengebühren durch das Bundesverfassungsgericht am 26. Januar 2005 ist jedoch damit zu rechnen, dass künftig in einigen Bundesländern generell Studiengebühren erhoben werden (zum genauen Text des Urteils vgl. www.bundesverfassungsgericht.de/bverfg_cgi/pressemitteilungen/frames/bvg05-008, Zugriff am 02.02.2005).

Zusammenfassend zeigen die beiden Beispiele, dass für einige Nonprofit-Leistungen nur geringe Spielräume bei der Preisfestlegung bestehen. Darüber hinaus finden sich vielfach in Nonprofit-Organisationen sozial-motivierte Gründe (z.B. Gerechtigkeit innerhalb der unterschiedlichen Anspruchsgruppen zu erreichen), die dazu führen, dass Leistungen nicht – oder nicht für alle Leistungsempfänger – zu marktorientierten Preisen angeboten werden. Die Festlegung von nicht-kostendeckenden Preisen ist jedoch nur möglich, wenn die Nonprofit-Organisation über genügend andere Finanzierungsquellen (z.B. Subventionen, Spenden) verfügt.

7.3.2.3 Formen und Entscheidungskriterien der Preis- und Gebührenpolitik

Ansatzpunkte für die zu treffenden Entscheidungen in der Preis- und Gebührenpolitik von Nonprofit-Organisationen bilden im Allgemeinen die grobe Zuordnung der von der Organisation angebotenen Leistungen zu einem der folgenden drei **Bereiche** (Ristock 2000, S. 427):

- Ideeller Bereich (z.B. ehrenamtliche Besuchsdienste),
- Bereich des freien Marktes (z.B. häusliche Pflegedienste, private ambulante Dienstleistungen) sowie
- Zuschuss- bzw. Zuwendungsbereich (z.B. Leistungen im Rahmen der kommunalen Daseinsvorsorge).

Während der **ideelle Bereich** vornehmlich durch Eigenmittel, Spenden und Sponsoring getragen wird und nur selten Preise für die Leistungen verlangt werden, finanzieren sich Nonprofit-Organisationen des **Marktbereichs** durch die Leistungsentgelte der Nutzer bzw. der für sie zahlenden Solidarsysteme. Entsprechend kommt in diesem Bereich der marktorientierten Preisfestlegung eine zentrale Rolle zu, um das langfristige Überleben der Nonprofit-Organisation zu gewähren. Der **Zuschussbereich** wird primär durch Transferleistungen finanziert und nimmt i.d.R. Aufgaben wahr, die die Nonprofit-Organisationen als „Erfüllungsgehilfe" des Staates durchführen (Ristock 2000, S. 428). Hier wird mittels Entgelt lediglich ein Teil der Kosten gedeckt.

Als Grundlage für die Bestimmung des Preises einer Nonprofit-Organisation existieren verschiedene Ansatzpunkte, wobei i.d.R. vor allem die folgenden vier **Formen der Preisfestlegung** von Relevanz sind (Scheuch 2002, S. 305; Klausegger/Scharitzer/Scheuch 2003, S. 129):

- **Direkte kostendeckende Preisfestlegung** auf Basis betriebswirtschaftlicher Kalkulation (z.B. mobile soziale Hilfsdienste).
- **Indirekte Preisfestlegung** z.B. auf der Basis einer retrograden Preisbestimmung, d.h. zunächst Festsetzung des Zielpreises und dann Abzug der anfallenden direkten Kosten; eventuell erfolgt eine Unterdeckung, die durch weitere Finanzierungsquellen gedeckt werden muss (z.B. öffentliche Museen).
- **Nichtdeckende Gebühren-/Tariffestlegung** mit einer Restabdeckung durch öffentliche Mittel, Spenden oder Sponsoringeinnahmen (z.B. öffentliche Krankenhäuser, Universitäten).
- **Mischsysteme**, d.h. unentgeltliche Pflicht- bzw. Basisleistungen und entgeltliche Zusatzleistungen (z.B. kostenlose Ausleihe von Büchern in einer Bibliothek aber kostenpflichtige Fernleihen).

Eine direkte kostendeckende Preisfestlegung ist vor allem bei Nonprofit-Organisationen des marktlichen Bereichs anzutreffen. Hierbei wird die Höhe des Entgelts auf Basis der Kostenträgerrechnung der Nonprofit-Organisation festgelegt (vgl. Diller 2000, S. 150ff.). Für die sog. Zuschussbetriebe kommen die übrigen Verfahren der Preisfestsetzung in Frage. Die indirekte Preisfestlegung sowie Mischsysteme werden bei Organisationen eingesetzt, die zum Teil über staatliche Zuwendungen finanziert werden, da sie z.B. einen öffentlichen Versorgungsauftrag wahrnehmen.

Grundsätzlich ist es für die meisten Nonprofit-Organisationen sowohl von Interesse, welche Kosten bei der Leistungserstellung entstehen (Inside-out-Perspektive), zum anderen welche Preise die Leistungsempfänger bezahlen können bzw. bereit sind zu zahlen (Outside-in-Perspektive).

(1) Inside-out-Perspektive

Die Kosten für die Leistungserstellung bilden – ggf. zusammen mit denen für die Finanzierung der Leistung anderweitig akquirierten Geldern – einen Anhaltspunkt, um einen Minimalpreis zu bestimmen. Darüber hinaus ist es für Nonprofit-Organisationen des öffentlichen Bereichs (z.B. Schulen, öffentliche Transportunternehmen) notwendig, in Verhandlungen mit Behörden (z.B. Landesfinanzministerien, Verkehrsämter) ihre Kostenkalkulation transparent zu machen, um die Preise für die Leistungen begründen zu können, da bei einer Vielzahl von öffentlichen Nonprofit-Leistungen die Gebührenfestlegung im Rahmen politischer Entscheidungsprozesse beispielsweise der Gemeinderäte, Stadträte oder Landesparlamente usw. erfolgt (z.B. Friedhöfe, Krankenhäuser, Suchthilfe, Theater, Universitäten u.a.m.).

Beispiel: Entgeltordnung der Universität Stuttgart
Die Entgeltordnung der Universität Stuttgart wird vom Verwaltungsrat auf Grundlage des Universitätsgesetzes Baden-Württemberg beschlossen. Daraufhin erteilt das Ministerium für Wissenschaft und Kunst seine Zustimmung, so dass die Entgeltordnung danach durch eine Entscheidung des Rektors geändert werden kann (www.uni-stuttgart.de/zv/bekanntmachungen/bekanntm_60.htm, Zugriff am 19.08.2004).

Eine Ermittlung der Leistungskosten als Grundlage für die Preisfestlegung kann entweder auf Vollkosten- oder auf Teilkostenbasis erfolgen. Wird die **Vollkostenrechnung** als Kalkulationsgrundlage verwendet, so werden sämtliche Kosten der Nonprofit-Organisation auf die einzelnen Leistungen verrechnet. Ein grundsätzliches Problem hierbei ist im hohen Anteil der fixen Kosten mit Gemeinkostencharakter an den Gesamtkosten zu sehen. Die Festlegung eines Kostenverteilungsschlüssels, um eine geeignete Kalkulationsgrundlage für die kostenorientierte Preisbestimmung zu erlangen, gestaltet sich daher als äußerst schwierig.

Die Verrechnungsproblematik kann bei Verwendung der Teilkostenrechnung entschärft werden. Unter **Teilkostenrechnung** werden Kostenrechnungsverfahren zusammengefasst, die sich auf die Betrachtung der unmittelbaren Kosten der Leistungserstellung beschränken. Alle Kosten, bei denen sich keine direkte und willkürfreie Beziehung zur Leistung herstellen lässt, werden als Block pauschal ausgewiesen.

(2) Outside-in-Perspektive

Ausgangspunkt einer Outside-in-Perspektive im Rahmen der Preis- bzw. Gebührenbestimmung bildet die Tatsache, dass es für eine Nonprofit-Organisation i.d.R. notwendig ist, sich bei der Preisfestsetzung an den Leistungsempfängern bzw. der Konkurrenz zu orientieren (vgl. Rados 1996, S. 272f.). Nicht die eigenen Kosten der Leistungserstellung stehen demzufolge im Mittelpunkt, sondern die am Markt vertretbaren Preise.

Hierbei ist es – **im Falle einer wettbewerbsorientierten Preisfestlegung** – zunächst erforderlich, den positiven Leistungsnutzen der eigenen Leistung sowie den Nutzen der relevanten Leistungen der Wettbewerber zu ermitteln und zu vergleichen. In Kenntnis dieser Größen kann der Preis als wettbewerbsorientierter Nutzenpreis so festgelegt werden, dass der Nettonutzen (Differenz von Nutzen und Preis) der eigenen Leistung größer ist als jener der Wettbewerber (Friege 1997, S. 9f.). Da bei einer solchen Betrachtungsweise zunächst nur die Leistungsempfänger- und Wettbewerbsperspektive berücksichtigt werden, sind diese zur Ermittlung optimaler Preise um eine Inside-out-Betrachtung zu ergänzen (Meffert/Bruhn 2003, S. 526). So wäre es etwa denkbar, dass der für eine spezifische Zielgruppe ermittelte wettbewerbsorientierte Nutzenpreis im Hinblick auf die Kostensituation nicht zu realisieren ist oder dieser Preis nicht konform mit der verfolgten Nonprofit-Mission ist. Allerdings existieren nur wenige Nonprofit-Sektoren, für die generell eine wettbewerbsorientierte Preissetzung möglich ist, die das Erwirtschaften von Überschüssen ermöglicht bzw. zum Ziel hat. Eine annähernd wettbewerbsorientierte Preisfestlegung findet sich beispielsweise im Bereich Theater und Museen.

Im Falle von sozialen Nonprofit-Organisationen ist bei der Preisfestlegung vor allem das **Zahlungsvermögen der Leistungsempfänger** von Interesse (z.B. welchen Preis kann ein Obdachloser für eine Unterkunft zahlen?). Darüber hinaus ist der Wettbewerb und das Wettbewerbsdenken in vielen Nonprofit-Märkten insgesamt stark beschränkt, so dass eine offensive wettbewerbsorientierte Preispolitik für Nonprofit-Organisationen häufig nicht notwendig ist. Falls es, beispielsweise durch das Eindringen privater Anbieter, zu einem Preiswettbewerb in diesen geschützten Branchen kommt ist es für Nonprofit-Organisationen notwendig, insbesondere auf ihre Kostenstruktur zu achten, um im verschärften Wettbewerbsumfeld standhalten zu können.

7.3.2.4 Preis- und gebührenpolitische Instrumente für Nonprofit-Organisationen

Vor dem Hintergrund unterschiedlicher gesetzlicher Rahmenbedingungen (z.B. Gemeinnützigkeitsrecht) und nonprofit-spezifischer Preis- und Gebührenregelungen (z.B. Beitragsordnung) werden nachfolgend zentrale preispolitische Optionen für Nonprofit-Organisationen erörtert.

(1) Preisdifferenzierung
Wenn eine Nonprofit-Organisation ein spezifisches Leistungsangebot definiert hat, ist die Frage zu klären, ob ein **einheitlicher Preis** verlangt wird oder ob die Möglichkeiten einer **Preisdifferenzierung** genutzt werden können (Klausegger/Scharitzer/Scheuch 2003, S. 131). Zum einen hilft eine Preisdifferenzierung,

die Nonprofit-Leistung für sämtliche Leistungsempfänger zugänglich zu machen. Die Differenzierung der Preise von Nonprofit-Leistungen dient somit einem **politischen** bzw. **sozialen Zweck** und ist aus diesem Grund explizit ewünscht, um beispielsweise einkommensschwache Segmente zu unterstützen.

Beispiel: Subventionierung von Volkshochschulkursen
Die Subventionierung von Volkshochschulen verfolgt das Ziel, günstige Kurspreise für einkommensschwache Bildungsinteressierte zu ermöglichen und diese somit zu begünstigen. Auf diese Weise verfolgen der Bund und die Länder das Ziel, einkommensschwachen Schichten Weiterqualifizierungsmaßnahmen anzubieten.

Zum anderen gilt die Preisdifferenzierung als ein wichtiges Instrument zur **Beeinflussung des Nachfrageverhaltens** von Leistungsempfängern. Ziel dabei ist es, eine gleichmäßigere Auslastung der vorhandenen Leistungskapazitäten einer Nonprofit-Organisation sicherzustellen und damit Leerkosten zu vermeiden (Faßnacht/Homburg 1997; Corsten 2001). Dies ist insbesondere z.b. bei Schwimmbädern, Theatern, sozialen Beratungsstellen usw. von Bedeutung.

Beispiel: Theaterkartenvorverkauf
Das Stadttheater Basel bietet beispielsweise ermäßigte „Last-Minute-Karten" an, die ab 15 Minuten vor dem Beginn einer Vorstellung gekauft werden können. Darüber hinaus wird eine Schauspiel-Halbtax-Karte angeboten, die es ermöglicht, alle Schauspielproduktionen während eines Kalenderjahres zum halben Preis zu besuchen. Zusätzlich kann eine zweite Partnerkarte für die Hälfte des Betrages bezogen werden. Das Theater Basel erreicht mittels dieser Instrumente eine hohe Auslastung seiner Sitzplatzkapazität (www.theaterbasel.ch, Zugriff am 19.08.2004).

In Bezug auf das Ziel einer hohen Kapazitätsauslastung, das aufgrund der besonderen Kostenstruktur vieler Nonprofit-Leistungen mit einem großen Anteil an fixen Kosten durchaus erfolgsrelevant ist, sind verschiedenen Preisdifferenzierungskriterien einsetzbar. Dabei lassen sich vor allem die im Schaubild 7-12 im Überblick dargestellten **Kriterien** unterscheiden, die isoliert oder kombiniert heranzuziehen sind (Klausegger/Scharitzer/Scheuch 2003, S. 131 f.; Meffert/Bruhn 2003, S. 529):

(1) Räumliche Kriterien
Für bestimmte öffentliche Leistungen werden z.B. in verschiedenen Regionen vielfach unterschiedliche Preise erhoben. Das Motiv der Weitergabe von Kostendifferenzen ist beispielsweise bei Lieferdiensten anzutreffen. So ist es denkbar, dass die Leistung „Essen auf Rädern" je nach Entfernung von der Geschäftsstelle zu unterschiedlichen Preisen angeboten wird, um den zusätzlichen variablen Kosten Rechnung zu tragen. Die Ausschöpfung unterschiedlicher Kaufkraftniveaus berücksichtigt darüber hinaus Unterschiede des realen Preisniveaus inner-

Schaubild 7-12: Formen der Preisdifferenzierung für Nonprofit-Organisationen
(Quelle: in Anlehnung an Meffert/Bruhn 2003, S. 530)

halb verschiedener Regionen bzw. Ländermärkte. Beispielsweise kostete ein Eintritt in die Ausstellung „Tut-anch-Amun – das goldene Jenseits" in Basel 28 CHF (ca. 18 €). Dieselbe Leistung wird in Bonn zum Preis von 12 € angeboten, um den regionalen Kaufkraftniveaus gerecht zu werden.

(2) Zeitliche Kriterien
Insbesondere die zeitliche Preisdifferenzierung dient in Nonprofit-Märkten als wichtiges Instrument zur Steuerung der Nachfrage. Dabei werden Preisdifferenzierungen häufig nach dem Zeitpunkt des Kaufs einer Leistung vorgenommen. Beispielsweise bieten verschiedene Museen sowie Theater einen Preisnachlass in Abhängigkeit vom überlassenen Dispositionsspielraum an. Der Dispositionsspielraum für eine Organisation ist umso größer, je früher sich Nachfrager entscheiden, die Leistung in Anspruch zu nehmen. So ermöglicht ein frühzeitiger Überblick der Organisation über die zu erwartenden Auslastungsquoten z.B. eine Anpassung der Personalkapazitäten (z.B. Lehrkapazitäten in einer Volkshochschule). Aus diesem Grund bieten eine Vielzahl von Nonprofit-Organisationen Vergünstigungen in Form von Saisonkarten an, die ein frühzeitiges Abschätzen der voraussichtlichen Auslastung ermöglichen.

Neben der Preisreduktion bei frühzeitigen Buchungen existiert eine zweite Variante der zeitabhängigen Preisdifferenzierung. Hierbei werden zur Auslastung von Leistungskapazitäten (z.B. nicht ausgebuchte Theaterplätze, Betten in Jugendherbergen) kurzfristige Preisnachlässe gewährt, um potenzielle Leistungsnachfrager zur spontanen Teilnahme am Erstellungsprozess zu motivieren.

Darüber hinaus existieren Preisdifferenzierungen in Abhängigkeit vom Zeitpunkt der Leistungsinanspruchnahme. Häufig findet sich z.B. eine zeitbezogene Preisdifferenzierung nach Haupt- und Nebenzeiten. Pflegedienste erheben i.d.R. unterschiedliche Preise für ihre Pflegeleistungen während der Woche sowie am Wochenende und zu Feiertagen. Dies resultiert in erster Linie aus den höheren Personalkosten durch entsprechende Zuschläge, die in diesem Fall in die Kalkulation einfließen. Leistungen, die nur stundenweise in Anspruch genommen werden (z.B. Theater, Schwimmbäder, Kultureinrichtungen, Museen) sind vielfach nach verschiedenen Tageszeiten im Preis differenziert. Weiterhin empfiehlt es sich für Nonprofit-Leistungen, deren Nachfrage sowohl tageszeiten- und wochentagsbezogene als auch saisonale Schwankungen aufweist, ein komplexes zeitbezogenes Preisdifferenzierungssystem aufzubauen, bei dem mehrere Differenzierungskomponenten Berücksichtigung finden.

(3) Abnehmerorientierte Kriterien
Die abnehmerorientierte Preisdifferenzierung knüpft i.d.R. an das mit verschiedenen abnehmerbezogenen Merkmalen (z.B. Alter, Familienstand, Geschlecht, Beruf) verbundene Zahlungsvermögen der potenziellen Leistungsempfänger an. Hierbei wird auf die im Rahmen der Marktsegmentierung gebildeten Zielgruppensegmente und deren Preisbereitschaft Bezug genommen. Als Beispiel hierfür lassen sich die differenzierten Preise für Studierende in Museen oder Theatern heranziehen. In Abhängigkeit des Abnehmermerkmals „Alter" bieten auch öffentliche Verkehrsträger mit Junioren- und/oder Seniorentarifen ein preislich differenziertes Leistungsangebot an.

(4) Mengenorientierte Kriterien
Einige Nonprofit-Organisationen setzen weiterhin Formen der mengenorientierten Preisdifferenzierung ein. Preisdifferenzierungen werden bei dieser Form in Abhängigkeit von der Anzahl der nachgefragten Leistungseinheiten vorgenommen. Beispiele für diese Art der Preisdifferenzierung sind Abonnements, Dauer- sowie Mengenkarten (z.B. Saisonabonnement für ein Theater, Monatsfahrkarte für den öffentlichen Personennahverkehr, Zehnerkarte für öffentliche Schwimmbäder) oder Gruppentarife (z.B. für die Übernachtung in Jugendherbergen).

Im Nonprofit-Marketing erfolgt häufig eine **kombinierte Anwendung** der vorgestellten Kriterien. So differenzieren Nonprofit-Organisationen ihre Preise oftmals gleichzeitig nach den Kriterien Abnehmer und Menge. Konkret bedeutet dies z.B., dass Kinder, Schüler, Studenten, Lehrlinge und Rentner verminderte Eintrittspreise für die genannten Einrichtungen zu bezahlen haben. Gleichzeitig werden Abonnements, Dauer- und Zehnerkarten zu einem reduzierten Preis angeboten (mengenbezogene Preisdifferenzierung). Hier wird deutlich, dass beim Einsatz verschiedener Arten der Preisdifferenzierung mögliche Überschneidungen entstehen, deren Behandlung a priori von der Nonprofit-Organisation festzulegen ist („doppelte", also kumulierte versus „einfache" Ermäßigung). Zudem leidet ggf. beim Einsatz mehrerer Differenzierungsarten die Transparenz der Preisbildung.

Aufgrund der in vielen Märkten vorherrschenden Regulierungen kann festgehalten werden, dass das Instrument der Preisdifferenzierung nur in wenigen Branchen variabel einsetzbar ist. In diesen Branchen eröffnen sich durch eine effiziente Preisdifferenzierung auch Möglichkeiten, die Einnahmeseite der Nonprofit-Organisation zu verbessern.

Beispiel: Preisdifferenzierung bei dem Bundesligaverein Werder Bremen
Beim Kauf einer Eintrittskarte für ein Heimspiel des Fußballvereins SV Werder Bremen wird die Anwendung einer differenzierten Preisgestaltung ersichtlich (siehe Schaubild 7-13). Ein Fußballstadion zeichnet sich durch eine fixe Kapazitätsgröße aus, die nicht angepasst werden kann. Demzufolge ist es ein Ziel des Stadionbetreibers, die Plätze bestmöglich auszulasten, um die Fixkosten zu einem Großteil zu decken, da sich jeder nicht vermietete Platz negativ auf die Einnahmen auswirkt. Derzeit existieren bei Werder Bremen insgesamt 60 Preiskategorien für Einzelkarten sowie 24 für Dauerkarten, die sich in Abhängigkeit des Zuschauerranges deutlich unterscheiden. Durch die Einführung der verschiedenen Kategorien, z.B. Oberrang und Haupttribüne, implementiert der Verein eine leistungsbezogene Preisdifferenzierung, die darüber hinaus durch eine Kategorisierung der Tageskarten anhand der zu erwartenden Spielqualität ergänzt wird. Dabei wird der Umstand genutzt, dass für viele Fußballfans Heimspiele gegen Spitzenklubs der Bundesliga interessanter und hochwertiger sind als Spiele gegen Bundesligaaufsteiger. Zusätzlich kommt bei Werder Bremen noch eine mengenbezogene Preisdifferenzierung zur Anwendung, indem sowohl Tages- als auch Dauerkarten angeboten werden. Dauerkartenabonnenten erhalten dadurch pro Spiel ca. 30 Prozent (Mengen-)Rabatt und Werder Bremen den Vorteil, Nachfrageschwankungen im Zeitverlauf ausgleichen zu können. Im Rahmen der personengebundenen Preisdifferenzierung gewährt Werder Bremen für Kinder 50 Prozent, für Rentner und Behinderte 30 Prozent Nachlass. Der Verein beabsichtigt mit dieser Form der Preisdifferenzierung dem reduzierten Zahlungsvermögen spezifischer Segmente Rechnung zu tragen (vgl. Koch 2001).

Beispiel: Schauspielhaus Zürich
Kulturinstitutionen sind seit Jahren mit sinkenden Abonnementverkäufen konfrontiert. Ein Grund ist darin zu sehen, dass die Besucher sich nicht langfristig binden möchten. Zur Verbesserung der finanziellen Lage hat das **Schauspielhaus Zürich** – mit Unterstützung der Migros-Kulturprozent – ab der Saison 2003/04 den sog. „**Theater-Montag**" initiiert. Dabei handelt es sich um eine Preisoffensive, die bestimmten Segmenten einen Anreiz bietet, günstig das Theater zu besuchen, ohne dabei das bestehende Preisgefüge zu unterlaufen oder die Nachfrage von anderen Angeboten abzuziehen. Unabhängig von der Kate-

gorie kostet seitdem jeder Platz in allen Spielstätten des Schauspielhauses nur 30 CHF (für Studierende mit Ausweis: 20 CHF). Die Karten können bereits im Vorverkauf bezogen werden. Die Plätze werden nach Eingang der Reservation zugeteilt. Begleitet wurde diese Preismaßnahme mit einer Werbekampagne, bei der in Anlehnung an die russische Revolution mit dem Slogan „Preise aller Sitze vereinigt euch" auf die Abschaffung des Klassensystems der Preise hingewiesen wird. (Quelle: Aloisi 2003, S. 7).

Tageskartenpreise der Saison 2003/2004
Alle Preise in EUR

	Preiskategorie	1	2	3
Business Class	Osttribüne	108,-	83,-	57,-
Sitzplätze	Süd Mitte 43/45	47,-	42,-	37,-
	Süd Mitte Oberrang	44,-	37,-	29,-
	Süd Mitte Unterrang	42,-	34,-	27,-
	Süd Mitte Unterrang[1]	36,-	29,-	23,-
	Süd Seite Oberrang	37,-	29,-	21,-
	Süd Seite Unterrang	37,-	29,-	21,-
	Süd Seite Unterrang[1]	33,-	25,-	18,-
	West Oberrang	31,-	24,-	16,-
	West Unterrang	24,-	19,-	14,-
	West Unterrang[1]	19,-	16,-	11,-
	Nord Mitte Oberrang	42,-	34,-	27,-
	Nord Mitte Unterrang	34,-	27,-	19,-
	Nord Mitte Unterrang[1]	29,-	21,-	14,-
	Nord Seite Oberrang	31,-	24,-	16,-
	Nord Seite Unterrang	27,-	21,-	14,-
	Nord Seite Unterrang[1]	24,-	19,-	11,-
	Ost Oberrang	31,-	27,-	21,-
Stehplätze	Ostkurve	12,50	10,50	9,50
	Ostkurve ermäßigt	8,50	7,50	6,50
	[1] Plätze nicht überdacht			
Preiskategorie 1:	Hamburger SV, Borussia Dortmund, FC Bayern München, FC Schalke 04			
Preiskategorie 2:	Bayer 04 Leverkusen, Borussia M'Gladbach, Hannover 96, VfL Wolfsburg, VfB Stuttgart, 1. FC Kaiserslautern, 1. FC Köln, Hertha BSC Berlin, FC Hansa Rostock			
Preiskategorie 3:	Eintracht Frankfurt, SC Freiburg, TSV 1860 München, VfL Bochum			
Rabatt Kinder bis 14 Jahre je nach Platz		Ca. 50%		
Rabatt Körperbehinderte/Rentner je nach Platz		Ca. 30%		
Begleitpersonen für die Rollstuhlfahrer pro Spiel		6,- EUR		

Schaubild 7-13: Tageskartenpreise der Saison 2003/2004 bei Werder Bremen (Quelle: www.werder-online.de, Zugriff am 19.08.2004)

(2) Preisbündelung

Neben der Preisdifferenzierung besteht eine zweite preispolitische Option in der Preisbündelung. Dabei bieten Nonprofit-Organisationen verschiedene Leistungen im Verbund (d.h. als „Servicepaket") mit einem gewissen Preisvorteil an (vgl. Meffert/Bruhn 2003, S. 539 ff.).

Typische Nonprofit-Leistungspakete, die als **Preisbündel** angeboten werden, sind beispielsweise:

- Wochenendangebote von Jugendherbergen in Kombination mit dem Besuch kultureller Veranstaltung sowie inkludierter Lunchpakete,
- Theaterbesuch mit Hotelübernachtung und Anreise,
- Volkshochschulkurs mit abschließender Exkursion und Unterrichtsmaterialien,
- Kombination der Grundschutzversicherung des ADAC mit weiteren Zusatzversicherungen (z.B. Auslandsschutz) als Bündel,
- Theaterabonnement inklusive Parkplatz zu einem reduzierten Preis.

Das primäre **Ziel der Preisbündelung** von Nonprofit-Leistungen ist es, die Kapazitäten einer Nonprofit-Organisation gleichmäßig auszulasten und die Nutzung bisher wenig in Anspruch genommener Leistungen zu fördern, um damit insgesamt die Ziele der Nonprofit-Organisation besser realisieren zu können. Beispielsweise ist diese Strategie sinnvoll, wenn bestimmte Nonprofit-Leistungsangebote (z.B. neue, innovative Nonprofit-Leistungen) nur einen geringen Bekanntheitsgrad aufweisen. Darüber hinaus werden für Nonprofit-Organisationen zum Teil Leistungskomponenten aus dem Fürsorgemotiv gegenüber bestimmten Leistungsempfängern heraus miteinander kombiniert. Dies ist beispielsweise der Fall, wenn nicht sesshaften Personen günstige Wohnmöglichkeiten sowie Verpflegungs- und Beratungsleistungen kombiniert gewährt werden.

Hinsichtlich der **Erscheinungsformen der Preisbündelung** wird grundsätzlich zwischen einem „Pure Bundling" („reine Bündelung") und einem „Mixed Bundling" („gemischte Bündelung") differenziert (Guiltinan 1987; Simon 1992b). Beim „**Pure Bundling**" sind die zu einem Kombinationspreis angebotenen Leistungen für den Leistungsempfänger nicht einzeln zu erwerben. Dieser Fall der Bündelung besteht beispielsweise bei einigen Jugendherbergen, die Übernachtungen lediglich inklusive Frühstück anbieten. Das Pure Bundling erschwert den Vergleich von Leistungsangeboten und -entgelten mit Konkurrenzangeboten, weil unter Umständen unterschiedliche Leistungsarten in die jeweiligen Servicepakete einbezogen werden. Im Rahmen eines „**Mixed Bundling**" hat der Nachfrager die Wahl, die Leistungsangebote einzeln (z.B. nur Frühstück oder nur Übernachtung in einer Jugendherberge) oder als Servicepaket (Frühstück und Übernachtung zum ermäßigten Preis) mit einem Preisvorteil zu erwerben.

Beide Formen der Preisbündelung haben **strategische Funktionen** für eine Nonprofit-Organisation (Guiltinan 1987, S. 77). Dabei wird nach den im Bündel enthaltenen Teilleistungen differenziert, die die Leistungsempfänger bereits vorher in Anspruch genommen haben:

- **Akquisition vollkommen neuer Leistungsempfänger durch Preisvorteile,** d.h. diese haben zuvor keine der betroffenen Leistungen in Anspruch genommen (z.B. Gewinnung neuer Mitglieder des Jugendherbergsverbandes),
- **Ausschöpfung von Cross-Selling-Potenzialen,** wenn Leistungsempfänger zuvor nur einen Teil der Bündelleistungen in Anspruch genommen haben (z.b. Verkauf von Sicherheitstrainings als Teilbündel an Mitglieder des ADAC),
- **Bindung der Anspruchsgruppen,** wenn Leistungsempfänger zuvor bereits mehrere Leistungen in Anspruch genommen haben.

In diesem Zusammenhang ist jedoch einschränkend anzumerken, dass die Akquisition oder Bindung der direkten Leistungsempfänger nicht immer das Ziel einer Nonprofit-Organisation ist. Beispielsweise ist es für ein Sozialamt nicht sinnvoll, die direkten Leistungsempfänger an die Leistung sowie Organisation zu binden. In diesem konkreten Fall besteht das vornehmliche Ziel der Organisation darin, die Emanzipation der Leistungsempfänger von ihren Unterstützungsleistungen zu erreichen.

7.3.3 Einsatz der Vertriebspolitik

Die **Vertriebspolitik** bezieht sich auf die Gesamtheit von Entscheidungen und Handlungen, die mit der Bereitstellung und Übermittlung einer Nonprofit-Leistung an den Leistungsnehmer in Zusammenhang stehen (in Anlehnung an Meffert 2000, S. 600).

Wie alle Marketinginstrumente für Nonprofit-Organisationen unterstützt auch die Vertriebspolitik den Austauschprozess zwischen der Organisation und ihren Anspruchsgruppen. Für die **Vertriebspolitik von Nonprofit-Leistungen** resultiert somit, dass die einzelnen Produkte und Dienstleistungen am richtigen Ort, in der richtigen Menge und zur richtigen Zeit bereitzustellen sind (Bruhn/Tilmes 1994, S. 194ff.).

Einige **Beispiele** verdeutlichen, welche Entscheidungstatbestände in den Bereich der Vertriebspolitik fallen:

- **Beispiel „Vertrieb eines Rettungsdienstes"**
Für die Zielerreichung eines Rettungsdienstes ist die schnelle Erreichbarkeit ein ausschlaggebendes Kriterium. Demzufolge ist es wichtig, dass die direkten Leis-

tungsempfänger die Rufnummer des Rettungsdienstes kennen. Darüber hinaus ist die Bereitstellung eines Fuhrparks an Einsatzfahrzeugen die Voraussetzung, um die medizinische Dienstleistung am Unfallort zu erbringen.

- **Beispiel „Vertrieb einer öffentlichen Behörde"**
Der Vertrieb der Leistung einer öffentlichen Behörde erfolgt oftmals über mehrere Vertriebskanäle. Zum einen haben Bürger i.d.R. die Möglichkeit, die Büros einer Behörde aufzusuchen (z.b. Einwohnermeldeämter), zum anderen setzen sich zunehmend auch im öffentlichen Bereich Ansätze von E-Services durch. Diesbezüglich besteht folglich die Möglichkeit, Leistungen öffentlicher Behörden, wie z.b. An- und Abmeldung eines Wohnsitzes sowie entsprechende Formulare, auch über Vertriebskanäle wie das Internet zu beziehen. Diese aktuelle Entwicklung wird unter dem Begriff „E-Government" zusammengefasst.

- **Beispiel „Vertrieb eines Theaters"**
Der Vertrieb eines Theaters umfasst zum einen die Bereitstellung und den Verkauf der Eintrittskarten (im Sinne von Leistungsversprechen). Dies erfolgt beispielsweise klassisch über einen Vorverkaufsschalter, die Abendkasse sowie bestimmte Absatzmittler (z.b. Tourismusinformation). Zum anderen umfasst der Vertrieb eines Theaters aber auch die eigentliche Kernleistung, d.h. die Vorstellungen und Aufführungen. Um diese zu erleben, sucht der Leistungsempfänger i.d.R. das Theater auf. Ein bestimmtes Theaterstück kann aber auch z.b. über weitere Gastspielhäuser vertrieben werden, indem Schauspielensembles das Stück auf weiteren Bühnen, beispielsweise in anderen Städten, präsentieren.

- **Beispiel „Vertrieb einer Universität"**
Eine Betrachtung des Entscheidungsbereiches Vertrieb universitärer Leistungen zeigt, dass die Lehr- und Forschungsleistung überwiegend direkt am Ort der Nonprofit-Organisation erbracht wird. Universitäten – mit Ausnahme von Fernuniversitäten – stellen ihre „Produktionsfaktoren" am Ort der Leistungserstellung bereit und der Empfänger der Nonprofit-Leistung kommt zum Standort des Dienstleisters, um am Leistungsprozess (z.B. Vorlesung) zu partizipieren. Das Beispiel einer Fernuniversität verdeutlicht, dass Lehrleistungen aber auch über interaktive Kanäle, wie beispielsweise das Internet, vertrieben werden können. In diesen Fällen ist der Leistungsempfänger i.d.R. zu einem geringeren Grad in den Leistungserstellungsprozess eingebunden. Beispielsweise erlernt der Fernstudent selbstständig anhand von Lehrmaterialien die entsprechenden Inhalte.

Ziel vertriebspolitischer Maßnahmen ist die Erfüllung akquisitorischer und logistischer Aufgaben (vgl. Klausegger/Scharitzer/Scheuch 2003, S. 122). Die **akquisitorischen Aufgaben** beinhalten sowohl Informationsaufgaben gegenüber den Anspruchsgruppen (z.B. Informationen für Spender, Leistungsempfänger) als auch kontrahierungswirksame Aufgaben (z.B. Spendeneinzahlung, Ticketbestellung). In diesem Zusammenhang ist es wichtig, dass Nonprofit-Organisationen ein Screening sämtlicher relevanter Anspruchsgruppen vornehmen und ermitteln, welche Informationen welchen Anspruchsgruppen in welcher Form zu welcher Zeit zur Verfügung gestellt werden (z.b. die steuerliche Abzugsfähigkeit der Spenden sowie Einzahlungsmodalitäten und Bankverbindungen für potenzielle Geldgeber). Eine akquisitorische Vertriebsaufgabe einer humanitären Hilfsorganisation besteht auf der Beschaffungsseite beispielsweise darin, nach einer Naturkatastrophe Spendenaufrufe bei relevanten Anspruchsgruppen durchzuführen. Hier zeigt sich der enge Zusammenhang zur Kommunikationspolitik einer Nonprofit-Organisation (vgl. Abschnitt 7.4).

Im Gegensatz dazu umfassen die **logistischen Aufgaben** sämtliche transport- und lagerpolitischen Aufgaben, mit denen räumliche bzw. zeitliche Distanzen überwunden werden. Diese Aufgaben beziehen sich in erster Linie auf die Entscheidungen, die getroffen werden, damit die Nonprofit-Leistung ihren (physischen) Weg zum Abnehmer findet.

Beispiel: Logistik bei Unicef-Weihnachtskarten
Die Weihnachtskarten von Unicef stellen eine wichtige Finanzierungsquelle für die Aktivitäten und Förderprojekte von Unicef dar. Da in der Weihnachtszeit die Spendenbereitschaft vieler Personen tendenziell höher ist, kommt den logistischen Vertriebsaufgaben eine zentrale Bedeutung zu. Für den Erfolg dieser Weihnachtsaktion ist es entscheidend, dass die Unicef-Weihnachtsgrußkarten rechtzeitig und in ausreichender Anzahl in die entsprechenden Vertriebskanäle gelangen.

Beispiel: Logistik bei einer humanitären Hilfsaktion
Die vertriebspolitischen Aufgaben lassen sich am Beispiel einer Organisation zur Unterstützung von Hilfsbedürftigen in Krisenregionen wie folgt verdeutlichen: Zum einen werden die finanziellen Mittel und Sachspenden in den Spenderländern gesammelt und entsprechende Entscheidungen über zentrale versus dezentrale Sammelstellen, Lagerhaltung usw. getroffen. Zum anderen gilt es, die Sachspenden in den Krisenregionen gerecht und zum passenden Zeitpunkt zu verteilen (Wer?, Wie viel?, Was?, Wann?). Würden beispielsweise die Sachspenden erst sehr spät in der Krisenregion eintreffen, wäre das eigentliche Ziel des „schnellen und zuverlässigen Helfens" nicht erreicht und das Markenimage der entsprechenden Organisation gefährdet.

7.3.3.1 Besonderheiten der Vertriebspolitik für Nonprofit-Leistungen

Aufgrund der spezifischen Merkmale von Nonprofit-Leistungen ergeben sich einige Besonderheiten für die Vertriebspolitik von Nonprofit-Organisationen, die teilweise bereits in den oben aufgeführten Beispielen deutlich wurden (vgl. hierzu auch Meffert/Bruhn 2003, S. 550f.).

Die Notwendigkeit der **permanenten Leistungsfähigkeit** einer Nonprofit-Organisation hat folgende Aspekte für die Vertriebspolitik zur Konsequenz:

- Die Erfüllung des **raumzeitlichen Präsenzkriteriums** zählt zu den zentralen logistischen Aufgaben.
- Die Dokumentation der **permanenten Leistungsbereitschaft** (z.B. zügige Einsatzbereitschaft des Deutschen Roten Kreuz im Katastrophenfall) seitens der Nonprofit-Organisationen ist zur Schaffung von Vertrauen erforderlich.
- Für Nonprofit-Organisationen kommt in einigen Fällen auch eine **Kombination von direktem und indirektem Vertrieb** zum Einsatz (z.B. ist der Bezug von Unicef-Karten sowohl direkt bei Unicef als auch über den Handel möglich).
- Beim indirekten Vertrieb hat, neben der Nonprofit-Organisation selbst, auch der **Absatzmittler** seine Leistungsfähigkeit zu dokumentieren (z.b. ausreichend große Anzahl von Telefonisten bei einem Spendenaufruf einer Fernsehgala).

Die **Integration des Leistungsempfängers** in den Leistungserstellungsprozess führt ebenfalls zu Implikationen für die Vertriebspolitik:

- Bei der Mehrheit der Nonprofit-Leistungen überwiegt der **direkte** Vertrieb, indem die Leistungsempfänger entweder zur Nonprofit-Organisation kommen (z.B. Krankenhaus) oder vice versa (z.B. Essen auf Rädern).
- **Standortentscheidungen** einer Nonprofit-Organisation haben aus Sicht der Leistungsempfänger eine große Bedeutung. Im Rahmen der Standortwahl ist es für den Erfolg einer Nonprofit-Organisation ausschlaggebend, dass der Standort für die relevanten Anspruchsgruppen gut zu erreichen ist. Beispielsweise wählt ein öffentliches Krankenhaus einen zentral gelegenen Standort, so dass es im Notfall für die Mehrheit der Leistungsempfänger gut erreichbar ist und somit seinem öffentlichen Versorgungsauftrag nachkommen kann. Für öffentliche Ämter und Behörden ist es beispielsweise sinnvoll, Synergien zu nutzen und sich in der Nähe weiterer Ämter niederzulassen. Dies bietet zum einen Nonprofit-Organisationen die Chance eine leichtere und unbürokratischere Abstimmung untereinander vorzunehmen (z.B. Einwohnermelde- und Sozialämter) und zum anderen den direkten Leistungsempfängern die Möglichkeit, mehrere Behördengänge zeitsparend miteinander zu kombinieren.

Aus dem (zumeist) **intangiblen Charakter von Nonprofit-Leistungen** lässt sich folgern:

- Zum Absatz von Nonprofit-Leistungen lässt sich teilweise die Möglichkeit des **Online-Vertriebs** nutzen. Dabei ist jedoch anzumerken, dass in vielen Fällen das Internet bislang nur als Informationsmedium benutzt wird und sich als Vertriebskanal noch nicht umfassend durchgesetzt hat. Jedoch lässt sich beispielsweise im universitären Bereich feststellen, dass bereits virtuelle Lehrveranstaltungen über Online-Kanäle wie das Internet angeboten werden. Diese Lehr- und Lernformen werden unter dem Begriff „E-Learning" diskutiert und weisen eine Reihe von Vorteilen auf (vgl. hierzu auch ausführlich Bruhn/ Siems 2004a, S. 418 f.). Für Universitäten bietet Online-Learning insbesondere den Vorteil, dass einmal entwickelte Lehrkonzepte und -module mehrfach und wiederholt eingesetzt werden und die Grenzkosten dabei nahezu gegen Null tendieren. Lernenden bietet E-Learning den Vorteil, dass sie zeit- und ortsunabhängig ein auf ihre Bedürfnisse zugeschnittenes Unterrichtsprogramm individuell zusammenstellen. Interaktion mit Dozierenden und Kommilitonen bzw. Kursteilnehmern ist über virtuelle Plattformen (z.b. Foren) oder E-Mail möglich.

- **Lagerhaltungsentscheidungen** sowie **Transportentscheidungen** betreffen vor allem die materiellen Leistungselemente. Die Auseinandersetzung mit dieser Thematik ist insbesondere für eine karitative Nonprofit-Organisation von großer Bedeutung. So stellt sich z.b. die Herausforderung, umfangreiche Hilfsgüter in sehr entfernte Katastrophengebiete in einer knappen Zeit zu transportieren.

Beispiel: Transportentscheidungen beim Technischen Hilfswerk
Eine Pressemitteilung des Technischen Hilfswerks (THW) vom 28.12.2003 zum schweren Erdbeben im Iran verdeutlicht die Transportproblematik. Die Versendung von drei Trinkwasseraufbereitungsanlagen aus Beständen des THW, 1.700 Decken, 300 Winterjacken, 500 Feldbetten sowie 2,3 Tonnen Verbandsmaterial und mehr als eine Mio. Einheiten dringend benötigter Medikamente erforderte eine optimale Transportentscheidung, um sowohl ein möglichst schnelles Erreichen des südiranischen Katastrophengebietes als auch die erforderliche Kapazität zu gewährleisten. Für den Transport der 33 Tonnen dringend benötigte Hilfsgüter wurde daher vom THW ein Transportflugzeug vom Typ IIjuschin 76 gechartert, das im rheinland-pfälzischen Hahn gestartet ist (Quelle: www.thw.de/thw-ausland/einsaetze/2003/iran/meldung09.htm, Zugriff am 18.03.04).

Beispiel: Beschaffungs- und Absatzlogistik der Mensa der Universität Köln
Der Betrieb der Mensa einer Universität stellt eine logistische Herausforderung für die Betreiber dar. Die Herausforderung besteht insbesondere darin, in den Stoßzeiten die große Nachfrage bedienen zu können. Der Küchenleiter der Mensa Köln stellt den Speiseplan immer drei Wochen im Voraus zusammen und erstellt mittels einer Kalkulationssoftware eine Vorkalkulation. Ein „Rezepturprogramm", das kontinuierlich aktualisierte Preise der Zutaten enthält, weist die entsprechend bewerteten Wareneinsätze aus. Darüber hinaus legt der Küchenleiter genau fest, wie viele Portionen der unterschiedlichen Menüs im Angebot sind und greift dafür auf bisherige Erfahrungen zurück. Dabei kann er aufgrund der ausgezählten Essensmarken exakt nachvollziehen, welche Mengen von jedem Produkt verkauft wurden. Auf dieser Grundlage entstehen Schätzwerte, die für die zukünftige Mengenplanung ausschlaggebend sind. Die anschließende Zutatenbeschaffung läuft i.d.R, über zwei verschiedene Wege. Zum einen stellen potenzielle Lieferanten permanent dem zustän-

digen Einkäufer neue Produkte vor. Einmal pro Monat entscheidet der Küchenleiter im Rahmen einer Verkostung, was als Bestandteil in den Speiseplan eingeht. Zum anderen bedienen sich die Verpflegungsbetriebe öffentlicher Ausschreibungen (z.B. für Fleisch), d.h., es werden Lieferanten kontaktiert, die ein günstiges Angebot machen und äußerst strenge Standards erfüllen (Quelle: www.wiso-buero.uni-koeln.de/wm/ws94-95/wm4/wm4s28.html, Zugriff am: 16.7.2004).

7.3.3.2 Planungsprozess der Vertriebspolitik für Nonprofit-Organisationen

Auf Basis der Phasen des entscheidungsorientierten Planungsprozesses wird eine systematische Vertriebsplanung abgeleitet (vgl. Specht 1998). Im Rahmen der **Situationsanalyse** werden organisationsexterne (z.B. medizinische Versorgung in neuen Krisengebieten) und -interne (z.B. internationale Expansionspläne einer Nonprofit-Organisation) vertriebspolitisch relevante Faktoren untersucht. Ein Theater untersucht in dieser Phase beispielsweise systematisch die genutzten Vertriebskanäle seiner Eintrittskarten. Zeigt sich dabei z.B., dass bislang keine Möglichkeit für die Leistungsempfänger besteht, Tickets online zu bestellen, sondern nur über die hauseigene Kartenvorverkaufsstelle, so ist es sinnvoll, Chancen und Risiken eines Online-Verkaufs zu diskutieren. Aufbauend auf der Situationsanalyse erfolgt die Ableitung konkreter **Vertriebsziele**, wobei die übergeordnete Mission der Nonprofit-Organisation als Grundlage für die Zielformulierung dient. Für das Theater besteht beispielsweise ein konkretes Vertriebsziel darin, bis zur nächsten Winterspielzeit ein funktionierendes Online-Bestellsystem einzurichten, das den Zugang der Leistungsempfänger zu den angebotenen Kulturleistungen vereinfacht. Den Zugang der Anspruchsgruppen zur Nonprofit-Organisation zu erleichtern, den Absatz zu optimieren sowie insgesamt die Präsenz der Nonprofit-Organisation in der Öffentlichkeit zu erhöhen sind dabei die Hauptziele der Vertriebspolitik.

Mit der **Festlegung der Vertriebsstrategie** wird der Weg der Zielerreichung abgesteckt und inhaltlich bestimmt, welche Leistungen über welche Vertriebswege vertrieben werden sollen. Hierbei sind u.a. Entscheidungen hinsichtlich eventueller Kooperationen mit Absatzmittlern oder sonstigen Logistikpartnern zu treffen. Bei der Einrichtung eines Online-Bestellsystems ist die Entscheidung darüber zu treffen, ob die Betreuung dieses Systems intern, d.h. „Inhouse", erfolgt oder ob diese an einen externen Dienstleister vergeben wird. Im Rahmen der **Bestimmung des Vertriebsbudgets** sind die Kosten neuer Vertriebsstrategien zu kalkulieren und mit den internen Ressourcen abzugleichen. Das Theater nimmt in diesem Fall eine interne Kalkulation vor, die anzeigt, wie viel die Einrichtung eines Online-Bestellkanals maximal kosten darf. Darauf aufbauend gilt es, die **Vertriebsmaßnahmen durchzuführen**. Falls im Beispiel die Entscheidung zugunsten einer internen Lösung fällt, werden entsprechende Personalmaßnahmen notwendig sein, d.h. das Theater nimmt z.B. eine Stellenausschreibung für einen qualifizierten Systemadministrator vor oder finanziert Schulungsmaßnahmen. Schließlich wird im Rahmen der **Vertriebskontrolle** untersucht, inwiefern die Vertriebsziele erreicht wurden und welche Ursachen für eventuelle Abweichungen verantwortlich sind. Im Rahmen der Kontrolle des neu eingerichteten Ticketsystems wird dessen Nutzung durch die Leistungsempfänger überprüft, d.h., es wird beispielsweise der Anteil Karten, die online verkauft werden, mit der Plangröße verglichen. Somit kann die Akzeptanz des neu eingerichteten Vertriebskanals eruiert werden.

Im Rahmen der Vertriebspolitik existieren zwei grundlegende Entscheidungstatbestände: Der erste Entscheidungsbereich umfasst die Gestaltung der Absatzkanäle und der zweite die Ausgestaltung des logistischen Systems.

7.3.3.3 Festlegung von Absatzkanälen für Nonprofit-Leistungen

Bei der Gestaltung des Absatzkanalsystems geht es darum, die Absatzwege festzulegen und potenzielle Absatzmittler zu akquirieren und zu koordinieren. Bei der **Wahl des Absatzkanalsystems** kann zwischen den beiden Grundformen eines direkten und eines indirekten Vertriebs unterschieden werden. Darüber hinaus existieren Kombinationslösungen aus direktem und indirektem Vertrieb. Im Folgenden werden die drei genannten Alternativen der Gestaltung von Absatzkanalsystemen für Nonprofit-Organisationen näher vorgestellt (vgl. Meffert/Bruhn 2003, S. 555).

(1) Direkter Vertrieb
Beim **direkten Vertrieb** erfolgt die Erbringung und Übermittlung einer Leistung durch die gleiche Organisation. Da Nonprofit-Leistungen oftmals gleichzeitig erstellt und in Anspruch genommen werden („uno-actu-Prinzip") ist dies die vorherrschende Vertriebsform für Nonprofit-Organisationen. Insgesamt existieren für Nonprofit-Organisationen nur wenige Freiheitsgrade im Rahmen der Ausgestaltung ihres Absatzkanalsystems. Im Rahmen des direkten Vertriebs von Nonprofit-Leistungen ergeben sich lediglich zwei Ausgestaltungsformen:

- **Unmittelbarer Direktvertrieb** (Eigenvertrieb)
Hierbei handelt es sich um eine zentralisierte Vertriebsform, d.h. eine Nonprofit-Organisation stellt ihr Leistungspotenzial meist an einer zentralen Stelle zur Verfügung (z.B. Standort eines Theaters, eines Krankenhauses).

- **Mittelbarer Direktvertrieb** (z.B. Filial- oder Franchisesystem, Online-Vertrieb)

Bei dieser Ausgestaltungsform bietet die Nonprofit-Organisation ihr Leistungspotenzial an unterschiedlichen organisationseigenen Stellen an (z.B. die regionalen Sozialstationen der Arbeiterwohlfahrt, Online-Vertrieb von Eintrittskarten für eine Sonderausstellung, die per Post zum Leistungsempfänger gesendet werden).

Beispiel: „Vertriebsorganisation" der Römisch-Katholischen Kirche
Die Römisch-Katholische Kirche in Deutschland besteht aus vielen Bistümern und Pfarrgemeinden, zahlreichen Ordensgemeinschaften und geistlichen Bewegungen sowie einer Vielzahl von Jugend- und Erwachsenenverbänden. Mit ihren einzelnen „Ortskirchen" (d.h. den Bistümern bzw. Diözesen) gehört die Katholische Kirche in Deutschland zur weltweiten Katholischen Kirche. Die Weltkirche hat wiederum im Vatikan ihre „Verwaltungszentrale" und ihre gemeinsame diplomatisch-politische Vertretung. Jede kirchliche Verwaltungsstelle und jeder christliche Leitungsdienst steht jedoch vor dem Anspruch, auf das eigentliche Zentrum der Kirche hinzuweisen, d.h. auf Jesus Christus (www.katholische-kirche.de/Service/index. html, Zugriff am 18.03.2004).

Ein direkter Vertrieb setzt Nonprofit-Organisationen enge Grenzen in Hinblick auf die Geschwindigkeit ihrer Expansion. Im Rahmen des direkten Vertriebs verzichten Organisationen auf den Einsatz von Absatzmittlern und expandieren mit eigenen Mitteln, die jedoch zumeist stark begrenzt sind. Die Expansion basiert dabei auf der Grundlage verschiedener **Multiplikationsstrategien**. Multiplikation bezeichnet die Vervielfältigung von definierbaren Einheiten, die unabhängig sind und die als erfolgskritisch angesehenen Bestandteile bzw. Merkmale vollständig beinhalten (Hübner 1993).

Übertragen auf die Problemstellung von Nonprofit-Organisationen ergeben sich die in Schaubild 7-14 dargestellten Multiplikationsoptionen. Zum einen wird hinsichtlich der Multiplikation von Leistungsprozessen und Leistungspotenzialen unterschieden. Im Rahmen der Marktdimension wird dann zusätzlich zwischen Multiplikationen ohne bzw. mit geographischer Marktausdehnung differenziert.

Falls keine geographische Marktausdehnung erfolgt und lediglich Prozesse vervielfältigt werden, liegt der Fall der **reinen Marktdurchdringung** vor. Ein Beispiel dafür ist eine Beratung, die zeitlich verkürzt wird, so dass eine größere Anzahl direkter Leistungsempfänger pro Zeiteinheit bedient werden kann (z.B. Studienberatung).

Eine **expansive Multiplikation ohne Strukturerweiterung** bedeutet die Vervielfältigung von Leistungserstellungsprozessen und gleichzeitiger geographischer Marktausdehnung. Als Beispiele werden hier der Export veredelter Nonprofit-Leistungen über die bisherigen Vertriebsgrenzen hinaus (z.B. Vertrieb von Unicef-Weihnachtskarten oder Max-Havelaar-Kaffee in bisher noch nicht belie-

Marktdimension \ Objektdimension	Multiplikation von	
	Leistungserstellungsprozessen	Leistungserstellungspotenzialen
	Reine Marktdurchdringung	Konzentrische Multiplikation
Ohne geographische Marktausdehnung	⬇ Intensivierung durch Leistungsmultiplikation (z.B. zeitliche Verkürzung einer Beratungsleistung)	⬇ Intensivierung durch Potenzialmultiplikation (z.B. Übernahme lokaler Wettbewerber)
Mit geographischer Marktausdehnung	Expansive Multiplikation (ohne Strukturerweiterung) ⬇ Extensivierung durch Leistungsmultiplikation (z.B. Vertrieb von Unicef-Weihnachtskarten)	Expansive Multiplikation (mit Strukturerweiterung) ⬇ Extensivierung durch Potenzial- (und Leistungs-)multiplikation (z.B. Einrichtung von Sozialstationen der Arbeiterwohlfahrt)

Schaubild 7-14: Systematisierung von marktgerichteten Multiplikationsstrategien (Quelle: in Anlehnung an Meffert/Bruhn 2003, S. 557)

ferte Regionen) sowie die Entsendung von Mitarbeitern (z.B. Ärzte und Soldaten als Katastrophenschutzhelfer in Krisenregionen) angeführt.

Die Multiplikation von Leistungspotenzialen ohne geographische Marktausdehnung bedeutet eine sog. **konzentrische Multiplikation**. Diese kann z.B. durch Filialisierung im bestehenden Vertriebsbereich oder durch Übernahme lokaler Wettbewerber erreicht werden (z.B. Zusammenlegung der Universitäten Essen und Duisburg zu einer administrativen Einheit mit verschiedenen Vertriebskanälen).

Die expansive **Multiplikation mit Strukturerweiterung** schließlich liegt dann vor, wenn im Rahmen einer geographischen Marktausdehnung eine Multiplikation von Leistungserstellungspotenzialen erfolgt. Diese Strategieoption kann wiederum durch Filialisierung, Franchising oder Akquisitionen erfolgen (z.B. die Einrichtung mehrerer Sozialstationen der Arbeiterwohlfahrt innerhalb eines Kreisverbandes sowie die Gründung von Landesverbänden).

Das sog. **Franchising** als eine Form der Filialisierung wird im deutschsprachigen Raum von Nonprofit-Organisationen bislang wenig beachtet. Im angelsächsischen Raum wird dieses Konzept hingegen bereits erfolgreich angewendet. Unter dem Konzept des Franchising wird dabei eine Form der Kooperation verstanden, bei der ein Kontraktgeber (Franchiser) aufgrund einer langfristigen vertraglichen Bindung rechtlich selbstständig bleibenden Kontraktnehmern

(Franchisees) gegen Entgelt das Recht einräumt, bestimmte Waren oder Dienstleistungen unter Verwendung von Namen, Warenzeichen Ausstattungen oder sonstigen Schutzrechten sowie den technischen und gewerblichen Erfahrungen des Franchisegebers und unter Beachtung des von letzterem entwickelten Absatz- und Organisationssystems anzubieten (Tietz 1991; Ahlert 2001).

Bei Franchise-Verträgen für Nonprofit-Organisationen werden **explizite** Franchisekonzepte („Charity Franchising") und **implizite**, franchiseartige Organisationen unterschieden (Schuhen 2003). Beispielhaft sind hier Crossroads Care (www.crossroads.org.uk) und Homestart (www.homestart.org.uk) aus England bzw. Goodwill Industries (www.goodwill.org) und United Way of America (http://national.unitedway.org) aus den USA zu nennen. Die jeweilige Nonprofit-Organisation (z.B. eine Wohlfahrtsorganisation) stellt dabei als Franchisegeber den einzelnen Mitgliedern zentralisierte Ressourcen wie z.b. Beschaffungs-, Organisations- und Marketingkonzepte sowie den Markennamen zur Verfügung (Schuhen 2003).

Beispiel: Franchising bei Homestart
Die Nonprofit-Organisation Homestart, die Familien mit Kindern unter fünf Jahren unterstützt, ist vollständig als Franchisesystem organisiert. Gegen eine jährliche Gebühr erhalten lokale „Homestart-Groups" das Recht, den Markennamen Homestart zu benutzen. Zusätzlich werden ihnen ein Leitfaden („Operating Manual"), ein Leitbild („Constitution") sowie Beratungsdienstleistungen der Zentrale zur Verfügung gestellt (Houghton/Timperley 1992, S. 25; Schuhen 2003).

Der Ansatz des Franchising eignet sich nicht für alle Nonprofit-Organisationen, sondern bietet sich vor allem für „standardisierte und reproduzierbare" Leistungen (z.B. ambulante und stationäre Altenhilfe) an (Schuhen 2003). Der Vorteil dieses Vertriebssystems besteht vor allem darin, dass durch die Nutzung des Markennamen des Franchisegebers der langwierige Imageaufbau für die einzelne Nonprofit-Organisation entfällt. Schaubild 7-15 zeigt die Bandbreite verschiedener Franchise-Konzepte in Deutschland im Krankenpflegebereich anhand der Clinotel Krankenhauskette (www.clinotel.de), der Marseille Kliniken AG (www.marseille-kliniken.de) und der Kleeblatt Altenheime (ausführlich vgl. Lees/Esterle 1998; Beck/Becker/Hecht 2000; Schuhen 2003).

(2) Indirekter Vertrieb
Beim indirekten Vertrieb wird ein Absatzmittler bzw. ein Leistungsvermittler zum Vertrieb der Nonprofit-Leistungen eingesetzt. Aufgrund der Besonderheiten vieler Nonprofit-Leistungen wird diese Vertriebsform jedoch nur selten eingesetzt. Der **indirekte Vertrieb** „kommt insbesondere bei der Vermarktung von Anrechten (z.B. Eintrittskarten für ein Theater) sowie physischen Produkten zum Einsatz (Klausegger/Scharitzer/Scheuch 2003, S. 126). Beispielsweise ist

	Clinotel®	Amarita®	Kleeblatt
Bereich	Krankenhäuser	Pflegeheime	Hauswirtschaftliche Dienste in Pflegeheimen
Art der Trägerschaft	Plurale Trägerstruktur (öffentlich/frei-gemeinnützig)	Privat-kommerziell	Kommunal
Größe/Umfang	25 (Modellphase) - 200 Krankenhäuser	100 Pflegeeinrichtungen mit jeweils 87 Betten in westdeutschen Ballungszentren	Zur Zeit acht hauswirtschaftliche Dienste
Besonderheiten	Implementierung in bestehende Krankenhauslandschaft	Neueinrichtung der Pflegeheime; Spezialisierung auf bestimmte, altersbedingte Krankheitsbilder	Implementierung in bestehendes System; Anreizentlohnung eingeführt
Franchisegeber	Medcare Control gGmbH (MCC)	Marseille Kliniken AG	Kleeblatt gGmbH
Franchisenehmer	Bestehende Krankenhäuser	Unternehmer	Unternehmer in einem Kleeblatt
Aufgabe des Franchisenehmers	Aufbereitung und Weitergabe von Daten zum Know-how-Transfer durch die Zentrale	Betrieb eines Pflegeheims	Betrieb eines hauswirtschaftlichen Dienstes in einem Pflegeheim

Schaubild 7-15: Beispiele für Franchisesysteme im Krankenpflegebereich in Deutschland (Quelle: Schuhen 2003, S. 14)

der Erfolg des Max-Havelar-Kaffees in der Schweiz erst erreicht worden, als der Vertrieb von Dritt-Welt-Läden auf etablierte Handelsorganisationen wie Migros und Coop ausgedehnt wurde (Purtschert 2001, S.325). Der Absatzmittler tritt hierbei als reiner Verkäufer der Leistung/des Leistungsversprechens oder aber als sog. „Co-Producer" der Leistung auf. Im zweiten Fall übernimmt er Teile der Leistungserstellung (Palmer/Cole 1995, S. 204 ff.). Dies ist beispielsweise in größeren Verbänden zu beobachten. Landessportverbände erarbeiten z.B. Trainingskonzepte als Leitlinien, die durch die Vielzahl der regionalen Vereine – denen die Rolle des Absatzmittlers zukommt – umgesetzt und ggf. leicht modifiziert werden. Analog lässt sich der Fall ableiten, dass öffentliche Behörden Leistungen auf der Grundlage von Gesetzen und Richtlinien, die Bund und Länder erlassen haben, im Rahmen ihrer Absatzmittlerfunktion erbringen.

(3) Kombinierter Vertrieb
Bei einigen Nonprofit-Leistungen bietet es sich an, nicht nur einen der beiden alternativen Absatzwege zu wählen, sondern stattdessen einen kombinierten Einsatz der beiden Arten von Absatzwegen zu nutzen. Eine **Kombination von direktem und indirektem Vertrieb** ist insbesondere bei kulturellen Dienstleistungen (z.B. Theater- oder Opernveranstaltungen) denkbar, bei denen einerseits

eigene Verkaufsstellen unterhalten werden und andererseits die Dienstleistungen über Reisebüros, Internet-Portale u.ä. angeboten werden. Diese Vertriebsform bietet sich somit für Leistungen an, die den physischen Vertrieb von Anrechten, d.h. Leistungsversprechen (z.B. Eintrittskarten), erfordern. In diesem Zusammenhang gewinnt auch für Nonprofit-Organisationen der Internetvertrieb an Bedeutung, da hiermit den Leistungsempfängern eine bequeme Alternative zum Direktvertrieb angeboten wird.

Der Aufbau von Mehrkanalsystemen bietet Nonprofit-Organisationen spezifische **Chancen**. So ermöglicht ein Vertrieb über verschiedene Absatzwege im Vergleich zum singulären Vertrieb in vielen Fällen eine erhöhte Marktabdeckung (z.B. Verkauf von Theaterkarten über das weltweit erreichbare Internet anstatt der lokalen Theaterkasse). Darüber hinaus werden die verschiedenen Anspruchsgruppen entsprechend ihrer unterschiedlichen Bedürfnisse und Anforderungen an den Vertrieb angesprochen, so dass zum einen ihr Nutzen steigt und zum anderen eine Differenzierung der Organisation im Wettbewerb ermöglicht wird.

Neben diesen Chancen lassen sich aber auch **Risiken** identifizieren, die insbesondere auf eine mangelnde Koordination und Abstimmung der Absatzwege zurückzuführen sind (Meffert/Bruhn 2003, S. 568). Gefahrenpotenziale bestehen hier beispielsweise, wenn Nonprofit-Organisationen versuchen, eine einheitliche Ausrichtung ihrer Aktivitäten losgelöst von den spezifischen Merkmalen der Absatzmittler umzusetzen. Diese Nichtbeachtung führt gelegentlich zur Beeinträchtigung der Effektivität der Mehrkanalstrategie.

Insgesamt lässt sich feststellen, dass diese kombinierte Vertriebsform nur relativ selten für Nonprofit-Organisationen anzutreffen ist, da die Besonderheiten vieler Nonprofit-Leistungen den Direktvertrieb erfordern.

7.3.3.4 Gestaltung des logistischen Systems

Das logistische System befasst sich mit der physischen Bewegung der Leistungen zwischen der Nonprofit-Organisation und dem Leistungsempfänger. **Aufgabe der Logistik** ist es, dafür zu sorgen, dass die richtige Leistung zur gewünschten Zeit in der richtigen Menge am gewünschten Ort bereitsteht (Ihde 1978; Pfohl 2000). Das Anliegen der Logistik besteht somit darin, die mengen- und artmäßige, räumlich und zeitlich abgestimmte Bereitstellung von Leistungen sicherzustellen (Herrmann/Huber 1999, S. 861).

Die logistischen Aufgaben von Nonprofit-Organisationen beziehen sich dabei primär auf die **Erfüllung des raumzeitlichen Präsenzkriteriums** und auf das **Tätigwerden des Leistungspotenzials**. Entsprechend kommen Planungs- und Vorbereitungsaufgaben eine tragende Rolle zu, um die raumzeitliche Bereitschaft des Leistungspotenzials sicherzustellen (Scheuch 2002). Im Rahmen der Gestaltung des logistischen Systems werden i.d.R. folgende **Entscheidungsfelder** bearbeitet (Meffert/Bruhn 2003, S. 571):

(1) Ort der Leistungserstellung
Als Ort der Leistungserstellung wird der geographische Ort bezeichnet, an dem eine Nonprofit-Organisation ihre Leistungspotenziale bereithält, um die Leistung zu erstellen. Im Falle einer **Integration des Leistungsempfängers** in den Leistungserstellungsprozess (z.B. Suchtberatung, Theater) besteht eine wesentliche Aufgabe der Vertriebspolitik darin, Angebot und Nachfrage der Leistung zusammenzubringen (Meffert/Bruhn 2003, S. 571). Hierbei sind drei verschiedene **Grundkonstellationen** denkbar, auf denen logistische Ausgestaltungsoptionen i.d.R. aufbauen:

- Die Leistungserstellung findet beim **Nachfrager** statt (z.B. mobile Pflegedienste, die den Leistungsempfänger zuhause aufsuchen und betreuen; Selbststudium im Rahmen eines Fernstudiums, Nachbarschaftshilfe).
- Die Leistungserstellung findet beim **Anbieter** statt (z.B. Predigt in einer Kirche, Studienberatung, Vorlesung an einer Universität, Sprachkurs an einer Volkshochschule, Notaufnahme im Krankenhaus, Aufführung eines Theaterstücks, Übernachtungsmöglichkeiten in einer Jugendherberge oder Bahnhofsmission).
- Die Leistungserstellung findet an einem „**dritten Ort**" statt. (z.B. Schutz der Umwelt, Reparaturhilfe durch den ADAC, Bergrettungen, Flüchtlingshilfe in sicherem Drittstaat).

Beispiel: Leistungserstellung vor Ort bei der Medizinischen DirektHilfe in Afrika
Die Medizinische DirektHilfe in Afrika e.V. (MDH), ein Verein mit dem Ziel der Verbesserung der medizinischen Versorgung in Afrika, führt gemeinsam mit dem Tawfiq Hospital in Malindi (Kenia) regelmäßig „mobile Sprechstunden" in abgelegenen Regionen von Kenia durch. Das Team vor Ort setzt sich dabei aus zwei Ärzten, einem Zahnarzt, einem Apotheker, einer Krankenschwester sowie mehreren Helfern zusammen. Mehrere Tage vor der geplanten Sprechstunde wird ferner ein Bote in die Dorfschule gesandt. Die Schüler geben die Nachricht an ihre Familien weiter und innerhalb kurzer Zeit wissen sehr viele Menschen über die Sprechstunde Bescheid. Die ärztliche Behandlung sowie die Versorgung mit Medikamenten und Brillen sind für die Patienten kostenfrei. Nach Angabe der MDH ist die mobile Sprechstunde für die meisten Patienten die einzige Chance, medizinische Hilfe zu erhalten (Quelle: www.mdh-africa.de/deutsch/d_projekte/pr_ sprechstd.htm, Zugriff am 18.03.2004).

(2) Lagerhaltung materieller Leistungselemente und Faktoren
Aufgrund der Immaterialität der meisten Nonprofit-Angebote sind Entscheidungen hinsichtlich der Lagerhaltung für Nonprofit-Organisationen nur in wenigen Fällen besonders wichtig (z.B. bei Anbietern von fair-gehandelten Lebensmitteln). Dennoch besteht – auch bei vielen Dienstleistungen – die Notwendigkeit,

einzelne Elemente zwischenzulagern. Dabei gilt, je mehr materielle Bestandteile eine Leistung enthält bzw. je eher materielle Faktoren zur Leistungserstellung notwendig sind, desto bedeutender sind lagertechnische Entscheidungen im Rahmen der Vertriebspolitik der Nonprofit-Organisation (z.b. sind lagertechnische Entscheidungen zur Unterbringung und Pflege der Rettungshunde-Staffel des Samariterbundes durchaus relevant, wohingegen für eine Seelsorge kaum lagertechnische Entscheidungen zu treffen sind).

(3) Transport materieller Leistungselemente und Faktoren
Aus der Immaterialität der meisten Nonprofit-Leistungen folgt auch deren Nichttransportfähigkeit (z.B. Telefonseelsorge). Allerdings kann es je nach Art der Leistung erforderlich sein, entweder die Leistungsempfänger (z.B. Krankentransport) oder Mitarbeiter und materielle Ressourcen der Nonprofit-Organisation (z.B. Essen auf Rädern) zu transportieren. Im Rahmen der Bewältigung des jeweiligen Transportproblems sind verschiedene Aspekte zu berücksichtigen:

- **Transportmittel** (Eignung der Transportmittel: Hilfs- und Rettungsorganisationen benötigen z.b. spezielle Rettungshelikopter, Notarztwagen u.Ä.),
- **Transportzeit** (Schnelligkeit im Rahmen von Katastropheneinsätzen, wie z.B. Erdbeben oder Überschwemmungen),
- **Transportsicherheit** (sichere Beförderung der internen Produktionsfaktoren sowie der Leistungsempfänger, z.b. Krankentransporte),
- **Transportkosten** (Wirtschaftlichkeit: effiziente Bewirtschaftung des Fuhrparks mobiler sozialer Hilfsdienste, d.h. Anschaffungskosten und Unterhalt).

Beispiel: Transport materieller Elemente der Medizinischen DirektHilfe in Afrika
Die „Medizinische DirektHilfe in Afrika" bedankt sich beispielsweise in ihrem Jahresbericht 2003 bei den beiden Luftfahrgesellschaften Deutsche BA und LTU dafür, dass sie gespendete Hilfslieferungen bestehend aus Krücken, Brillen, Verbandsstoffen und Telekommunikationsgeräten, kostenfrei von Berlin nach Düsseldorf bzw. Düsseldorf nach Mombasa transportiert haben (Quelle: www.mdh-africa.de/deutsch/d_aktuell/jahresbericht_ 03.pdf, Zugriff am 18.03.2004).

7.4 Kommunikationspolitik für Nonprofit-Organisationen

Neben der Ressourcenpolitik und der Leistungs-/Absatzpolitik stellt die Kommunikationspolitik das dritte elementare Gestaltungselement des Marketingmix für Nonprofit-Organisationen dar. Als **Kommunikationspolitik** wird die Gesamtheit der Kommunikationsinstrumente und -maßnahmen einer Organisation

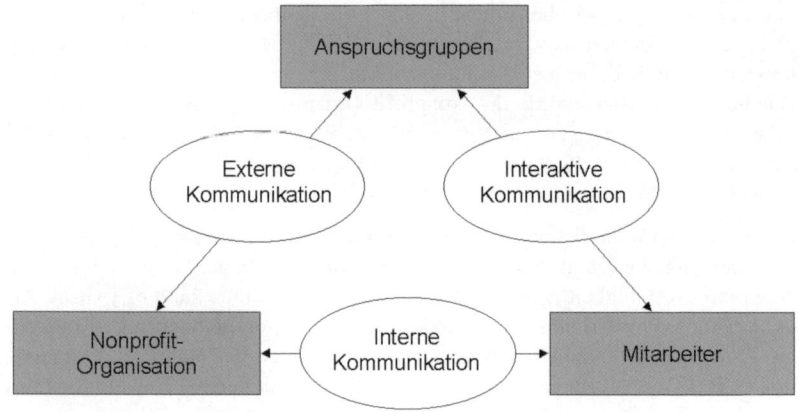

Schaubild 7-16: Erscheinungsformen der Kommunikation

bezeichnet, die eingesetzt werden, um die Nonprofit-Organisation und ihre Leistungen den relevanten Anspruchsgruppen darzustellen und/oder mit diesen in Interaktion zu treten (vgl. Bruhn 2004a, S. 201).

Die Kommunikationspolitik umfasst dabei Maßnahmen der externen Kommunikation (z.B. Anzeigenwerbung), der innerbetrieblichen, internen Kommunikation (z.B. Mitarbeiterzeitschrift) und der interaktiven Kommunikation zwischen den Mitarbeitern einer Nonprofit-Organisation und den Anspruchsgruppen (z.B. Beratungsgespräch einer Drogenberatungsstelle, persönliches Fundraising). Schaubild 7-16 veranschaulicht diese Erscheinungsformen der Kommunikation von Nonprofit-Organisationen.

7.4.1 Besonderheiten der Kommunikationspolitik für Nonprofit-Organisationen

Nonprofit-Organisationen stehen eine Vielzahl interner und externer Kommunikationsinstrumente zur Verfügung, um ihre Kommunikationsziele zu erreichen. Es ist jedoch insgesamt zu beobachten, dass die interaktive Kommunikation sowie die interne Mitarbeiterkommunikation für den Erfolg immer bedeutender werden. Die Mitarbeiter sind aufgrund ihrer zentralen Stellung im Rahmen der Leistungserstellung von Nonprofit-Organisationen als glaubwürdiger Multiplikator im Kommunikationsprozess in einem ganzheitlichen Ansatz der Kommunikation zu berücksichtigen (vgl. Schick 2002; Klöfer/Nies 2003; Oelert 2003).

Aus den Besonderheiten bei der Erstellung und dem Absatz von Nonprofit-Leistungen, d.h. der Notwendigkeit der Leistungsfähigkeit und der Integration des Leistungsempfängers in den Erstellungsprozess sowie der Immaterialität, Nichtlagerfähigkeit und Nichttransportfähigkeit von Nonprofit-Leistungen, ergeben sich zahlreiche Implikationen für die Kommunikationspolitik einer Nonprofit-Organisation. So lassen sich aus der Notwendigkeit der permanenten **Bereitstellung der Leistungsfähigkeit** einer Nonprofit-Organisation die folgenden Implikationen für die Kommunikation ableiten:

- Die Leistungsfähigkeit einer Nonprofit-Organisation selbst ist nicht darstellbar. Aus diesem Grund ist es eine zentrale Aufgabe der Kommunikationspolitik von Nonprofit-Organisationen, **spezifische Leistungskompetenzen** zu dokumentieren, d.h. Signale zu senden, die den relevanten Anspruchsgruppen glaubwürdig vermitteln, dass die Organisation über die zur Problemlösung notwendigen Kompetenzen verfügt. Dies kann bei einer karitativen Pflegeeinrichtung z.B. durch Hinweise auf entsprechende Examina der Pflegekräfte geschehen.
- Darüber hinaus besteht eine Aufgabe der Kommunikationspolitik darin, das **Fähigkeitenpotenzial** kommunikativ darzustellen, beispielsweise durch den Hinweis auf besonders modern ausgestattete Hörsäle einer Universität oder neue medizinische Einrichtungen eines Krankenhauses.

Aus der **Integration des Leistungsempfängers** folgen weitere Besonderheiten der Kommunikation für Nonprofit-Organisationen:

- Wenn die aktive Teilnahme der Leistungsempfänger am Ort der Leistungserstellung erforderlich ist und die Nonprofit-Organisation oder Partnerorganisationen eine Transportmöglichkeit (z.B. einen Abholdienst) anbieten, sind geeignete Kommunikationsmaßnahmen einzusetzen, um die relevanten Anspruchsgruppen darüber zu informieren. Beispielsweise bieten viele Universitäten ein Semesterticket an, das im regionalen Verkehrsverbund gültig ist. Diese Zusatzleistung kann im Rahmen der Kommunikationsmaßnahmen vorteilhaft als Differenzierungsmerkmal eingesetzt werden.
- Da der Leistungserstellungsprozess aufgrund der Integration der direkten Leistungsempfänger i.d.R. nur schwer zu standardisieren ist, sind in Kommunikationsmaßnahmen oftmals lediglich die internen Faktoren darstellbar, wie z.B. die Mitarbeiter eines Pflegedienstes.
- Aufgrund der Integration des direkten Leistungsempfängers bietet sich bei einer Vielzahl von Nonprofit-Leistungen der Einsatz von Kommunikationsmaßnahmen auch im Prozess der Leistungserstellung an. Beispielsweise re-

krutieren eine Vielzahl von Vereinen während ihrer Veranstaltungen neue ehrenamtliche Mitarbeiter oder Museen zeigen ihren Besuchern während des Besuchs die Möglichkeit auf, Fördervereinen beizutreten.
- Die Kommunikation dient darüber hinaus zur Erklärung von Problemen und Spezifika, die im Zusammenhang mit der Leistungsinanspruchnahme stehen, z.B. bzgl. möglicher Wartezeiten bei telefonischer Vereinbarung eines Termins bei der Studienberatung oder der Bundesagentur für Arbeit.

Aus der **Immaterialität von Nonprofit-Leistungen** resultieren folgende Konsequenzen für die Kommunikationspolitik:

- Eine zentrale Aufgabe der Kommunikation für Nonprofit-Organisationen ist die Materialisierung der nicht direkt darstellbaren Leistungen, z.B. durch die Abgabe materieller Give Aways im Rahmen von Events (z.B. Kondome der Aids-Stiftung).
- Eine weitere Möglichkeit, die Nonprofit-Leistungen „greifbar" zu machen, ist die Visualisierung tangibler Leistungselemente, beispielsweise durch die Darstellung von Mitarbeitern oder anderen Ressourcen in Informationsbroschüren.
- Darüber hinaus dient die Kommunikation einer Nonprofit-Organisation dazu, die Aufmerksamkeit für neue oder auch bereits bekannte Leistungen mittels materieller Leistungskomponenten zu wecken, wie z.B. durch die Aufstellung eines aufwendig gestalteten Spendentopfes.
- Schließlich kommt aufgrund der Immaterialität der Leistungen dem Image einer Nonprofit-Organisation eine besondere Bedeutung im Rahmen der Leistungsbeurteilung durch die Anspruchsgruppen zu. Dementsprechend ist es eine zentrale Aufgabe der Kommunikationspolitik, durch die eingesetzten Maßnahmen eine Verbesserung des Images zu erzielen und die Einstellungen der relevanten Anspruchsgruppen gegenüber der Organisation sowie ihrer Leistungen positiv zu beeinflussen. Beispielsweise ist es denkbar, dass Greenpeace-Mitarbeiter proaktiv Präsenz in den Medien zeigen, um die Anliegen der Organisation zum öffentlichen Thema zu machen („Agenda Setting") und die eigenen Problemlösungsansätze aufzuzeigen.

Die **Nichtlagerfähigkeit von Nonprofit-Leistungen** hat folgende Implikationen für die Kommunikationspolitik von Nonprofit-Organisationen zufolge:

- Nonprofit-Organisationen erzielen mit Hilfe von Kommunikationsmaßnahmen eine kurzfristige Steuerung der Nachfrage. Beispielsweise setzt eine Jugendherberge in weniger stark frequentierten Monaten Direktmarketingmaßnahmen bei ihren Mitgliedern ein, um Reservierungen anzuregen, so dass die Auslastung in den nachfrageschwächeren Monaten verbessert wird.

- Ferner unterstützt die Kommunikation Maßnahmen zur Kapazitätsaufteilung, z.B. durch den Hinweis auf die Vorteilhaftigkeit einer Saisonkarte in einem Fußballstadion oder Theater.

Aufgrund der **Nichttransportfähigkeit von Nonprofit-Leistungen** sind folgende Aufgaben der Kommunikationspolitik von Nonprofit-Organisationen ableitbar:

- Die Nichttransportfähigkeit erfordert vom Leistungsempfänger die Kenntnis der Bedingungen, unter denen eine Leistung erstellt wird (z.B. Ort, Zeitpunkt des Beginns, voraussichtliche Dauer usw.). Beispielsweise veröffentlichen Theater die Termine ihrer Vorstellungen in Tageszeitungen und bieten Ortsunkundigen zum Teil eine Wegbeschreibungen auf der Rückseite der Eintrittskarte. Eine Vielzahl von Nonprofit-Organisationen nutzen das Internet als Kommunikationsmittel, um die Leistungsempfänger über die Bedingungen der Leistungserstellung zu informieren. Auf den Internetseiten der Jugendherbergen erhalten die Interessenten u.a. Informationen über die Anreisemöglichkeiten mit öffentlichen Verkehrsmitteln sowie die Zeiten zum Ein- und Auschecken.

- Kommunikationsmaßnahmen, die sich aufgrund der Nichttransportfähigkeit ergeben, werden insbesondere erforderlich, falls das Leistungsangebot und die Nachfrage räumlich weit auseinanderliegen und es sich um besonders spezifische Leistungen handelt. Dabei sind die Leistungsempfänger durch die Kommunikationsmaßnahmen über die zu erwartende Leistung zu informieren, damit sie sich eine präzise Vorstellung von der Nonprofit-Leistung bilden können (z.B. telefonische Auskünfte über eine bestimmte Operation in einer Spezialklinik).

7.4.2 Ziele und Aufgaben der Kommunikationspolitik

Im Rahmen der Kommunikationspolitik von Nonprofit-Organisationen erlangen psychologische Ziele eine große Bedeutung. Hierbei lassen sich nach den Stufen der Reaktionen der Leistungsempfänger kognitiv-, affektiv- und konativ-orientierte Zielsetzungen unterscheiden. Beispielsweise zählen zu den **Zielen der Kommunikationspolitik** die Bekanntmachung und Information (kognitives Ziel), die Imagebildung sowie emotionale und motivierende Zielsetzungen (affektives Ziel), die Änderung von Einstellungen und Werthaltungen sowie die Handlungsauslösung bzw. Nachfragegestaltung (konatives Ziel) (Bruhn/Tilmes 1994, S. 135; vgl. auch Rados 1996, S. 300ff.). Im Folgenden sind die drei zentralen Zielkategorien der Kommunikationspolitik und deren Unterziele detaillierter erläutert (vgl. auch Meffert/Bruhn 2003, S. 440f.):

(1) Kognitiv-orientierte Kommunikationsziele

- **Berührungs- und Kontakterfolg**

Es ist das primäre Ziel der Kommunikationspolitik, dass Kommunikationsbotschaften die ausgewählten Anspruchsgruppen mit möglichst wenig Streuverlust erreichen. Streuverluste entstehen durch Kontakte mit Nichtzielpersonen, d.h. Personen, die keiner Anspruchsgruppe einer Nonprofit-Organisation angehören. Dies führt zu wirkungslosen Kommunikationsausgaben. Insgesamt lässt sich dieser Effekt bei der Mediennutzung nicht vollkommen vermeiden, aber durch eine bewusste Medienauswahl abschwächen. Beispielsweise informieren Museen über ihre Ausstellungen in ausgewählten Feuilletons großer überregionaler Tageszeitungen anstatt in TV-Programmzeitschriften, um ihre relevanten Anspruchsgruppen gezielt zu erreichen.

- **Aufmerksamkeitswirkung**

Die Aufmerksamkeitswirkung einer Kommunikationsbotschaft bezieht sich auf die Umgehung des unbewussten Wahrnehmungsfilters des Rezipienten, so dass die Kommunikationsmaßnahmen im Medienumfeld nicht „untergehen". Vorteilhaft ist es, wenn die in der Botschaft enthaltenen Informationen durch ihre Dramatik oder Gestaltung eine derartige Aufmerksamkeitswirkung auf die Leistungsempfänger ausüben, dass sie bewusst aufgenommen werden (z.B. Rauchen als Ursache für Lungenkrebs in einem Werbespot der nationalen Krebsliga).

- **Erinnerungswirkung**

Das Ziel der Erinnerungswirkung bezieht sich auf die langfristige Speicherung der durch die Kommunikation vermittelten relevanten Informationen im Gedächtnis des Empfängers. Dies bedeutet insbesondere die Verankerung der Nonprofit-Marke im „Evoked Set" der relevanten Anspruchsgruppen zu erreichen (vgl. hierzu Abschnitt 7.3.1.4). Das Evoked Set bezeichnet dabei die Menge aller bekannten Alternativen, die ein Individuum für eine Leistungskategorie gespeichert hat. Eine Nonprofit-Organisation, die erfolgreich eine Marke etabliert hat, ist beispielsweise die Umweltschutzorganisation Greenpeace.

- **Informationsfunktion**

Aufgrund der Immaterialität und Komplexität vieler Nonprofit-Leistungen kommt der Kommunikationspolitik eine Informationsfunktion zur Verdeutlichung des Leistungsumfangs, der Leistungsnutzung usw. zu.

(2) Affektiv-orientierte Kommunikationsziele

- **Gefühlswirkung**

Eine Gefühlswirkung wird beim Empfänger erreicht, indem die aufgenommene Botschaft auf das individuelle Empfinden wirkt und gezielte Emotionen weckt.

Die Stärke (nicht die Art und Richtung) dieser Wirkung lässt sich bis zu einem gewissen Grad an den Reaktionen des Rezipienten messen. Beispielsweise werden im Rahmen von Anzeigen zur Gewinnung von Spendengeldern oftmals sehr emotionale Bilder eingesetzt (z.B. im Rahmen von Spendensammelaktionen für Dritte-Welt-Länder).

- **Positive Hinstimmung**
Eine positive Hinstimmung zu einer Leistung wird i.d.R. durch die Konkretisierung unbewusster Bedürfnisse erreicht. In diesem Zusammenhang sind die Anspruchsgruppen zu überzeugen, dass die Leistung oder auch eine Spende dem Empfänger einen großen Nutzen bzw. Vorteile bietet (z.B. „Profitieren Sie von den Vorteilen einer Mitgliedschaft im ADAC und genießen Sie folgende Vorzugskonditionen").

- **Generierung von Interesse**
Kommunikationsmaßnahmen haben das Interesse an einer Leistung zu wecken und in einem weiteren Schritt, eine aktive Auseinandersetzung des Rezipienten mit der Leistung hervorzurufen. Diese beiden Faktoren sind die Voraussetzung für die erstmalige Kontaktaufnahme zu der Nonprofit-Organisation und eine eventuelle Inanspruchnahme der angebotenen Leistung bzw. eine Unterstützung der Organisation. Ein Beispiel für eine Kommunikationskampagne, die Interesse an einer Leistung wecken soll, ist die aktuelle Kampagne des Deutschen Sportbundes („Sport tut Deutschland gut"), die die gesellschaftspolitische Bedeutung des Sports in Zusammenhang mit den Themenfeldern „Migration", „Gesundheit" und „Jugendpolitik" darstellt.

- **Imagewirkung**
Durch die kommunikativen Maßnahmen einer Nonprofit-Organisation wird die Schaffung eines positiven Images der Organisation und ihrer Leistungen angestrebt. Das Image spielt aufgrund der Immaterialität und Intangibilität von Nonprofit-Leistungen sowie dem damit einhergehenden Mangel an objektiven Beurteilungskriterien für die Vertrauensbildung der Leistungsempfänger, aber auch sonstiger Anspruchsgruppen, wie z.B. Geldgeber, eine besondere Rolle. Der WWF hat durch seine langfristig konsistente und abgestimmte Kommunikationspolitik beispielsweise ein unverwechselbares Markenimage aufgebaut, dem die relevanten Anspruchsgruppen großes Vertrauen entgegenbringen.

(3) **Konativ-orientierte Kommunikationsziele**

- **Auslösung von bestimmten Handlungen**
Die Kommunikationsbotschaften dienen auch dazu, bestimmte Handlungen bei den Leistungsempfängern bzw. den Geldgebern auszulösen. Beispielsweise gilt es durch die Kommunikationsbotschaften potenzielle Spender zum Spenden zu

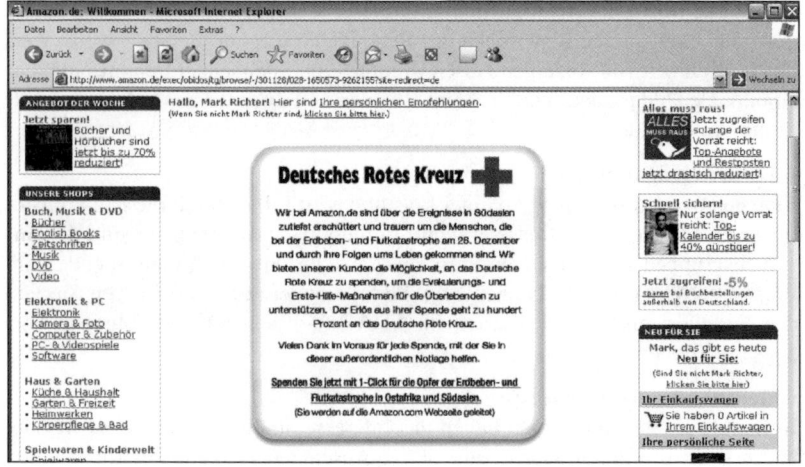

Insert 7-18: Spendenkampagne des Deutschen Roten Kreuzes in Kooperation mit Amazon (Quelle: www.amazon.de, Zugriff am 31.12.2004)

bringen oder bei potenziellen Leistungsempfängern die Inanspruchnahme der Leistung auszulösen.

Beispiel: Spendenkampagne des Deutschen Roten Kreuzes
Das Deutsche Rote Kreuz hat in Kooperation mit dem Buchversender Amazon auf dessen Homepage einen Spendenaufruf für die Opfer der Erdbeben- und Flutkatastrophe in Ostafrika und Südasien platziert (Insert 7-18). Dabei ist es das Ziel der Aktion, potenziellen Spendern durch die sog. 1-Click-Technologie möglichst unkompliziert das Spenden zu ermöglichen (Quelle: www.amazon.de, Zugriff am 31.12.2005).

- **Beeinflussung des Informations- und Kommunikationsverhaltens**
Im Rahmen der Kommunikationspolitik ist es vorteilhaft, sich den Anspruchsgruppen als eine Organisation darzustellen, die auf die anspruchsgruppenspezifischen Informationsbedürfnisse eingeht. Eine aktive und offene Kommunikation – auch über Leistungsdefizite – vermeidet u.a. die Entstehung möglicher Konflikte und Probleme im Rahmen der Austauschbeziehungen und stimuliert z.B. Verbesserungsvorschläge seitens der Leistungsempfänger.

- **Beeinflussung des Weiterempfehlungsverhaltens**
Schließlich kann die Kommunikationspolitik auch die Weiterempfehlung der Nonprofit-Organisation an andere Interessenten unterstützen. Nicht zuletzt aufgrund des immateriellen und intangiblen Charakters von Nonprofit-Leistungen hat die Mund-zu-Mund-Kommunikation für die Akquisition neuer Geldgeber

und Leistungsempfänger eine hohe Bedeutung. Aufgrund der eigenen Erfahrung der Mund-zu-Mund-Kommunikatoren (z.B. zufriedene Leistungsempfänger) ist diese Form der „Werbung" besonders glaubwürdig. Beispielsweise profitieren Jugendherbergen durch die Mund-zu-Mund-Kommunikation zufriedener Gäste in deren Freundes- und Bekanntenkreis, da somit quasi kostenlos Werbung für die Nonprofit-Organisation betrieben wird.

Beispiel: Kommunikationsziele einer Präventionskampagne
Die Münchner Healthcare Agentur Take Care Consulting hat eine Präventionskampagne (Boney) zur Förderung der Knochengesundheit bei Kindern und Jugendlichen kreiert. Unter dem Motto „Mach´ deine Knochen fit" wird darauf hingewiesen, dass durch den Mangel an Bewegung und Kalzium Osteoporose entstehen kann. Mehr Sport und eine gesündere Schulernährung stehen deshalb im Mittelpunkt der Kampagne, die unter der Schirmherrschaft des Ministeriums für Verbraucherschutz, Ernährung und Landwirtschaft ausgerichtet wird. Durch Malwettbewerbe sowie die Verteilung von Informationsbroschüren in Schulen und bei Sportveranstaltungen wird versucht, Einfluss auf die Ess- und Bewegungsgewohnheiten von Kindern und Jugendlichen zu nehmen (Quelle: Horizont.net 2004).

Die Kommunikationsaktivitäten von Nonprofit-Organisationen lassen sich grob in Massenkommunikation, sowie in die anspruchsgruppenspezifische Kommunikation unterteilen. Aus dieser zweidimensionalen Kategorisierung ergeben sich vier Aufgabenbereiche der Kommunikation von Nonprofit-Organisationen (vgl. Schaubild 7-17). Die vier Aufgabenbereiche werden im Folgenden weiter

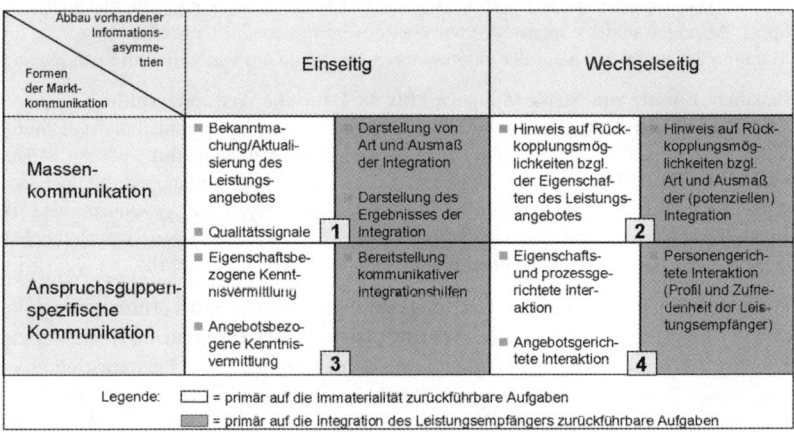

Schaubild 7-17: Aufgaben der marktgerichteten Kommunikation von Nonprofit-Organisationen (Quelle: in Anlehnung an Bruhn 2001b, S. 588)

danach unterschieden, inwieweit sie vorrangig auf die Integration des Leistungsempfängers oder die Immaterialität der Nonprofit-Leistungen zurückgeführt werden können.

(1) Einseitig ausgerichtete Massenkommunikation
Vor dem Hintergrund der Immaterialität von Nonprofit-Leistungen hat die einseitig ausgerichtete Massenkommunikation die Aufgabe, das Angebot der Nonprofit-Organisation bekannt zu machen sowie zu aktualisieren. Hierbei kommt es in erster Linie darauf an, sowohl die Marke als auch einzelne Leistungen als relevante Alternative im Bewusstsein der Anspruchsgruppen zu verankern (Relevant Set) und durch kontinuierliche Hinweise zu aktualisieren (vgl. hierzu auch Kroeber-Riel/Esch 2000, S. 34 f.).

Darüber hinaus besteht eine wesentliche Aufgabe der einseitigen Massenkommunikation darin, **Qualitätssignale** zu übermitteln, um die Informationsnachteile der Leistungsempfänger/Geldgeber zu reduzieren (Stauss 1989, S. 49; Kaas 1991b, S. 360 f.; Weiber/Adler 1995, S. 47 f.). Unsicherheitsmindernde Qualitätssignale sind beispielsweise Garantien oder die kontinuierliche (positive) Präsenz der Nonprofit-Organisation in den Medien. Weiterhin werden oftmals Prominente, denen die Öffentlichkeit Vertrauen entgegenbringt, als Werbeträger eingesetzt, um Glaubwürdigkeit zu signalisieren und Vertrauen gegenüber der Organisation und ihrer Leistung hervorzurufen.

Beispiel: Einsatz von Sandra Maischberger für den WWF
Die in Deutschland bekannte TV-Moderatorin Sandra Maischberger setzt sich im Rahmen der WWF-Kampagne zur Rettung der letzten 500 Sumatra-Tiger ein. Mit Plakaten, TV-Spots, Anzeigen und im Internet (www.wwf.de) informiert die Umweltstiftung über die Situation der Raubkatzen auf der indonesischen Insel Sumatra und wirbt um Spenden.

Beispiel: Einsatz von Nicole (Sängerin) für die Deutsche Welthungerhilfe
Ein weiteres Beispiel für den Einsatz von Prominenten in der Kommunikation ist die in Insert 7-19 dargestellte Testimonial-Anzeige der Deutschen Welthungerhilfe mit der Sängerin Nicole. Neben der deutschen Sängerin konnte die Deutsche Welthungerhilfe noch verschiedene weitere Prominente als „Botschafter der Welthungerhilfe" gewinnen, wie z.B. Dieter Thomas Heck (Entertainer), Patrick Lindner (Schauspieler) oder Nico Motchebon (Leichtathlet) (Quelle: www.welthungerhilfe.de, Zugriff am 31.12.2004).

Aufgrund der Integration des Leistungsempfängers ist es ein vorrangiges Anliegen der Massenkommunikation, **Art und Ausmaß der Integration** darzustellen. Die Art der Integration kann beispielsweise im Rahmen einer Printanzeige einer karitativen Beratungsstelle aufgezeigt werden, in der die „Aufgaben" des Leistungsempfängers während einer Beratung erklärt werden.

Darüber hinaus erfolgt im Rahmen der einseitigen Massenkommunikation oftmals die **Darstellung des Leistungsergebnisses**. Aufgrund der Immaterialität

Insert 7-19: Testimonial-Werbung der Deutschen Welthungerhilfe

des Leistungsergebnisses bietet sich eine beispielhafte Darstellung der Zufriedenheit der Anspruchsgruppen mit der Leistung bzw. der Nonprofit-Organisation an (z.B. zufriedene Theaterbesucher nach einer Premierenvorstellung oder erfolgreich behandelte Klienten einer Suchthilfe).

(2) Wechselseitig ausgerichtete Massenkommunikation
Ein Merkmal der wechselseitig ausgerichteten Massenkommunikation ist die Bereitstellung von Informationen in Bezug auf Kontaktmöglichkeiten zur Organisation. Dadurch werden relevante Anspruchsgruppen in die Lage versetzt, selbstständig Kontakt mit der Nonprofit-Organisation aufzunehmen und ihre Informationsbedürfnisse (individuell) zu befriedigen. Eine Vielzahl von Nonprofit-Organisationen bieten beispielsweise telefonische Hotlines sowie Internetseiten mit direkter Möglichkeit zur Kontaktaufnahme an. Tendenziell lässt sich festhalten, dass **Rückkoppelungsmöglichkeiten** umso bedeutender für eine Nonprofit-Organisation sind, je immaterieller, abstrakter und somit erklärungsbedürftiger deren Leistungen sind (z.B. Beratungen bzgl. ambulanter Pflegeleistungen).

Die notwendige Integration des Leistungsempfängers erfordert die Bereitstellung von Hinweisen im Rahmen der Massenkommunikation, wo und wie der potenzielle Leistungsempfänger Informationen über Art und Ausmaß der möglichen Integration erhalten kann (z.B. „Wir holen Sie zuhause ab").

(3) Einseitige anspruchsgruppenspezifische Kommunikation
Vor dem Hintergrund der Immaterialität von Nonprofit-Leistungen besteht eine zentrale Aufgabe der einseitigen Kommunikation darin, den **eigenschaftsbezogenen Kenntnisstand bei den Anspruchsgruppen** zu erhöhen. Problematisch, aber gleichzeitig von hoher Bedeutung ist dies bei Leistungen, die über zahlreiche Vertrauenseigenschaften verfügen, wie beispielsweise im Bereich der Altenpflege oder bei Krankenhäusern. Aufgabe der einseitigen anspruchsgruppenspezifischen Kommunikation ist es hierbei, glaubwürdige Hinweise auf die Leistungskompetenz der Nonprofit-Organisation zu geben. Die Schaffung von Vertrauen erfolgt – ähnlich wie bei der einseitig ausgerichteten Massenkommunikation – durch Qualitätssignale. Im Gegensatz zur Massenkommunikation ist das (persönliche) **Glaubwürdigkeitspotenzial** durch individuell transportierte Qualitätssignale jedoch erheblich höher einzustufen, da die Kontaktintensität vergleichsweise hoch und die Distanz zwischen Sender und Empfänger relativ gering ist.

Aufgaben der einseitigen anspruchsgruppenspezifischen Kommunikation gegenüber Leistungsempfängern, die sich aus der zur Leistungserstellung notwendigen Integration des Leistungsempfängers ergeben, erstrecken sich in erster Linie auf die **Bereitstellung kommunikativer Integrationshilfen**, d.h. dem Leistungsempfänger ist individuell zu vermitteln, wie er im Prozess der Leistungserstellung zu einem optimalen Leistungsergebnis beiträgt, z.B. bei der Inanspruchnahme von Pflegedienstleistungen.

(4) Wechselseitig ausgerichtete anspruchsgruppenbezogene Kommunikation
Als Grundlage für das Verständnis der Aufgaben der wechselseitig ausgerichteten anspruchsgruppenbezogenen Kommunikation ist es zunächst erforderlich, den Prozess der Leistungserstellung als Interaktion zwischen Mitarbeitern der Nonprofit-Organisation und den Anspruchsgruppen – insbesondere den Leistungsempfängern – zu begreifen. Die Mitarbeiter nehmen durch ihr eigenes Kommunikationsverhalten unmittelbar Einfluss auf das Ergebnis des Interaktionsprozesses. Zur zielorientierten Ausrichtung des Interaktionsergebnisses ist es notwendig, den Leistungsempfänger bzw. auch die anderen Anspruchsgruppen als Interaktionsträger in ihrem Kommunikationsverhalten zu beeinflussen. Dieses Bemühen kommt zum einen darin zum Ausdruck, dass der **Mitarbeiter den Nutzen der Leistung aufzeigt**, zum anderen, indem er den **Leistungsempfänger zur Kommunikation motiviert**. Mitarbeiter von Nonprofit-Organisationen sind somit gefordert, im Interaktionsprozess agierende und reagierende Aufgaben wahrzunehmen, die darauf abzielen, trotz der Immaterialität der Leistung, Qualitätsstandards zu halten bzw. bei Negativabweichungen entsprechende Korrekturen vorzunehmen.

Die Integration des Leistungsempfängers erfordert, dass im Mittelpunkt der wechselseitigen Kommunikation insbesondere Probleme, Anforderungen sowie das generelle Befinden des Leistungsempfängers während des Leistungserstellungsprozesses stehen. Durch die **Dokumentation von Interesse** an der Person des Leistungsempfängers kann auf der einen Seite eine emotionale Bindung zu diesem erzielt werden. Auf der anderen Seite gewinnen die Mitarbeiter wichtige Erkenntnisse zum Profil des Leistungsempfängers, die im Rahmen der weiteren Beziehung nutzbar sind. Ähnliches gilt auch für andere Anspruchsgruppen, insbesondere in Bezug auf die Geldgeber.

Zusammenfassend werden drei zentrale **Aufgabenbereiche der Nonprofit-Kommunikation** unterschieden:

(1) Zunächst steht die **Prägung des institutionellen Erscheinungsbildes** der Nonprofit-Organisation bei allen relevanten Anspruchsgruppen im Mittelpunkt der kommunikationspolitischen Aufgaben.
(2) Ferner ist es eine zentrale Aufgabe der Kommunikationspolitik das **Angebot einer Organisation bekannt zu machen** (z.B. Kernleistungen, Zusatzleistungen, Preis- und Gebührenpolitik usw.) und Informationsasymmetrien auf Seiten der verschiedenen Anspruchsgruppen durch zuverlässige Informationen abzubauen.
(3) Wie bereits im Rahmen des Fundraising dargelegt, gewinnt für viele Nonprofit-Organisationen die **Intensivierung der Beziehungen** zu den Anspruchsgruppen zunehmend an Bedeutung. Die Nonprofit-Organisation hat mit diesen Anspruchsgruppen einen langfristigen Dialog im Sinne eines Beziehungsmanagements aufzubauen.

Die Erfüllung der genannten Ziele erfordert ein systematisches Vorgehen im Sinne einer strategischen Ausrichtung der Kommunikationspolitik.

7.4.3 Strategien der Kommunikationspolitik

Im Rahmen der **Festlegung einer Kommunikationsstrategie** erfolgt eine Schwerpunktsetzung für die zu ergreifenden Kommunikationsmaßnahmen. Diese Schwerpunktsetzung äußert sich in mittel- bis langfristigen Verhaltensplänen, die verbindlich angeben, mit welchen Anstrengungen die formulierten Kommunikationsziele einer Nonprofit-Organisation erreicht werden (Bruhn 2003a, S. 175f.).

Eine **Kommunikationsstrategie** ist dabei aufzufassen als Bündel von Prioritätsentscheidungen bzgl. der Vorrangigkeit zu ergreifender Kommunikationsanstrengungen:

- für gewisse Objekte (z.B. ambulante Pflegeleistungen),
- in gewisser Art (z.B. emotionale Gestaltung bzw. Tonalität),
- bei gewissen Zielpersonen (z.B. Senioren),
- für gewisse Zeitabschnitte (z.B. während des zweiten Quartals) (Steffenhagen 2001, S. 1874).

Somit wird deutlich, dass eine Kommunikationsstrategie anhand von vier Dimensionen spezifiziert wird, wobei jede Dimension hinreichend zu operationalisieren ist. Dabei ist darauf zu achten, dass die Präzisierung der Dimensionen nicht isoliert durchgeführt wird, sondern dass vielmehr bestehende Interdependenzen zwischen den einzelnen Dimensionen zu berücksichtigen sind.

Zunächst wird darüber entschieden, welche **Objekte** schwerpunktmäßig werblich zu unterstützen sind. Dies betrifft die Nonprofit-Organisation als Ganzes und/oder die im Leistungsportfolio geführten Leistungen bzw. Marken (z.B. das Evangelische Johannesstift Berlin als Organisation oder die ambulante Pflege als spezifische Leistung des Evangelischen Johannesstifts).

Die **Art der Kommunikationsstrategie** umfasst die zu wählende Gestaltungsart sowie die damit verbundene Festlegung des Kernmediums zur Übermittlung der Kommunikationsbotschaft (Rossiter/Percy 1997, S. 177ff.). Im Rahmen der Entscheidung über die Gestaltungsart stehen dem Entscheidungsträger grundsätzlich vier Optionen zur Verfügung, um die angestrebte Positionierung der Organisation bzw. einer Leistung gegenüber den Anspruchsgruppen zu kommunizieren (vgl. Kroeber-Riel/Esch 2000, S. 38ff.):

- Emotionale Gestaltung der Werbung
  (z.B. Aidshilfe, Anti-Rauch-Kampagnen),
- Informative Gestaltung der Werbung
  (z.B. Volkshochschulen),
- Emotionale und informative Gestaltung der Werbung
  (z.B. Umweltschutz- und Hilfsorganisationen, Stiftungen),
- Aktualisierende Gestaltung der Werbung
  (z.B. Werbung des ADAC vor Ferienbeginn).

Die Inserts 7-20 bis 7-23 verdeutlichen diese verschiedenen Gestaltungsoptionen visuell.

Insert 7-20: Emotionale Gestaltung von Werbeanzeigen der AIDS-Hilfe Schweiz
(Quelle: www.aids.ch, Zugriff am 01.12.2004)

Insert 7-22: Emotionale und informative Gestaltung von Werbeanzeigen des Schweizer Bundesamtes für Gesundheit (Quelle: www.rauchenschadet.ch, Zugriff am 01.01.2005)

Insert 7-21:
Informative Printanzeige des ADAC
(Quelle: www.adac.de, Zugriff am 01.01.2005)

Insert 7-23: Aktualisierende Werbung im Rahmen der deutschen Bundestagswahlen 2002 (Quelle: www.gruene.de, Zugriff am 10.08.2004)

Welche Gestaltungsart zur Erreichung der Kommunikationsziele am besten geeignet ist, kann nur im Einzelfall entschieden werden, da eine Vielzahl unterschiedlicher situativer Einflussfaktoren, wie z.B. die Organisations-, Markt-, Leistungs-, Anspruchsgruppen- und Umfeldsituation, zu berücksichtigen sind.

Neben der Festlegung der grundsätzlichen Gestaltungsart einer Kommunikationsstrategie ist der zweite zentrale Entscheidungsbereich der beabsichtigte Zweck sowie das Ziel einer Kommunikationsstrategie. In diesem Zusammenhang lassen sich sechs grundlegende **Strategietypen** der Kommunikation unterscheiden (vgl. Bruhn 2003a, S. 179f.)

- Bekanntmachungsstrategie,
- Informationsstrategie,
- Imageprofilierungsstrategie,
- Konkurrenzabgrenzungsstrategie,
- Zielgruppenerschließungsstrategie,
- Kontaktanbahnungsstrategie.

Im Rahmen der **Bekanntmachungsstrategie** konzentriert sich der Einsatz der Kommunikationsaktivitäten vorrangig auf die Art sowie auf die Objekte der Kommunikation. Dieser Strategietyp ist somit für die Einführung neuer Leistungen und/oder zur Erinnerungskommunikation geeignet (z.B. zur Bekanntmachung einer innovativen Serviceleistung bei einem Altersheim, wie z.B. ein neuartiger Einkaufservice).

Einen weiteren Strategietyp stellt die **Informationsstrategie** dar. Die Kommunikation der Nonprofit-Organisation wird in diesem Zusammenhang primär darauf ausgerichtet, zentrale Inhalte zu übermitteln und den Kenntnisstand der Empfänger bzgl. des Kommunikationsobjektes zu verbessern, indem beispielsweise über spezifische Leistungsvorteile oder die Durchführung von besonderen Aktionen informiert wird (z.B. Information über Vor- und Nachteile von neu eingeführten Master-Abschlüssen einer Universität).

Die **Imageprofilierungsstrategie** als weiterer Strategietyp stellt spezifische Nutzendimensionen der Nonprofit-Leistung, wie z.B. die weltweite Einsatzfähigkeit einer Hilfsorganisation, in den Vordergrund. Die Art der Kommunikation orientiert sich damit an der Vermittlung der relevanten Nutzendimensionen, um ein entsprechendes Organisations-, Leistungs- oder Markenbild im Kopf der Leistungsempfänger zu verankern. Neben der speziellen Konzentration auf die Art der Kommunikation spielt vor allem der Zeithorizont bei der Imageprofilierungsstrategie eine wichtige Rolle. Die Etablierung eines angestrebten Imageprofils wird im Regelfall nur durch einen langfristigen, kontinuierlichen und konsistenten Kommunikationsauftritt realisiert und ist mit einem erheblichen monetären Aufwand verbunden. Umso wichtiger ist es daher, das einmal erzielte bzw. das im Aufbau befindliche Image vor negativen Einflüssen, sog. „Bad-Will-Transfers", zu schützen. Ein gelungenes Beispiel für eine Imageprofilierungsstrategie stellt der langfristig konsistente Kommunikationsauftritt des WWF mit dem Schlüsselsymbol des vom Aussterben bedrohten Panda dar.

Das zentrale Kommunikationsthema einer **Konkurrenzabgrenzungsstrategie** stellt die Leistung einer Nonprofit-Organisation dar. Im Rahmen dieses Strategietyps werden differenzierende Merkmale einer Nonprofit-Leistung, wie beispielsweise deren herausragende Qualität, hervorgehoben. Die Etablierung dieses Strategietyps zielt damit darauf ab, die Organisation sowie ihre Leistungen im Hinblick auf bestimmte Nutzendimensionen eindeutig von anderen Organisationen abzugrenzen. Es wird damit angestrebt, eine Alleinstellung in der Wahrnehmung der relevanten Anspruchsgruppen zu erreichen (z.B. ist es im Rahmen der Akquisition von Spendengeldern für Nonprofit-Organisationen von zentraler Bedeutung, als besonders vertrauenswürdig und kompetent wahrgenommen zu werden).

Im Rahmen der **Zielgruppenerschließungsstrategie** werden gezielt bestimmte Segmente angesprochen, wie z.B. Studenten oder Senioren, die als Leistungsempfänger oder Förderer gewonnen werden sollen. Die kommunikativen Aktivitäten richten sich in diesem Fall vorrangig an den Kommunikationsanforderungen dieser Adressaten aus, damit diese die kommunikativen Stimuli überhaupt wahrnehmen bzw. im Sinne der Nonprofit-Organisation verarbeiten (selektive Informationsaufnahme und -verarbeitung). Ein Beispiel für diesen Typ der Kommunikationsstrategie repräsentieren die Werbekampagnen öffentlicher Verkehrsbetriebe, die sich gezielt an Autofahrer richten.

Durch die Umsetzung einer **Kontaktanbahnungsstrategie** verfolgt eine Nonprofit-Organisation die Zielsetzung, die eigenen Aktivitäten potenziellen Leistungsempfängern oder anderen Anspruchsgruppen vorzustellen und bei ihnen Interesse dafür zu wecken. Im Rahmen dieses Strategietyps kommt insbesondere der Öffentlichkeitsarbeit eine große Bedeutung zu. Nonprofit-Organisationen beziehen beispielsweise öffentlich Stellung zu gesellschaftlichen Themen, wie Diskriminierung bestimmter Bevölkerungsgruppen oder anderen öffentlichen bzw. sozialen Streitpunkten. Dabei gilt es für eine Nonprofit-Organisation, Kompetenz und Engagement auch bei nicht direkt im Zusammenhang mit der Mission stehenden Themen zu zeigen, um sich damit positiv zu profilieren (vgl. Duncan/Moriarty 1997, S. 130ff.). Vor dem Hintergrund der aktuellen Mitgliederabwanderung ist es beispielsweise für Kirchen und Gewerkschaften wichtig, durch Medienpräsenz Beiträge zur öffentlichen Meinungsbildung zu leisten und dadurch positive Einstellungen gegenüber der Organisation aufzubauen.

7.4.4 Instrumente der Kommunikation für Nonprofit-Organisationen

Zur Erfüllung der genannten Aufgaben und Ziele stehen einer Nonprofit-Organisation unterschiedliche **Instrumente** zur Verfügung, die sich den drei Kategorien Institutionelle Kommunikation, Marketing- sowie Dialogkommunikation zuordnen lassen (vgl. Schaubild 7-18).

(1) Institutionelle Kommunikation
Die Institutionelle Kommunikation dient zur **Prägung des Erscheinungsbildes der Nonprofit-Organisation** im Sinne einer Image- oder Markenprofilierung. Voraussetzung einer erfolgreichen Institutionellen Kommunikation ist die Berücksichtigung der Anforderungen aller relevanten Anspruchsgruppen, der eigenen Marktposition, der Stärken und Schwächen sowie der Alleinstellungsmerkmale der Organisation. Demzufolge ist eine Analyse der Kommunikationssituation, d.h. die Wahrnehmung der Organisation und deren Leistungen aus

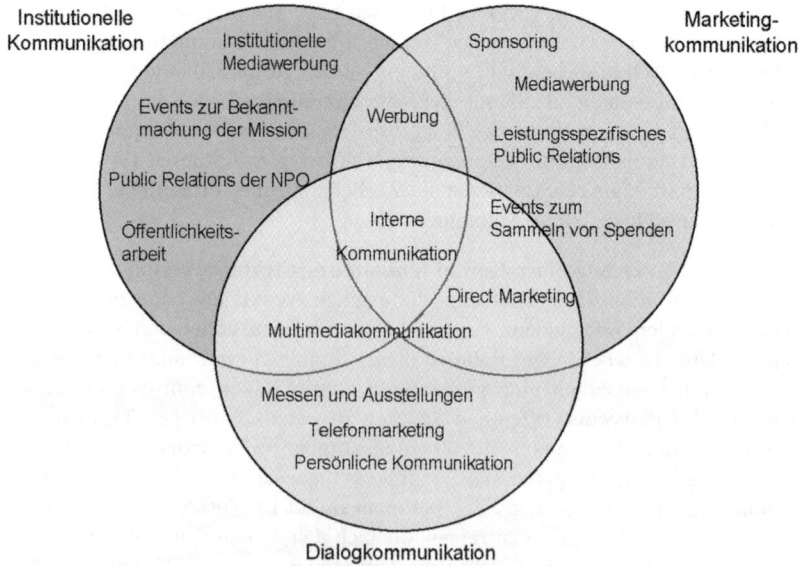

Schaubild 7-18: Beispielhafte Instrumente und Schnittstellen der Institutionellen Kommunikation, Marketing- und Dialogkommunikation für Nonprofit-Organisationen

Sicht ihrer Anspruchsgruppen, mit geeigneten Instrumenten – wie z.B. Image- oder Positionierungsanalysen – erforderlich. Darauf aufbauend hat eine **eindeutige Positionierung** des Leistungsanbieters hinsichtlich seiner Kernkompetenzen zu erfolgen (Caspar et al. 2002, S. 22). Dabei ist darauf zu achten, dass die angestrebte Positionierung nicht für einzelne Leistungen, sondern für die Nonprofit-Organisation als Ganzes steht und sich auf deren relevante Qualitätsmerkmale sowie Imagewerte stützt (beispielsweise hohe Sicherheitsstandards in einem Krankenhaus, hohe Qualitätsstandards im Rahmen der ambulanten Pflege, Betonung ethischer Grundsätze einer humanitären Hilfsorganisation oder Stiftung usw.).

(2) Marketingkommunikation
Die Instrumente der Marketingkommunikation unterstützen primär die Bekanntmachung der Nonprofit-Leistungen (z.B. Kernleistungen, Zusatzleistungen, Preis- und Gebührenpolitik usw.) und helfen dabei, Informationsasymmetrien auf Seiten der verschiedenen Anspruchsgruppen abzubauen. Ziel der Marketingkommunikation ist es somit, Aufmerksamkeit für neue Leistungen zu wecken und glaubwürdig über die spezifischen Leistungen der Organisation zu informieren sowie deren konkreten Nutzenbeitrag für die Anspruchsgruppen zu vermitteln. Eine ausführliche Analyse der Organisation selbst, des Umfeldes und der Anspruchsgruppen einer Nonprofit-Organisation unterstützt die Entwicklung einer eigenständigen Kommunikationsstrategie, die zum einen die Erwartungen der jeweiligen Anspruchsgruppen zu erfüllen hat und zum anderen die Organisation vom Wettbewerb differenziert, d.h. die Leistungsvorteile in den Mittelpunkt rückt. Zur Erfüllung dieser Aufgabe sind seitens der Nonprofit-Organisation vielfältige Kommunikationsinstrumente und -maßnahmen einsetzbar, wie z.B. detaillierte Informationsbroschüren, die den spezifischen Informationsbedürfnissen der verschiedenen Anspruchsgruppen gerecht werden. Die ermittelten Leistungsvorteile gilt es darin so effektiv wie möglich zu kommunizieren, um ein positives Image aufzubauen und die Kommunikationsziele, wie beispielsweise die Gewinnung von Zustiftungen oder eine Erhöhung der Spendenzuwendungen, zu erreichen.

(3) Dialogkommunikation
Im Rahmen der Dialogkommunikation einer Nonprofit-Organisation wird eine differenzierte Ansprache der Leistungsempfänger sowie anderer relevanter Anspruchsgruppen angestrebt. Aufgabe der Dialogkommunikation ist es, den Kontakt zu den Anspruchsgruppen zu intensivieren und die sich im Verlauf der Beziehung verändernden Informationsbedürfnisse der jeweiligen Anspruchsgruppen effizient und effektiv zu befriedigen. Die **Qualität der Dialogkommunikation** wird dabei durch zahlreiche Faktoren beeinflusst. Je nach Nonprofit-Organisation, Kommunikationspartner, Anlass und Inhalt der Interaktion sind im

Merkmale	Institutionelle Kommunikation	Marketing-kommunikation	Dialog-kommunikation
Funktion(en)	Prägung des institutionellen Erscheinungsbildes der Nonprofit-Organisation	Absatz der Leistungen der Nonprofit-Organisation und Beschaffung von Ressourcen	Austausch mit Anspruchsgruppen durch persönliche Kommunikation
Zentrales Kommunikationsziel	Positionierung, Markenbekanntheit, Image der Nonprofit-Organisation	Ökonomische (Kostendeckung, Marktanteil) und psychologische (Bekanntheit, Image) Ziele	Aufbau und Intensivierung eines Dialogs
Weitere typische Kommunikationsziele	Aufbau von Vertrauen, Kompetenz und Glaubwürdigkeit	Abbau von Informationsasymmetrien, Vermittlung zuverlässiger Informationen über die Nonprofit-Organisation	Aufbau von Vertrauen, Stabilisierung der Beziehungen zu den Anspruchsgruppen, Befriedigung von Kommunikationsbedürfnissen
Primäre Zielgruppen	Sämtliche Anspruchsgruppen der Nonprofit-Organisation	Engere Anspruchsgruppen der Organisation (z.B. Leistungsempfänger, Förderer)	Engere Anspruchsgruppen der Organisation, insbesondere auch Kooperationspartner
Typische Kommunikationsinstrumente	Institutionelle Mediawerbung, Öffentlichkeitsarbeit, Events zur Bekanntmachung der Mission	Mediawerbung, Multimediakommunikation, Leistungsbezogene Public Relations, Sponsoring, Benefizveranstaltungen	Persönliche Kommunikation, Messen und Ausstellungen, Dialogorientierte Multimediakommunikation, Direct Marketing
Zusammenarbeit mit externen Agenturen	Zusammenarbeit mit CI- und PR-Agenturen	Zusammenarbeit mit Werbe-, Promotion-, Veranstaltungsagenturen	Zusammenarbeit mit Direct Marketing-, Internet- und CRM-Agenturen

Schaubild 7-19: Charakteristische Merkmale der Institutionellen Kommunikation, Marketingkommunikation und Dialogkommunikation (Quelle: Bruhn 2004c, S. 709)

Einzelfall Anforderungen wie Reaktionsfähigkeit, Offenheit, Flexibilität, Einfühlungsvermögen u.a.m. gefordert, um den Dialog optimal zu gestalten. Eine kostengünstige Möglichkeit, um eine Dialogkommunikation zu initiieren wird insbesondere durch den Einsatz neuerer Kommunikationstechnologien, wie z.b. E-Mail-Kommunikation, möglich. In Schaubild 7-19 sind im Überblick die Funktionen und Spezifika der drei Bereiche der Kommunikation dargestellt.

Auf die Eignung der im Schaubild 7-19 aufgezeigten Kommunikationsinstrumente und deren Besonderheiten im Nonprofit-Marketing wird im Folgenden selektiv näher eingegangen werden. Dabei werden zunächst die für Nonprofit-Organisationen relevanten Instrumente der Institutionellen Kommunikation (Öffentlichkeitsarbeit, Events) dargestellt, anschließend die zentralen Instrumente der Marketingkommunikation (Mediawerbung, Multimediakommunikation) und Dialogkommunikation (Direktkommunikation, Persönliche Kommunikation) vorgestellt, wobei die Zuordnung der Instrumente zu einem der drei Bereiche nicht immer eindeutig ist. Beispielsweise kann die Multimediakommunikation je nach Ausgestaltung entweder dem Bereich der Marketingkommunikation (z.B. informative Homepage) oder dem Bereich der Dialogkommunikation (z.B. individualisierte E-Mails) zugeordnet werden.

(1) Öffentlichkeitsarbeit/Public Relations
Bei der Öffentlichkeitsarbeit (Public Relations) handelt es sich um eine klassische Aufgabe der Institutionellen Kommunikation. Die Öffentlichkeitsarbeit (Public Relations) beinhaltet die Planung, Organisation, Durchführung sowie Kontrolle aller Aktivitäten einer Nonprofit-Organisation, um bei ausgewählten Anspruchsgruppen (extern und intern) um Verständnis sowie Vertrauen für die Organisation zu werben und damit Ziele der Institutionellen Kommunikation zu erreichen (Bruhn 2002, S. 348). Das Evangelische Johannesstift in Berlin veranstaltet beispielsweise regelmäßig jährlich Informationstage, auf denen für Interessierte die Möglichkeit besteht, sich über die Veränderungen der Organisationspolitik, der strategischen Ausrichtung sowie über die Strukturen und Geschäftsbereiche dieser Organisation zu informieren.

Neben Informationsveranstaltungen werden bei Nonprofit-Organisationen insbesondere die folgenden **Maßnahmen der Öffentlichkeitsarbeit** durchgeführt (Bruhn 2003a, S. 347; Luthe/Schaefers 2000, S. 206):

- Presse- und Medienarbeit: Die Pressearbeit betrifft sämtliche Maßnahmen, die auf die Zusammenarbeit der Nonprofit-Organisation mit Journalisten abzielt, z.B. Pressekonferenzen, Pressemitteilungen usw.
- Publikationen zu gesellschaftsrelevanten Themen in eigenen Medien: z.B. in Faltblättern, Mitgliederzeitungen, Imagebroschüren oder auf der Homepage der Nonprofit-Organisation.
- Maßnahmen des persönlichen Dialogs: Aufbau und Intensivierung persönlicher Beziehungen zu Meinungsführern bzw. Personengruppen aus der Politik (Lobbying).

Insert 7-24 zeigt beispielsweise ein Plakat für einen Tag der offenen Tür, der im Rahmen der Öffentlichkeitsarbeit der Universität Konstanz veranstaltet wurde.

Insert 7-24:
Öffentlichkeitsarbeit der
Universität Konstanz –
Tag der offenen Tür
(Quelle: www.uni-konstanz.de,
Zugriff am 19.08.2004)

Die **Hauptfunktionen der Public Relations** bestehen in der Vertrauenswerbung der Nonprofit-Organisation gegenüber ausgewählten Zielgruppen in der Öffentlichkeit sowie in der Selbstdarstellung der Nonprofit-Organisation. Hieraus lassen sich spezifischere Ziele der Öffentlichkeitsarbeit ableiten. Dazu zählt beispielsweise die Vermittlung von Informationen an die Öffentlichkeit, der Auf- und Ausbau von Beziehungen zu relevanten Personengruppen sowie das Organisationsleitbild in die Öffentlichkeit zu tragen. Die Öffentlichkeitsarbeit einer Nonprofit-Organisation ist nur bedingt geeignet, emotionale Botschaften zu übermitteln, da sie i.d.R. informativen Charakter hat und sich zumeist nicht konkret an eine einzelne Anspruchsgruppe richtet, sondern an die allgemeine Öffentlichkeit, d.h. eine Vielzahl verschiedener Anspruchsgruppen. Im Vordergrund der Öffentlichkeitsarbeit steht somit die Erreichung kognitiv-orientierter Ziele (Ernst 2000, S. 227). Ein zentrales Ziel der Umweltschutzorganisation Greenpeace im Rahmen der Öffentlichkeitsarbeit ist zum einen, Aufklärung in Bezug auf umweltrelevante oder gesellschaftsbezogene Themen zu betreiben und Aufmerksamkeit hervorzurufen sowie zum anderen, Verständnis für zum Teil umstrittene Aktionen (z.B. Protestaktionen gegen Atommülltransporte) zu erreichen.

Infolge des zunehmenden Informationsstandes sowie der wachsenden Kritik von Teilöffentlichkeiten bei umstrittenen Aktivitäten von Nonprofit-Organisationen, wird der Öffentlichkeitsarbeit eine zunehmend größere Bedeutung zukommen.

(2) Veranstaltungen/Events
Nonprofit-Organisationen führen oftmals Events im Rahmen ihrer Kommunikationsmaßnahmen durch, um das Ziel der Aufmerksamkeitswirkung zu erreichen. Im Sinne einer Definition wird unter einem Event eine besondere Veranstaltung oder ein spezielles Ereignis verstanden, das multisensitiv vor Ort von ausgewählten Rezipienten erlebt und als Plattform zur Institutionellen Kommunikation genutzt wird. Daraus lassen sich fünf **Anforderungen an ein Event** ableiten:

- Ein Event stellt ein **Erlebnis** dar. Der individuelle Nutzen der Teilnehmer ergibt sich damit – neben den vermittelten Informationen – vor allem aus einer positiven Emotionalisierung.
- Ein Event stellt für die Anspruchsgruppen etwas **Besonderes** oder sogar **Einmaliges** dar. Entsprechend bleibt ein gelungenes Event den Anspruchsgruppen in guter Erinnerung.
- Events zielen auf die Erlebnisorientierung der Leistungsempfänger ab, indem sie ein **Vor-Ort-Erlebnis** bieten. Daraus resultiert i.d.R. **Authentizität** und **Exklusivität**, die zu einer Verstärkung der Emotionalisierung beitragen.
- Events werden i.d.R. speziell auf die Bedürfnisse und Wünsche eines **ausgewählten Zielpublikums** (z.B. Großspender) zugeschnitten.

- Events befriedigen das **Bedürfnis nach Kommunikation**. Der Teilnehmer ist nicht nur Empfänger einer Botschaft, sondern hat oftmals auch die Möglichkeit zum persönlichen Dialog.

Das Kommunikationsinstrument Veranstaltungen bzw. Events ist zusätzlich geeignet, relevante Anspruchsgruppen ausführlich über die Aktivitäten der Organisation zu informieren, potenzielle Spender oder Mitglieder zu akquirieren sowie bestimmte Teilnehmer an die Nonprofit-Organisation zu binden. Neben dem Erlebniswert aus Sicht der Anspruchsgruppen besteht bei der Durchführung von Veranstaltungen insbesondere der Vorteil, persönliche Kontakte aufzubauen bzw. diese in einer ungezwungenen Atmosphäre weiter zu intensivieren. Als Beispiele für Events sind die Museumsnächte in vielen Großstädten zu nennen.

Beispiel: Event für „Großspender" der Stiftung WBZ (Wohn- und Bürozentrum für Körperbehinderte)
Das WBZ besteht seit 1974/1975 und wird von der gleichnamigen Stiftung getragen. Es bietet Körperbehinderten geeignete Wohn- und Arbeitsmöglichkeiten an. Die gesamte Infrastruktur und die Pflege rund um die Uhr sind optimal auf die Bedürfnisse körperbehinderter Personen ausgerichtet. Um auf die geleistete Arbeit des WBZ aufmerksam zu machen und gleichzeitig als Dank für die Großspender hat das WBZ ein spezifisches Event für diese Anspruchsgruppe durchgeführt. Unter dem Motto „WBZ erleben" trafen sich der Stiftungspräsident und die Geschäftsleitung mit den Großspendern (Quelle: www.wbz.ch, Zugriff am 03.01.2005).

(3) Mediawerbung

Unter Mediawerbung wird der Transport und die Verbreitung von Informationen über die Belegung von Werbeträgern mit Werbemitteln im Umfeld öffentlicher Kommunikation verstanden, um so eine Realisierung der spezifischen Kommunikationsziele zu erreichen (Bruhn 2003a, S. 277). Die Ansprache der Zielgruppen erfolgt im Rahmen der Mediawerbung somit indirekt und einseitig über verschiedene Medien, wie Zeitungen, Zeitschriften, Rundfunk, Fernsehen und Plakate. In der Regel erfordert der Einsatz der Mediawerbung hohe Kommunikationsbudgets, da z.B. die Schaltung von Printanzeigen in Zeitungen bzw. Zeitschriften sowie TV-Spots sehr kostspielig sind. Jedoch ist es für Nonprofit-Organisationen teilweise möglich, kostenlose oder vergünstigte Werbeanzeigen bzw. -spots in bestimmten Medien zu platzieren, da die entsprechenden Medienunternehmen gleichermaßen davon profitieren, sich für einen unterstützenswerten Zweck einzusetzen.

In der Mediawerbung von Nonprofit-Organisationen geht es insbesondere darum, die immaterielle Nonprofit-Leistung sichtbar zu machen und den Aufbau eines positiven Images zu unterstützen. Darüber hinaus übernimmt die Mediawerbung die Aufgabe, eine anspruchsgruppenbezogene Bekanntmachung öffentlicher Aktionsprogramme sowie eine Verhaltens- bzw. Nachfragesteuerung zu bewirken. Beispiele für Werbekampagnen, die von Nonprofit-Organisationen finanziert werden, sind (vgl. Raffée/Fritz/Wiedmann 1994, S. 224):

- Die gemeinsame Kampagne „Wir wissen, was wir wollen: Leben! Lieben! Schutz vor HIV!" der Bundeszentrale für gesundheitliche Aufklärung, der Deutschen AIDS-Hilfe und der Deutschen AIDS-Stiftung zum Welt-AIDS-Tag am 1. Dezember 2004,
- Anti-Raucher-Kampagnen der gesetzlichen Krankenkassen,
- Werbekampagnen des Bundesgesundheitsministeriums gegen Drogenmissbrauch,
- Werbekampagnen für ein rücksichtsvolles Autofahren.

Beim Einsatz von Werbeanzeigen und Plakaten sind allgemein deren spezifische Gesetzmäßigkeiten zu berücksichtigen. Beispielsweise zeigen Erkenntnisse der Werbewirkungsforschung, dass die durchschnittliche **Betrachtungszeit** von Anzeigen und Plakaten nur etwa drei bis fünf Sekunden beträgt. Diese Tatsache verbunden mit der allgemein wachsenden Informationsflut erfordert insgesamt sich im Rahmen der Mediawerbung auf die zentralen und wesentlichen Informationen zu beschränken (Urselmann 2002, S. 50). Vor diesem Hintergrund ist es z.b. kaum sinnvoll, Anzeigen für Nonprofit-Organisationen mit langen Textpassagen zu „überfrachten" (vgl. Urselmann 1996). Zielführender ist es stattdessen, dem Betrachter zunächst eindeutig zu signalisieren, „wer" sich an ihn wendet. Dies erfolgt am prägnantesten mit einem leicht erkennbaren **Logo**. Des Weiteren ist der Inhalt der Werbebotschaft („was") knapp und verständlich zu kommunizieren. Sinnvoll ist es darüber hinaus, dem Leser eindeutige und unmissverständliche **Handlungsmöglichkeiten** anzubieten (Urselmann 2002, S. 51):

- Informieren Sie sich!
- Rufen Sie an!
- Spenden Sie!
- Werden Sie Mitglied!

Grundsätzlich setzen Nonprofit-Organisationen Maßnahmen der Mediawerbung ein, um kognitive und affektive Ziele zu erreichen, die idealtypisch ein erwünschtes Verhalten (z.B. Spende) bei den relevanten Anspruchsgruppen auslösen (konatives Ziel der Kommunikation). Aufgrund der i.d.R. großen Reichweite von Werbespots, Anzeigen oder Plakaten wird mit der Mediawerbung insbesondere das Ziel verfolgt, eine hohe Bekanntheit der Nonprofit-Organisation zu erreichen. Darüber hinaus eignen sich diese Maßnahmen aber ebenso gut, um über die Art der Gestaltung affektive Wirkungen bei den Anspruchsgruppen zu erzielen. Durch visuelle Medien, wie Printanzeigen, Plakate und TV-Werbespots können gezielt Emotionen transportiert und auf diese Weise eine Einstellungsänderung bei den Anspruchsgruppen hervorgerufen werden.

Insert 7-25 zeigt drei Plakate für das Schweizer Straßen- und Arbeitslosenmagazin „Surprise", Insert 7-26 drei Plakate der Evangelischen Stiftung Alsterdorf und Insert 7-27 eine Kampagne der SOS-Kinderdörfer.

Insert 7-25: Plakate für das Schweizer Arbeitslosenmagazin „Surprise"

Insert 7-26: Plakatwerbung für die Evangelische Stiftung Alsterdorf

Insert 7-27:
Werbekampagne für SOS-Kinderdörfer
(Quelle: www.sos-kinderdorf.ch,
Zugriff am 16.01.2005)

Im Rahmen der Planung ihrer Mediawerbung treffen Nonprofit-Organisationen Entscheidungen, die insbesondere die folgenden Bereiche betreffen (vgl. Klausegger/Scharitzer/Scheuch 2003, S. 116 ff.):

In einem ersten Schritt sind die **Werbeziele** und der **Adressatenkreis** der Kommunikation einer Nonprofit-Organisation festzulegen. Aufgrund der Vielfalt der Anspruchsgruppen von Nonprofit-Organisationen richtet sich die Kommunikation nicht nur an die direkten Leistungsempfänger, sondern gleichermaßen an Spender, Sponsoren und Kooperationspartner sowie die allgemeine Öffentlichkeit. Von Interesse ist hierbei, ob die gewählte Anspruchsgruppe durch das jeweilige Medium erreicht wird.

Bei der Festlegung der **Werbebotschaft** steht die inhaltliche und formale Gestaltung des entsprechenden Kommunikationsinstrumentes im Vordergrund. Für Nonprofit-Organisationen setzt sich die Werbebotschaft vielfach aus **verhaltensbeeinflussenden Appellen** zusammen, d.h. es ist das Ziel, bestimmte Einstellungen zu verändern bzw. Aktionen auszulösen (Klausegger/Scharitzer/Scheuch 2003, S. 117). Die Darstellung bzw. die Tonalität kann dabei entweder **rational** oder **emotional** erfolgen.

Beispiel: Aktivierung durch emotionale Reize
Nonprofit-Organisationen setzen oftmals emotionale Reize ein, um bei der angesprochenen Person eine Aktivierung zu erzeugen. Hierzu zählen z.B. die im Rahmen des Fundraising verwendeten Schaubilden von Kleinkindern mit „großem, rundem Kopf, kurzen Gliedmaßen und großen Kulleraugen" (Urselmann 2002, S. 51). Insert 7-28 zeigt beispielhaft den Einsatz emotionaler Reize anhand der Aufforderung von Worldvision, eine Soforthilfe-Kinderpatenschaft für Flutopfer zu übernehmen. Die Gestaltung der Website mit dem Kindergesicht erzeugt eine stärkere Aktivierung beim Betrachter als eine rein textli-

Insert 7-28: Einsatz emotionaler Reize zur Steigerung der Aufmerksamkeit (Quelle: www.worldvision.de, Zugriff am 16.01.2005)

che Darstellung. Die Verhaltensforschung zeigt, dass Aktivierung notwendig ist, um die Aufmerksamkeit des Rezipienten hervorzurufen, die wiederum eine Voraussetzung für die Informationsaufnahme darstellt.

Ein weiterer Ansatz zur bildlichen Darstellung von bestimmten Nonprofit-Inhalten stellt die **Personifizierung** dar, indem z.B. Prominente als Botschafter für eine Nonprofit-Organisation bzw. deren Mission werben.

Beispiel: Einsatz von Prominenten für den World Wide Fund for Nature (WWF)
Das Ziel des WWF ist es, der weltweiten Naturzerstörung Einhalt zu gebieten und eine Zukunft zu gestalten, in der der Mensch in Einklang mit der Natur lebt. Im Rahmen der Kommunikationspolitik setzt der WWF u.a. auf „Marktbeeinflusser" (Meinungsbildner, Prominente). Beispielsweise setzt sich die Schauspielerin und Sängerin **Jennifer Lopez** für die Erhaltung der Wälder ein: Mit dem Slogan „Nothing else is good enough" unterstützt sie das u.a. vom WWF lancierte **Holzlabel FSC**, das eine sozial- und umweltverträgliche Waldwirtschaft garantiert. Das Label steht für eine naturnahe und sozialverträgliche Waldbewirtschaftung, die wirtschaftlich tragbar ist und langfristig rentiert. Bereits zuvor hat der irische Schauspieler Pierce Brosnan FSC mit der Botschaft „Words are not enough" unterstützt. Insert 7-29 zeigt, dass die für FSC-zertifizierte Unternehmen käuflich erwerbbaren Poster z.T. bereits vergriffen sind. Der Einsatz von glaubwürdigen Testimonials bietet sich somit auch für Nonprofit-Organisationen an (Quelle: www.wwf.ch; www.fsc-deutschland.de, Zugriff am 13.10.2004).

Die **Budgetierung der Mediawerbung** erfolgt anhand der festgelegten Kommunikationsziele. Für Nonprofit-Organisationen sind dabei oftmals enge Handlungsspielräume aufgrund der verfügbaren finanziellen Ressourcen gesetzt.

Insert 7-29: Einsatz von Jennifer Lopez und Pierce Brosnan für den WWF
(Quelle: www.fsc-deutschland.de, Zugriff am 21.10.2004)

Im Rahmen der **Werbeerfolgskontrolle** werden verschiedene Verfahren eingesetzt. So ist im Rahmen der Marktforschung z.B. zu ermitteln, inwieweit bestimmte Zielsetzungen (z.B. Erhöhung des Bekanntheitsgrades, Erhöhung der Spendengelder) erreicht wurden. Ferner ermitteln Medienresonanzanalysen das Image von Nonprofit-Organisationen in den Medien und geben somit wertvolle Hinweise zur Verbesserung der Öffentlichkeitsarbeit (Henke 2001, S. 202).

Beispiel: Kommunikationsmaßnahmen der Nonprofit-Organisation „Österreich Werbung"
Der 1954 gegründete Verein „Österreich Werbung" ist eine international agierende Nonprofit-Organisation, die weltweit Marketingaufgaben für den österreichischen Tourismus übernimmt. Das umfangreiche Aufgabenspektrum beinhaltet neben der Vermarktung der „Marke Österreich" ferner das Anbieten von Know-how, das Organisieren von Großveranstaltungen und/oder die Schaffung einer Kooperationsplattform. Mit der Neustrukturierung im Jahr 1996 galt das primäre Kommunikationsziel dem Aufbau einer starken Markenpersönlichkeit der „Marke Österreich" mit den inhaltlichen Schwerpunkten Natur (d.h. Berge, Seen usw.), Kultur und Städte, ganzheitliche Winterkompetenz (d.h. Ski, Snowboard usw.) sowie „Gastlichkeit" (d.h. Servicequalität). Als Kommunikationsinstrument setzte die Organisation neben der Öffentlichkeitsarbeit u.a. auf klassische Werbung. Beispielsweise wurde eine spezielle **Winterkampagne „Mountains of Austria"** entwickelt, die zahlreiche Schaltungen in den Medien Fernsehen, Kino, Print sowie dem Internet umfasst. Als Zielgruppe dieser Kampagne sind im Rahmen der Intramediaselektion „Fernsehen" aktive, sportlich interessierte Personen im Alter von 14 bis 30 in Österreich, Deutschland und der Schweiz definiert worden. Im Zentrum der Werbebotschaft stand die einzigartige Bergwelt und die Vielfalt des Wintersportangebots. Um den Erfolg der Werbekampagnen sowie der „Marke Österreich" zu bewerten führt der Verein regelmäßig Imageanalysen durch (Quelle: Klausegger/Scharitzer/Scheuch 2003, S. 119ff.; www.austria-tourism.at, Zugriff am 03.01.2005).

(4) Multimediakommunikation
Multimediakommunikation umfasst die zielgerichtete, systematische Analyse, Planung, Organisation, Durchführung und Kontrolle sämtlicher Maßnahmen, die dazu dienen, durch die Absendung von Botschaften mittels elektronischer Medien mit den relevanten Anspruchsgruppen entsprechend ihrer individuellen Bedürfnisse in Interaktion zu treten, und Kommunikationsziele einer Organisation zu realisieren (Bruhn 2003a, S. 319).

Im Folgenden wird der Schwerpunkt auf die Online-Kommunikation gelegt, insbesondere das Internet. Das **Internet als Medium** bietet insbesondere die drei Möglichkeiten E-Mail, Banner Ads sowie die organisationseigene Homepage als Einsatzform der Kommunikation:

- Durch das Versenden von **E-Mails** werden Leistungsempfänger, Spender oder andere Anspruchsgruppen direkt und individuell kontaktiert. Dies setzt jedoch

zum einen die Sammlung von E-Mail-Adressen und zum anderen die Akzeptanz dieser Kommunikationsform bei den Anspruchsgruppen voraus. Diese Form der Online-Kommunikation eignet sich beispielsweise für Vereine, die über aktuelle Mitgliederlisten verfügen und ihre Mitglieder über Organisationsinterna oder Veranstaltungen informieren möchten.
- **Banner Ads** stellen Werbeanzeigen auf stark frequentierten Internetseiten dar (z.B. bei Suchmaschinen, Magazinen oder Zeitungen), die für die eigene Nonprofit-Organisation werben. Banner Ads zählen zu den Werbeformen der Push-Kommunikation, da sie auf Initiative der werbetreibenden Organisation erfolgen und nicht explizit von den Anspruchsgruppen angefordert werden. In Insert 7-30 ist beispielhaft die Werbeanzeige der Fondation Beyeler auf der Homepage der Neuen Zürcher Zeitung (NZZ) aufgezeigt, die auf die Ausstellung ArchiSkulptur im Beyeler-Museum in Riehen bei Basel aufmerksam macht.
- Die unternehmenseigene **Homepage** zählt zum Bereich der Pull-Kommunikation, da Informationen lediglich zur Verfügung gestellt werden. Die Initiative für den Abruf von Informationen geht vom Nutzer aus, so dass diese Werbeform auch als „Advertising on Demand" bezeichnet wird. Werbeinhalte werden hier zu einer angeforderten statt zu einer gesendeten Botschaft. Bei-

Insert 7-30: Werbeanzeigen bei www.nzz.ch
(Quelle: www.nzz.ch, Zugriff am 02.01.2005)

spielsweise bietet die Homepage des WWF potenziellen und interessierten Förderern komfortable Möglichkeiten, Spenden für die Organisation online zu überweisen sowie ausführliche Informationen über die zu fördernden Projekte. Eine Vielzahl von Nonprofit-Organisationen ermöglichen Interessenten darüber hinaus, einen elektronischen Newsletter per E-Mail zu abonnieren (z.B. das Düsseldorfer Schauspielhaus). Diese Form der Online-Kommunikation bietet Nonprofit-Organisationen den Vorteil, die E-Mail-Adressen der Empfänger zu erhalten, um sie für weitere Direktmarketingmaßnahmen zu nutzen.

Aufgrund des Pull-Charakters und der exponentiell steigenden Menge abrufbarer Informationen im Internet ist es eine zunehmende Herausforderung, Interessenten erstmals zum Besuch der eigenen Internetseiten zu motivieren. Insofern existiert im Internet eine neue Dimension der „klassischen Aktivierungsproblematik". Von zentraler Bedeutung ist deshalb die Abstimmung aller Kommunikationsmaßnahmen im Sinne einer **Integrierten Kommunikation**. Die Angabe der Internetadresse in allen Medien und bei jeder Gelegenheit, der Verweis auf bestimmte Veranstaltungen im Internet (z.B. Online-Versteigerungen für einen guten Zweck) usw. unterstützen die differenzierte Wahrnehmung eines Kommunikationsangebots. Insert 7-31 zeigt beispielhaft die Internetseite des Düsseldorfer Schauspielhauses. Hervorzuheben ist in diesem Zusammenhang, dass auf dieser Seite eine Schnittstelle eingerichtet ist, die die Möglichkeit zur Online-Bestellung von Eintrittskarten bietet. Dies erfordert insbesondere eine enge Abstimmung mit den weiteren Systemen der Organisation, so dass jederzeit die Anzeige korrekter Anzahl freier Sitzplätze sowie Preise gewährleistet ist.

Im Vergleich zur Mediawerbung (TV, Print) erreicht die Internet-Werbung einen verhältnismäßig engen Kreis von Personen und trägt deshalb nur bedingt zur Erhöhung der Markenbekanntheit einer Nonprofit-Organisation bei. Des Weiteren verfügen klassische Medien über Vorteile gegenüber der Internetwerbung durch die (noch) vielfältigeren Möglichkeiten der Botschaftsgestaltung und die geringeren Kontaktkosten (größere Breitenwirkung bei niedrigeren Tausenderkontaktpreisen).

Zusammenfassend lässt sich festhalten, dass das Internet ein vorteilhaftes Kommunikationsinstrument für Nonprofit-Organisationen darstellt, um detaillierte Informationen über das Leistungsspektrum bereitzustellen. so dass das Internet insbesondere die wahrgenommenen Unsicherheit auf Seiten der relevanten Anspruchsgruppen reduzieren kann. Demzufolge ist dieser Kommunikationskanal vor allem für stark erklärungsbedürftige Leistungen von zentraler Bedeutung, um mit der notwendigen Informationsbreite und -tiefe kommunikative Botschaften an die Anspruchsgruppen heranzutragen.

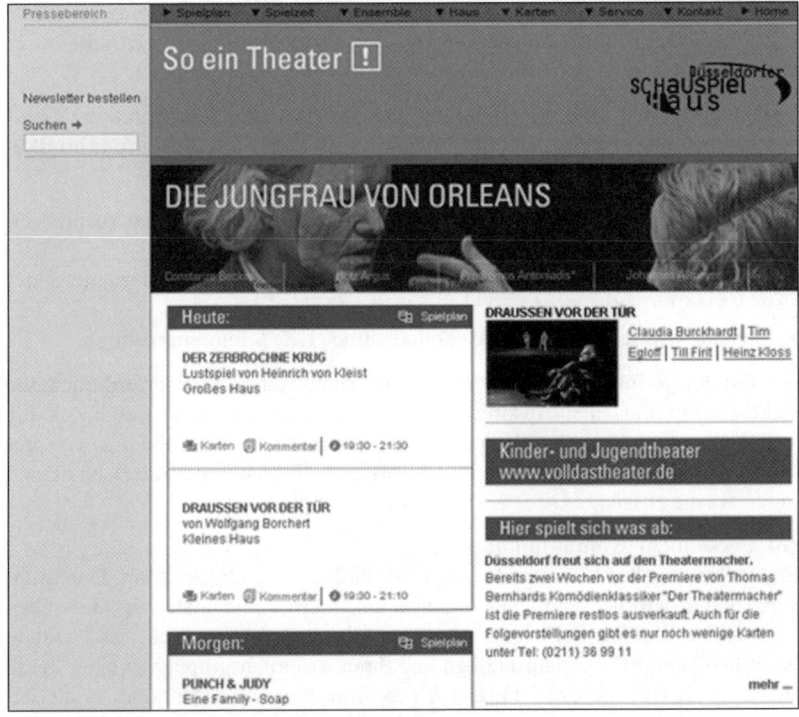

Insert 7-31: Homepage des Düsseldorfer Schauspielhauses (Quelle: www.duesseldorfer-schauspielhaus.de, Zugriff am 08.10.2004)

(5) Direktkommunikation
Die Direktkommunikation (bzw. das „Direct Marketing") umfasst jene Kommunikationsinstrumente, mit deren Hilfe eine individuelle, d.h. direkte, Ansprache der verschiedenen Anspruchsgruppen erreicht wird. Maßnahmen der Direktkommunikation sind für Nonprofit-Organisationen von herausragender Bedeutung, da diese Instrumente den Aufbau persönlicher Beziehungen zu den Anspruchsgruppen fördern. Nonprofit-Organisationen setzen dieses Kommunikationsmittel vor allem für das Fundraising ein (vgl. Abschnitt 7.2). Insgesamt wird den Instrumenten der Direktkommunikation eine steigende Bedeutung zugeschrieben (Arnold/Tapp 2003, S. 141).

In der Literatur gibt es viele Ansätze zur Auflistung von **Zielsetzungen der Direktkommunikation**. Hierzu zählen vor allem die Gewinnung neuer Anspruchsgruppen (z.B. neue Förderer und Spender), die Intensivierung bestehender Beziehungen zu Anspruchsgruppen, die anspruchsgruppenspezifische Informationsvermittlung sowie die Gewinnung von Marktinformationen.

Entsprechend der Art der Responsemöglichkeit, d.h. dem Rückkanal der direkten Kommunikation, werden die **Erscheinungsformen** der **Direktkommunikation** systematisiert in (Holland 1992, S. 5; Hilke 1993, S. 11 f.):

- Passive Direktkommunikation (z.B. individualisierter Standardwerbebrief einer karitativen Organisation),
- Reaktionsorientierte Direktkommunikation (z.B. Spendenaufforderung des WWF),
- Interaktionsorientierte Direktkommunikation (z.B. Telefonmarketing).

Als Grundlage für den Einsatz der Direktkommunikation ist es erforderlich, die Adressen der relevanten Anspruchsgruppen zu sammeln und ggf. durch Zukäufe von Adressen zu ergänzen. Hierzu hat die Nonprofit-Organisation eine entsprechende Adressdatei aufzubauen und zu pflegen. Nur wenn die Adressen aktuell sind, ist eine effiziente Direktkommunikation möglich.

(6) Persönliche Kommunikation
Unter Persönlicher Kommunikation wird die Planung, Organisation, Durchführung und Kontrolle sämtlicher organisationsinterner und -externer Aktivitäten verstanden, die mit der wechselseitigen Kontaktaufnahme bzw. -abwicklung zwischen Nonprofit-Organisationen und ihren Anspruchsgruppen in einer durch die Umwelt vorgegebenen **Face-to-Face-Situation** verbunden sind, in die bestimmte Erfahrungen und Erwartungen durch verbale und nonverbale Kommunikationshandlungen eingebracht werden, um damit gleichzeitig vorab definierte Kommunikationsziele zu erreichen (vgl. Bruhn 2003a, S. 334). Die Persönliche Kommunikation ist somit eine spezifische Form der Direktkommunikation, die sich auf Face-to-Face-Situationen beschränkt.

Eine Face-to-Face-Kommunikationssituation ermöglicht beispielsweise den **Kontaktmitarbeitern** einer Nonprofit-Organisation, die direkten Leistungsempfänger kontinuierlich bzgl. der Leistungserstellung zu informieren und gleichzeitig beispielsweise deren Erwartungen hinsichtlich des Umfangs und Niveaus der Leistung zu beeinflussen (z.B. die Erfolgsaussichten nach einer Suchtberatung). Auf diese Weise nehmen Nonprofit-Organisationen unmittelbar Einfluss auf die Qualitätswahrnehmung durch die direkten Leistungsempfänger.

Es existieren eine Vielzahl verschiedener **Formen der Persönlichen Kommunikation**, die in Abhängigkeit der Ausprägungen der persönlichen Kontaktsituation differenziert werden. Grundsätzlich wird eine Kategorisierung gemäß folgender **Merkmale** vorgenommen:

(1) Art der Persönlichen Kommunikation
Hinsichtlich der Art der Persönlichen Kommunikation wird zunächst eine Unterscheidung in **verbale Persönliche Kommunikation** und **nonverbale Persönliche Kommunikation** vorgenommen. Die verbale Kommunikation umfasst sämtliche sprachliche Kommunikationsformen, während sich die nonverbale auf alle übrigen – z.B. bildlich übertragenen – Ausdrucksformen bezieht. Aufgrund des direkten Kontakts zwischen Leistungserbringer und Leistungsempfänger kommt der verbalen persönlichen Kommunikation während der Leistungserstellung eine herausragende Bedeutung im Kommunikationsmix von Nonprofit-Organisationen zu.

(2) Rezipienten der Persönlichen Kommunikation
Aus der Perspektive einer Nonprofit-Organisation zählen zu den potenziellen Rezipienten der Persönlichen Kommunikation im weiteren Sinne Personen sämtlicher Anspruchsgruppen im **internen und externen Umfeld** der Nonprofit-Organisation.

(3) Richtung der Persönlichen Kommunikation
Innerhalb des **Umfelds** einer Nonprofit-Organisation entwickeln sich sowohl horizontale, vertikale als auch laterale persönliche Kommunikationsbeziehungen. Bei kurz- oder längerfristigen Kontakten, beispielsweise zwischen Mitarbeitern einer Nonprofit-Organisation und ihren Kooperationspartnern, entstehen sog. **horizontale Kommunikationsbeziehungen**, die u.a. den persönlichen Austausch von Informationen einschließen (z.B. die gemeinsame Planung einer Kampagne zum Welt-Aids-Tag durch das Bundesamt für Gesundheit und eine Aids-Stiftung oder Absprachen zwischen Regionalverbänden). Kommunikative Beziehungen zwischen Mitarbeitern von Nonprofit-Organisationen und Leistungsempfängern lassen sich demgegenüber als **vertikale Kommunikation** bezeichnen. Beispiele hierfür sind Beratungsgespräche sowie persönliche Treffen der Vereinsmitglieder und ihrer Vorstände. **Laterale Kommunikationsbeziehungen** beziehen sich auf das Kommunikationsverhältnis zwischen den Mitarbeitern einer Nonprofit-Organisation und Vertretern von Anspruchsgruppen wie z.B. Behörden und Medien.

(4) Inhaltliche Ebenen der Persönlichen Kommunikation
Die Persönliche Kommunikation findet inhaltlich auf verschiedenen, sich teilweise aber überlagernden Ebenen statt. Dazu zählen die Sachproblem- und Organisationsebene, die Machtebene sowie die menschlich-emotionale Ebene.

Die **sachbezogene Ebene** der Persönlichen Kommunikation bezieht sich auf diejenigen Bereiche, die letztlich Kernziel des beabsichtigten persönlichen Austauschs zwischen den Kommunikationspartnern sind. Die inhaltliche Ausgestaltung der Kommunikationsleistungen auf der sachbezogenen Ebene umfasst sowohl den Austausch von Informationen oder Nachrichten als auch leistungsbezogene Transaktionen.

Auf der **Organisationsebene** werden demgegenüber konkrete Arbeitsabläufe für die Umsetzung der Persönlichen Kommunikation festgelegt. Diese umfassen sowohl formale als auch informale Gestaltungsmaßnahmen der Kommunikationskanäle zwischen sämtlichen Kommunikationsteilnehmern. Die Organisation des „Kommunikationsverkehrs" trägt verstärkt dazu bei, eine Bindung der relevanten Anspruchsgruppen zu erreichen, indem beispielsweise die Mitarbeiter mit gutem Einfühlungsvermögen (Empathie) im direkten Kontakt zu den Anspruchsgruppen eingesetzt werden.

Auf der **Machtebene** der Persönlichen Kommunikation werden Art und Ausmaß der von den jeweiligen Partnern wahrgenommenen Abhängigkeit untereinander beschrieben. Mögliche Machtungleichgewichte gefährden bestehende oder noch zu etablierende Kommunikationsbeziehungen.

Die **menschlich-emotionale Ebene** der Persönlichen Kommunikation wird durch spezifische Wertetransaktionen zwischen den Kommunikationsteilnehmern bestimmt. Die natürlichen Bedürfnisse nach persönlicher Anerkennung und Zuneigung sowie Offenheit, Dankbarkeit, Vertrauenswürdigkeit spielen für den Erfolg Persönlicher Kommunikation eine bedeutende Rolle. Eine systematische Sympathie-, Image- und Beziehungspflege erfolgt beispielsweise durch die Auswahl geeigneter Mitarbeiter, die ein ausgeprägtes Einfühlungsvermögen aufweisen.

(5) Dauer und Intensität der Persönlichen Kommunikation
Direkte Kontakte der Anspruchsgruppen mit den Mitarbeitern einer Nonprofit-Organisation lassen sich nach der Dauer bzw. dem Zeithorizont der Persönlichen Kommunikation gegeneinander abgrenzen.

Die quantitative Intensität einer Kommunikationsbeziehung wird zudem in der **Häufigkeit der Interaktionen im Verhältnis zur Gesamtbeziehungsdauer** deutlich. Unabhängig davon, ob sich beispielsweise Mitarbeiter und Leistungsempfänger einer Organisation erst seit kurzer Zeit oder bereits seit einigen Jahren kennen, variiert die **Sequenz der Kontakte**. Die Anzahl der persönlichen Begegnungen ist z.B. bei einer regelmäßigen Inanspruchnahme von sozialen Beratungsleistungen höher als bei der einmaligen Übernachtung in einer Jugendherberge. Entsprechend ist es bei Leistungen mit einer hohen Kontaktsequenz besonders relevant, empathische Mitarbeiter einzustellen.

Durch den Einsatz persönlicher Kommunikationsmaßnahmen verfolgen Nonprofit-Organisationen insbesondere das **Ziel**, langfristige Beziehungen zu den relevanten Anspruchsgruppen aufzubauen. Mit Hilfe persönlicher Kommunikationsmaßnahmen wird anspruchsgruppengerecht Interesse an der Leistung bzw. einer Unterstützung der Nonprofit-Organisation geweckt und der Dialog mit ausgewählten Anspruchsgruppen initiiert. In der Regel stellt die Persönlichen Kommunikation ein relativ kostengünstiges Kommunikationsinstrument dar, das auch bei geringen Kommunikationsbudgets durch die Mitarbeiter leicht umsetzbar ist. Persönliche Kommunikation mit dem Ziel, ausgewählte Anspruchsgruppen über die Organisation zu informieren bzw. für die Mission der Organisation zu gewinnen, wird zum Teil auch durch das oberste Management umgesetzt. In diesem Zusammenhang sind z.B. Vorträge der Führungskräfte über die Organisationspolitik im Rahmen von Betriebsbesichtigungen ebenso denkbar wie die persönliche Behandlung von Anfragen und Beschwerden durch das Management.

7.4.5 Corporate Identity für Nonprofit-Organisationen

Die differenzierte, unverwechselbare Wahrnehmung einer Nonprofit-Organisation wird begünstigt, wenn zwischen deren Kommunikationsauftritt und Handeln Kongruenz besteht. Dies wird durch die konsequente Umsetzung einer Corporate Identity Policy erreicht, die nicht mit dem Konzept der Integrierten Kommunikation zu verwechseln ist. Im Rahmen der Corporate Identity steht primär die Gestaltung und Vermittlung einer Eigenart und Einmaligkeit der Nonprofit-Organisation im Vordergrund, die es den Anspruchsgruppen ermöglicht, die Persönlichkeit der Nonprofit-Organisation zu erkennen (Birkigt/Stadler 2000, S. 21). Bei Corporate-Identity-Konzeptionen geht es somit stärker um die Intensivierung von Identifikationspotenzialen mit der Organisation und die Schaffung eines „Wir-Bewusstseins" (Birkigt/Stadler 2000, S. 48), während bei Integrationsmaßnahmen der Kommunikation verstärkt Motive wie die Verbesserung der Wahrnehmung der Kommunikationsbotschaft und die Erhöhung der Kommunikationswirkung im Zentrum stehen.

Dementsprechend bezeichnet die **Corporate Identity** den „schlüssigen Zusammenhang des Verhaltens, des Erscheinungsbildes und der Kommunikation mit der hypostasierten Organisationspersönlichkeit als dem manifestierten Selbstverständnis der Organisation" (Birkigt/Stadler 2000, S. 18; vgl. auch Purtschert 2001, S. 143).

Im Rahmen der Gestaltung einer Corporate Identity konzentrieren sich Organisationen auf die drei Instrumente – **Corporate Design, Corporate Communications** und **Corporate Behavior**. Diese drei Bereiche – die im Folgenden näher beleuchtet werden – sind aufeinander abzustimmen, um den Anspruchsgruppen eine einheitliche Identität der Organisation zu vermitteln (Raffée/Fritz/Wiedmann 1994, S. 83):

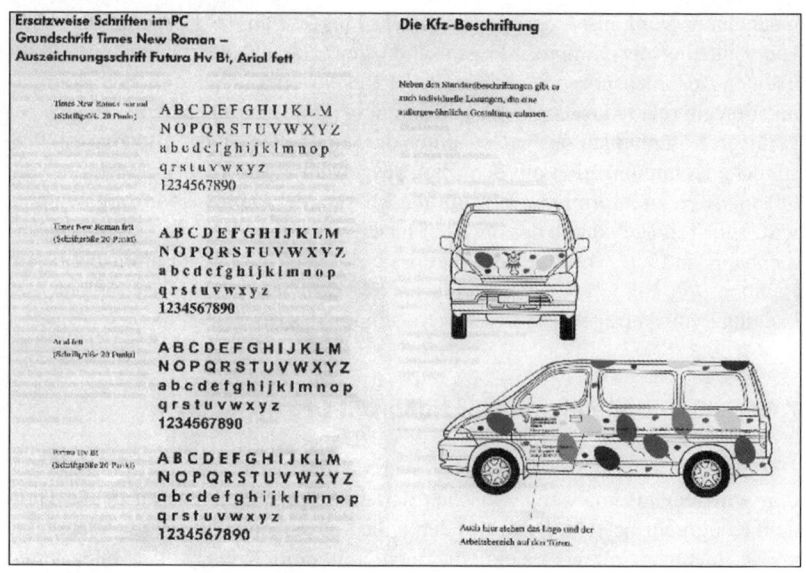

Insert 7-32: Gestaltungsrichtlinien des Evangelischen Johannesstifts in Berlin
(Quelle: Evangelisches Johannesstift Berlin 2003, S. 8f.)

(1) Corporate Design
Dieser Gestaltungsbereich bezieht sich auf die symbolische Identitätsvermittlung durch den abgestimmten Einsatz aller visuellen Aspekte der Organisationserscheinung, wie z.b. der typischen Zeichen, Farben, Schrifttypen, Formen, Architektur, Kleidung usw. Das Corporate Design prägt somit das äußere Erscheinungsbild einer Institution. In diesem Zusammenhang ist darauf hinzuweisen, dass das Corporate-Identity-Konzept oftmals auf das Corporate Design reduziert wird, was jedoch eindeutig zu kurz greift. Insert 7-32 zeigt beispielhaft die Gestaltungsrichtlinien, die für die Gestaltung des Corporate Design des Evangelischen Johannesstiftes Berlin Gültigkeit haben.

(2) Corporate Communications
Corporate Communications sind strategisch geplante Kommunikationsmaßnahmen, die dem Ziel dienen, die Einstellung der Umwelt gegenüber der Organisation zu beeinflussen und/oder zu verändern. Dies bezieht sich auf den systematischen Einsatz aller Kommunikationsinstrumente einer Institution (z.B.

Mediawerbung, Öffentlichkeitsarbeit, interne Kommunikation), wobei die Institution selbst im Zentrum der Kommunikation steht (Raffée/Fritz/Wiedmann 1994, S. 83). Die Gestaltungsbereiche der Corporate Communications umfassen dabei sämtliche Kommunikationsmaßnahmen einer Nonprofit-Organisation, die in ein integriertes Konzept zu überführen sind, so dass sie als eine Einheit wahrgenommenen werden (Purtschert 2001, S. 143).

(3) Corporate Behavior
Dem Verhalten aller Mitarbeiter einer Nonprofit-Organisation kommt im Rahmen der Leistungserbringung ein hoher Stellenwert zu. Mit ihrem Verhalten tragen die Mitarbeiter maßgeblich zu der Wahrnehmung einer Nonprofit-Organisation und somit auch der Organisationsidentität durch die Anspruchsgruppen bei. Corporate Behavior umfasst das gesamte Verhalten einer Organisation bzw. ihrer Mitglieder und basiert auf den im Leitbild festgelegten Grundsätzen und den in der Organisationskultur tatsächlich zum Ausdruck gebrachten Identitätsmerkmalen. Zur Erreichung eines Mitarbeiterverhaltens, das dem angestrebten Corporate Behavior entspricht, ist es erforderlich, die Mitarbeiter von grundsätzlichen Verhaltensregeln im Kontakt mit den relevanten Anspruchsgruppen zu überzeugen. Dazu ist es zunächst notwendig, erwünschte Verhaltensweisen gemeinsam zu entwickeln und in entsprechenden Regelwerken festzuhalten. Beispielsweise nutzen Nonprofit-Organisationen z.T. Corporate-Identity-Handbücher, in denen die entsprechenden Regeln und Normen festgelegt sind.

Es lässt sich feststellen, dass sich in jeder Organisation eine bestimmte Identität ausformt, die zu einem großen Teil durch individuelle Werthaltungen und Verhaltensmuster der Organisationsmitglieder bestimmt wird. Die Vorgabe grundlegend definierter Ziele und Rahmenbedingungen in Leitlinien und -bildern ist oftmals nicht ausreichend, um eine Organisationsidentität herauszubilden, wenn diese nicht durch die Mitglieder der Organisation getragen wird. Beispielsweise ist es in öffentlichen Betrieben und Ämtern nicht ausreichend, eine stärkere Anspruchsgruppen- oder Dienstleistungsorientierung in den Leitlinien zu verankern, wenn diese Merkmale der angestrebten Organisationsidentität von den Mitarbeitern als nicht relevant erachtet und nicht unterstützt werden.

Die **Wirkungen**, die mit Hilfe einer konsequenten Identitätspolitik angestrebt werden, sind sowohl organisationsinterner als auch -externer Art. Zum einen wird das Ziel einer höheren Identifikation der Mitarbeiter mit der Organisation angestrebt. Eine hohe Identifikation der Mitarbeiter stellt eine Grundlage für eine bessere Koordination unterschiedlicher Bereiche der Organisation dar. Zum anderen dient die Identitätspolitik der Profilierung einer Nonprofit-Organisation gegenüber ihren Anspruchsgruppen. Darüber hinaus bzw. damit in Zusammenhang erfüllt die Corporate Identity ebenfalls den Zweck, das Image einer

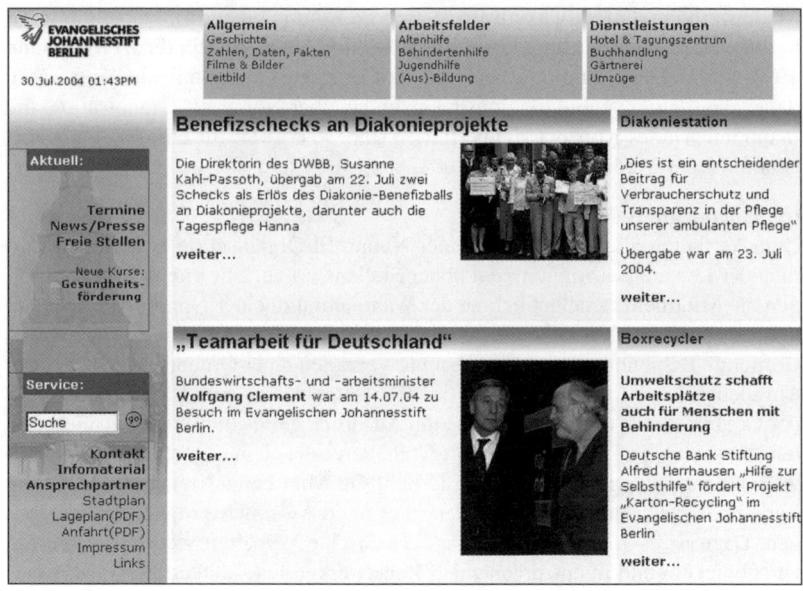

Insert 7-33: Homepage im Corporate Design des Evangelischen Johannesstifts in Berlin
(Quelle: www.johannesstift-berlin.de, Zugriff am 30.07.2004)

Organisation zu verbessern, um die Grundlage für eine breitere Unterstützung der Organisation durch die allgemeine Öffentlichkeit zu schaffen (vgl. Raffée/ Fritz/Wiedmann 1994, S. 84).

Beispiel: Die Corporate Identity des Evangelischen Johannesstifts Berlin
Insert 7-33 zeigt den Internet-Auftritt des Evangelischen Johannesstifts in Berlin. Es wird deutlich, dass dieser entsprechend der formalen Corporate-Design-Richtlinien gestaltet ist und beispielsweise die typischen Farben (hellblau/gelb), Schriftarten sowie das Logo enthält. Darüber hinaus prägt das Leitbild (vgl. Insert 7-34) des Evangelischen Johannesstifts in Berlin maßgeblich das Verhalten der Mitarbeiter im Rahmen des Corporate Behaviors. Die von dem Leitbild ausgehenden Verhaltensnormen haben dabei Bedeutung für alle Tätigkeiten innerhalb der Organisation, d.h. sie sind gleichermaßen gültig für die Mitarbeiter im Kontakt zu den direkten Leistungsempfängern (z.B. Pflege, Betreuung und Beratung), aber auch für Mitarbeiter, die unterstützende Aufgaben wahrnehmen (z.B. Telefonservice und Empfang). Grundsätzlich gilt, dass jegliches Verhalten aller Mitarbeiter das Bild der Organisation prägt, das sowohl die direkten Leistungsempfänger (zu betreuende Personen) von der Organisation erhalten, als auch andere Anspruchsgruppen, wie z. B. Angehörige.

Insert 7-34: Leitbild des Evangelischen Johannesstifts Berlin
(Quelle: www.johannesstift-berlin.de, Zugriff am 30.07.2004)

Insgesamt ist für den Erfolg der Kommunikation von Nonprofit-Organisationen die Integration aller Kommunikationsmaßnahmen in ein **Konzept der Integrierten Kommunikation** notwendig. Dies bedeutet konkret, dass die Kommunikationsinstrumente Öffentlichkeitsarbeit, Persönliche Kommunikation, Veranstaltungen, Direkt- und Multimediakommunikation sowie die Mediawerbung inhaltlich, formal und zeitlich aufeinander abzustimmen sind. Durch diese inhaltlich, formal und zeitlich vernetzte Übermittlung von Informationen bzgl. der Organisation bzw. deren Leistungen werden bei den Anspruchsgruppen Lerneffekte erzielt, so dass eine differenzierte und eindeutige Wahrnehmung der Positionierung einer Nonprofit-Organisation erfolgt. Insgesamt können Nonprofit-Organisationen durch den aufeinander abgestimmten Einsatz der Kommunikationsinstrumente Synergieeffekte realisieren, die sich zum einen in einem höheren Nutzenniveau und zum anderen in niedrigeren Kosten niederschlagen. Nutzenorientierte Synergieeffekte resultieren aus der bestmöglichen Allokation des Kommunikationsbudgets durch die systematische Vernetzung der Kommunikationsinstrumente. Dadurch kann eine Optimierung der Kontaktwirkungen bei gleich bleibenden Kommunikationskosten erreicht werden. Andere Organisationen verfolgen die primäre Zielsetzung, über eine Vernetzung der Kommunikationsinstrumente die entstehenden Kommunikationskosten zu senken.

8 Implementierung des Nonprofit-Marketing

8.1 Grundlagen der Implementierung von Strategien

In der Praxis ist – nicht nur bei Nonprofit-Organisationen – häufig festzustellen, dass trotz sorgfältiger Marktanalyse und Strategieentwicklung viele Marketingstrategien an der konkreten Umsetzung scheitern. Der Grund für dieses Umsetzungsdefizit besteht i.d.R. nicht in einer prinzipiell mangelnden Eignung der Strategie in Bezug auf die Probleme der Nonprofit-Organisation, sondern vielmehr darin, dass ein geschlossenes Konzept zur Implementierung der entwickelten Strategie fehlt. Daher ist es unabdingbar, sich detailliert mit dem Implementierungsprozess von Marketingstrategien sowie dessen Erfolgsbedingungen auseinander zu setzen (Müller-Stewens/Lechner 2001, S. 371 ff.; Tarlatt 2001; Benkenstein 2002, S. 207 ff.). In diesem Zusammenhang kommt zunächst der Überzeugung und der Motivation jedes einzelnen Mitarbeiters für eine Marketingorientierung eine hohe Erfolgsrelevanz zu. Gerade aufgrund der Neuartigkeit des Marketingdenkens für die meisten Mitarbeiter von Nonprofit-Organisationen sind oftmals erhebliche innerbetriebliche Veränderungsprozesse erforderlich.

Demzufolge kommt den **personellen Aspekten** im Rahmen der Implementierung, d.h. der Um- und Durchsetzung, von Marketingstrategien für Nonprofit-Organisationen eine zentrale Bedeutung zu. In diesem Zusammenhang lassen sich aus den Besonderheiten von Nonprofit-Leistungen weitere bzw. konkretere Implikationen ableiten:

- Vor dem Hintergrund der **Notwendigkeit einer permanenten Bereitstellung des Leistungspotenzials** einer Nonprofit-Organisation ist die Schaffung, Aufrechterhaltung und kontinuierliche Verbesserung der Fähigkeiten und Kenntnisse der Mitarbeiter in Nonprofit-Organisationen eine zentrale Voraussetzung für die erfolgreiche Implementierung der Marketingstrategien. Somit kommt dem Bereich der Aus- und Weiterbildung der Mitarbeiter von Nonprofit-Organisationen ein herausragender Stellenwert zu. Beispielsweise ist es sinnvoll regelmäßig Seminare zu Themenbereichen wie Fundraising, Anspruchsgruppenorientierung oder Nonprofit-Marketing im Allgemeinen anzubieten.

- Die Erstellung einer Nonprofit-Leistung erfordert i.d.R. die **Integration des Leistungsempfängers** und bedingt somit, dass ein direkter persönlicher Kontakt zwischen Mitarbeitern und Leistungsempfängern entsteht. Dies hat zur Konsequenz, dass personalorientierte Implementierungsmaßnahmen oftmals einen direkten Einfluss auf die Zufriedenheit der Leistungsempfänger mit den Leistungen einer Nonprofit-Organisation haben – und damit zugleich auf deren Verhalten und Einstellungen wirken.
- Bedingt durch die **Immaterialität von Nonprofit-Leistungen** ergibt sich, dass die Mitarbeiter einer Organisation häufig als Surrogat der eigentlichen Leistung betrachtet werden (Engelhardt et al. 1992, S. 48). Dementsprechend ist neben ihrem Verhalten auch ihr generelles Erscheinungsbild von zentraler Bedeutung.

Abgesehen vom eingesetzten Personal einer Nonprofit-Organisation dient auch die Gestaltung der physischen Ausstattung der **Materialisierung des Fähigkeitenpotenzials**, z.B. Durch die Gestaltung der Gebäude, Räume, Bekleidung oder Symbole (z.B. Sauberkeit und Hygiene in einem Krankenhaus, weiße Kittel des Personals). Diese Artefakte sind zentrale Elemente der nach außen wirkenden Kultur einer Nonprofit-Organisation und werden durch alle Anspruchsgruppen wahrgenommen. Dementsprechend ist deren Gestaltung besonderes Augenmerk zuzuwenden (vgl. hierzu auch den Abschnitt 7.4.5 Corporate Identity).

Die **Kultur und Struktur** einer Nonprofit-Organisation hat besondere Anforderungen in Bezug auf die Flexibilität interner Abstimmungsprozesse gerecht zu werden: Die Nichtlagerfähigkeit von Nonprofit-Leistungen bei gleichzeitiger Nichttransportfähigkeit erfordert eine enge Koordination zwischen Erstellung und Nachfrage einer Leistung. Es ist somit von herausragender Bedeutung, dass durch die Kultur und Struktur die notwendige Flexibilität innerhalb einer Nonprofit-Organisation erreicht wird, um eine qualitativ hochwertige Erstellung einer Nonprofit-Leistung zum Zeitpunkt der Nachfrage zu ermöglichen. Unterstützt wird die Flexibilität und Anspruchsgruppenorientierung darüber hinaus noch durch geeignete **Managementsysteme** im Sinne von mitarbeiter- und kundenorientierten Informationsgewinnungs-, Steuerungs- und Kontrollsystemen.

Nicht zuletzt vor diesem Hintergrund wird deutlich, dass es zur erfolgreichen Implementierung von Strategien erforderlich ist, die Strukturen, Systeme und Kultur einer Organisation im Hinblick auf deren **Strategiekongruenz** („Fit") zu überprüfen und ggf. anzupassen (vgl. auch Meffert/Bruhn 2003, S. 632ff.).

Als Grundlage für eine stärkere Öffnung für Marketingkonzepte benötigen Nonprofit-Organisationen Strukturen, die eine derartige Veränderung tragen und unterstützen **(Strategie-Struktur-Fit)** – ansonsten droht das Scheitern eines entsprechenden Vorhabens von vornherein. Beispielsweise benötigt eine Nonprofit-Organisation, die ein hohes Wachstumsziel verfolgt und in verschiedenen Tätigkeitsfeldern aktiv ist, eine flexible Organisationsform. In diesem Zusammenhang existiert eine Diskussion diverser Vor- und Nachteile unterschiedlicher organisatorischer Strukturen. Einigkeit besteht darin, dass eine dezentrale Organisationsstruktur, wie sie in vielen Nonprofit-Organisationen üblich ist, erhebliche Nachteile in Bezug auf Flexibilität und Reaktionsvermögen aufweist.

Die Implementierung wird darüber hinaus durch einen mangelnden Fit zwischen Strategie und Managementsystemen der Organisation (z.B. Informationssysteme) behindert. Ein nicht vorhandener **Strategie-System-Fit** liegt beispielsweise vor, wenn die Informationssysteme der Nonprofit-Organisation nicht in der Lage sind, individuelle Informationen zu einzelnen Leistungsempfängern zu generieren, zu speichern und zielgerichtet zu verarbeiten. Beispielsweise liegt diese Diskrepanz vor, wenn ein öffentliches Krankenhaus eine stärkere Anspruchsgruppen- und Dienstleistungsorientierung erreichen möchte, aber über keine leistungsfähige Datenbank verfügt, die eine individuelle patientenbezogene Aufbereitung von Daten ermöglicht.

Schließlich treten Implementierungsprobleme auf, wenn es nicht gelingt, einen Fit zwischen der geplanten Strategie und der Kultur einer Organisation herzustellen. Die Anpassung der Organisationskultur erfordert Maßnahmen, die dazu beitragen, eine höhere Flexibilität und Anspruchsgruppenorientierung der Organisation zu erreichen sowie die interne Zusammenarbeit zu verbessern. Ein **Strategie-Kultur-Fit** ist beispielsweise nicht gegeben, wenn die Mitarbeiter einer Nonprofit-Organisation ein stark bürokratisches Denken pflegen, das nicht die notwendige Flexibilität für die angestrebte bessere Anspruchsgruppenorientierung aufweist. Falls die Kultur einer Organisation eine stärkere Anspruchsgruppenorientierung nicht trägt, wird die Ausrichtung der Aktivitäten und Leistungsprozesse an den Bedürfnissen und Wünschen einzelner Leistungsempfänger oder Förderer nur schwierig umzusetzen sein.

Beispiel: Umstrukturierung der Bundesanstalt für Arbeit
Im Rahmen der Restrukturierung der ehemaligen Bundesanstalt für Arbeit zu einem anspruchsgruppenorientierten Dienstleistungsbetrieb – der Bundesagentur für Arbeit – wurden sämtliche Mitarbeiter im Hinblick auf eine stärkere Serviceorientierung geschult, mit dem Ziel eine effektivere Vermittlung von Arbeitsuchenden durchzuführen und das Image des Arbeitsamtes zu verbessern.

Die Tatsache, dass viele Nonprofit-Organisationen auf das Engagement ehrenamtlicher Mitarbeiter angewiesen sind, führt zu der Notwendigkeit, insbesondere auch diese Mitarbeitergruppe für einen Strategiewechsel zu sensibilisieren. Das Engagement ehrenamtlicher Mitarbeiter basiert i.d.R. auf der **Identifikation** mit den **Grundsätzen und Traditionen** der Organisation. Falls diese – zugunsten einer stärkeren Marktorientierung – angepasst werden, besteht die Gefahr, dass diese Mitarbeiter ihre Identifikationsgrundlage verlieren und ihr Engagement nicht mehr der Organisation zur Verfügung stellen. Die Angst vor Kommerzialisierung und Verlust der eigenen Werte und Vorstellungen hemmen demnach die Auseinandersetzung mit notwendigen Marketingfragestellungen. Somit ist es eine zentrale Aufgabe des Implementierungsmanagements von Nonprofit-Organisationen, insbesondere die ehrenamtlichen Mitarbeiter für Veränderungen im Rahmen eines Change-Management-Prozesses zu sensibilisieren und sie von deren Notwendigkeit zu überzeugen. Hilfreich kann es in diesem Zusammenhang sein, durch ein dem Nonprofit-Bereich angepasstes Wording, die Akzeptanz von Marketinggedanken bei den Mitarbeitern zu erhöhen.

In der Regel werden innerhalb von Nonprofit-Organisationen auch managementbezogene Stellen mit Mitarbeitern besetzt, die zwar über eine starke branchenspezifische Qualifizierung verfügen (z.B. Ärzte oder Psychologen in karitativen Organisationen), jedoch **keine Managementausbildung und -erfahrung** haben. Entsprechend erfolgt die gesamte strategische Ausrichtung zumeist aus einer engen funktionalen Sichtweise heraus. Auch dies stellt eine Barriere auf dem Weg zu einer marktorientierten Nonprofit-Organisation dar. Darüber hinaus verfügen viele Nonprofit-Organisationen nicht über die entsprechenden Personalbudgets, die die Einrichtung von Stellen ermöglichen, die ausschließlich für strategische Managementaufgaben verantwortlich sind. Dies muss i.d.R. „nebenher" erfolgen.

Weiterhin führt die starke **Reglementierung von einigen Nonprofit-Märkten** dazu, dass eine Öffnung gegenüber Marketingprinzipien und deren Implementierung tendenziell erschwert wird. Bislang operieren viele Nonprofit-Organisationen in geschützten Märkten und sehen sich somit nicht der Notwendigkeit gegenüber, marktorientierte Strategien zu implementieren (z.B. Universitäten). Entsprechend überrascht es nicht, dass Nonprofit-Organisationen ihre Strategien und somit ihre Systeme, Kulturen und Strukturen nicht an marktwirtschaftliche Rahmenbedingungen anpassen. Vor dem Hintergrund eines tendenziellen Rückzugs des Staates aus vielen Bereichen droht Organisationen, die sich nicht anpassen, langfristig eine mangelnde Konkurrenzfähigkeit.

Ein weiterer Aspekt, der die Implementierung von marktorientierten Strategien innerhalb einer Nonprofit-Organisation erschwert, ist oftmals die **Entwicklungsgeschichte einer Nonprofit-Organisation**. In einer Vielzahl der Fälle haben sie sich historisch bedingt entwickelt und wehren sich gegen Veränderungsprozesse (z.B. Gewerkschaften, die veränderte Rahmenbedingungen der modernen Arbeitswelt nicht anerkennen). Insbesondere ist beispielsweise bei

Stiftungen ein Stiftungszweck durch den Gründer festgelegt worden, der im nachhinein nur schwer zu ändern bzw. anzupassen ist.

Beispiel: Änderung des Zwecks der Stiftung „Europäische Stiftung Kaiserdom zu Speyer"
Der Stiftungsrat kann mit Zustimmung des Kuratoriums eine Änderung der Satzung beschließen, wenn ihm die Anpassung an veränderte Verhältnisse notwendig erscheint. Der Stiftungszweck darf dabei in seinem Wesen nicht geändert werden. Satzungsänderungsbeschlüsse erfordern eine Mehrheit von zwei Dritteln der Mitglieder des Stiftungsrates und eines zustimmenden Beschlusses des Kuratoriums. Sie bedürfen außerdem der Genehmigung des Bischofs von Speyer (www.dom-speyer.de, Zugriff am 25.10.2004).

Für Nonprofit-Organisationen ist es zentral, sich aktuellen Herausforderungen (z.B. Änderungen im Umfeld der Organisation, wie z.B. des Nachfrageverhaltens oder der Gesetzgebung) zu stellen und Anpassungen im Rahmen ihrer Strategien vorzunehmen, um flexibel auf die sich ändernden Rahmenbedingungen in ihren Märkten reagieren zu können. Es wird deutlich, dass die Formulierung einer Strategie alleine nicht ausreichend ist, wenn dieser keine konkreten Maßnahmen zur Um- und Durchsetzung folgen. Die Besonderheiten von Nonprofit-Leistungen erfordern insbesondere personalbezogene Maßnahmen, die den Prozess der Strategieimplementierung begleiten bzw. im Vorfeld eingesetzt werden, um die Mitarbeiter für die Veränderungen zu sensibilisieren und eventuell auftretenden Widerständen zu begegnen. Diese personalbezogenen Maßnahmen sind eine grundlegende Voraussetzung für die erfolgreiche Umsetzung einer formulierten Strategie. Wenn alle Mitarbeiter einer Nonprofit-Organisation die neue Strategie unterstützen, kann eine notwendige Veränderung der strategischen Ausrichtung erreicht werden. Zusammenfassend lässt sich festhalten, dass Strategien und Maßnahmen des Nonprofit-Marketing häufig nicht aufgrund deren Wirkungslosigkeit scheitern, sondern weil die Implementierung innerhalb der Organisation nicht gelingt.

8.1.1 Begriff und Inhalt der Strategieimplementierung

Unter dem **Begriff Implementierung** ist ein Prozess zu verstehen, „... durch den Marketingpläne in aktionsfähige Aufgaben umgewandelt werden und durch den sichergestellt wird, dass diese Aufgaben so durchgeführt werden, dass sie die Ziele des Plans erfüllen" (Kotler/Bliemel 2001). Bezugsobjekt der Implementierung ist folglich die konkrete Marketingstrategie als langfristiger, bedingter Verhaltensplan. Übertragen auf das Marketing von Nonprofit-Organisationen bezeichnet die Implementierung einen Prozess, durch den die Idee und das Konzept des Nonprofit-Marketing in aktionsfähige Aufgaben mit dem Ziel umgesetzt werden, die Mission der Nonprofit-Organisation unter Beachtung der Fachlichkeit und Wirtschaftlichkeit zu erfüllen.

Die erfolgreiche Umsetzung einer neuen Marketingstrategie kann – neben den bereits aufgezeigten Bereichen – in der Praxis an einer Vielzahl möglicher Gründe scheitern. Es lassen sich dabei insbesondere drei übergeordnete **Problembereiche** feststellen, die häufig für das Scheitern der Strategie verantwortlich sind (Meffert/Bruhn 2003, S. 621 f.):

- Analyselücke,
- Planungslücke und
- Implementierungslücke.

Die Diskrepanz zwischen der Sichtweise der Organisation und deren Anspruchsgruppen hinsichtlich Kompetenz und Leistungsfähigkeit der Nonprofit-Organisation ist Bezugspunkt der sog. **Analyselücke**. Dieses Defizit lässt darauf schließen, dass die eigenen Stärken und Schwächen nicht gründlich genug analysiert worden sind und die Verantwortlichen der Organisation eine eher innengerichtete Sichtweise haben. Die Analyselücke hat zur Folge, dass sich die formulierte Strategie der Nonprofit-Organisation nicht mit den eigenen Kompetenzen und Ressourcen deckt.

Neben der falschen Einschätzung der internen Kompetenzen und Ressourcen einer Organisation lässt sich oftmals auch feststellen, dass zusätzlich eine falsche Einschätzung von externen Marktentwicklungen erfolgt. Drohende Risiken, aber auch Chancen werden vor allem dann falsch eingeschätzt und bewertet, wenn Nonprofit-Organisationen keine systematische Marktforschung durchführen. In diesem Zusammenhang kann beispielhaft angeführt werden, dass Kirchen keine verlässlichen Prognosen bzgl. künftiger Austritte aufstellen, dass bislang stark subventionierte Organisationen den massiven Rückgang von staatlichen Zuschüssen nicht antizipieren, oder dass im Rahmen einer Marktliberalisierung eine Vielzahl neuer privater Wettbewerber „übersehen" wird.

Beispiel: Analyselücke einer Nonprofit-Organisation
Konzentriert eine Nonprofit-Organisation aus dem sozialen Bereich beispielsweise ihre Bemühungen auf junge Anspruchsgruppen (z.B. minderjährige Alkoholabhängige), so muss auch sichergestellt werden, dass aus Sicht dieser Zielgruppe die Nonprofit-Organisation als kompetent zur Lösung ihrer Probleme angesehen wird.

Die **Planungslücke** hingegen bezieht sich darauf, dass keine längerfristige Strategieplanung vorgenommen wurde. Für Nonprofit-Organisationen kann das beispielsweise bedeuten, dass die Ressourcenplanung und -entwicklung nicht unter längerfristigen Gesichtspunkten vorgenommen wird und damit keine zielkonformen Maßnahmen eingeleitet werden (z.B. hinsichtlich der Personalentwicklung oder der Spenderbearbeitung). Stattdessen konzentriert sich die Nonprofit-Organisation primär auf das operative Tagesgeschäft.

Beispiel: Planungslücke einer Nonprofit-Organisation
Eine Planungslücke liegt beispielsweise vor, wenn eine Nonprofit-Organisation keine oder nur geringe Anstrengungen zur Akquisition von privaten Geldern unternimmt und sich einseitig auf staatliche Geldquellen konzentriert. So kann diese Nonprofit-Organisation kurzfristig ihre Leistung durch die staatlichen Gelder erbringen, da die Organisation alle Ressourcen für das operative Tagesgeschäft konzentrieren kann. Langfristig besteht jedoch die Gefahr, dass die staatliche Unterstützung reduziert und die kurzfristige Akquisition von ausreichenden Spendengeldern zu diesem Zeitpunkt kaum noch möglich sein wird.

Die **Implementierungslücke** beschreibt den Zustand, dass zwar strategische Ziele formuliert und eine Strategie zur Zielerreichung vorliegt, diese jedoch nur mangelhaft umgesetzt wird. Dieses Umsetzungsdefizit kann auf mehrere Ursachen zurückgeführt werden. So kann z.B. eine fehlende Unterstützung der Strategie durch die Verantwortlichen der Nonprofit-Organisation sowie eine mangelhafte interne Kommunikation Ursache für ein Umsetzungsdefizit sein.

Beispiel: Implementierungslücke einer Nonprofit-Organisation
Es können interne Widerstände im Rahmen der Strategieimplementierung aufseiten der Mitarbeiter auftreten, wenn neue Marketingstrategien durch die Verantwortlichen einer Nonprofit-Organisation gegenüber den Mitarbeitern nicht rechtzeitig und offen kommuniziert werden. So ist es denkbar, dass einzelne Mitarbeiter sich übergangen fühlen und versuchen, mögliche Veränderungsprozesse (aktiv oder passiv) zu verhindern. Darüber hinaus bietet eine mangelhafte Kommunikation Raum für Spekulationen, so dass die Unsicherheit der Mitarbeiter tendenziell erhöht wird. In diesem Fall können Spekulationen und Gerüchte dazu beitragen, dass sich Stimmung und Arbeitsklima verschlechtern und viele Mitarbeiter die Umsetzung der neuen Strategie nicht unterstützen. Zusätzlich können Ängste entstehen, lieb gewonnene Privilegien und Gewohnheiten aufgeben zu müssen. Eine offene interne Kommunikation trägt somit dazu bei, den Raum für Spekulationen bzgl. der zukünftigen Entwicklung einzuengen und die Strategieumsetzung zu fördern.

8.1.2 Ebenen und Ziele der Strategieimplementierung

Bezugsobjekt der Implementierung ist die Nonprofit-Marketingstrategie als langfristiger, bedingter Verhaltensplan. Für die erfolgreiche Implementierung von Marketingstrategien sind zunächst die Ziele der Strategieimplementierung auf unterschiedlichen Ebenen festzulegen. Grundsätzlich bezieht sich die Zielformulierung dieses „**Make the Strategy Work**" bzw. „**Make the Concept Work**" auf die drei folgenden Ebenen (Meffert/Burmann 2002):

(1) Konzeptionelle Implementierungsebene,
(2) Personelle Implementierungsebene,
(3) Institutionelle Implementierungsebene.

(1) Konzeptionelle Ebene
Auf der konzeptionellen Implementierungsebene ist die Spezifizierung der Implementierungsinhalte und -maßnahmen angesiedelt. Da das Bezugsobjekt der Implementierung die Nonprofit-Marketingstrategie darstellt, wird diese Aufgabe bereits im Rahmen der Strategieformulierung abgeschlossen. Sie bildet den Ausgangspunkt der Implementierung und bedient sich der in Kapitel 5 und 6 vorgestellten Instrumente.

(2) Personelle Ebene
Eine herausragende Bedeutung für die Implementierung von Marketingstrategien für Nonprofit-Organisationen kommt insbesondere der personellen Implementierungsebene zu. So ist in einem ersten Schritt zunächst die Akzeptanz der Mitarbeiter für die zu implementierenden Marketingstrategien zu schaffen. Da Nonprofit-Organisationen oftmals eine eher ablehnende Grundhaltung gegenüber einer stärkeren Marketingorientierung einnehmen, ist zunächst die grundlegende Bedeutung, Vorteilhaftigkeit und Notwendigkeit einer Öffnung gegenüber Methoden des Marketing darzulegen. In diesem Zusammenhang geht es primär darum, durch zielgerichtete Informationen, Erklärung und Begründung, jene Unsicherheiten, die auf einem unzureichenden Kenntnisstand beruhen, zu zerstreuen. Gelingt es, die Mitarbeiter von der generellen Notwendigkeit des Nonprofit-Marketing und der zu implementierenden Marketingstrategien zu überzeugen (**Änderungsbereitschaft**), ist in einem nächsten Schritt die **Änderungsfähigkeit** sicherzustellen, d.h. das „Kennen", „Verstehen" und „Können" der Implementierungsinhalte (Kolks 1990, S. 110ff.).

(3) Institutionelle Ebene
Neben den konzeptionellen und den personellen Implementierungszielen werden i.d.R. auch Anpassungen in Bezug auf die Strukturen und Systeme einer Nonprofit-Organisation notwendig. Beispielsweise ist für eine effiziente Akquisition und Betreuung von Spendern die Einrichtung einer umfassenden Spenderdatenbank notwendig. Auf der Absatzseite ist es für ein Theater beispielsweise ebenso entscheidend, sämtliche Systeme (z.B. Buchungs- und Reservierungssysteme) mit den internen Datenbanken über die potenziellen und aktuellen Leistungsempfänger kontinuierlich abzugleichen. Auf der Grundlage der Datenbank können beispielsweise Direktmarketing-Maßnahmen geplant werden, um die Auslastung zu verbessern. Darüber hinaus ist es zentral für eine hohe Auslastung, die Buchungssysteme mit denen der Absatzmittler zu vernetzen, so dass ggf. nicht verkaufte Plätze für eine Theatervorstellung als „Last-Minute-Ticket" angeboten

werden können. Entsprechend sind Investitionen in eine geeignete **technologische Infrastruktur** zu tätigen und häufig auch die **organisatorischen Strukturen** zu ändern, um eine klare personelle Zuständigkeit zu gewährleisten.

Im Rahmen der Anpassung der Systeme und Kultur einer Organisation kommt der **Führung** eine besondere Funktion zu. Sie hat die Aufgabe, die Voraussetzung zur Implementierung einer marktorientierten Strategie zu schaffen. Konkret bedeutet dies, dass die Führung der Organisation beispielsweise durch die Satzung oder andere Statuten ablauforganisatorische Maßnahmen festlegt und darüber hinaus aufgrund ihrer Vorbildfunktion die Motivation zu einem Strategiewechsel erhöht.

Innerhalb und zwischen den drei geschilderten Betrachtungsebenen der Implementierung, d.h. der konzeptionellen, personellen und institutionellen Ebene, bestehen vielfältige Interdependenzen. So ist in der Praxis eine Trennung zwischen der individuellen Strategiedurchsetzung und der auf dem kollektiven Bewusstsein aller Mitarbeiter basierenden Organisationskultur kaum möglich, da faktisch jede Maßnahme, die auf den einzelnen Mitarbeiter abzielt, mittel- bis langfristig auch einen Einfluss auf die Organisationskultur ausübt. Analog dazu ist eine Anpassung der Struktur und Systeme i.d.R. auch mit Auswirkungen auf der personellen Ebene verbunden.

In Bezug auf den zeitlichen Rahmen einer Implementierung ist insbesondere auf personeller Ebene häufig ein mittel- bis langfristiger, zumeist **mehrstufiger Implementierungsprozess** zu durchlaufen. Während in einer ersten Phase die Akzeptanzschaffung für die notwendigen Veränderungen sowie die Vermittlung von Informationen und Erklärungen an die Mitarbeiter im Vordergrund steht, wechselt die Zielsetzung in der zweiten Phase von der Initiierung zur Durchsetzung der Veränderung. Ziel ist die Erarbeitung von Maßnahmen zur Verbesserung der Marketing- bzw. Anspruchsgruppenorientierung aller Mitarbeiter sowie eine Festlegung konkreter Verantwortlichkeiten. In der dritten Phase wird das Ziel verfolgt, die festgelegten Maßnahmen auf der Abteilungs- oder Projektebene umzusetzen, Anpassungen vorzunehmen sowie den Fortschrittserfolg zu kontrollieren.

Im Rahmen der konkreten Umsetzung der Strategieimplementierung hat sich in vielen Branchen und Organisationen das sog. **Kaskadensystem** bewährt. Dieses System baut auf den verschiedenen Hierarchien auf, die innerhalb einer Organisation bestehen. Für die erfolgreiche Implementierung von Strategien ist es notwendig, dass die Anstöße und Initiativen zur Veränderung von der obersten Führungsebene, d.h. Top-down, ausgehen. Die oberste Führungsebene leistet dabei persönliche Überzeugungsarbeit auf der nächsttiefergelegene Ebene usw., wobei sicherzustellen ist, dass sowohl die ehrenamtlichen als auch die hauptamtlichen Mitarbeiter von der Notwendigkeit der Strategieänderung überzeugt sind.

8.1.3 Implementierungsbarrieren in Nonprofit-Organisationen

In der Praxis treten zahlreiche Barrieren der Implementierung von Marketingkonzepten auf. Aus einer branchenübergreifenden Studie von Plinke (1996) zu diesem Thema wird deutlich, dass es sich primär um Fragen der **Struktur, Systeme und Kultur** handelt, die eine Implementierung von Marketingstrategien behindern oder zumindest verlangsamen. Die Bedeutung dieser Faktoren wird durch zahlreiche Erfahrungsberichte aus der Praxis bestätigt (Reinecke et al. 1998, S. 278 f.). Die Herausforderung besteht darin, die mit diesen Hauptbarrieren verbundenen Einzelaspekte zu steuern und zu kontrollieren.

Die **strukturbezogenen Barrieren** betreffen die organisatorische Verankerung des Marketing in der Nonprofit-Organisation sowie die Existenz bestehender Organisationsstrukturen bzw. -hierarchien. Mögliche Barrieren bei der Umsetzung des Nonprofit-Marketing können z.B. in einer fehlenden Verankerung des Marketing auf der Führungsebene der Nonprofit-Organisation liegen. Während in kommerziellen Unternehmen eine häufig auftretende Barriere die mangelnde Flexibilität bzgl. der Bedürfnisse der Kunden durch zu viele Hierarchieebenen innerhalb der Organisation ist, gilt es für Nonprofit-Organisationen mit ihren häufig flachen Hierarchien eher das Problem der Abstimmung zwischen Ehrenamtlichen und Hauptamtlichen sowie innerhalb dieser Mitarbeitergruppen in den Griff zu bekommen. Weiterhin wird die Umsetzung eines einheitlichen Marketingkonzeptes durch die bei vielen Nonprofit-Organisation anzutreffende Regional- (z.B. Ortsverbände bei Parteien) oder Fachgliederung und die damit verbundene Dezentralisierung der Aufgabenverteilung erschwert.

Beispiel: Dezentrale Organisation von Universitäten
Die stark dezentralisierte Aufgaben- und Machtverteilung innerhalb von Universitäten erschwert die Umsetzung eines einheitlichen Marketingkonzepts. Generell erhöht eine starke Dezentralisierung zwar die Chance, den Marketinggedanken aufgrund der hohen Kooperationsbefugnisse der einzelnen organisatorischen Einheiten (z.B. Lehrstühle) auf eine breite Basis zu stellen, allerdings wird ein integriertes Marketingkonzept nur schwer durchsetzbar sein. Hierzu bedarf es einer klaren Aufteilung zwischen dezentralen und zentralen Marketingaktivitäten (Bliemel/Fassott 2001, S. 282).

Beispiel: Dezentrale Organisation von Verbänden
Die Problematik der dezentralen Organisation, die zu Problemen im Rahmen der Implementierung führt, kann insbesondere auch bei regional gegliederten Verbänden beobachtet werden (z.B. Caritas Schweiz und seiner Regionalstellen, Lungenliga Schweiz). Beispielsweise führen verschiedene regionale Schwerpunkte zu einer unterschiedlichen Positionierung der einzelnen Regionalstellen, so dass sich die Schwierigkeit eines gemeinsamen Marktauftritts sowie einer einheitlichen Strategiedurchsetzung ergibt.

Zu den **systembezogenen Barrieren** gehören Defizite im Einsatz von **Informations- und Kontrollsystemen**. Hierzu zählen im Beschaffungsbereich z.B. fehlende Datenbanken zum Fundraising oder fehlende spenderbezogene Controllingsysteme zur Messung der Wirtschaftlichkeit von Fundraising-Maßnahmen. Im Absatzbereich sind darüber hinaus Informationssysteme zur Steuerung der Auslastung sinnvoll (z.B. Buchungssysteme im öffentlichen Personennahverkehr). Verbände, wie beispielsweise der Deutsche Jugendherbergsverband benötigen Informationssysteme, die kontinuierlich und zuverlässig über die aktuelle Mitgliederzahl Auskunft geben können. Weiterhin sind u.a. geeignete Personalmanagementsysteme und Kostenrechnungssysteme sowie anspruchsgruppenspezifische Kommunikationssysteme eine zentrale Voraussetzung für eine erfolgreiche Strategieimplementierung. Grundsätzlich lassen sich die Systeme in innen- und außengerichtete Systeme unterscheiden. Die innengerichteten Systeme haben die Aufgabe, eine zuverlässige Erfassung und Kontrolle innerorganisatorischer Größen vorzunehmen, während die außengerichteten Größen vornehmlich auf anspruchsgruppenbezogene Informationen abzielen.

Beispiel: Defizite bei den innengerichteten Informationssystemen des Kolpinghauses in Wien
Das Kolpinghaus in Wien realisierte im Rahmen einer Budgetübersicht im Jahre 1996, dass dessen Wirtschaftsbetrieb eine Unterdeckung von 2,6 Mio. ATS aufweist. Dieses Budgetdefizit wurde lange Zeit von der Geschäftsführung nicht wahrgenommen, da es lediglich handschriftliche Notizen gab und ein Informationswesen vollständig fehlte. Erst diese existenzgefährdende Krise führte dazu, dass die Verantwortlichen des Kolpinghauses sich intensiver mit Controllingaspekten auseinander setzten und so gerade noch rechtzeitig eine Insolvenz verhindern konnten (Fasching/Horak 1997).

Die Probleme im **kulturellen Bereich** liegen zum Beispiel in der Gleichgültigkeit und oftmals mangelnden Sensibilität der Mitarbeiter im Kontakt mit den Anspruchsgruppen (z.B. unsensibles Verhalten der Mitarbeiter eines Krankenhaus gegenüber den Angehörigen eines Patienten) oder in der Wahrnehmung der Mitarbeiter, dass die Marketingstrategien nicht mit vollem Engagement der Initiatoren getragen werden (z.B. wenn der Vorstandsvorsitzende der Deutschen Bahn AG die Äußerung tätigt, dass er bei Reisen ab einer bestimmte Distanz das Auto bevorzuge). Weiterhin können auch Probleme der Zusammenarbeit zwischen ehren- und hauptamtlichen Mitarbeitern, Abstimmungsprobleme, Angst vor Machtverlusten, subjektive Vorbehalte sowie insbesondere Rollen- oder Loyalitätskonflikte die Implementierung des Nonprofit-Marketing behindern.

Rollenkonflikte sind vor allem in Branchen zu beobachten, in denen die Wettbewerbsintensität durch private Organisationen zunimmt. Dies ist insbesondere in liberalisierten Märkten der Fall, in denen ein Umdenken ehemals staatlicher Organisationen hinsichtlich einer stärkeren Anspruchsgruppenorientierung stattfindet (z.B. Post, Telekommunikation und Transport). Beispielsweise ist es für eine Vielzahl ehemaliger Bahnbeamter aufgrund ihrer Gewohnheit schwierig, sich in die Rolle eines Dienstleisters zu versetzen. **Loyalitätskonflikte** treten insbesondere auf, wenn sich die Mitarbeiter einer Nonprofit-Organisation nicht mehr mit den Zielen und der grundsätzlichen Ausrichtung der Organisation identifizieren. Dieser Fall ist denkbar, wenn beispielsweise die Obdachlosenhilfe aufgrund von Budgetkürzungen ihre Leistungen nicht mehr allen Bedürftigen gleichermaßen zukommen lassen kann und eine notwendige Segmentierung – z.b. auf Basis der Bedürftigkeit – vorgenommen wird. In diesem Fall können Mitarbeiter, die aufgrund des „guten Zwecks" ihrer Arbeit eine hohe intrinsische Motivation aufweisen, den Sinn ihrer Tätigkeit und somit ihre Loyalität gegenüber der Organisation in Frage stellen.

Beispiel: Anwendungsbezug des Marketing für Kirchen

Im Bereich Kirchenmarketing vertreten einige orthodoxe Theologen eindeutig die Auffassung, Marketing habe für die Kirchen keinen Anwendungsbezug. So wird als Grund für die Nichtübertragbarkeit des Marketing auf Kirchen insbesondere die – in sich ähnlichen – Argumente angeführt, das Evangelium sei nicht zum Verkaufen bestimmt, das Kreuz könne und dürfe nicht vermarktet werden, Liebe und Zuwendung ließen sich nicht vermarkten und eine Ökonomisierung der Kirche würde ihrer eigentlichen Aufgabe widersprechen bzw. zu einer Vernachlässigung der geistlichen Inhalte führen. Des Weiteren wird in einem Kirchenmarketing die Gefahr der Verweltlichung von Religion gesehen (Bruhn/Siems 2004a).

Angesichts der zahlreichen Problemfelder einer erfolgreichen Implementierung kommt der Führungsebene einer Nonprofit-Organisation die Aufgabe zu, die notwendigen Voraussetzungen innerhalb der Organisation zu schaffen, damit die bestehenden Barrieren abgebaut und die Maßnahmen des Nonprofit-Marketing ihre volle Wirkung entfalten können. Das Hauptaugenmerk im Rahmen der Implementierung ist demnach vermehrt auf den Aufbau anspruchsgruppenbezogener Organisationsstrukturen, Managementsysteme sowie einer dazu passenden Organisationskultur zu richten. Dabei ist zu berücksichtigen, dass es einer Abstimmung zwischen organisatorischen, aufgabenbezogenen, teambezogenen und persönlichen Zielen der Mitarbeiter bedarf (Matul 2003, S. 508).

8.2 Gestaltungsebenen der Implementierung in Nonprofit-Organisationen

Die aufgezeigten Herausforderungen im Rahmen der Implementierung von Strategien innerhalb von Nonprofit-Organisationen verdeutlichen die Notwendigkeit, ein umfassendes System zu entwickeln, mit dessen Hilfe Strategien zielgerichtet und systematisch umgesetzt werden können. Im Vordergrund steht das Ziel, bislang vorhandene Einzelinitiativen innerhalb einer Organisation in ein möglichst geschlossenes und aufeinander abgestimmtes Gesamtsystem zu integrieren.

Zur Lösung dieser Herausforderung kann der in Schaubild 8-1 dargestellte **Bezugsrahmen der Strategieimplementierung** herangezogen werden, mit dessen Hilfe die relevanten Entscheidungsbereiche systematisch bearbeitet werden können. Der Bezugsrahmen verdeutlicht insbesondere die Orientierung an den relevanten Anspruchsgruppen, die im Rahmen der Implementierung zu berücksichtigen sind. Eine erfolgreiche Strategieimplementierung bedingt dabei explizit die Berücksichtigung der Interessen sowohl der internen als auch der externen Be-

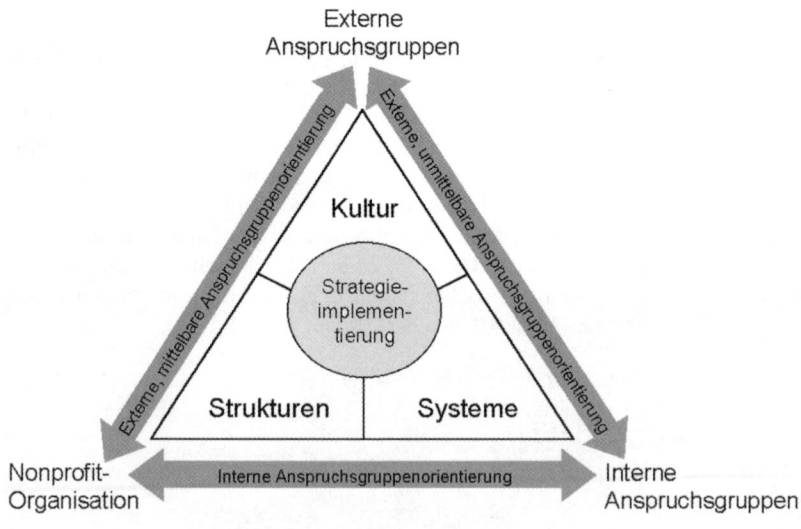

Schaubild 8-1: Bezugsrahmen der Strategieimplementierung in Nonprofit-Organisationen

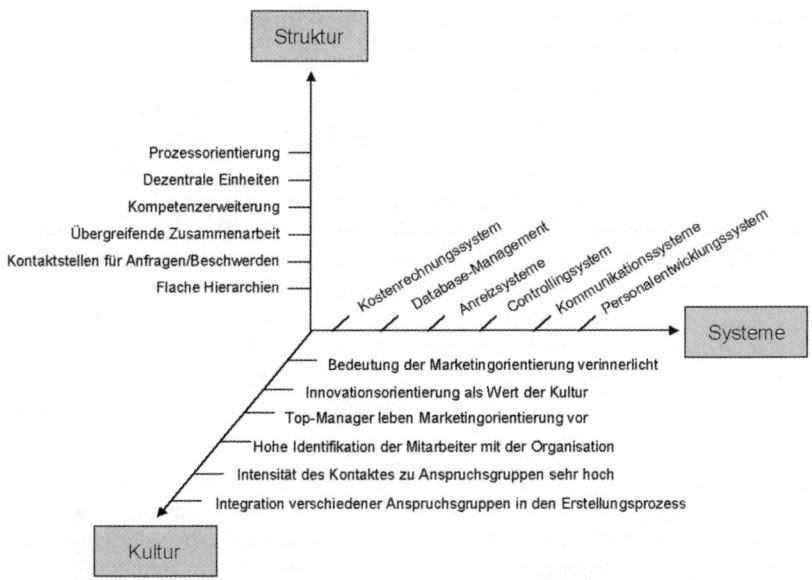

Schaubild 8-2: Ansatzpunkte zur Verankerung des Marketing in einer Nonprofit-Organisation (Quelle: in Anlehnung an Homburg/Werner 1998, S. 166)

zugsgruppen einer Nonprofit-Organisation, da die Realisierung einer externen Anspruchsgruppenorientierung durch eine interne Anspruchsgruppenorientierung mittelbar unterstützt wird. Darüber hinaus wird das abgebildete Entscheidungsfeld zusätzlich durch markt-, situations-, umfeld- sowie konkurrenzbezogene Einflüsse bestimmt.

Der dargestellte Bezugsrahmen verdeutlicht, dass Nonprofit-Organisationen gefordert sind, funktionsübergreifend die notwendigen Rahmenbedingungen zur Strategieimplementierung herzustellen. Allerdings geht es dabei nicht nur um einzelne Aspekte, wie z.B. die technischen Möglichkeiten innerhalb der Organisation zu optimieren, sondern darum, dass eine strategiekonforme und aufeinander abgestimmte Gestaltung der Strukturen, Systeme und der Kultur einer Organisation erfolgt. Schaubild 8-2 veranschaulicht beispielhaft die generell notwendigen Anpassungen, die im Rahmen der Strukturen, der Systeme und der Kultur vorzunehmen sind, um das Marketing in der Nonprofit-Organisation zu verankern.

8.2.1 Anpassung der Organisationsstrukturen in Nonprofit-Organisationen

Bei der Betrachtung der für Nonprofit-Organisationen relevanten **Rechtsformen** ist auffallend, dass die meisten Nonprofit-Organisationen in der Form von Stiftungen, Vereinen sowie Genossenschaften organisiert sind. Dabei ist es von Bedeutung, dass i.d.R. für Nonprofit-Organisationen ohne die Absicht, Überschüsse zu erzielen, die Gründung eines gemeinnützigen Vereins gemäß geltendem Handelsrecht ausreichend ist. Stiftungen werden i.d.R. eingesetzt, wenn das Vermögen eines Erblassers einem bestimmten Verwendungszweck gewidmet wird. Darüber hinaus ist aber auch die Gründung von Kapitalgesellschaften für Nonprofit-Organisationen üblich (z.B. die Deutsche Bahn AG, an der der Bund die absolute Mehrheit hält sowie Organisationen, die als Gesellschaft mit beschränkter Haftung (GmbH) bzw. gemeinnützige Gesellschaft mit beschränkter Haftung (gGmbH) geführt werden).

Mit dem Verein (e.V.) und der GmbH hat der Gesetzgeber institutionelle Grundformen kodifiziert, die in unterschiedlichem Umfang an individuelle Bedürfnisse angepasst werden können. Die rechtlich geregelten Elemente der Organisation werden vom Gesetzgeber als Organe bezeichnet, denen vom Gesetz und ggf. einer Satzung klar definierte Kompetenzen zugeschrieben sind. In Vereinen werden i.d.R. Gremien zur Entscheidungsfindung eingesetzt, so dass bereits dieser Begriff auf die Mehrzahl von Personen und die dort stattfindenden Abstimmungsprozesse hinweist (Koch 2002, S. 316). Neben die zwingend erforderli-

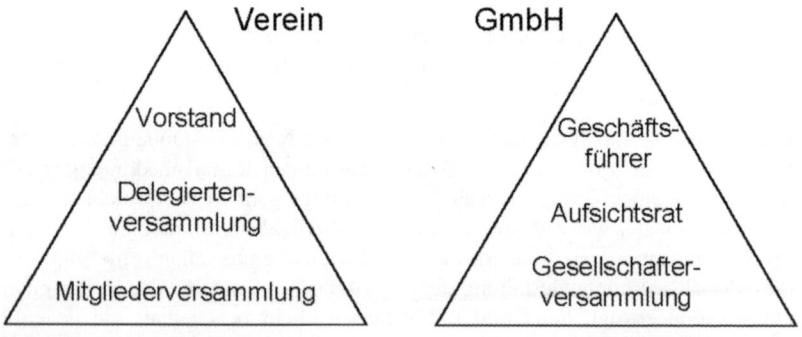

Schaubild 8-3: Hierarchische Organisationsstruktur in den Rechtsformen des Vereins und einer GmbH (Quelle: Koch 2002, S. 317)

chen Organe Mitgliederversammlung und Vorstand können beim Verein weitere treten, z.B. eine Delegiertenversammlung. Die GmbH hat immer eine Gesellschafterversammlung und einen oder mehrere Geschäftsführer. Ein Aufsichtsrat ist erst ab einer bestimmten Größe vorgeschrieben (vgl. Schaubild 8-3). Eine darüber hinausgehende Gegenüberstellung der GmbH und des Vereins findet sich u.a. auf der Internetseite www.nonprofit.de (www.nonprofit.de/verein/vereinsrecht/artikel00196.html, Zugriff am 08.01.2005).

Die Wahl der geeigneten Rechtsform ist für jede Nonprofit-Organisation spezifisch zu bestimmen, indem – abhängig vom Zweck der Organisation – die entsprechenden Vor- und Nachteile (z.b. unterschiedliche Haftungsbeschränkung, Flexibilität) abgewogen werden.

Bei der Betrachtung des **Charakters** von Nonprofit-Organisationen wird deutlich, dass viele Nonprofit-Organisationen den Charakter öffentlicher Verwaltungen aufweisen. Dieser Sachverhalt hat auch Auswirkungen auf die internen Abläufe sowie die Verankerung der Anspruchsgruppenorientierung innerhalb der Organisation. Bürokratische Strukturen in Nonprofit-Organisationen führen i.d.R. dazu, dass Entscheidungswege verlängert werden und Organisationen somit nicht schnell und flexibel auf sich ändernde Anforderungen der Anspruchsgruppen reagieren können. Entsprechend ist es eine zentrale Aufgabe für Nonprofit-Organisationen, obsolete bürokratische Reglementierungen sukzessive zu beseitigen.

Darüber hinaus gibt es Nonprofit-Organisationen, wie z.B. Freizeitvereine oder kleinere Kulturorganisationen, die teilweise keine klaren Regelungen haben, wer für strategische Fragestellungen des Marketing verantwortlich ist. Nicht zuletzt sind in den Führungsebenen sozialer Organisationen kaum Personen zu finden, die über ausreichende Wirtschaftsexpertise verfügen, um die entsprechenden Marketinggedanken in die Organisation zu tragen.

Im Rahmen der Anpassung der organisatorischen Strukturen von Nonprofit-Organisationen gilt es, die bestehenden Strukturen so zu verändern, dass der Marketinggedanke in der Nonprofit-Organisation möglichst effizient umgesetzt werden kann. Die Organisationsstruktur lässt sich dabei als das Ergebnis einer durch Regeln geschaffenen Ordnung interpretieren (Jenner 1999, S. 204). Sie stellt ein „strategischer Hebel" für die Umsetzung einer stärkeren Anspruchsgruppenorientierung dar, da sie die infrastrukturellen Voraussetzungen für die Hervorbringung und Umsetzung erfolgreicher Ideen schafft (Frese/Werder 1994, S. 4). In der Organisationsliteratur wird eine Vielzahl möglicher Organisationsformen diskutiert (vgl. z.B. Jost 2000; Olfert/Steinbuch 2003). Die Gestaltung der Organisationsstrukturen kann grundsätzlich untergliedert werden in Aufbau- und Ablauforganisation. Die **Aufbauorganisation** bezeichnet die Gliederung einer

Organisation in Aktionseinheiten und deren Koordination. Unter **Ablauforganisation** (Prozessorganisation) wird demgegenüber die raumzeitliche und mengenmäßige Strukturierung der zur Aufgabenerfüllung der Organisation erforderlichen Arbeits- und Bewegungsvorgänge verstanden (Schreyögg 1996; Frese 2000, S. 7). Die Ablauforganisation beschäftigt sich demnach mit Regelungen über die Abfolge und Koordination der Teilaktivitäten zwischen den vielfältigen internen und externen Marketingaktivitäten.

Jede Organisation gestaltet aufgrund der Besonderheiten der Märkte, auf denen sie tätig ist, sowie ihrer Mitarbeiter ihre spezifische Marketingorganisation. Dabei ist es zweckmäßig, die sich aus dem marktorientierten Denken bzw. der Anspruchsgruppenorientierung ergebenden und im Folgenden dargestellten **Anforderungen an die Marketingorganisation für Nonprofit-Organisationen** zu berücksichtigen (Meffert 2000, S. 1064 f.; Bruhn 2004a, S. 279):

- Marketingorganisationen haben eine Integration, d. h. Abstimmung, sämtlicher interner und externer Aktivitäten der Nonprofit-Organisation sicherzustellen. So gilt es beispielsweise, die Aktivitäten auf dem Beschaffungsmarkt mit den Aktivitäten auf dem Absatzmarkt zu koordinieren, um genügend finanziellen Spielraum für die Missionserfüllung zu gewährleisten. Gleichzeitig sind die Mitarbeiter auf die entsprechenden Aufgaben vorzubereiten. Nur ein **integriertes Marketing** bietet die Voraussetzung zur Nutzung von Synergieeffekten im Einsatz des Marketinginstrumentariums.
- Marketingorganisationen sind so zu gestalten, dass sie einen hohen Grad an **Anpassungsfähigkeit** an Markt- und Umfeldveränderungen gewährleisten. Das Management einer Nonprofit-Organisation wird dadurch in die Lage versetzt, schnell und flexibel Entscheidungen treffen und durchsetzen zu können. Beispielsweise hat eine Hilfsorganisation dafür zu sorgen, dass durch ihre Strukturen im Katastrophenfall ein schneller und kompetenter Einsatz möglich ist.
- Marktorientierte Marketingorganisationen bieten Mitarbeitern genügend Freiräume, um deren Kreativität und **Innovationsbereitschaft** zu fördern. Nur in einem innovationsfreundlichen Arbeitsklima können kreative Problemlösungen, wie z.B. innovative Spendenaktionen oder neuartige Leistungsangebote, für die Nonprofit-Organisation und ihre Anspruchsgruppen gedeihen.
- Marketingorganisationen sind so zu strukturieren, dass eine effiziente **Spezialisierung** der Abteilungen und Mitarbeiter ermöglicht wird. Auf diese Weise werden die technischen und personellen Ressourcen optimal genutzt. Beispielsweise empfiehlt es sich i.d.R. komplexere Marktforschungsaufgaben (z.B. Studien zur Zufriedenheit der Anspruchsgruppen) durch eine zentrale Marktforschungsstelle oder gar extern durch Marktforschungsexperten durchführen zu lassen.

- Marketingorganisationen tragen eine besondere Verantwortung hinsichtlich der **Motivation und Teamorientierung** von Mitarbeitern. Die Identifikation der Mitarbeiter mit der Organisation kann erhöht werden, wenn das Marketingmanagement das Zusammengehörigkeitsgefühl des Teams und die **Marketingkultur** der Abteilung fördert.

Die Entscheidung zugunsten einer bestimmten Organisationsform des Marketingmanagements ist primär von der Art der jeweiligen Nonprofit-Organisation abhängig und kann kaum allgemeingültig beantwortet werden. Grundsätzlich lässt sich jedoch feststellen, dass viele in der Literatur vorgeschlagene Verankerungen des Marketing für Nonprofit-Organisationen nur bedingt geeignet sind. Die Gründe sind vor allem in den Besonderheiten dieser Organisationen zu sehen. Das weitgehende Fehlen schriftlicher Regelungen, die großen Handlungsspielräume und die damit einhergehende Improvisation, die geringe Arbeitsteilung, die Abhängigkeit der Effizienz vom Arbeitseinsatz einzelner Mitarbeiter, der Gruppencharakter bei Entscheidungen sowie die vielfältigen nicht-monetären Anreize für Arbeitsmotivation und der Einsatz von freiwilligen Mitarbeitern (Horch 1983; Young et al. 1999) sind nur einige Beispiele dafür, dass die klassischen Organisationsformen des Marketingmanagements nicht uneingeschränkt und unreflektiert auf Nonprofit-Organisationen zu übertragen sind. Vielmehr ist insbesondere in Bezug auf die Ablauforganisation eine spezifische Anpassung erforderlich.

Die beiden in der Praxis am häufigsten anzutreffenden, traditionellen Organisationsformen sind zum einen die objektorientierte Marketingorganisation, zum anderen die funktionale Marketingorganisation. Bei der **objektorientierten Organisation** bzw. Spartenorganisation erfolgt die Bildung von Verantwortungsbereichen i.d.R. auf der Basis von Leistungsbündeln (z.B. Altenpflege, Jugendhilfe, Krankenbetreuung als mögliche Sparten einer sozialen Nonprofit-Organisation), Regionen oder Gruppen von Leistungsempfängern (Heimerl/Meyer 2002, S. 269). Demgegenüber bilden im Rahmen der **funktionsorientierten Gliederung** die zu verrichtenden Aufgaben (z.B. Ressourcenbeschaffung, Qualitätsmanagement, Marktforschung, Leistungserbringung) die Grundlage für die Organisationsstruktur. In Bezug auf die Durchsetzung von Strategien lassen sich für beide Formen diverse Vor- und Nachteile finden, die im Folgenden diskutiert werden.

Bei der **funktionsorientierten Organisation**, die beispielhaft in Schaubild 8-4 dargestellt ist, sind jene Managementfunktionen als übergeordnete Strukturen zu finden, die relativ eigenständige Aufgaben erfüllen. Die einzelnen Abteilungen können als Bestandteile der Linienorganisation oder als Stäbe konstituiert werden.

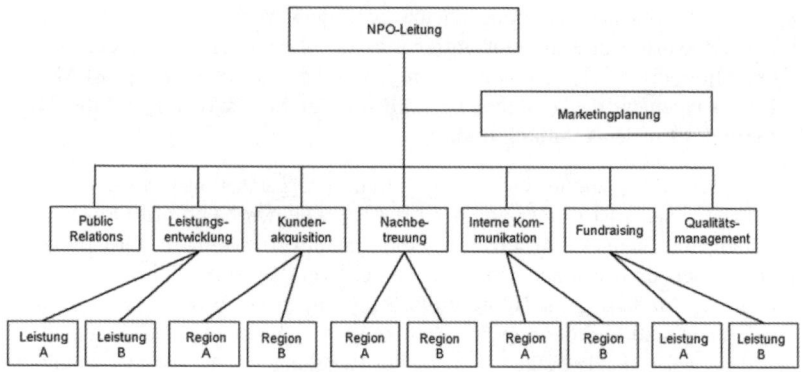

Schaubild 8-4: Beispiel einer funktionsorientierten Marketingorganisation für Nonprofit-Organisationen

Als zentrale **Vorteile** der funktionsorientierten Organisation gelten vor allem Möglichkeiten zur Spezialisierung innerhalb der Abteilungen sowie das Vorhandensein klar abgegrenzter Zuständigkeiten. Demgegenüber ist es von **Nachteil**, dass diese Organisationsform nur bedingt in der Lage ist, den Besonderheiten einzelner Leistungen und Märkte Rechnung zu tragen. Zweckmäßig erscheint eine rein funktionale Organisationsgestaltung daher nur bei Organisationen mit einem relativ homogenen Leistungsprogramm (wie beispielsweise karitative Pflegeeinrichtungen).

Beispiel: Funktionsorientierte Re-Organisation des Schweizerischen Blutspendedienstes SRK
Der Blutspendedienst SRK ist ein eigenständiger Verein innerhalb des Schweizerischen Roten Kreuzes, seine Mitglieder sind die **13 regionalen Blutspendedienste** sowie das Schweizerische Rote Kreuz selbst. Sowohl die Dachorganisation Blutspendedienst SRK als auch die 13 regionalen Blutspendedienste sind Nonprofit-Organisationen, d.h. die Blutprodukte werden zu Selbstkostenpreisen an Krankenhäuser und Kliniken verkauft. Die funktionalen Aufgaben der regionalen Blutspendedienste mit ca. 1.000 hauptamtlichen Mitarbeitern sind auf verschiedene Aufgaben gerichtet:

- Blutbeschaffung,
- Herstellung labiler Blutprodukte,
- Durchführung der Spendenanalytik,
- Transfusionsmedizinische Beratung,
- Verkauf von Blutprodukten an die Spitäler der jeweiligen Region.

Die Organisation des Blutspendedienst SRK erfolgte jahrzehntelang **dezentral**. Vor dem Hintergrund der zunehmenden Herausforderungen in Bezug auf die medizinische Sicherheit und des steigenden Kostendruckes im Gesundheitswesen erschienen diese Strukturen nicht mehr effizient. Im Frühjahr 2003 hat der Rotkreuzrat aus diesem Grund Vorschläge für eine grundlegende Reform genehmigt. Die Vorschläge sehen in erster Linie eine Stärkung der nationalen Geschäftsstelle des Blutspendedienstes vor, so dass zukünftig insbesondere die Blutbeschaffung national gesteuert wird. Statt der bisherigen Rechtsform eines Vereins soll diese zu einer gemeinnützigen Aktiengesellschaft mit Mehrheitsbeteiligung des Schweizer Roten Kreuzes umgestaltet werden. Klare Kooperationsverträge mit den 13 regionalen Blutspendediensten sollen die einheitliche Führung gewährleisten. Vor dem Hintergrund, dass die meisten Blutprodukte nur wenige Tage haltbar sind, verfolgt die Restrukturierung insbesondere das Ziel einer höheren Wirtschaftlichkeit (www.blutspende.ch, Zugriff am: 25.10.2004).

Die **objektorientierte Organisation** (auch divisionale Organisation) untergliedert die Abteilung nach den Leistungen einer Organisation (vgl. auch Schaubild 8-5). Die Spartenleiter (z.B. Leiter Altenhilfe, Leiter Jugendhilfe, Leiter Behindertenhilfe) sind eigenständig in ihrem Bereich und tragen volle Verantwortung für ihren Aufgabenbereich. Innerhalb der Sparten wird dann weiter nach zentralen Funktionen (z.B. Leistungsentwicklung, Akquisition und Betreuung der Anspruchsgruppen sowie Öffentlichkeitsarbeit) differenziert. Einige Spezialabtei-

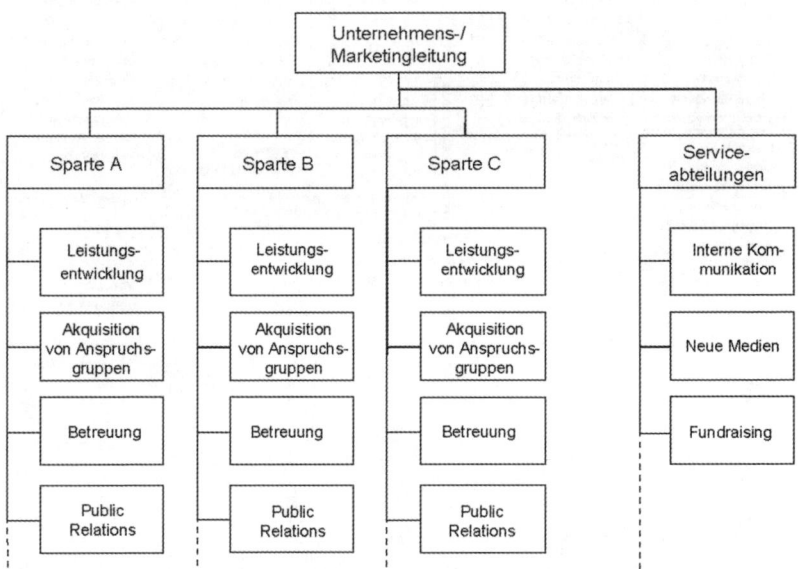

Schaubild 8-5: Beispiel einer objektorientierten Marketingorganisation für Nonprofit-Organisationen

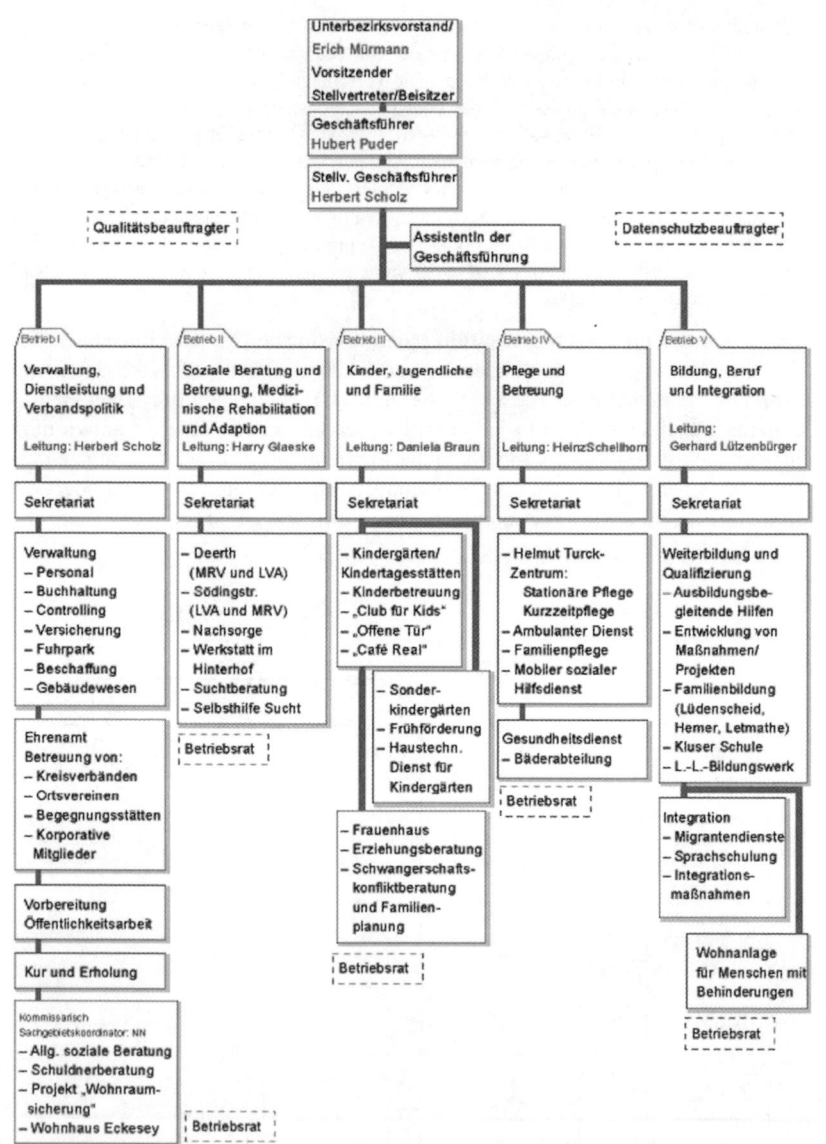

Insert 8-1: Organigramm der Arbeiterwohlfahrt Kreisverband Hagen-Märkischer Kreis (Quelle: www.awo-ha-mk.de, Zugriff am 25.10.2004)

lungen, wie beispielsweise die Interne Kommunikation oder das Fundraising, übernehmen für die Sparten dann eine Servicefunktion und sind als Stabsstelle in die Organisation eingebunden.

Als **Vorteil** der objektorientierten Marketingorganisation kann neben einem geringen Konfliktpotenzial hervorgehoben werden, dass auf konkrete Besonderheiten der Leistungen Bezug genommen wird und damit schnelle und flexible leistungsspezifische Reaktionen auf Marktveränderungen möglich sind. Dies wird vor allem deshalb der Fall sein, weil die Leiter einer Sparte die Möglichkeit haben, sich intensiv mit „ihrer" Leistung zu beschäftigen und zu identifizieren. Aus Sicht von ehrenamtlichen Mitarbeitern bringt die divisionale Organisation häufig den Vorteil, dass sie bewusst in einer Sparte eingesetzt werden können, die ihren Wünschen entspricht. Es ist jedoch als **Nachteil** anzusehen, wenn viele unterschiedliche Abteilungen mit ähnlichen Aktivitäten befasst sind, da dadurch Spezialisierungen nicht gefördert und Doppelarbeiten erbracht werden.

Beispiel: Objektorientierte Organisation der Arbeiterwohlfahrt (Kreisverband Hagen-Märkischer Kreis)
Die Arbeiterwohlfahrt (AWO) widmet sich als gemeinnützig eingetragener Verein den vielfältigen sozialen Aufgaben in der Gesellschaft. Der AWO Unterbezirk Hagen-Märkischer Kreis ist eine selbstständig agierende Untergliederung und Mitglied im Bezirksverband Westliches Westfalen e.V. Die Organisation dieses Kreisverbandes erfolgt anhand einer klassischen objektorientierten Struktur (Insert 8-1). Die Arbeiterwohlfahrt differenziert in diesem Zusammenhang folgende Sparten, die sich z.T. aus den unterschiedlichen Leistungen sowie Leistungsempfängern zusammensetzen (www.awo-ha-mk.de, Zugriff am 25.10.2004):

- Allgemeine Verwaltung,
- Soziale Beratung und Betreuung,
- Kinder, Jugendliche und Familien,
- Pflege und Betreuung sowie
- Bildung und Erziehung.

Neben den beiden dargestellten Organisationsformen der funktions- und objektorientierten Marketingorganisation, stellt auch die **Matrixorganisation** eine Grundform der Aufbauorganisation dar. Hier erfolgt die Gliederung nach zwei Gliederungsprinzipien, die gleichberechtigt nebeneinander stehen (z.B. Funktionen und Leistungen). Die Matrixorganisation ist jedoch aufgrund der zumeist mangelnden Größe von Nonprofit-Organisationen in der Praxis eher selten anzutreffen. Teilweise sind größere Verbände sowie Universitäten in Form einer Matrix organisiert, d.h. es existieren z.B. Regionalverbände, die jeweils Schnittstellen mit den funktionalen Bereichen einer Organisation bilden (Insert 8-2).

Obwohl diese klassischen Formen der Aufbauorganisation grundsätzlich auch für Nonprofit-Organisationen gelten, sind sie aufgrund der Besonderheiten von

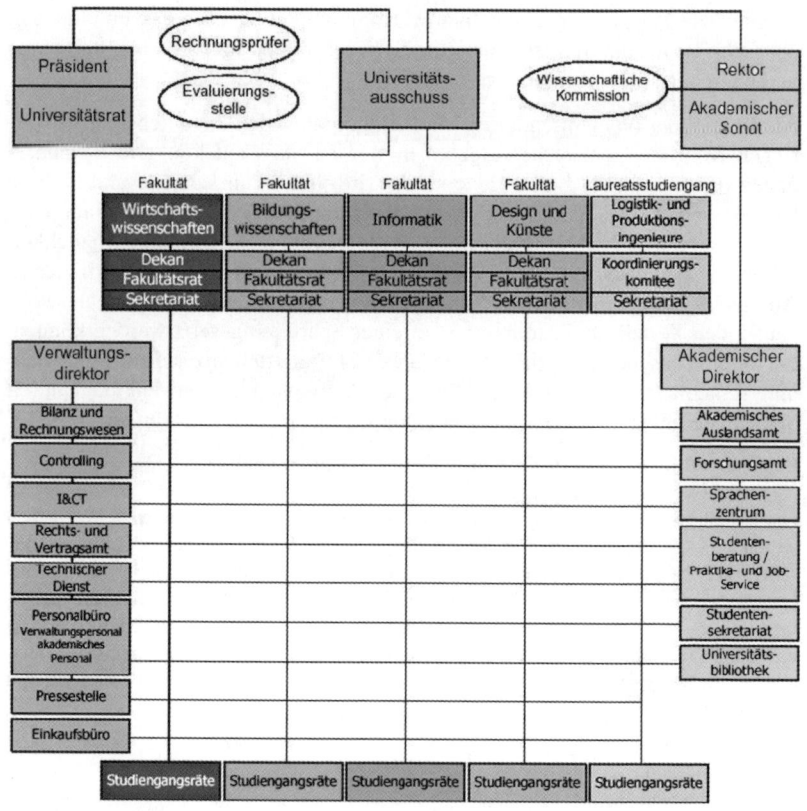

Insert 8-2: Organigramm der Universität Bozen
(Quelle: www.unibz.it/uni/organization.html, Zugriff am 25.10.2004)

Nonprofit-Leistungen und der geringen Größe vieler Organisationen oftmals anzupassen. Diese Anpassung erfolgt in erster Linie durch eine entsprechende Gestaltung der Ablauforganisation.

Im Rahmen der **Ablauforganisation** ist eine Prozessorientierung anzustreben. Dies bedeutet, dass der direkte Leistungsempfänger durch seine Nachfrage Prozesse innerhalb der Organisation auslöst, d.h., intern eine Nachfrage nach weiteren innerbetrieblichen Leistungen entsteht. Nicht nur die Leistungsempfänger, sondern auch die Mitarbeiter treten somit in „Kunden-Lieferanten-Beziehungen" zueinander. Problematisch ist in diesem Zusammenhang, dass häufig das erforderliche Verständnis für die Umsetzung von internen „Kunden-Lieferanten-Beziehung" aufgrund von Konkurrenz- und Machtkämpfen (z.B. zwischen hauptund ehrenamtlichen Mitarbeitern), Abgrenzungsverhalten und Bereichsegoismen fehlt (Künzel 2001, S. 38).

Bezüglich der Ablauf-/Prozessorganisation spielt neben der bereits erwähnten Notwendigkeit einer organisationalen Dezentralisierung die Orientierung an übergreifenden Geschäftsprozessen eine zentrale Rolle. Insbesondere **kritische Geschäftsprozesse**, die für eine Organisation von besonderer Bedeutung hinsichtlich des mit ihnen erzielbaren Nutzens für die relevanten Anspruchsgruppen sind, verlangen eine besondere organisatorische Beachtung innerhalb von Nonprofit-Organisationen. Ein Beispiel für einen solchen kritischen Geschäftsprozess ist die tägliche, morgendliche Pflegeleistung ambulanter Pflegedienste. Falls diese Organisationen nicht in der Lage sind – z.B. aufgrund von Personalmangel – die Pünktlichkeit der Leistung zu gewährleisten, sinkt der Nutzen dieser Leistung für die Anspruchsgruppen erheblich und es entsteht Unzufriedenheit bei den Leistungsempfängern.

Die Einrichtung eines **anspruchsgruppenorientierten Prozessmanagements** erweist sich auch für Nonprofit-Organisationen als vorteilhaft. Dessen Hauptcharakteristikum besteht darin, die wesentlichen betrieblichen Leistungsprozesse ohne Rücksicht auf bisherige Abteilungsgrenzen allein unter der Maßgabe der Leistungserwartungen durch die Anspruchsgruppen einzurichten, so dass „Ketten interner Kunden-Lieferanten-Beziehungen" entstehen. Somit werden im innerbetrieblichen Wertschöpfungsprozess nachgelagerte Einheiten mit ihren spezifischen Qualitätsanforderungen stärker berücksichtigt, so dass insbesondere die „anspruchsgruppenfernen" internen Dienstleister (z.B. Kostenrechnung) zu einem stärker an den jeweiligen Anspruchsgruppen orientierten Verhalten veranlasst werden.

Vor dem Hintergrund der generellen Notwendigkeit, flexibel auf die Wünsche und Anforderungen der relevanten Anspruchsgruppen reagieren zu können, werden abschließend grundsätzliche Gestaltungsempfehlungen für die Marketingorganisation abgeleitet und anhand von Beispielen verdeutlicht, die sowohl die Aufbau- als auch die Ablauforganisation betreffen:

- **Organisatorische Verankerung des Marketing**
Während bei kleinen Nonprofit-Organisationen die vorhandenen Mitarbeiter neben den ihnen hauptamtlich zugeteilten Aufgaben auch gleichzeitig Marketingfunktionen wahrnehmen bzw. Marketingaufgaben an externe Stellen (z.B. Marktforschungsinstitute) vergeben, ist ab einer bestimmten Größe der Aufbau einer eigenen Marketingabteilung sinnvoll. Dies gilt insbesondere dann, wenn die Abstimmung der Marketingaktivitäten aufgrund der zunehmenden Größe der

Fokus des Marketing	Primäre Aufgabenbereiche	Organisatorische Stellung
Öffentlichkeitsarbeit/ Public Relations	Erzielung von Vertrauen bei allen relevanten Anspruchsgruppen gegenüber der Organisation.	Zumeist Stabsstelle; in kleineren Organisationen z.T. bei der Geschäftsführung angesiedelt.
Fundraising/Geldbeschaffung	Sicherstellung einer relativ unabhängigen und stetigen Finanzierung. Erschließung neuer Finanzierungsquellen.	Zumeist eigenständig, aber in kleineren Organisationen oftmals bei der Geschäftsführung angesiedelt.
Werbung/Corporate Design	Bekanntmachung der Nonprofit-Organisation sowie ihrer Leistungen.	Marketingabteilung
Verkauf/Vertrieb/Außendienst	Vertrieb (i.d.R. direkt) der Leistungen; aufgrund des Uno-actu-Prinzips zumeist zeitgleiche Erstellung der Leistungen.	Vertriebsabteilung
Marktorientierte Unternehmensführung	Sicherstellung einer internen und externen Abstimmung der Ziele und Maßnahmen zur Berücksichtigung der Interessen der relevanten Anspruchsgruppen.	Implementierung durch das Top-Management; die Verantwortung für die Umsetzung liegt aber bei allen Mitarbeitern.

Schaubild 8-6: Aufgabenbereiche des Marketing sowie dessen organisatorische Verankerung

Nonprofit-Organisation schwierig wird, viele Marketingaufträge extern vergeben werden oder die Marketingstrategien nicht einheitlich durchgeführt werden. Schaubild 8-6 zeigt verschiedene Funktionen des Marketing und deren mögliche Verankerung innerhalb einer Organisation.

Beispiel: Organisation des Fundraising
Während die Bedeutung des Fundraising für die meisten Nonprofit-Organisationen steigt und damit die Geldgeber als zentrale Anspruchsgruppe fungieren, ist die organisatorische Verankerung bisweilen selbst in großen Nonprofit-Organisationen nicht eindeutig festgelegt. So wird beispielsweise das Fundraising in einigen Organisationen als Aufgabe der Geschäftsführung verstanden. In anderen ist es Aufgabe der Abteilung für Öffentlichkeitsarbeit. Ferner ist festzustellen, dass in einigen Organisationen das Fundraising ein mehr oder weniger abgeschottetes Eigenleben innerhalb der Organisation führt, während in anderen die ganze Organisation aus Fundraising zu bestehen scheint (Heimerl/Meyer 2002; Haibach 2003b).
Eine Alternative für viele Nonprofit-Organisationen besteht darin, ihre Fundraising-Aktivitäten an externe Dienstleister zu vergeben. Dies hat den Vorteil, dass i.d.R. ein professionelles Fundraising gewährleistet ist. Jedoch entsteht der gravierende Nachteil, dass ein extern durchgeführtes Fundraising weniger glaubwürdig erscheint als ein eigenständig

durchgeführtes Fundraising (Reputationsverlust). Darüber hinaus entstehen „unnötige" Provisionsgebühren.

Beispiel: Organisation der Öffentlichkeitsarbeit bei Greenpeace
Greenpeace International, mit Sitz in Amsterdam, ist der Zusammenschluss von 24 nationalen und regionalen Greenpeace-Büros. Greenpeace Deutschland existiert als eingetragener Verein seit 1980. Die ca. 130 Greenpeace-Mitarbeiter in der Zentrale in Hamburg arbeiten eng mit etwa 2.000 ehrenamtlichen Aktivisten der 80 lokalen Greenpeace-Gruppen in Deutschland zusammen.

Greenpeace Deutschland ist hierarchisch organisiert. Oberstes Gremium ist die Mitgliederversammlung, die den Aufsichtsrat wählt, der die Organisation juristisch vertritt (vgl. Schaubild 8-7). Somit ist die Mitgliederversammlung für alle 120 festangestellten Mitarbeiter verantwortlich und kontrolliert zudem auch die finanziellen Angelegenheiten des Vereins. Die Mitgliederversammlung nimmt somit großen Einfluss auf die Entscheidungen innerhalb des Vereins – zumal von finanziellen Beschlüssen die Durchsetzung der PR-

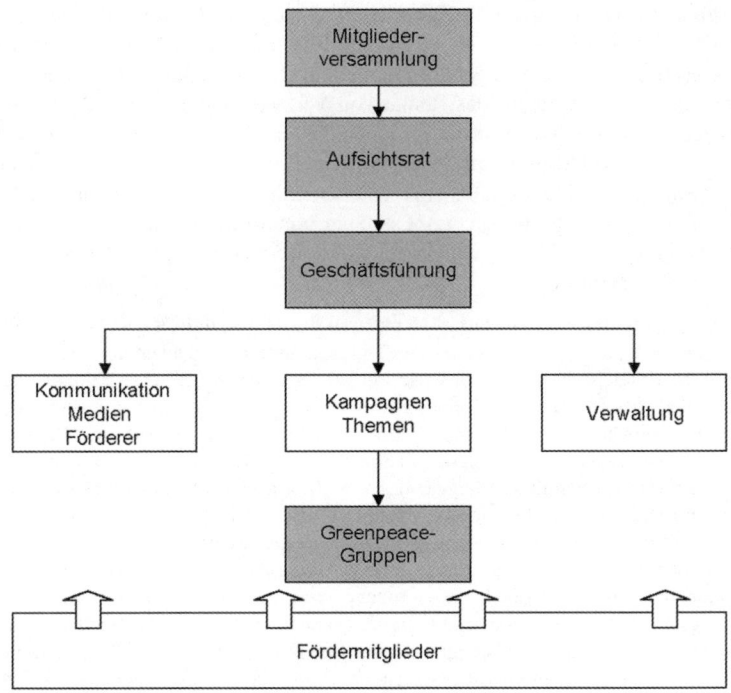

Schaubild 8-7: Strukturen von Greenpeace Deutschland
(Quelle: Altmann/Fritzler 2003)

Kampagnen abhängig ist. Der Aufsichtsrat ernennt, entlastet und kontrolliert den Geschäftsführer, der die Zentrale in Hamburg leitet. Dieser kann als direkter Vorsitz der Bereiche auch hier als Dreh- und Angelpunkt der Öffentlichkeitsarbeit der deutschen Sektion gesehen werden. Der Vorteil des hierarchischen Aufbaus liegt in den damit einhergehenden kurzen Entscheidungswegen, die spontane Kampagnen und Aktionen ermöglichen (Altmann/Fritzler 2003).

Alle Greenpeace Büros – auch die der ehrenamtlichen Gruppen – sind miteinander elektronisch vernetzt, um schnell mit Aktionen und Presseerklärungen gemeinsam zu einem Thema zu reagieren. Zur Medien- und Öffentlichkeitsarbeit von Greenpeace Deutschland gehört eine Pressestelle mit mehreren Pressesprechern, eine TV-Redaktion, eine Foto-Redaktion, Redaktion und Produktion von Print-Publikationen, Ausstellungs-Koordination, Recherche-Abteilung und Internet-Redaktion (Hamdan 2003).

- **Bildung dezentraler Einheiten bei großen Nonprofit-Organisationen**
Mit zunehmendem Grad an Dezentralisierung steigt die Flexibilität innerhalb einer Organisation. Die Zentralisierung von Entscheidungen bringt in Nonprofit-Organisationen ebenso wie bei kommerziellen Organisationen lange Dienstwege mit sich und erhöht damit das Risiko von Verzögerungen bei der Reaktion auf Anliegen der zentralen Anspruchsgruppen. Mit der Dezentralisierung ist ein Abbau der Hierarchiestufen verbunden, um einen besseren Informationsfluss und somit eine höhere Flexibilität sicherzustellen. Die Notwendigkeit zur Schaffung kleiner, dezentraler Einheiten ergibt sich beispielsweise, wenn die Nonprofit-Organisation in einer Vielzahl unterschiedlicher Bereiche tätig ist oder eine gewisse Größe überschritten hat.

Beispiel: Dezentrale Organisationsstrukturen bei dem Sozialwerk St. Georg e.V.
Das Sozialwerk St. Georg ist ein soziales Dienstleistungsunternehmen, das in Nordrhein-Westfalen Hilfeleistungen für Menschen mit geistiger oder psychischer Behinderung bereitstellt. Es hat die Rechtsform eines eingetragenen Vereins mit Sitz und Hauptverwaltung in Gelsenkirchen und weiteren Unternehmensbereichen in den Regionen Ruhrgebiet, Westfalen-Nord und Westfalen-Süd. Das Sozialwerk St. Georg zählt als korporatives Mitglied zum Caritasverband. Die Organe des Vereins bestehen aus Mitgliederversammlung, Verwaltungsrat und hauptamtlichem Vorstand. Entscheidend für die Unternehmenskonzeption ist die Trennung der vereinspolitischen Ebene (Zentralebene) und der operativ arbeitenden Regionsebene. Das Sozialwerk St. Georg hat eine dezentrale Organisationsstruktur, die konsequent durch die Gründung von rechtlich selbständigen Betriebsführungsgesellschaften weiterentwickelt wurde. Dadurch ist es möglich, den Bedarf an gemeindenahen Angeboten für behinderte Menschen in noch höherem Maße zu befriedigen und als modernes soziales Dienstleistungsunternehmen den Herausforderungen des Marktes mit seinen sich ändernden Rahmenbedingungen gerecht zu werden. Insert 8-3 zeigt die neue Organisationsstruktur im Überblick (www.sozialwerk-st-georg.de/start_info.html, Zugriff am 10.8.2004).

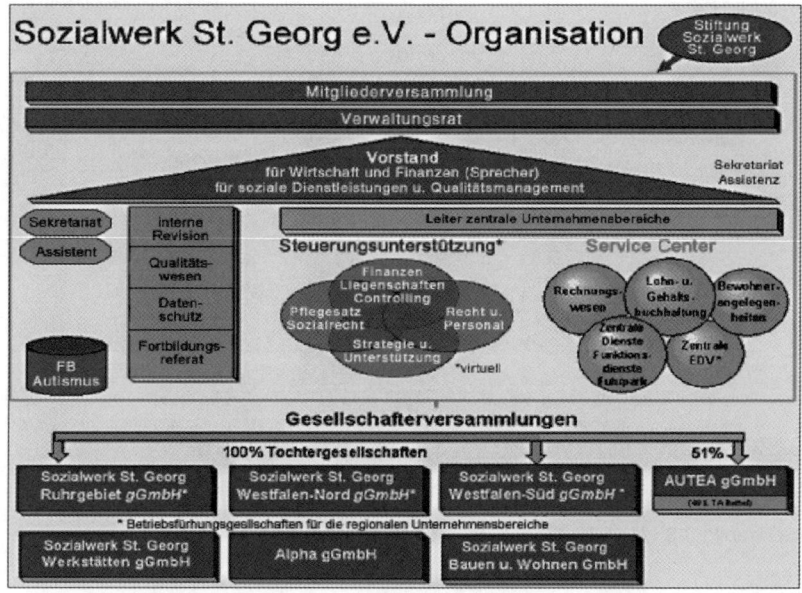

Insert 8-3: Organisationsstruktur des Sozialwerk St. Georg (Quelle: www.sozial werk-st-georg.de/start_info.html, Zugriff am 10.8.2004)

Fallbeispiel: Die Organisation des Evangelischen Johannesstifts Berlin

Das Evangelische Johannesstift in Berlin ist eine Stiftung, die diakonische Aufgaben wahrnimmt. Beispielsweise ist das Stift in den Bereichen Geriatrie und Altenhilfe sowie Jugend- und Behindertenhilfe tätig und betreibt darüber hinaus ein diakonisches Bildungszentrum. Nachdem die Geschäfte des Evangelischen Johannesstifts lange Zeit durch einen fünfköpfigen Vorstand geführt wurden, der durch ein Kuratorium beraten und überwacht wird, sind in den vergangenen zwei Jahren strategische Entscheidungen getroffen worden, die zu einer Veränderung der Organisationsstrukturen geführt haben. Die ursprüngliche Organisationsform machte die gesamte Organisation in vielen Bereichen sehr unflexibel, um langfristig die Bedürfnisse der Anspruchsgruppen zu berücksichtigen.

Der Vorstand hat aus diesem Grunde eine Ausgliederung der Geschäftsbereiche in rechtlich unselbstständige Tochtergesellschaften unter dem Dach einer Holding vorgesehen, die durch einen zweiköpfigen Vorstand geführt wird. Darüber hinaus werden wichtige Funktionsbereiche als Stabsstellen geführt, die die Leitung dieser Nonprofit-Organisation unterstützen. Im Rahmen dieser Umstrukturierung wird das Ziel verfolgt, die Strukturen flexibler zu gestalten, so dass die Organisation ihre Leistungen wirtschaftlich auf einem hohen Qualitätsniveau erbringen kann. Vor dem Hintergrund der demographischen Entwicklung

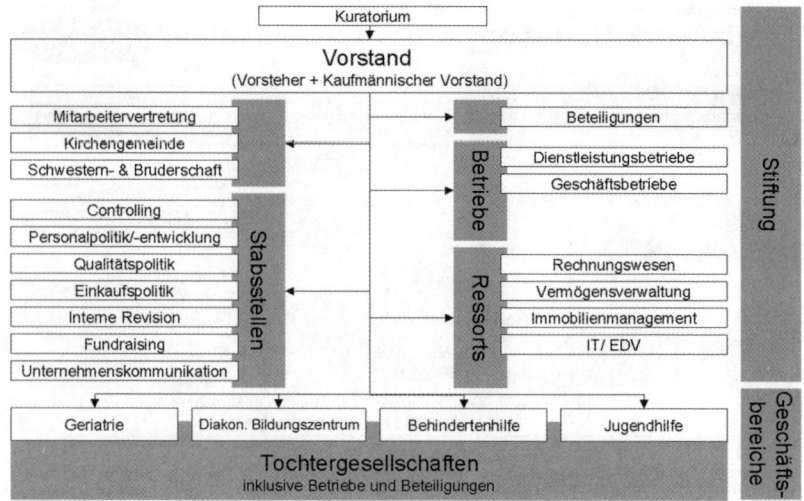

Schaubild 8-8: Holding-Modell des Evangelischen Johannesstifts Berlin

in Deutschland erwarten die Verantwortlichen künftig eine stark zunehmende Nachfrage nach den Leistungen des Evangelischen Johannesstiftes.

Schaubild 8-8 zeigt die neue Holding-Struktur des Evangelischen Johannesstifts in Berlin. Unter einer Holding ist allgemein eine Organisation zu verstehen, dessen betrieblicher Hauptzweck in einer auf Dauer angelegten Beteiligung an rechtlich selbstständigen Organisationen liegt (Thommen 2002). Diese Organisationsform umfasst i.d.R. die Elemente Geschäftsbereiche, Zentralbereiche und Unternehmensleitung sowie die charakteristischen Merkmale einer Spitzeneinheit als Konzernzentrale, die rechtliche Selbstständigkeit der einzelnen Konzerneinheiten und eine Geschäftsbereichsorganisation.

Diese Merkmale führen dazu, dass die Holding-Organisation im Hinblick auf die strategische Ausrichtung des Geschäftsportfolios von Konzernen und großen Organisationen eine Reihe von **Vor-** und **Nachteilen** aufweist, die in Schaubild 8-9 wiedergegeben sind.

Die Übernahme einer Holding-Struktur durch Nonprofit-Organisationen erfordert eine sorgfältige Prüfung der notwendigen Voraussetzungen. Grundsätzlich gilt, dass die leistungsspezifischen Aufgaben mit zunehmender Marktnähe auf die dezentralen Geschäftsbereiche zu verlagern sind. Darüber hinaus sind für die Bildung einer Holding folgende notwendige **Voraussetzungen** zu beachten:

- Heterogene Geschäftsfelder, die sich klar voneinander unterscheiden lassen,
- Kritische (Mindest-)Größe der Geschäftsfelder,
- Aufteilbarkeit der administrativen Funktionen,
- Verfügbarkeit qualifizierter Führungskräfte in den einzelnen Bereichen.

Vorteile	Nachteile
• Höhere Transparenz (z.B. für Shareholder durch Jahresabschluss), • Bessere Messbarkeit des Leistungsbeitrages und eindeutige Erfolgszurechnung einzelner Geschäftsbereiche, • Erhöhte Flexibilität, um Portfolio-Bereinigungen durchzuführen, • Vereinfachung der Zusammenarbeit mit anderen Organisationen, • Beschleunigte Integration neuer Organisationen, • Erleichterung der Umsetzung von Strategien, da die Verantwortung personifiziert und klar definiert ist, • Gezieltes Management von Kernkompetenzen, • Schnelle Reaktion auf veränderte Umfeldbedingungen, • Hohe Finanzkraft durch Verfügbarkeit eines „internen" Kapitalmarktes.	• Gefahr der Unübersichtlichkeit der Holding-Struktur, • Problem der Kompetenzabgrenzung zwischen Holding- und Tochtergesellschaft, • Motivationsprobleme von Geschäftsbereichsmanagern bei einer „Quersubventionierung" von Tochtergesellschaften, • Große Distanz zwischen Holding und den Geschäftsbereichsmanagern, • Kostensteigerung bei den Einzelgesellschaften, z.B. durch Doppelarbeiten. • Fehlende Verantwortung der Geschäftsbereiche für die Gesamtorganisation.

Schaubild 8-9: Vor- und Nachteile einer Holding-Struktur

Mit der Umstrukturierung zu einer Holding-Organisation werden beim Evangelischen Johannesstift Berlin verschiedene Änderungen verfolgt, die sich insbesondere auf den Vorstand beziehen. In diesem Zusammenhang wird der Vorstand stark verkleinert und übernimmt die Aufgaben einer strategischen Management-Holding, d.h. dem Vorstand kommt insbesondere die Verantwortung für die strategische Führung auf Konzernebene sowie die finanzielle und die strategische Führung auf Geschäftsbereichsebene zu. Die Stabsstellen beraten, unterstützen und entlasten den Vorstand in ihren Aufgabenbereichen, d.h. insbesondere im Bereich der Planung, Organisation, Vorbereitung, Koordination und Aufsicht. Die Tochtergesellschaften der Holding-Gesellschaft bilden sich aus den Geschäftsbereichen und den sachlich zugeordneten Betrieben. Ihnen obliegen die operativen sowie die aus der Stiftung abgeleiteten Aufgaben.

Im Rahmen der Neustrukturierung des Evangelischen Johannesstiftes wird ebenfalls eine stärkere Systematisierung gemäß der zentralen und dezentralen Aufgabenbereiche vorgenommen. Dabei werden beispielsweise folgende Aufgaben aus Gründen einer höheren Effektivität **zentralisiert**:

- Personalpolitik bzw. -entwicklung (Koordination, Regeln, Rechtsberatung, Tarifsystem),
- Qualitätspolitik (Regeln, Prinzipien, Konzepte, Instrumente),
- Unternehmenscontrolling (Gesamtbudget, Abläufe, Verfahren),

- Unternehmenskommunikation Intern: PR-Unterstützung (Koordination, Regeln, zentrale Unternehmensfunktion, Dienstleistungsfunktion), Corporate Design, Medien der internen Kommunikation (inkl. Leitsysteme),
- Unternehmenskommunikation Extern: Zentrale Öffentlichkeitsarbeit, Medien- bzw. Pressearbeit, Verantwortung für Anlässe im Rahmen der PR,
- Rechnungswesen (Prüfung von weiter gehender Dezentralisierung),
- Interne Revision,
- Fundraising,
- IT/EDV,
- Vermögensverwaltung und Immobilienmanagement.

Folgende Aufgaben werden demgegenüber delegiert und somit **dezentral** ausgeführt, da für die effiziente Ausführung spezifisches Wissen über die einzelnen Teilbereiche notwendig ist:

- Personalarbeit (Einstellung, Stellenplanführung, Weiterbildung, Kündigung),
- Qualitätsarbeit (Qualitätsplanung, -umsetzung, -kontrolle, -darlegung),
- Spartencontrolling (Entgeltverhandlungen),
- PR für Geschäftsbereiche,
- Rechnungswesen.

Die Umstrukturierung des Evangelischen Johannesstifts Berlin zu einer Holding-Gesellschaft mit verschiedenen Beteiligungen führt insgesamt zu wesentlich mehr Flexibilität und größeren Entscheidungsspielräumen. Die sorgfältige Entscheidung über Bereiche, die sich dezentral selbst steuern oder stärker zentral geführt werden, trägt somit dem Ziel Rechnung, die Bedürfnisse der Anspruchsgruppen stärker zu berücksichtigen.

Neben der im Fallbeispiel „Evangelisches Johannesstift" aufgezeigten Notwendigkeit, Überlegungen bzgl. der Dezentralisierung versus Zentralisierung von Managementaufgaben vorzunehmen, lassen sich weitere konkrete organisatorische Gestaltungshinweise zur Umsetzung des marktorientierten Denkens in Nonprofit-Organisationen aufzeigen:

- **Erweiterung der Entscheidungs- und Handlungskompetenzen**

Um den Mitarbeitern ein flexibles Reagieren im Kontakt mit den verschiedenen Anspruchsgruppen der Nonprofit-Organisation zu ermöglichen, ist es erforderlich, dass die Anpassung der Organisationsstruktur auch mit einer Veränderung der Führungsstrukturen verbunden ist. Im Sinne des sog. Konzepts des „Empowerment" werden auch auf unteren Hierarchiestufen weitgehende Entscheidungskompetenzen eingeräumt. Dabei sind unter dem Begriff „Empowerment" sämtliche Maßnahmen zu verstehen, die es dem Mitarbeiter erlauben, im Umgang mit den Anspruchsgruppen eigene Entscheidungen zu treffen (Stewart 1997; Blanchard et al. 1998). Durch die Eigenverantwortlichkeit wird die Motivation der Mitarbeiter gesteigert, sich aktiv um die Belange der Nonprofit-Organisation zu kümmern.

Beispiel: Aufgabenverteilung beim Fundraising
Im Rahmen einer erfolgreichen Akquisition von Spendengeldern ist es beispielsweise wichtig, dass ein Mitarbeiter, der für die Betreuung von wichtigen Sponsoren oder Großspendern zuständig ist, möglichst flexibel auf deren Wünsche und Bedürfnisse reagieren kann. Bedarf jede Entscheidung einer langen Rücksprache, besteht die Gefahr, dass die Geldgeber verärgert werden und abspringen. So kann beispielsweise den Mitarbeitern ein bestimmtes frei verfügbares Budget für die Spenderbetreuung eingeräumt (z.B. für Geschenke, Einladungen zum Essen usw.) und gleichzeitig nur bei gravierenden Entscheidungen Rücksprachebedarf vereinbart werden.

- **Förderung der funktions- und teamübergreifenden Zusammenarbeit**

Aufgrund der Tatsache, dass in Nonprofit-Organisationen neben hauptamtlichen Angestellten auch ehrenamtliche Mitarbeiter tätig sind, entstehen häufig Kooperationsprobleme, die in dieser Form und Intensität selten in kommerziellen Organisationen auftreten. Beispielsweise kann es dann, wenn ein ehrenamtlicher Mitarbeiter nur wenig Zeit für sein Ehrenamt aufwenden kann und die Koordination und Abstimmung mit den bezahlten Kräften entsprechend schwierig ist, zu erheblichem Konfliktpotenzial kommen. Diese Problematik verschärft sich, wenn keine klare Aufgabenteilung zwischen ehrenamtlichen und hauptamtlichen Tätigkeiten vorgenommen wird. Aus diesem Grund ist es wichtig, die Aufgaben für die verschiedenen Mitarbeitergruppen eindeutig zu definieren sowie Klarheit in Bezug auf die Arbeitsbedingungen (z.B. Arbeitszeit von Ehrenamtlichen) und Job-Erwartungen für beide Mitarbeitergruppen herzustellen (Badelt 2002d, S. 590).

Beispiel: Ablauforganisation des Österreichischen Zivil-Invalidenverbandes
Der Österreichische Zivil-Invalidenverband (ÖZIV) ist ein nach föderalistischen Grundsätzen aufgebauter Verein. Zu den Zielen des Vereins gehören u.a. die Errichtung und Erhaltung von Integrationsschulen, die Schaffung von Arbeitsplätzen für behinderte Menschen, die Erwirtschaftung finanzieller Mittel durch Führung von eigenen Betrieben usw. Aufgrund der zunehmenden finanziellen Engpässe hat der Vorstand des ÖZIV beschlossen, eine grundsätzliche Analyse zur Motivationslage der Mitarbeiter durchzuführen sowie die Aufbau- und Ablauforganisation kritisch zu prüfen. In diesem Zusammenhang zeigten sich u.a. auch erhebliche Spannungen zwischen ehren- und hauptamtlichen Mitarbeitern. So sorgt etwa das Thema Vergütung für Konfliktstoff: Viele der Ehrenamtlichen erwarten auch von Hauptamtlichen zumindest einen Teil ihrer Arbeit unentgeltlich zu leisten. Die Angestellten klagen wiederum darüber, dass sie – mangels der Verfügbarkeit der Ehrenamtlichen – Arbeiten zu übernehmen haben, die eigentlich nicht in ihren Aufgabenbereich fallen (Schnitzer/Leutner 1997).

- **Entbürokratisierung der Nonprofit-Organisation**

Insbesondere für individuelle und interaktiv erbrachte Leistungen wird zunehmend die Forderung nach einem neuen Leitbild der Organisation und Führung erhoben (Reichheld/Sasser 1991, S. 108ff.; Schlesinger/Heskett 1991, S. 72).

Zur Umsetzung einer stärkeren Marketingorientierung in einer Nonprofit-Organisation ist es eine zentrale Voraussetzung, insbesondere die direkten Leistungsempfänger und Mitarbeiter in den Mittelpunkt der Überlegungen zur Führung der Organisation zu stellen und die Organisationsstrukturen anhand dieser Personengruppen auszurichten (vgl. Bleicher 1990, S. 152). Dabei wird zusätzlich ein Höchstmaß an Flexibilität nach innen und außen angestrebt (Grönroos 1989, S. 512). Geleitet von der Erkenntnis, dass die starke Vertikalisierung traditioneller Strukturen diesen Anforderungen nicht gerecht wird, gewinnen Maßnahmen an Bedeutung, die eine stärker horizontale Ausrichtung ermöglichen (Peters 1995).

- **Personenbezogene Strukturierung**
Angesichts der hohen individuellen Verantwortung, die eine marktorientierte Organisationsstruktur mit sich bringt, kommt den Fähigkeiten und der Motivation der Mitarbeiter eine überaus hohe Bedeutung zu. Um eine optimale Ausschöpfung individueller Fähigkeiten in der Organisation zu gewährleisten, ist es häufig sinnvoll, eine relativ stark personenbezogene Strukturierung mit entsprechender Berücksichtigung der jeweiligen Stärken-Schwächen-Profile der Mitarbeiter zu wählen (Wohlgemuth 1989, S. 341 f.).

Insgesamt zeigt sich somit, dass zwar keine allgemein gültige Empfehlung abgegeben werden kann, welche Organisationsform für eine Nonprofit-Organisation optimal ist, dennoch aber konkrete Gestaltungshinweise existieren, die eine anspruchsgruppen- bzw. marktorientierte Ausrichtung der Nonprofit-Organisation unterstützen. In jedem Fall ist vor der Restrukturierung einer Nonprofit-Organisation eine umfassende Analyse und Bewertung möglicher Organisationsformen durchzuführen – im Idealfall begleitet durch externe Experten. Erst darauf aufbauend kann die Neustrukturierung geplant und umgesetzt werden. Unabhängig von der konkreten organisatorischen Ausgestaltung kommen in einer Nonprofit-Organisation letztlich jedem Mitarbeiter – sowohl im Kontakt mit organisationsinternen als auch -externen Anspruchsgruppen – Marketingaufgaben zu, um die Ziele der Organisation optimal zu erreichen. In diesem Sinne ist Marketing als **organisationsweite Philosophie** zu verstehen und ist nicht an einzelne Verantwortliche zu delegieren.

8.2.2 Anpassung der Managementsysteme in Nonprofit-Organisationen

Neben der Anpassung von Strukturen ist im Rahmen einer erfolgreichen Strategieimplementierung für Nonprofit-Organisationen gleichzeitig eine Anpassung der Managementsysteme vorzunehmen. **Managementsysteme** bezeichnen sämtliche auf Dauer angelegte (teil-)standardisierte Verfahren, die eine kontinuierliche Bewältigung von Marketingaufgaben sowohl im Beschaffungs- als auch im Absatzmarkt erleichtern. Innerhalb des Managementsystems lassen sich im Allgemeinen verschiedene Subsysteme, wie das Planungs-, Kontroll-, Personalführungs-, Organisations- und schließlich das Informationssystem, unterscheiden (Althaus 1995, S. 92; Horváth 1998; Küpper 2001). Für die Durchsetzung von Marketingstrategien für Nonprofit-Organisationen nimmt vor allem das Informationssystem, das Kontrollsystem sowie das Personalführungssystem eine **Schlüsselfunktion** ein. Darüber hinaus ist zur Durchsetzung einer stärkeren Marktorientierung die Einrichtung von anspruchsgruppenspezifischen Kommunikationssystemen ein entscheidender Erfolgsfaktor.

Informationssysteme dienen zur Aufnahme, Speicherung, Verarbeitung und Weitergabe von Informationen mit dem Ziel, die relevanten Anspruchsgruppen zu analysieren und zu managen. Die Systeme liefern somit die technologische Unterstützung, um anfallende Aufgaben, z.B. in den Bereichen Finanzierung, Mitgliederverwaltung sowie Leistungsabsatz schneller und effizienter durchzuführen. Zur zielgerichteten Steuerung des Informationsflusses in der Organisation bedarf es der **Integration sämtlicher relevanter Informationen** in Bezug auf die Anspruchsgruppen. Ein leistungsfähiges Informationssystem ermöglicht beispielsweise die Analyse von Mitgliederdaten sowie Strukturen der direkten Leistungsempfänger (in Anlehnung an Homburg/Daum 1997). Insbesondere durch das Speichern von persönlichen Daten (z.B. Geburtsdatum, Hobbys, bevorzugte Lektüre usw.) lässt sich die Beziehung zu den Anspruchsgruppen, wie z.B. den Mitgliedern oder den Förderern eines Vereins individualisieren. Die Daten der Informationssysteme dienen z.B. als Basis zur Planung von individuellen Spendenaufforderungen, Direktmarketing-Maßnahmen oder Ergänzungen des Leistungsprogramms. Für ein Theater ist es beispielsweise denkbar, die Planung des zukünftigen Programms durch die Auswertung der Interessen von Saisonkarteninhabern zu unterstützen.

Beispiel: Inxmail Easy als exemplarisches Instrument zur personalisierten Ansprache
Inxmail Easy ist ein sehr einfach zu bedienendes Instrument für E-Mail-Marketing und Serien-E-Mails. Serien-E-Mails sind schnell erstellt und können personalisiert werden. Der E-Mail-Inhalt kann dabei an das Profil des Empfängers (z.B. seine Interessen, Hobbys, Geburtsdatum) angepasst werden (Quelle: www.inxmail.de, Zugriff am 18.01.2005).

Aus den beschriebenen Aufgaben, die durch die Informationssysteme wahrgenommen werden, (z.B. Anspruchsgruppenanalyse, -bearbeitung und -kommunikation) ergibt sich für Nonprofit-Organisationen u.a. die Notwendigkeit, die vorhandenen Technologien bzw. die IT-Infrastruktur zu evaluieren und – analog zu kommerziellen Organisationen – zielgerichtet analytische, operative und kommunikative Informationssysteme einzusetzen. Zentrale Gestaltungsaspekte betreffen hierbei den Aufbau einer **integrierten Datenbank**, die alle Anspruchsgruppen berücksichtigt, sowie die Sammlung, Speicherung, Auswertung und Weiterleitung sämtlicher relevanten Informationen von diesen Anspruchsgruppen an die Mitarbeiter ermöglicht. Während bei kleinen Nonprofit-Organisationen eine entsprechende Datenbank auf Basis von Standardprogrammen erstellt werden kann, ist ab einer bestimmten Größe eine individuelle Softwarelösung zu überdenken.

Je höher der Detaillierungsgrad der gespeicherten Informationen über die Anspruchsgruppen ist, desto persönlicher kann wiederum die Beziehung gestaltet werden. In diesem Zusammenhang ist der Einsatz von **Data-Mining-Werkzeugen** von besonderer Bedeutung. Diese Tools ermitteln relevante Informationen aus Massendaten unter Verwendung von Methoden aus den Bereichen wissensbasierter Systeme und der Statistik (Lusti 2001). So ist es z.B. möglich, einen Vergleich von Reaktionsdaten einer Nonprofit-Organisation vorzunehmen, um Spender zu identifizieren, die auf ähnliche Kommunikationsbotschaften reagieren. Diese Datengrundlage dient dazu, anspruchsgruppenspezifische Marketingstrategien abzuleiten.

Beispiel: Data Mining als Grundlage für das Fundraising bei unicef
Das Unternehmen Neuroconsult erstellt für Unicef auf Basis von Data-Mining-Technologien Spendenprognosen zur exakten Steuerung aller Spendenaufrufe. Die eingesetzten Prognosetechniken erlauben eine Vorhersage der Spendenbereitschaft jedes einzelnen Spenders, als auch eine sehr genaue Kategorisierung der Spender bzgl. der zu erwartenden Spendenhöhe. Damit können Spendenaufrufe sehr präzise über den prognostizierten ROI (Return On Investment) für jeden einzelnen Spender gesteuert werden. Die Durchführung von Data Mining-Analysen im Fundraising-Bereich deckt somit erhebliche Einspar- und Optimierungspotenziale auf (Quelle: www.neuroconsult.de, Zugriff am 18.01.2005).

Der Aufbau von Informationssystemen hat gleichzeitig einen Einfluss auf die **Organisationsstruktur**, indem z.B. die personellen Rahmenbedingungen, d.h. Verantwortungen und Zuständigkeiten, für den Aufbau und die Pflege der Datenbanken festgelegt werden. Beispielsweise ist es in der Startphase sinnvoll, ein Projektmanagementteam für die ersten Schritte beim Aufbau des Informationssystems zusammenzustellen. Im Anschluss an die Pilotphase ist eine feste organisatorische Verankerung der verschiedenen Aufgaben (z.B. Datenerfassung, Datenpflege und Datenauswertung) vorzunehmen. Darüber hinaus sind i.d.R. Schulungsmaßnahmen für die beteiligten Mitarbeiter notwendig, um das Funktionieren und die Sicherheit der Informationssysteme – insbesondere vor dem Hintergrund restriktiver Datenschutzbestimmungen – zu gewährleisten (Sporn 2002, S. 416).

Neben den Informationssystemen ist ein effektives **Kontrollsystem** im Rahmen der Implementierung von Marketingkonzepten in Nonprofit-Organisation von besonderer Bedeutung. Grundsätzlich erfüllen Kontrollsysteme dabei die Aufgaben der Prüfung und Beurteilung der Ziele, Strategien und Marketingaktivitäten sowie deren Ergebnisse. Darüber hinaus kommt den Kontrollsystemen aber auch eine Planungsfunktion zu, da i.d.R. auf Grundlage der Kontrollergebnisse eine ursprünglich vorgenommene Planung angepasst wird.

Grundsätzlich kann nach **innen- und außengerichteten Kontrollsystemen** differenziert werden. Die innengerichteten Systeme beschäftigen sich mit der Erfassung und Kontrolle innerbetrieblicher Größen (z.B. Kapazitätsauslastung, mitarbeiterbezogene Kennzahlen wie Fluktuationsraten, Kostenrechnungssysteme), während außengerichtete Systeme vornehmlich auf Informationen abzielen, die die direkten Leistungsempfänger betreffen (z.B. Deckungsbeiträge bestimmter Nachfragersegmente, Betreuungsaufwand bestimmter Anspruchsgruppen).

Zu den innengerichteten Systemen zählt u.a. das **Personal-Controlling** (Human Resources Controlling). Zwei Aufgabenbereiche lassen sich für ein derartiges personalorientiertes Controlling identifizieren (Welge 1988, S. 139 ff.): die Personalbeschaffungs- und -freisetzungskontrolle sowie die Kontrolle von Personalerhaltungs- und -entwicklungsmaßnahmen.

Bei Nonprofit-Organisationen kann die Leistung der Mitarbeiter im Kontakt zu den relevanten Anspruchsgruppen z.T. nicht an den konkreten **Leistungsergebnissen** gemessen werden (z.B. Anzahl erfolgreich vermittelter Adoptionen pro Quartal einer Adoptionsvermittlung). Daher erfolgt die Messung der Mitarbeiterleistung in Nonprofit-Organisationen oftmals anhand prozessorientierter Größen und Kriterien (z.B. Einsatzbereitschaft oder Einsätze pro Monat der freiwilligen Feuerwehr). Diese prozessbasierten Kontrollsysteme berücksichtigen i.d.R. jedoch nur die eindeutig quantifizierbaren Kriterien, wie z.B. die Zeit. Für Nonprofit-Organisationen besteht eine weitere Möglichkeit darin, zusätzlich nicht unmittelbar quantifizierbare Prozesskriterien, wie beispielsweise Höflichkeit und Freundlichkeit der Mitarbeiter während einer sozialen Beratung, zu erheben. Dementsprechend können ergänzend sog. **Verhaltenskontrollsysteme** eingesetzt werden, die auf der Basis von Beobachtungen, Testkäufen oder anderen Berichten die Leistungsqualität und das Verhalten der Mitarbeiter im Kontakt zu den Anspruchsgruppen beurteilen (Ouchi 1981; Zeithaml/Berry/Parasuraman 1988). Dabei hat sich die Kontrolle sowohl auf die ehrenamtlichen als auch auf die hauptamtlichen Mitarbeiter zu erstrecken. Um insbesondere bei unbezahlten Mitarbeitern mögliche Vorbehalte gegenüber einem Personal-Controlling abzubauen, ist darauf hinzuweisen, dass der Sinn eines Personal-Controlling in der Verbesserung der Leistungsqualität besteht.

Die **außengerichteten Kontrollsysteme** beziehen sich vornehmlich auf die direkten Leistungsempfänger und leisten somit eine wesentliche Unterstützung zur Planung und Durchführung effizienter Betreuungsaktivitäten dieser, aber auch weiterer externer Anspruchsgruppen.

Beispiel: Controlling der Betreuungsaktivitäten der Leistungsempfänger der Bundesagentur für Arbeit
Die Bundesagentur für Arbeit in Nürnberg kann ein Controlling der Betreuungsaktivitäten vornehmen, indem sie die Dauer der Vermittlungs- und Beratungsleistungen für einen Klienten ermittelt. Der Aufwand dieser Beratungsleistung könnte in Beziehung gesetzt werden zu der individuellen Problemlage eines Leistungsempfängers sowie dem erreichten Erfolg, d. h. z. b. Vermittlung eines Langzeitarbeitslosen auf eine angemessene Stelle. In diesem Fall bedeutet eine häufige Inanspruchnahme der Beratungsleistung jedoch mangelnder Erfolg sowie eine zunehmende Abhängigkeit von den Leistungen der Organisation.

Zu den Kontrollsystemen, die sich primär auf die direkten Leistungsempfänger beziehen, zählt insbesondere die regelmäßige Erfassung der Zufriedenheit mit den Leistungen, um so den Implementierungserfolges der Marketingkonzepte zu evaluieren. Beispielsweise führen Jugendherbergen Umfragen zur Zufriedenheit der Gäste durch, um zu ermitteln, wie die Leistungen aus Sicht der Anspruchsgruppen wahrgenommen werden. Die Leitung und das Team des Jugendgästehauses Klagenfurt (Österreich) erhielten 1999 als erste Jugendherberge das „Zertifikat für Kundenzufriedenheit". Ergänzend können Nonprofit-Organisationen Beschwerdemanagementsysteme einsetzen, um weitere Informationen bzgl. extrem negativer Abweichungen der Leistungsqualität zu erhalten. Die Deutsche Bahn hat beispielsweise eine Beschwerdehotline sowie eine entsprechende Schnittstelle auf ihren Internetseiten eingerichtet. Zur Kontaktaufnahme per E-Mail stehen verschiedene Themenbereich zur Auswahl, so dass Interessenten und Anspruchsgruppen ihre Anregungen und Beschwerden direkt an die zuständige Stelle richten können (z.B. Personennah- und -fernverkehr, Bahncard, Reiseportal, Reservierungssystem).

Anspruchsgruppenorientierte **Kommunikationssysteme** schaffen eine Nähe zwischen einer Organisation bzw. deren Mitarbeitern und den relevanten Anspruchsgruppen. Bei der Gestaltung von Kommunikationssystemen ist die externe und interne Kommunikation differenziert zu betrachten. Die externe Kommunikation umfasst Kommunikationsmaßnahmen einer Organisation bzw. ihrer Mitarbeiter, die sich an die Anspruchsgruppen außerhalb der Organisation richten, wie z.B. die direkten Leistungsempfänger, Kostenträger, staatliche Stellen usw. Die interne Kommunikation innerhalb einer Organisation beinhaltet zum einen die horizontale Kommunikation der Mitarbeitenden untereinander und zum anderen die vertikale Kommunikation der Vorgesetzten mit ihren Mitarbei tern (Bruhn 2002, S. 120). In diesem Zusammenhang ist für Nonprofit-Organisationen u. a. die Bedeutung moderner Kommunikationssysteme wie Intranet und E-Mail hervorzuheben. Beispielsweise ist es sinnvoll, wenn die Mitarbeitenden untereinander regelmäßig Informationsmails verschicken, in denen sie über ihre wichtigsten Projekte einen kurzen Überblick geben. Dies trägt dazu bei, dass sämtliche Mitarbeiter – beispielsweise auch Ehrenamtliche, die nur gelegentlich für die Organisation tätig sind – gut informiert sind. Ebenfalls denkbar ist die regelmäßige Versendung von Newslettern.

Anspruchsgruppenorientierte **Steuerungssysteme** umfassen Komponenten zur Planung, Durchführung und Kontrolle der Implementierungsmaßnahmen. Im Rahmen der Planung werden Ziele und Teilaktivitäten festgelegt, die ein zielorientiertes Handeln in der Durchführungsphase ermöglichen. Das Ziel der anschließenden Kontrollphase ist es, Abweichungen der tatsächlich erreichten von den geplanten Zielen rechtzeitig festzustellen, zu analysieren und ggf. die Ziele anzupassen. Operative Steuerungssysteme zur Realisierung einer besseren Anspruchsgruppenorientierung innerhalb einer Nonprofit-Organisation stellen insbesondere ein Qualitäts- sowie ein (Förderer- oder Leistungsempfänger-) Bindungsmanagement dar (Bruhn 2002, S. 91). Im Rahmen des Qualitätsmanagements (vgl. auch Kapitel 6) legen Nonprofit-Organisationen Qualitätsstandards und Mindestanforderungen der Leistungserbringung fest (z.B. Mindestzahl Pflegestunden je Betreute Person in einem Pflegeheim), die zu einer höheren Zufriedenheit der Anspruchsgruppen führen sollen. Es bietet sich für Nonprofit-Organisationen an, bestimmte Anspruchsgruppen im Rahmen eines anspruchsgruppenbezogenen Relationship Managements an die Organisation zu binden. Die Bindung zufriedener Anspruchsgruppen eröffnet den Vorteil einer positiven Mund-zu-Mund-Kommunikation, so dass die Reputation und das Image einer Nonprofit-Organisation gesteigert wird (z.B. Image als qualitativ hochwertiges Pflegeheim). Weiterhin führt die Bindung der Anspruchsgruppen i.d.R. zu einem reduzierten administrativen Aufwand und geringeren Kosten als die aktive Akquisition neuer Leistungsempfänger bzw. Förderer.

Der konkrete Einsatz und die Komplexität der Managementsysteme hängt stark von dem jeweiligen Leistungstyp bzw. der Branche sowie der Größe der Nonprofit-Organisation ab. Beispielsweise sind die Managementsysteme bei einem Freizeitsportverein weniger komplex als bei einer weltweit tätigen Hilfsorganisation, die auf eine optimale Koordination und Effizienz ihrer Marketingaktivitäten angewiesen ist. Ein zentrales Ziel der Informationssysteme ist es, Informationen über alle relevanten Anspruchsgruppen in verdichteter Form zur Verfügung zu stellen, um den Implementierungserfolg einer Strategie kontinuierlich zu verfolgen. Mögliche Zielabweichungen sind dann daraufhin zu überprüfen, ob sie auf unzureichende Marketingstrategien oder auf Mängel im Rahmen der Implementierung selbst zurückzuführen sind. Mit Hilfe der Steuerungssysteme ist einer Zielabweichung durch entsprechende Maßnahmen entgegenzuwirken.

8.2.3 Anpassung der Organisationskultur in Nonprofit-Organisationen

Eine markt- und anspruchsgruppenorientierte Organisationskultur ist der entscheidende Erfolgsfaktor für die Umsetzung der Marketingstrategie. Der Begriff **Organisationskultur** beschreibt die Grundgesamtheit gemeinsamer Wert- und Normvorstellungen sowie Denk- und Verhaltensmuster, die die Entscheidungen, Handlungen und Aktivitäten der Mitarbeiter einer Nonprofit-Organisation prägen (Heinen/Dill 1990; Meffert/Bruhn 2003).

Neben unterschiedlichen Definitionen existieren in der Wissenschaft auch eine Reihe von Modellansätzen, die versuchen, die Elemente und Wirkungsmechanismen einer Organisationskultur zu erklären. Ausgangspunkt einer (anspruchsgruppenorientierten) Organisationskultur sind zunächst eine Reihe von Grundprämissen, in denen **grundlegende Wertvorstellungen** z.B. über die Umwelt, die Organisation oder menschliches Verhalten in Bezug auf die Anspruchsgruppen verankert sind. Im Gegensatz zu allgemeinen Grundprämissen (z.B. „Wir tragen gesellschaftliche Verantwortung") haben die bekundeten Werte einen konkreten Verhaltensbezug. Hier werden Verhaltensweisen, Führungsgrundsätze und Standards definiert. Aus diesen bilden sich zum einen **Artefakte** der Anspruchsgruppenorientierung. Dabei handelt es sich um formelle sichtbare Zeichen, wie z.B. Objekte, Logos, Rituale oder Sprache, aber auch Geschichten, Legenden oder Leitbilder. Zum anderen bilden sich ebenfalls aus den Artefakten wiederum typische **Verhaltensweisen** (Pflesser 1999).

Eine erfolgreiche Implementierung von Marketingstrategien innerhalb einer Nonprofit-Organisation, erfordert zunächst den Abbau möglicher kultureller Barrieren gegenüber einer marktorientierten Denkhaltung. Im Gegensatz zu kommerziellen Organisationen sind in Nonprofit-Organisationen oftmals grundsätzliche Hemmnisse und Befürchtungen gegenüber Marketing als Denkhaltung vorzufinden. Mitarbeiter einer Nonprofit-Organisationen sehen häufig einen Widerspruch zwischen den ideellen Zielen der Nonprofit-Organisation und dem Marketingdenken.

Beispiel: Vorbehalte gegenüber der Implementierung von Marketingkonzepten
Eine Studie von Andreasen et al. (2002) belegt die grundsätzlichen Vorurteile bei Nonprofit-Mitarbeitenden gegenüber Marketing. So ergaben Tiefeninterviews von Managern, die aus kommerziellen Organisationen in Nonprofit-Organisationen gewechselt sind, dass sie

starke Probleme in ihrer neuen Umgebung hatten, marktorientierte Denkansätze zu implementieren. Häufig waren Entscheidungen vergleichsweise schwer zu treffen und die meisten Mitarbeiter hatten starke Bedenken gegenüber der neuen Denkweise.

Es ist zu beachten, dass die unterschiedlichen Wert- und Normvorstellungen von Nonprofit-Organisationen keine unveränderlichen Parameter darstellen, sondern sich gesellschaftlichen sowie internen Veränderungen anpassen und auch in begrenztem Rahmen aktiv gestaltet werden können. Eine **nicht-marketingkonforme Organisationskultur** kann dabei anhand unterschiedlicher Indikatoren erkannt werden. Falls einige der folgenden Merkmale vorliegen, ist von einer Inkompatibilität der aktuellen Kultur mit einer Marketingorientierung auszugehen (Homburg/Werner 1998; Andreasen/Kotler 2002, S. 272):

- Führungspositionen sind ausschließlich mit Personen besetzt, deren Ausbildungen keinen Bezug zum Marketing aufweisen (z.B. Künstler, Sozialberufe).
- Die Führungskräfte haben kaum direkten Kontakt zu relevanten Anspruchsgruppen (Spender, direkte Leistungsempfänger).
- Ein Großteil der Mitarbeiter vertreten die Meinung „Marketing ist Geldverschwendung".
- Der Austausch von anspruchsgruppenbezogenen Informationen funktioniert nicht (z.B. in Bezug auf Wünsche von Leistungsempfängern).
- Die erstellte Nonprofit-Leistung entspricht nicht den Vorstellungen der Anspruchsgruppen.
- Das Bürokratiedenken in der Nonprofit-Organisation ist ausgesprochen hoch.

Aufgrund der sinkenden staatlichen Zuwendungen an Nonprofit-Organisationen ist eine „marketingfeindliche" Organisationskultur alleine aus Gründen der wirtschaftlichen Existenzsicherung langfristig für die Organisation vielfach nicht tragbar. Dies gilt umso mehr, da die finanziellen Ressourcen die Grundlage für eine effiziente Umsetzung der Nonprofit-Mission darstellen.

Wenn die Verantwortlichen einer Nonprofit-Organisation Defizite in Bezug auf die Kultur der Gesamtorganisation oder einzelner Mitarbeitergruppen erkennen, ist die Bereitschaft zu einer positiven Veränderung der Organisationskultur eine zentrale Voraussetzung, um die notwendigen Maßnahmen einzuleiten. Dabei ist jedoch zu bedenken, dass eine Anpassung der Organisationskultur nur langsam umgesetzt werden kann und auch zahlreiche interne Hindernisse zu überwinden sind.

Im Laufe der letzten Jahrzehnte ist ein umfangreiches **Instrumentarium zur Veränderung** von Organisationskulturen entstanden. Zentraler Ansatzpunkt für die Veränderungsmaßnahmen sind die Ängste und Befürchtungen der Mitarbeiter vor tiefgreifenden Kulturveränderung. Dabei stehen im Einzelnen die folgenden Aspekte im Vordergrund (von Eckardstein/Zaumer 2002, S. 555):

- Erklärung und Begründung der notwendigen Veränderung sowie deren Auswirkungen für die einzelnen Mitarbeiter, um jene Befürchtungen zu zerstreuen, die auf unzureichendem Kenntnisstand beruhen (z.B. die Nonprofit-Organisation werde durch Marketing „kapitalisiert").
- Gewährung von motivationsfördernden Anreizen für die Mitarbeiter (z.B. in Form von Incentives für die erfolgreiche Akquisition von Spenden).
- Einbeziehung der Mitarbeiter bei der Strategieentwicklung und Verdeutlichung von positiven Effekten der Marketingorientierung für die Organisation (z.B. Aufzeigen neuer, realisierbarer Projekte aufgrund der im Fundraising zusätzlich erwirtschafteten Gelder).
- Anbieten von Qualifikationsmaßnahmen zur Überwindung von Versagensängsten (z.B. im Rahmen von nonprofit-spezifischen Marketingseminaren).

Grundsätzlich kann zur **Initiierung des Kulturveränderungsprozesses** der Einbezug zweier interner Personengruppen sinnvoll sein (Dierkes/Hähner/Raske 1996, S. 325). Zum einen können einzelne Personen (z.B. Führungspersönlichkeiten mit starker Vorbildfunktion), die eindeutige Zielvorstellungen in Bezug auf die anzustrebende Organisationskultur haben und diese auch vorleben, als Initiatoren der Kulturveränderung auftreten. Zum anderen kann der Veränderungsprozess auch partizipativ von sämtlichen Mitarbeitern vorangetrieben werden. Letzteres ist insbesondere dann denkbar, wenn externe Umstände (z.B. Finanzknappheit) eine Kulturveränderung erfordern und dementsprechend gemeinsam bisherige Werte überdacht und ggf. verändert werden.

Der Kulturveränderungsprozess kann auf der **personellen Ebene** durch die Einstellung neuer Mitarbeiter sowie die Beeinflussung der aktuellen Mitarbeiter unterstützt werden. Bei der Einstellung neuer Mitarbeiter gilt es insbesondere darauf zu achten, welchen Stellenwert potenzielle Bewerber einer anspruchsgruppenorientierten Denkhaltung beimessen. Darüber hinaus kann durch die Hinzuziehung externer Berater der Prozess der Kulturveränderung vorangetrieben und begleitet werden.

Beispiel: Organisationsstruktur des Verkehrsclubs Österreich
Die Bundesorganisation des Verkehrsclub Österreich (VCÖ) hat aufgrund anhaltender Finanzprobleme und „Kompetenzgerangel" zwischen Geschäftsführer und Bereichsleitern beschlossen, die organisatorischen Strukturen kritisch zu überdenken und zu verändern. In diesem Zusammenhang wurden externe Berater engagiert, um so Anstöße von außen zu bekommen und die Gefahr einer eingefahrenen Sichtweise zu vermindern. Mit Hilfe der Berater gelang es schließlich, notwendige Veränderungsmaßnahmen durchzusetzen. Insbesondere konnte die Rollenverteilung zwischen Geschäftsführung und Bundesvorstand geklärt und eine neue Organisationsstruktur implementiert werden, die auch positive Auswirkungen auf die Organisationskultur hatte (Grottenthaler-Riedl/Radesching 1997).

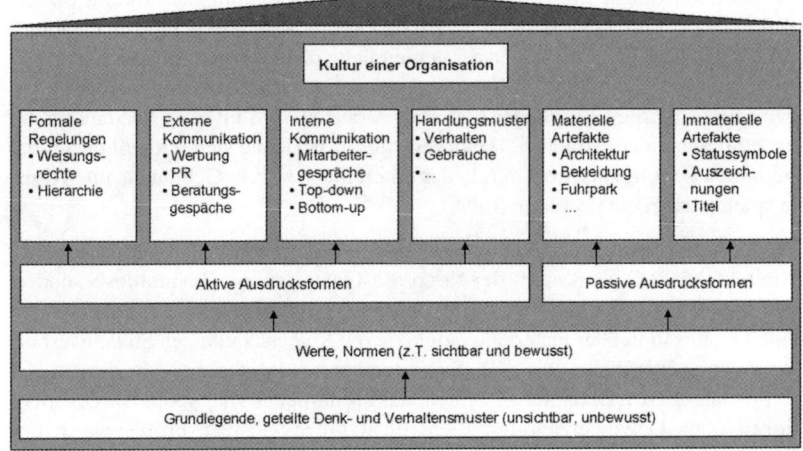

Schaubild 8-10: Ebenen der Kultur einer Nonprofit-Organisation

Zusammenfassend kann festgehalten werden, dass die Organisationskultur der zentrale Ansatzpunkt zur Implementierung eines Marketing für Nonprofit-Organisationen ist. Im Rahmen einer erfolgreichen Implementierung von Marketingkonzepten ist es jedoch erforderlich, die Möglichkeiten und Grenzen der Kulturveränderung in das Kalkül einzubeziehen. Beispielsweise wird eine Nonprofit-Organisation, die bisher über eine eher bürokratische Organisationskultur verfügt, nicht unmittelbar in eine marktorientierte Organisation umwandelbar sein.

In Bezug auf die Anpassung der Organisationskultur im Rahmen der Implementierung sind insbesondere die Werte, Normen sowie aktiven und passiven Ausdrucksformen die maßgeblichen Stellschrauben zur Kulturveränderung (Schaubild 8-10).

Zu den **aktiven Ausdrucksformen** zählen die formalen Regelungen, die externe und interne Kommunikation sowie bestimmte Handlungsmuster innerhalb der Organisation. Formale Regelungen beziehen sich auf den vorbestimmten Organisationsgrad von Abläufen. Insgesamt beschreibt dieser Aspekt, wie stark Abläufe innerhalb einer Organisation reglementiert sind. Dieser Kulturaspekt steht in engem Zusammenhang mit der Flexibilität einer Organisation. Insbesondere die direkten Leistungsempfänger nehmen den Grad der Formalisierung mit jedem Kontakt wahr. Die externe Kommunikation beschreibt das Kommunikationsverhalten einer Organisation gegenüber ihren externen Anspruchsgruppen.

Im Zusammenhang mit der Implementierung neuer Strategien kommt diesem Kulturaspekt eine hohe Bedeutung zu, da externe Kommunikationsmaßnahmen dazu genutzt werden, die neuen Strategieinhalte den externen Anspruchsgruppen zu vermitteln. Die interne Kommunikation richtet sich demgegenüber an die organisationsinternen Mitglieder und zielt darauf ab, ein internes Verständnis für neue Strategien zu erreichen. Handlungsmuster beziehen sich schließlich auf das Verhalten der Organisationsmitglieder untereinander, d.h. Gebräuche und Rituale spielen dabei eine zentrale Rolle.

Zu den **passiven Ausdrucksformen** gehören die immateriellen und materiellen Artefakte einer Organisation. Bei Nonprofit-Organisationen kommt insbesondere den passiven Ausdrucksformen eine besondere Bedeutung zu. So dokumentiert eine Organisation über materielle Artefakte die Relevanz und den Stellenwert bestimmter Sachverhalte, wie z.B. Statusdenken und Materialität. In diesem Zusammenhang ist z.B. darauf zu achten, dass Mitarbeiter von Nonprofit-Organisationen ohne Gewinnerzielungsabsicht nicht mit exklusiven Firmenwagen und Büromöbeln ausgestattet werden, so dass ein inkongruentes Bild bei den relevanten Anspruchsgruppen entsteht. Statussymbole aufgrund immaterieller Artefakte sind jedoch für Nonprofit-Organisationen gleichermaßen geeignet, bestimmte Werte zu kommunizieren. Beispielsweise signalisieren Titel und Ausbildungsgrade der Mitarbeiter eine entsprechende Kompetenz und Qualität der Leistung.

Diese aktiven und passiven Ausdrucksformen werden durch die Anspruchsgruppen einer Organisation besonders stark wahrgenommen und dementsprechend nehmen sie einen hohen Stellenwert im Rahmen einer Strategieänderung ein. Beispielsweise wird die Organisationskultur des ADAC stark durch Handlungsmuster bestimmt, wie die Hilfsbereitschaft der Mitarbeiter sowie materielle Artefakte, wie gelbe Pannenfahrzeuge und die Kleidung der Helfer (Insert 8-4).

Insert 8-4: Organisationskultur des ADAC (Quelle: www.parisberlin2003.org, Zugriff am: 18.10.2004)

Bei einer **kritischen Würdigung** der drei Implementierungsebenen von Marketing-Strategien lässt sich festhalten, dass ein Nonprofit-Marketing nur dann erfolgreich umgesetzt werden kann, wenn bei der Implementierung an Strukturen, Systemen und Kultur gleichzeitig angesetzt wird. Aufgrund der häufig festzustellenden grundlegenden Barrieren gegenüber einer Marketingorientierung für Nonprofit-Organisationen stellt der Aspekt der Kulturveränderung die kritische Größe dar. Grundsätzlich ist der Anpassungsbedarf jedoch stark von der Branche abhängig, in der eine Nonprofit-Organisation tätig ist. Beispielsweise wird in vielen kleinen, basisnahen Nonprofit-Organisationen das Anspruchsgruppendenken bereits zum Teil gelebt. Entsprechend stehen hier andere Veränderungsmaßnahmen im Vordergrund, um zukünftige Strategien für Nonprofit-Organisationen erfolgreich umzusetzen. So kann beispielsweise in diesem Zusammenhang das Größenwachstum zur Suche nach neuen organisatorischen oder informationstechnologischen Lösungen zwingen (von Eckardstein/Zauner 2002, S. 568).

Beispiel: Wachstum der Österreichischen Caritaszentrale (ÖCZ) als Auslöser für Veränderungen

Die Caritas Österreich besteht aus neun diözesanen Caritasorganisationen, die weitgehend eigenständige Organisationseinheiten darstellen und deren Aktivitäten sich lange Jahre nur auf Österreich beschränkten. Bis 1988 wurde die Auslandshilfe von nur drei Mitarbeitenden durchgeführt. Aufgrund zunehmender Auslandsaktivitäten – im Rahmen der Aktion „Nachbar in Not" 1988 – wurde eine Vergrößerung der Organisation notwendig. In der Folge gewann die Auslandshilfe immer mehr an Bedeutung und Gewicht. Auf dem Höhepunkt dieser Aktion wurde die ÖCZ hinsichtlich des Spendenvolumens und damit auch organisatorisch und personell neu dimensioniert. Als Konsequenz dieser Expansion wurde die Position eines Leiters der Auslandshilfe geschaffen und mit einem internen Mitarbeiter besetzt. Dieser Mitarbeiter vertrat aber zugleich die österreichische Caritas im internationalen Netz der Caritasorganisation, so dass er die notwendige Steuerungs- und Koordinationsfunktion nicht ausreichend wahrnehmen konnte. Die Direktorenkonferenz beschloss daher, für diese Aufgabe zusätzlich einen externen Manager einzusetzen, der aus einer kommerziellen Organisation der Finanzbranche kam. Darüber hinaus wurde ein Auslandskuratorium geschaffen, dem der Leiter der Auslandshilfe gegenüber berichtspflichtig ist. Durch diese strukturellen Veränderungen wurden sowohl die Arbeitsbeziehungen als auch die Entscheidungs- und Einflussstrukturen geändert. Aufgrund mangelnder Kommunikation entstand eine strukturelle Zwischenphase, in der die alten Strukturen teilweise noch wirksam waren, die neuen Strukturen sich aber noch nicht voll entfalten konnten. Daraus resultierte, dass fundamentale strategische Fragestellungen nicht geklärt wurden. Beispielsweise blieb es lange Zeit ungeklärt, wie die Organisation zukünftig zu führen sei, d.h. eher idealistisch oder professionell. Darüber hinaus blieb die Frage unbeantwortet, ob die Auslandshilfearbeit der Organisation eher „sparsam" oder professionell auszurichten ist. Der treuhänderische Umgang mit Spendenmitteln einerseits und die Unterstützung der „Ärmsten dieser Welt" andererseits hatten zu einer Art selbst auferlegten „Armutspostulat" geführt. Ein niedriges Gehaltsniveau sowie geringe Budgets für die eigene Ausbildung und Ausstattung waren reale Auswirkungen. Demgegenüber stand die Forderung, professionelle Hilfsarbeit zu leisten, woraus ein nur schwer zu bewältigendes Spannungsfeld entstand. Erschwerend kamen generationsspezifisch unterschiedliche Auffassungen in diesen Fragen hinzu, die das Klima innerhalb der Organisation beeinträchtigten. Weiterhin existierte in der Caritas eine Kultur der „zwanghaften Fehlerlosigkeit", d.h., Fehler wurden tabuisiert. Die Organisation konnte somit nicht aus den gemachten Fehlern lernen und behinderte selbst ihre Entwicklung (Erten/Herbek/Mattl 1997).

8.3 Prozess der Implementierung in Nonprofit-Organisationen

Um Anpassungen an der Struktur, den Systemen und der Kultur einer Nonprofit-Organisation vorzunehmen, sind zunächst systematische Überlegungen – im Sinne eines umfassenden Implementierungskonzeptes – anzustellen. Zunächst ist über einen geeigneten Implementierungsansatz zu entscheiden, der zur Sicherstellung einer konsequenten Umsetzung des Nonprofit-Marketing beiträgt.

Aufgrund des anhaltenden Drucks durch rückläufige staatliche Unterstützung ist bei den meisten Nonprofit-Organisationen die Diskussion über eine unzureichende Marketingorientierung bzw. fehlendes Anspruchsgruppendenken nicht neu. Häufig wird nach einer gewissen Zeit der Bewusstseinsbildung darüber diskutiert, ob eine **radikale Restrukturierung** der Nonprofit-Organisation notwendig ist, oder ein Prozess der **sukzessiven Veränderung** vorgezogen wird. Obgleich die beiden Vorgehensweisen sich auf den ersten Blick ausschließen, erscheint dies sachlich nicht zuzutreffen. Vielmehr kann es in der Praxis durchaus sinnvoll sein, beide Vorgehensweisen miteinander zu vereinen, um einen optimalen Weg zu mehr Marketingorientierung zu erreichen. Zu Beginn ist eher eine radikale Einleitung von Veränderungsprozessen sinnvoll, um zunächst den Wandel in der Nonprofit-Organisation „anzuschieben". Dabei können – ausgehend von der Selbstverpflichtung der Führungskräfte zu mehr Markt- bzw. Anspruchsgruppenorientierung – beispielsweise intensive Schulungsmaßnahmen dazu eingesetzt werden, den Mitarbeitern den Wert des Marketingdenkens für die Organisation zu vermitteln. Gleichzeitig kann durch die Einstellung von marketingorientierten Mitarbeitern und die Entwicklung von Anreizsystemen das Anspruchsgruppendenken in die Organisation gebracht werden. Nach dieser Anschubphase ist eine schrittweise und kontinuierliche Anpassung der Potenziale erforderlich. Gemeinsam mit den Mitarbeitern können notwendige Maßnahmen sowie die damit verbundenen Aufgaben für den Einzelnen besprochen und umgesetzt werden.

Beispiel: „Kundenorientierung" in Schulen
Zur Durchsetzung eines „kundenorientierten" Denkens von Lehrern werden in vielen amerikanischen Schulen sog. „Best Teachers Awards" vergeben. Diese erhalten diejenigen Lehrer, die aus Sicht der Schüler einen ausgezeichneten Unterricht abhalten. Eine ähnliche Form eines Anreizsystems lässt sich problemlos bei einer Vielzahl von Nonprofit-Organisationen anwenden. Beispielsweise können Hilfsorganisationen den „Helfer des Monats" auszeichnen oder öffentliche Bibliotheken einen Preis für den freundlichsten Mitarbeiter vergeben.

Beispiel: Evaluation universitärer Lehrveranstaltungen
An einer Vielzahl von Universitäten werden mittlerweile Evaluationen der Lehrveranstaltungen mit dem Ziel durchgeführt, das Lehrangebot stärker auf die Bedürfnisse der Studierenden auszurichten. Beispielsweise dienen Evaluationen an der Technischen Universität München, der European Business School (EBS) in Oestrich-Winkel sowie an der Universität Basel als Anreizsystem für die Lehrenden, eine hohe Qualität ihrer Veranstaltungen sicherzustellen.

Idealtypisch lässt sich zur Implementierung des Nonprofit-Marketing-Gedankens folgendes **Phasenkonzept** zugrunde legen (Bruhn 1999a, S. 34):

- Verpflichtung des Managements,
- Kommunikation mit den Mitarbeitern,
- Bildung eines Projektteams zur Durchführung von Aktionsprogrammen,
- Einbezug und Verpflichtung der Mitarbeiter zum Wandel.

Als grundlegende Voraussetzung für die Um- und Durchsetzung von Marketingstrategien ist die **Verpflichtung des Managements** zu nennen. Ohne die Überzeugung der Verantwortlichen einer Nonprofit-Organisation vom Marketinggedanken für Nonprofit-Organisationen sowie ihrer Motivation, diesen in konkreten Maßnahmen umzusetzen, wird eine Marketingorientierung kaum durchsetzbar sein (Andreasen/Kotler 2002). In diesem Zusammenhang ist es bedeutend, dass die Führungskräfte das Denken in Anspruchsgruppen in der täglichen Arbeit vorleben und die Bedeutung des Marketingkonzepts hervorheben (Matul 2003, S. 513). Wenn bereits in dieser Phase die Unterstützung des Managements fehlt, dann ist der weitere Misserfolg bereits programmiert. In der Regel wird die Strategieimplementierung durch das Top-Management angestoßen und durch das mittlere Management sowie die unteren Mitarbeiterebenen umgesetzt (Top-down).

Die Implementierung einer stärkeren Marketingorientierung löst einen Veränderungs- und Entwicklungsprozess in der Organisation aus, denen Individuen und Gruppen tendenziell ein bestimmtes Misstrauen entgegen bringen. Dieses Misstrauen drückt sich in Form von Widerstand gegen die Marketingphilosophie aus, da die Mitarbeitenden nicht an die praktische Umsetzbarkeit glauben oder die Aufgabe bestimmter Gewohnheiten befürchten (Matul 2003, S. 510). Erfolgreiche Implementierungsprozesse benötigen demzufolge eine offene Kommunikation über die angestrebten Veränderungen. Im Rahmen der **Kommunikation mit den Mitarbeitern** ist es wichtig, Verständnis und Unterstützung für die Implementierung von Zielen und Strategien zu erreichen. Beispielsweise sind Gründe für das gewählte Vorgehen anzuführen sowie Erfahrungen mit ähnlichen Situation zu kommunizieren, um eventuelle Befürchtungen abzuschwächen. Denkbar sind in diesem Zusammenhang vor allem Workshops und Seminare, in denen explizit die Ziele, Inhalte und Auswirkungen der Veränderungsprozesse erläutert werden. Diese Maßnahmen verdeutlichen den Mitarbeitern zum einen, warum eine verstärkte Marketingorientierung aus Sicht der Nonprofit-Organisation notwendig ist und zum anderen, welche Konsequenzen sich daraus für den Einzelnen ergeben. Nur wenn ein offener Dialog möglich ist, werden personelle Barrieren umgangen, die eine Einführung neuer Konzepte erschweren.

Schaubild 8-11 zeigt einen exemplarischen Stufenplan über die vorgesehene Strukturveränderung einer Organisation. Auf der Basis der Beschlussfassungen wird anschließend die Kommunikation gegenüber den Anspruchsgruppen – insbesondere den Mitarbeitern – geplant.

Das Ziel von Veränderungen innerhalb einer Nonprofit-Organisation ist es, bestehende Zustände, die den Erfolg der Nonprofit-Mission gefährden, abzuschaffen und einen definierten Soll-Zustand zu erreichen. Projekte sind in diesem Zusammenhang das eigentliche „Transportmittel" der Veränderung, so dass den

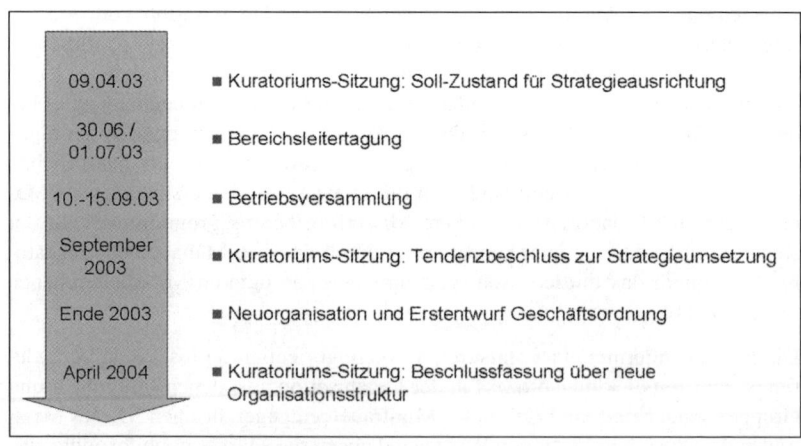

Schaubild 8-11: Exemplarischer Stufenplan für Strukturveränderungen einer Nonprofit-Organisation

Techniken des Projektmanagements (z.B. diverse Planungstechniken) insgesamt eine wichtige Unterstützungsfunktion zukommt (Matul 2003, S. 512). Die Implementierung einer stärkeren Marketingorientierung in einer Nonprofit-Organisation lässt sich durch die Bildung kleiner **Projektteams** vorantreiben, die spezifische Aktionsprogramme umsetzen. Dabei ist es hilfreich, wenn das Projektteam aus einer kleinen Gruppe von Mitarbeitern aus unterschiedlichen Hierarchieebenen zusammengesetzt ist. Neben hauptamtlichen Mitarbeitern können gleichermaßen ehrenamtlich Tätige diesem Team angehören. Dies empfiehlt sich insbesondere dann, wenn die ehrenamtlichen Mitarbeiter in ihrem hauptamtlichen Beruf in einer Marketingposition bei einer kommerziellen Organisation tätig sind. Auf diese Weise können Fach- und Machtpromotoren in die Planung des Veränderungsprozesses eingebunden werden und entsprechende Widerstandspotenziale zum Teil bereits im Vorfeld abgefangen werden (von Eckardstein/Zauner 2002, S. 555). Aufgrund der i.d.R. sehr heterogenen Zusammensetzung dieser Projektteams ist es zunächst sinnvoll, ein gemeinsames Grundverständnis des Marketing aufzubauen und verschiedene Maßnahmen durchzuführen, die die beteiligten Mitarbeiter für den bevorstehenden Veränderungsprozess sensibilisieren sowie die fachlichen Voraussetzungen dafür schaffen. Gegenstand der Maßnahmen ist beispielsweise die Darstellung neuer Marketingmethoden in Fallstudien, die Schulung in Qualitätstechniken oder auch die Vermittlung von Fähigkeiten zu adäquaten Reaktionen im Kontakt mit den Anspruchsgruppen.

Im Rahmen der Implementierung einer stärkeren Marketingorientierung innerhalb einer Organisation kommt der Zielplanung eine besondere Bedeutung zu. Sämtliche Projektteams tragen zur Zielerreichung durch klar definierte Teilziele bei, die durch konkrete Maßnahmen operationalisiert werden. Es gilt dabei zu präzisieren, wer, was, wann, mit wem und in welchem Zeitraum zu erledigen hat, um das Ziel einer verstärkten Marktausrichtung zu erreichen.

Beispiel: Umstrukturierung bei der American Cancer Society
In den 1990er-Jahren entschlossen sich die Verantwortlichen der American Cancer Society dazu, ihre organisatorischen Strukturen grundlegend zu verändern, um den neuen Herausforderungen, wie z.B. verstärktem Wettbewerb oder Kostendruck, besser gerecht werden zu können. Dabei legte das Führungsteam besonderen Wert darauf, dass die neuen Strukturen nicht von oben verordnet, sondern durch die Mitarbeiter entwickelt wurden (Bottom-up). Deswegen ließ man eine Gruppe von 20 bezahlten und ehrenamtlichen Mitarbeitern während acht Monaten ein grundlegendes Konzept zur Umstrukturierung ausarbeiten. Somit konnte die Motivation der Mitarbeiter für die notwendigen Veränderungsprozesse entscheidend erhöht werden (Andreasen/Kotler 2002, S. 282).

Die Einführung einer stärkeren Marketingorientierung innerhalb einer Nonprofit-Organisation wird von den Mitarbeitern oftmals als eine Art „Entfremdungsprozess" von den eigentlichen Arbeitsinhalten erlebt (Matul 2003, S. 510). Aufgrund der daraus resultierenden z.T. starken Abwehrhaltungen der Mitarbeiter gegenüber den angestrebten Veränderungen ist der **Einbezug und die Verpflichtung der Mitarbeiter** entscheidend für einen erfolgreichen Wandel.

Dies bedeutet zum einen, dass jeder Mitarbeiter eine anspruchsgruppenorientierte Denkhaltung lebt; zum anderen aber auch vorhandenes marketingrelevantes Wissen der Organisation als Ganzem zur Verfügung stellt. In diesem Zusammenhang ist es von großer Bedeutung, beispielsweise individuelle Erfahrungen bzgl. der Anspruchsgruppen (z.B. über welche Kommunikationskanäle neue Segmente erschlossen und zu einem Theaterbesuch motiviert werden können) sämtlichen Mitarbeitern weiterzugeben. Um dies auch in der Praxis umzusetzen, sind entsprechende Datenbanken anzulegen und für die tägliche Arbeit nutzbar zu machen. Generell sind bei der **marketingrelevanten Wissensgenerierung** und der anschließenden **-speicherung** die folgenden Fragen von Relevanz (Güldenberg 1999):

- Über welches marketingrelevante Wissen verfügt die Nonprofit-Organisation?
- Welches individuelle Wissen wird genutzt, welches nicht?
- Warum wird dieses Wissen nicht genutzt?
- Welches Wissen benötigt die Nonprofit-Organisation in Zukunft?
- Wie kommt die Nonprofit-Organisation zu diesem Wissen (intern/extern)?

Der Wandel einer Organisation wird insgesamt nur gelingen, wenn sämtliche Mitarbeiter von den Gründen und Vorteilen einer stärkeren Marketingausrichtung überzeugt sind und selbst einen Beitrag zur Zielerreichung leisten. Eine Selbstverpflichtung der Mitarbeiter wird dabei durch eine intrinsische Motivation hervorgerufen, d.h., dass Mitarbeiter aus eigener Überzeugung heraus den geplanten Wandel unterstützen. Darüber hinaus ist es jedoch möglich, eine Verpflichtung der Mitarbeiter durch extrinsische Motivationsanreize zu erreichen. Extrinsische Anreize, die in Nonprofit-Organisationen Anwendung finden, sind beispielsweise immaterielle Anreize wie Lob und Anerkennung durch Vorgesetzte, aber auch durch direkte Leistungsempfänger, sowie Auszeichnungen (z.B. Mitarbeiter des Monats).

Abschließend lässt sich festhalten, dass die Überwindung von Implementierungslücken in der Praxis ein langwieriger und oft mühsamer Prozess ist. Ohne geeignete Strukturen, Systeme und Kultur lassen sich jedoch geplante Marketingstrategien kaum effizient in der Nonprofit-Organisation umsetzen. Entsprechend hoch ist die Bedeutung einer erfolgreichen Implementierungsstrategie für das operative Marketing.

8.4 Zusammenhänge zwischen internen und externen Prozessen

Eine Vielzahl von Studien im Dienstleistungssektor belegen, dass eine stärkere Fokussierung auf den externen Markt und seine Bedürfnisse nur möglich ist, wenn intern die Voraussetzungen dafür geschaffen werden. Ein Konzept, dass sich explizit mit der Veränderung der Organisationskultur beschäftigt, ist das in Abschnitt 2.3.3 bzw. 7.2.1 aufgezeigte Konzept des **Internen Marketing** (vgl. z.B. Homburg 1998, S. 196 ff.; Deshpande et al. 1993).

Die Zusammenhänge zwischen dem Internen Marketing und dessen externe Wirkungen sind in Schaubild 8-12 im Rahmen einer **Erfolgskette** detailliert veranschaulicht. Demnach führt ein effizientes Internes Marketing dazu, dass das Wissen (z.B. durch Information), die Fähigkeiten (z.B. durch Schulungen) sowie die Motivation (z.B. durch Anreizsysteme) der Mitarbeiter zur Erbringung von anspruchsgruppenorientierten Nonprofit-Leistungen bzw. zum anspruchsgruppenorientierten Verhalten im Allgemeinen erhöht wird. Es wird somit das Potenzial für die Anspruchsgruppenorientierung geschaffen und parallel dazu die Mitarbeiterzufriedenheit gesteigert. Zufriedene und anspruchsgruppenorientierte Mitarbeiter bilden wiederum die Voraussetzung dafür, dass die Qualität der erbrachten Leistungen steigt bzw. aus Sicht der Anspruchsgruppen sich der wahrgenommene Wert der Nonprofit-Leistung erhöht. Jedoch werden die in dieser Erfolgskette postulierten Beziehungen nur dann voll wirksam werden, wenn die Organisationsstrukturen und -systeme zuvor anspruchsgruppenorientiert ausgerichtet wurden. Demnach übernehmen Strukturen und Systeme die Aufgabe von moderierenden Faktoren, d.h. sie beeinflussen die Kettenglieder sowie die Zusammenhänge zwischen den Kettengliedern.

Der durch das Interne Marketing gesteigerte Wert der Nonprofit-Leistungen ist der Übergang zwischen **internen und externen Wirkungen** des Internen Marketing. Dabei wird davon ausgegangen, dass ein positiver Zusammenhang zwischen dem wahrgenommenen Wert der Nonprofit-Leistung sowie der Zufriedenheit und anschließenden Bindung der Anspruchsgruppen besteht (Burmann 1991, S. 249; Jones/Sasser 1995, S. 89; Homburg/Becker/Hentschel 2003, S. 103 ff.). Diese ist letztendlich eine zentrale Erfolgsdeterminante für die Erfüllung der Nonprofit-Mission, da die Bindung der Leistungsempfänger oder Förderer eine Reihe von Vorteilen für die Nonprofit-Organisation mit sich bringt (z.B. positive Mund-zu-Mund-Kommunikation, Wegfall von Akquisitionskosten usw.).

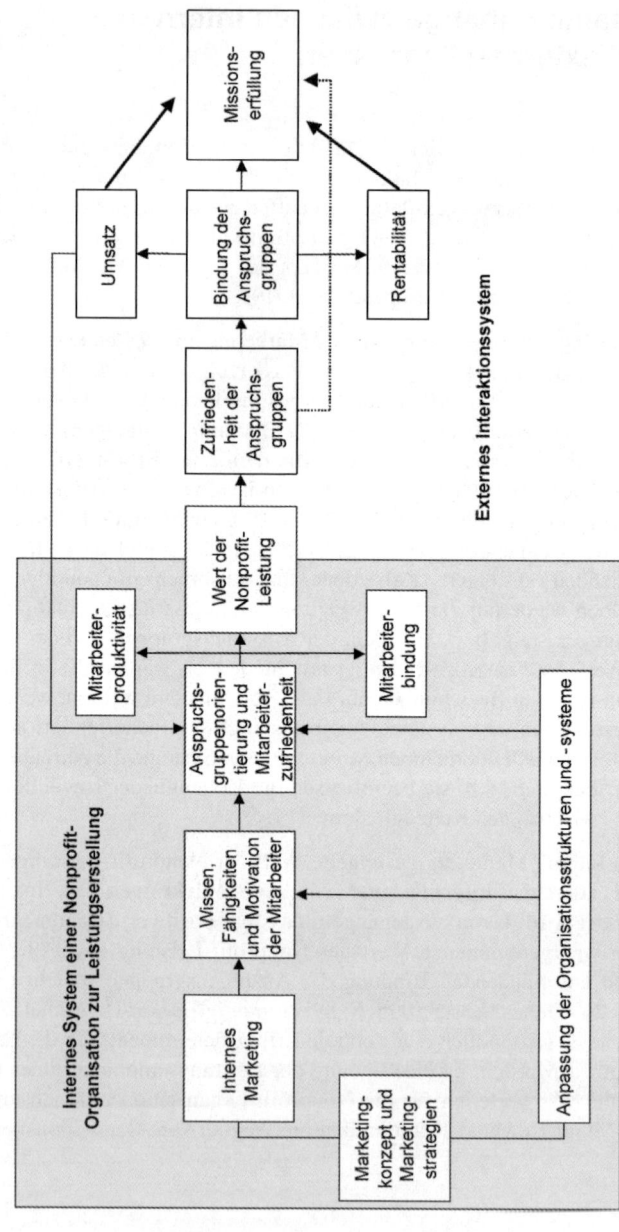

Schaubild 8-12: Wirkungskette einer erfolgreichen Marketingimplementierung in Nonprofit-Organisationen (Quelle: in Anlehnung an Meffert/Bruhn 2003, S. 643)

Es ist in diesem Zusammenhang allerdings zu berücksichtigen, dass eine Bindung sämtlicher Anspruchsgruppen nicht zielführend sein kann, um die Missionserfüllung zu realisieren. Demzufolge ist es eine für Nonprofit-Organisationen notwendige Aufgabe, eine Präzisierung der zu bindenden Anspruchsgruppen vorzunehmen. Es gilt diejenigen Anspruchsgruppen zu identifizieren, deren langfristige Bindung missionskonform ist (vgl. Bruhn 2001, S. 75 ff.). Beispielsweise ist es für die Bundesagentur für Arbeit nicht zielführend, die Leistungsempfänger an die Organisation zu binden. Entsprechend ist bei derartigen Leistungen anzustreben, die Leistungsempfänger von ihrer Abhängigkeitssituation zu befreien.

Zusammenfassend kann als Ergebnis festgehalten werden, dass ein Marketing für Nonprofit-Organisationen erfolgreich implementiert werden kann, wenn struktur-, system- und kulturorientierte Implementierungs- und Anpassungsmaßnahmen integriert zusammenwirken. Die Umsetzung des Marketingkonzeptes darf dabei jedoch nicht als einmaliges, befristetes Projekt betrachtet werden. Vielmehr ist die Veränderung einer Organisation als eine kontinuierliche Weiterentwicklung zu betrachten, die den jeweiligen situativen Bedingungen anzupassen ist.

9 Controlling des Nonprofit-Marketing

9.1 Grundlagen des Controlling für Nonprofit-Organisationen

9.1.1 Besonderheiten des Nonprofit-Controlling

Der Tätigkeitsbereich des Controlling umfasst – neben der Planung, Beschaffung, Analyse und Aufbereitung erfolgsbezogener Informationen – die Koordination von Planungs- und Kontrollprozessen. Verbunden mit dem erhöhten internen Bedürfnis nach Transparenz in Bezug auf die Wirtschaftlichkeit und den Grad der Missionserfüllung sowie durch den zunehmenden Druck seitens verschiedener Anspruchsgruppen, wie z.B. Spender oder öffentliche Kostenträger, die ein Interesse an einer transparenten Mittelverwendung haben, gewinnt auch für Nonprofit-Organisationen der Einsatz eines systematischen Controlling seit einigen Jahren verstärkt an Bedeutung (Eschenbach/Horak 2002, S. 396f.).

Beispiel: Transparenz der Jahresrechnung beim WWF Deutschland
Im Rahmen der Jahresrechnungen des WWF Deutschland werden neben den Aufwendungen und Erträgen (vgl. Insert 9-1) ebenso Angaben über Mitgliederzahlen sowie eine detaillierte Bilanz veröffentlicht. Weiterhin wird im Bericht die Entwicklung der finanziellen Situation dargelegt sowie ausführlich über die Aktivitäten der Organisation im jeweiligen Jahr informiert, um eine umfassende Transparenz zu gewährleisten (WWF Deutschland 2003).

Ein Nonprofit-Controlling hilft darüber hinaus, mögliche Ressourcenengpässe rechtzeitig zu erkennen, um ggf. gegensteuern zu können. In diesem Zusammenhang stehen sowohl materielle als auch immaterielle Ressourcen im Blickpunkt. Am Beispiel der katholischen Kirche in Deutschland lässt sich diesbzgl. die Relevanz eines Nonprofit-Controlling darstellen.

Beispiel: Sanierungsplan und Sparmassnahmen der Katholischen Kirche in Deutschland
Trotz den jährlichen Steuereinnahmen von 4,49 Mrd. € (2003) sehen sich die Bistümer der Katholischen Kirche in Deutschland mit erheblichen Schulden konfrontiert. So weist z.B. das Bistum Berlin einen Schuldenbetrag von 148 Mio. € aus (2003). Das Erzbistum Köln befindet sich in einer ähnlichen finanziell schwierigen Situation. Aus diesem Grund wurde ein umfassender Sanierungsplan ausgearbeitet. Ab dem Jahr 2006 sind für die Kirchen im Rheinland, der Bistumsverwaltung sowie für die Schul- und Krankenhausseelsorge jährliche Kosteneinsparungen von 90 Mio. € geplant. Im Rahmen des Sanierungsprogramms,

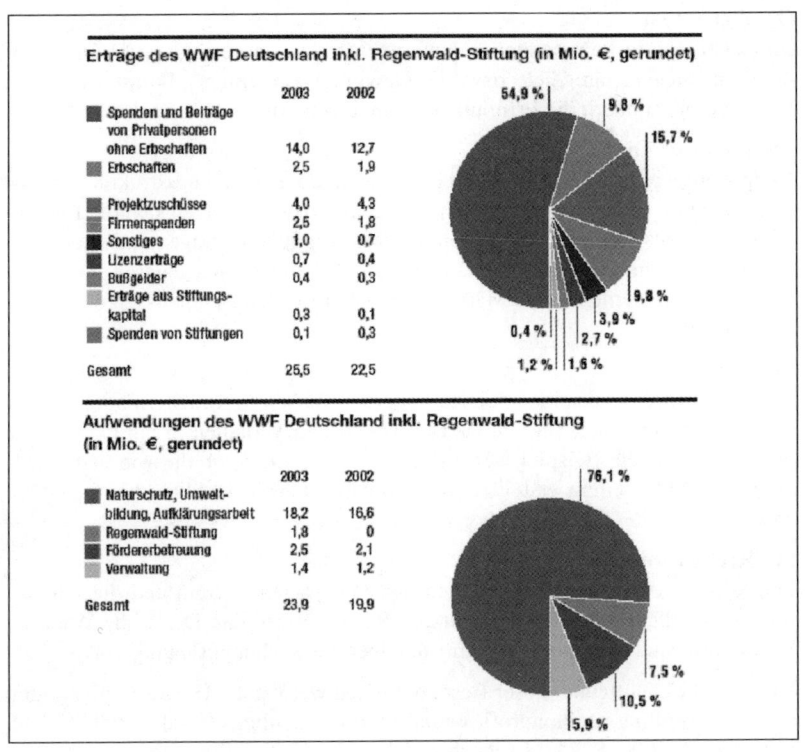

Insert 9-1: Aufwendungen und Erträge des WWF Deutschland 2002/2003
(Quelle: WWF Deutschland 2003, S. 24 f.)

das durch das Beratungsunternehmen McKinsey durchgeführt wird, werden auch die mehrheitlich im Besitz der Gemeinden stehenden Immobilienbesitze bewertet und als potenzielle Schuldenmasse bilanziert. Hierbei wurde auch der Wert des (unverkäuflichen) Kölner Doms auf 500 Mio. € veranschlagt (Hard 2004).

Obwohl eine Übertragung des klassischen Controllinggedankens auf Nonprofit-Organisationen denkbar ist, treten in der Praxis einige spezifische Probleme auf (Koch 2000; Eschenbach/Horak 2002, S. 398). Insofern sind für ein systematisches Nonprofit-Controlling zunächst einmal controllingrelevante Besonderheiten von Nonprofit-Organisationen zu berücksichtigen, die sich den vier Bereichen **Zielsystem**, **Finanzierung**, **Personal** sowie **Rechtsform** zuordnen lassen (Berens et al. 2000, S. 24):

(1) Zielsystem
Im Gegensatz zu kommerziellen Unternehmen stehen bei Nonprofit-Organisationen nicht monetäre Ziele bzw. die Gewinnmaximierung („Formalziele") im Vordergrund, sondern die Erfüllung der Nonprofit-Aufgaben („Sachziele").

(2) Finanzierung
Nonprofit-Organisationen sind durch eine andere Finanzierungsstruktur gekennzeichnet als kommerzielle Unternehmen. Beispielsweise setzen sich die Einnahmen primär aus Spenden, Sponsorengeldern, Mitgliederbeiträgen und/oder staatlichen Zuwendungen zusammen. Nonprofit-Organisationen agieren außerdem vielfach auf reglementierten Märkten, in denen Leistungsentgeltsysteme vorgegeben sind.

(3) Personal
Da Nonprofit-Organisationen neben hauptberuflichen Mitarbeitern auch Ehrenamtliche beschäftigen, sind deren Tätigkeiten und Verhalten in ein Controlling mit einzubeziehen. Beispielsweise gilt es zu überprüfen, ob die von den ehrenamtlichen Mitarbeitern erstellten Nonprofit-Leistungen fachlich den Qualitätsanforderungen der Organisation genügen.

(4) Rechtsform
Für Nonprofit-Organisationen stellen der eingetragene Verein und die Körperschaft öffentlichen Rechts die zentralen Rechtsformen dar. Durch die Wahl der Rechtsform sind bestimmte Vorschriften über die Rechnungslegung vorgegeben.

Unter Berücksichtigung dieser Besonderheiten werden die **Herausforderungen** an ein Controlling für Nonprofit-Organisationen deutlich (Horak 1995b, S. 604; Berens et al. 2000, S. 242; Eschenbach/Horak 2002, S. 399):

- Die Heterogenität und Spezifität von Nonprofit-Organisationen führt dazu, dass sich die Bandbreite der konkreten Ausgestaltung von Controllingsystemen vergrößert. Dadurch wird bei der Übertragung von Controlling-Standardkonzepten eine individuelle Modifikation notwendig.
- Die Unterscheidung von haupt- und ehrenamtlicher Tätigkeit führt zu einer kostenrechnerischen Bewertungsproblematik, da kalkulatorische Kosten für die ehrenamtliche Tätigkeit zu berücksichtigen sind.
- Es existieren weitgehende Operationalisierungs- und Quantifizierungsprobleme für viele Bereiche einer Nonprofit-Organisation, insbesondere im Zusammenhang mit der Messbarkeit von ideellen Zielen. Beispielsweise ist nicht klar, wie die Verbesserung der Wohnsituation von Menschen mit geistiger Behinderung in einer Region gemessen werden soll. Für die meisten Fragestellungen existieren für Nonprofit-Organisationen keine standardisierten Messinstrumente, sondern nur Indikatoren, deren Interpretation selten eindeutig ist (Koch 2000).

Vor diesem Hintergrund wird deutlich, dass es beim Nonprofit-Controlling nicht um ein enges Verständnis von Finanzcontrolling gehen kann, sondern um ein Controllingverständnis, das die Aufgabenerfüllung der Nonprofit-Organisation umfassend kontrollieren und steuern soll.

9.1.2 Funktionen des Nonprofit-Controlling

Ausgehend von einem umfassenden Verständnis des Begriffs Controlling und den zuvor aufgezeigten Besonderheiten hat das Nonprofit-Controlling vier verschiedene **Funktionen** zu erfüllen, die im Folgenden dargestellt werden (Bruhn 1998, S. 71 ff.; Eschenbach/Horak 2002, S. 399 f.):

(1) Koordinationsfunktion,
(2) Informationsversorgungsfunktion,
(3) Planungsfunktion,
(4) Kontrollfunktion.

(1) Koordinationsfunktion
Im Mittelpunkt des Controlling für Nonprofit-Organisationen steht die Koordinationsfunktion. Hierbei werden die verschiedenen Aktivitäten der Nonprofit-Organisation aufeinander abgestimmt (Horváth/Urban 1990, S. 12; Tomys 1995, S. 90). Die Erfordernis der Koordination der verschiedenen Aktivitäten ergibt sich beispielsweise, weil ehren- bzw. hauptamtliche Mitarbeiter auf unterschiedlichen Hierarchiestufen eine Qualitätsverantwortung tragen. Ausgehend von dieser Überlegung werden zwei **Richtungen der Koordination** unterschieden (Bruhn 1998, S. 73 f.):

- Die **horizontale** Koordination dient der Abstimmung der Maßnahmen zwischen den verschiedenen Organisationsbereichen, d.h. zwischen Bereichen oder Prozessen innerhalb einer Organisation, die sich auf der gleichen Hierarchiestufe befinden. Hierbei ist z.B. die Abstimmung zwischen dem Reinigungs- und Pflegepersonal innerhalb einer Altersresidenz zu nennen oder auch die Koordination der Beschaffung von Personal- und Finanzressourcen im Rahmen eines Flüchtlingsprojekts.
- Durch die **vertikale** Koordination werden die Aktivitäten unterschiedlicher Hierarchiestufen aufeinander abgestimmt. Innerhalb einer Naturschutzorganisation wie dem WWF Schweiz bedeutet dies beispielsweise, im Rahmen einer nationalen Informationskampagne die Aktivitäten der Außenstellen (Romandie und Tessin) mit den Sitzen in Bern und Zürich abzustimmen sowie mit den jeweiligen lokalen Veranstaltungskomitees zu koordinieren.

(2) **Informationsversorgungsfunktion**
Die Informationsversorgungsfunktion des Controlling für Nonprofit-Organisationen bezieht sich sowohl auf den Beschaffungs- als auch auf den Absatzmarkt. Das Nonprofit-Controlling übernimmt in diesem Zusammenhang folgende **Aufgaben**:

- **Verknüpfung der generierten Informationen mit weiteren relevanten Informationen**
Diese Aufgabe lässt sich am Beispiel eines Theaters zeigen. Die Auszahlung von staatlichen Subventionsgelder für Theater sind i.d.R. an die Erfüllung bestimmter Kriterien und Bedingungen gebunden, wie z.b. die Anzahl der Besucher oder die Höhe anderweitig bezogener Fördermittel. Aus Sicht des Theaters gilt es daher, die entsprechenden Größen zu erfassen und mit den Anforderungen für Subventionen abzugleichen. Im Absatzmarkt lassen sich z.B. die monatlichen Besucherzahlen des Theaters mit den jeweils besuchten Theatervorstellungen verknüpfen, um beispielsweise Entscheidungen über zusätzliche Aufführungen zu treffen.

- **Verdichtung und Kombination sämtlicher vorhandener Informationen**
Die Verdichtung und Kombination vorhandener Informationen eines Museums findet im Beschaffungsmarkt z.B. bei der Auswahl von Ausstellungswerken bestimmter Künstler statt. Durch die Verdichtung von Eigenschaften potenzieller Ausstellungsobjekte (z.B. Preis, Bekanntheit, Kunststil) lässt sich ein Urteil über eine mögliche Akquisition fällen. In Bezug auf den Absatzmarkt ist es bei einem Museum z.B. sinnvoll, die Eintrittspreise für bestimmte Besuchergruppen mit deren Besuchshäufigkeit zu kombinieren, um Aussagen über wichtige Zielsegmente und den Erfolg von Preisstrategien treffen zu können.

- **Beschaffung nicht vorhandener Informationen**
Die Beschaffung nicht vorhandener Informationen für ein Museum ist z.B. die Erhebung von Besucherinteressen (z.B. bevorzugte Künstler, Epochen usw.) oder die Erhebung der Präferenzen von Sponsoren.

Die Erfüllung der genannten Aufgaben lässt sich durch eine Orientierung an den **Phasen des Informationsprozesses**, d.h. der Informationsbedarfsanalyse (Welche Informationen bzw. welches Wissen wird in der Nonprofit-Organisation benötigt?), Informationsbeschaffung (Wie gelangt die Nonprofit-Organisation an die relevanten Informationen?), Informationsaufbereitung (Mittels welcher Verfahren können die Informationen für operative Zwecke einsetzbar gemacht werden?) und -speicherung (Wo werden die aufbereiteten Informationen abgelegt?) sowie Informationsübermittlung (Wie gelangen die Informationen an die entsprechenden Anspruchsgruppen?) sinnvoll umsetzen (Berthel 1975).

(3) Planungsfunktion
Im Hinblick auf die systematische Planung und Steuerung der Aktivitäten einer Nonprofit-Organisation lassen sich ein strategisches und ein operatives Controlling unterscheiden. Das strategische Controlling entspricht dem Controlling der strategischen Ausrichtung einer Organisation. Zum operativen Controlling zählt beispielsweise die Aufstellung der Jahresplanung. Sowohl im strategischen als auch im operativen Controlling sind geeignete Methoden bereitzustellen, mit denen die Planungsaktivitäten des Nonprofit-Marketing systematisch unterstützt werden, indem beispielsweise erfolgsrelevante Zielgrößen (insbesondere finanzielle, personalbezogene, anspruchsgruppenbezogene und missionsbezogene Ziele) kontinuierlich erhoben und ggf. neu definiert werden.

(4) Kontrollfunktion
Die Aufgaben der Planung und der Kontrolle können nicht isoliert voneinander interpretiert werden, da die beiden Funktionen direkt aufeinander aufbauen (Bruhn 1998, S. 77). Im Rahmen des Controlling gilt es demnach, mögliche Zielabweichungen zu realisieren (Kontrolle) und diese – nach eingehender Analyse der Abweichungsursachen – als Basis für eine eventuell notwendige Neudefinition der Ziele zugrunde zu legen (Planung).

9.1.3 Organisatorische Einbindung des Nonprofit-Controlling

Die organisatorische Stellung und Verankerung des Controlling innerhalb einer Nonprofit-Organisation ist zum einen in vertikaler Ebene vom Bezugsobjekt des Controlling und zum anderen in horizontaler Ebene von der Größe der Organisation abhängig (Schauer 2003, S. 31 f.; analog auch Meffert/Bruhn 2003, S. 650). Hinsichtlich des Bezugsobjekts lassen sich die fachlichen Bereiche des Finanz- und des Organisationscontrolling unterscheiden. Das Finanzcontrolling – im Sinne einer Finanzbuchhaltung – ist organisatorisch im Rechnungswesen angesiedelt und häufig als Stabsstelle eingerichtet, wohingegen das Organisationscontrolling der Organisations- bzw. der Bereichsleitung zugeordnet wird.

Beispiel: Aufgabenbeschreibung des Referats Finanzcontrolling der Universität Bremen
Das Referat Finanzcontrolling der Universität Bremen besteht seit Januar 1995. Es wurde eingerichtet, um das „Unternehmen Universität" bei der Einführung und Durchführung des Globalhaushalts mit wirtschaftswissenschaftlichen Methoden zu unterstützen. Das Referat ist eine Servicestelle vor allem für die Universitätsleitung, aber auch für alle anderen Universitätseinheiten. Die Arbeitsschwerpunkte entwickelten sich stufenweise mit der Universität weiter, d.h. von der Entwicklung von Controlling-Grundlagen in den ersten Jahren hin zu spezielleren Methoden und Instrumenteneinsatz in der Folgezeit (Quelle: www.finanzcontrolling.uni-bremen.de, Zugriff am 14.01.2005).

Bei kleineren Nonprofit-Organisationen leitet der Controller oftmals Finanz- und Organisationscontrolling gleichzeitig, wobei diese Aufgaben teilweise direkt von der oberen Führungsebene übernommen werden. Bei größeren Nonprofit-Organisationen, in denen ein breites Spektrum von Controllingaufgaben anfällt, können diese Aufgaben selten ausschließlich zentral erledigt werden. Deshalb werden i.d.R. geschäftsbereichspezifische und/oder marketingspezifische Controllingaufgaben dezentral wahrgenommen. In diesem Zusammenhang ist es aus Gründen der Effizienz des Controllingsystems von herausragender Bedeutung, dass das dezentrale Controlling und das Zentral-Controlling sich kooperativ verhalten. Nur so können sämtliche relevanten Informationen miteinander verknüpft und ausgewertet werden.

Beispiel: Organisatorische Einbindung des Controlling im Evangelischen Johannesstift Berlin
In der Organisationsstruktur des Evangelischen Johannesstifts Berlin sind die Controlling-Stellen innerhalb der jeweiligen Geschäftsbereiche Geriatrie/Altenhilfe, Behindertenhilfe, Jugendhilfe angesiedelt. Diese Controlling-Stellen sind in disziplinarischer Hinsicht, dem Geschäftsführer des jeweiligen Bereiches unterstellt. Somit haben die einzelnen Geschäftsbereiche die Chance, ein auf ihre Bedürfnisse zugeschnittenes Controllingsystem zu entwickeln. Gleichzeitig befindet sich in der Stabsstelle des Vorstandes ein Zentralcontrolling, das dafür Sorge trägt, dass die für die organisationsübergreifenden Führungsaufgaben notwendigen Kennzahlen erhoben werden.

9.2 Controllingsysteme im Nonprofit-Marketing

Ansatzpunkte für das Controlling einer Nonprofit-Organisation bilden vor allem die Aktivitäten des Nonprofit-Marketing, deren vorökonomische Wirkungen sowie die entsprechenden ökonomischen Ergebnisse, die in Zusammenhang mit den vorökonomischen Wirkungen stehen. Im Rahmen der Kontrolle der ökonomischen Ergebnisse geht es primär darum, die Wirtschaftlichkeit der Nonprofit-Organisation zu prüfen (**Wirtschaftlichkeitscontrolling**). In diesem Zusammenhang sind z.B. Deckungsbeitragsanalysen oder Umsatzanalysen durchzuführen. Demgegenüber wird im sog. **Aufgabencontrolling**, das sich auf vorökonomische und ideelle Kriterien konzentriert, z.B. die Zufriedenheit der Leistungsempfänger mit den Nonprofit-Leistungen, deren Bindung an die Organisation oder der Grad der Missionserfüllung untersucht (vgl. Kap. 2). Darüber hinaus sind noch **integrierte Controllingsysteme** einsetzbar, mit deren Hilfe sämtliche Bereiche der in Schaubild 9-1 wiedergegebenen Wirkungskette des Nonprofit-Marketing gemeinsam betrachtet werden. Zu den integrierten Con-

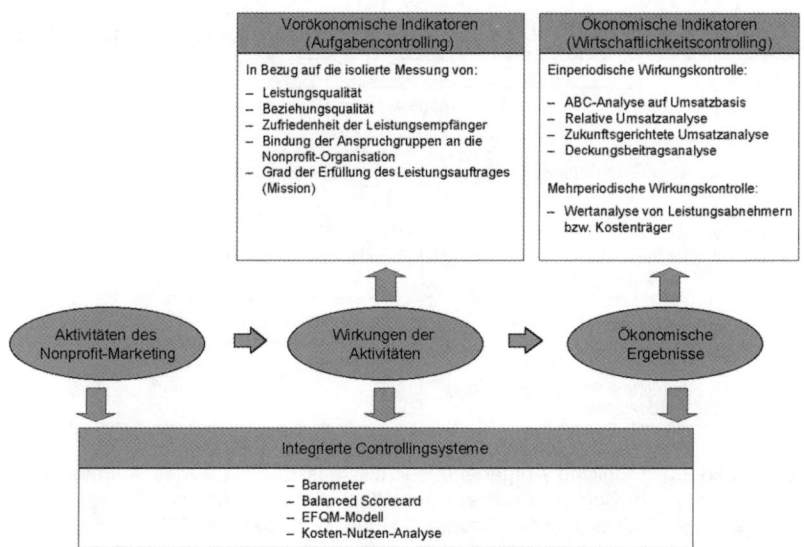

Schaubild 9-1: Indikatoren und Methoden des Nonprofit-Controlling im Rahmen der Wirkungskette des Nonprofit-Marketing
(Quelle: in Anlehnung an Bruhn 2001a, S. 200)

trollingsystemen zählen z.B. die Balanced Scorecard oder das EFQM-Modell. Führt eine Nonprofit-Organisation ein integriertes Controlling durch, bei dem sowohl ein Wirtschaftlichkeitscontrolling als auch ein umfassendes Aufgabencontrolling stattfindet, so berücksichtigt sie implizit missionsbezogene (z.B. Grad der Missionserfüllung), fachlichkeitsbezogene (z.B. erbrachte Leistungsqualität) sowie wirtschaftlichkeitsbezogene (z.B. Deckungsbeitrag) Kriterien.

9.3 Aufgabencontrolling

Das Controlling von vorökonomischen Indikatoren (Aufgabencontrolling) umfasst im Hinblick auf die in Schaubild 9-1 dargestellte Wertkette die Analyse der Größen, die den ökonomischen Wirkungen mittelbar oder unmittelbar vorgela-

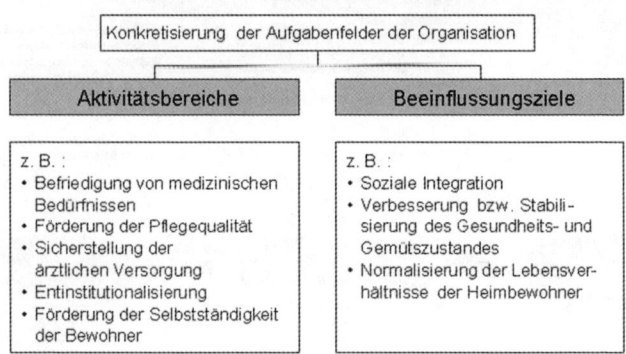

Schaubild 9-2: Mögliche Aufgabenfelder als Messgrundlage des Aufgabencontrolling am Beispiel eines Alten- und Pflegeheims
(Quelle: in Anlehnung an Horak et al. 2002, S. 205)

gert sind bzw. in Wechselwirkung mit diesen stehen (z.B. Maßnahmen in Bezug auf die Leistungsqualität oder Leistungsvielfalt).

Das Aufgabencontrolling bezieht sich folglich auf die isolierte Messung von klassischen, d.h. auch im kommerziellen Marketing diskutierten, **vorökonomischen Konstrukten**, wie z.B. Leistungsqualität, Beziehungsqualität, Zufriedenheit der Leistungsempfänger usw. Aus methodischer Sicht sind hierzu merkmals-, ereignis- oder problemorientierte Messverfahren anwendbar (vgl. Abschnitt 6.3.2). Darüber hinaus sind im Rahmen des Aufgabencontrolling von Nonprofit-Organisationen auch Kriterien zu betrachten, die in direktem Zusammenhang mit der **ideellen Aufgabenerfüllung** stehen. Dabei stellen die im Kontext mit der Zieldefinition (vgl. Kapitel 4) beschriebenen Beeinflussungsziele (z.B. Verhaltensänderungen) die zentralen Indikatoren des missionsbezogenen Aufgabencontrolling dar.

Im Hinblick auf Methoden und Instrumente des Aufgabencontrolling ist es entsprechend notwendig, merkmals-, ereignis- oder problemorientierte Messansätze mit der Messung der ideellen Ziele zu verknüpfen. Hierzu ist im Vorfeld die Mission einer Nonprofit-Organisation zu konkretisieren (Schauer 2003, S. 187) und die Aufgabenziele sind zu operationalisieren (Koch 2000). Aus der Konkretisierung der Mission lassen sich in einem weiteren Schritt geeignete Messmethoden oder -instrumente ableiten.

Das **Vorgehen** innerhalb des Aufgabencontrolling lässt sich am Beispiel eines Alten- und Pflegeheims darstellen: Aus der Mission der bedarfsadäquaten Betreuung hilfs- und pflegebedürftiger Menschen werden mittels der Konkretisierung der Aufgabenfelder Aktivitätsbereiche und Beeinflussungsziele definiert (z.B. Gesundheitszustand von Patienten oder Zufriedenheit von Patienten, deren Angehörigen und der Mitarbeiter). Daraus lassen sich konkrete Indikatoren für das Aufgabencontrolling ableiten (vgl. Schaubild 9-2).

9.4 Wirtschaftlichkeitscontrolling

Nicht zuletzt durch das grundlegende Interesse von Spendern und Sponsoren an der effizienten Allokation und Verwendung von Ressourcen durch eine Nonprofit-Organisation, ist in den letzten Jahren die Bedeutung der Rechnungslegung und ökonomischen Kontrolle ständig gewachsen (Berens et al. 2000; Keating et al. 2003, S. 80; Schauer 2003, S. 135). Wirtschaftlichkeitsanalysen untersuchen deshalb im Rahmen des **Wirtschaftlichkeitscontrolling** den Grad der „Vernunft", der im Rahmen wirtschaftlichen Handelns verwirklicht wird. Ein Individuum handelt im weitesten Sinne dann vernünftig (ökonomisch, rational), wenn es sich gemäss dem sog. Wirtschaftlichkeitsprinzip verhält (Gutenberg 1979, S. 511). In der Betriebswirtschaftslehre stellt das Wirtschaftlichkeitsprinzip (Ökonomisches Prinzip, Rationalprinzip) eine Verbindung zwischen dem Output (Zielerreichung) wirtschaftlichen Handelns und dem zur Erzielung dieses Outputs verwendeten Input (zur Zielerreichung benötigte Mittel) her.

Im Bereich des **Beschaffungsmarktes** einer Nonprofit-Organisation wird zunächst das Management der verschiedenen Beschaffungsressourcen einer Wirtschaftlichkeitsanalyse unterzogen. Unter diesem Gesichtspunkt zu berücksichtigende **Beschaffungsaktivitäten** sind vor allem die Folgenden:

- Management finanzieller Ressourcen (z.B. liquide Mittel, Rückstellungen oder Anlagekapital),
- Management physischer Ressourcen (z.B. Immobilien, technische Anlagen, Behandlungsräume, Transportmittel),
- Management personeller Ressourcen (z.B. Hauptamtliche und ehrenamtliche Mitarbeiter, Zivildienstleistende und deren Qualifikation),
- Management organisatorischer Ressourcen (z.B. Informationssysteme, Beziehungssysteme) und
- Management technologischer Ressourcen (z.B. Fachliches Know-how, Nutzungsrechte, hochspezialisierte Anlagen).

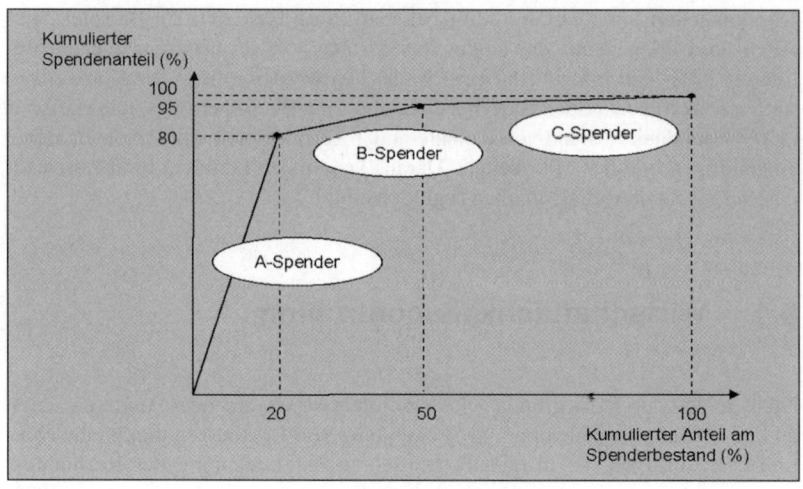

Schaubild 9-3: ABC-Analyse auf der Basis von Spendeneinnahmen

Im Sinne einer Wirtschaftlichkeitsanalyse ist beispielsweise in Bezug auf die technischen Anlagen zu prüfen, ob mit diesen eine effiziente Leistungserstellung gewährleistet werden kann oder ob durch Neuinvestitionen ein höherer Zielerreichungsgrad umsetzbar ist. In diesem Fall gilt es also, die Kosten einer Neuanschaffung mit dem dadurch erreichbaren Zusatzoutput zu relativieren. Eine weitere Fragestellung im Rahmen der Wirtschaftlichkeitsanalyse ist z.B. die Frage, ob der Einsatz der Mitarbeiter auf ihren bisherigen Positionen optimal im Hinblick auf die Missionserreichung ist oder ob eine Personalentwicklung vorteilhaft für die Erfüllung der Nonprofit-Aufgaben ist. Ebenso gilt es zu prüfen, ob die Spendenbeschaffung dem Aspekt der Wirtschaftlichkeit gerecht wird, d.h. es stellt sich die Frage, ob Einnahmen und Ausgaben in einem „vernünftigen" Verhältnis stehen.

Ein einfacher Ansatzes zur Analyse der Beschaffungsaktivitäten ist die **ABC-Analyse**. Hierbei werden die Förderer wie z.B. Spender, Sponsoren, staatliche Geldgeber und zahlende Leistungsempfänger in Bezug auf ihre ökonomische Relevanz beurteilt. Die Ergebnisse der ABC-Analyse lassen sich u.a. als Grundlage für eine effiziente Aufteilung der Marketingressourcen nutzen.

Beispiel: ABC-Analyse von Spendern
In einer ABC-Analyse werden die Spender gemäß ihrer Spendenhöhe in eine Reihenfolge gebracht. In einem zweidimensionalen Diagramm mit den Achsen „kumulierter Anteil am

Spendenbestand" und „kumulierter Spenderanteil" werden auf der Abszisse die jeweiligen Spender abgetragen. Dabei wird auf der Achse mit den Spendern begonnen, die die größte Spendensumme zur Verfügung stellen. Auf der Ordinate wird jeweils der zusätzliche Spendenbeitrag abgetragen. Häufig wird hierbei ersichtlich, dass ein relativ kleiner Anteil an Spendern einen relativ großen Anteil der finanziellen Ressourcenbeschaffung ausmacht. Häufig wird in diesem Zusammenhang auch vereinfacht von der „80:20-Regel" gesprochen, die besagt, dass mit 20 Prozent der Spender 80 Prozent des Spendenvolumens erzielt wird. Anhand der resultierenden Kurve lassen sich die Spender dann in A-, B- und C-Spender einteilen, von denen die A-Spender die aus der Finanzperspektive wichtigsten Personen darstellen. Es empfiehlt sich folglich, in deren Beziehungspflege besonders stark zu investieren (vgl. Schaubild 9-3).

Als Grundlage für die Relativierung der durch bestimmte Spendergruppen erzielten Einnahmen mit den dafür eingesetzten Marketingaufwendungen ist es notwendig, dass die Kosten und Erlöse detailliert erfasst und gegenüber gestellt

Kosten und Erlöse einer Direct-Mailing-Aktion		
Nr. und Bezeichnung der Prozessphase	Kostenarten je Prozessphase HW = Hardware SW = Software	Plankosten der Direct-Mailing-Aktion (in EUR)
Prozess 1: Ist-Analyse	• Personalkosten (anteilig)	2.400,-
	• HW- und SW-Kosten (anteilig)	250,-
Prozess 2: Planung	• Personalkosten (anteilig)	4.200,-
	• HW- und SW-Kosten (anteilig)	400,-
Prozess 3: Umsetzung	• Personalkosten (anteilig)	5.500,-
	• HW- und SW-Kosten (anteilig)	1.250,-
	• Kosten des Versandmaterials	2.400,-
	• Kuvertierungskosten	700,-
	• Porto	3.900,-
Prozess 4: Durchführungssteuerung	• Personalkosten (anteilig)	3.500,-
Prozess 5: Evaluierung	• Personalkosten (anteilig)	500,-
Gesamt(plan-)kosten		25.000,-
Gesamt(plan-)erlöse		100.000,-
Kosten/Erlös-Kennzahl		0,25

Schaubild 9-4: Plankosten einer Direct-Mailing-Aktion
(Quelle: Bernhardt 2003, S. 213)

werden. Die Kosten entsprechen bei Spendengeldern z.B. den für eine Spendenkampagne aufgewendeten Werbe- und Versandkosten, Druckkosten für Broschüren oder auch den angefallenen administrativen Kosten. Das in Schaubild 9-4 dargestellte Beispiel gibt einen Überblick über die während einer Direct-Mailing-Aktion geplanten Kosten sowie des entsprechenden Überschusses.

Aus der Ermittlung von Kosten und Erlösen einer solchen Direct-Mailing-Aktion wird in einem weiteren Schritt die Berechnung und Analyse eines Deckungsbeitrages z.B. nach Spenderstufen möglich. Hierbei ist anzumerken, dass die breite Masse der oft defizitären Erst- und Kleinspender zugleich ein Potenzial für die Entwicklung lukrativerer Dauerspender darstellt (Koch 2003). Darüber hinaus ist es z.B. denkbar, dass etwa Kleinspender in ihrem Bekanntenkreis positiv über die Nonprofit-Organisation sprechen und dadurch weitere Spendeneingänge auslösen. Schaubild 9-5 illustriert den grundsätzlichen Verlauf des Deckungsbeitrags nach Spenderstufen. Der Verlauf ist diesbezüglich unter Berücksichtigung sämtlicher Kosten (z.B. auch Kommunikationskosten) sowie unterschiedlicher Spenderbeziehung für jede Nonprofit-Organisation individuell zu eruieren und als Grundlage für Optimierungen im Marketingbudget einzusetzen.

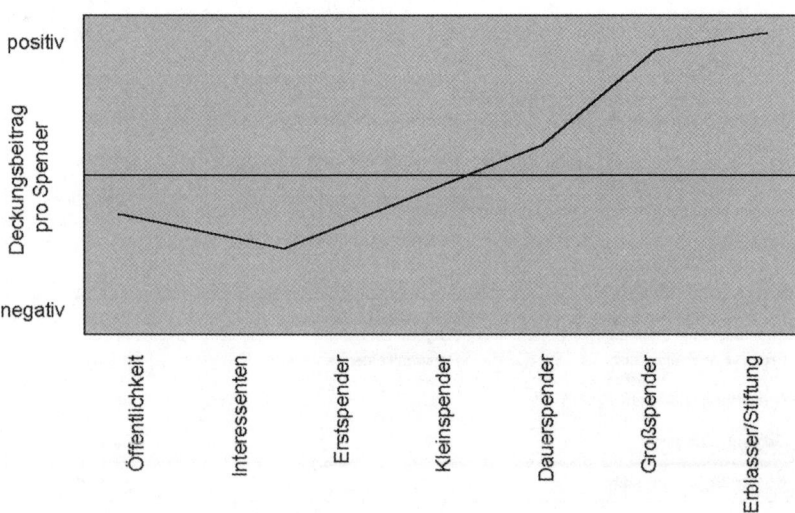

Schaubild 9-5: Zusammenhang von Deckungsbeitrag und Spenderstufe
(Quelle: in Anlehnung an Koch 2003)

Analog zur Analyse der Wirtschaftlichkeit des Spendermanagements sind auch Betrachtungen in Bezug auf das Management der sonstigen Beschaffungsressourcen durchzuführen. Grundsätzlich besteht im Rahmen derartiger Input-Output-Analysen oftmals das Problem, die Outputgrößen zu quantifizieren. Hilfreich in diesem Zusammenhang ist es, wenn die Verantwortlichen von Nonprofit-Organisationen mögliche Inputalternativen (z.b. unterschiedliche Technologien) auflisten und dann systematisch abwägen, welchen Einfluss die Wahl einer bestimmten Alternative auf einige zentrale Outputgrößen (z.B. Deckungsbeitrag) hat.

Nicht nur die Beschaffungsaktivitäten, sondern auch die Aktivitäten auf dem Absatzmarkt sind im Hinblick auf ihre Wirtschaftlichkeit zu untersuchen. Die Betrachtung der Wirtschaftlichkeit der Aktivitäten auf dem **Absatzmarkt** umfasst u.a. relative Kosten-, Umsatz- und Deckungsbeitragsanalysen von Projekten innerhalb des Leistungsbereiches einer Organisation oder auch einzelner Leistungsabnehmersegmente. Beispielsweise hat ein Theater zu überprüfen, welcher Kostendeckungsbeitrag durch den Verkauf der Eintrittskarten bei verschiedenen Theateraufführungen derzeit realisiert wird und wie dieser optimiert werden kann.

Im Rahmen einer Wirtschaftlichkeitsanalyse besteht die Schwierigkeit zum einen in der Zurechenbarkeitsproblematik von fixen Kosten (z.B. Mietkosten) auf einzelne Projekte (z.B. einzelne Theateraufführung). Zum anderen ist eine monetäre Bewertung des Nutzens von Nonprofit-Leistungen nicht immer einfach, da diese häufig nicht zu Marktpreisen angeboten werden. Entsprechend ist eine Wirtschaftlichkeitsanalyse bei Nonprofit-Leistungen vergleichsweise schwierig.

Beispiel: Wirtschaftlichkeit in der Entwicklungshilfe
Die für ein Entwicklungsprojekt (z.B. Aufbau und Sicherung des Fortbestandes einer Schule in einem Dritt-Welt-Land) aufgewendeten spezifischen Kosten lassen sich beispielsweise nach Logistik-, Waren- und Personalkosten grob untergliedern. Die Berechnung und Zuordnung dieser Kosten ist vergleichsweise genau definierbar. Der Nutzen des Projektes ist hingegen im Hinblick auf eine Monetarisierung schwieriger zu definieren. In diesem Zusammenhang ist eine Berechnung des effektiven Nutzens einer Schulausbildung für das einzelne Individuum sowie des Gesamtnutzens für die betroffene Gesellschaft nur mit Hilfe starker Vereinfachungen und pauschaler Annahmen vorzunehmen.

9.5 Integrierte Controllingsysteme

Zur Ableitung von Steuerungsmaßnahmen ist eine Verknüpfung des Aufgaben- und Wirtschaftlichkeitscontrolling des Nonprofit-Marketing mittels Integrierter Controllingsysteme erforderlich. Auf Basis derartiger Controllingsysteme ist eine umfassende Kontrolle der gesamten Zielgrößen (vorökonomische und ökonomische Ergebnisse) sowie ihrer Interdependenzen innerhalb der Wertekette des Nonprofit-Marketing möglich. Als Integrierte Controllingsysteme kommen sog. Barometer, das EFQM-Modell, die Balanced Scorecard oder die Kosten-Nutzen-Analyse in Frage.

9.5.1 Barometer

Barometer messen die verschiedenen Wirkungen der Nonprofit-Aktivitäten auf die Leistungsempfänger gemäß der Wertekette des Nonprofit-Marketing. Deshalb wird in der Folge der Begriff des Leistungsempfängerbarometers verwendet. Im Rahmen eines Leistungsempfängerbarometers werden sowohl die absoluten Ausprägungen der entsprechenden Konstrukte (z.B. Zufriedenheit, Qualitätswahrnehmung) als auch die quantitativen Zusammenhänge zwischen diesen Größen (z.B. zwischen Qualitätswahrnehmung und Bindungsbereitschaft der Leistungsempfänger) gemessen.

Aus methodischer Sicht wird hierzu häufig auf die Kausalanalyse zurückgegriffen. Die Ergebnisse aus dieser Analyse bilden die Grundlage für eine integrierte Wirkungskontrolle. Diese lässt sich in die Elemente der Zusammenhangsanalyse, der Simulation, der Indexbildung und des Indexvergleichs gliedern (Bruhn 2004b, S. 114ff.).

Die **Zusammenhangsanalyse** untersucht die Stärke und die Richtung des quantitativen Zusammenhangs zwischen vorökonomischen und ökonomischen Indikatoren. Hierbei werden sowohl direkte als auch indirekte Effekte untersucht (z.B. die indirekte Wirkung der Leistungsqualität eines Nonprofit-Angebotes – über Kundenbindung oder Weiterempfehlungen – auf die ökonomischen Ergebnisse der Organisation). Im Idealfall gelingt es, ein Kausalmodell zu entwickeln, bei dem ersichtlich wird, in welchem Ausmaß das Nonprofit-Marketing einen positiven Einfluss auf die Missionserfüllung, die Fachlichkeit und den ökonomischen Erfolg ausübt.

Auf Basis der Ergebnisse der Zusammenhangsanalyse lässt sich eine **Simulation** der Auswirkung von Veränderungen einzelner Variablen bestimmen. Beispielsweise ist es denkbar, innerhalb eines Krankenhauses die Auswirkungen einer erhöhten wahrgenommenen Leistungsqualität des Pflegedienstes (bzw. einzelner Indikatoren dieser Leistungsqualität, wie z.B. Einfühlungsvermögen, Zuverlässigkeit usw.) auf die Zufriedenheit von Patienten und deren Bindungsbereitschaft zu berechnen.

Im Zusammenhang mit der Durchführung der Kausalanalyse lassen sich **Indizes** bilden, die den Zielgrößen der Wertekette entsprechen (z.B. Zufriedenheitsindex, Qualitätsindex oder Bindungsindex der Leistungsempfänger). Die Indizes werden gebildet, indem die Mittelwerte einer Strukturvariablen über eine Gewichtung mit Hilfe der Messparameter aggregiert werden. Die spezifische Gewichtung der jeweiligen Mittelwerte lässt sich über das kausalanalytische Modell schätzen. Dabei werden nicht nur die Zusammenhänge zwischen zwei Konstrukten (z.B. Leistungsqualität und Verbundenheit) ermittelt, sondern auch zwischen einem Konstrukt und seinen Einzelmerkmalen (z.B. Einfühlungsvermögen als Einzelmerkmal der Leistungsqualität).

In Schaubild 9-6 ist beispielhaft das Strukturmodell des anspruchsgruppenbasierten Qualitätsindex der Universität Basel UBIQ (University of Basel Stakeholder-oriented Index of Quality) wiedergegeben. Hierbei sind die einzelnen Indikatoren (z.B. Attraktivität, Flexibilität, Karrieremöglichkeiten und Interne

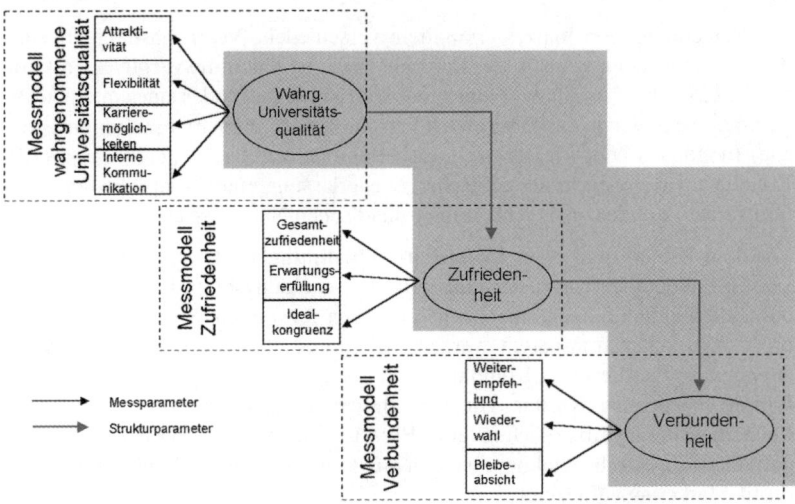

Schaubild 9-6: Strukturmodell des anspruchsgruppenbasierten Qualitätsindex der Universität Basel (UBIQ) (Quelle: Bruhn 2000)

Kommunikation) des Strukturmodells (z.B. Messmodell der wahrgenommenen Universitätsqualität) erkennbar.

Beispiel: UBIQ – Die Wahrnehmung von Qualität und Zufriedenheit in der Universität Basel

„University of Basel – Stakeholder-oriented Index of Quality" bzw. „Universität Basel – Anspruchsgruppenbasierter Qualitätsindex" nennt sich eine vom Lehrstuhl für Marketing und Unternehmensführung der Wirtschaftswissenschaftlichen Fakultät Basel im Auftrag des Universitätsrats und des Rektorats durchgeführte Umfrage. Diese hatte zum Ziel, herauszufinden, wie die Qualität der Universität von deren Anspruchsgruppen wahrgenommen wird und wie hoch der Grad der Zufriedenheit sowie der Verbundenheit mit der Institution ist. Angesprochen wurden Angehörige der Departemente der Universität und Servicebereiche, Studierende sowie sog. „Meinungsführer/-innen" aus Politik, Wirtschaft oder Medien. Die Untersuchung geht von der Annahme aus, dass eine Wirkungskette existiert, nach der die wahrgenommene Qualität der Universität sich im Grad der Zufriedenheit und der Verbundenheit ihrer Anspruchsgruppen niederschlägt. Die angewandte Methode wird in der Wirtschaft für die Erstellung von „Nationalen Kundenbarometern" genutzt. Sie stellt eine Argumentationsgrundlage für Veränderungsmaßnahmen dar, deren Erfolg dann jeweils in weiteren Messungen zu kontrollieren ist. Umfragen wie UBIQ sind also nicht auf die Erhebung eines Zustandes hin angelegt, sondern auf das Management des Wandels. Sie entfalten ihr Potenzial, wenn sie – im Sinne einer Langzeitstudie – in regelmäßigen Abständen wiederholt werden. Die erste Durchführung dieser Umfrage an der Universität kann somit als eine Art „Nullmessung" betrachtet werden, die erst vorläufige Hinweise auf mögliche und nötige Veränderungen gibt (Universität Basel 1999, S. 46).

Die Berechnung von Indizes ermöglicht verschiedene Vergleichsmöglichkeiten der entsprechenden Konstrukte. Beispielsweise ist ein **Indexvergleich** in Form eines Zeitvergleichs (Analyse eines Index im Zeitablauf) oder eines internen Organisationsvergleichs (z.B. Vergleich verschiedener interner Organisationsbereiche) möglich. Ebenso lassen sich auch Regionenvergleiche durchführen (z.B. Kundenzufriedenheit in der deutschen Niederlassung einer Nonprofit-Organisation versus Kundenzufriedenheit in ausländischen Niederlassungen).

Vor dem Hintergrund einer **kritischen Würdigung** lässt sich festhalten, dass Leistungsempfängerbarometer eine hohe Entscheidungsorientierung aufweisen, da zeitlich aktuelle Zusammenhänge zwischen relevanten Wirkungen der Nonprofit-Aktivitäten transparent werden. Allerdings führen der hohe Erhebungsaufwand sowie die hohe Komplexität des Messinstrumentes zu hohen durchführungsbezogenen Kosten. Hinsichtlich des Disaggregationsniveaus ist bei Leistungsempfängerbarometern eine Einzelbetrachtung von Leistungsempfängern nicht angestrebt. Vielmehr werden die grundsätzlichen Wirkungen des Nonprofit-Marketing aufgezeigt.

Durch die Implementierung von Leistungsempfängerbarometern lässt sich letztlich eine kontinuierliche Kontrolle der relevanten Zielgrößen eines Nonprofit-

Marketing innerhalb einer Nonprofit-Organisation realisieren. Die Ergebnisse von Leistungsempfängerbarometern liefern dabei gleichzeitig eine relevante Grundlage für die anspruchsgruppenbezogene Perspektive einer Balanced Scorecard.

9.5.2 Balanced Scorecard

Die sog. Balanced Scorecard (BSC) dient der Kontrolle und Abstimmung vorökonomischer sowie ökonomischer Indikatoren im Nonprofit-Marketing und wird bereits seit längerer Zeit erfolgreich in kommerziellen Unternehmen eingesetzt (Kaplan/Norton 1992, 1993, 1996, 1997). Die Struktur der Balanced Scorecard verfolgt eine Einteilung der Nonprofit-Organisation in eine finanz-, anspruchsgruppen-, prozess- und potenzialorientierte Perspektive. Schaubild 9-7 zeigt die vier **Grundelemente der Balanced Scorecard** im Überblick.

Im Rahmen der Balanced Scorecard wird eine Verknüpfung und „Messbarmachung" der vier genannten Perspektiven vorgenommen, um damit die Vision und Strategie der Nonprofit-Organisation in kontrollierbare Zielvorgaben zu übersetzen. Dadurch entsteht ein umfassendes Kennzahlensystem, wobei zwischen den

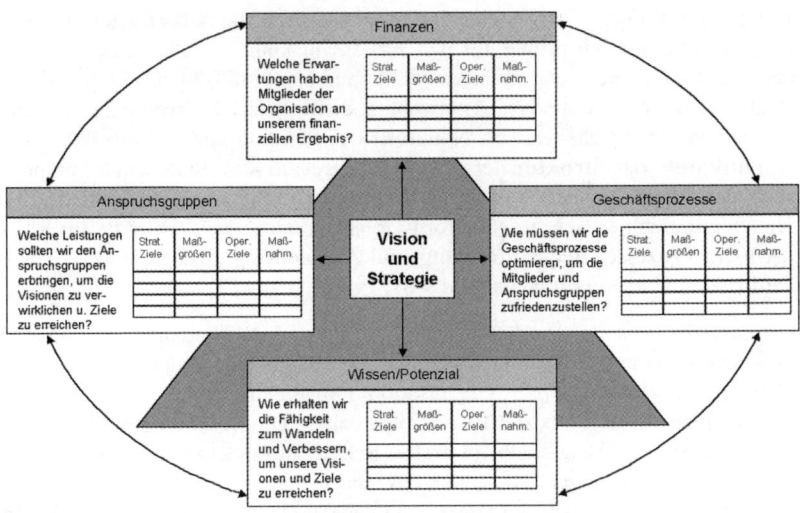

Schaubild 9-7: Grundelemente der Balanced Scorecard für Nonprofit-Organisationen (Quelle: in Anlehnung an Kaplan/Norton 1992, S. 72)

Perspektiven ein Gleichgewicht – eine Balance – angestrebt wird. Das Gleichgewicht bezieht sich in diesem Zusammenhang auf:

- Externe und interne Kennzahlen,
- Vergangenheits- und zukunftsbezogene Kennzahlen,
- Leicht und schwer quantifizierbare Kennzahlen.

Das Instrument der Balanced Scorecard ermöglicht vor allem eine erhöhte **Transparenz von organisationsspezifischen Kennzahlensystemen**. Sie kommt insbesondere bei Organisationen zur Anwendung, deren Aktivitätsbereiche eine hohe Autonomie aufweisen. Dabei wird mit dem Einsatz der Balanced Scorecard die Erfüllung von Steuerungs- und Implementierungsaufgaben angestrebt, wobei im Einzelnen die folgenden vier **Aufgaben** mit der Balanced Scorecard erfüllt werden (Kaplan/Norton 1997, S. 11):

- Klärung und „Herunterbrechen" von Vision und Strategie (Verknüpfung von strategischem und operativem Management),
- Kommunikation und Verknüpfung von strategischen Zielen und Maßnahmen,
- Planung bzw. Festlegung von Zielen und Abstimmung strategischer Initiativen,
- Verbesserung von strategischem Feedback und Lernen.

Das in Schaubild 9-7 dargestellte Basismodell sowie die aufgezeigten Anwendungsschritte wurden primär für den Einsatz in kommerziellen Unternehmen entwickelt und sind nicht uneingeschränkt auf Nonprofit-Organisationen übertragbar. Aus diesem Grund ist es notwendig, die Balanced Scorecard an die institutionellen Gegebenheiten von Nonprofit-Organisation anzupassen, d.h., eine **Modifikation der Struktur** der Balanced Scorecard – im Sinne einer Veränderung der Grundelemente – ist i.d.R. erforderlich (Berens et al. 2000, S. 25). Hierzu empfiehlt es sich für Nonprofit-Organisationen, zwölf **Schritte im Rahmen des Prozesses der Einführung und Anwendung** einer Balanced Scorecard zu durchlaufen (vgl. Schaubild 9-8).

Grundsätzlich hat der Prozess der Einführung und Anwendung der Balanced Scorecard in Gruppen (Teams) zu erfolgen, wobei einzelne Gruppen jeweils verschiedene Perspektiven der Organisation (Anspruchgruppen, Finanzen, Geschäftsprozesse und Potenzial/Wissen) bearbeiten. Die Beachtung der Gruppenzusammensetzung ist deshalb im **ersten Schritt** besonders wichtig. In diesem Zusammenhang ist darauf zu achten, dass die Teilnehmer aus unterschiedlichen Bereichen der Organisation stammen und verschiedenartige Aufgaben innerhalb der Organisation erledigen. Es ist hierbei auch durchaus denkbar, externen Sachverstand zu integrieren.

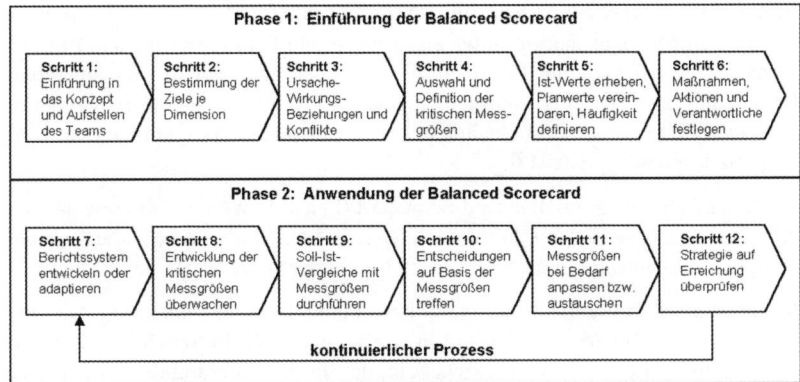

Schaubild 9-8: Ablaufschritte der Einführung und Anwendung der Balanced Scorecard für Nonprofit-Organisationen
(Quelle: Haddad 1998, S. 59)

In **Schritt 2** werden in jeder Perspektive drei bis fünf Ziele identifiziert, die zur Umsetzung der geplanten Strategie beitragen. Die Abbildung und Konkretisierung sämtlicher Ziele ist hierbei nicht möglich. Deshalb werden die wesentlichen, den Erfolg der Nonprofit-Organisation am meisten beeinflussenden Zielgebiete je Dimension behandelt.

In **Schritt 3** wird versucht, die in den einzelnen Perspektiven erarbeiteten Ziele in einen Ursachen-Wirkungs-Zusammenhang zu bringen. Die Ziele werden in den Perspektiven hierarchisch geordnet und zueinander in Beziehung gesetzt. Wirken Ziele negativ auf Ziele anderer Perspektiven oder verfügen Ziele über gar keine Auswirkungen auf andere Ziele, wird diesbezüglich ein Diskussionsprozess initiiert, in dem die Relevanz der entsprechenden Ziele geprüft wird.

In **Schritt 4** sind geeignete Messgrößen für die zuvor definierten Ziele zu finden, wobei es primär darum geht, sich auf eine Auswahl geeigneter, d.h. repräsentativer und messbarer Indikatoren zu einigen. Zielkonflikte können zum Teil bewusst akzeptiert werden, wenn sie den realen Anforderungen entsprechen. Ziele, die in keinem Zusammenhang mit anderen Zielen stehen, liegen offensichtlich außerhalb des Zielsystems und sind daher i.d.R. auszuschließen. In Nonprofit-Organisationen ist es allerdings vorstellbar, auch diese Ziele zu berücksichtigen, wenn sie spezifische Anforderungen einer Anspruchsgruppe abdecken, die nicht vernachlässigbar sind.

In **Schritt 5** werden konkrete Zielwerte (Soll-Größen) für die jeweiligen Indikatoren vereinbart. Dies hat im Sinne eines Fach- und Realitätsbezuges in Zusammenarbeit mit denjenigen Personen zu geschehen, die auch für die operative Umsetzung verantwortlich sind. Es ist zudem notwendig, für die Erreichung der einzelnen Ziele konkrete Maßnahmen, Initiativen, Aktionsprogramme oder Projekte zu definieren (**Schritt 6**).

Nach der Erstellung der Balanced Scorecard (Phase 1) wird der Prozess auf der Anwendungsebene der Organisation (Phase 2) wiederholt, so dass die gesamte Nonprofit-Organisation ihre Subziele im Einklang mit der Strategie formuliert.

In der Phase 2 treten die Anwendung bzw. konkrete Maßnahmen und Aktionsprogramme der Balanced Scorecard in den Vordergrund. In **Schritt 7** gilt es zunächst, ein Berichtssystem zu entwickeln, um die Veränderung der festgelegten Messgrößen zur Erreichung der Organisationsziele überwachen zu können (in der Dimension der Anspruchsgruppen und am Beispiel einer Kirchengemeinde ist dies z.B. eine jährlich durchgeführte, standardisierte Befragung der Gemeindemitglieder zur Qualität der religiösen Dienstleistungen).

Schritt 8 beinhaltet die Überwachung der besagten Messgrößen (am Beispiel aus Schritt 7 z.B. die Beobachtung der Entwicklung eines „Kirchenqualitätsindex"). Das Ergebnis eines Soll-Ist-Vergleichs der Messgrößen (**Schritt 9**) bildet die Grundlage für Entscheidungen und Maßnahmen zur Einflussnahme auf die Zielgröße (**Schritt 10**).

Um den Einsatz der Balanced Scorecard als Instrument der Kontrolle und der Prüfung auf Erreichung der Strategie (**Schritt 12**) zu ermöglichen, sind die verwendeten Messgrößen und Ziele im Zeitablauf konstant zu halten. Dennoch gilt es, die Balanced Scorecard nicht als statisches, einmal zu entwickelndes Kennzahlensystem zu betrachten, sondern sie regelmäßig (jedoch frühestens nach fünf Jahren) an die realen Gegebenheiten anzupassen (**Schritt 11**).

Beispiel: Anwendung der Balanced Scorecard in Krankenhäusern
Die zunehmende Verschärfung des Wettbewerbs im Krankenhaussektor führt dazu, dass der strategischen Ausrichtung von Krankenhäusern sowie dem Controlling eine höhere Aufmerksamkeit gewidmet wird. Die Entwicklung und Umsetzung einer Balanced Scorecard (BSC) im Krankenhaussektor gilt zwar als ein innovatives Instrument, allerdings resultieren spezifische Probleme, die es zu beachten gibt (Kuntz/Vera 2003). So ist zunächst zu klären, ob die starke Regulierung noch genügend Spielraum für die Verfolgung strategischer Ziele lässt. Ferner erweist sich die Vielzahl an potenziellen Kundengruppen eines Krankenhauses (z.B. Patienten, niedergelassene Ärzte, Krankenkassen) als problematisch. Schließlich wird die oberste Priorität der finanziellen Ziele oftmals in Frage gestellt. Allerdings zeigen verschiedene Beispiele von US-amerikanischen Krankenhäusern, dass es trotz dieser Probleme möglich ist, den BSC-Ansatz mit diesen Rahmenbedingungen in

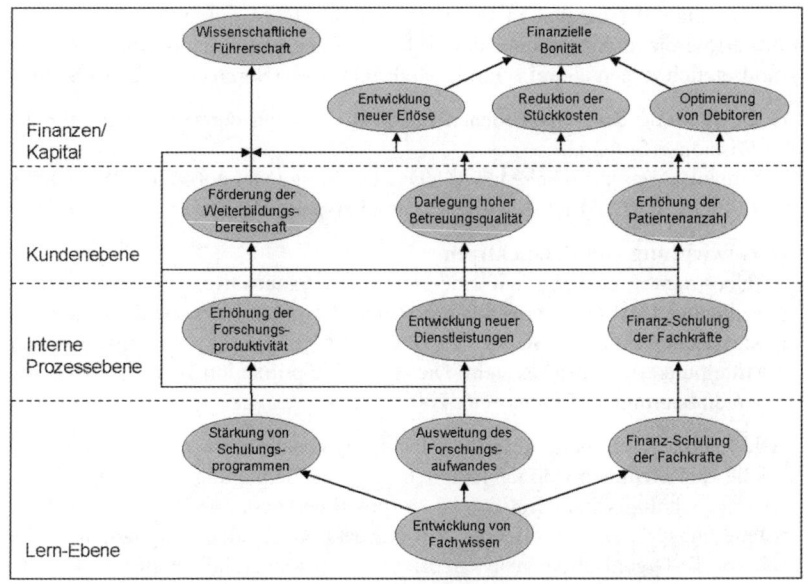

Schaubild 9-9: Anwendung der Balanced Scorecard im Krankenhaus
(Quelle: Kuntz/Vera 2003, S. 27)

Einklang zu bringen (Kaplan/Norton 2001). Schaubild 9-9 zeigt die Anwendung der BSC am Beispiel der Anästhesie-Klinik der Yale University School of Medicine (anesthesiology.yale.edu) in den USA (Rimar/Garstka 1999, S. 114 ff.; Kuntz/Vera 2003, S. 26 f.). Die ausgewählten Ziele spiegeln die Strategie der Klinik wider, die neben finanziellen Kriterien und der medizinischen Versorgung auch die Bereiche Forschung und Lehre umfasst. Auffällig ist außerdem, dass das nicht-finanzielle Ziel „Academic Leadership" (fachliche Führungsposition) in der obersten Zielebene angesiedelt ist, wodurch eine klare Abgrenzung zum BSC-Ansatz kommerzieller Organisationen vorliegt.

Grundsätzlich ist anzumerken, dass der BSC-Ansatz aus zwei Gründen für Non-profit-Organisationen interessant ist (Berens et al. 2000, S. 25). Die „Übersetzung" der Ziele in Messgrößen sowie deren Kommunikation im Rahmen der Balanced Scorecard führt dazu, dass sich die Führungskräfte und alle Mitarbeiter mit der Vision bzw. der Mission der Nonprofit-Organisation unmittelbar befassen. Des Weiteren eignet sich der BSC-Ansatz als Kontroll- und Steuerungsinstrument für Nonprofit-Organisationen, da nicht nur monetäre Ziele im Zentrum stehen, sondern auch andere Perspektiven berücksichtigt werden. So kann beispielsweise die Sachzielebene einer Nonprofit-Organisation durch eine eigenständige Perspektive in die Balanced Scorecard aufgenommen werden. Eine erfolgreiche Anwendung der BSC für Nonprofit-Organisationen bedingt grundsätzlich folgende drei zentrale Modifikationen (Berens et al. 2000, S. 26):

(1) Gewichtung der verschiedenen Perspektiven nach deren Relevanz für die Missionserfüllung,
(2) Organisationsspezifische inhaltliche Gestaltung jeder einzelnen Perspektive,
(3) Entwicklungsmöglichkeiten von neuen Perspektiven.

(1) Gewichtung von Perspektiven
Die Übertragung der BSC auf eine Nonprofit-Organisation erfordert zunächst eine adäquate Gewichtung der verschiedenen Perspektiven, wobei im Gegensatz zur klassischen Balanced Scorecard insbesondere die Finanzperspektive weniger im Mittelpunkt des Ansatzes steht. Dies lässt sich primär auf Basis von zwei Argumenten begründen (Berens et al. 2000, S. 26):

- Die Sachzieldominanz in der Nonprofit-Organisation führt dazu, dass finanzielle Zielsetzungen vielfach lediglich als Nebenbedingung anzusehen sind.
- Aus psychologischer Hinsicht ist anzumerken, dass betriebswirtschaftliche Steuerungsgrößen oftmals eine Abwehrreaktion bei den Mitgliedern in der Nonprofit-Organisation auslösen, da sie eine Kommerzialisierung der Organisationsmission befürchten.

Zur Förderung der Akzeptanz des BSC-Ansatzes ist die Gewichtung der Finanzperspektive daher zu relativieren. Eine vollständige Vernachlässigung dieser Komponente (vgl. z.B. Haddad 1998) ist allerdings auszuschließen, da der Mittelcharakter nicht unerheblich sein kann (Berens et al. 2000, S. 26). Auch Nonprofit-Organisationen benötigen für die Erbringung ihrer Leistungen Überschüsse, jedoch nicht zur Ausschüttung an die Mitglieder, sondern um Investitionen für die Zukunft zu tätigen und somit die Missionserfüllung langfristig zu sichern. Insofern ist die Finanzdimension auch für Nonprofit-Organisationen mit in die Balanced Scorecard einzubeziehen.

(2) Inhaltliche Gestaltung jeder einzelnen Perspektive
Im Vergleich zur Kundenperspektive bei kommerziellen Unternehmen ist bei Nonprofit-Organisationen die Perspektive der Leistungsempfänger deutlich komplexer. So ist z.B. eine Unterscheidung zwischen Leistungserbringung und -wirkung zu berücksichtigen. Im Rahmen der Leistungserbringung stehen die Art und der Umfang der ausgeführten Tätigkeiten in den einzelnen Bereichen der Nonprofit-Organisation im Vordergrund (Gmür 2000, S. 196). Zur Evaluierung der Leistungserbringung lassen sich i.d.R. leicht operationalisiserbare Kennziffern finden (z.B. Zahl der Einsätze eines Hilfsdienstes). Als problematisch erweist sich hingegen häufig die Mess- und Quantifizierbarkeit auf der

Ebene der Leistungswirkung. Beispielhaft kann in diesem Zusammenhang auf Verbesserungen im ökologischen Bereich verwiesen werden, deren Zuordnung auf bestimmte Aktivitäten von Umweltschutzorganisation problematisch sein dürfte. Aus diesem Grund schlagen Berens et al. (2000, S. 26) vor, einerseits Ergebnisgrößen (d.h. unmittelbar aus der Mission abgeleitete konkrete Wirkungen der Nonprofit-Organisation) und andererseits Treiberkennzahlen (d.h. Indikatoren mit möglichst genauer Tendenzaussage über die Wirkungen) abzubilden. Als Beispiel hierzu dient eine Entwicklungshilfeorganisation, die in einem Projekt die Verbesserung der Lebensbedingungen von Kindern einer Notstandsregion verfolgt. Ein Indikator für die Erreichung dieses Ziels ist beispielsweise die Veränderung der Kindersterblichkeit in diesem Gebiet.

Beispiel: Ableitung von BSC-Kennzahlen in der stationären Altenhilfe
Der Bereich der stationären Altenhilfe ist dadurch gekennzeichnet, dass sich die Einzeldaten, die im Controlling erhoben werden, oftmals ausschließlich auf die finanzwirtschaftliche Dimension beschränken. Das Controlling, wie es derzeit in vielen Pflegeeinrichtungen verstanden wird, sieht primär die Kosten je Pflegetag als Steuerungsgröße vor, wohingegen z.B. Aspekte des Qualitätsmanagements oder der Strategieumsetzung nicht berücksichtigt werden.

Während das Grundgerüst der BSC mit seinen vier Perspektiven (Finanzen, Kunde, Prozesse und Potenzial/Entwicklung) grundsätzlich übertragbar ist, sind für die Pflegeeinrichtung jeweils spezifische strategische Ziele sowie ausgewählte Messgrößen auf operativer Ebene zu definieren. Darüber hinaus ist eine Ergänzung der Perspektive „Sachziele" erforderlich. Die Sachziele, die sich i.d.R. aus dem Leitbild bzw. der Mission der Pflegeeinrichtung ableiten lassen, können beispielsweise wie folgt festgelegt werden:

- Christliche Begleitung im Alter,
- Teilnahme am kulturellen und christlichen Leben,
- Würdevolles und aktives Leben im Alter.

Der nächste Schritt beinhaltet die Konkretisierung der strategischen Ziele durch die Bestimmung operationalisierbarer Kennzahlen. Schaubild 9-10 zeigt dies beispielhaft für das strategische Ziel „Christliche Begleitung".

Im Anschluss an die Sachzielperspektive sind strategische Ziele für die Finanzperspektive festzulegen. In Pflegeeinrichtungen zählen hierzu beispielsweise die Steigerung des Deckungsbeitrages für den Träger, die Reduzierung des Verschuldungsgrades, die zeitnahe Verwendung von Spendengeldern sowie die Sicherstellung der Liquidität. Als Kennzahlen kommen in diesem Fall z.B. der Umsatz und die Kosten je Mitarbeiter, die Budgeteinhaltung in Prozent oder die Sachkosten pro Pflegetag in Frage. Schaubild 9-11 zeigt beispielhaft die Finanzperspektive der BSC für eine Pflegeeinrichtung im Überblick. Die Darstellung der beiden Perspektiven Sachziele und Finanzen (für eine Diskussion weiterer Perspektiven vgl. Poniewaz 2003) verdeutlicht, dass die Auswahl der Perspektiven sowie der Kennzahlen organisationsspezifisch erfolgt (Poniewaz 2003).

Sachzielperspektive				
Strategisches Ziel	Messgröße	Vorgabe	Ist-Wert	Aktion
Christliche Begleitung	Betreuungszeiten in Wochenstunden durch einen Pfarrer	10	5	
	Teilnahmequote Hausmesse	30%	15%	
	Einschaltquote Übertragung Hausmesse	20%	10%	
	Sterbebegleitung	100%	100%	
	Anteil Ordensschwestern am gesamten Personal in der Pflege	5%	2%	
	Anzahl der Begleitungen bei christlichen Festen	100	23	

Schaubild 9-10: Sachzielperspektive einer BSC in der stationären Altenhilfe (Quelle: Poniewaz 2003, S. 8)

Finanzperspektive				
Strategisches Ziel	Messgröße	Vorgabe	Ist-Wert	Aktion
Steigerung der Kostendeckung auf mindestens 105%	Belegungsgrad in Prozent	98	96	
	Personalkosten pro Pflegetag in Euro	70	72	
	Sachkosten pro Pflegetag in Euro	30	39	
	Umsatzanteil der Zusatzleistungen	Größer 5%	0	
	Budgetabweichung in Prozent	Kleiner 2%	4,2%	

Schaubild 9-11: Finanzperspektive einer BSC in der stationären Altenhilfe (Quelle: Poniewaz 2003, S. 9)

(3) Entwicklungsmöglichkeiten von neuen Perspektiven

Neben den bereits erläuterten Perspektiven ist im Nonprofit-Marketing aufgrund der nonprofit-spezifischen Besonderheiten eine Ergänzung um eine Mitarbeiter-Perspektive sinnvoll. Dadurch werden die Kommunikation und die sozialen Faktoren der Tätigkeit besonders hervorgehoben (Berens et al. 2000, S. 27). Bei der Konzeption dieser Perspektive ist zugleich der ehrenamtlichen Tätigkeit in vielen Nonprofit-Organisationen Rechnung zu tragen.

Schaubild 9-12 fasst die genannten Überlegungen zusammen und zeigt die modifizierte Struktur einer BSC für Nonprofit-Organisationen.

Zusammenfassend ist hinsichtlich einer **kritischen Würdigung** festzuhalten, dass das Konzept der Balanced Scorecard durch deren flexible Anpassungsfähigkeit an die spezifischen Bedürfnisse einzelner Organisationen ein geeigneter Ansatz ist, um darauf aufbauend ein umfassendes Kontrollsystem zu entwickeln. Als Voraussetzung für den Einsatz der Balanced Scorecard ist es dabei erforderlich, dass die Nonprofit-Organisation eine konkrete Strategie ausarbeitet und bereit ist, mit genau definierten Zielen zu arbeiten. Im Hinblick auf durchfüh-

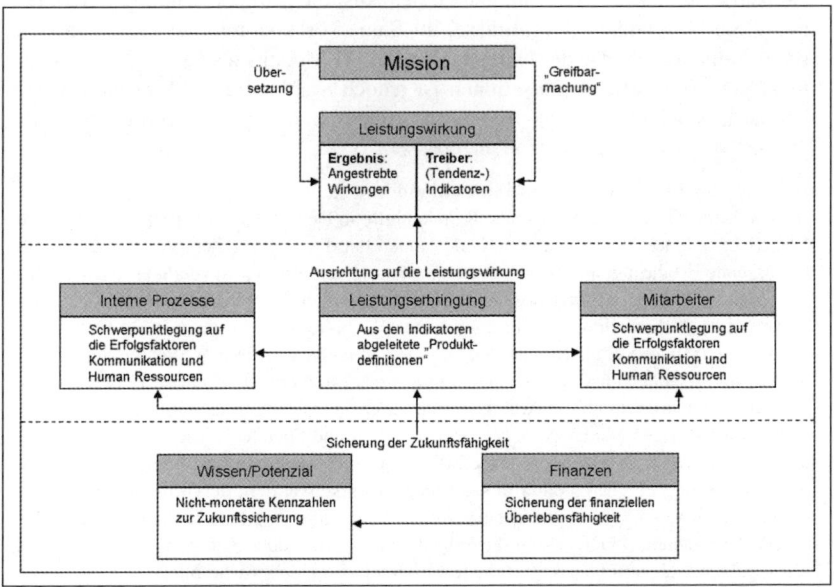

Schaubild 9-12: Modifizierte Struktur einer Balanced Scorecard für Nonprofit-Organisationen (Quelle: Berens et al. 2000, S. 27)

rungsbezogene Kriterien fallen hier – insbesondere in der Einführungsphase der Balanced Scorecard – erhebliche organisatorische und finanzielle Aufwendungen an.

9.5.3 EFQM-Model

Im Rahmen der Qualitätspreise für Nonprofit-Organisationen wurde das EFQM-Modell in Abschnitt 6.6.2 in seiner Grundstruktur vorgestellt. Inzwischen gehen immer mehr Nonprofit-Organisationen dazu über, auf Basis dieses Modells eine Selbstbewertung vorzunehmen (z.B. der Bundesverband für stationäre Suchtkrankenhilfe in Deutschland, die Augsburger Gesellschaft für Bildung und Arbeit, das Jugendaufbauwerk (JAW) Deutschland, das Umweltamt Nürnberg oder der Verein für Sozialpädagogische & Psychologische Hilfen). Auf diese Weise findet in der jeweiligen Organisation ein **Auditing** der Maßnahmen des Nonprofit-Marketing statt.

Ein Controlling auf Grundlage des EFQM-Modells basiert auf der Erfassung und Kontrolle der Nonprofit-Aktivitäten (**Befähiger**, im Sinne von Maßnahmen zur Verbesserung der Beziehungen zu den Anspruchsgruppen) und der Wirkungen dieser Aktivitäten (**Ergebnisse**, im Sinne vorökonomischer und ökonomischer Indikatoren). Für die Nutzung des EFQM-Modells als Controlling-Instrument von Nonprofit-Organisationen ist jedoch – analog zu der Vorgehensweise bei der Balanced Scorecard – die Grundstruktur an die spezifischen Eigenschaften der Nonprofit-Organisation anzupassen.

Beispiel: Suchtkrankenhilfe in Deutschland
Verschiedene Einrichtungen der Suchtkrankenhilfe in Deutschland arbeiten heute mit dem EFQM Excellence Modell. In den Niederlanden hat das Jellinek-Zentrum in Amsterdam umfassende Erfahrungen mit dem Ansatz gesammelt und für die Anwendung in der Suchtkrankenhilfe eine Anpassung des Modells vorgenommen. In Nordrhein-Westfalen setzen derzeit etwa 50 Einrichtungen der ambulanten Suchtkrankenhilfe das EFQM Excellence Modell um (Pursche et al. 2002, S. 8). Die Idee, in niedersächsischen Suchtberatungsstellen ein umfassendes Qualitätsmanagement mit der Möglichkeit zu einem Benchmarking einzuführen, wurde durch die Arbeitsgruppe „Sozialbilanz" beim damaligen Sozialministerium und heutigen Ministerium für Frauen, Arbeit und Soziales initiiert (Lutter 2001, S. 255). Der Kern des Konzepts ist dabei, dass alle Suchtberatungsstellen eine strukturierte Selbstbewertung der Tätigkeiten in sämtlichen Tätigkeitsfeldern durchführen und hierfür eine persönliche Anleitung und entsprechende Materialien erhalten. In Anlehnung an das EFQM Excellence Modell erfolgt die Selbstbewertung in sieben Kategorien mit insgesamt elf Aspekten. Schaubild 9-13 zeigt die jeweiligen Leitfragen im Überblick.

Kategorie	Leitfragen
1. Führung 1.1 durch Stellenleitung 1.2 durch Träger	• Wie tragen die Leitungskräfte/die Trägervertreter zum Erzielen von Qualität in der Arbeit der Suchtberatungsstelle und zur Erfüllung ihres gesellschaftlichen Auftrages bei?
2. Ist-Analyse 2.1 Umfeld/Rahmenbedingungen 2.2 Eigene Leistungen	• Wie informiert die Beratungsstelle sich über die lokalen und regionalen Problemlagen und Bedarfe sowie über die Hilfsangebote? • Wie erfasst, bewertet und kommuniziert die Beratungsstelle Aufwand und Wirkung ihrer Leistungen?
3. Planung/Soll-Analyse	• Wie legt die Beratungsstelle ihre Strategie fest? Wie führt sie ihre Planungen ein und setzt sie um?
4. Mitarbeiterorientierung und -unterstützung 4.1 Qualifikation und Weiterbildung 4.2 Beteiligung und Organisation	• Wie stellt die Beratungsstelle die Qualifikation der Mitarbeiter sicher, nutzt und entwickelt sie weiter? • Wie stellt die Beratungsstelle die Beteiligung und das Engagement der Mitarbeiter sicher, unterstützt und nutzt sie?
5. Organisations- und Prozessgestaltung 5.1 Interne Arbeitsabläufe 5.2 Gestaltung der Angebote	• Wie managt die Beratungsstelle ihre Ressourcen? • Wie legt die Beratungsstelle ihre Angebote und Leistungen fest, präsentiert, erbringt und entwickelt sie weiter?
6. Kundennutzen/Kundenzufriedenheit 6.1 Einrichtungs- und Kostenträger 6.2 Klienten, Angehörige, andere Dienste	• Wie richtet die Beratungsstelle ihre Arbeit auf den Nutzen und die Zufriedenheit der Einrichtungs- und Kostenträger (z. B. Zuwendungsgeber, Sozialversicherungen) aus? • Wie erreicht die Beratungsstelle den Nutzen und die Zufriedenheit von Suchtkranken, Ratsuchenden, Angehörigen sowie von anderen Diensten?
7. Messung von Ergebnissen und Verbesserungen	• Wie misst und bewertet die Beratungsstelle ihre Verbesserungsprozesse und deren Ergebnisse in allen vorgenannten Kategorien?

Schaubild 9-13: Selbstbewertungstabelle nach dem EFQM Excellence Modell (Quelle: Lutter 2001, S. 258)

Bei einer **kritischen Würdigung** des EFQM-Modells ist insbesondere die vollständige Erfassung der Aktivitäten und Ergebnisse einer Nonprofit-Organisation als Pluspunkt dieses Ansatzes zu nennen. Durch das strukturierte Aufzeigen der Aktivitäten einer Nonprofit-Organisation weist das Modell eine gewisse Entscheidungsorientierung auf. Außerdem werden mögliche Aktivitäten zur Steuerung der Beziehungen einer Organisation zu ihren Anspruchsgruppen umfassend berücksichtigt.

Obwohl die Initiatoren des EFQM Excellence Modells davon ausgehen, dass sich das Bewertungsmodell auch auf staatliche und private Nonprofit-Organisationen anwenden lässt, ist kritisch zu prüfen, ob die spezifischen Unterschiede von Nonprofit-Organisationen im klassischen EFQM Excellence Modell ausreichend berücksichtigt werden (Bumbacher 2000, S. 108). Um die Frage der Anwendbarkeit der EFQM-Bewertungskriterien auf den Nonprofit-Bereich beantworten zu können, ist deshalb zu untersuchen, ob die spezifischen Charakteristika, wie z. B.:

- die fehlende Ziel- und Steuerungsfunktion der Überschüsse,
- der inhärente Solidaritätsgedanke,
- die Zusammensetzung aus haupt- und ehrenamtlichen Mitarbeitern oder
- (im Falle mitgliederbasierter Nonprofit-Organisationen) basisdemokratische Entscheidungsmechanismen über Mitglieder- bzw. Delegiertenversammlungen,

mit den bestehenden neun Bewertungskriterien hinreichend berücksichtigt werden (Bumbacher 2000, S. 108 ff.). Dabei stellt sich heraus, dass verschiedene Kriterien (z.B. Führung) zu modifizieren sind, wobei eine weitere Differenzierung bzw. Aufschlüsselung schon hilfreich ist. Am Beispiel der mitarbeiterorientierten Ergebnisse ist etwa eine Aufschlüsselung nach Ergebnissen und Wirkungen der Nonprofit-Aktivitäten hinsichtlich der festangestellten, hauptamtlichen Mitarbeiter und hinsichtlich der ehrenamtlich, freiwillig agierenden Personen sinnvoll (Bumbacher 2000, S. 111).

Ein stärkerer Anpassungsbedarf ist zudem bei den Geschäftsergebnissen erforderlich, d.h., es sind spezifische Kennzahlen zu definieren, die einen geeigneten Gradmesser für die längerfristige Entwicklung von Nonprofit-Organisationen darstellen (Herzlinger 1994, S. 54 ff.). Neben der terminologischen und inhaltlichen Überarbeitung sind nach Bumbacher (2000, S. 111) auch die gewählten Gewichte der neun Beurteilungskriterien für Nonprofit-Organisationen zu überdenken.

9.5.4 Kosten-Nutzen-Analyse

Die Kosten-Nutzen-Analyse betrachtet die Nutzenbeiträge einzelner Handlungsalternativen sowie die korrespondierenden Kosten. Die Kosten-Nutzen-Analyse im Nonprofit-Marketing berücksichtigt dabei auch Nutzenkategorien, die sich nicht direkt in Einzahlungen niederschlagen, sondern die sich aus der Erfüllung der Mission einer Nonprofit-Organisation ergeben.

Im Unterschied zum Wirtschaftlichkeitscontrolling im Nonprofit-Marketing, das insbesondere auf die ökonomische Wirkungskontrolle von Einzelmaßnahmen fokussiert, ist das Ziel der Kosten-Nutzen-Analyse, sowohl materielle als auch immaterielle Erfolgswirkungen transparent zu machen und in Relation zu dem damit verbundenen Kostenaufwand zu setzen. Dies geschieht durch die Operationalisierung und Verknüpfung von Maßnahmen und Wirkungen vorökonomischer und ökonomischer Faktoren (vgl. Abschnitte 9.2 und 9.3).

Grundsätzlich richtet sich die Kosten-Nutzen-Analyse sowohl auf die Aktivitäten des Nonprofit-Marketing im Allgemeinen, als auch auf spezielle Teilbereiche. Hierzu gehören z.B. spezifische Kosten-Nutzen-Betrachtungen des Qualitäts- oder des Spendenmanagements bzw. auch von einzelnen Aktivitäten dieser Managementteilbereiche.

Im Hinblick auf die **Kostenermittlung** sind sämtliche Kosten zu bestimmen, die durch Maßnahmen des Nonprofit-Marketing hervorgerufen werden (z.B. Investitionen in die Qualitätsoptimierung, Kosten für die Spendenakquisition). Hierbei besteht das Problem, dass zahlreiche Aktivitäten des Nonprofit-Marketing nicht isoliert von den Leistungserstellungsaktivitäten erfasst werden können, so dass die Kostenstellenrechnung nur in wenigen Fällen zur Ermittlung der Kosten einsetzbar ist. Vielmehr ist es erforderlich, auf Basis einer **Prozessanalyse** diejenigen Aktivitäten zu identifizieren, die direkt dem Nonprofit-Marketing zugerechnet werden können, da die hierfür entstehenden Kosten spezifische Kosten des Nonprofit-Marketing darstellen (Bruhn 1998). Hierbei ist es für die Bewertung der Kostendimension häufig notwendig, Hilfsverfahren anzuwenden, wie z.B. Erfassung von Mehraufwendungen, Befragungen, Berechnung von Schattenpreisen, Opportunitätskosten u.a.

Der **Nutzen** von Nonprofit-Aktivitäten ergibt sich aus den **Erfolgswirkungen** gemäß der Wertekette im Nonprofit-Marketing. Zur Ermittlung des Nutzens können somit vorökonomische und ökonomische Indikatoren herangezogen werden. So ist z.B. der Nutzen eines Qualitätsmanagements innerhalb einer Universität durch die gesteigerte Zufriedenheit der Studenten und deren erhöhte Bindung an die Universität messbar. Dies beeinflusst wiederum z.B. das Image der Universität positiv und erhöht die Chance, Drittmittel zu akquirieren, so dass auch diese Größen als Indikator für die Nutzenwirkung herangezogen werden können. Darüber hinaus bieten sich zur Quantifizierung der Nutzendimension u.a. an: Berechnung von Kosteneinsparungen, Befragung bei Betroffenen, Ansatz von Schattenpreisen.

Aus der Gegenüberstellung von Kosten und Nutzen des Nonprofit-Marketing im Allgemeinen, bzw. spezieller Teilbereiche resultiert die Notwendigkeit der Formulierung von **Kosten-Nutzen-Kennziffern**. Hierbei werden je nach Zeithorizont statische und dynamische Kennziffern unterschieden. Der Nutzen einer Organisation im Bereich der Bildungsförderung lässt sich z.B. an der prozentualen Abnahme des Anteils an Analphabeten oder auch im prozentualen Anstieg von Schulabschlüssen (einer bestimmten Schulstufe) innerhalb einer betroffenen Bevölkerungsgruppe messen. Die Kosten bilden hierbei die Summe aller Aufwendungen für ein solches Projekt. Eine entsprechende statische Kennziffer wäre z.B. Kosten pro Prozentpunkt des Zuwachses an Schulabschlüssen. Dynamische Kennziffern berücksichtigen im Vergleich zu statischen Kennziffern den zeitlichen Unterschied anfallender Kosten. Hierzu werden – bezugnehmend auf das

Beispiel der Bildungsförderung – die jährlich für das Bildungsprojekt anfallenden Kosten abgezinst sowie aufsummiert und mit der Veränderung der Analphabetenrate seit Projektbeginn verglichen. Die Betrachtung dynamischer Kennziffern bietet eine im Vergleich zu statischen Kennziffern verbesserte Grundlage bzgl. Entscheidungs- und Planungsaufgaben.

Im Rahmen einer **kritische Würdigung** kann festgehalten werden, dass die Kosten-Nutzen-Analyse durch die Berücksichtigung der gesamten Wirkungskette des Nonprofit-Marketing eine hohe Entscheidungsorientierung aufweist. Wie die übrigen Verfahren einer integrierten Kontrolle sind allerdings auch Kosten-Nutzen-Analysen mit hohem Aufwand, hoher Komplexität und in der Folge hohen Kosten verbunden. Die Hauptschwierigkeit dieses Ansatzes besteht dabei in der umfassenden Operationalisierung der Nutzendimensionen. Aufgrund der Breite des Ansatzes ist es darüber hinaus schwierig, eine hohe Aktualität sicherzustellen. Durch das hohe Aggregationsniveau ist zudem die Berücksichtigung einzelner Mitglieder von Anspruchsgruppen nicht gegeben.

In einer abschließenden Betrachtung stellen die Ergebnisse der Kontrollphase eine wichtige Grundlage für strategische Entscheidungen des Führungsmanagements einer Nonprofit-Organisation dar. Die Überprüfung der Zielgrößen des Nonprofit-Marketing liefert überdies Ansatzpunkte für die Revision der Zielplanung. Hierdurch wird ein erneutes Durchlaufen eines Planungsprozesses in Gang gesetzt. Somit wird deutlich, dass die Kontrolle nicht als isoliertes „Ende" des Managementprozesses zu betrachten ist, sondern in dessen Mittelpunkt steht. Dennoch ist der Verbreitungsgrad von effizienten Controllingsystemen innerhalb von Nonprofit-Organisationen noch relativ gering.

10 Zukunftsperspektiven des Nonprofit-Marketing

In den letzten Jahrzehnten hat sich die Marketingwissenschaft sehr intensiv mit der Übertragbarkeit des Marketinggedankens auf Nonprofit-Organisationen beschäftigt. Vor dem Hintergrund der Besonderheiten von Nonprofit-Organisationen sind die Ansätze aus dem kommerziellen Marketing aufgegriffen und spezifisch weiterentwickelt worden. Dadurch entstand ein eigenständiges Nonprofit-Marketing, das als übergeordnete Zielsetzung die Verbesserung der Missionserfüllung bei Nonprofit-Organisationen anstrebt.

Bei einer Betrachtung der Zukunftsperspektiven des Nonprofit-Marketing sind Veränderungstendenzen bei den Rahmenbedingungen des Nonprofit-Markting ebenso zu beachten wie Entwicklungen in den Nonprofit-Märkten sowie beim Instrumenteeinsatz (vgl. Schaubild 10-1). Deshalb werden abschließend diese drei Aspekte näher beleuchtet, um daraus in Thesenform relevante Tendenzaussagen für das Nonprofit-Marketing abzuleiten.

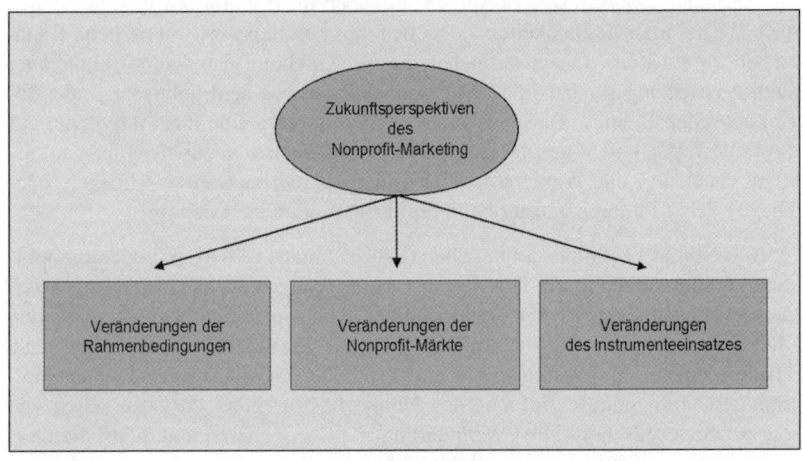

Schaubild 10-1: Zukunftsperspektiven des Nonprofit-Marketing

10.1 Veränderungen der Rahmenbedingungen

Veränderungen im Bereich der Rahmenbedingungen haben einen entscheidenden Einfluss darauf, wie sich Nonprofit-Organisationen in den nächsten Jahrzehnten entwickeln werden und welche neuen Aufgabenfelder für das Nonprofit-Marketing in Zukunft relevant werden. Zu den wesentlichen Rahmenbedingungen in diesem Zusammenhang zählen soziodemographische Veränderungen, Veränderungen in der Finanzierungsstruktur sowie veränderte rechtliche Bedingungen.

These 1: Soziodemographische Veränderungen in der Gesellschaft werden erhebliche Auswirkungen auf die Marketingaktivitäten von Nonprofit-Organisationen haben.

Aufgrund rückläufiger Geburtenraten und des medizinischen Fortschritts ist in Deutschland und anderen Industrienationen ein Anstieg des Durchschnittsalters der Bevölkerung zu beobachten. Gemäß einer vorausschauenden Bevölkerungsstatistik des Statistischen Bundesamtes wird im Jahre 2050 die Hälfte der Bevölkerung älter als 48 Jahre und ein Drittel 60 Jahre oder älter sein (www.destatis.de, Zugriff am 27.01.2005). Diese Entwicklung der Altersstruktur führt dazu, dass Nonprofit-Organisationen, deren Zielgruppe Senioren sind, in der nächsten Zeit einer hohen Nachfrage nach ihren Leistungen gegenüber stehen werden. Dies trifft insbesondere auf soziale Nonprofit-Organisationen zu, wie z.B. Altersheime, karitative Dienste usw. Entsprechend haben diese Nonprofit-Organisationen nach Wegen und Möglichkeiten zu suchen, um beispielsweise zusätzliche Kapazitäten zu schaffen. Gleichzeitig hat die Verschiebung der Altersstruktur aber auch Auswirkungen auf Nonprofit-Organisationen aus dem politischen oder soziokulturellen Bereich. Beispielsweise werden Sportvereine ihre Aktivitäten auf die Bedürfnisse und Wünsche älterer Anspruchsgruppen anzupassen haben, Parteien versuchen die Wählerpotenziale dieser Zielgruppe zu erschließen oder Theater deren Präferenzmuster bei ihrem Programm berücksichtigen.

Je nach Nonprofit-Organisation haben darüber hinaus weitere soziodemographische Veränderungen in der Gesellschaft Auswirkungen auf die Marketingaktivitäten, wie beispielsweise der Trend zu einer hohen Anzahl an allein erziehenden Elternteilen, der etwa für die Anbieter von fair-gehandelten Lebensmittel neue Anforderungen an Packungsgröße und Produkte mit sich bringt. Dementsprechend ist eine zentrale Aufgabe des Nonprofit-Marketing darin zu sehen, die relevanten gesellschaftlichen Veränderungen zu antizipieren und die Marketingaktivitäten – sowohl im Beschaffungs- als auch im Absatzmarkt – darauf abzustimmen.

These 2: Die angespannte Lage der öffentlichen Haushalte stellt die Nonprofit-Organisationen vor neue Herausforderungen im Hinblick auf die Beschaffungsaktivitäten.

Die Zukunft der Tätigkeit und Existenz von Nonprofit-Organisationen wird auch und insbesondere durch die Veränderungen im öffentlichen Bereich beeinflusst. Wurde in der Vergangenheit mit Zuschüssen und Beihilfen für Nonprofit-Organisationen vergleichsweise großzügig umgegangen, so ist in den letzten Jahren durch die angespannte Lage der öffentlichen Haushalte ein Umdenken festzustellen. Entsprechend sind viele Nonprofit-Organisationen darauf angewiesen, andere, private Geldquellen zur Finanzierung der Leistungen zu akquirieren. Fundraising und Sponsoring werden somit zu zentralen Instrumenten, um für eine ausreichende finanzielle Basis der Nonprofit-Organisation zu sorgen.

These 3: Durch eine Europäisierung verschiedener rechtlicher Regelungen sowie die Tendenz zur Liberalisierung der Nonprofit-Märkte kommen auch Veränderungen auf Nonprofit-Organisationen zu.

Im Zusammenhang mit der Europäisierung strebt die EU die Angleichung der verschiedenen rechtlichen Systeme der Mitgliedstaaten an. So ist beispielsweise die rechtliche Sonderstellung und Organisationsform der Freien Wohlfahrtspflege, wie sie in Deutschland derzeit existiert, in den meisten anderen europäischen Ländern gänzlich unbekannt. Hier ist davon auszugehen, dass sukzessive verschiedene Vergünstigungen der gemeinnützigen Wohlfahrtsverbände abgebaut werden, um private Anbieter nicht zu benachteiligen. Diese Tendenz zeigt sich beispielsweise in den Diskussionen zum sog. Beihilfeverbot gem. Art. 87ff., 92 EG-Vertrag, das staatliche Beihilfen im Rahmen der Wohlfahrtspflege in bestimmten Fällen als unzulässig einstuft. Ebenfalls haben Änderungen des Umsatzsteuerrechtes dazu geführt, dass bereits heute z.B. Leistungen des ambulanten betreuten Wohnens umsatzsteuerpflichtig sind (Bathen 2004).

Ein anderes Beispiel rechtlicher Änderungen, das Auswirkungen auf die Beschaffungsaktivitäten von Nonprofit-Organisationen hat, ist die am 02.12.2002 vom EU-Ministerrat beschlossene zweite Tabakrichtlinie. Mit dieser wird u.a. das Sponsoring von Veranstaltungen durch Tabakkonzerne verboten, wenn diese über die Landesgrenzen hinaus wirken. Da Tabakkonzerne in diversen Sponsoringbereichen als Sponsoren aktiv sind, werden die entsprechenden Nonprofit-Organisationen sich nach alternativen Sponsoringengagements umschauen müssen. Betroffen sind hier vor allem Nonprofit-Organisationen aus dem Sport, aber auch aus dem Kultur-, Wissenschafts- und Umweltbereich, da auch hier Tabakkonzerne bzw. Zigarettenmarken als Sponsoren aktiv sind (z.B. Philipp-Morris-Forschungspreis).

These 4: Die zukünftigen Herausforderungen des Nonprofit-Marketing werden z.T. auch durch Veränderungen der Rahmenbedingungen bei kommerziellen Unternehmen determiniert.

Die Wechselwirkungen zwischen der Privatwirtschaft und dem Bereich von Nonprofit-Organisationen sind äußerst vielfältig. Zum einen ist die Bereitschaft der Wirtschaft, sich auf ein Sponsorship einzulassen, von der wirtschaftlichen Lage der Betriebe abhängig. Zum anderen werden viele Bereiche, die früher primär Nonprofit-Organisationen vorbehalten waren, inzwischen auch von kommerziellen Anbietern bearbeitet. Beispielsweise finden sich inzwischen eine Vielzahl kommerziell-orientierter Museen oder Altenpflegeeinrichtungen. In Zukunft ist damit zu rechnen, dass sich diese Tendenz noch fortsetzen wird. Somit steigt der Konkurrenzdruck durch kommerzielle Unternehmen. Um mit diesen Anbietern konkurrieren zu können, ist eine weitere Professionalisierung des Nonprofit-Management unabdingbar. Die Umsetzung eines anspruchsgruppenorientierten Denkens spielt in diesem Zusammenhang eine entscheidende Rolle. Nur wenn es den Nonprofit-Organisationen gelingt, die Wünsche und Bedürfnisse der Leistungsempfänger und der Kostenträger zu erfüllen, werden diese nicht zu den kommerziellen Unternehmen abwandern.

Veränderungen in der Privatwirtschaft können allerdings auch bedeuten, dass bestimmte Leistungen, die derzeit von kommerziellen Unternehmen angeboten werden, in Zukunft für diese nicht mehr rentabel sind und aus deren Angebot fallen. Diese Leistungen könnten dann von Nonprofit-Organisationen, wie z.B. Selbsthilfeorganisationen, erstellt werden. Beispielsweise ist im Bereich öffentlicher Verkehrsmittel die Tendenz festzustellen, dass unrentable Strecken aus dem Fahrplan der Verkehrsanbieter genommen werden oder nur noch unregelmäßig bedient werden. Durch die Suche von Sponsoren oder privaten Geldgebern bzw. durch den Einsatz von Sammeltaxis und Mitfahrgelegenheit könnten diese Strecken auf Nonprofit-Basis „wiederbelebt" werden (Badelt 2002b, S. 667).

10.2 Veränderungen der Nonprofit-Märkte

Dynamische Entwicklungen und Veränderungen in den Nonprofit-Märkten – wie z.B. das Eintreten neuer, z.T. internationaler Konkurrenten, rückläufige staatliche Subventionen oder das zunehmende Auftreten privatwirtschaftlicher Anbieter in ehemals geschützten Bereichen – sind für die Nonprofit-Organisationen mit neuen strategischen, organisatorischen und personellen Aufgaben verbunden.

These 5: Vor dem Hintergrund einer steigenden Wettbewerbsintensität in den Nonprofit-Märkten wird eine Qualitätsorientierung in Zukunft erfolgsentscheidend für Nonprofit-Organisationen sein.

Mit zunehmender Zahl kommerzieller und nicht-kommerzieller Konkurrenten steigt für die Leistungsempfänger die Auswahl bei der „Kaufentscheidung". Sie werden sich primär für die Anbieter entscheiden, die eine hohe Leistungsqualität anbieten. Das gilt insbesondere dann, wenn die Entscheidung zur Inanspruchnahme der Nonprofit-Leistung für den Leistungsempfänger mit einem hohen wahrgenommenen Risiko verbunden ist, d.h., Fehlentscheidungen besondere negative Konsequenzen mit sich bringen (z.B. schlechte Pflege als Risiko bei der Wahl eines Altenheims).

Leistungen von Nonprofit-Organisationen zeichnen sich i.d.R. durch eine hohe Integration des Leistungsempfängers in den Leistungserstellungsprozess aus, so dass das Qualitätsmanagement einen hohen Komplexitätsgrad aufweist. Nahezu jede Wertaktivität bietet Ansatzpunkte zur Beeinflussung relevanter Dimensionen der Qualitätswahrnehmung. Das Qualitätsmanagement von Nonprofit-Organisationen hat sich daher auf sämtliche Stufen des Leistungserstellungsprozesses – inklusive aller vor- und nachgelagerter Aktivitäten – zu beziehen.

These 6: Die Herausforderung, das Vertrauen von Leistungsempfängern und sonstigen Anspruchsgruppen zu gewinnen, wird zukünftig verstärkt durch gezielte Markenführung bewältigt werden.

Analog zu den Entwicklungen im kommerziellen Bereich werden sich die Verantwortlichen von Nonprofit-Organisationen zukünftig vermehrt um den Aufbau einer starken Nonprofit-Marke bemühen, da diese als Kompetenz- und Vertrauensnachweis von zentraler Bedeutung ist. In Bezug auf die Markenführung von Nonprofit-Organisationen existieren allerdings einige spezifische Probleme. Da es sich bei den Angeboten von Nonprofit-Organisationen i.d.R. um Dienstleistungen handelt erweist es sich als schwierig, Markenträger zu identifizieren, wie beispielsweise bestimmte Leistungsbündel oder Einzelleistungen. Damit verbunden gestaltet sich die Festlegung einer geeigneten Markenstrategie oftmals als problematisch. Dennoch ist für ein professionelles und systematisches Nonprofit-Marketing die bewusste Wahl einer Markenstrategie und deren konsequente Umsetzung notwendig. Bisher wird der Name der Organisation bzw. der Leistungen noch allzu häufig als Bezeichnung angesehen, ohne dessen Potenzial als Marke zu erkennen oder auszubauen.

Aus der Vielzahl an Nonprofit-Organisationen, die um die Aufmerksamkeit von Spendern, Sponsoren oder Mitgliedern konkurrieren, resultiert die Forderung nach einer prägnanten Gestaltung von Nonprofit-Marken. Nur so kann sichergestellt werden, dass die Abgrenzung zur Konkurrenz gelingt und sich die Nonprofit-Marke bei den Anspruchsgruppen etabliert.

These 7: Nonprofit-Organisationen haben auf den Wandel in den Nonprofit-Märkten mit organisatorischen und personellen Veränderungen zu reagieren.

Die Verantwortlichen in Nonprofit-Organisationen sind in erster Linie für die Erfüllung ihrer missionsbezogenen Aufgaben ausgebildet (z.B. Leben retten, Personen pflegen, Umwelt schützen usw.). Mit der steigenden Wettbewerbsintensität in den Nonprofit-Märkten ist jedoch ein Wandel der Tätigkeitsfelder von Mitarbeitenden in Nonprofit-Organisationen verbunden. So werden sich beispielsweise Mitarbeitende vermehrt um private Geldgeber kümmern. Dadurch steigt der Bedarf nach entsprechend ausgebildetem Personal. Durch die wachsende Zahl an Nonprofit-Organisationen wird zudem der Wettbewerb um die knappen Gelder erhöht, wodurch der Stellenwert der Beschaffungsaktivitäten im Vergleich zu den absatzmarktgerichteten Tätigkeiten weiterhin zunimmt (Weinberg/Ritchie 1999). Daraus lässt sich schlussfolgern, dass gezielt Mitarbeitende – auch ehrenamtliche – für den Bereich der Ressourcenbeschaffung zu akquirieren bzw. zu schulen sind.

Die meisten der Nonprofit-Organisationen verfügen über eine lange Tradition, so dass sich organisatorisch Strukturen entwickelt haben, die oftmals nur schwer zu verändern sind. Bei einem Wandel der Beschaffungs- und Absatzmärkte wird es darauf ankommen, die geplanten Veränderungen hin zu mehr Flexibilität und Marktorientierung behutsam vorzunehmen. Dies betrifft vor allem die Zusammenarbeit mit Beratern und kommerziellen Unternehmen.

10.3 Veränderungen des Instrumenteeinsatzes

Häufig werden in der Praxis von Nonprofit-Organisationen lediglich einige ausgewählte Marketinginstrumente, wie z.B. das Sponsoring oder die Öffentlichkeitsarbeit, eingesetzt. Durch den zunehmenden Wettbewerbsdruck ist jedoch davon auszugehen, dass in Zukunft die Möglichkeiten des Marketinginstrumentariums besser ausgeschöpft werden und diesbezüglich eine Professionalisierung stattfindet. Gleichzeitig haben viele Nonprofit-Organisationen – u.a. durch den Rückgang an staatlichen Subventionen – erkannt, dass neue Anspruchsgruppen im Rahmen der Marketingaktivitäten zu berücksichtigen sind. Diese Entwicklung betrachtend, wird sich der Einsatz des Marketinginstrumentariums und die zukünftige Bedeutung einzelner Instrumente verändern.

These 8: Auf Basis neuer Technologien bieten sich Nonprofit-Organisationen innovative Möglichkeiten, um mit ihren Anspruchsgruppen zu interagieren.

Neue Informations- und Kommunikationstechnologien, wie insbesondere das Internet und Mobiltelefone, eröffnen Nonprofit-Organisationen neue Möglichkeiten, mit den Teilnehmern auf den Absatz- und Beschaffungsmärkten zu interagieren. In Deutschland sind derzeit ca. 65 Mio. Mobiltelefone im Einsatz (Engeser 2004), über die beispielsweise allein an das Kinderhilfswerk UNICEF für die Flutopfer in Südostasien eine halbe Million Euro per SMS gespendet wurden (www.unicef.ch, Zugriff am 28.01.2005). Nicht nur als Beschaffungsinstrument kommt dem Mobiltelefon eine steigende Bedeutung zu, sondern auch zur individuellen Ansprache und Information von Leistungsempfängern. Beispielsweise lassen sich Theaterprogramme oder Stadtpläne als Download für das Mobiltelefon bereit stellen. Werden Handys in der nahen Zukunft multimediafähig, so ist eine weitere Zunahme der Informations- und Interaktionsmöglichkeiten per Handy zu erwarten. Ebenso ist davon auszugehen, dass auch die Weiterentwicklung der Internettechnologien dazu führt, dass mit diesem Medium – über die bisherigen Anwendungsmöglichkeiten hinaus – weitere innovative Interaktions- und Kommunikationsmöglichkeiten entstehen.

Ein professionelles Database-Management auf Basis moderner Technologien erleichtert außerdem die individualisierte Bearbeitung von Leistungsempfängern oder Förderern und trägt damit zu einer erhöhten Effektivität und Effizienz der Marketingaktivitäten bei. So hilft beispielsweise der Einsatz von Spenderdatenbanken und entsprechender Software dabei, die Beziehungen zu den Geldgebern zu individualisieren und damit die Erfolgschancen von Spendenaufrufen zu verbessern.

These 9: Die anspruchsgruppen- und segmentspezifische Ausgestaltung des Instrumenteeinsatzes wird zur zentralen Herausforderung im Nonprofit-Marketing.

Vor dem Hintergrund einer Vielzahl unterschiedlicher interner und externer Anspruchsgruppen, wie z.B. Leistungsempfänger, Spender, Sponsoren, Mitarbeitende, Politik usw., kommt der individuellen Ausrichtung des Marketinginstrumenteeinsatzes eine erfolgsrelevante Bedeutung zu. Dabei geht es primär darum, die Marketinginstrumente auf die Bedürfnisse und Wünsche der einzelnen Akteure auf dem Beschaffungs- bzw. Absatzmarkt abzustimmen. Beispielsweise haben die verschiedenen Anspruchsgruppen bzw. die einzelnen Zielsegmente innerhalb der Anspruchsgruppen unterschiedliche Informationsbedürfnisse, die es zu erfüllen gilt. In Bezug auf die Kommunikationspolitik werden dabei vor allem die Instrumente der Dialogkommunikation bei zentralen Anspruchsgruppen an Bedeutung gewinnen, da mit diesen auf das Informations- und Interaktionsbedürfnis einzelner Personen individuell eingegangen werden kann. Dies ist mit neuen Herausforderungen für die Nonprofit-Organisationen verbunden, da eine interaktive Kommunikation weniger planbar ist als der Einsatz von Massenkommunikationsinstrumenten.

These 10: Für einen systematischen und professionellen Einsatz des Marketinginstrumentariums werden Nonprofit-Organisationen zunehmend gezwungen sein, das Marketingdenken bei allen Mitarbeitenden zu fördern.

In zahlreichen Nonprofit-Organisationen sind starke Vorbehalte, Barrieren und Berührungsängste bei der Anwendung von Marketingprinzipien und -methoden zu beobachten. Dies betrifft nicht nur die Vorurteile gegenüber dem Marketing als Denkhaltung, sondern vor allem die Frage des Einflusses des Marketing auf die Identität bzw. den Charakter der Nonprofit-Organisation. Hier wird es darauf ankommen, vertrauensbildende Informationen und Erklärungen zu geben, um die Auswirkungen der Marketingorientierung für die Mitarbeitenden transparent zu machen. Erst daran anschließend kann mit der eigentlichen Anpassung der Nonprofit-Organisation in Richtung einer stärkeren Marketingorientierung und der damit verbundenen Umsetzung des entscheidungsorientierten Marketingansatzes begonnen werden.

Neben der Frage, wie sich die Praxis des Nonprofit-Marketing entwickeln wird, stellt sich auch die Frage, welche Herausforderungen sich für die Wissenschaft bzgl. des Konzeptes Nonprofit-Marketing ergeben.

Ein Schwerpunkt in der wissenschaftlichen Weiterentwicklung des Nonprofit-Marketing wird in Zukunft darin liegen, Cluster von Organisationen und Aufgaben zu finden, die aufgrund der Ähnlichkeit ihrer spezifischen Situation auch eine ähnliche Form der Marktbearbeitung zulassen. Nur so können die Marketingmethoden für den praktischen Einsatz verfeinert werden und exaktere Aussagen für das Nonprofit-Marketing in den verschiedenen Branchen getroffen werden.

Im Rahmen der empirischen Forschung wird es notwendig sein, verstärkt Studien in verschiedenen Nonprofit-Branchen durchzuführen. Die gesamte empirische Forschung wurde im Nonprofit-Marketing bisher stark vernachlässigt. Hier kommt einem interdisziplinären Ansatz eine zentrale Bedeutung zu. So können

Forschungsergebnisse aus der Konsumentenforschung und der Psychologie aufgegriffen und auf den Kontext von Nonprofit-Organisationen übertragen werden. Darüber hinaus sind verstärkt die Erkenntnisse des Dienstleistungs- und Industriegütermarketing zu nutzen, denn dort – wie auch in den meisten Nonprofit-Branchen – werden die Leistungen durch eine intensive Interaktionsorientierung der Beteiligten erbracht. Deshalb wird es vielleicht zu einer bestimmten Zeit nicht mehr notwendig sein, eine branchenspezifische Betrachtung von Problemstellungen des Marketing vorzunehmen.

Literaturverzeichnis

Abell, D.F. (1980): Defining the Business. The Starting Point of Strategic Planning, Englewood Cliffs.

Adler, J. (1994): Informationsökonomische Fundierung von Austauschprozessen im Marketing, Arbeitspapier zur Marketingtheorie Nr. 3, Trier.

Ahlert, D. (2001): Distributionspolitik, 4. Aufl., Stuttgart/New York.

Ahmed, P.K./Rafiq, M. (2002): Internal Marketing. Tools and Concepts for Customer-focused Management, Oxford.

Algedri, J. (1998): Integriertes Qualitätsmanagement-Konzept für die kontinuierliche Qualitätsverbesserung, Kassel.

Aloisi, L. (2003): Zürcher Oktoberrevolution, in: Werbewoche, Nr. 31, 4.9.2003, S. 7.

Althaus, S. (1995): Kundenorientierung als Integrationsfaktor ganzheitlicher Unternehmensführung, St. Gallen.

Altmann, C./Fritzler, M. (2003): Greenpeace – Ist die Welt noch zu retten?, Düsseldorf.

Alvarez-González, L.I./Santos-Vijande, M.L./Vázquez-Casielles, R. (2002): The Market Orientation in the Private Nonprofit Organisation Domain, in: International Journal of Nonprofit and Voluntary Sector Marketing, Vol. 7, No. 1, S. 5–67.

American Marketing Association (1960): Marketing Definitions. A Glossary of Marketing Terms, Chicago.

American Marketing Association (1985): AMA Board Approves New Marketing Definition, in: Marketing News, Vol. 19, No. 5, S. 1.

American Marketing Association (2004): What are the Definitions of Marketing and Marketing Research?, www.marketingpower.com, Zugriff am 10.11.2004.

Ammermann, M. (1998): The Root Cause Analysis Handbook. A Simplified Approach to Identifying, Correcting, and Reporting Workingplace Errors, New York.

Anderson, E.W./Fornell, C./Lehmann, D.R. (1994): Customer Satisfaction, Market Share, and Profitability. Findings from Sweden, in: Journal of Marketing, Vol. 58, No. 3, S. 53–66.

Anderson, E.W./Mittal, V. (2000): Strengthening the Satisfaction-Profit-Chain, in: Journal of Service Research, Vol. 3, No. 2, S. 107–120.

Andreasen, A.R. (1994): Social Marketing: It's Definition and Domain. Journal of Public Policy and Marketing, Vol. 13, No. 1, S. 108–114.

Andreasen, A.R. (Hrsg.) (2001): Ethics in Social Marketing, Washington.

Andreasen, A.R./Drumwright, M. (2001): Alliances and Ethics in Social Marketing, in: Andreasen (Hrsg.): Ethics in Social Marketing, Washington.

Andreasen, A.R./Goodstein, R.C./Wilson, J.W. (2002): Facilitators and Impediments of Cross-Sector Transfer of Marketing Knowledge, Proceedings of the Marketing and Public Policy Conference, Atlanta.

Andreasen, A.R./Kotler, P. (2002): Strategic Marketing for Nonprofit Organizations, 6. Aufl., Englewood Cliffs.

Anheier, H. (1999): Dritter Sektor, Ehrenamt und Zivilgesellschaft in Deutschland. Thesen zum Stand der Forschung aus internationaler Sicht, in: Kistler, E./Noll, H./Priller, E. (Hrsg.): Perspektiven gesellschaftlichen Zusammenhalts. Empirische Befunde, Praxiserfahrungen, Messkonzepte, Berlin.

Anheier, H./Priller, E./Seibel, W./Zimmer, A. (1997): Der Dritte Sektor in Deutschland, Berlin.

Anheier, H.K./Seibel, W. (2001): The Nonprofit Sector in Germany. Between State Economy and Society, Manchester/New York.

Anheier, H.K./Seibel, W./Priller, E./Zimmer, A. (2002): Der Nonprofit Sektor in Deutschland, in: Badelt, C. (Hrsg.): Handbuch der Nonprofit Organisation. Strukturen und Management, 3. Aufl., S. 19–44.

Ansoff, H.I. (1966): Management Strategies, München.

Ansoff, H.I. (1976): Managing Surprise and Discontinuity. Strategic Response to Weak Signals, in: Zeitschrift für betriebswirtschaftliche Forschung, 28. Jg., Nr. 2, S. 129–152.

Arnett, D.B./German, S.D./Hunt, S.D. (2003): The Identity Salience Model of Relationship Marketing Success: The Case of Nonprofit Marketing, in: Journal of Marketing, Vol. 67, No. 2, S. 89–105.

Arnold, M.J./Tapp, S.R. (2003): Direct Marketing in Nonprofit-Services: Investigating the Case of the Arts Industry, in: Journal of Services Marketing, Vol. 17, No. 2, S. 141–160.

Arnold, U. (2001): Marketing für Werkstätten für Behinderte; in: Tscheulin, D.K./Helmig, B. (Hrsg.): Branchenspezifisches Marketing, Wiesbaden, S. 239–264.

Arnold, U. (2003): Sozialmarketing, in: Arnold, U./Maelicke, B. (Hrsg.): Lehrbuch der Sozialwirtschaft, 2. Aufl., Baden-Baden.

Ashelm (2002): Ein merkwürdiges Intrigenspiel – Kütbach wehrt sich gegen Vorwürfe, in: FAZ, 19.02.2002.

Avenrius, H. (2000): Public Relations. Die Grundform der gesellschaftlichen Kommunikation, Darmstadt.

Backhaus, K. (2003): Industriegütermarketing, 7. Aufl., München.

Badelt, C. (1985): Politische Ökonomie der Freiwilligenarbeit. Theoretische Grundlegung und Anwendungen in der Sozialpolitik, Frankfurt am Main/New York.

Badelt, C. (1995): Qualitätssicherung in den Sozialen Diensten, Krems.

Badelt, C. (2002a): Zielsetzungen und Inhalte des „Handbuchs für Nonprofit-Organisation", in: Badelt, C. (Hrsg.): Handbuch der Nonprofit Organisation. Strukturen und Management, 3. Aufl., Stuttgart, S. 3–18.

Badelt, C. (2002b): Ausblick. Entwicklungsperspektiven des Nonprofit Sektors, in: Badelt, C. (Hrsg.): Handbuch der Nonprofit Organisation. Strukturen und Management, 3. Aufl., Stuttgart, S. 659–691.

Badelt, C. (2002c): Zwischen Marktversagen und Staatsversagen? Nonprofit-Organisationen aus Sozioökonomischer Sicht, in: Badelt, C. (Hrsg.): Handbuch der Nonprofit Organisation. Strukturen und Management, 3. Aufl., Stuttgart, S. 107–122.

Badelt, C. (2002d): Ehrenamtliche Tätigkeit im Nonprofit Sektor, in: Badelt, C. (Hrsg.): Handbuch der Nonprofit Organisation. Strukturen und Management, 3. Aufl., Stuttgart, S. 573–604.

Bahrs, O. (2001): Qualitätszirkel als Instrument der Qualitätssicherung, in: Bundeszentrale für gesundheitliche Aufklärung (Hrsg.): Qualitätsmanagement in Gesundheitsförderung und Prävention. Grundsätze, Methoden und Anforderungen, Band 15, Köln.

Bank für Sozialwirtschaft (2004): Online Fundraising, www.sozialbank.de/finale/inhalt/servicel/fachbeitraege37620.shtml#, Zugriff am 03.02.2004.

Bargehr, B. (1991): Marketing in der öffentlichen Verwaltung. Ansatzpunkte und Entwicklungsperspektiven. Schriftenreihe für Wissenschaft und Forschung, Stuttgart.

Barnes, J.G. (1989): The Role of Internal Marketing. If the Staff won`t Buy it, Why Should the Customer?, in: Irish Marketing Review, Vol. 4, No. 2, S. 11–21.

Bateson, J.E.G. (1992a): Understanding the Service Experience, in: Bateson, J.E.G. (Hrsg.): Managing Services Marketing, 2. Aufl., Orlando, S. 83–105.

Bateson, J.E.G. (1992b): Perceived Control and the Service Encounter, in: Bateson, J.E.G. (Hrsg.): Managing Services Marketing, 2. Aufl., Orlando, S. 123–132.

Bathen, R. (2004): Strategische Ausrichtung ambulanter Hilfen für Suchtkranke. Einflussfaktoren und Steuerungs-Know-How, Vortrag auf dem DHS-Fachkongress am 25.05.2004, Frankfurt am Main.

Baumgarth, C. (2001): Markenpolitik. Markenwirkungen, Markenführung, Markenforschung, 2. Aufl., Wiesbaden.

Bauz, G./Berg, H.G./Düringer, S./Gäde, E.G./Weiss, K. (2004): Organisationsentwicklung – Personalentwicklung – Personalführung, in: Gemeinschaftswerk der Evangelischen Publizistik (Hrsg.): Öffentlichkeitsarbeit für Nonprofit-Organisationen, S. 589–624.

Beaven, M.H./Scotti, D.J. (1990): Service-Oriented Thinking and its Implications for the Marketing Mix, in: Journal of Services Marketing, Vol. 4, No. 4, S. 5–19.

Beck, U./Becker, A./Hecht, L. (2000): Der CLINOTEL-Krankenhausverbund – eine überzeugende Zukunftsstrategie, in: Das Krankenhaus, 97. Jg., Nr. 11, S. 910–914.

Becker, J. (2001): Marketing-Konzeption. Grundlagen des strategischen und operativen Marketing-Managements, 7. Aufl., München.

Beke-Bramkamp, R./Hackeschmidt, J. (2001): Erfolgsfaktor Öffentlichkeitsarbeit – warum sich die Kommunikationsaufgaben von Unternehmen und Nonprofit-Organisationen nicht unterscheiden, in: Langen, C./Albrecht, W. (Hrsg.): Zielgruppe: Gesellschaft. Kommunikationsstrategien für Nonprofit-Organisationen, S. 53–61.

Benkenstein, M. (1993): Dienstleistungsqualität. Ansätze zur Messung und Implikationen für die Steuerung, in: Zeitschrift für Betriebswirtschaft, 63. Jg., Nr. 11, S. 1095–1116.

Benkenstein, M. (1998): Ansätze zur Steuerung der Dienstleistungsqualität, in: Meyer, A. (Hrsg.): Handbuch Dienstleistungs-Marketing, Band 1, Stuttgart, S. 444–454.

Benkenstein, M. (2002): Strategisches Marketing. Ein wettbewerbsorientierter Ansatz, 2. Aufl., Stuttgart u.a.

Benkenstein, M./Güthoff, J. (1996): Typologisierung von Dienstleistungen. Ein Ansatz auf der Grundlage system- und käuferverhaltenstheoretischer Überlegungen, in: Zeitschrift für Betriebswirtschaft, 66. Jg., Nr. 12, S. 1493–1510.

Berens, W./Karlowitsch, M./Mertes, M. (2000): Die Balanced Scorecard als Controllinginstrument in Non-Profit-Organisationen, in: Controlling, 12. Jg., Nr. 1, S. 23–28.

Beriger, P. (1995): Quality Circles und Kreativität. Das Quality Circle-Konzept im Rahmen der Kreativitätsförderung in der Unternehmung, 3. Aufl., Bern u.a.

Bernhardt, S. (2003): Fundraising-Wirtschaftlichkeitsanalyse, in: Eschenbach, R./Horak, C. (Hrsg.): Führung der Nonprofit Organisation. Bewährte Instrumente im praktischen Einsatz, 2. Aufl., Stuttgart, S. 209–214.

Berry, L.L. (1983): Relationship Marketing, in: Berry, L.L./Shostack, G.L./Upah, G.D. (Hrsg.): Emerging Perspectives on Services Marketing, Chicago, S. 25–28.

Berry, L.L. (1984): The Employee as Customer, in: Lovelock, C. (Hrsg.): Services Marketing. Text, Cases and Readings, Englewood Cliffs, S. 271–278.

Berry, L.L. (1986): Big Ideas in Services Marketing, in: Venkatesan, M./Schmalensee, D.M./Marshall, C. (Hrsg.): Creativity in Services Marketing. What's new, what works, what's developing, Chicago, S. 6–8.

Berthel, J. (1975): Betriebswirtschaftliche Informationssysteme, Stuttgart.

Bieberstein, I. (2001): Dienstleistungs-Marketing, 3. Aufl., Ludwigshafen.

Bienert, M.L. (2002): Kundenbindung als Aufgabe des Hochschulmarketing, www.wirt.fh-hannover.de, Zugriff am 18.08.2004.

Birkigt, K./Stadler, M.M. (2000): Corporate Identity – Grundlagen, in: Birkigt, K./Stadler, M.M./Funk, H.J. (Hrsg.): Corporate Identity, 10. Aufl., Landsberg am Lech, S. 15–36.

Bitner, M.J. (1995): Building Service Relationships. It's All About Promises, in: Journal of the Academy of Marketing Science, Vol. 23, No. 4, S. 246–253.

Bitner, M.J./Booms, B.H./Tetreault, M.S. (1990): The Service Encounter. Diagnosing Favorable and Unfavorable Incidents, in: Journal of Marketing, Vol. 54, No. 1, S. 71–84.

Blacket, T./Boad, B. (1999): Co-Branding. The Science of Alliance, Basingstoke.

Blanchard, K./Carlos, J.P./Randolph, A. (1998): Management durch Empowerment. Mitarbeiter bringen mehr, wenn Sie mehr dürfen, Berlin.

Bleicher, K. (1990): Zukunftsperspektiven organisatorischer Entwicklung. Von strukturellen zu human-zentrierten Ansätzen, in: Zeitschrift Führung und Organisation, 59. Jg., Nr. 3, S. 152–161.

Bleicher, K. (1994): Leitbilder. Orientierungsrahmen für eine integrative Managementphilosophie, 2. Aufl., Stuttgart.

Bliemel, F./Eggert, A. (1998): Kundenbindung. Die neue Sollstrategie?, in: Marketing ZFP, 20. Jg., Nr. 1, S. 37–46.

Bliemel, F./Fassott, G. (2001): Marketing für Universitäten, in: Tscheulin, D.K./Helmig, B. (Hrsg.): Branchenspezifische Besonderheiten des Marketing, Wiesbaden, S. 265–278.

Bloom, P.N./Novelli, W.D. (1981): Problems and Challenges in Social Marketing, in: Journal of Marketing, Vol. 45, No. 1, S. 79–88.

Bob Bomliz Group Bonn GmbH (Hrsg.) (2002): Sponsoring Trends 2002. Studie in Zusammenarbeit mit dem Institut für Marketing der Universität der Bundeswehr München, Bonn.

Boffo, K. (1997): Öffentlichkeitsarbeit, in: Hauser, A./Neubarth, R./Obermair, W. (Hrsg.): Handbuch soziale Dienstleistungen, Neuwied u.a., S. 443–457.

Bogaschewsky, R./Rollberg, R. (1998): Prozeßorientiertes Management, Berlin u.a.

Böhler, H./Riedl, J. (1997): Informationsgewinnung für die Database im Investitionsgüter-Marketing, in: Link, J./Brändli, D./Schleuning, C./Kehl, R.E. (Hrsg.): Handbuch Database Marketing, Ettlingen, S. 58–74.

Bono, M.L. (1997): Das MEGAPHON: Eine empirische Analyse von Profil und Motivation von KäuferInnen der Straßenzeitung, in: Buber, R./Meyer, M. (Hrsg.): Fallstudien zum Nonprofit Management, Stuttgart, S. 245–270.

Boskamp, P./Knapp, R. (1996): Führung und Leitung in sozialen Organisationen. Handlungsorientierte Ansätze für neue Managementkompetenz, Neuwied u.a.

Boutellier, R./Masing, W. (Hrsg.) (1998): Qualitätsmanagement an der Schwelle zum 21. Jahrhundert. Festschrift für Hans Dieter Seghezzi zum 65. Geburtstag, München.

Bowen, D.E./Lawler, E.E. (1998): Empowerment im Dienstleistungsbereich, in: Meyer, A. (Hrsg.): Handbuch Dienstleistungs-Marketing, Band 1, Stuttgart, S. 1031–1044.

Bradley, B./Johnson, P./Silverman, L. (2003): The Nonprofit's Sector $ 100 Billion Opportunity, in: Harvard Business Review, Vol. 81, No. 5, S. 94–103.

Brandt, D.R. (1987): A Procedure for Identifying Value-Enhancing Service Components Using Customer Satisfaction Survey Data, in: Surprenant, C.F. (Hrsg.): Add Value to Your Service, Chicago, S. 61–65.

Brandt, D.R. (1988): How Service Marketers Can Identify Value-Enhancing Service Elements, in: Journal of Services Marketing, Vol. 2, No. 3, S. 35–41.

Breit, G./Massing, P. (2001): Bürgergesellschaft – Zivilgesellschaft – Dritter Sektor, Frankfurt u.a.

Bruhn, M. (1998): Wirtschaftlichkeit des Qualitätsmanagements, Heidelberg.

Bruhn, M. (1999a): Internes Marketing als Forschungsgebiet der Marketingwissenschaft. Eine Einführung in die theoretischen und praktischen Probleme, in: Bruhn, M. (Hrsg.): Internes Marketing. Integration der Kunden- und Mitarbeiterorientierung. Grundlagen, Implementierung, Praxisbeispiele, 2. Aufl., Wiesbaden, S. 15–44.

Bruhn, M. (1999b): Erklärungsansätze des vertikalen Markenwettbewerbs, in: Wirtschaftswissenschaftliches Studium (WiSt), 28. Jg., Nr. 9, S. 450–455.

Bruhn, M. (1999c): Ökumenische Basler Kirchenstudie. Ergebnisse der Bevölkerungs- und Mitarbeitendenbefragung, Basel.

Bruhn, M. (1999d): Relationship Marketing – Neustrukturierung der klassischen Marketinginstrumente durch eine Orientierung an Kundenbeziehungen, in: Grünig, R./Pasquier, M. (Hrsg.): Strategisches Management und Marketing, Bern u.a., S. 189–218.

Bruhn, M. (2000): Anspruchsgruppenbasierter Qualitätsindex des Leistungsangebotes der Universität Basel (UBIQ – University of Basel Stakeholder-oriented Index of Quality), Basel.

Bruhn, M. (2001a): Relationship Marketing. Das Management von Kundenbeziehungen, München.

Bruhn, M. (2001b): Kommunikationspolitik von Dienstleistungsunternehmen, in: Bruhn, M./Meffert, H. (Hrsg.): Handbuch Dienstleistungsmanagement. Von der strategischen Konzeption zur praktischen Umsetzung, Wiesbaden, S. 573–605.

Bruhn, M. (2002): Integrierte Kundenorientierung. Implementierung einer kundenorientierten Unternehmensführung, Wiesbaden.

Bruhn, M. (2003a): Kommunikationspolitik. Systematischer Einsatz der Kommunikation für Unternehmen, 2. Aufl., München.

Bruhn, M. (2003b): Sponsoring. Systematische Planung und integrativer Einsatz, 4. Aufl., Wiesbaden.

Bruhn, M. (2003c): Integrierte Unternehmens- und Markenkommunikation. Strategische Planung und operative Umsetzung, 3. Aufl., Stuttgart.

Bruhn, M. (2004a): Marketing. Grundlagen für Studium und Praxis, 7. Aufl., Wiesbaden.

Bruhn, M. (2004b): Qualitätsmanagement für Dienstleistungen. Grundlagen, Konzepte, Methoden, 5. Aufl., Berlin u.a.

Bruhn, M. (2004c): Kommunikationspolitik für Industriegüter, in: Backhaus, K./Voeth, M. (Hrsg.): Handbuch Industriegütermarketing, Wiesbaden, S. 697–748.

Bruhn, M. (2004d): Markenführung für Nonprofit-Organisationen, in: Bruhn, M. (Hrsg.): Handbuch Markenführung, Wiesbaden, S. 2297–2230.

Bruhn, M./Gerster, G./Grözinger, A./Lischka, A./Pfister, X./Portmann, A./Schenker, D./Siems, F. (1999) (Hrsg.): Ökumenische Basler Kirchenstudie – Ergebnisse der Bevölkerungs- und Mitarbeitendenbefragung, Basel.

Bruhn, M./Grözinger, A. (Hrsg.) (2000): Kirche und Marktorientierung, Freiburg (Schweiz).

Bruhn, M./Grund, M. (1999): Interaktionen als Determinante der Zufriedenheit und Bindung von Kunden und Mitarbeitern – Theoretische Erklärungsansätze und empirische Befunde, in: Bruhn, M. (Hrsg.): Internes Marketing. Integration der Kunden- und Mitarbeiterorientierung. Grundlagen, Implementierung, Praxisbeispiele, 2. Aufl., Wiesbaden, S. 495–523.

Bruhn, M./Hennig, K. (1993): Selektion und Strukturierung von Qualitätsmerkmalen. Auf dem Weg zu einem umfassenden Qualitätsmanagement für Kreditinstitute, Teile 1 und 2, in: Jahrbuch der Absatz- und Verbrauchsforschung, 39. Jg., Nr. 3, S. 214–238; Nr. 4, S. 314–337.

Bruhn, M./Siems, F. (2004a): Anforderungen an Programme des E-Learning für die universitäre Marketingausbildung im Grundstudium, in: Baumgarth, C. (Hrsg.): Marktorientierte Unternehmensführung. Grundkonzepte, Anwendungen und Lehre. Festschrift für Hermann Freter zum 60. Geburtstag, Frankfurt a.M., S. 415–432.

Bruhn, M./Siems, F. (2004b): Zur Interdisziplinarität von Theologie und Marketing – ein Scheingefecht oder eine „Never Ending Story"?, in: Wiedmann, K.-P./Fritz, W./Abel, B. (Hrsg.): Management mit Vision und Verantwortung – eine Herausforderung an Wissenschaft und Praxis, Wiesbaden, S. 366–382.

Bruhn, M./Tilmes, J. (1994): Social Marketing – Einsatz des Marketing für nichtkommerzielle Organisationen, 2. Aufl., Stuttgart u.a.

Brymer, R.A. (1991): Employee Empowerment. A Guest-Driven Leadership Strategy, in: Cornell H.R.A. Quarterly, Vol. 32, No. 2, S. 58–68.

Bsm (2001): Bilanz 2000: Unterschiedliche Spendenentwicklung bei großen Organisationen, bsm-Newsletter August 2001.

Bumbacher, U. (2000): Total Quality Management (TQM) für Nonprofit-Organisationen. Kombination von EFQM-Modell und Freiburger Management Modell für NPO, in: Schauer, R./Blümle, E.-B./Witt, D./Anheier, H.K. (Hrsg.): Nonprofit-Organisationen im Wandel. Herausforderungen, gesellschaftliche Verantwortung, Perspektiven, Linz, S. 101–117.

Bumbacher, U. (2003): Problematik der Zielgruppenorientierung bei Absatzleistungen von Nonprofit-Organisationen, in: Die Betriebswirtschaft, 63. Jg., Nr. 4, S. 385–400.

Bundesarbeitsgemeinschaft Sozialmarketing (2002): Die Organisationen in Deutschland mit dem höchsten Spendenaufkommen 2002, veröffentlicht unter: www.sozialmarketing.de, Zugriff am 9.01.2004.

Burla, S. (1989): Rationales Management in Nonprofit-Organisationen, Bern.

Burmann, C. (1991): Konsumentenzufriedenheit als Determinante der Marken- und Händlerloyalität, in: Marketing ZFP, 13. Jg., Nr. 4, S. 249–258.

Cahill, D.J. (1996): Internal Marketing. Your Company's Next Stage of Growth, New York/London.

Cardorff, P. (2004): Image, Authentizität, Kommunikation. Achtzehn Margen, nicht nur für Nonprofits, in: Gemeinschaftswerk der Evangelischen Publizistik (Hrsg.) (2004): Öffentlichkeitsarbeit für Nonprofit-Organisationen, S. 63–78.

Carlzon, J. (1990): Alles für den Kunden. Jan Carlzon revolutioniert ein Unternehmen, 4. Aufl., Frankfurt am Main u.a.

Caspar, M. (2002): Markenausdehnungsstrategie, in: Meffert, H./Burmann, C./Koers, M. (Hrsg.): Markenmanagement. Grundfragen der identitätsorientierten Markenführung, Wiesbaden, S. 234–260.

Caspar, M./Hecker, A./Sabel, T. (2002): Markenrelevanz in der Unternehmensführung – Messung, Erklärung und empirische Befunde für B2B-Märkte, MCM/McKinsey-Reihe zur Markenpolitik, Arbeitspapier Nr. 4.

Cavegn, A. (1993): Öko-Sponsoring – Grundlagen und Probleme glaubwürdiger Umweltengagements ökologiebewußter Unternehmen, Zürich.

Cermak, D./File, M./Prince, A. (1994): A Benefit Segmentation of the Major Donor Market, in: Journal of Business Research, Vol. 29, No. 2, S. 121–130.

Cooper, K. (1994): Nonprofit-Marketing von Entwicklungshilfe-Organisationen. Grundlagen – Strategien – Maßnahmen, Wiesbaden.

Corsten, H. (2000): Der Integrationsgrad des externen Faktors als Gestaltungsparameter in Dienstleistungsunternehmen. Voraussetzungen und Möglichkeiten der Externalisierung und Internalisierung, in: Bruhn, M./Stauss, B. (Hrsg.): Dienstleistungsqualität. Konzepte, Methoden, Erfahrungen, 3. Aufl., Wiesbaden, S. 145–168.

Corsten, H. (2001): Dienstleistungsmanagement, 4. Aufl., München/Wien.

Cotroneo,S./Schoales, T. (1999): Quit4life. A Health Canada Tobacco Cessation Program. Paper presented at the Fifth Annual Innovations in Social Marketing Conference, Montreal.

Cowell, D.W. (1993): The Marketing of Services, 2. Aufl., Oxford u.a.

Cronin, J./Taylor, S. (1992): Measuring Service Quality. A Reexamination and Extension, in: Journal of Marketing, Vol. 56, No. 3, S. 55–68.

Crosby, L.A./Evans, K.R./Cowles, D. (1990): Relationship Quality in Services Selling. An Interpersonal Influence Perspective, in: Journal of Marketing, Vol. 54, No. 3, S. 68–81.

Czepiel, J.A./Gilmore, R. (1987): Exploring the Concept of Loyalty in Services, in: Congram, C.A./Czepiel, J.A./Shanahan, J. (Hrsg.): The Services Challenge, AMA, Chicago, S. 91–94.

Dabholkar, P.A. (1995): A Contingency Framework for Predicting Causality Between Customer Satisfaction and Service Quality, in: Kardes, F.R./Sajan, M. (Hrsg.): Advances in Consumer Research, Vol. 22, Provo/USA, S. 101–108.

Dallmer, H. (Hrsg.) (2002): Handbuch Direct Marketing, 8. Aufl., Wiesbaden.

Deppe J. (1986): Qualitätszirkel – Ideenmanagement durch Gruppenarbeit. Darstellung eines neuen Konzepts in der deutschsprachigen Literatur, Bern.

Deshpandé, R./Farley, J.U./Webster, F. (1993): Corporate Culture, Customer Orientation, and Innovativeness in Japanese Firms: A Quadrad Analysis, in: Journal of Marketing, Vol. 57, No. 1, S. 23–37.

Deutsche Gesellschaft für Qualität e.V. (1993): Begriffe zum Qualitätsmanagement, Berlin.

Deutsche Gesellschaft für Qualität e.V. (1995): Begriffe zum Qualitätsmanagement, DGQ-Schrift, Nr. 11–04, 6. Aufl., Frankfurt am Main.

Dichtl, E./Schneider, W. (1994): Erklärung des Spendenverhaltens mit Hilfe des Gratifikationsprinzips, in: Forschungsgruppe Konsum und Verhalten (Hrsg.): Konsumentenforschung, München, S. 185–199.

Dierkes, M./Hähner, K./Raske, B. (1996): Theoretisches Konzept und praktischer Nutzen der Unternehmenskultur, in: Bullinger, H.-J./Warnecke, H.J. (Hrsg.): Neue Organisationsformen im Unternehmen. Ein Handbuch für das moderne Management, Berlin u.a., S. 315–330.

Diller, H. (2000): Preispolitik, 3. Aufl., Stuttgart u.a.

DIN ISO 8402/E.03.92 (1992): Qualitätsmanagement und Qualitätssicherung, Begriffe.

Domizlaff, H. (1992): Die Gewinnung des öffentlichen Vertrauens. Ein Lehrbuch der Markentechnik, Hamburg.

Donabedian, A. (1980): The Definition of Quality and Approaches for its Assessment. Explorations in Quality, Assessment and Monitoring, Vol. 1, Ann Arbor.

Donnelly, M./Shiu, E. (1999): Assessing Service Quality and its Link with Value for Money in a UK Local Authority's Housing Repairs Service Using the SERVQUAL Approach, in: Total Quality Management, Vol. 10, No. 4/5, S. S498–S506.

Döttinger, K./Klaiber, E. (1994): Realisierung eines wirksamen Qualitätsmanagementsystems im Sinne des Total Quality Managements, in: Stauss, B. (Hrsg.): Qualitätsmanagement und Zertifizierung, Wiesbaden, S. 255–273.

Dotzler, H.-J./Schick, S. (1995): Systematische Mitarbeiterkommunikation als Instrument der Qualitätssicherung, in: Bruhn, M./Stauss, B. (Hrsg.): Dienstleistungsqualität. Konzepte, Methoden, Erfahrungen, 2. Aufl., Wiesbaden, S. 277–294.

Drees, N. (1991): Das Sponsoring-Barometer – Ergebnisse einer Unternehmensbefragung, in: Werbeforschung & Praxis, 36. Jg., Nr. 1, S. 16–20.

Dreezens-Fuhrke, J. (1997): Soziokulturelle und gesundheitspolitische Rahmenbedingungen für ein frauenspezifisches HIV/Aids-Präventionsprogramm in Indonesien, Veröffentlichungsreihe der Arbeitsgruppe Public Health Wissenschaftszentrum für Sozialforschung, Arbeitspapier 97–205.

Drumm, H.D. (2000): Personalwirtschaft, 4. Aufl., Berlin u.a.

Dülfer, E. (1981): Zum Problem der Umweltberücksichtigung im „Internationalen Management", in: Pausenberger, E. (Hrsg.): Internationales Management, Stuttgart, S. 1–44.

Duncan, T./Moriarty, S. (1997): Driving Brand Value. Using Integrated Marketing to Manage Profitable Stakeholder Relationships, New York.

Dyllick, T. (1984): Erfassung der Umweltbeziehungen der Unternehmen, in: io management Zeitschrift, 53. Jg., Nr. 2, S. 74–78.

Easton, G. (1987): Competition and Marketing Strategy, in: European Journal of Marketing, Vol. 21, No. 2, S. 31–49.

Eckardstein, D. von (2002): Personalmanagement in NPOs, in: Badelt, C. (Hrsg.): Handbuch der Nonprofit Organisation. Strukturen und Management, 3. Aufl., Stuttgart, S. 309–407.

Eckardstein, D. von/Zauner, A. (2002): Veränderungsmanagement in NPOs, in: Badelt, C. (Hrsg.): Handbuch der Nonprofit Organisation. Strukturen und Management, 3. Aufl., Stuttgart, S. 547–570.

Edelmann (2002): 5. Studie zu Vertauen und Glaubwürdigkeit bei NPOs, www.edelmann.de, Zugriff am 01.10.2004.

EFQM (2003a): About EFQM, www.efqm.org/human_resources/about.htm, Zugriff am 24.10.2004.

EFQM (2003b): EFQM Excellence Modell, www.efqm.org/model_awards/model/excellence_model.htm, Zugriff am 26.10.2004.

Eggert, A. (2001): Konzeptionelle Grundlagen des elektronischen Kundenbeziehungsmanagement, in: Eggert, A./Fassott, G. (Hrsg.): eCRM – Electronic Customer Relationship Management, Stuttgart, S. 1–10.

Eichhorn, P./Schuhen, A. (2001): Marketing in der Altenhilfe, in: Tscheulin, D.K./Helmig, B. (Hrsg.): Branchenspezifisches Marketing. Grundlagen – Besonderheiten – Gemeinsamkeiten, Wiesbaden, S. 287–312.

EMNID-Spendenmonitor (1998): Erbschaften, repräsentative Bevölkerungsumfrage, www.sozialmarketing.de/zahlenallgemein.htm, Zugriff am 04.02.2003.

Engelhardt, W.H. (1990): Dienstleistungsorientiertes Marketing. Antwort auf die Herausforderung durch neue Technologien, in: Adam, D. (Hrsg.): Integration und Flexibilität. Eine Herausforderung für die Allgemeine Betriebswirtschaftslehre, Wiesbaden, S. 269–288.

Engelhardt, W.H./Kleinaltenkamp, M./Reckenfelderbäumer, M. (1992): Dienstleistungen als Absatzobjekt, Arbeitsbericht Nr. 52 des Instituts für Unternehmensführung und Unternehmensforschung an der Ruhr-Universität Bochum, Bochum.

Engeser, M. (2004): Das Ende des Massenmarktes, in: Wirtschaftswoche Online vom 21.09.2004.

Ernst, J. (2000): Profil zeigen! Die Leitbildentwicklung als notwendige Voraussetzung für eine effektive Öffentlichkeitsarbeit, in: Nährlich, S./Zimmer, A. (Hrsg.): Management in Nonprofit-Organisationen, Opladen, S. 225–244.

Erten, C./Herbek, P./Mattl, C. (1997): Österreichische Caritaszentrale. Organisationsentwicklung in der Auslandsarbeit in: Buber, R./Meyer, M. (Hrsg.): Fallstudien zum Nonprofit Managagement, Stuttgart, S. 149–169.

Esch, F.-R. (2003): Strategie und Technik der Markenführung, München.

Eschenbach, R./Horak, C. (2002): Rechnungswesen und Controlling in NPOs, in: Badelt, C. (Hrsg.): Handbuch der Nonprofit Organisation. Strukturen und Management, 3. Aufl., Stuttgart, S. 381–407.

Eschenbach, R./Horak, C. (2003): Führung der Nonprofit-Organisation. Bewährte Instrumente im praktischen Einsatz, Stuttgart.

Etscheit, G. (2002): Die Gott-AG. Profite im Namen des Herrn – wie Klöster den Kapitalismus entdecken, in: Die Zeit, 57. Jg., Nr. 1, 23.12.2002, S. 24.

Evangelisches Johannesstift Berlin (Hrsg.)(2003): Gestaltungsrichtlinien, Berlin.
Eversheim, W./Jaschinski, C./Reddemann, A. (1997): Qualitätsmanagement für Nonprofit-Dienstleister. Ein Leitfaden für Kammern, Verbände und andere Wirtschaftsorganisationen, Berlin u. a.
Farny, D./Kirsch, W. (1987): Strategische Unternehmenspolitik von Versicherungen, in: Zeitschrift für die gesamte Versicherungswissenschaft, 76. Jg., Nr. 2, S. 369–401.
Fasching, H./Horak, C. (1997): Kolpinghaus Wien-Zentral: Aufbau des Informationswesens im Rahmen eines Organisationsentwicklungsprozesses, in: Buber, R./Meyer, M. (Hrsg.): Fallstudien zum Nonprofit Management, Stuttgart, S. 403–434.
Faßnacht, M./Homburg, Ch. (1997): Preisdifferenzierung als Instrument des Kapazitätsmanagement, in: Corsten, H./Stuhlmann, St. (Hrsg.): Kapazitätsmanagement in Dienstleistungsunternehmen. Grundlagen und Gestaltungsmöglichkeiten, Wiesbaden, S. 137–152.
Felst, M./Krope, P./Latus, K./Petersen, J.P./Skala, W./Stender, D./Weis, T. (2004): Wie zufrieden sind Jugendliche mit der Beratung? Abschlußbericht einer Evaluationsstudie auf methodisch-konstruktiver Grundlage, Institut für Pädagogik der Christian-Albrechts-Universität zu Kiel, in: Monographien zur konstruktiven Erziehungswissenschaft, Heft Nr. 5, Kiel.
Festinger, L. (1957): A Theory of Cognitive Dissonance, Stanford.
FGW (2004): Strukturdaten zur Internetnutzung der Forschungsgruppe Wahlen 2004, III. Quartal, www.forschungsgruppe.de, Zugriff am 10.11.2004.
Finis-Siegler, B. (2001): NPOs ökonomisch betrachtet, Münsteraner Diskussionspapier zum Nonprofit-Sektor, Nr. 15, Westfälische Wilhelms-Universität Münster.
Fischer M.M./Staufer-Steinnocher P. (2001): Business-GIS und Geomarketing – GIS für Unternehmen, in: Institute for Geography and Regional Research – University of Vienna (Hrsg.): Geographischer Jahresbericht aus Österreich, Wien, S. 9–24.
Fischer, W. (2000): Sozialmarketing für Non-Profit-Organisationen. Ein Handbuch, Zürich.
Fishbein, M./Ajzen, I. (1975): Belief, Attitude, Intention, and Behavior, Reading u. a.
Fisk, R.P. (1981): Toward a Consumption/Evaluation Process Model for Services, in: Donelly, J.H./George, W.R. (Hrsg.): The Marketing of Services, American Marketing Association, Chicago, S. 191–195.
Flögel, H. (1979): Werbung durch Sport?, in: Zeitschrift für Markt-, Meinungs- und Zukunftsforschung, 23. Jg., Nr. 4, S. 5041–5046.
Ford, D. (1990): Understanding Business Markets. Interaction, Relationships and Networks, London.
Fredriksson, M. (2003): TQM as a Support for Societal Development. Experiences from a Swedish Community, in: Total Quality Management, Vol. 14, No. 2, S. 225–233.
Frehr, H.U. (1994): Total Quality Management. Unternehmensweite Qualitätsverbesserung, 2. Aufl., München/Wien.
Frehr, H.U. (1999): Total-Quality-Management, in: Masing, W. (Hrsg.): Handbuch Qualitätsmanagement, 4. Aufl., München, S. 31–48.
Frese, E. (2000): Grundlagen der Organisation. Konzept – Prinzipien – Strukturen, 8. Aufl., Wiesbaden.

Frese, E./Werder, A. von (1994): Organisation als strategischer Wettbewerbsfaktor. Organisationstheoretische Analyse gegenwärtiger Umstrukturierungen, in: Frese, E./Maly, W. (Hrsg.): Organisationsstrategien zur Sicherung der Wettbewerbsfähigkeit, in: Zeitschrift für betriebswirtschaftliche Forschung, 46. Jg., Sonderheft 33, S. 1–27.

Freter, H. (1983): Marktsegmentierung, Stuttgart.

Freter, H./Obermaier, O. (2000): Marktsegmentierung, in: Herrmann, A./Homburg, Ch. (Hrsg.): Marktforschung. Methoden – Anwendungen – Praxisbeispiele, 2. Aufl., Wiesbaden, S. 739–763.

Freudenberger, H.J. (1974): Staff Burnout, in: Journal of Social Issues, Vol. 30, No. 1, S. 159–165.

Friedli, A. (2004): Langsam zum Erfolg, in: NZZ am Sonntag vom 4.7.2004, S. 80.

Friedman, M.L./Smith, L.J. (1993): Consumer Evaluation Processes in a Service Setting, in: Journal of Services Marketing, Vol. 7, No. 2, S. 47–61.

Friege, C. (1997): Preispolitik für Dienstleistungen, in: Thexis, 14. Jg., Nr. 2, S. 9–14.

Garvin, D.A. (1984): What does „Product Quality" Really Mean?, in: Sloan Management Review, Vol. 25, No. 3, S. 25–43.

Gebhardt, G. (2001): „Wir geben alles": Social-Sponsoring zum 125-jährigen Jubiläum der Ludwig Görtz GmbH, in: Strahlendorf, P. (Hrsg.): Sponsoring Jahrbuch, Hamburg, S. 206–209.

Georgi, D. (2000): Entwicklung von Kundenbeziehungen – theoretische und empirische Analysen unter dynamischen Aspekten, Wiesbaden.

Gerlach, F.M./Beyer, M. (2001): Wie können Qualitätszirkel evaluiert werden?, in: Bahrs, O./Gerlach, F.M./Szecsenyi, J./Andres, E. (Hrsg.): Ärztliche Qualitätszirkel – Leitfaden für Praxis und Klinik, 4. Aufl., Köln, S. 287–298.

Glamus (2001): Mobility und ihre Stadt bewegt sich, www.mobility-online.de, Zugriff am 4.8.2003.

Gmür, M. (1999): Strategisches Management für Nonprofit-Organisationen, Arbeitspapier Nr. 28, Fakultät für Verwaltungswissenschaft, Universität Konstanz, Konstanz.

Gmür, M. (2000): Strategisches Management für Nonprofit-Organisationen, in: Nährlich, S./Zimmer, A. (Hrsg.): Management in Nonprofit-Organisationen. Eine praxisnahe Einführung, Opladen, S. 177–200.

Goll, E. (1991): Die freie Wohlfahrtspflege als eigener Wirtschaftssektor, Baden-Baden.

Goslich, L. (2002): Der Unternehmer vom Heiligen Berg, in: Bayernkurier, 52. Jg., Nr. 6, S. 12.

Graumann, J. (1984): Die Dienstleistungsmarke. Ein neuer Markentypus aus absatzwirtschaftlicher Sicht, in: Markenartikel, 4. Jg., Nr. 12, S. 607–610.

Greenberg, E. (1990): Competing for Scarce Resources, in: Lovelock, C.H./Weinberg, C.B. (Hrsg.): Public & Nonprofit Marketing. Readings & Cases, 2. Aufl., San Francisco, S. 53–59.

Gremmel, R. (2002): „Ende gut, alles gut!" – Strategisches Direktmarketing beim Erbschaftsfundraising, Hamburg.

Grönroos, C. (1989): Innovative Marketing Strategies and Organization Structures for Service Firms, in: Bateson, J.E.G. (Hrsg.): Managing Services Marketing. Text and Readings, Chicago u.a., S. 506–521.

Grönroos, C. (1994): From Marketing Mix to Relationship Marketing. Towards a Paradigm Shift in Marketing, in: Management Decision, Vol. 32, No. 2, S. 4–20.

Grönroos, C. (2000): Service Management and Marketing. A Customer Relationship Management Approach, 2. Aufl., Chichester u.a.

Gröppel-Klein, A./Baun, D. (2001): Stadtimage und Stadtidentifikation. Eine empirische Studie auf der Basis einstellungstheoretischer Erkenntnisse, in: Tscheulin, D.K./Helmig, B. (Hrsg.): Branchenspezifisches Marketing. Grundlagen – Besonderheiten – Gemeinsamkeiten, Wiesbaden, S. 352–371.

Grottenthaler-Riedl, G./Radesching, P. (1997): Verkehrsclub Österreich: Der Identitätsfindungsprozeß einer NPO, in: Buber, R./Meyer, M. (Hrsg.): Fallstudien zum Nonprofit Management, Stuttgart, S. 64–83.

Grözinger, A./Plüss, D./Portmann, A./Schenker, D. (2000): Empirische Forschung als Herausforderung für Theologie und Kirche, in: Bruhn, M./Grözinger, A. (Hrsg.): Kirche und Marktorientierung, Freiburg (Schweiz), S. 13–32.

Grund, M.A. (1998): Interaktionsbeziehungen im Dienstleistungsmarketing. Zusammenhänge zwischen Zufriedenheit und Bindung von Kunden und Mitarbeitern, Wiesbaden.

Guiltinan, J.P. (1987): The Price Bundling of Services. A Normative Framework, in: Journal of Marketing, Vol. 51, No. 2, S. 74–85.

Güldenberg, S. (1999): Wissensmanagement und Wissenscontrolling in lernenden Organisationen, Wiesbaden.

Gummesson, E. (1994): Making Relationship Marketing Operational, in: International Journal of Service Industry Management, Vol. 5, No. 5, S. 5–20.

Günter, B. (1998): Soll das Theater sich zu Markte tragen?, in: Die Deutsche Bühne. Das Theatermagazin, 69. Jg., Nr. 5, S. 14–20.

Günter, B. (2001): Kulturmarketing, in: Tscheulin, D.K./Helmig, B. (Hrsg.): Branchenspezifisches Marketing. Grundlagen – Besonderheiten – Gemeinsamkeiten, Wiesbaden, S. 373–400.

Gutenberg, E. (1979): Grundlagen der Betriebswirtschaftslehre, Bd. 1: Die Produktion, 23. Aufl., Berlin u.a.

Haag, J. (1992): Kundendeckungsbeitragsrechnungen. Ein Prüfstein des Key-Account-Managements, in: Die Betriebswirtschaft, 52. Jg., Nr. 1, S. 25–39.

Haas, H. (1998): Dienstleistungsqualität aus Kundensicht. Eine empirische und theoretische Untersuchung über den Nutzen von Zertifikaten nach DIN EN ISO 9000ff. für Verbraucher, Berlin.

Haddad, T. (1998): Balanced Scorecard, in: Eschenbach, R. (Hrsg.): Führungsinstrumente für Nonprofit Organisationen, Wien, S. 58–64.

Hadwich, K. (2003): Beziehungsqualität im Relationship Marketing. Konzeption und empirische Analyse eines Wirkungsmodells, Wiesbaden.

Haedrich, G./Tomczack, T. (1990): Produktpolitik, Stuttgart u.a.

Haibach, M. (2000): Fundraising. Die Kunst, Spender und Sponsoren zu gewinnen, in: Nährlich, S./Zimmer, A. (Hrsg.): Management in Nonprofit-Organisationen. Eine praxisorientierte Einführung, Opladen, S. 65–83.

Haibach, M. (2003a): Grundlagen des Fundraising. Personenbezogene Qualifikation, in: Fundraising Akademie (Hrsg.): Fundraising. Handbuch für Grundlagen, Strategien und Instrumente, 2. Aufl., Wiesbaden, S. 105–112.

Haibach, M. (2003b): Organisation des Fundraising. Organisatorische Vorraussetzungen, in: Fundraising Akademie (Hrsg.): Fundraising. Handbuch für Grundlagen, Strategien und Instrumente, 2. Aufl., Wiesbaden, S. 313–324.

Haibach, M. (Hrsg.) (1998): Handbuch Fundraising. Spenden, Sponsoring, Stiftungen in der Praxis, Frankfurt am Main.

Haibach, M./Müllerleile, Ch. (2003): Fundraising-Märkte im Vergleich, in: Fundraising Akademie (Hrsg.): Fundraising. Handbuch für Grundlagen, Strategien und Instrumente, 2. Aufl., Wiesbaden, S. 127–146.

Haller, S. (1998): Beurteilung von Dienstleistungsqualität. Dynamische Betrachtung des Qualitätsurteils im Weiterbildungsbereich, 2. Aufl., Wiesbaden.

Halley, D. (1999): Employee Community Involvement – Gemeinnütziges Arbeitnehmerengagement. Ein vollständiger Leitfaden für Arbeitgeber, Arbeitnehmer und gemeinnützige Organisationen, Köln.

Hamdan, F. (2003): Aufdecken! Konfrontieren! Politisch unter Druck setzen!, in: Greenpeace Statements, www.greenpeace.org/deutschland/greenpeace/greenpeace-statements/die-greenpeace-kommunikation, Zugriff am. 4.8.2004.

Hammann, P./Erichson, B. (2004): Marktforschung, 4. Aufl., Stuttgart.

Hansen, H. (2001): Geschäftsprozesse und Qualitätsmanagement, in: Hansen, W./Kamiske, G.F. (2001) (Hrsg.): Praxishandbuch Techniken des Qualitätsmanagements, Düsseldorf, S. 47–61.

Hansmann, H. (1987): Economic Theories of Nonprofit Organizations, in: Powell, W. (Hrsg.): The Nonprofit Sector, New Haven, S. 27–41.

Hard, Ch. (2004): McKinsey ist schon da. Deutschlands Kirchgemeinden müssen hart sparen, in: Handelsblatt, Nr. 191 vom 01.10.2004, S. 14.

Hartley, B./Pickton, D. (1999): Integrated Marketing Communications Requires a New Way of Thinking, in: Journal of Marketing Communications, Vol. 5, No. 2, S. 97–106.

Hasitschka, W./Hruschka, H. (1982): Nonprofit Marketing, München.

Haubrok, M./Meiners, N./Albers, F. (1998): Krankenhaus-Marketing, Stuttgart.

Haynes, P.J. (1990): Hating to Wait: Managing the Final Service Encounter, in: Journal of Service Marketing, Vol. 4, No. 4, S. 20–26.

Heimerl, P./Meyer, M. (2002): Organisation und NPO, in: Badelt, C. (Hrsg.): Handbuch der Nonprofit Organisation. Strukturen und Management, 3. Aufl., Stuttgart, S. 259–290.

Heimerl, P./Tschirk, B./Ebner, H./Prisching, E. (2003): Instrument für die Organisation in NPOs, in: Eschenbach, R./Horak, C. (Hrsg.): Führung der Nonprofit-Organisation, 2. Aufl., Stuttgart, S. 67–97.

Heinen, E./Dill, P. (1990): Unternehmenskultur aus betriebswirtschaftlicher Sicht, in: Simon, H. (Hrsg.): Herausforderung Unternehmenskultur, Stuttgart, S. 12–24.

Heinze, T. (Hrsg.) (1998): Kultursponsoring, Opladen.

Helm, S. (2002): Kundenempfehlungen als Marketinginstrument, Wiesbaden.

Helmig, B./Jegers, M./Lapsley, I. (2004): Challenges in Managing Nonprofit Organisations: A Research Overview, in: Voluntas – Internal Journal of Voluntary and Nonprofit Organisations, Vol. 15, No. 2, S. 101–116.

Henke, A. (2001): Was leistet die Medienresonanz-Analyse für die PR-Erfolgskontrolle?, in: Langen, C./Albrecht, W. (Hrsg.): Zielgruppe: Gesellschaft. Kommunikationsstrategien für Nonprofit-Organisationen, S. 201–225.

Hennig-Thurau, T. (2000): Die Qualität von Geschäftsbeziehungen auf Dienstleistungsmärkten. Konzeptionalisierung, empirische Messung, Gestaltungshinweise, in: Bruhn, M./Stauss, B. (Hrsg.): Dienstleistungsmanagement Jahrbuch 2000. Kundenbeziehungen im Dienstleistungsbereich, Wiesbaden, S. 133–157.

Hennig-Thurau, T./Klee, A./Langer, M.F. (1999): Das Relationship Quality-Modell zur Erklärung von Kundenbindung. Einordnung und empirische Überprüfung, in: Zeitschrift für Betriebswirtschaft, 69. Jg., Ergänzungsheft Nr. 2, S. 111–132.

Hentschel, B. (1992): Dienstleistungsqualität aus Kundensicht. Vom merkmals- zum ereignisorientierten Ansatz, Wiesbaden.

Hentschel, B. (2000): Multiattributive Messung von Dienstleistungsqualität, in: Bruhn, M./Stauss, B. (Hrsg.): Dienstleistungsqualität. Konzepte, Methoden, Erfahrungen, 3. Aufl., Wiesbaden, S. 289–320.

Hentze, J./Lindert, K. (1998): Motivations- und Anreizsysteme in Dienstleistungs-Unternehmen, in: Meyer, A. (Hrsg.): Handbuch Dienstleistungs-Marketing, Band 1, Stuttgart, S. 1010–1030.

Hermanns, A. (2002): Grundlagen des Sportsponsoring, in: Galli, A./Gömmel, R./Holzhäuser, W./Straub, W. (Hrsg.): Sportmanagement – Grundlagen der unternehmerischen Führung im Sport aus Betriebswirtschaftslehre, Steuern und Recht für den Sportmanager, München, S. 333–353.

Hermeier, B. (1992): Konzepte des marketingorientierten Hochschulmanagement – Theoretische Ansätze und empirische Studien, Essen.

Herrmann, A./Homburg, Ch. (2000): Marktforschung: Ziele, Vorgehensweise und Methoden, in: Hermann, A./Homburg, Ch. (Hrsg.): Marktforschung, 2. Aufl., Wiesbaden, S. 13–32.

Herrmann, A./Huber, F. (1999): Nutzenorientierte Gestaltung der Distributionslogistik, in: Beisheim, O. (Hrsg.): Distribution im Aufbruch. Bestandsaufnahme und Perspektiven, München, S. 861–871.

Hertmanni, B. (2001): Bonita will Vorbild sein, in: Textilwirtschaft, 56. Jg., Nr. 43, S. 67.

Herzlinger, R.E. (1994): Effective Oversight. A Guide for Nonprofit Directors, in: Harvard Business Review, Vol. 72, No. 4, S. 52–60.

Heskett, J.L./Jones, T.O./Levemann, G.W./Sasser, W.E. Jr. (1994): Putting the Service-Profit Chain to Work, in: Harvard Business Review, Vol. 72, No. 2, S. 164–174.

Heskett, J.L./Sasser, W. E./Schlesinger, L.A. (1997): The Service Profit Chain: How Leading Companies Link Profit and Growth to Loyalty, Satisfaction, and Value, New York.

Hilger, H. (1985): Marketing für öffentliche Theaterbetriebe, Frankfurt am Main u.a.

Hilke, W. (1984): Dienstleistungsmarketing aus Sicht der Wissenschaft, Diskussionsbeiträge des Betriebswissenschaftlichen Seminars der Universität Freiburg, Freiburg.

Hilke, W. (1989): Dienstleistungs-Marketing, Wiesbaden.

Hilke, W. (1993): Kennzeichnung und Instrumente des Direkt-Marketing, in: Hilke, W. (Hrsg.): Direkt-Marketing, Wiesbaden.

Hillebrecht, S.W. (1995): Grundlagen des Kirchlichen Marketing, in: Marketing ZFP, 17. Jg., Nr. 4, S. 221–231.

Hinterhuber, H.H. (1996): Strategische Unternehmensführung, 6. Aufl., Berlin/New York.
Hirschmann, A.O. (1974): Abwanderung und Widerspruch, Tübingen.
Hoffmann, A. (2000): Sponsoring auf Probe, www.nadir.org/nadir/periodika/jungle_world/_2000/12/35a.htm, Zugriff am 10.03.2004.
Hofstede, G. (1993): Interkulturelle Zusammenarbeit. Kulturen – Organisation – Management, Wiesbaden.
Holewa, M./Dettmann, J. (2001): Trendstudie E-Marketing für Nonprofit-Organisationen. Ein interaktives Info-Tool, Berlin/Hamburg, www.efb-consulting.de, Zugriff am 10.03.2004.
Holland, H. (1992): Direktmarketing, München.
Holland, H. (2000): Mikrogeographische Segmentierung, in: Pepels, W. (Hrsg.): Marktsegmentierung, Heidelberg, S. 127–143.
Holzhauer, H.-J. (2003): Fundraising-Möglichkeiten von A bis Z, in: Fundraising Akademie (Hrsg.): Fundraising, 2. Aufl., Wiesbaden, S. 763–802.
Homburg, Ch. (1998): Kundennähe von Industriegüterunternehmen. Konzeption – Erfolgsauswirkungen – Determinanten, 2. Aufl., Wiesbaden.
Homburg, Ch./Becker, A./Hentschel, F. (2003): Der Zusammenhang zwischen Kundenzufriedenheit und Kundenbindung, in: Bruhn, M./Homburg, Ch. (Hrsg.): Handbuch Kundenbindungsmanagement, 4. Aufl., Wiesbaden, S. 91–121.
Homburg, Ch./Bruhn, M. (2000): Kundenbindungsmanagement. Eine Einführung in die theoretischen und praktischen Problemstellungen, in: Bruhn, M./Homburg, Ch. (Hrsg.) (2000): Handbuch Kundenbindungsmanagement, 3. Aufl., Wiesbaden, S. 5–35.
Homburg, Ch./Daum, D. (1997): Marktorientiertes Kostenmanagement, Frankfurt am Main.
Homburg, Ch./Faßnacht, M. (1998): Kundennähe. Kundenzufriedenheit und Kundenbindung bei Dienstleistungsunternehmen, in: Bruhn, M./Meffert, H. (Hrsg.): Handbuch Dienstleistungsmanagement. Von der strategischen Konzeption zur praktischen Umsetzung, Wiesbaden, S. 405–428.
Homburg, Ch./Giering, A./Hentschel, F. (1999): Der Zusammenhang zwischen Kundenzufriedenheit und Kundenbindung, in: Die Betriebswirtschaft, 59. Jg., Nr. 2, S. 174–195.
Homburg, Ch./Krohmer, H. (2003): Marketingmanagement. Strategie – Instrumente – Umsetzung – Unternehmensführung, Wiesbaden.
Homburg, Ch./Schnurr, P. (1998): Kundenwert als Instrument der Wertorientierten Unternehmensführung, in: Bruhn, M./Lusti, M./Müller, W.R./Schierenbeck, H./Studer, M. (Hrsg.): Wertorientierte Unternehmensführung, Perspektiven und Handlungsfelder für die Wertsteigerung, Wiesbaden, S. 169–189.
Homburg, Ch./Werner, H. (1998): Kundenorientierung mit System. Mit Customer Orientation Management zu profitablem Wachstum, Frankfurt am Main.
Horak, C. (1995a): Controlling in Nonprofit-Organisationen, 2. Aufl., Wiesbaden.
Horak, C. (1995b): Besonderheiten des Controlling in Nonprofit-Organisationen (NPO), in: Eschenbach, R. (Hrsg.): Controlling, Stuttgart, S. 600–608.
Horak, C./Heimerl, P. (2002): Management von NPOs – Eine Einführung, in: Badelt, C. (Hrsg.): Handbuch der Nonprofit Organisation. Strukturen und Management, 3. Aufl., Stuttgart, S. 107–128.

Horak, C./Matual, Ch./Scheuch, F. (2002): Ziele und Strategien von NPOs, in: Handbuch der Nonprofit Organisation. Strukturen und Management, 3. Aufl., Stuttgart, S. 197–223.

Horch, H.D. (1983): Strukturbesonderheiten freiwilliger Vereinigungen, Frankfurt.

Horizont.net (2004): Präventionskampagne von Take Care startet, www.horizont.net/agenturen/news/pages/showmsg.prl?id=49536, Zugriff am 20.03.2004.

Horváth, P. (1998): Controlling, 7. Aufl., München.

Horváth, P./Urban, G. (1990): Qualitätscontrolling, Stuttgart.

Houghton, P./Timperley, N. (1992): Charity Franchising. A Guide to the Concept and Practice of Franchising Charitable Services, London.

Huber, D. (2003): Schweizer zittern um ihre Arbeitsplätze – Das Sorgenbarometer der Credit Suisse 2003, Zürich.

Hübner, C.C. (1993): Multiplikation, in: Meyer, P.W./Mattmüller, R. (Hrsg.): Strategische Marketingoptionen, Stuttgart u.a., S. 186–222.

Hummel, T./Malorny, C. (2002): Total Quality Management, 3. Aufl., München/Wien.

Ihde, G.B. (1978): Distributionslogistik, Stuttgart u.a.

Imboden, F. (1984): Die Planung im Verband, in: Verbands-Management, Nr. 1, 9. Jg., S. 21–30.

Impulse (2003a): Erbschaftsmarketing und Customer Relationship Marketing. Die Bedeutung von SpenderInnen-Bindung, in: Impulse für umweltpolitisches Engagement, Nr. 4, Juni, S. 4.

Impulse (2003b): Online & Mobile Fundraising. Neue Medien im Fundraising, in: Impulse für umweltpolitisches Engagement, Nr. 4, Juni, S. 3.

Ishikawa, K. (1985): What is Quality Control?, New York.

Jenner, T. (1999): Determinanten des Unternehmenserfolges: eine empirische Analyse auf der Basis eines holistischen Untersuchungsansatzes, Stuttgart.

Jeserich, W. (1981): Mitarbeiter auswählen und fördern. Assessment-Center-Verfahren, München.

Johns Hopkins Comparative Nonprofit Sector Project (1997): Teilstudie Deutschland, Berlin/New York.

Johnson, E.M./Scheuing, E.E./Gaida, K.A. (1986): Profitable Service Marketing, Homewood.

Johnson, M. (1998): Non-profit Organisations and the Internet, http://firstmonday.org/issues/issue4_2/mjohnson, Zugriff am 03.02.2004.

Jones, T./Sasser, E.W. (1995): Why Satisfied Customers Defect, in: Harvard Business Review, Vol. 73, No. 6, S. 88–99.

Jost, P. (2000): Organisation und Koordination, Wiesbaden.

Jugel, S./Zerr, K. (1989): Dienstleistungen als strategisches Element eines Technologie-Marketing, in: Marketing ZFP, 11. Jg., Nr. 3, S. 162–172.

Jütting, D. (1998): Geben und Nehmen: Ehrenamtliches Engagement als sozialer Tausch, in: Salamon et al. (Hrsg.): Dritter Sektor – Dritte Kraft. Versuch einer Standortbestimmung, Stuttgart, S. 271–290.

Kaas, K.P. (1973): Diffusion und Marketing, Stuttgart.

Kaas, K.P. (1991a): Kontraktmarketing als Kooperation von Prinzipalen und Agenten, Arbeitspapier der Forschungsgruppe Konsum und Verhalten, Nr. 12, Frankfurt am Main.
Kaas, K.P. (1991b): Marktinformationen: Screening und Signaling unter Partnern und Rivalen, in: Die Betriebswirtschaft, 61. Jg., Nr. 3, S. 357–370.
Kamiske, G.F./Brauer, J.-P. (1999): Qualitätsmanagement von A bis Z, Erläuterungen moderner Begriffe des Qualitätsmanagements, 3. Aufl., München u.a.
Kaplan, R.S./Norton, D.P. (1992): The Balanced Scorecard – Measures That Drive Performance, in: Harvard Business Review, Vol. 70, No. 1, S. 71–79.
Kaplan, R.S./Norton, D.P. (1993): Putting the Balanced Scorecard to Work, in: Harvard Business Review, Vol. 71, No. 5, S. 134–147.
Kaplan, R.S./Norton, D.P. (1996): Using the Balanced Scorecard as a Strategic Management System, in: Harvard Business Review, Vol. 74, No. 1, S. 75–85.
Kaplan, R.S./Norton, D.P. (1997): Balanced Scorecard. Strategien erfolgreich umsetzen, Stuttgart.
Kaplan, R.S./Norton, D.P. (2001): Die strategiefokussierte Organisation, Stuttgart.
Keating, E.K./Parsons, L.M./Roberts, A.A. (2003): The Cost-Effectiveness of Nonprofit Telemarketing Campaigns, in: New Directions for Philanthropic Fundraising, Vol. 41, No. 3, S. 79–94.
Keaveney, S. (1995): Customer Switching Behavior in Service Industries: An Exploratory Study, in: Journal of Marketing, Vol. 59, No. 2, S. 71–82.
Keller, K.L. (2000): Erfolgsfaktoren von Markenerweiterungen, in: Esch, F.R. (Hrsg.): Moderne Markenführung, 2. Aufl., Wiesbaden, S. 705–719.
Kelley, S.W./Davis, M.A. (1994): Antecedents to Customer Expectations for Service Recovery, in: Journal of Marketing Science, Vol. 22, No. 1, S. 52–61.
Kern, E. (1990): Der Interaktionsansatz im Investitionsgütermarketing, Berlin.
Kernebeck, H. (1977): Motorsport-Sponsoring, in: Marketing Journal, 10. Jg., S. 358–362.
Kerr, J.R./Littlefield, J.E. (1974): Marketing. An Environmental Approach, Englewood Cliffs.
Kirchgeorg, M. (2004): Markenführung für Natur- und Umweltschutzorganisationen, in: Bruhn, M. (Hrsg.): Handbuch Markenführung, 2. Aufl., Wiesbaden, S. 2331–2355.
Klausegger, C./Scharitzer, D./Scheuch, F. (2003): Instrumente für das Marketing in NPOs, in: Eschenbach, R./Horak, C. (Hrsg.): Führung der Nonprofit Organisation. Bewährte Instrumente im praktischen Einsatz, 2. Aufl., Stuttgart, S. 99–140.
Klausegger, C./Zuba, R. (1997): Word Wide Fund for Nature: Entwicklung eines Zielsystems für eine internationale Umweltschutzorganisation, in: Buber, R./Meyer, M. (Hrsg.): Fallstudien zum Nonprofit Management, Stuttgart, S. 40–61.
Klöfer, F./Nies, U. (2003): Erfolgreich durch interne Kommunikation. Mitarbeiter besser informieren, motivieren und aktivieren, 3. Aufl., München.
Knoblich, H./Oppermann, R. (1996): Dienstleistung – ein Produkttyp, in: der markt, 35. Jg., Nr. 136, S. 13–22.
Knorr, F. (1999): Personalbeurteilung in der öffentlichen Verwaltung und in Non-Profit-Organisationen, Wiesbaden.
Koch, C. (2000): Welches Controlling benötigen Nonprofit-Organisationen?, www.socialnet.de/materialien/rw_npocontrolling.html, Zugriff am 2.4.2004.

Koch, C. (2001): Preisdifferenzierung eines regionalen Monopolisten: Das Beispiel Borussia Dortmund, in: Wirtschaftswissenschaftliches Studium (WiSt), 30. Jg., Nr. 5, S. 285.–288.

Koch, C. (2002): Verein oder GmbH? Zur Ansiedlung wirtschaftlicher Aktivitäten bei Verbänden, in: Nachrichtendienst des deutschen Vereins, Nr. 9, S. 315–325.

Koch, C. (2003): Controlling im Fundraising, www.socialnet.de/materialien/fundraisingcontrolling.html, Zugriff am 5.4.2004.

Köhler, R. (1992): Deckungsbeitragsrechnung, in: Diller, H. (Hrsg.): Vahlens großes Marketinglexikon, München, Sp. 176 f.

Köhler, R. (2001): Kundenorientiertes Rechnungswesen als Voraussetzung des Kundenbindungsmanagements, in: Bruhn, M./Homburg, Ch. (Hrsg.): Handbuch Kundenbindungsmanagement, 3. Aufl., Wiesbaden, S. 415–444.

Kolks, U. (1990): Strategieimplementierung. Ein anwendungsorientiertes Konzept, Wiesbaden.

Körber, H. (2003): Wege und Ziele 2003 – Eine Einführung ins Fundraising, Präsentation, www.inselkirchen.de/dalby_synode.pdf, Zugriff am 20.08.2004.

Kotler, P. (1972): A Generic Concept of Marketing, in: Journal of Marketing, Vol. 36, No. 2, S. 46–54.

Kotler, P./Bliemel, F. (2001): Marketing-Management. Analyse, Planung, Umsetzung und Steuerung, 10. Aufl., Stuttgart.

Kotler, P./Zaltmann, G. (1971): Social Marketing: An Approach to Planned Social Change, in: Journal of Marketing, Vol. 35, No. 3, S. 3–12.

Kroeber-Riel, W./Esch, F.R. (2000): Strategie und Technik der Werbung. Verhaltenswissenschaftliche Ansätze, 5. Aufl., Stuttgart u.a.

Kühn, R. (1991): Methodische Überlegungen zum Umgang mit der Kundenorientierung im Marketing, in: Marketing ZFP, 13. Jg., Nr. 2, S. 97–107.

Kunczik, M. (2002): Public Relations. Konzepte und Theorien, Köln u.a.

Kuntz, L./Vera, A. (2003): Krankenhauscontrolling und Medizincontrolling. Eine systematische Schnittstellenanalyse, Arbeitsbericht Nr. 1, Lehrstuhl für Allgemeine BWL und Management im Gesundheitswesen, Universität Köln, Köln.

Künzel, H. (2001): Mit interner Kundenzufriedenheit zur externen Kundenbindung, München/Wien.

Küpper, H.-U. (2001): Controlling. Konzeption, Aufgaben und Instrumente, 3. Aufl., Stuttgart.

Kuß, A./Tomczak, T. (2000): Käuferverhalten, 2. Aufl., München u.a.

Laemmerhold, L. (2001): Im Zeichen des Kranichs – Die Umweltförderung der Lufthansa, in: Strahlendorf, P. (Hrsg.): Sponsoring Jahrbuch 2000, Hamburg, S. 211–214.

Laing, A.W./Galbraith, A. (1996): Developing a Market Orientation in the Health Service, in: Journal of Management in Medicine, Vol. 10, No. 4, S. 24–35.

Lambin, J.J. (1987): Grundlagen und Methoden strategischen Marketings, Hamburg/New York.

Lang, R./Haunert, F. (1995): Handbuch Sozial-Sponsoring: Grundlagen, Praxisbeispiele, Handlungsempfehlungen, Weinheim/Basel.

Lees, W./Esterle, E. (1998): Gleiches Konzept. OBI, McDonalds und Kleeblatt-Heime, in: Heim und Pflege, 29. Jg., Nr. 9, S. 374–376.

Lehmann, A. (1995): Dienstleistungsmanagement. Strategien und Ansatzpunkte zur Schaffung von Servicequalität, 2. Aufl., Stuttgart/Zürich.

Lehmann, A. (1998): Qualität und Produktivität im Dienstleistungsmanagement. Strategien konkretisiert im Versicherungs- und Finanzdienstleistungswettbewerb, Wiesbaden.

Levitt, T. (1981): Marketing Intangible Products and Product Intangibles, in: Harvard Business Review, Vol. 59, No. 3, S. 94–102.

Licht, G./Hipp. C./Kukuk, M./Münt, G. (1997): Innovationen im Dienstleistungssektor: Empirischer Befund und wirtschaftspolitische Konsequenzen, Baden-Baden.

Liljander, V./Strandvik, T. (1995): The Nature of Customer Relationships in Services, in: Swartz, T.A./Bowen, D.E./Brown, S.W. (Hrsg.): Advances in Services Marketing and Management. Research and Practice, Vol. 4, Greenwich/London, S. 141–167.

Littich, E. (2002): Finanzierung von NPOs, in: Fundraising Akademie (Hrsg.): Fundraising. Handbuch für Grundlagen, Strategien und Instrumente, 2. Aufl., Wiesbaden, S. 361–380.

Littich, E./Wirthensohn, C./Culen, M.E./Vorderegger, M./Bernhard, S. (2003): Instrumente für das Finanzmanagement in NPOs, in: Eschenbach, R./Horak, C. (Hrsg.): Führung der Nonprofit Organisation. Bewährte Instrumente im praktischen Einsatz, 2. Aufl., Stuttgart, S. 175–214.

Logassi, S./Gagnebin, P. (2003): Neues transdisziplinäres Hochschulmodell, Interview mit Walther Ch. Zimmerli, Präsident der VW AutoUni, in: Vision, 11. Jg., Nr. 2, S. 4–8.

Lovelock, C.H. (1996): Services Marketing. Text, Cases and Readings, 3. Aufl., Englewood Cliffs

Lovelock, C.H./Wirtz, J. (2003): Services Marketing, 5. Aufl., Englewood Cliffs.

Lusti, M. (2001): Data Warehousing and Data Mining. Eine Einführung in entscheidungsunterstützende Systeme, Heidelberg.

Luthe, D./Schaefers, T. (2000): Kommunikationsmanagement – Strategische Überlegungen und konkrete Maßnahmen für eine beziehungsorientierte Öffentlichkeitsarbeit, in: Nährlich, S./Zimmer, A. (Hrsg.): Management in Nonprofit-Organisationen, Opladen, S. 201–223.

Lutter, H. (2001): Vergleichsweise immer besser. Qualitätsmanagement und Benchmarking in niedersächsischen Suchtberatungsstellen, in: Bundeszentrale für gesundheitliche Aufklärung (Hrsg.): Qualitätsmanagement in Gesundheitsförderung und Prävention. Grundsätze, Methoden und Anforderungen, Band 15, Köln, S. 118–131.

Madu, Ch.N./Kuei, Ch.-H. (1995): Strategic Total Quality Management. Corporate Performance and Product Quality, Westport.

Magrath, A.J (1986): When Marketing Services, 4Ps are Not Enough, in: Business Horizons, Vol. 29, No. 3, S. 44–50.

Magyar, K.M./Magyar, P.K. (1987): Marketingpioniere und Pioniermanagement, Landsberg am Lech.

Malorny, C. (1999): TQM umsetzen, 2. Aufl., Stuttgart.

Marley, K.A./Collier, D.A./Goldstein, S.M. (2004): The Role of Clinical and Process Quality in Achieving Patient Satisfaction in Hospitals, in: Decision Sciences, Vol. 35, No. 3, S. 349–370.

Masing, W. (1995): Planung und Durchsetzung der Qualitätspolitik im Unternehmen. Zentrale Prinzipien und Problembereiche, in: Bruhn, M./Stauss, B. (Hrsg.): Dienstleistungsqualität. Konzepte, Methoden, Erfahrungen, 2. Aufl., Wiesbaden, S. 239–253.

Matul, C. (2003): Besonderheiten der Implementierung von Managementinstrumenten in NPOs, in: Eschenbach, R./Horak, C. (Hrsg.): Führung der Nonprofit Organisation. Bewährte Instrumente im praktischen Einsatz, 2. Aufl., Stuttgart, S. 503–514.

Matul, C./Scharitzer, D. (2002): Qualität der Leistungen in NPOs, in: Badelt, C. (Hrsg.): Handbuch der Nonprofit Organisation. Strukturen und Management, 3. Aufl., Stuttgart, S. 605–632.

Matzke, S. (2004): TNS Emnid-Spendenmonitor 2003, in: Fundraising aktuell, 12. Jg., Nr. 11, S. 5–7.

McCarthy, J.E. (1960): Basic Marketing. A Managerial Approach, 1. Aufl., Homewood.

McCarthy, J.E. (1975): Basic Marketing. A Managerial Approach, 5. Aufl., Homewood.

Meenaghan, T./Shipley, D. (1999): Media Effect in Commercial Sponsorships, in: European Journal of Marketing, Vol. 33, No. 3/4, S. 328–347.

Meffert, H. (1992): Marketingforschung und Käuferverhalten, 2. Aufl., Wiesbaden.

Meffert, H. (1993): Marktorientierte Führung von Dienstleistungsunternehmen. Neuere Entwicklungen in Theorie und Praxis, Arbeitspapier Nr. 78 der Wissenschaftlichen Gesellschaft für Marketing und Unternehmensführung e.V., Münster.

Meffert, H. (1994): Marketing-Management. Analyse – Strategie – Implementierung, Wiesbaden.

Meffert, H. (1998): Dienstleistungsphilosophie und -kultur, in: Meyer, A. (Hrsg.): Handbuch Dienstleistungs-Marketing, Band 1, Stuttgart, S. 121–138.

Meffert, H. (2000): Marketing. Grundlagen marktorientierter Unternehmensführung. Konzepte – Instrumente – Praxisbeispiele, 9. Aufl., Wiesbaden.

Meffert, H. (2002): Strategische Optionen der Markenführung, in: Meffert, H./Burmann, C./Koers, M. (Hrsg.): Markenmanagement. Grundfragen der identitätsorientierten Markenführung, Wiesbaden, S. 135–166.

Meffert, H./Bruhn, M. (2003): Dienstleistungsmarketing. Grundlagen, Konzepte, Methoden, 4. Aufl., Wiesbaden.

Meffert, H./Burmann C. (1996), Identitätsorientierte Markenführung – Grundlagen für das Management von Markenportfolios, Arbeitspapier Nr. 100 der Wissenschaftlichen Gesellschaft für Marketing und Unternehmensführung e.V., Münster.

Meffert, H./Burmann, C. (2002): Strategisches Marketing Management, 2. Aufl., Wiesbaden.

Mellerowicz, K. (1963): Markenartikel. Die ökonomischen Gesetze ihrer Preisbildung und Preisbindung, 2. Aufl., München/Berlin.

Meyer, A. (1994): Dienstleistungs-Marketing, 6. Aufl., Augsburg.

Meyer, A. (Hrsg.) (1998): Handbuch Dienstleistungs-Marketing, Bände 1 und 2, Stuttgart.

Meyer, A./Ertl, R. (1998): Marktforschung von Dienstleistungs-Anbietern, in: Meyer, A. (Hrsg.): Handbuch Dienstleistungs-Marketing, Band 1, Stuttgart, S. 203–246.

Meyer, A./Mattmüller, R. (1987): Qualität von Dienstleistungen. Entwurf eines praxisorientierten Qualitätsmodells, in: Marketing ZFP, 9. Jg., Nr. 3, S. 187–195.

Meyer, A./Oevermann, D. (1995): Kundenbindung, in: Tietz, B./Köhler, R./Zentes, J. (Hrsg.): Handwörterbuch des Marketing, 2. Aufl., Stuttgart, Sp. 1340–1351.

Meyer, A./Westerbarkey, P. (1995): Bedeutung der Kundenbeteiligung für die Qualitätspolitik von Dienstleistungsunternehmen, in: Bruhn, M./Stauss, B. (Hrsg.): Dienstleistungsqualität. Konzepte, Methoden, Erfahrungen, 2. Aufl., Wiesbaden, S. 81–104.

Meyer, P.W. (1990): Integrierte Marketingfunktion, Stuttgart u.a.

Michalski, S. (2002): Kundenabwanderungs- und Kundenrückgewinnungsprozesse. Eine theoretische und empirische Untersuchung am Beispiel von Banken, Wiesbaden.

Miller, D./Friesen, D.H. (1982): Innovation in Conservative and Entrepreneurial Firms. Two Models of Strategic Monumentum, in: Strategic Management Journal, Vol. 3, No. 1, S. 1–25.

Morgan, R.M./Hunt, S.D. (1994): The Commitment-Trust Theory of Relationship Marketing, in: Journal of Marketing, Vol. 58, No. 3, S. 20–38.

Mudie, P./Cottam, A. (1993): The Management and Marketing of Services, Oxford.

Muksch, H./Behme, W. (2000): Das Data Warehouse-Konzept, Wiesbaden.

Müllerleile, C./Tapp, P. (1997): Telemarketing. Einsatzmöglichkeiten, Kosten-/Nutzenrelation, rechtliche und ethische Aspekte, interne und externe Organisation, Schulung, Auswertung der Ergebnisse, Schriftenreihe der Bundesarbeitsgemeinschaft Sozialmarketing, Nr. 3, Bietigheim-Bissingen.

Müller-Stewens, G./Lechner, C. (2001): Strategisches Management: wie strategische Initiativen zum Wandel führen, Stuttgart.

Murray, J.A. (1984): A Concept of Entrepreneurial Strategy, in: Strategic Management Journal, Vol. 5, No. 1, S. 1–13.

Murray, K.B. (1991): A Test of Services Marketing Theory. Consumer Information Acquisition Activities, in: Journal of Marketing, Vol. 55, No. 1, S. 10–25.

Nerdinger, F.W. (2001): Psychologie des persönlichen Verkaufs, München/Wien.

Neubarth, R. (1997): Führung durch Zielvereinbarung, in: Hauser, A./Neubarth, R./Obermair, W. (Hrsg.): Management-Praxis: Handbuch soziale Dienstleistungen, Neuwied u.a., S. 422–442.

Nickels, W.G. (1974): Conceptual Conflicts in Marketing, in: Journal of Economics and Business, Vol. 27, No. 4, S. 140–143.

Nieschlag, R./Dichtl, E./Hörschgen, H. (2002): Marketing, 19. Aufl., Berlin u.a.

NIST (2003a): The Malcolm Baldrige National Quality Improvement Act of 1987 – Public Law 100–107, http://baldrige.nist.gov/Improvement_Act.htm, Zugriff am 17.11.2003.

NIST (2003b): Why Baldrige, http://baldrige.nist.gov/PDF_files/Why_Baldrige.pdf, Zugriff am 17.11.2003.

o.V. (1998): Stärkere Orientierung am Kunden. Ein Gespräch mit McKinsey-Direktor Peter Barrenstein, in: Arbeitskreis Evangelischer Unternehmer in Deutschland e.V. (Hrsg.): Herder Korrespondenz, Monatshefte für Gesellschaft und Religion, Nr. 7, S. 342–347.

o.V. (2003): Managementqualität von NPOs, in: MQ Management und Qualität, 33. Jg., Nr. 10, S. 8–9.

Oelert, J. (2003): Internes Kommunikationsmanagement. Rahmenfaktoren, Gestaltungsansätze und Aufgabenfelder, Wiesbaden.

Oelsnitz, D. von der (1999): Marktorientierter Unternehmenswandel. Managementtheoretische Perspektiven der Marketingimplementierung, Wiesbaden.

Oess, A. (1993): Total Quality Management. Die ganzheitliche Qualitätsstrategie, 3. Aufl., Wiesbaden.

Olfert, K./Steinbuch, P.A. (2003): Organisation, Kiehl.

Oliva, H. (1997): Stellenwert der Kundenorientierung in Unternehmen der Sozialwirtschaft, in: Caritas, 75. Jg., Nr. 10, S. 456–462.

Opaschowski, H.W. (2001): Deutschland 2010, Hamburg.

Otto, A./Reckenfelderbäumer, M. (1993): Zeit als strategischer Erfolgsfaktor im „Dienstleistungsmarketing", Arbeitspapier zum Marketing, Nr. 27, Bochum.

Otto-Schindler, M. (1996): Berufliche und ehrenamtliche Arbeit. Perspektiven der Zusammenarbeit, Osnabrück.

Ouchi, W.G. (1981): Theory Z. How American Business can Meet the Japanese Challenge, Reading.

Palmer, A./Cole, C. (1995): Services Marketing. Principles and Practice, Englewood Cliffs.

Parasuraman, A./Zeithaml, V.A./Berry, L.L. (1985): A Conceptual Model of Service Quality and its Implications for Future Research, in: Journal of Marketing, Vol. 49, No. 1, S. 4–50.

Parasuraman, A./Zeithaml, V.A./Berry, L.L. (1988): SERVQUAL. A Multiple-Item Scale for Measuring Consumer Perceptions of Service Quality, in: Journal of Retailing, Vol. 64, No. 1, S. 12–40.

Payne, A. (1993): The Essence of Services Marketing, New York u.a.

Payne, A. (Hrsg.) (1995): Advances in Relationship Marketing, London.

Peacock, R.D. (1992): Ein Qualitätspreis für Europa, in: Qualität und Zuverlässigkeit, 37. Jg., Nr. 9, S. 525–528.

Peters, M. (1995): Besonderheiten des Dienstleistungsmarketing. Planung und Durchsetzung der Qualitätspolitik im Markt, in: Bruhn, M./Stauss, B. (Hrsg.): Dienstleistungsqualität. Konzepte, Methoden, Erfahrungen, 2. Aufl., Wiesbaden, S. 47–64.

Pfeifer, T. (2001): Qualitätsmanagement. Strategien, Methoden, Techniken, 3. Aufl., München/Wien.

Pflesser, C. (1999): Marktorientierte Unternehmenskultur. Konzeption und Untersuchung eines Mehrebenenmodells, Wiesbaden.

Pfohl, H.C. (2000): Logistiksysteme. Betriebswirtschaftliche Grundlagen (Logistik in Industrie, Handel und Dienstleistungen), 6. Aufl., Berlin u.a.

Pilot Checkpoint (Hrsg.) (2004): Sponsor Visions 2004, Hamburg.

Piwko, R. (1999): Fundraising, in: Arbeitshilfen für Selbsthilfe- und Bürgerinitiativen, Stiftung MITARBEIT, Nr. 21, Bonn.

Platzek, T. (1998): Selektion von Informationen über Kundenzufriedenheit, Wiesbaden.

Plinke, W. (1996): Kundenorientierung als Voraussetzung der Customer Integration, in: Kleinaltenkamp, M./Fließ, S./Jacob, F. (Hrsg.): Customer Integration. Von der Kundenorientierung zur Kundenintegration, Wiesbaden, S. 41–56.

Poniewaz, E. (2003): Balanced Scorecard in der stationären Altenhilfe – Balanced Scorecard als effizientes Managementinstrument in Pflegeeinrichtungen, www.bfs-service.de/Fachbeitraege/BSC_Altenhilfe_BFS.pdf, Zugriff am 21.08.2004.

Porter, M.E. (1999): Wettbewerbsvorteile, Frankfurt am Main.

Porter, M.E./Fuller, M.B. (1989): Koalition und globale Strategien, in: Porter, M.E. (Hrsg.): Globaler Wettbewerb, Wiesbaden, S. 363–399.

Priller, E./Zimmer, A. (2000): Der Dritte Sektor in Deutschland – seine Perspektiven im neuen Millennium, Münsteraner Diskussionspapiere zum Nonprofit-Sektor, Nr. 10, Westfälische Wilhelms-Universität Münster.

Priller, E./Zimmer, A./Toepler, S./Salamon, L.M. (1999): Germany: Unification and Change, in: Salamon, L.M./Anheier, H.K./List, R./Toepler, S./Sokolowski, S.W. (Hrsg.): Global Civil Society. Dimensions of the Nonprofit Sector, Baltimore, S. 99–118.

Pursche, C./Nabitz, U./Mühl, J./Winterberg, C./Winkler, H. (2002): Arbeitsbuch EFQM Diagnose SB für Suchtberatungsstellen, Version 2002, erstellt im Rahmen des Modellprojektes Qualitätsmanagement in der ambulanten Suchtkrankenhilfe NRW, Münster.

Purtschert, R. (2001): Marketing für Verbände und weitere Nonprofit-Organisationen, Bern u.a.

Rados, D.L. (1996): Marketing for Nonprofit Organizations, 2. Aufl., Westport/London.

Raffée, H. (2001): Kirchenmarketing, in: Honecker, M./Dahlhaus, H./Hübner, J./Jähnich, T./Tempel, H. (Hrsg.): Evangelisches Soziallexikon, Stuttgart u.a., S. 843–847.

Raffée, H./Abel, B./Wiedmann, K.-P. (1983): Sozio-Marketing, in: Irle, M. (Hrsg.): Handbuch der Psychologie, Band 2, Göttingen, S. 675–768.

Raffée, H./Fritz, W./Wiedmann, K-P. (1994): Marketing für öffentliche Betriebe, Stuttgart u.a.

Raffée, H/Wiedmann, K.-P. (1983): Nicht-kommerzielles Marketing – ein Grenzbereich des Marketing, in: Betriebswirtschaftliche Forschung und Praxis, 35. Jg., Nr. 3, S. 185–208.

Reddy, A.C./Buskirk, B.D./Kaicker, A. (1993): Tangibilizing the Intangibles. Some Strategies for Services Marketing, in: Journal of Services Marketing, Vol. 7, No. 3, S. 13–17.

Reichheld, F.F./Sasser, W.E. (1991): Zero Migration. Dienstleister im Sog der Qualitätsrevolution, in: Harvard Manager, 13. Jg., Nr. 4, S. 108–116.

Reinecke, S./Sipötz, E./Wiemann, E.-M. (Hrsg.) (1998): Total Customer Care. Kundenorientierung auf dem Prüfstand, St. Gallen u.a.

Ridder, H.G./Neumann, S. (2001): Personalwirtschaft im Umbruch? Empirische Ergebnisse und theoretische Erklärung, in: Zeitschrift für Personalforschung, 15. Jg., Nr. 3, S. 243–262.

Ridder, H.G./Schmid, R. (1999): Non Profit Management: Entwurf eines Vertiefungsfaches im Fachbereich Wirtschaftswissenschaften, Diskussionspapier Nr. 226 des Fachbereichs Wirtschaftswissenschaften der Universität Hannover, Hannover.

Rieker, S. (1995): Bedeutende Kunden. Analyse und Gestaltung von langfristigen Anbieter-Nachfrager-Beziehungen auf industriellen Märkten, Wiesbaden.

Rimar, S.J./Garstka, S.J. (1999): The Balanced Scorecard. Development and Implementation in an Academic Clinical Department, in: Academic Medicine, Vol. 74, No. 2, S. 114–122.

Ristock, B.F. (2000): Finanzierung, in: Hauser, A./Neubarth, R./Obermair, W. (Hrsg,); Praxis-Handbuch soziale Dienstleistungen, 2. Aufl., Neuwied, S. 427–433.

Roos, I. (1999): Switching Processes in Customer Relationships, in: Journal of Service Research, Vol. 2, No. 1, S. 68–85.
Roos, I./Strandvik, T. (1997): Diagnosing the Termination of Customer Relationships, in: Proceeding der „New and Evolving Paradigms: The Emerging Future of Marketing" Konferenz, vom 12.–15. Juni 1997, Dublin, S. 617–631.
Rosada, M. (1990): Kundendienststrategien im Automobilsektor, Berlin.
Rossiter, J. R./Percy, L. (1997): Advertising Communications and Promotion Management, 2. Aufl., New York u.a.
Rothe, C. (2001): Kultursponsoring und Image-Konstruktion. Interdisziplinäre Analyse der rezeptionsspezifischen Faktoren des Kultursponsoring und Entwicklung eines kommunikationswissenschaftlichen Imageapproaches, Bochum.
Rotter, J.B. (1966): Generalized Expectancies for Internal versus External Control of Reinforcement, in: Psychological Monographs, Vol. 80, No. 1, S. 1–28.
Rucci, A./Kirn, S.P./Quinn, R.T. (1998): The Employee-Customer-Profit Chain at Sears, in: Harvard Business Review, Vol. 76, Nr. 1, S. 83–97.
Runggaldier, K./Falk, B. (2000): Qualität rettet Leben. Bundesweite Implementierung eines Qualitätsmanagementsystems in einer Rettungsorganisation, in: Lüttgen, R./Mendel, F./Hennes, P. (Hrsg.): Handbuch des Rettungswesens, Witten, S. 1–14.
Runggaldier, U./Drs, M. (2002): Arbeits- und sozialrechtliche Rahmenbedingungen beim Einsatz von Mitarbeitern in NPOs, in: Badelt, C. (Hrsg.): Handbuch der Nonprofit Organisation. Strukturen und Management, 3. Aufl., Stuttgart, S. 337–360.
Salamon, L.M./Anheier, H.K. (1994):The Emerging Sector, An Overwiev, Baltimore.
Salamon, L.M./Anheier, H.K. (1996): The Johns Hopkins Comparative Nonprofit Sector Project, Johns Hopkins University, Baltimore.
Salamon, L.M./Anheier, H.K. (1997): Defining the Nonprofit Sector: A Cross-National Analysis, Manchester/New York.
Salamon, L.M./Anheier, H.K. (1999): Der Dritte Sektor. Aktuelle internationale Trends, Gütersloh.
Saß, F.-C./Fischer, K. (2001): 10 Thesen zum Fundraising im 21. Jahrhundert, in: NEWSLETTER „Online-Fundraising", 2. Jg., Nr. 4, vom 17. April 2001, www.fundraising.de/content/letter/index.htm?archiv/0401.htm~data, Zugriff am 03.02.2004.
Sattler, H./Völckner, F./Zatloukal, H. (2002): Erfolgsfaktoren von Markentransfers. Research Papers on Marketing and Retailing, Nr. 2, University of Hamburg.
Sausen, K./Tomczak, T. (2003): Status quo der Segmentierung in Schweizer Unternehmen, in: Thexis, 20. Jg., Nr. 4, S. 1–7.
Scharitzer, D./Sinkovics, R. (1997): Österreichisches Rotes Kreuz, Bezirksstelle Korneuburg: Erhebung der KundInnenzufriedenheit bei Krankentransporten, in: Buber, R./Meyer, M. (Hrsg.): Fallstudien zum Nonprofit Management, Stuttgart, S. 220–243.
Schauer, R. (2003): Rechnungswesen für Nonprofit-Organisationen. Ergebnisorientiertes Informations- und Steuerungsinstrument für das Management in Verbänden und anderen Nonprofit-Organisationen, 2. Aufl., Bern u.a.
Schedler, K. (1996): Ansätze einer Wirkungsorientierten Verwaltungsführung, 2. Aufl., Bern u.a.
Schein, E.H. (1984): Coming to a New Awareness of Organizational Culture, in: Sloan Management Review, Vol. 25, No. 2, S. 3–16.

Schein, E.H. (1995): Unternehmenskultur. Ein Handbuch für Führungskräfte, Frankfurt am Main.

Scheuch, F. (2002): Marketing für NPOs, in: Badelt, C. (Hrsg.): Handbuch der Nonprofit Organisation. Strukturen und Management, 3. Aufl., Stuttgart, S. 291–308.

Schick, S. (2002): Interne Unternehmenskommunikation – Strategien entwickeln, Strukturen schaffen, Prozesse steuern, Stuttgart.

Schildknecht, R. (1992): Total Quality Management. Konzeption und State of the Art, Frankfurt am Main u. a.

Schlegelmilch, B.B./Love, A./Diamantopoulos, A. (1997): Responses to Different Charity Appeals: the Impact of Donor Characteristics on the Amount of Donations, in: European Journal of Marketing, Vol. 31, Nr. 8, S. 31–38.

Schlesinger, L.A./Heskett, J.L. (1991): The Service-Driven Service Company, in: Harvard Business Review, Vol. 69, No. 5, S. 71–81.

Schmid, R. (2001): Personalwirtschaft im Krankenhaus. Entwicklungslinien, Handlungsbedarfe und aktueller Sachstand, in: Zeitschrift für Personalforschung, 15. Jg., Nr. 3, S. 306–320.

Schmidt, G./Tautenhahn, F. (1996): Qualitätsmanagement – eine projektorientierte Einführung, 2. Aufl., Braunschweig.

Schnabel, U. (2003): Wie man in Deutschland glaubt, in: Die Zeit, Ausgabe vom 22.12.2003, S. 34–35.

Schneekloth, U./Müller, U. (1997): Hilfe- und Pflegebedürftige in Heimen. Endbericht zur Repräsentativerhebung im Forschungsprojekt „Möglichkeiten und Grenzen selbständiger Lebensführung in Einrichtungen", Band 147.2 der Schriftenreihe des Bundesministeriums für Familie, Senioren, Frauen und Jugend, Stuttgart u. a.

Schneider, B./Bowen, D.E. (1995): The Service Organization. Human Resources Management is Critical, in: Bateson, J.E.G. (Hrsg.): Managing Services Marketing. Text and Readings, 3. Aufl., Forth Worth/Texas, S. 273–283.

Schneider, H. (2002): Identitätsorientierte Markenführung in der Politik, in: Meffert, H./Burmann, C./Koers, M. (Hrsg.): Markenmanagement. Grundfragen der identitätsorientierten Markenführung, Wiesbaden, S. 353–273.

Schnitzer, H./Leutner, E. (1997): Österreichischer Zivil-Invalidenverband: Besonderheiten des Personalmanagement in NPOs und deren Konsequenzen für die Organisationsstruktur, in: Buber, R./Meyer, M. (Hrsg.): Fallstudien zum Nonprofit Management, Stuttgart, S. 323–434.

Schreyögg, G. (1996): Organisation. Grundlagen moderner Organisationsgestaltung, 2. Aufl., Wiesbaden.

Schröer, H. (1997): Unternehmensleitbild, in: Hauser, A./Neubarth, R./Obermair, W. (Hrsg.): Handbuch soziale Dienstleistungen, Neuwied u. a., S. 208–225.

Schubert, H.J./Zink, K. (1997): Qualitätsmanagement in sozialen Dienstleistungsunternehmen, Berlin.

Schuhen, A. (2003): Franchising. Organisationsstrategie für den Nonprofit-Sektor? Eine Analyse am Beispiel der Freien Wohlfahrtspflege, in: Arbeitskreis Nonprofit Organisationen (Hrsg.): Mission Impossible? Strategien im Dritten Sektor, Freiburg, S. 215–232.

Schüller, A. (2002): Innovationsmanagement in NPOs, in: Badelt, C. (Hrsg.): Handbuch der Nonprofit Organisation. Strukturen und Management, 3. Aufl., Stuttgart, S. 489–512.

Schüller, A./Strasmann, J. (1989): Ansätze zur Erforschung von „Nonprofit Organizations", in: Zeitschrift für öffentliche und gemeinwirtschaftliche Unternehmen, 12. Jg., Nr. 2, S. 201–215.

Schulz, E./Leidl, R./König, H. (2001): Auswirkungen der demographischen Entwicklung auf die Zahl der Pflegefälle. Vorausschätzungen bis 2020 mit Ausblick auf 2050, Diskussionspapier des Deutschen Wirtschaftsinstituts Nr. 240, Berlin.

Schulz, L. (2003): Motivation und Spendenverhalten von Einzelpersonen und Gruppen, in: Fundraising Akademie (Hrsg.): Fundraising. Handbuch für Grundlagen, Strategien und Instrumente, 2. Aufl., Wiesbaden, S. 191–208.

Schwarz, P. (1996): Management in Nonprofit Organisationen. Eine Führungs-, Organisations- und Planungslehre für Verbände, Sozialwerke, Vereine, Kirchen, Parteien usw., 2. Aufl., Bern u.a.

Schwarz, P./Purtschert, R./Giroud, Ch./Sauer, R. (2002): Das Freiburger Management-Modell für Nonprofit-Organisationen (NPO), 4. Aufl., Bern u.a.

Scott, R.A./Marks, N.E. (1968): Marketing and its Environment, Belmont.

Servatius, H.G. (1991): Vom strategischen Management zur evolutionären Führung. Auf dem Weg zu einem ganzheitlichen Denken und Handeln, Stuttgart.

Shelley, L./Polonsky, M.J. (2002): Do Charitable Causes Need to Segment their Current Donor Base on Demographic Factors? An Australien Examination, in: International Journal of Nonprofit and Voluntary Sector Marketing, Vol. 8, No. 1, S. 19–29.

Shiu, E./Vaughan, E./Donnelly, M. (1997): Service Quality: New Horizons Beyond SERVQUAL. An Investigation of the Portability of SERVQUAL into the Voluntary and Local Government Sectors, in: Journal of Nonprofit and Voluntary Sector Marketing, Vol. 2, No. 4, S. 324–331.

SilverAge GmbH (2004): www.silverage.de, Zugriff am 14.07.2004.

Simon, H. (1988): Management strategischer Wettbewerbsvorteile, in: Zeitschrift für Betriebswirtschaft, 58. Jg., Nr. 4, S. 461–480.

Simon, H. (1992a): Preismanagement. Analyse, Strategie, Umsetzung, 2. Aufl., Wiesbaden.

Simon, H. (1992b): Preisbündelung, in: Zeitschrift für Betriebswirtschaft, 62. Jg., Nr. 11, S. 1213–1235.

Simon, H./Hess, M. (1988): Handbuch Qualitätszirkel. Hilfsmittel zur Produktion von Qualität, Köln.

Simsa, R. (2003): NPOs und die Gesellschaft: Eine vielschichtige und komplexe Beziehung – Soziologische Perspektiven, in: Badelt, C. (Hrsg.): Handbuch der Nonprofit Organisation. Strukturen und Management, 3. Aufl., Stuttgart, S. 128–152.

Sinha, M.N. (1997): Helping Those Who Help Others. Applying Total Quality Management to Non-profit Organizations, in: Quality Progress, Vol. 30, No. 7, S. 37–41.

Sinkovics, R.R./Klausegger, C./Floh, A. (2000): Messung interner Dienstleistungsqualität bei der Abteilung unfreiwilliger Dienstleistungen am Beispiel des Österreichischen Roten Kreuzes, in: Der Markt, 39. Jg., Nr. 155, S. 163–178.

Smith, Bucklin & Associates (2000): The Complete Guide to Nonprofit Management, 2. Aufl., New York u.a.

Smith, J.B. (1998): Buyer-Seller Relationships. Similarity, Relationship Management and Quality, in: Psychology & Marketing, Vol. 15, No. 1, S. 3–21.

Specht, G. (1998): Distributionsmanagement, 3. Aufl., Stuttgart u.a.

Specht, G./Schenk, M. (1995): Auswirkungen der Zertifizierung nach DIN (EN) ISO 9001 bis 9003. Ein Bericht über eine empirische Studie, Arbeitspapier Nr. 7 des Instituts für Betriebswirtschaftslehre der Technischen Hochschule Darmstadt, Fachgebiet Technologiemanagement und Marketing, Darmstadt.

Sperka, M. (2000): Mitarbeiterbefragung: Kommunikation analysieren und gestalten, in: Socialmanagement, 10. Jg., Nr. 2, S. 17–20.

Sporn, B. (2002): Informationstechnologie und NPO`s, in: Badelt, C. (Hrsg.): Handbuch der Nonprofit Organisation. Strukturen und Management, 3. Aufl., Stuttgart, S. 409–425.

Srnka, K.J./Grohs, R./Eckler, I. (2003): Increasing Fundraising Efficiency by Segmenting Donors, in: Australasian Marketing Journal, Vol. 11, Nr. 1, S. 70–86.

Staehle, W.H. (1999): Management: eine verhaltenswissenschaftliche Perspektive, 8. Aufl., München.

Stauss, B. (1989): Beschwerdepolitik als Instrument des Dienstleistungsmarketing, in: Jahrbuch der Absatz- und Verbrauchsforschung, 35. Jg., Nr. 1, S. 41–62.

Stauss, B. (1991): Dienstleister und die vierte Dimension, in: Harvard Manager, 13. Jg., Nr. 2, S. 81–89.

Stauss, B. (1994a): Markteintrittsstrategien im internationalen Dienstleistungsmarketing, in: Thexis, 11. Jg., Nr. 3, S. 10–16.

Stauss, B. (1994b): Qualitätsmanagement und Zertifizierung als unternehmerische Herausforderung. Eine Einführung in den Sammelband, in: Stauss, B. (Hrsg.): Qualitätsmanagement und Zertifizierung. Von DIN ISO 9000 zum Total Quality Management, Wiesbaden, S. 11–23.

Stauss, B. (2000): Internes Marketing als personalorientierte Qualitätspolitik, in: Bruhn, M./Stauss, B. (Hrsg.): Dienstleistungsqualität. Konzepte – Methoden – Erfahrungen, 3. Aufl., Wiesbaden, S. 203–222.

Stauss, B./Hentschel, B. (1990): Verfahren der Problemdeckung und -analyse im Qualitätsmanagement von Dienstleistungsunternehmen, in: Jahrbuch der Absatz- und Verbrauchsforschung, 36. Jg., Nr. 3, S. 232–244.

Stauss, B./Hentschel, B. (1991): Dienstleistungsqualität, in: Wirtschaftswissenschaftliches Studium (WiSt), 20. Jg., Nr. 5, S. 238–244.

Stauss, B./Seidel, W. (1998): Prozessuale Zufriedenheitsermittlung und Zufriedenheitsdynamik bei Dienstleistungen, in: Simon, H./Homburg, Ch. (Hrsg.): Kundenzufriedenheit, 3. Aufl., Wiesbaden, S. 201–226.

Steffenhagen, H. (2000a): Marketing. Eine Einführung, 4. Aufl., Stuttgart u.a.

Steffenhagen, H. (2000b): Wirkungen der Werbung. Konzepte – Erklärungen – Befunde, 2. Aufl., Aachen.

Steffenhagen, H. (2001): Werbestrategie, in: Diller, H. (Hrsg.): Vahlens Großes Marketinglexikon, 2. Aufl., München, S. 1873–1874.

Stewart, A.M. (1997): Mitarbeitermotivation durch Empowerment. Mehr Kompetenzen. Bessere Arbeitsergebnisse, Niedernhausen.

Storbacka, K./Strandvik, T./Grönroos, C. (1994): Managing Customer Relationships for Profit. The Dynamics of Relationship Quality, in: International Journal of Service Industry Management, Vol. 5, No. 5, S. 21–38.

Sureshchandar, G.S./Rajendran, Ch./Anantharaman, R.N. (2002): The Relationship between Service Quality and Customer Satisfaction – a Factor Specific Approach, in: Journal of Services Marketing, Vol. 16, No. 4, S. 363–379.

Swartz, T.A./Bowen, D.E./Brown, S.W. (Hrsg.) (1992): Advances in Services Marketing and Management, 1. Aufl., Greenwich/London.

swissinfo (2003): WWF steigert dank mehr Erträgen aus Erbschaften die Einnahmen, www.swissinfo.org/sde/Swissinfo.html?siteSect=113&sid=4554397&ticker=true, Zugriff am 04.02.2003.

Tarlatt, A. (2001): Implementierung von Strategien in Unternehmen, Wiesbaden.

Technisches Hilfswerk (2004): www.thw.de/thw-ausland/einsaetze/2003/iran/meldung09. htm, Zugriff am 18.03.04.

Teske, W./Fellner, C. (2003): Zuschüsse, in: Fundraising Akademie (Hrsg.): Fundraising. Handbuch für Grundlagen, Strategien und Instrumente, 2. Aufl., Wiesbaden, S. 967–982.

Theobald, A./Dreyer, M./Starsetzki, Th. (2003): Online-Marktforschung. Theoretische Grundlagen und praktische Erfahrungen, 2. Aufl., Wiesbaden.

Thomas, D.R. (1983): Strategie in Dienstleistungsunternehmen, in: Harvard Manager, 5. Jg., Nr. 2, S. 42–48.

Thomas, H. (2001): Wie können Nonprofit-Organisationen ihr Image verändern?, in: Langen, C./Albrecht, W. (Hrsg.): Zielgruppe: Gesellschaft. Kommunikationsstrategien für Nonprofit-Organisationen, Gütersloh, S. 145–162.

Thommen, J.P. (2002): Management und Organisation: Konzepte, Instrumente, Umsetzung, Zürich.

Tietz, B. (1991): Handbuch Franchising. Zukunftsstrategien für die Marktbearbeitung, 2. Aufl., Landsberg am Lech.

Tlach, H. (1993): FMEA. Ein strategisches Element des Qualitätsmanagementsystems, in: Qualität und Zuverlässigkeit (QZ), 38. Jg., Nr. 5, S. 278–280.

TNS Emnid (2001): TNS Spendenmonitor 2001, Bielefeld.

Tomczak, T./Dittrich, S. (1998): Kundenbindung – bestehende Kundenpotentiale langfristig nutzen, in: Hinterhuber, H./Matzler, K. (Hrsg.): Kundenorientierte Unternehmensführung. Kundenorientierung – Kundenzufriedenheit – Kundenbindung, München, S. 61–84.

Tomys, A.-K. (1995): Kostenorientiertes Qualitätsmanagement. Qualitätscontrolling zur ständigen Verbesserung der Unternehmensprozesse, München.

Uhl, K.P./Upah, G.D. (1979): The Marketing of Services. Why and How is it Different?, Faculty Working Papers, College of Commerce and Business Administration, University of Illionis at Urbana-Champaign, Nr. 584, Urbana-Champaign.

Ulrich, P./Fluri, E. (1995): Management, 7. Aufl., Bern u.a.

Ulrich, P./Fluri, E. (1995): Management. Eine konzentrierte Einführung. Bern/Stuttgart.

Universität Basel (1999): Jahresbericht der Universität Basel, Basel.

University of St. Gallen (o.J.): Imagebroschüre der Universität St. Gallen, St. Gallen.
Urselmann, M. (1996): Kommunikationsmuster kirchlicher Spendenorganisationen. Nicht-kommerzielle Marketingkommunikation. Der Einsatz von Sozialtechniken in der Spendenwerbung, Bietigheim-Bissingen.
Urselmann, M. (2002): Fundraising. Erfolgreiche Strategien führender Nonprofit-Organisationen, 3. Aufl., Bern u.a.
Vaughan, L./Shiu, E. (2001): ARCHSECRET: A Multi-item Scale to Measure Service Quality within the Voluntary Sector, in: International Journal of Nonprofit and Voluntary Sector Marketing, Vol. 6, No. 2, S. 131–144.
Venohr, B./Zinke, C. (1999): Kundenbindung als strategisches Unternehmensziel. Vom Konzept zur Umsetzung, in: Bruhn, M./Homburg, Ch. (Hrsg.): Handbuch Kundenbindungsmanagement, 2. Aufl., Wiesbaden, S. 151–168.
Vossebein, U. (2000): Grundlegende Bedeutung der Marktsegmentierung für das Marketing, in: Pepels, W. (Hrsg.): Marktsegmentierung – Marktnischen finden und besetzen, Heidelberg, S. 19–46.
Walburg, J.A. (2000): Zehn Jahre Qualitätsentwicklung im Jellinekzentrum, Amsterdam, in: Deutsche Hauptstelle gegen die Suchtgefahren (DHS) e.V. (Hrsg.): Informationen zur Suchtkrankenhilfe. Qualitätsentwicklung und Dokumentation in der Suchtkrankenhilfe, 2. Jg., Nr. 2, Dokumentation der Expertentagung des Fördervereins der Deutschen Hauptstelle gegen die Suchtgefahren e.V. vom 14. bis 15. September 1999 in Gotha, S. 14–23.
Webber, R.A. (1969): Culture and Management, Homewood.
Weber, M.R. (1989): Erfolgreiches Service Management. Gewinnbringende Vermarktung von Dienstleistungen, Landsberg am Lech.
Weber, W./Mayrhofer, W./Nienhüser, W. (1993): Grundbegriffe der Personalwirtschaft, Stuttgart.
Wehling, M. (1993): Personalmanagement für unbezahlte Arbeitskräfte, Bergisch-Gladbach/Köln.
Wehrli, H.-P. (1981): Marketing – Zürcher Ansatz, Bern u.a.
Weiber, R./Adler, J. (1995): Informationsökonomisch begründete Typologisierung von Kaufprozessen, in: Zeitschrift für betriebswirtschaftliche Forschung, 47. Jg., Nr. 1, S. 43–65.
Weinberg, C.B./Ritchie, R. (1999): Cooperation, Competition and Social Marketing, in: Social Marketing Quarterly, Vol. 5, No. 3, S. 117–126.
Weisbrod, B. (1977): The Voluntary Nonprofit Sector. An Economic Analysis, Lexington, Mass.
Weisbrod, B. (1988): The Nonprofit Economy, Cambridge.
Weisbrod, B. (1998): To Profit or Not to Profit, Cambridge.
Welge, M.K. (1988): Unternehmensführung, Band 3: Controlling, Stuttgart.
Wickel-Kirsch, S./Goerke, S. (2002): Internes Marketing für Personalarbeit. Wie Sie Kundenansprache und Image verbessern, München.
Wiedmann, K.-P. (2001): Diverse Stichworte, in: Bruhn, M./Homburg, Ch. (Hrsg.): Gabler Marketing Lexikon, Wiesbaden.
Wiedmann, K.-P./Klee, A. (2004): Marketing für öffentliche Betriebe, in: Bruhn, M./Homburg, Ch. (Hrsg.): Gabler Lexikon Marketing, Wiesbaden, S. 510–513.

Wilde, K.D. (1986): Differenziertes Marketing auf der Basis von Regionaltypologien, in: Marketing ZFP, 8. Jg., Nr. 3, S. 153–162.

Wilson, P.F./Dell, L.D./Anderson, G.F. (1993): Root Cause Analysis. A Tool for Total Quality Management, Milwaukee.

Witt, M. (2000): Kunstsponsoring. Gestaltungsdimensionen, Wirkungsweise und Wirkungsmessungen, Berlin u.a.

Wohlgemuth, A.C. (1989): Führung im Dienstleistungsbereich. Interaktionsintensität und Produktionsstandardisierung als Basis einer neuen Typologie, in: Zeitschrift Führung und Organisation, 58. Jg., Nr. 5, S. 339–345.

Woratschek, H. (2001): Standortentscheidungen von Dienstleistungsunternehmen, in: Bruhn, M./Meffert, H. (Hrsg.): Handbuch Dienstleistungsmanagement: Von der strategischen Konzeption zur praktischen Umsetzung, 2. Aufl., Wiesbaden, S. 417–438.

WWF Deutschland (2003): Jahresbericht 2003, Frankfurt am Main.

Yip, G.S. (1982): Barriers to Entry, Toronto.

Young, D.R./Koenig, L.B./Najam, A./Fisher, J. (1999): Strategy and Structure in Managing Global Associations, in: Voluntas – International Journal of Voluntary and Nonprofit Organizations, Vol. 10, No. 9, S. 323–344.

Young, D.W. (1982): „Nonprofits" Need Surplus too, in: Harvard Business Review, Vol. 60, No. 1, S. 124–131.

Zeithaml, V.A. (1981): How Consumer Evaluation Processes Differ between Goods and Services, in: Donelly, J.H./George, W.R. (Hrsg.): Marketing of Services, Chicago, S. 186–190.

Zeithaml, V.A. (1991): How Consumer Evaluation Processes Differ between Goods and Services, in: Lovelock, C.H. (Hrsg.): Services Marketing, 2. Aufl., Englewood Cliffs, S. 39–47.

Zeithaml, V.A./Berry, L.L./Parasuraman, A. (1988): Communication and Control Processes in the Delivery of Service Quality, in: Journal of Marketing, Vol. 52, No. 4, S. 35–48.

Zeithaml, V.A./Berry, L.L./Parasuraman, A. (1996): The Behavioral Consequences of Service Quality, in: Journal of Marketing, Vol. 60, No. 2, S. 31–46.

Zeithaml, V.A./Parasuraman, A./Berry, L.L. (1990): Delivering Quality Service, New York.

Zeithaml, V.A./Parasuraman, A./Berry, L.L. (1992): Qualitätsservice, Frankfurt/Main, New York.

Zeller, H. (1994): Organisation des Qualitätsmanagements im Unternehmen, in: Masing, W. (Hrsg.): Handbuch Qualitätsmanagement, 3. Aufl., München/Wien, S. 903–926.

Zollondz, H.D. (2001): Lexikon Qualitätsmanagement. Handbuch des Modernen Managements auf der Basis des Qualitätsmanagements, München/Wien.

Zollondz, H.D. (2002): Grundlagen Qualitätsmanagement. Einführung in Geschichte, Begriffe, Systeme und Konzepte, München.

Zou, B. (1999): Multimedia in der Marktforschung, Wiesbaden.

Stichwortverzeichnis

ABC-Analyse 484 ff.
Abell-Schema 178
Ablauforganisation 438 ff., 444 ff.
Absatzkanalsystem 376 ff.
Absatzpolitik 105 ff.
Akquisitionsstrategien 218 f.
Analysephase 94 ff., 125 ff.
Anreizsysteme 270 ff.
Ansoff-Matrix 199 ff.
Anspruchsgruppen
– Bindung 171 ff.
– Orientierung 44 ff., 91
– Strategien 218 ff.
Äquivalenz-Prinzip 114
ARCHSECRET-Modell 248 ff.
Assessment Center 298 f.
Aufbauorganisation 437 ff.
Aufgabencontrolling 480 ff.

Balanced Scorecard 491 ff.
Barometer 488 ff.
Bedarfslebenszyklus 187
Beeinflussungsziele 160 f.
Befragung 121 ff.
Benchmarking 257
Beschaffungsmarktforschung 112 ff.
Beschwerdenanalyse 255
Betriebliches Vorschlagswesen 258 f.
Beziehungslebenszyklus 44
Beziehungsmanagement 218 ff.
Beziehungsqualität 170 f.
Bindungsstrategien 219 ff.
Broadening 61 ff.
Broadening-Deepening-Diskussion 61 ff.
Bundesdatenschutzgesetz 312
Bürgerstiftungen 131
Burnout 302

Charter Mark Award 289 ff.
Co-Branding 349 ff.
Controlling des Nonprofit-Marketing 98, 474 ff.
– Aufgabencontrolling 481 ff.
– Besonderheiten 474 ff.
– Funktionen 477 ff.
– Integrierte Contollingsysteme 480, 488
– Organisatorische Einbindung 479 ff.
– Wirtschaftlichkeitscontrolling 483 ff.
Core Mission 332
Corporate Behavior 417, 419
Corporate Communications 417, 418 f.
Corporate Design 417, 418, 420
Corporate Identity 417, 420
Critical-Incident-Technik 253
Cross-Selling-Potenziale 370

Dachmarkenstrategie 344 f.
Data Mining 111, 456
Deepening 61 ff.
Denken in Erfolgsketten 44, 91
Dialogkommunikation 401 f.
Dienstleistungen, konstitutive Merkmale 70
Dienstleistungsmarketing 70
DIN ISO 9000 ff. 280 ff.
Direktkommunikation 413
Dissonanzreduktion 137
Diversifikation 203 f.

E-Services 354 ff.
EFQM Excellence Modell 287 f., 500 ff.
Eignungstest 298
Einzelmarkenstrategie 346 f.
Empowerment 92

Entgeltpolitik 305 ff.
Entscheidungsorientierter Ansatz 93 ff.
Entscheidungsträger 46, 112 ff.
Erbschaftsfundraising 322 ff.
Erbschaftsspenden 323 f.
Erfolgsketten des Nonprofit-Marketing 44, 91
Ergebnisqualität 118
European Quality Award 287 ff.
Event 314 f., 404 f.
Experiment 124 f.
Expertenbeobachtung 247

Fehlermöglichkeits- und Einflussanalyse 257 f.
Finanzierungspolitik 228, 310 ff.
Fishbone-Ansatz 258
Förderprogramme der EU 141
Förderung, institutionelle 141
Franchising 378 ff.
Frequenz-Relevanz-Analyse 254 f.
Fundraising 77 ff., 310 ff.
– Erbschaft 322 ff.
– Mailings 311 f.
– Medien-Fundraising 313
– mobil 319
– Online 315 ff.
– per SMS 319
– Persönliche Gespräche 311
– Telemarketing 312 f.

Gebührenpolitik
  (siehe Preis- und Gebührenpolitik)
Gemeinnützige Gesellschaft mit beschränkter Haftung 436
Gemeinnütziges Engagement, Motive 136 ff., 143
Generic Concept of Marketing 62
Geschäftseinheit, strategische 176 ff.
Geschäftsfeld, strategisches 150, 176 ff.
Geschäftsfeldstrategien 198, 199 ff.
Gespräche, persönliche 311
Gratifikationsprinzip 136

Image 163, 169
Imageziele 163
Implementierung 98, 422 ff.
– Barrieren 431 ff.
– Begriff und Inhalt 426 ff.
– Gestaltungsebenen 434 ff.
– Grundlagen 422 ff.
– Prozess 466
– Ziele 428 ff.
Informationsökonomisches Dreieck 58 f.
Informationssysteme 455
Innovationsmanagement 208 ff., 335
Institutionelle Kommunikation 400
Instrumente des Marketing 292 ff.
International Classification of Nonprofit Organizations 39
Interne Kundenorientierung 90 ff., 471 ff.
Integrierte Kommunikation 412, 421
Internes Marketing 65 ff.; 90 ff., 417 ff.

Kirchenmarketing 67
Kommunikationspolitik 107, 209, 227, 293, 383 ff.
– Aufgaben 387 ff.
– Besonderheiten 384 ff.
– Erscheinungsformen 384
– Instrumente 400 ff.
– Strategien 395 ff.
– Ziele 387 ff.
Kommunikationssysteme 458 f.
Konditionenpolitik
  (siehe Preis- und Gebührenpolitik)
Konkurrenzanalyse 104 ff., 133 ff., 144
– im engeren Sinne 135
– im weiteren Sinne 135
Kontrollsysteme 457 ff.
Kooperationen und Partnerschaften 228
Kosten-Nutzen-Analyse 502 ff.
Kosten-Nutzen-Kennziffern 503
Kultur (siehe Organisationskultur)
Kundenorientierung, interne 90 ff.

545

Lagerhaltung 382 f.
Leistungen (siehe Nonprofit-Leistungen)
Leistungsbarometer 488 ff.
Leistungsdifferenzierung 337 ff.
Leistungsinnovation 208 ff., 335
Leistungspolitik 105, 226, 293, 329 ff.
– Besonderheiten 330 f.
– Einsatz 330 ff.
– Instrumente 334 ff.
– Planungsprozess 333 f.
Leistungsprogramm 331 f.
Leistungsprogrammreduzierung 342
Leistungsprogrammvariation 336 ff.
Leistungsprogrammverbesserung 337 ff.
Leistungsqualität (siehe Qualität)
Leistungstypologie 53 ff.
– auf Basis konstitutiver Merkmale 54 ff.
– nach Engelhardt 56
– mehrdimensionale 56
Leistungsvariation 336 ff.
Leistungsverbesserung 337 ff.
Leistungsziele 159 f.
Leitbild 152 ff., 421
Lifestylekriterien 191
Logistik, Aufgaben 381 ff.

Mailings 311 f.
Malcolm Baldrige National Quality Award 285 f.
Management by Objectives 300
Managementsysteme 454 ff.
Markenfamilienstrategie 345 f.
Markenführung 209, 344 ff.
Markenpolitik 334 ff.
Markentransferstrategie 347 f.
Marketing (siehe Nonprofit-Marketing)
Marketinginstrumentestrategien 199, 226 ff.
Marketingmix 292 ff.
Marketingorganisation 47, 436 ff.
Marketingplanung, strategische 198 ff.
Markt-(Personal-)Forschung, interne 112 ff.
Marktabdeckungsstrategien 213 ff.

Marktbearbeitungsstrategien 215 ff.
Marktfeldstrategien 199 ff.
Marktforschung 100 ff., 245
– Aufgaben 100 ff., 109 ff.
– Entscheidungsträger 112 ff.
– Methoden 120 ff.
Marktsegmentierung 181 ff.
Marktsituation 125 ff.
– Absatzmärkte 125 ff.
– Beschaffungsmärkte 128 ff.
Marktstellungsziele 163
Marktteilnehmer 133 ff.
– Absatzmärkte 133 ff.
– Beschaffungsmärkte 136 ff.
Marktteilnehmerstrategien 198, 214 ff.
Marktumfeld 144 ff.
Matrixorganisation 443 f.
Mediawerbung 405 ff.
Medien-Fundraising 313 f.
Mehrmarkenstrategie 347
Mission 150 ff.
Mitarbeiter
– Befragung 258
– Beurteilung 307 ff.
– Bindung 172
– Führung 300 ff.
– Motivation 172
– Strukturen 47 f.
– Ziele 172
– Zufriedenheit 172
Mobile Fundraising 319 f.
Multiattributive Verfahren 247 ff.
Multimediakommunikation 410 ff.
Mund-zu-Mund-Kommunikation 119

Nachbesserungsstrategien 222
Nachfrageorientierung 49
Nonprofit-Controlling (siehe Controlling)
Nonprofit-Leistungen
– Begriff 50 ff.
– Besonderheiten 50 ff., 71 ff.
– Eigenschaftsprofile 57
– informationsökonomische Einordnung 58 ff.

- konstitutive Merkmale 52
- Marketing zum Absatz 69
- Qualitätsmessung 244 ff.
- Typen 53 ff.
Nonprofit-Marken 343 ff.
Nonprofit-Marketing
- Definition 63
- Implementierung 422 ff.
- Informationsgrundlagen 100 ff.
- intern 90 ff., 471 ff.
- Legitimationsproblematik 66
- Merkmale 64 ff.
- Notwendigkeit 61
- operatives 98, 292 ff.
- strategisches 199 ff.
- zum Absatz von Leistungen 69 ff.
- zur Beschaffung von Ressourcen 76 ff.
Nonprofit-Organisationen 27 ff.
- Anzahl und Mitglieder 28
- Bedeutung und Entwicklung 27 ff.
- Begriff 33
- Beschäftigtenzahlen 32
- Besonderheiten 41 ff.
- Entwicklung und gesellschaftliche Relevanz 27 ff.
- Finanzierungsstruktur 76
- Typologien 33 ff.
- wirtschaftliche Relevanz 31 f.
Nonprofit-Sektor, Produkttypologie 43
Noyce Award For Nonprofit Excellence 291
NPO-Label für Management Excellence 282 f.

Öffentlichkeitsarbeit/Public Relations 403 f.
Online-Befragung 123
Online-Fundraising 315 ff.
Organisationskultur 460 ff.
Organisationsstrukturen 47, 436 ff., 456
- funktionsorientierte 439 ff.
- Holding-Modell 449 ff.
- Matrix 443 ff.
- objektorientierte 441 ff.

Partnerschaften und Kooperationen 328 f.
Penalty-Reward-Faktoren-Ansatz 251 f.
Personal
- Beschaffung 295 ff.
- Entwicklung 302 ff.
- Management 84, 227 ff., 294 ff.
- Managementsystem 295 ff.
Personalpolitik 227 ff.
Persönliche Kommunikation 414 ff.
Potenzialqualität 117
Preis- und Gebührenpolitik 106, 226, 356 ff.
- Besonderheiten 356 ff.
- Formen und Entscheidungskriterien 360
- Instrumente 363 ff.
- Ziele 358 ff.
Preisbündelung 369 f.
Preisdifferenzierung 363
Preisfestlegung 361 ff.
Primärforschung 121 ff.
Problem-Detecting-Methode 254
Produkttypologie 43
Projektförderung 140 ff.
Prozessmanagement 445
Prozessqualität 117 f.
Public Relations
(siehe Öffentlichkeitsarbeit)

Qualitätsaudit 276
Qualitätsbegriff, Definition 233 ff.
Qualitätsgrundsätze 263 f.
Qualitätslenkung 269 ff.
Qualitätsmanagement 97, 229 ff.
- Analyse und Messung 244 ff.
- Bedeutung 229 ff.
- Begriff und Bausteine 241 ff.
- Darlegung 274 ff.
- Dimensionen 236 ff.
- Grundlagen 233 ff.
- Planung 260 ff.
- Regelkreis 267 ff.
- Steuerung 280 ff.
- System 242 ff.
- Umsetzung 267 ff.

Qualitätsmessung 244 ff.
- Anspruchsgruppenorientierte Verfahren 246 ff.
- Organisationsorientierte Verfahren 255 ff.
Qualitätsportfolio 260, 261
Qualitätspreise 280, 284 ff.
Qualitätsprüfung 273 ff.
Qualitätsstrategie 261 ff.
Qualitätswahrnehmung 170
Qualitätszeichen 59, 280 ff.
Qualitätsziele 264 ff.
Qualitätszirkelkonzept 272 ff.

Relationship Marketing 44, 63, 134, 218 ff.
Relevanter Markt 135, 150, 173 ff.
Ressourcenpolitik 105, 293 ff.
Rückgewinnungsstrategie 221 ff.
Root-Cause-Analyse 254

Secondments 90
Segment-of-One-Ansatz 215, 217
Segmentierung 150, 181 ff.
- der Teilnehmer auf den Absatzmärkte 186 ff.
- der Teilnehmer auf den Beschaffungsmärkten 193 ff.
- der Teilnehmer auf den Mitarbeitermärkten 195 ff.
Segmentierungsdilemma 183
Segmentierungskriterien
- Anforderungen 184 ff.
- in Absatzmärkten 166 ff.
- in Beschaffungsmärkten 194 ff.
- demographische 186 ff.
- psychologische 190 ff.
- sozioökonomische 189 ff.
Sekundärforschung 120 ff.
Sequenzielle Ereignismethode 252
SERVQUAL-Ansatz 237, 247 ff.
Silent-Shopper-Verfahren 246
Spenden (siehe Finanzierungspolitik)
Spendenbrief 311 f.

Spendengala 313 f.
Spendenmarkt
- in Deutschland 129 ff.
- in den USA 131
- in der Schweiz 131
Spendenmotivation 136 ff.
Spenderanalyse 103
Spenderbindung 321
Spenderpyramide 195
Sponsoring 79 ff., 138, 140, 324 ff.
- Bereiche 80 ff.
Sportsponsoring 80
Steuerungssysteme 459 f.
Stimulierungsstrategien 222
Strategien 148 ff.
Strategische Marketingplanung 97, 148, 198 ff.
Strategische Unternehmensplanung 96, 148 ff.
Strukturen (siehe Organisationsstrukturen)
Subsidiaritätsprinzip 76 f.
Supporting Services 332
Switching-Path-Analyse 253
SWOT-Analyse 125 ff., 260

Telefoninterview 122
Telemarketing 312
Testimonial-Werbung 393, 409
TNS Emnid-Spendenmonitor 79
Total Quality Management 240 ff.

Überzeugungsstrategien 222
Umweltsponsoring 81
Unternehmenskultur
    (siehe Organisationskultur)
Unternehmensorganisation
    (siehe Organisation)
Unternehmenskultur
    (siehe Organisationskultur)
Uno-actu-Prinzip 376

Vergütungspolitik 305 ff.
Verhaltenskriterien 192 ff.

Verhaltensstrategien
- anspruchsgruppengerichtete 217 ff.
- wettbewerbsgerichtete 222 ff.
Vertrieb
- direkter 376 f.
- indirekter 379 f.
- kombinierter 380 f.
Vertriebsbudget 375
Vertriebskanäle 376 ff.
Vertriebskontrolle 376
Vertriebspolitik 227, 370 ff.
- Besonderheiten 372 ff.
- Festlegung von Absatzkanälen 376 ff.
- Planungsprozess 375 ff.
Vertriebsstrategien 375
Vertriebsziele 375
Vignette-Methode 250 f.
Vorschlagswesen, betriebliches 258

Wettbewerbsvorteilsstrategien 204 ff.
Wiedergutmachungsstrategien 222
Willingness-to-Pay-Ansatz 251
Wirtschaftlichkeitscontrolling 480 ff.
Wissenschaftssponsoring 82 f.

Zertifizierung 280 ff.
- DIN ISO 9000 ff. 280 ff.
- NPO-Label 282 ff.
ZEWO-Gütesiegel 130
Ziele im Nonprofit-Marketing 158 ff.
Zielhierarchie 159, 166
Zielsystem 162, 166 ff.
Zufriedenheit 170
Zukunftsperspektiven 505 ff.
Zuschüsse 140 ff.

EDITION MARKETING

Herausgegeben von
Hermann Diller
Richard Köhler

Hartwig Steffenhagen

Marketing
Eine Einführung

5., vollst. überarb. Auflage
2004. 302 Seiten mit 83 Übersichten. Kart.
€ 32,–
ISBN 3-17-018168-8

„Die Einführung zählt bereits zu den Klassikern unter den Lehrbüchern zum Thema Marketing. Der Aachener Professor Steffenhagen wendet sich an den Anfänger und erklärt ihm Schritt für Schritt und systematisch die Grundlagen des Marketing. Wer das Fach als Schwerpunkt im Hauptstudium wählen möchte, kann mit Hilfe dieses Buchs solide Kenntnisse erwerben, auf die man das ganze Studium aufbauen kann. Aber auch für alle anderen Wirtschaftsstudenten ist dieses Werk nützlich, gehören doch grundlegende Marketing-Kenntnisse zum Pflichtprogramm jedes Studiums. Alle wichtigen Aspekte werden kurz, aber informativ behandelt. Zahlreiche Beispiele machen nicht nur die Fachbegriffe deutlich, sondern erlauben auch einen lehrreichen Einblick in die Anwendungsmöglichkeiten des Marketing. Um es noch einmal zu betonen, weil es nicht selbstverständlich ist: Steffenhagen schreibt für den Anfänger, setzt also keine Kenntnisse des Stoffs oder von Fachbegriffen voraus. Ein bewährtes und sehr gut in den Stoff einführendes Lehrbuch."

STUDIUM, WS 2004/05

DER AUTOR:

Prof. Dr. **Hartwig Steffenhagen** lehrt Betriebswirtschaftslehre, insbesondere Unternehmenspolitik und Marketing, an der RWTH Aachen.

W. Kohlhammer GmbH · 70549 Stuttgart
Tel. 0711/7863 - 7280 · Fax 0711/7863 - 8430

EDITION MARKETING

Herausgegeben von
Hermann Diller
Richard Köhler

Volker Trommsdorff

Konsumentenverhalten

6., vollständig überarb. und erw.
Auflage 2004
368 Seiten mit 129 Abb. Kart.
€ 26,–
ISBN 3-17-018595-0

Professionelle Marketingmaßnahmen müssen auf die Reaktionen der Zielpersonen ausgerichtet werden. Das ist systematisch nur durch Erkenntnisse über menschliches Verhalten möglich. Dieses Buch ist als Einführung in die wissenschaftlichen Grundlagen des Verhaltens von Zielpersonen des Marketing konzipiert und geht insbesondere auf das Verhalten der Konsumenten ein.

„Das Buch von Trommsdorff führt in die wissenschaftlichen Grundlagen des Verhaltens der Verbraucher ein. Der Autor gibt nach einer ausführlichen Einführung einen systematischen Überblick über die Begriffe und wichtigen Aussagen der Theorie des Konsumentenverhaltens und erläutert Konstrukte und Hypothesen an einer Vielzahl von praktischen Beispielen aus dem Marketing. So erhält der Leser, der im Marketing tätig ist, ein solides und umsetzbares theoretisches und methodisches Fundament seiner Arbeit."

Pressedienst des HDE, 2004

DER AUTOR:

Prof. Dr. **Volker Trommsdorff** lehrt Marketing an der TU Berlin und ist in der praktischen Marketingforschung sowie in der Managementweiterbildung aktiv.

W. Kohlhammer GmbH · 70549 Stuttgart
Tel. 0711/7863 - 7280 · Fax 0711/7863 - 8430

EDITION MARKETING

Herausgegeben von
Hermann Diller
Richard Köhler

Heymo Böhler

Marktforschung

3., völlig neu bearb. und erw. Auflage 2004. 276 Seiten mit 92 Abb. 5 Tab. Kart.
€ 26,–
ISBN 3-17-018155-6

Das Buch gibt eine systematische und praxisnahe Einführung in das Instrumentarium der Marktforschung, deren Aufgabe es ist, die relevanten Informationen für das Marketing-Management bereitzustellen.

Das Stoffgebiet wird anhand der Arbeitsschritte vermittelt, die bei der Durchführung konkreter Marktforschungsprojekte zu bewältigen sind: Formulierung des Marktforschungsproblems, Wahl des Forschungsdesigns, Bestimmung der Informationsquellen und Erhebungsmethoden, Operationalisierung und Messung, Auswahl der Erhebungseinheiten und Abwicklung der Primärerhebung, Vorbereitung der Datenauswertung, Datenanalyse und Ergebnisinterpretation, Erstellung des Forschungsberichts und Präsentation der Ergebnisse.

„Aufgaben, Durchführung und Auswertung der Marktforschung [...] werden hier [...] kompetent und umfassend dargestellt [...]. Anhand vieler Beispiele wird verdeutlicht, wie das Datenmaterial interpretierbar ist. Wer sich über die moderne Marktforschungsmethodik informieren will, kommt an diesem Lehrbuch nicht vorbei."

Studium, 2004

DER AUTOR:

Prof. Dr. **Heymo Böhler** lehrt Marketing an der Universität Bayreuth.

W. Kohlhammer GmbH · 70549 Stuttgart
Tel. 0711/7863 - 7280 · Fax 0711/7863 - 8430